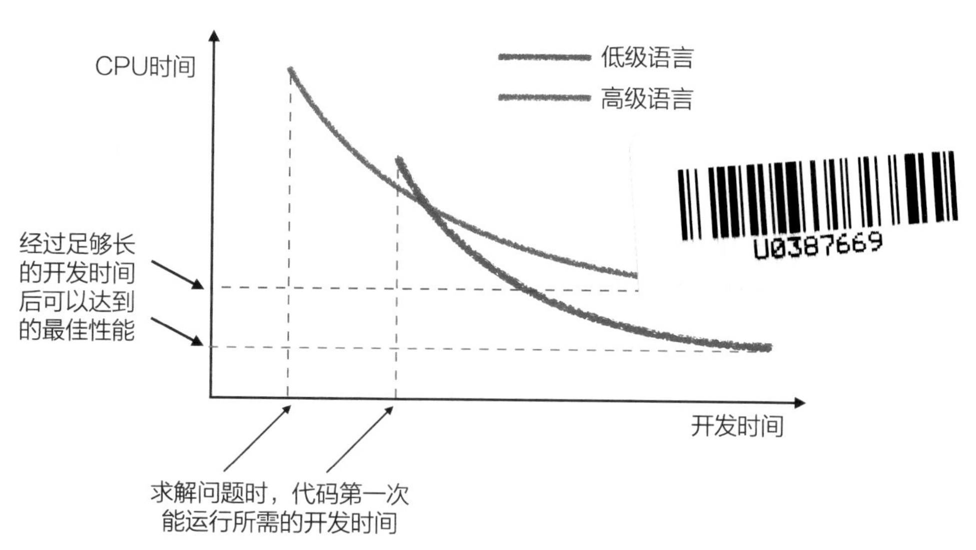

图1-1　低级和高级语言之间的权衡。当解决某个问题时，低级语言通常有更好的性能，但需要投入更多开发时间，而类似Python这样的高级语言所需的开发时间更短

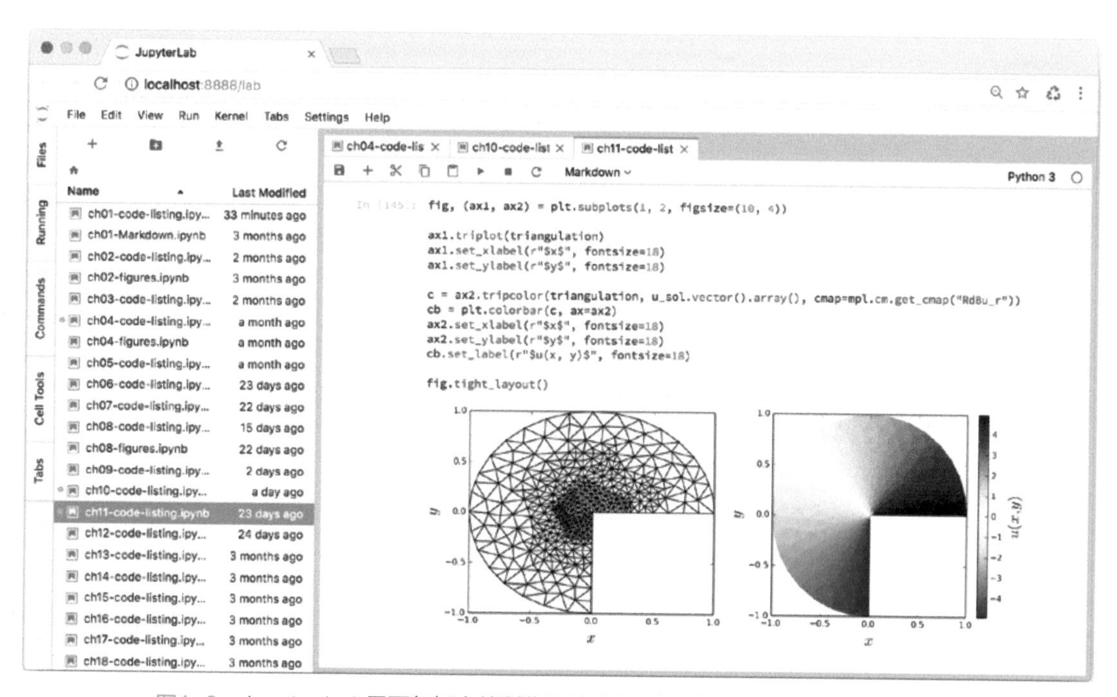

图1-6　Jupyter Lab界面包括文件浏览器(左侧)和多标签的notebook编辑器(右侧)

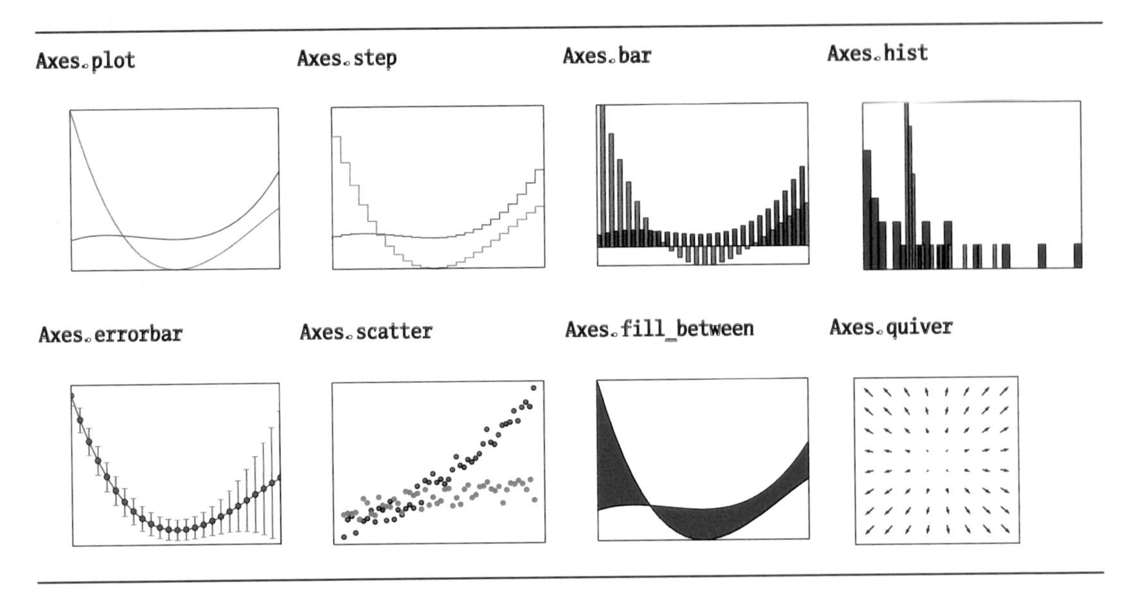

图4-6　Axes实例支持的部分2D图形以及生成每种图形的Axes方法

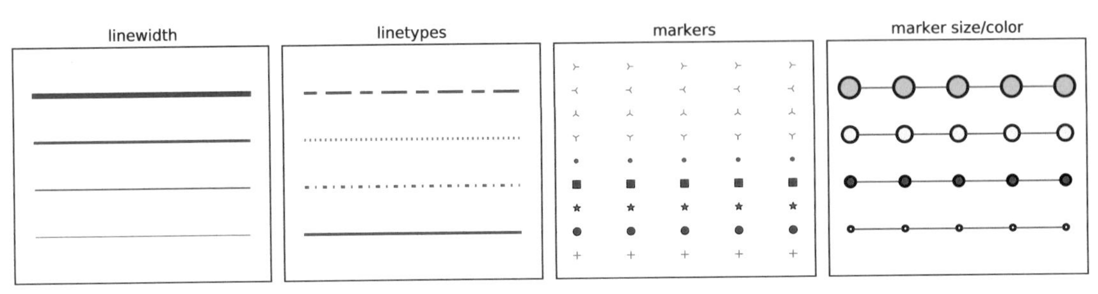

图4-7　设置线条的属性：绘制不同线宽、线型以及标记类型、大小和颜色的水平线

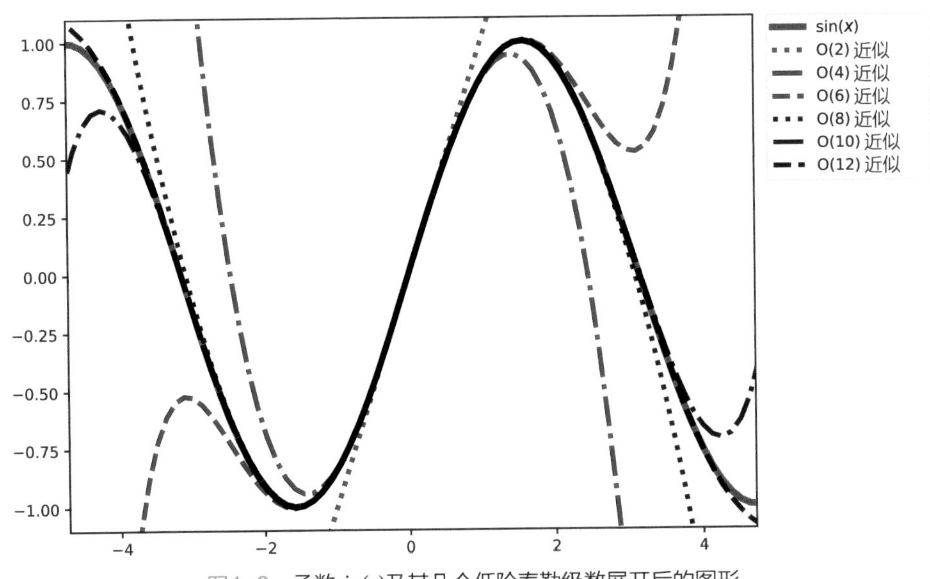

图4-8　函数sin(*x*)及其几个低阶泰勒级数展开后的图形

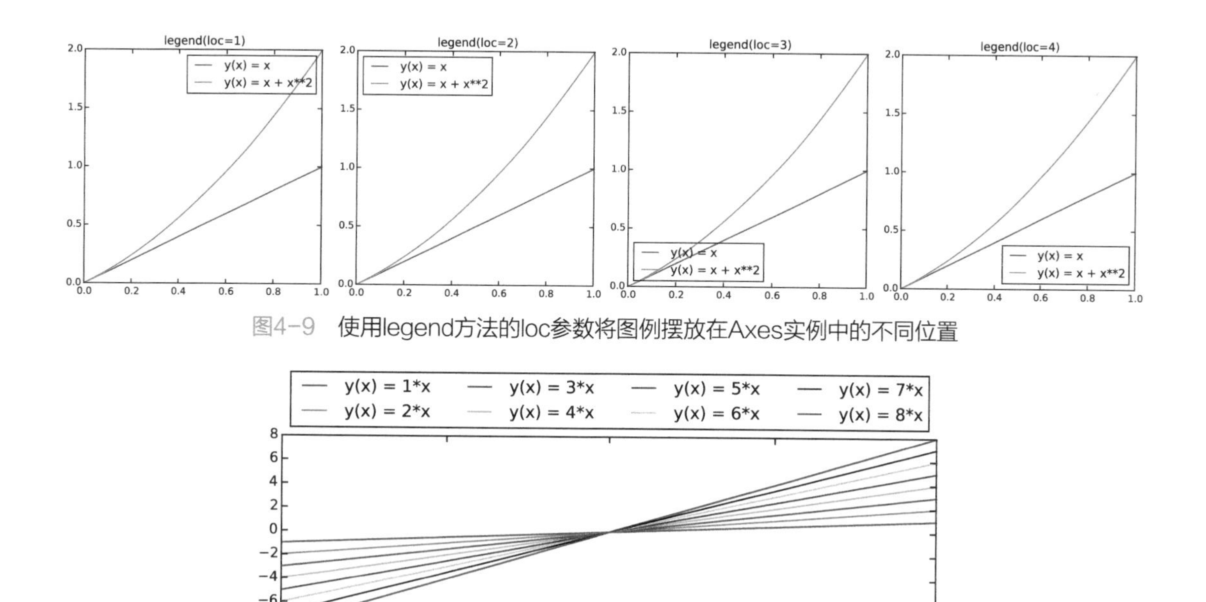

图4-9 使用legend方法的loc参数将图例摆放在Axes实例中的不同位置

图4-10 图例显示在Axes对象的外面，并且标签排成四列，对应的代码是ax.legend(ncol=4, loc=3, bbox_to_anchor=(0, 1))

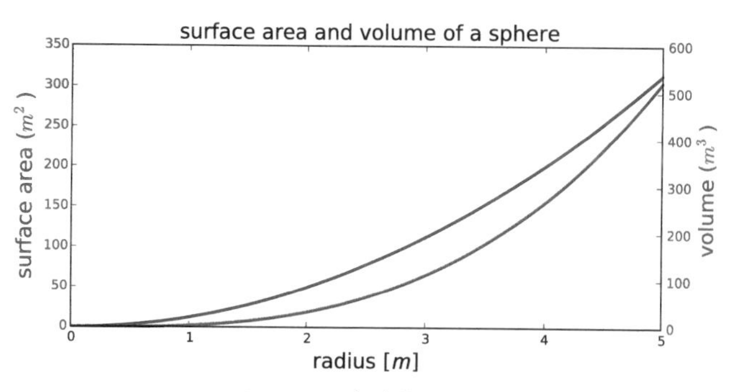

图4-19 生成的双轴图

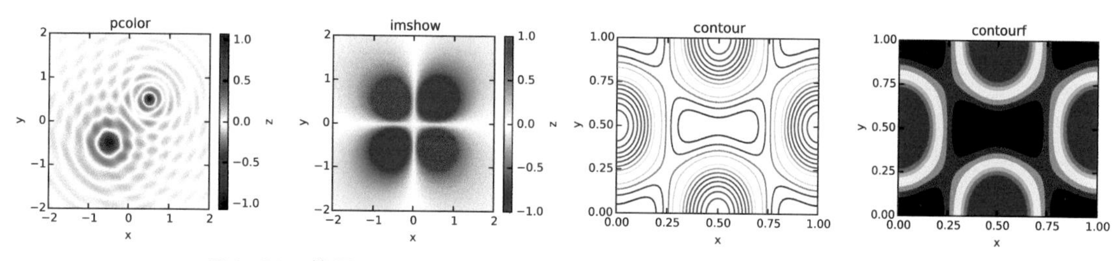

图4-23 使用pcolor、imshow、contour和contourf函数生成的示例图

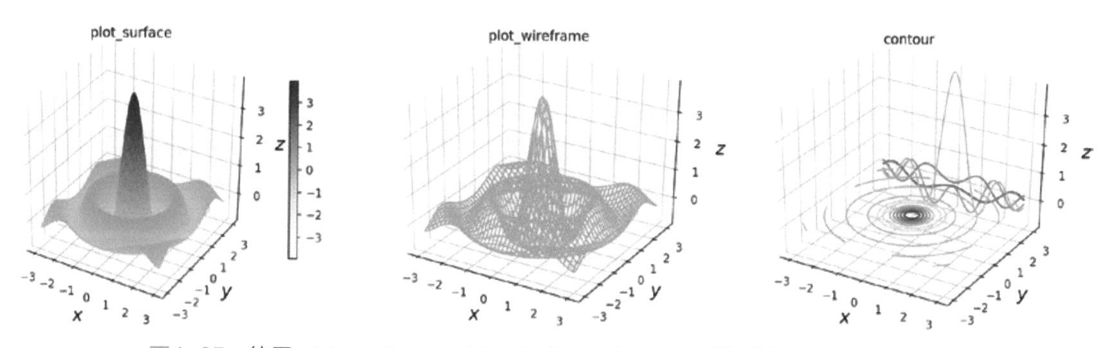

图4-25 使用 plot_surface、plot_wireframe和contour绘制的3D图形和等高线图

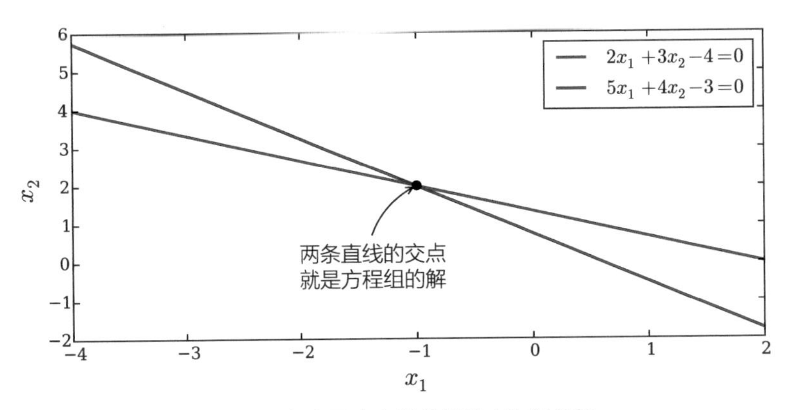

图5-1 包含两个方程的线性方程组的解

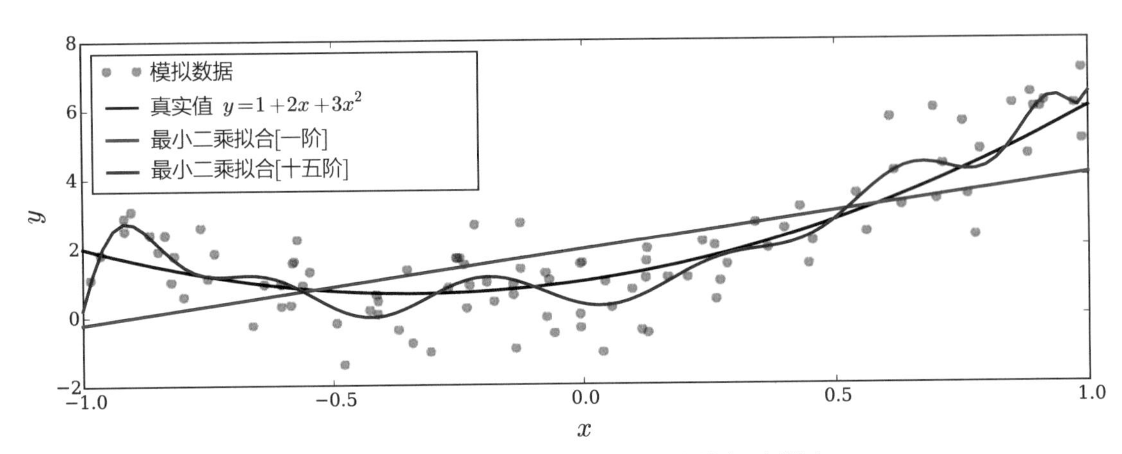

图5-4 使用线性最小二乘法时数据的欠拟合和过拟合

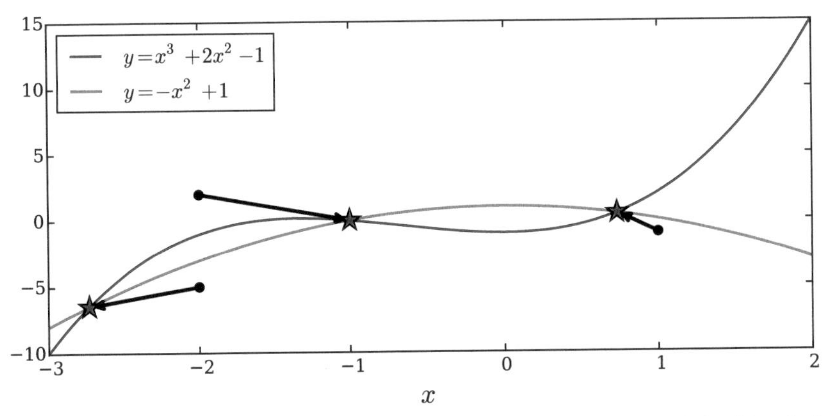

图5-8 包含两个非线性方程的方程组。红色的星星表示方程组的解，黑色的点是初始猜测值，指向解的箭头表示每个初始猜测值最终的收敛方向

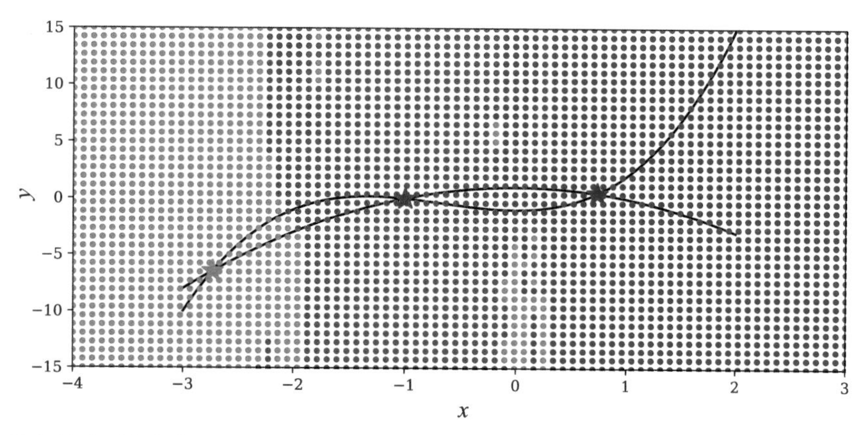

图5-9　对不同的初始猜测值收敛到不同的解进行可视化。每个点对应一个初始猜测值，点的颜色与最终收敛到的解的颜色一样，不同的解用对应颜色的星星标记

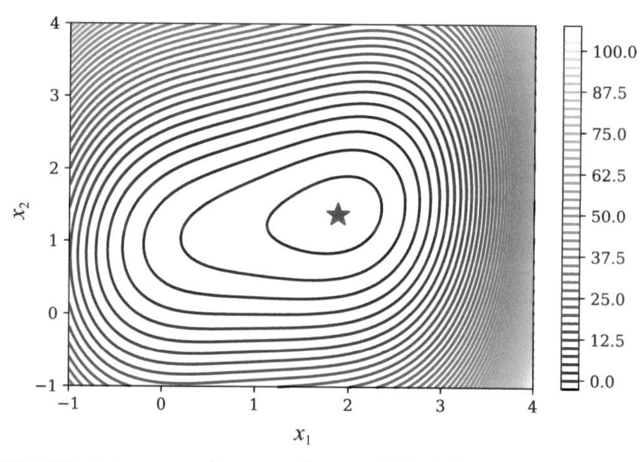

图6-4　目标函数 $f(x)=(x_1-1)^4+5(x_2-1)^2-2x_1x_2$ 的等高线图，最小值以红色星星标记

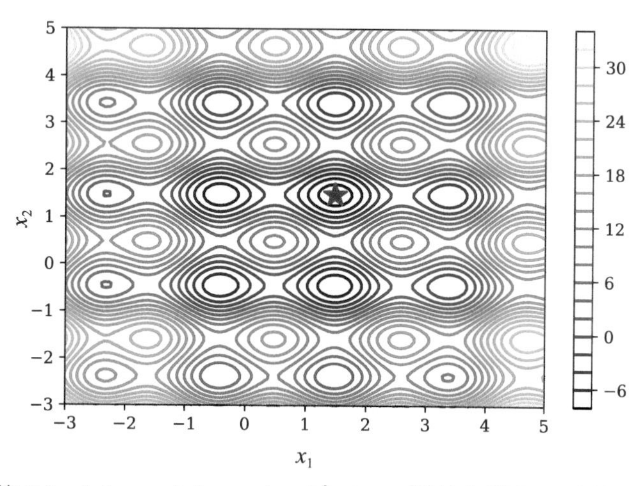

图6-5　目标函数 $f(\mathrm{x})=4\sin x\pi+6\sin y\pi+(x-1)^2+(y-1)^2$ 的等高线图，最小值用红色的星星标记

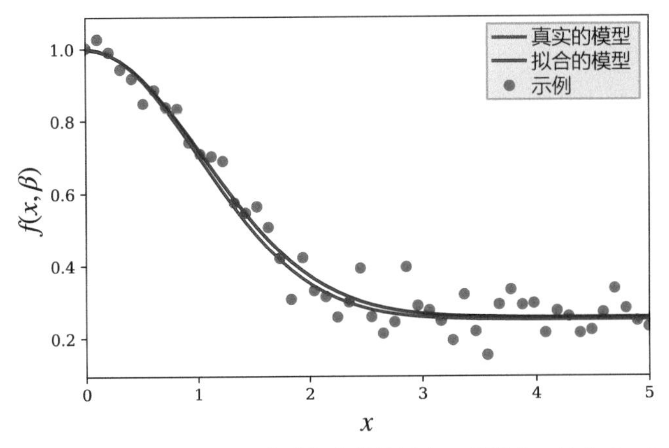

图6-6　对函数 $f(\boldsymbol{x}, \boldsymbol{\beta}) = \beta_0+\beta_1 \exp(-\beta_2 x^2)$进行非线性最小二乘拟合，其中 $\boldsymbol{\beta} = (0.25, 0.75, 0.5)$

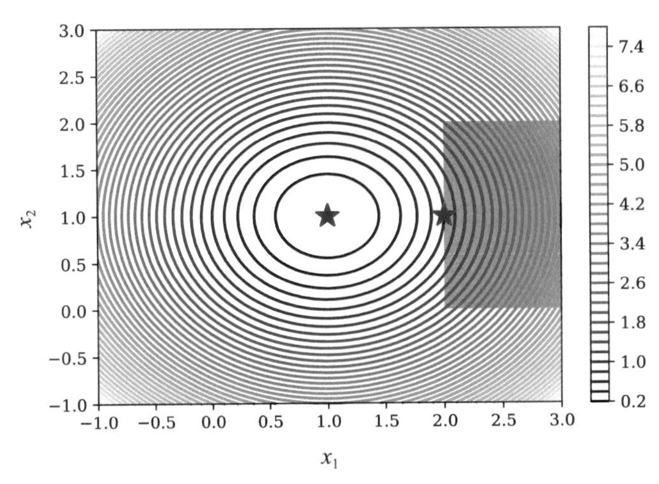

图6-7　目标函数 $f(x)$的等高线图以及无约束条件(蓝星)和有约束条件(红星)下的最小值，阴影区域是约束问题的变量区间

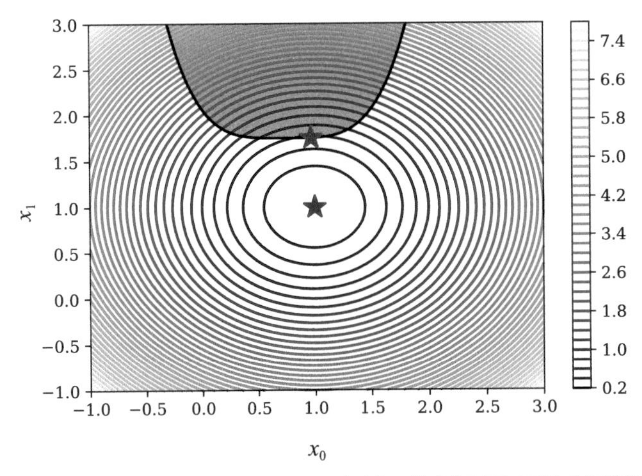

图6-8　约束问题的目标函数的等高线图，阴影部分是可行域；约束问题和无约束问题的最优解分别用红星和蓝星标记

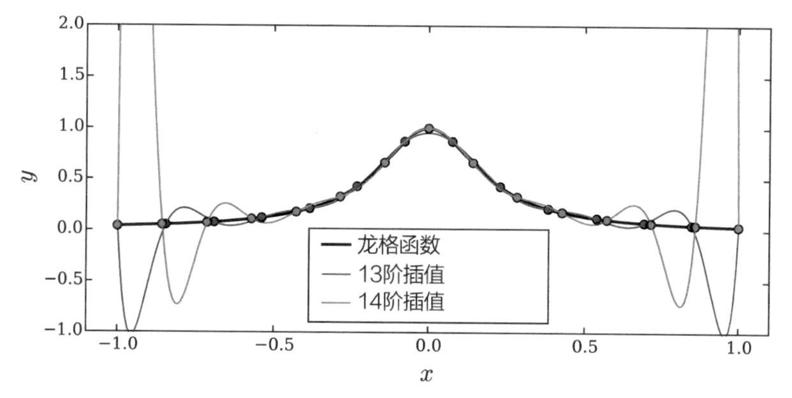

图7-2　龙格函数以及两个高阶多项式插值

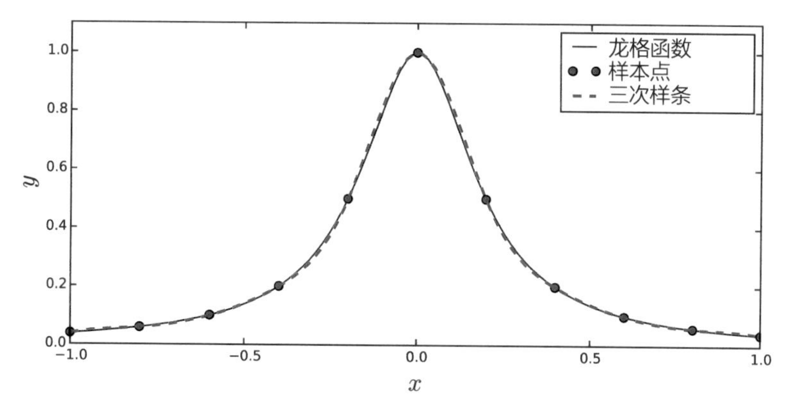

图7-3　龙格函数以及使用11个数据点的三次样条插值

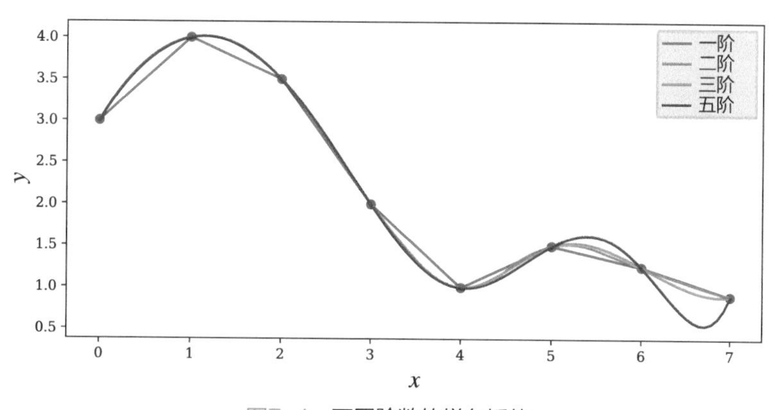

图7-4　不同阶数的样条插值

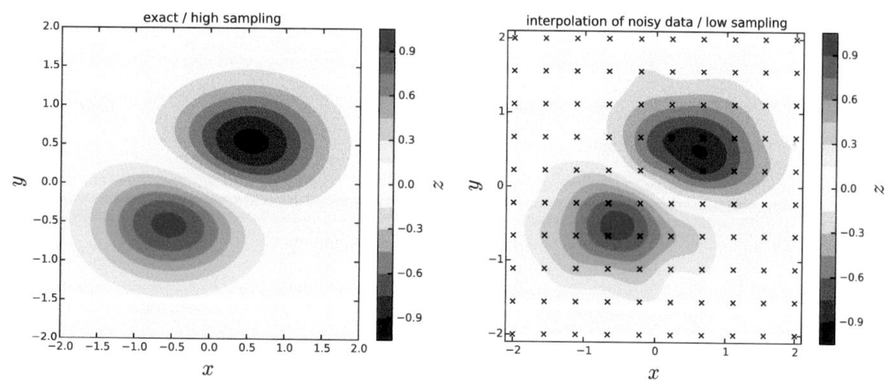

图7-5　原始函数(左图)与二元三次样条插值(右图)的等高线图，插值样本来自规则网格(用十字标记)中的函数

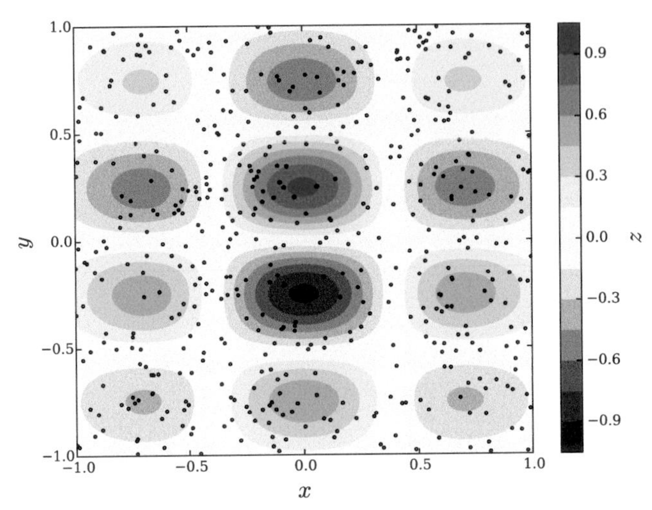

图7-6　随机采样函数的等高线图，500个采样点已用黑点标记

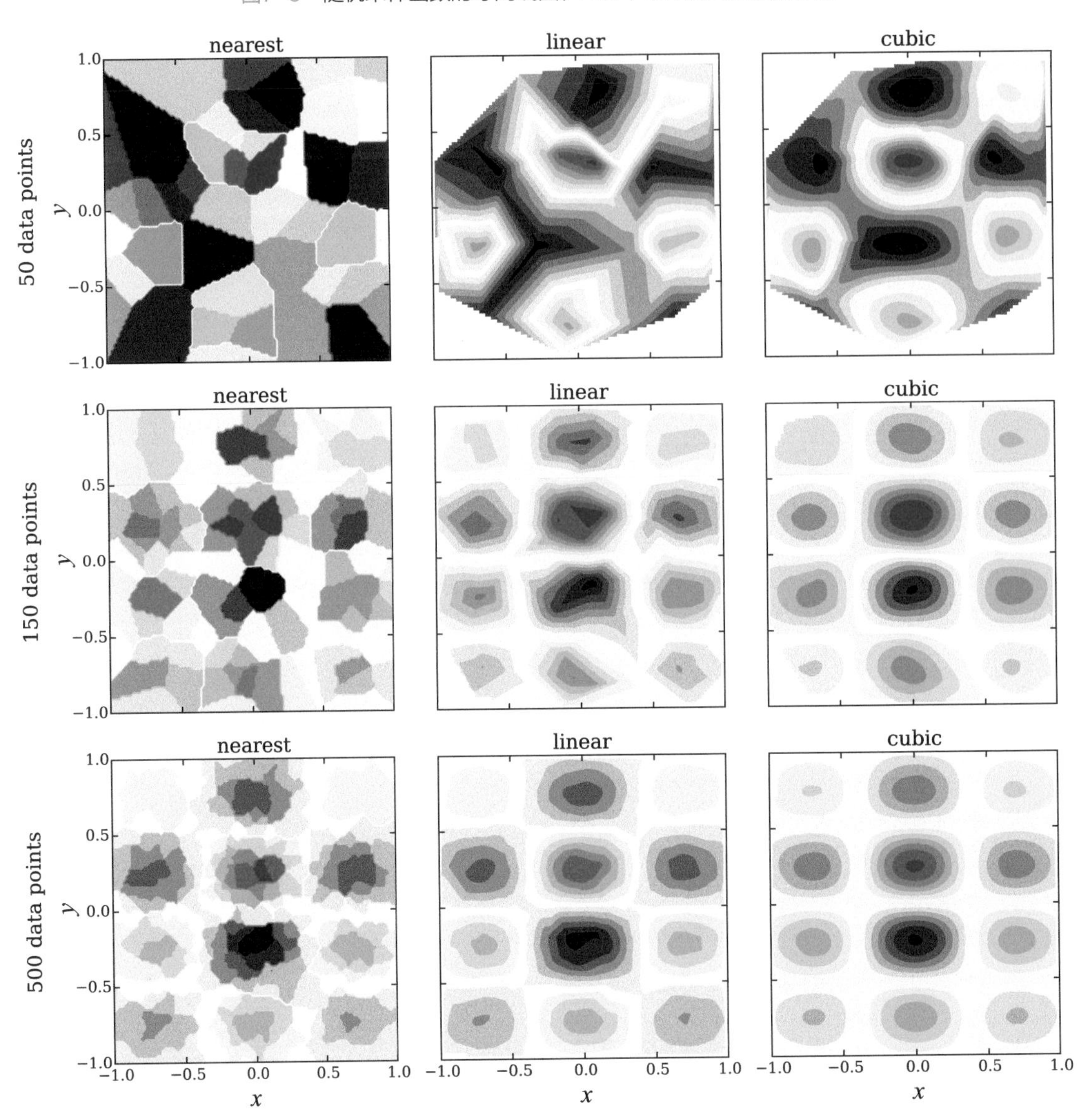

图7-7　对随机采样值进行双变量插值，插值函数的阶数依次增加(从左到右)，插值的采样点数量依次增加(从上到下)

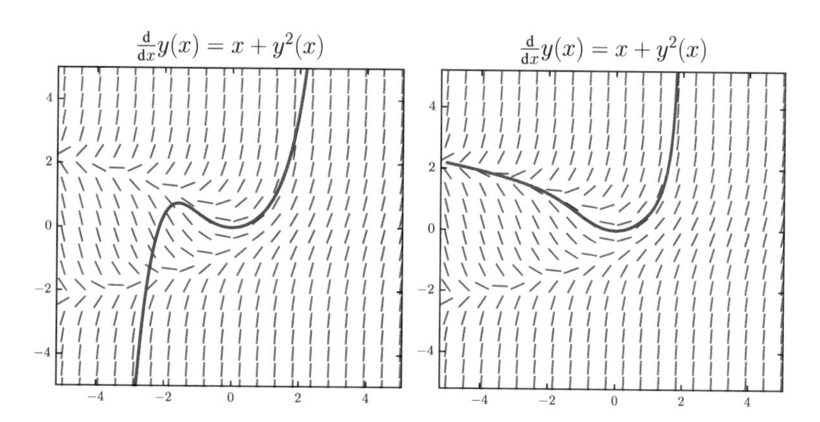

图9-3　ODE $\frac{dy(x)}{dx} = x + y(x)^2$ 的方向场图，左图是$x = 0$附近的5阶幂级数近似解，右图是在-5和2之间不断围绕x进行幂级数展开得到的解

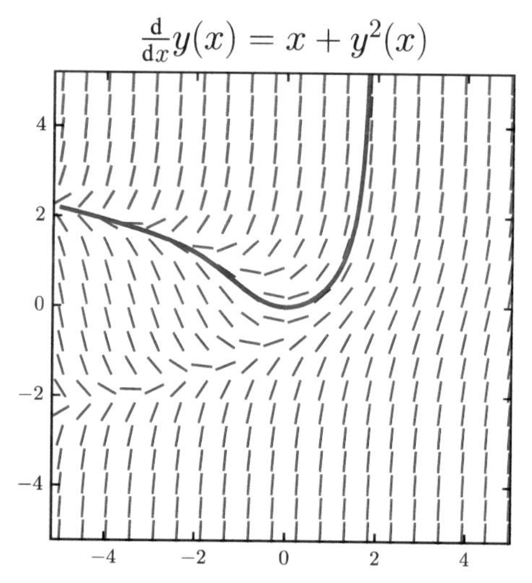

图9-4　ODE问题 $y'(x) = x + y(x)^2$的方向场以及满足$y(0) = 0$的特殊解

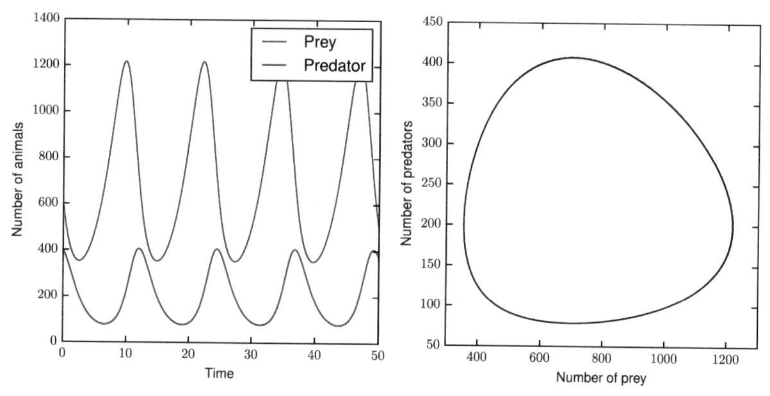

图9-5　捕食者-猎物种群问题的Lotka-Volterra ODE的解，分别将解作为时间的函数(左图)以及在相空间中绘制解的图形(右图)

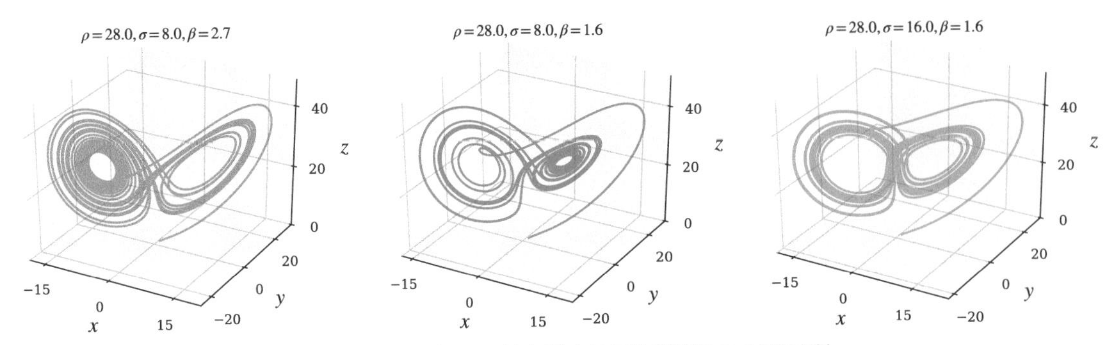

图9-6　使用三组不同的参数来演示洛伦茨ODE的动态性

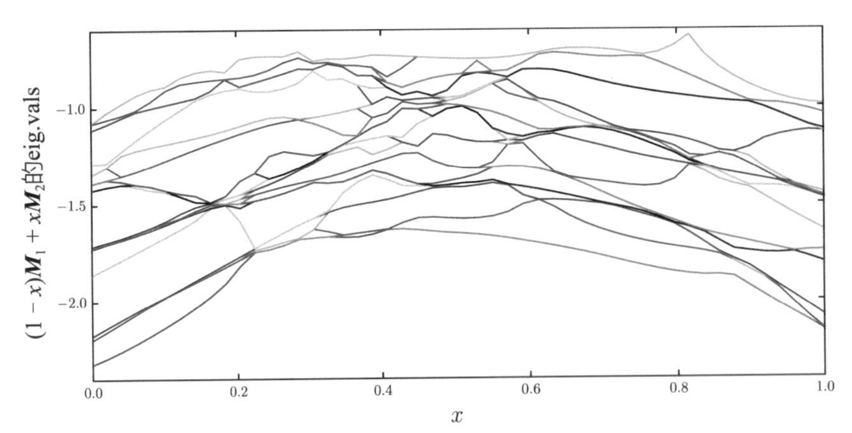

图10-4　稀疏矩阵$(1-x)\boldsymbol{M}_1 + x\boldsymbol{M}_2$在不同$x$值时的25个最小特征值，其中$\boldsymbol{M}_1$和$\boldsymbol{M}_2$是随机矩阵

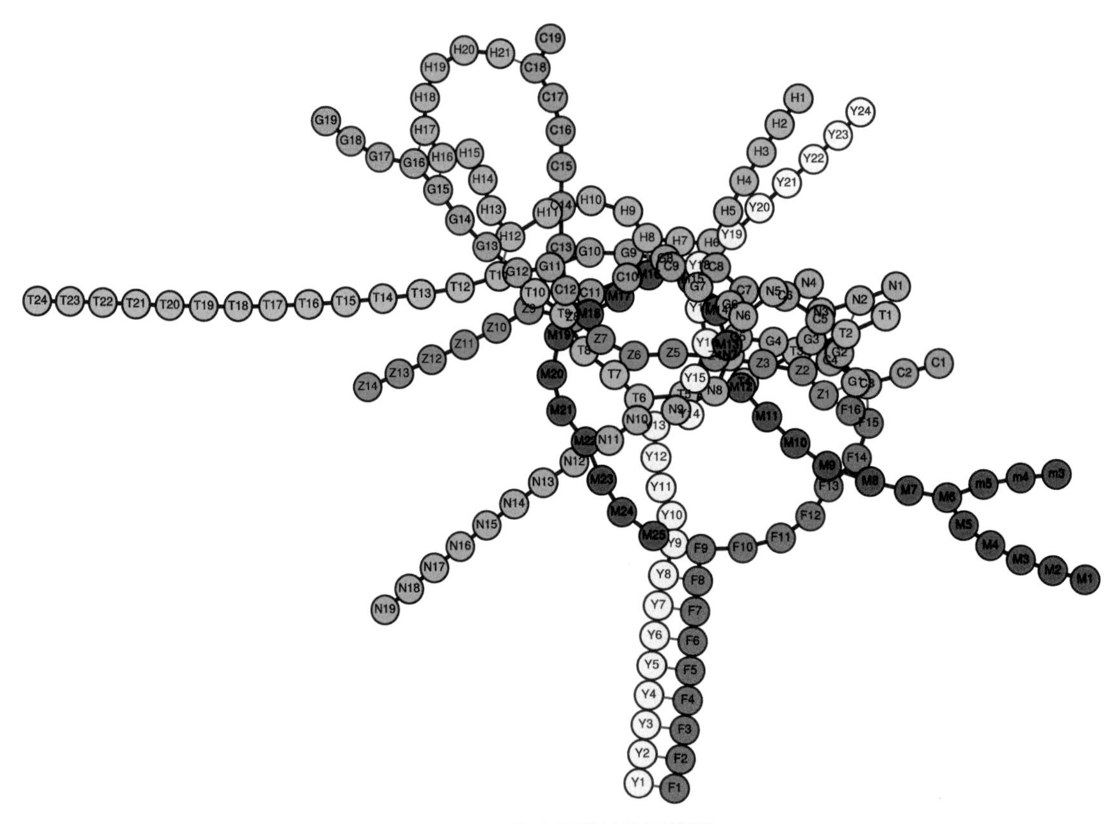

图10-5　东京地铁站的网络图

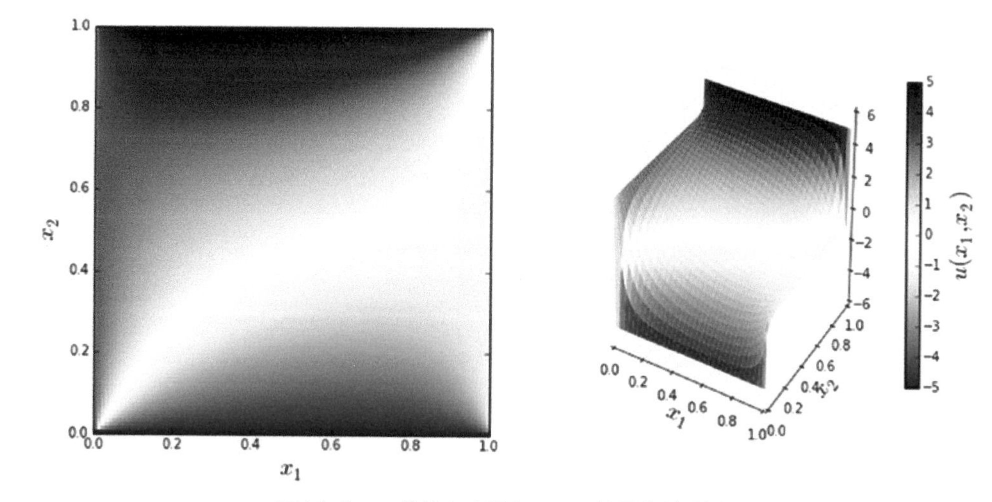

图11-2　二维热力方程(Dirichlet边界条件)的解

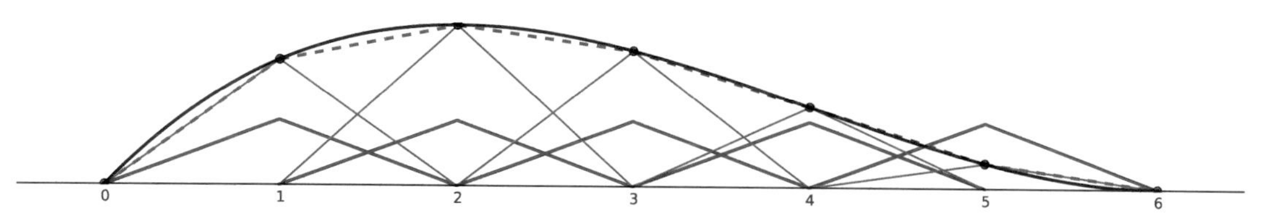

图11-3　在一维区间[0, 6]上使用区间支持的基函数(蓝色实线)

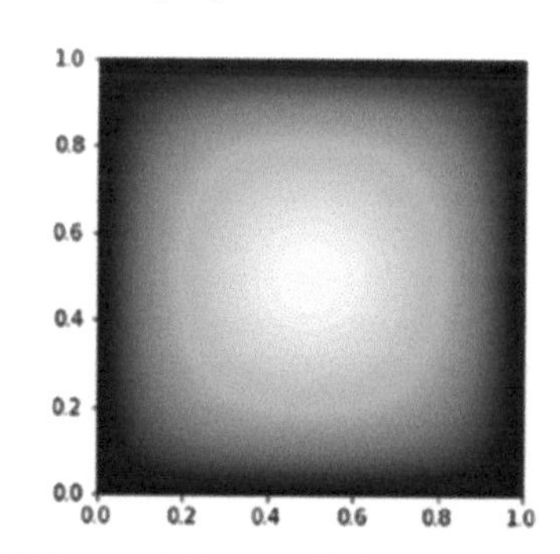

图11-5　使用dolfin库的plot函数绘制网格函数u_sol2的图形

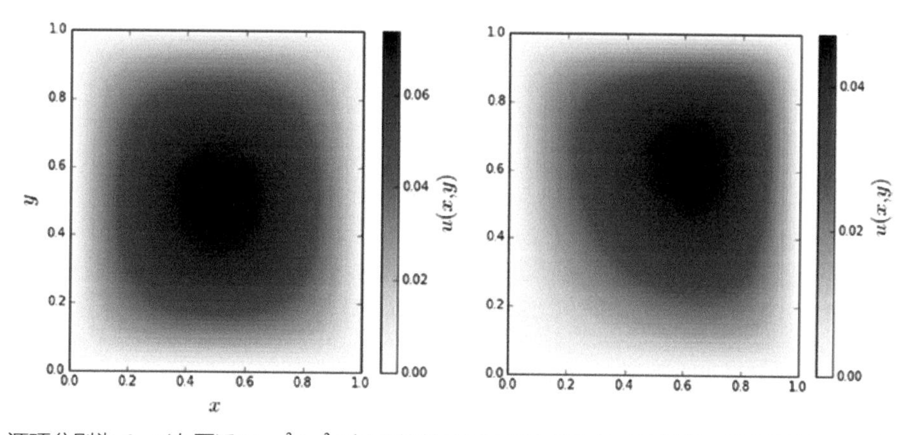

图11-6　源项分别为$f = 1$(左图)和$f = x^2 + y^2$ (右图)的单位正方形上稳态热方程的解，满足函数$u(x, y)$在边界上为零

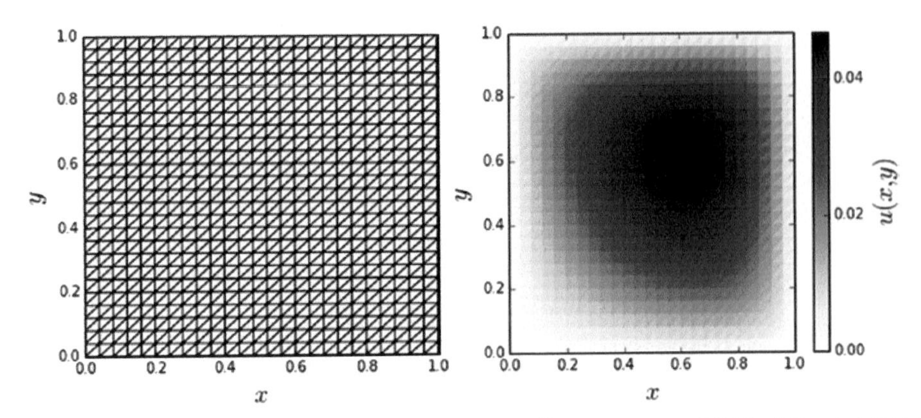

图11-7　和图11-6一样，唯一的区别在于图形是使用matplotlib的triangulation函数生成的。左图是网格，右图是PDE的解

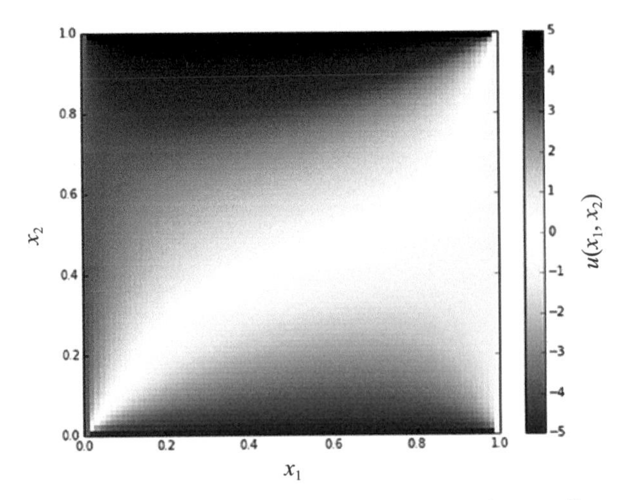

图11-8　稳态热方程的解，该方程在单位正方形的每个边界上使用不同的Dirichlet边界条件

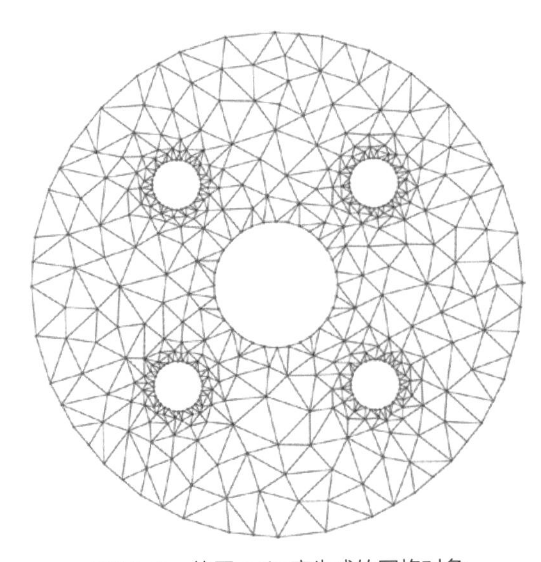

图11-9　使用mshr库生成的网格对象

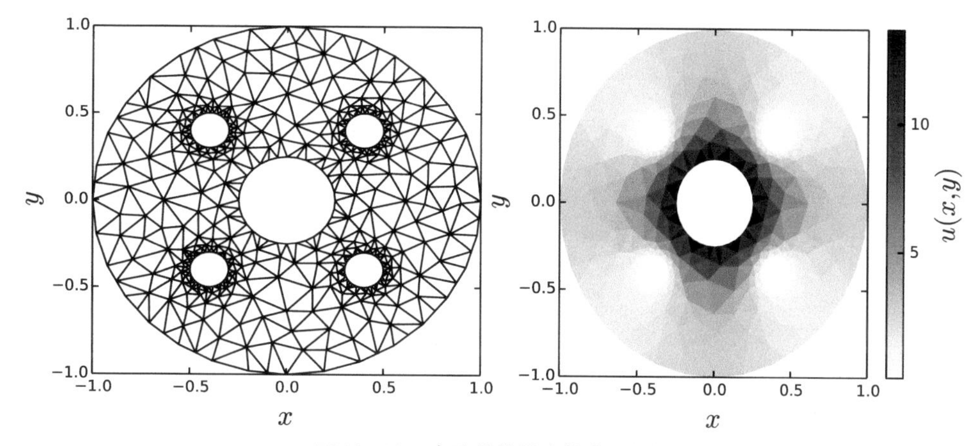

图11-10　穿孔单位圆上热方程的解

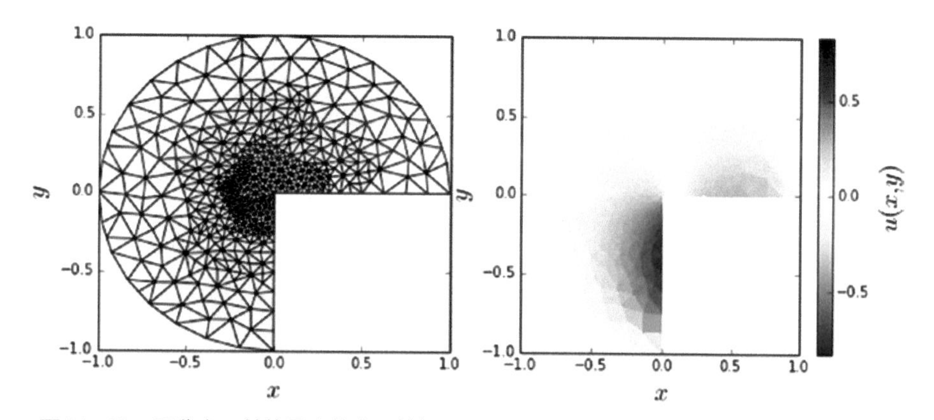

图11-13　四分之三单位圆上热方程的解，图形同时满足Dirichlet和Neumann边界条件

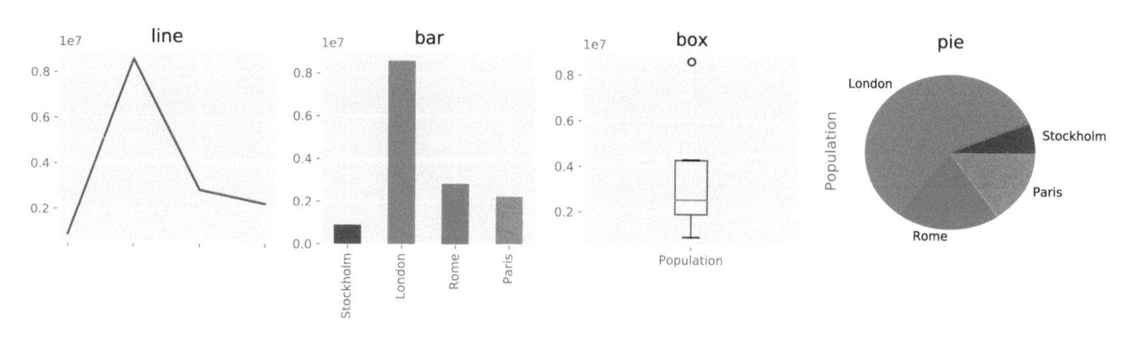

图12-1　Series.plot方法的部分绘图样式

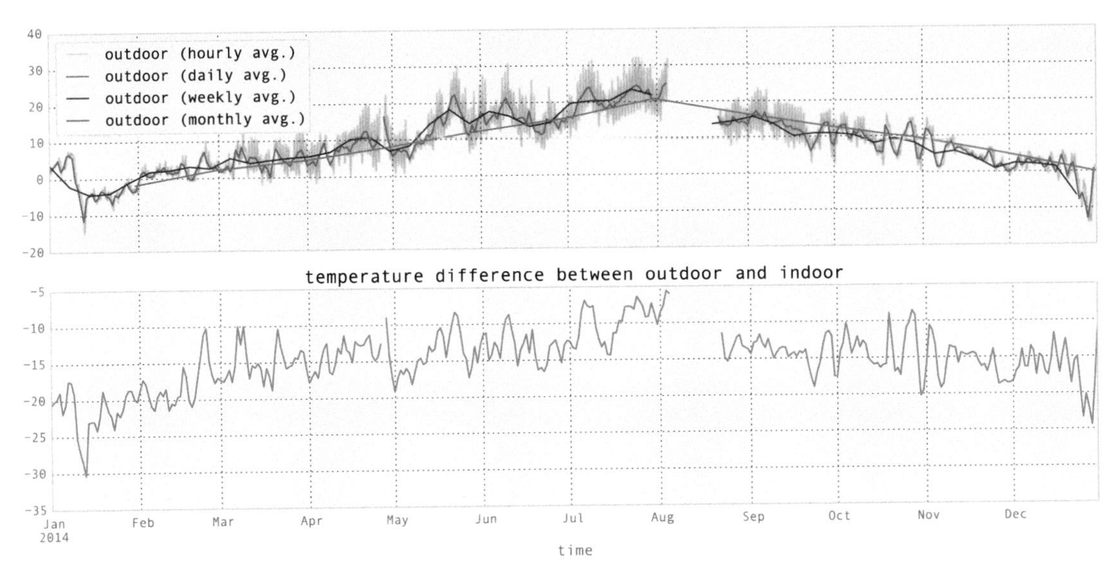

图12-6 对室外温度以每小时、每天、每周、每月为时间间隔进行重采样(上图)，以及每天室外温度与室内温度的差值(下图)

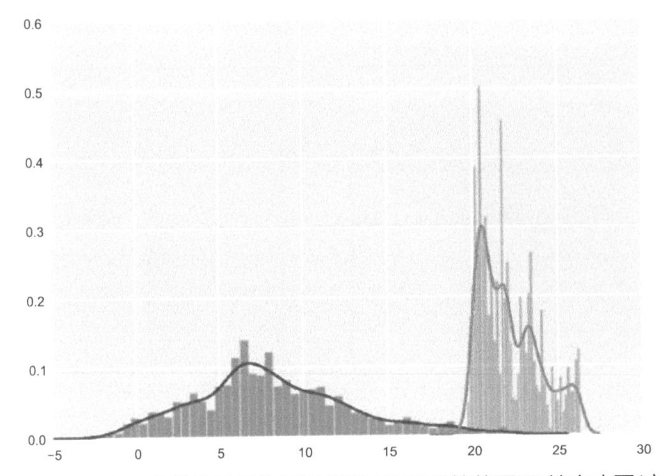

图12-8 室内及室外数据子集(4月份)的直方图(柱状图)和核密度图(实线)

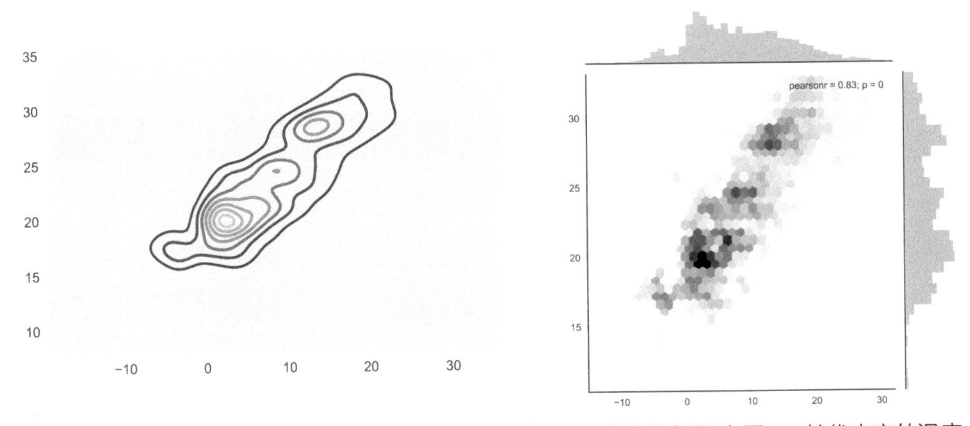

图12-9 室内及室外温度数据集的二维核密度估计等高线图(左图)和联合分布图(右图)。x轴代表室外温度，y轴代表室内温度

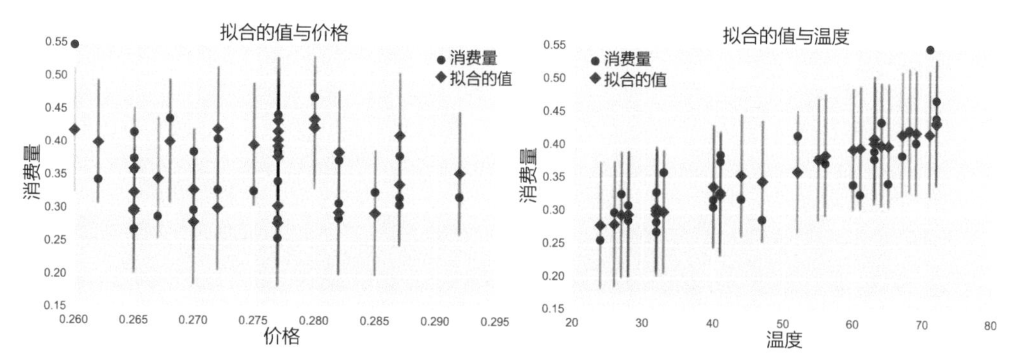

图14-4　数据集Icecream中消费量相对价格及温度的回归图

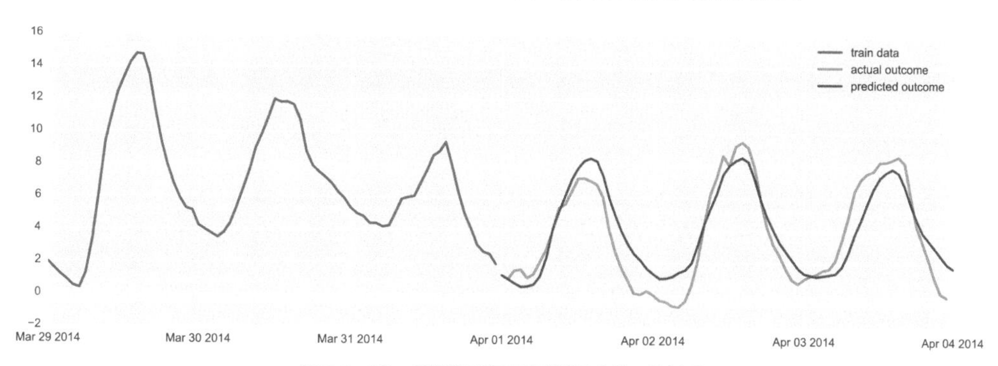

图14-10　观测温度和预测温度的对比图

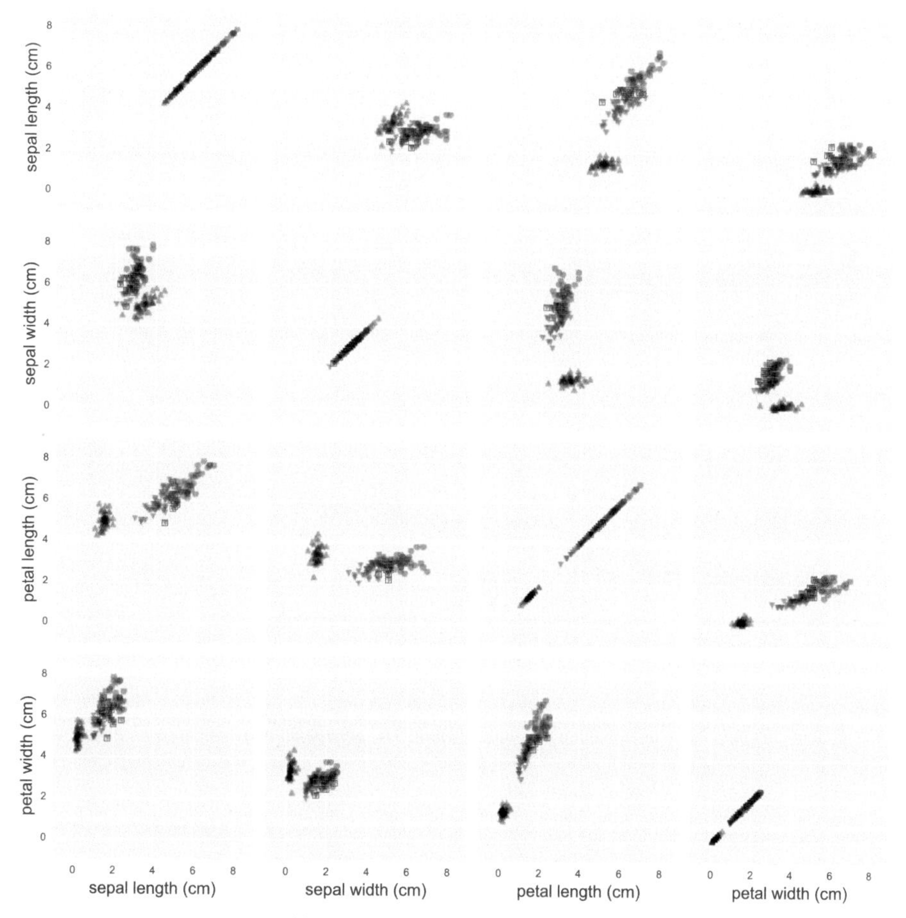

图15-8　使用*k*-均值算法对Iris数据集进行聚类的结果

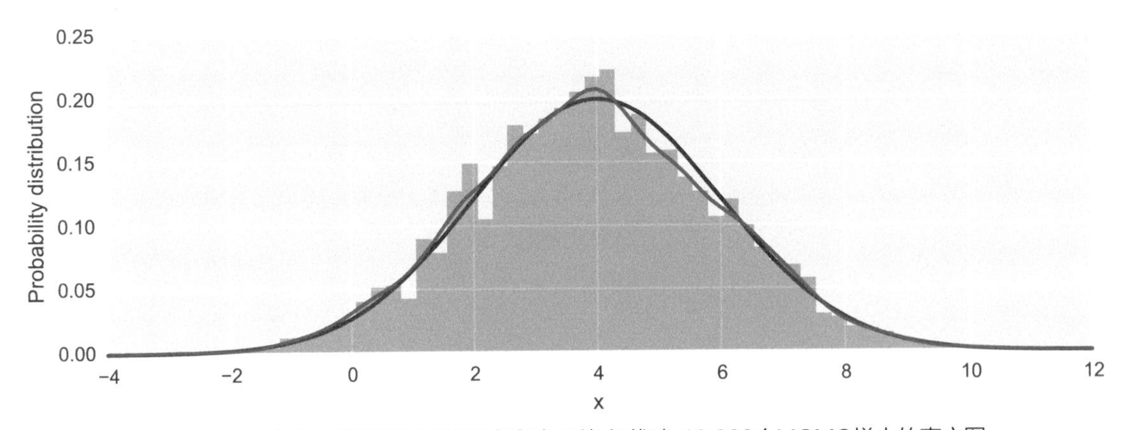

图16−1 正态分布的随机变量的概率密度函数(红线)与10 000个MCMC样本的直方图

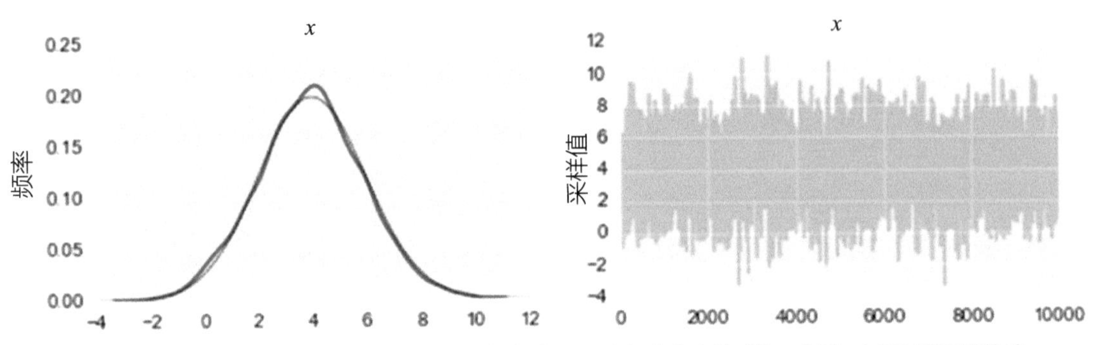

图16−2 左图：采样轨迹的核密度估计(蓝色线)以及正态概率分布(红线)。右图：MCMC采样轨迹

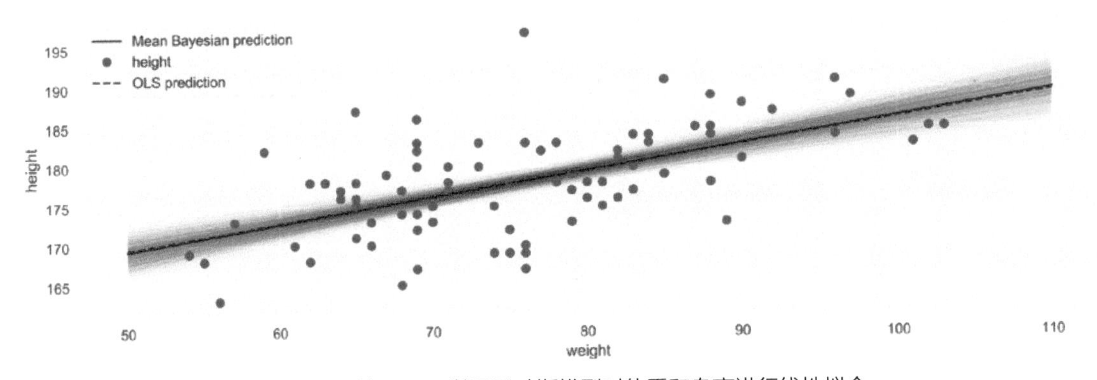

图16−9 使用OLS以及贝叶斯模型对体重和身高进行线性拟合

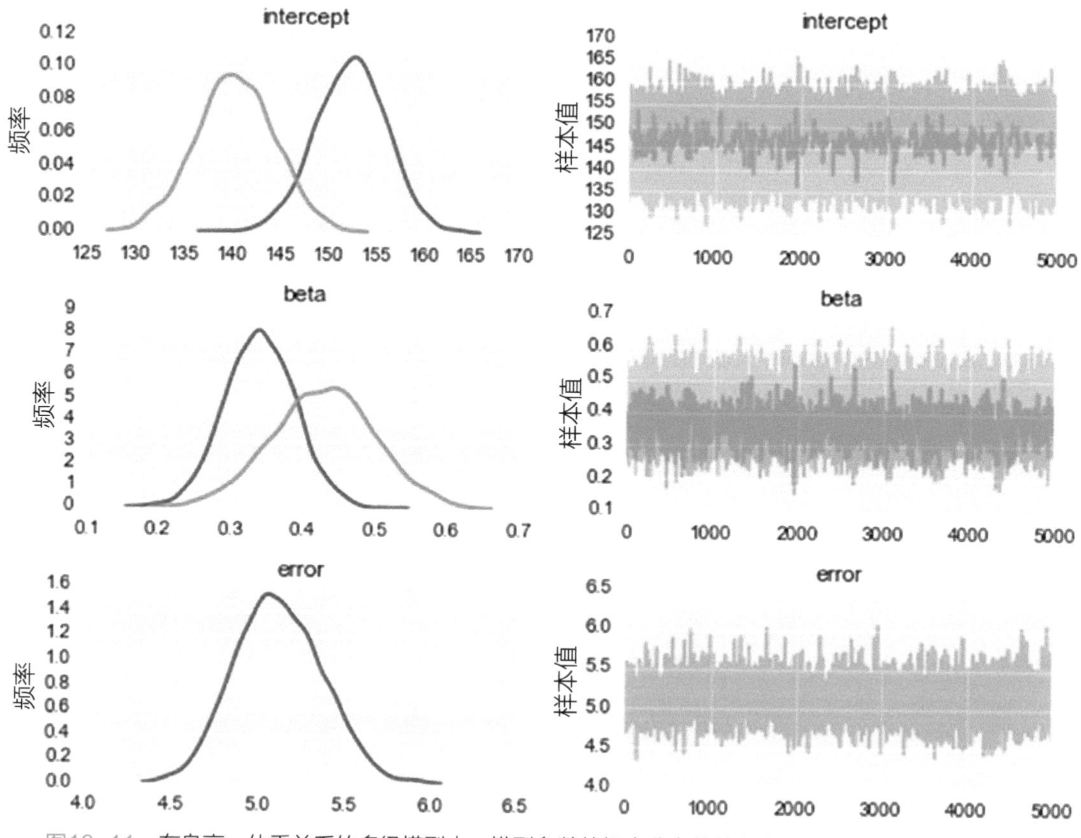

图16-11　在身高一体重关系的多级模型中，模型参数的概率分布的核密度估计以及MCMC采样轨迹

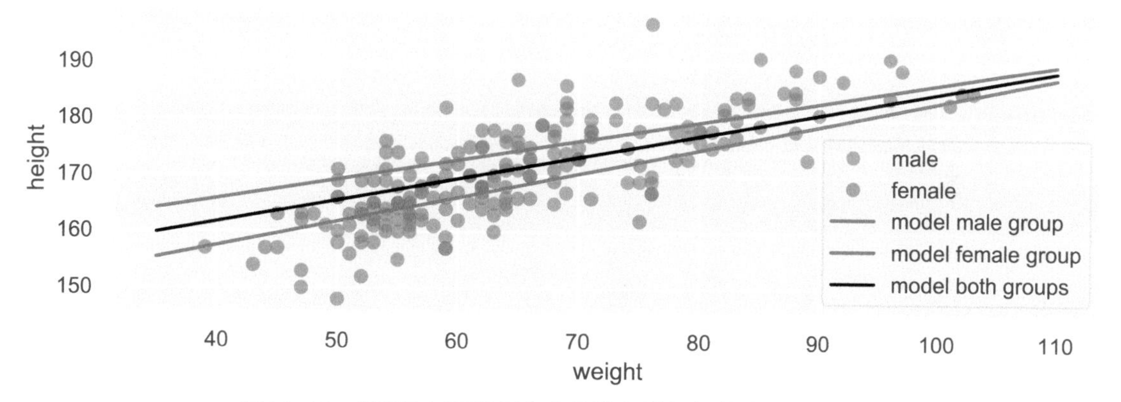

图16-12　男性样本(深蓝色)与女性样本(浅绿色)的身高-体重关系

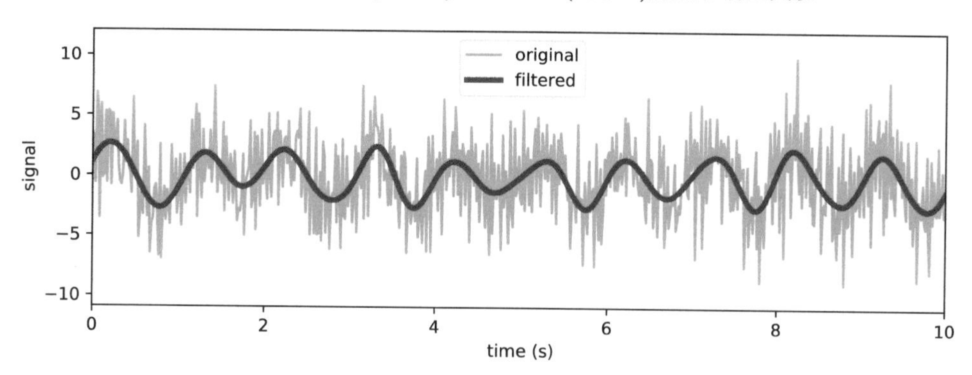

图17-3　原始的时域信号以及在频域表示上应用低通滤波器后重建的信号

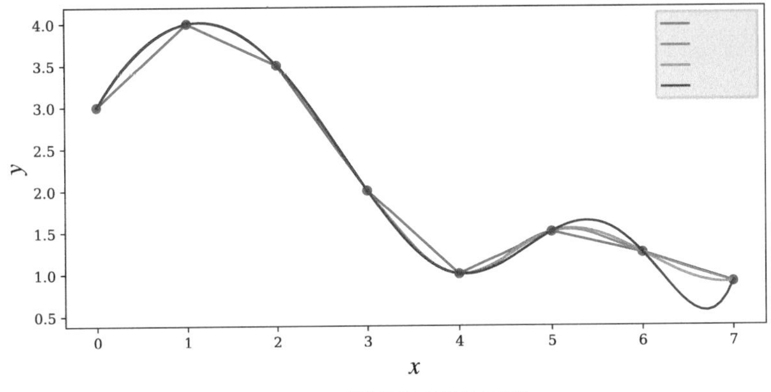

图17-4　常用窗函数的示例

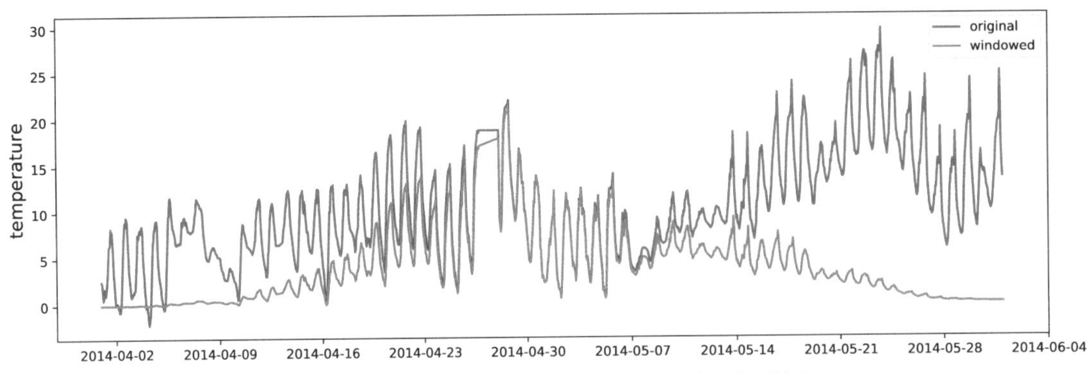

图17-5　加窗后以及原始的temperature时间序列信号

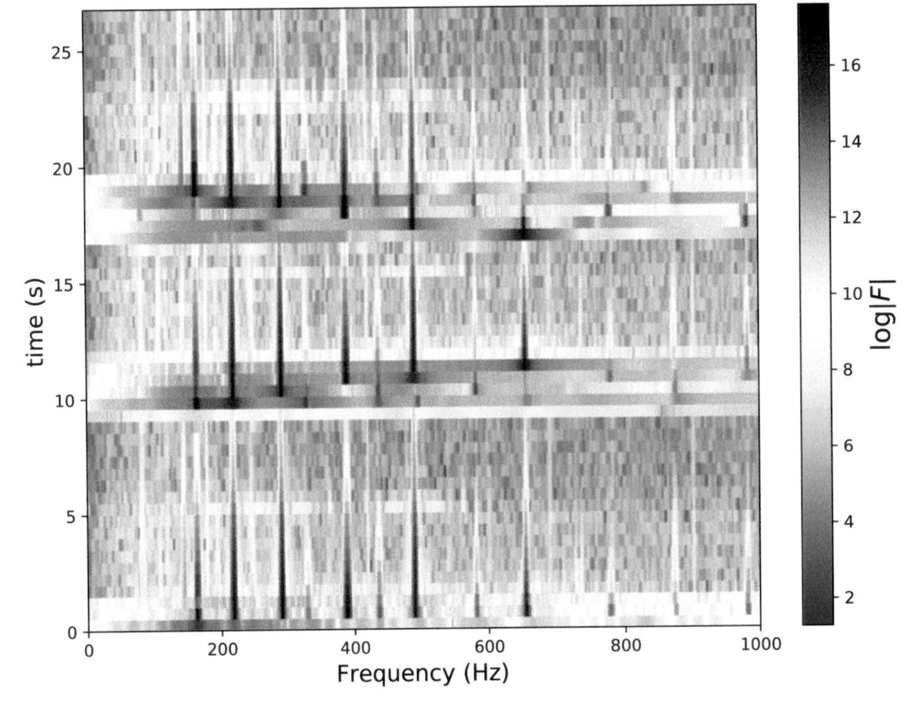

图17-8　吉他音频样本的频谱图

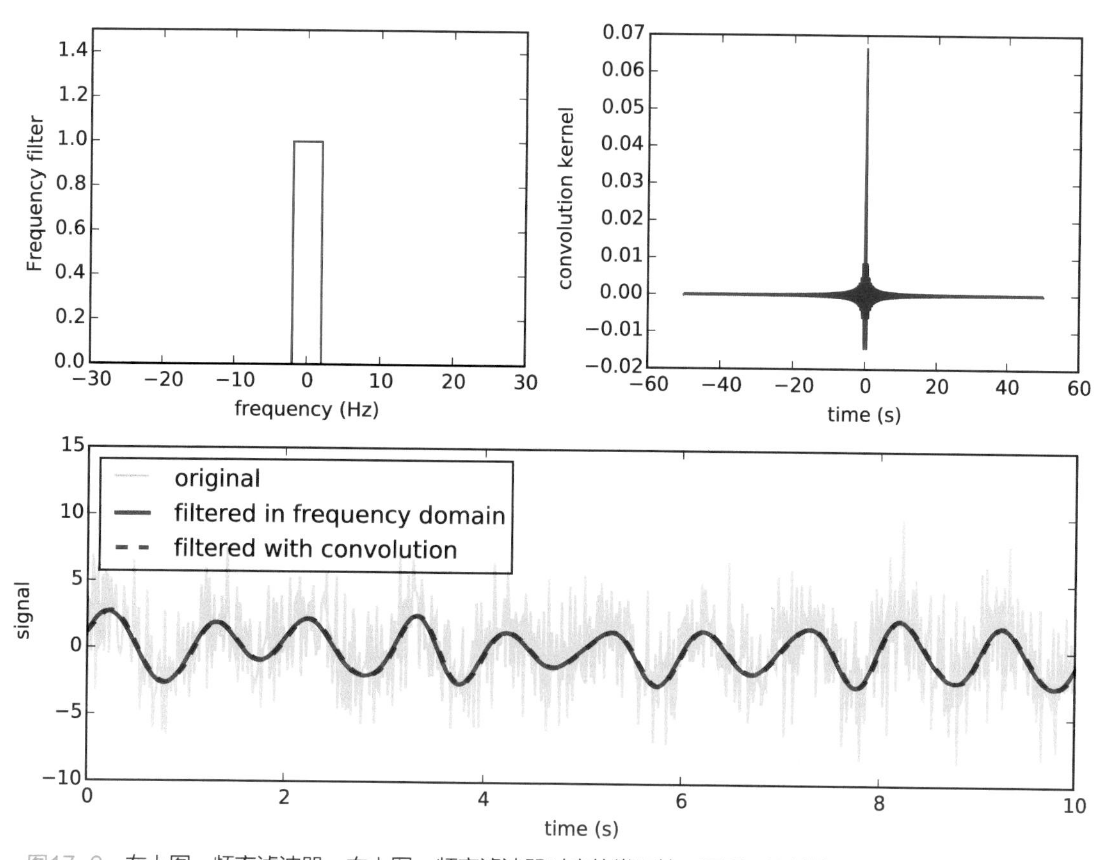

图17-9　左上图：频率滤波器。右上图：频率滤波器对应的卷积核。下图：通过卷积实现的简单低通滤波器

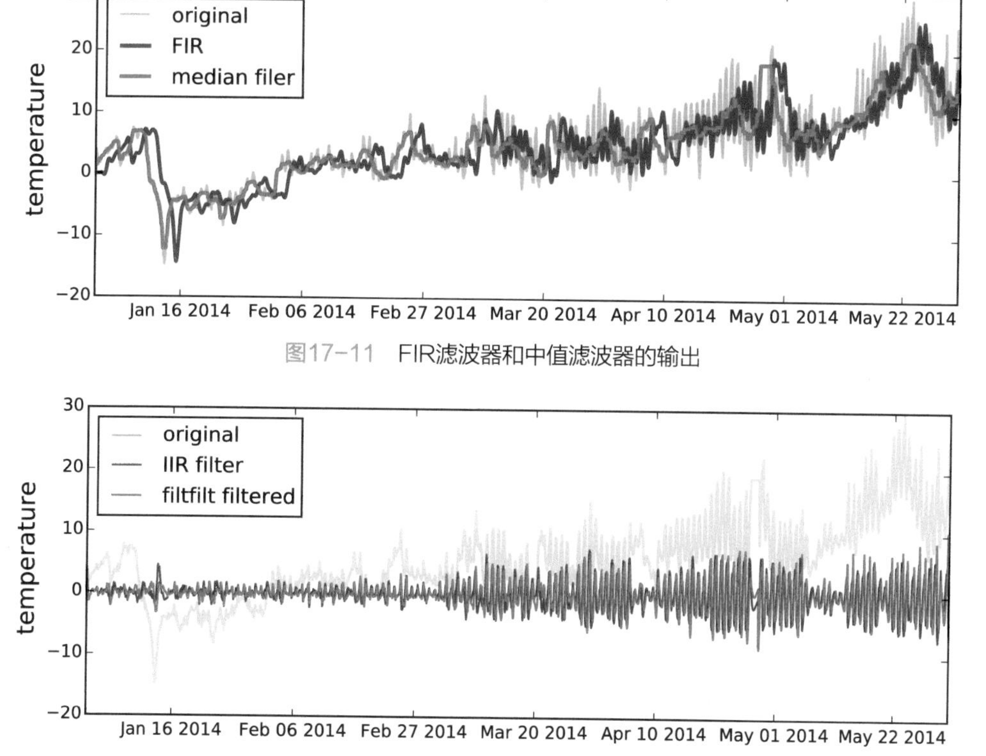

图17-11　FIR滤波器和中值滤波器的输出

图17-12　IIR高通滤波器及对应的filtfilt滤波器(前向和后向同时应用)的输出

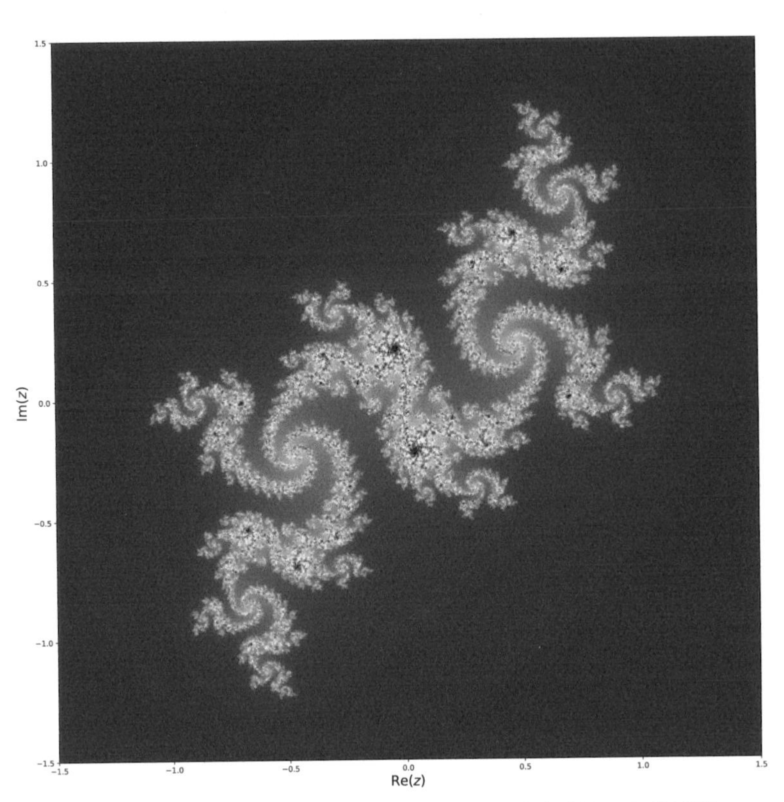

图19-1　使用Numba JIT编译过的Python函数生成的Julia分形图

大数据应用与技术丛书

Python 科学计算和数据科学应用(第 2 版)

使用 NumPy、SciPy 和 matplotlib

[美] 罗伯特 • 约翰逊(Robert Johansson) 著
黄 强 译

清华大学出版社
北 京

北京市版权局著作权合同登记号　图字：01-2019-6303

Numerical Python: Scientific Computing and Data Science Applications with NumPy, SciPy and matplotlib,Second Edition
Robert Johansson
EISBN：978-1-4842-4245-2

图书在版编目(CIP)数据

Python 科学计算和数据科学应用：第 2 版：使用 NumPy、SciPy 和 matplotlib / (美)罗伯特 • 约翰逊(Robert Johansson) 著；黄强 译. —北京：清华大学出版社，2020.6（2025.1 重印）
(大数据应用与技术丛书)
书名原文：Numerical Python: Scientific Computing and Data Science Applications with NumPy, SciPy and matplotlib, Second Edition
ISBN 978-7-302-55280-2

Ⅰ. ①P… Ⅱ. ①罗… ②黄… Ⅲ. ①软件工具—程序设计Ⅳ. ①TP311.561

中国版本图书馆 CIP 数据核字(2020)第 056431 号

责任编辑：王　军
装帧设计：孔祥峰
责任校对：牛艳敏
责任印制：丛怀宇

出版发行：清华大学出版社
网　　址：https://www.tup.com.cn, https://www.wqxuetang.com
地　　址：北京清华大学学研大厦 A 座　　邮　　编：100084
社 总 机：010-83470000　　邮　　购：010-62786544
投稿与读者服务：010-62776969，c-service@tup.tsinghua.edu.cn
质 量 反 馈：010-62772015，zhiliang@tup.tsinghua.edu.cn
印 装 者：涿州市般润文化传播有限公司
经　　销：全国新华书店
开　　本：190mm×260mm　　印　　张：32　　插　　页：10　　字　　数：837 千字
版　　次：2020 年 6 月第 1 版　　印　　次：2025 年 1 月第 5 次印刷
定　　价：198.00 元

产品编号：084542-01

译 者 序

近年来，以大数据、人工智能、云计算、5G 等为代表的信息技术发展迅猛，其应用已经深刻影响到社会、生活的方方面面。在这些技术的背后，有一门基础学科至关重要，那就是科学数值计算，它是数据分析、人工智能、机器学习、信号处理等应用的数学基础，随着这些应用的发展，数值计算也越来越受大家重视。

Python 是一种解释型、面向对象的可交互式高级通用编程语言，由于代码可读性强、易于学习、易于维护、可移植性强，并且具有丰富的、高质量的标准库和第三方库，Python 成了最受欢迎的编程语言之一，甚至火爆到“出圈”，某地产大佬都将其作为自己的人生礼物。

当然，本书并不是一本介绍 Python 入门的书籍，阅读本书需要一定的 Python 编程知识以及数值计算方面的理论基础。因此，在阅读本书之前建议先学习 Python 的基本知识，对于已经有其他编程语言经验的读者来说，这并不难。另外，如果时间有限，并不需要完整阅读本书，读者可以根据自己的兴趣选取相关章节进行阅读。

本书涵盖的知识点较多，前四章和最后两章，主要介绍使用 Python 进行科学数值计算时需要用到的相关基础知识和工具，如开发环境、符号计算、可视化工具、数据的输入输出以及 Python 代码的性能优化等，其余章节主要介绍 Python 在特定领域的应用，既包含传统的数值计算问题，如方程求解、优化、插值、积分、微分，也涉及近年来较为热门的数据分析、统计分析、机器学习等方面的应用。

另外，限于篇幅，本书的每一章无法对该章涉及的知识点进行完整介绍，因为很多章的内容如果深入展开的话，都可以单独写一本书了。因此，作者在每章的最后列出了推荐书目和参考资料，有兴趣的读者可以进一步学习。

本书不仅可作为科学数值计算分析专业人员的礼物，也适合任何对 Python 编程、数值计算、人工智能、数据分析等领域感兴趣的读者。

正如前面所说，本书的覆盖面较广，特别是涉及较多的数学理论知识，在翻译的时候我已经竭尽全力地避免错误，对于不太熟悉的数学知识，都会先对相关的资料进行学习，另外对原书中的一些错误也进行了更正，但由于译者水平有限，难免会存在一些错误，欢迎各位读者指正。

翻译书是枯燥且艰辛的漫长过程，每翻译一本书都需要至少半年的时间，翻译过程中多次和自己说以后不再翻译图书了，但每次看到一本好书时又会忍不住手痒。这就像跑马拉松，每次都累得精疲力竭，但跑过终点之后又会隐隐期待下一次。

非常感谢清华大学出版社以及编辑们对我的信任，将本书交给我翻译，并在翻译过程中给予大力支持和帮助，希望以后有机会继续合作，为读者奉上优秀的书籍。

最后要感谢我的家人，最近几年由于工作的原因，经常聚少离多，特别愧对两个儿子，不能亲眼看着你们长大，希望以后能有更多时间陪伴你们，希望你们能健康成长。

黄强

译者简介

黄强，本科和硕士分别毕业于中山大学和中国科学院研究生院，目前在一家国有银行从事信息科技方面的工作。对信息技术的前沿发展及应用有着浓厚的兴趣，包括云计算、人工智能、金融科技等，翻译过多本技术专著。

作者简介

Robert Johansson 是一位经验丰富的 Python 程序员和计算科学家，他拥有瑞典查尔斯理工大学理论物理学博士学位。他在学术界和工业界从事科学计算工作超过 10 年，既参与过开源项目的开发，也做过专有性研究项目的开发。在开源领域，他为 QuTip 项目做出了很多贡献，QuTip 项目是一个很流行的用于模拟量子系统动力学的 Python 框架，他还为科学计算领域的其他几个 Python 库做出过贡献。Robert 对科学计算和软件开发充满热情，并热衷于传授和交流这方面的最佳实践，以便能在这些领域取得最好的成果：新颖的、可重现的、可扩展的计算结果。Robert 在理论物理和计算物理领域有 5 年的研究背景，目前他是 IT 行业的数据科学家。

技术审稿人简介

Massimo Nardone 在安全、Web 开发、移动开发、云和 IT 架构方面拥有超过 24 年的经验。目前他的主要兴趣是信息安全和 Android 开发。Massimo 从事 Android、Perl、PHP、Java、VB、Python、C/C++和 MySQL 等领域的编程和教学长达 20 多年，拥有意大利萨莱诺大学计算机科学专业的硕士学位。

Massimo 曾经担任过项目经理、软件工程师、研发工程师、首席安全架构师、信息安全经理、PCI/SCADA 审计师以及首席高级 IT 安全、云计算和 SCADA 方面的架构师。他在技术方面的技能包括信息安全、Android、云计算、Java、MySQL、Drupal、Cobol、Perl、Web 开发、移动开发、MongoDB、D3、Joomla!、Couchbase、C/C++、WebGL、Python、Pro Rails、Django CMS、Jekyll、Scratch 等。

Massimo 曾经在赫尔辛基工业大学(阿尔托大学)网络实验室担任访问讲师和实验主管。他拥有四项国际专利(PKI、SIP、SAML 和 Proxy 领域)，目前担任 Cargotec Oyj 公司的首席信息安全官(CISO)，同时还是 ISACA 芬兰分会的成员。

Massimo 已经为不同的出版社审阅了超过 45 本 IT 著作，并与他人合著了 *Pro JPA 2 in Java EE 8* (Apress, 2018)、*Beginning EJB in Java EE 8* (Apress, 2018)和 *Pro Android Games* (Apress, 2015)。

Chinmaya Patnayak 目前是 NVIDIA 公司的一名嵌入式软件工程师，精通 C++、CUDA、深度学习、Linux 和文件系统等。他曾在印度各地的各种重大技术活动中担任深度学习方面的演讲人和讲师。Chinmaya 拥有伯拉尼波拉理工学院(BITS Pilani)物理学的硕士学位以及电气和电子工程专业的学士学位。他曾经与美国国防研究与开发组织(DRDO)合作开发视频流加密方面的算法。目前他的主要兴趣是神经网络在图像分割、生物研究以及自动驾驶汽车方面的应用。

Michael Thomas 作为独立开发者、团队负责人、项目经理和工程副总在软件开发领域工作了 20 多年。Michael 在移动设备领域有 10 多年的工作经验，他目前的工作重点在医疗领域，使用移动设备来加快患者与医疗服务提供者之间的信息传输。

David Stansby 是伦敦帝国理工学院的一名在读博士，同时也是一位活跃的 Python 开发者。他是 matplotlib 库的核心开发团队的成员，matplotlib 是 Python 中最流行的绘图库。他还是 HelioPy 项目的创建者，HelioPy 是用于太空科学数据分析的 Python 包。

Jason Whitehorn 是一位经验丰富的企业家和软件开发人员，他通过油田数据采集、SCADA 以及机器学习为很多石油以及天然气公司提供自动化解决方案。Jason 从阿肯色州立大学获得计算机科学专业的学士学位，在这之前他就已经对软件开发痴迷多年，在读中学时就已经在自家的计算机上自学 BASIC 编程。当 Jason 不带团队工作时，就会进行写作或其他众多兴趣活动，他很享受与家人在俄克拉荷马州塔尔萨的生活。

前　言

科学计算和数值计算是科研、工程和分析方面的新兴领域。过去几十年来，信息科技行业的革命为其从业者提供了新的强大工具。这让计算工作能够处理前所未有的大规模和复杂性问题，所以整个领域和行业的应用如雨后春笋般涌现。这种进步还在持续，随着硬件、软件和算法的不断改进，该领域也正在创造新的机会。虽然这种技术进步的终极推手是最近几十年以来出现的拥有强大计算能力的硬件，但是，对于计算从业人员来说，计算工作的软件环境与硬件一样重要，甚至更为重要。本书介绍目前很流行并且快速增长的数值计算环境：由 Python 编程语言及其很多库组成的数值计算生态系统。

计算是一种跨学科的工作，需要在理论和实践方面都有丰富的专业知识和经验：扎实的数学基础和科学思维是计算工作的基本要求。另外，计算机编程和计算机科学方面的训练也同样重要。本书的目的就是通过介绍使用 Python 编程语言及相关的计算环境进行科学计算来连接理论和实践。本书假设读者已经接受过一些数学和数值方法的基本训练，并且掌握 Python 编程的基础知识。本书的重点是使用 Python 进行实际计算问题的求解。每章都会对该章涉及的理论知识做简单介绍，主要是为了向读者介绍相关的符号并回顾基本的方法和算法。但是，本书并不是数值方法的自洽介绍。为了帮助那些对本书某些章介绍的主题不太熟悉的读者，每章在最后都会给出扩展阅读。另外，如果读者没有 Python 编程经验，将本书与专门介绍 Python 编程语言的书一起阅读会很有用。

本书的组织方式

本书第 1 章将介绍科学计算的一般原理以及使用 Python 进行科学计算的主要开发环境，重点介绍 IPython 及其交互式 Python 命令行，还介绍优秀的 Jupyter Notebook 应用以及 Spyder IDE。

在第 2 章，我们将介绍 NumPy 库，另外还将讨论基于数组的计算及其优点。在第 3 章，我们将关注使用 SymPy 库进行符号计算，符号计算在很多方面都是对基于数组的计算的补充。在第 4 章，我们将介绍使用 matplotlib 库进行绘图和可视化。第 2~4 章为我们提供了基本的计算工具：数值计算、符号计算、可视化，这些工具将在本书其余章节用于解决特定领域的问题。

第 5 章的主题是方程求解，将分别介绍如何使用 SciPy 和 SymPy 库的数值方法和符号方法。在第 6 章，我们将探讨优化问题，这是从方程求解自然延伸出来的。我们主要使用 SciPy 库，同时也会简单地使用 cvxopt 库。第 7 章主要介绍插值，插值是另外一种有很多应用的基本数学工具，在高级算法和方法中有着重要的作用。第 8 章将介绍数值积分和符号积分。第 5~8 章主要介绍所有计算工作中经常使用的核心计算技术，这几章的大部分方法都可以在 SciPy 库中找到。

第 9 章将介绍常微分方程。第 10 章将介绍稀疏矩阵和图论相关的方法，这些有助于为第 11 章做准备。第 11 章将讨论偏微分方程，偏微分方程虽然在概念上与常微分方程密切相关，但是需要使用不同的技术，需要用到第 10 章介绍的稀疏矩阵。

从第 12 章开始，我们的研究方向将转到数据分析和统计分析。在第 12 章，我们将介绍 Pandas 库及其优秀的数据分析框架。第 13 章将介绍基本的统计分析以及 SciPy stats 包中的相关方法。第 14 章将介绍使用 statsmodels 库进行统计建模。第 15 章将结合机器学习(使用 scikit-learn 库)继续讨论统计分析和数据分析。第 16 章是介绍统计分析的最后一章，将讨论贝叶斯统计和 PyMC 库。第 12~16 章介绍了统计分析和数据分析，它们也是近年来 Python 科学计算社区里迅速发展的重要领域。

第 17 章将简要回顾科学计算的另外一个核心领域：信号处理。第 18 章讨论数据的输入输出，以及多种读写数据文件的方法，这是大部分计算工作所必需的基本工具。第 19 章将介绍提速 Python 代码的两种方法：分别使用 Numba 和 Cython 库。

附录介绍本书中所使用软件的安装方法。我们可以使用 conda 包管理器来安装这些软件(大部分是 Python 库)。conda 包管理器也可用来创建虚拟的、独立的 Python 环境，这对于创建稳定和可复制的计算环境非常重要。附录还讨论如何使用 conda 包管理器来处理这种环境。

源代码下载

本书的每章都将提供 Jupyter Notebook，其中包含该章中所有的代码。这些 Notebook 及其代码运行所需的数据文件都可以从 www.apress.com/9781484242452 下载，读者也可以通过扫描封底的二维码来下载。

目　录

第 1 章

科学计算介绍

本书介绍使用 Python 进行数值计算。Python 是一种高级的、通用的解释型编程语言，被广泛应用于科学计算和工程领域。作为一种通用型语言，Python 并不是专为数值计算设计的，但其很多特性使之非常适合数值计算。首先，Python 因其简洁易读的代码语法而闻名。好的代码可读性能够提高代码可维护性，可以减少错误并提高应用程序的整体性能，也可以实现代码的快速开发。这种可读性和表达性在探索性和交互式计算中至关重要，在这些场景中，为了检验不同的想法和模型，需要进行快速转换。

在解决计算问题时，考虑算法及其实现的性能当然很重要。我们会很自然地追求代码的效率，对于很多计算问题，性能优化确实非常重要。这种情况下，可能需要使用低级程序语言(如 C 或 Fortran)，从而在特定的硬件上获得最优性能。但是，运行时的最佳性能并不总是最合适的目标。在特定的编程语言或环境中，实现算法所需的开发时间也很重要。虽然可以使用低级编程语言来得到最佳的运行时性能，但是使用 Python 等高级语言可以缩短开发时间，并且可以生成更灵活、更具扩展性的代码。

这些互相冲突的目标需要我们在高性能但开发时间长与低性能但开发时间短之间进行权衡，如图 1-1 所示。当为解决某个特定问题选择计算环境时，必须充分考虑这种权衡，并且确定是开发时间还是运行计算时的 CPU 时间更有价值。需要注意的是，CPU 时间目前已经很便宜，并且会更便宜，但是人工非常昂贵，尤其是你自己的时间，这是很宝贵的资源。所以，很有必要使用 Python 及其科学计算库这样的高级编程语言和环境，来最大限度地缩短开发时间(而不是运行计算时的 CPU 时间)。

一种能够部分避免在高级和低级语言之间进行权衡的方法是使用多语言模型，使用高级语言来链接使用低级语言编写的库和软件包。在高级的科学计算环境中，一项重要的功能需求就是与使用低级语言(如 Fortran、C 或 C++)编写的软件包进行交互的能力。Python 非常擅长这种集成，因此，Python 已经成为一种流行的“胶水语言(glue language)”，作为配置和控制低级编程语言代码(用于耗时的数值计算)的接口。这是 Python 成为数值计算领域的流行语言的重要原因。多语言模型能够在高级语言中快速开发代码，同时保留低级语言的大部分性能。

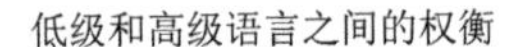

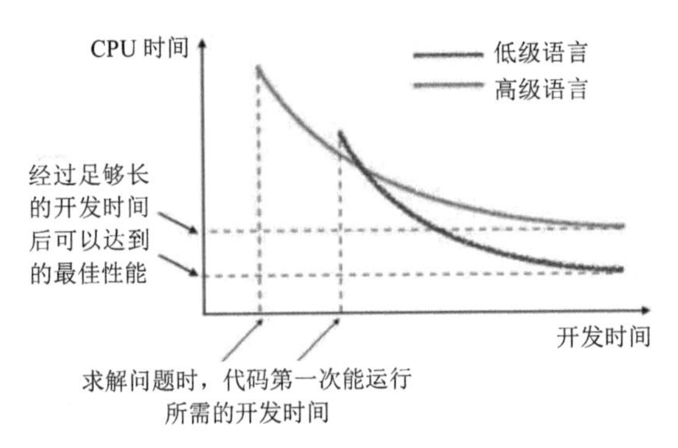

图 1-1 低级和高级语言之间的权衡。当解决某个问题时，低级语言通常有更好的性能，但需要投入更多开发时间，而类似 Python 这样的高级语言所需的开发时间更短

因为是多语言模型，所以使用 Python 进行科学和技术计算时涉及的不仅仅是 Python 语言本身。事实上，Python 语言只是整个科学和技术计算环境的软件和解决方案生态系统中的一部分。该生态系统包含各种开发工具和交互式编程环境，例如 Spyder 和 IPython，这些工具在设计之初就特别考虑了科学计算的需求。该生态系统还包含大量用于科学计算的 Python 库。这些面向科学计算的库包括从通用核心库(如 NumPy、SciPy 和 matplotlib)到各种特定领域的专用库。Python 科学计算栈中，在各 Python 模块下存在另外一个关键层，其中包括：各种 Python 科学计算库的接口；使用各种低级语言编写的、高性能的科学计算软件包，比如用于对向量、矩阵和线性代数底层计算库(如 LAPACK 和 BLAS)进行优化的库[1]；以及用于其他特定计算任务的专用库。这些库都是使用编译过的底层语言实现的，因此优化得很好，性能很高。没有这些底层库，使用 Python 进行科学计算就不切实际。图 1-2 描述了 Python 计算软件栈中各层的情况。

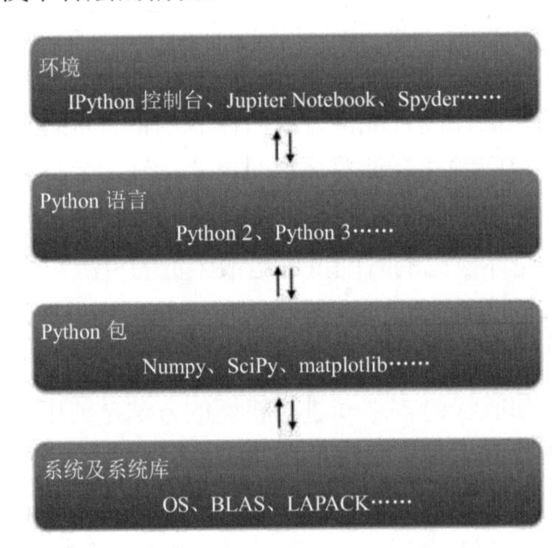

图 1-2 用户视角下 Python 科学计算环境的组成。用户通常只与前三层打交道，但底层是非常重要的组成部分

1 例如 MKL(Math Kernel Library，https://software.intel.com/en-us/intel-mkl)、openBLAS(https://www.openblas.net)和 ATLAS(Automatically Tuned Linear Algebra Software，http://math-atlas.sourceforge.net)。

提示：

SciPy 在网站 www.scipy.org 上提供了有关 Python 科学计算生态系统中核心软件包的相关信息，以及其他专用软件包的列表，还有这些软件包的文档及教程。因此，在使用 Python 进行科学和技术计算时，这是一个很有用的资源。另一个有用的资源是 Python 官方 WiKi 上的 *Numeric and Scientific* 页面：http://wiki.python.org/moin/NumericAndScientific。

Python 之所以能够为计算领域提供很好的生态环境，除了技术方面的原因外，还有一个重要原因在于 Python 是开源免费的。这可以让用户在部署和分发他们开发的应用时不会有经济方面的限制。同样重要的是，这可以让有需要的用户全面深入地了解语言和软件包的实现方式以及使用的方法。对于很注重透明性和可重复性的学术工作，这一点日渐成为对研究中所使用软件的一项重要要求。对于商业方面的应用，可以让用户自由地使用 Python 环境并集成到产品中，以及把产品分发给客户。所有用户都可以因为不需要支付许可费而受益，许可费有可能会阻碍产品在大型计算环境(如集群和云计算平台等)中的部署。

社区是 Python 科学计算生态系统成功的另一个重要原因。围绕核心软件包以及很多特定领域的项目都有活跃的用户社区。特定项目的邮件列表、Stack Overflow 群组以及问题跟踪系统(如 GitHub 的 issue tracker)都非常活跃，大家可以在论坛里讨论问题和寻求帮助，同时也可以参与这些工具的开发。Python 的计算社区还经常在世界各地组织年度会议和活动，例如 SciPy(http://conference.scipy.org)和 PyData(http://pydata.org)的系列会议。

1.1　Python 数值计算环境

有很多适合于 Python 进行科学和技术计算的环境。这种多样性与某些专用计算领域只有唯一受认可的环境相比，既有优点也有缺点：多样性带来的灵活性和活力，可以让不同的产品专注于特定的使用场景，但另一方面，它也可能会给新用户带来困惑和干扰，会让设置一个完整的生态环境变得更加复杂。这里我简单介绍一下科学计算常用的环境，以便比较它们各自的优点，这样可以让我们根据不同的应用场景和目的做出明智选择。这里主要介绍三个环境：

- 交互方式运行代码的 Python 解释器或者 IPython 控制台，以及代码编辑器，组成了一个轻量级的开发环境。
- Jupyter Notebook 是一个在 Web 浏览器编写和执行 Python 代码的 Web 应用程序。该环境非常适合数值计算、数据分析以及问题求解，因为它可以让用户在一个文档里面包含源代码、代码输出、相关的技术文档、分析说明和注释。
- Spyder 集成开发环境可用于编写和交互式运行 Python 代码。Spyder 这样的 IDE 是开发库文件以及可重用模块的绝佳工具。

这些环境都有适合自个的应用场景，也与用户自己的个人偏好有关。但是，我特别推荐使用 Jupyter Notebook 环境，因为它非常适合交互式和探索性计算、以及数据分析，在使用过程中，数据、代码和文档都紧密关联在一起。如果要开发 Python 模块或者软件包，我建议使用 Spyder IDE，因为它将代码分析工具以及 Python 调试器集成在一起。

Python 及其使用 Python 进行科学计算所需的软件栈可以通过很多不同的方法来安装，安装细节通常也因系统而异。在本书的附录中，我们介绍了一种常用的、跨平台的方法来安装本书所需的工具和库。

1.2 Python

Python 编程语言及其标准解释器经常会更新[1]。目前，Python 有两个版本可供选择：Python 2 和 Python 3。本书将使用 Python 3，现在 Python 3 几乎已经取代 Python 2。但是，对于一些遗留的应用程序，如果包含与 Python 3 不兼容的库，那么 Python 2 可能仍然是唯一的选择。有时候，也可能只有 Python 2 才能在特定环境中使用，例如高性能的集群或者大学里的机房系统。在这些环境中开发 Python 代码时，可能必须使用 Python 2，除此之外，强烈建议在新项目中使用 Python 3。还需要注意的是，现在许多重要的 Python 库已经不再支持 Python 2，并且 Python 中绝大多数面向计算的库都支持 Python 3。在本书中，如果选择 Python 2，我们要求使用 Python 2.7 或更高版本；如果选择 Python 3，我们要求使用 Python 3.2 或更高版本。

解释器

运行 Python 代码的标准方法是直接使用 Python 解释器。在大多数系统中，可以使用命令 python 来调用 Python 解释器。将 Python 源文件作为参数传给 python 命令就可以运行文件中的 Python 代码：

```
$ python hello.py
Hello from Python!
```

这里，hello.py 文件中只有一行代码：

```
print("Hello from Python!")
```

如果要查看安装的是哪个版本的 Python，可以在 python 命令的后面添加--version 参数：

```
$ python --version
Python 3.6.5
```

我们经常会在同一系统中安装多个版本的 Python。每个版本的 Python 都维护着自己的一组库，并提供自己的解释器。因此，每个 Python 环境都可以安装不同的库。在很多系统中，可以通过命令来调用特定版本的 Python，例如 Python 2.7 和 Python 3.6。也可以安装独立于系统环境的虚拟 Python 环境。这样做的好处有很多，强烈建议读者熟悉这种 Python 使用方法。本书附录介绍了如何设置和使用这种虚拟环境。

除了运行 Python 脚本文件以外，Python 解释器还可以作为交互式控制台使用[也被称为 REPL(Read–Evaluate–Print–Loop)]。在命令提示符下输入 python(不需要使用任何 Python 文件作为参数)可以启动 Python 解释器的交互模式。当这样做时，会出现如下提示：

---

1 Python 编程语言及其默认的 Python 解释器由 Python Software Foundation 管理和维护，详见 http://www.python.org。

```
$ python
Python 3.6.1 |Continuum Analytics, Inc.| (default, May 11 2017, 13:04:09) [GCC 4.2.1
Compatible Apple LLVM 6.0 (clang-600.0.57)] on darwin
Type "help", "copyright", "credits" or "license" for more information.
>>>
```

从这里开始，可以输入 Python 代码，对于输入的每行代码，Python 解释器会解析代码，并把结果打印到屏幕。Python 解释器本身已经为交互式解析 Python 代码提供了一个非常有用的环境，特别是在 Python 3.4 发布后，该环境便包括基本的功能，如浏览历史命令和基本的代码自动补全(Python 2 中默认不可用)。

1.3 IPython 控制台

标准 Python 解释器提供的交互式命令行界面虽然在 Python 3 的最新版本中得到了极大改进，但却在某些方面仍很初级，靠它自身并不能为交互式计算提供令人满意的环境。IPython[1]是增强型的 Python 命令行 REPL 环境，它为交互式计算和探索性计算提供了额外的功能。例如，IPython 提供了改进的历史命令浏览功能(在会话之间同样可以使用)、输入输出缓存系统、改进的代码自动补全、更详细有用的异常跟踪，等等。事实上，IPython 现在已经不仅仅是增强型的 Python 命令行界面，本章以及本书其他章将会更详细地对 IPython 进行介绍。例如，在底层，IPython 是一个采用了客户端-服务器结构的应用程序，它对前端(用户界面)与运行 Python 代码的后端(内核)进行分离，这样就可以让多种不同的用户界面与同一个内核进行通信和交互。此外，利用 IPython 强大的并行计算框架，一个用户界面可以连接多个内核。

运行 ipython 命令以启动 IPython 命令行：

```
$ ipython
Python 3.6.1 |Continuum Analytics, Inc.| (default, May 11 2017, 13:04:09) Type
'copyright', 'credits' or 'license' for more information IPython 6.4.0 -- An enhanced
Interactive Python. Type '?' for help.
In [1]:
```

警告：

IPython 的每次安装都对应特定版本的 Python，如果系统中有多个版本的 Python，那么也可能会有多个版本的 IPython。虽然确切的设置会因系统而异，但是在很多系统中，使用命令 ipython2 可调用 Python 2 的 IPython，使用命令 ipython3 可调用 Python 3 的 IPython。注意，这里的 2 和 3 指的是 Python 而不是 IPython 的版本(本书使用的 IPython 版本是 6.4.0)。

在下面的章节中，将简要介绍 IPython 在交互式计算方面的功能。值得注意的是，IPython 在 Python 科学计算领域被用在很多不同的上下文中，例如，作为 Jupyter Notebook 和 Spyder IDE 的内核，本章稍后将对此进行详细介绍。现在，我们花点时间来熟悉一下 IPython 提供的技巧和功能，

---

1 可访问 IPython 项目的网站以获得更多相关信息及官方文档。

它们能帮助你提高交互式计算的执行效率。

1.3.1　输入输出缓存

在 IPython 控制台中，输入和输出提示符分别是 In[1]:和 Out[1]:。其中，方括号内的数字会随着每次新的输入输出而不断递增。这些输入输出在 IPython 中被称为代码单元。前面的输入输出代码单元随后可以通过 IPython 自动生成的 In 和 Out 变量来访问。In 变量是列表，Out 变量是字典，它们可以使用代码单元的编号进行索引。例如，下面的 IPython 会话：

```
In [1]: 3 * 3
Out[1]: 9
In [2]: In[1]
Out[2]: '3 * 3'
In [3]: Out[1]
Out[3]: 9
In [4]: In
Out[4]: ['', '3 * 3', 'In[1]', 'Out[1]', 'In']
In [5]: Out
Out[5]: {1: 9, 2: '3 * 3', 3: 9, 4: ['', '3 * 3', 'In[1]', 'Out[1]', 'In', 'Out']}
```

这里，第一个输入是 3*3，结果是 9，随后可以通过 In[1]和 Out[1]访问它们。单下画线_可以访问最近的倒数第一个输出，双下画线__可以访问最近的倒数第二个输出。输入输出缓存在交互式和探索性计算中很有用，因为即使没有把计算结果显式赋给某个变量，稍后也可以访问计算结果。

注意，当输入单元被执行时，输入单元中最后一条语句的结果将被显示在对应的输出单元中，除非这条语句是赋值语句或者结果是 Python 中的空值 None。可以在输入语句的后面添加分号来屏蔽对应的输出：

```
In [6]: 1 + 2
Out[6]: 3
In [7]: 1 + 2;   # 使用分号屏蔽对应的输出
In [8]: x = 1    # 赋值语句没有输出
In [9]: x = 2; x  # 这是两条语句，对应的输出单元中显示的是 x 的值
Out[9]: 2
```

1.3.2　自动补全和对象自省(Object Introspection)

在 IPython 中，按 Tab 键可以激活自动补全功能，从而匹配已经输入字符串的符号(变量、函数、类等)列表并显示出来。IPython 中的自动补全功能是基于上下文的，它会在当前命名空间的变量、函数或类实例的属性和方法中搜索匹配的项。例如，os.<TAB>将显示 os 模块中变量、函数和类的列表，输入 os.w 后按 Tab 键将会显示 os 模块中所有以 w 开头的符号列表：

```
In [10]: import os
In [11]: os.w<TAB>
os.wait os.wait3 os.wait4 os.waitpid os.walk os.write os.writev
```

该功能被称为对象自省(Object Introspection)，是交互式查看 Python 对象属性的强大工具。对象自省适用于模块、类及其属性和方法，并且适用于函数及其参数。

1.3.3　文档

对象自省可以让我们非常方便地查看模块的 API、成员类和函数，结合 Python 代码中的文档字符串(Docstring)，为绝大部分已经安装的 Python 模块提供内置的动态参考手册。在 Python 对象的后面输入问号将显示对象的文档字符串，这类似于执行 Python 的 help 函数。在 Python 对象的后面还可以输入两个问号，IPython 将会尝试显示更详细的文档，包括 Python 源代码(如果有的话)。例如，显示 math 库中 cos 函数的帮助文档：

```
In [12]: import math
In [13]: math.cos?
Type:        builtin_function_or_method
String form: <built-in function cos>
Docstring:
cos(x)

Return the cosine of x (measured in radians).
```

可以为 Python 的模块、函数、类及其属性和方法设置文档字符串。因此，对于文档齐全的模块来说，代码本身就包含完整文档的 API。从开发人员的角度看，将代码的文档及其实现放在一起是非常方便的。这样能够鼓励开发人员编写和维护文档，因此 Python 模块的文档一般都比较好。

1.3.4　与系统 shell 进行交互

IPython 还提供对 Python 语言的扩展，能够方便地与底层系统进行交互。感叹号后面的内容都会被解析为调用系统的 shell(如 bash shell)。例如，在 UNIX 类系统(如 Linux 或 Mac OS X)中，可以使用下面的代码来列出当前目录中的文件：

```
In[14]: !ls
file1.py    file2.py    file3.py
```

在 Windows 系统中，与之等效的命令是!dir。这种与操作系统进行交互的方法是非常强大的功能，可以轻松地对文件系统进行访问并将 IPython 控制台作为系统 shell。感叹号后面的命令的输出可以很容易地赋值给 Python 变量。例如，可将!ls 生成的文件列表保存到一个 Python 列表中：

```
In[15]: files = !ls
```

```
In[16]: len(files)
3
In[17] : files
['file1.py', 'file2.py', 'file3.py']
```

同样，也可以在 Python 变量名前添加$符号，从而将该变量的值传给 shell 命令：

```
In[18]: file = "file1.py"
In[19]: !ls -l $file
-rw-r--r-- 1 rob staff 131 Oct 22 16:38 file1.py
```

IPython 控制台和系统 shell 之间的 这种双向通信非常方便，特别是在处理数据文件时。

1.3.5 IPython 扩展

IPython 提供了一些被称为魔术函数(magic function)的扩展命令。这些命令都以一个或两个%符号开头[1]。一个%符号被用于单行命令，两个%符号被用于整个单元的所有命令(多行)。输入%lsmagic 可以列出所有可用扩展命令的完整列表，在每个魔术命令的后面输入问号可以获得对应命令的文档：

```
In[20]: %lsmagic?
Type:            Magic function
String form:    <bound method BasicMagics.lsmagic of <IPython.core.magics.
                 basic.BasicMagics object at 0x10e3d28d0>>
Namespace:       IPython internal
File:           /usr/local/lib/python3.6/site-packages/IPython/core/magics/
                 basic.py
Definition:     %lsmagic(self, parameter_s='')
Docstring:      List currently available magic functions.
```

1. 文件系统导航

除了刚才介绍的与系统 shell 进行交互外，IPython 还提供了用于导航和浏览文件系统的命令。UNIX shell 用户应该很熟悉这些命令：%ls(输出文件列表)、%pwd(输出当前工作目录)、%cd(更改工作目录)、%cp(复制文件)、%less(分页显示文件内容)、%writefile filename(把单元内容写入文件 filename)。请注意，IPython 的自动补全功能也适用于当前目录中的文件，这可以让 IPython 像系统 shell 一样方便地浏览文件系统。值得一提的是，这些 IPython 命令与系统无关，因此可以同时在类 UNIX 系统和 Windows 系统中使用。

1 当%automagic 被激活后(在 IPython 提示符中输入%automagic 可激活该功能)，可省略 IPython 命令之前的符号%，除非与 Python 变量或函数存在名称冲突。但是，为了清楚起见，这里都显式地打印%符号。

2. 在 IPython 控制台中运行脚本

%run 命令是一个非常重要且有用的扩展，它可能是 IPython 控制台中最重要的功能之一。使用该命令，可以在交互式 IPython 会话中运行外部 Python 源代码文件。脚本运行之后会话将继续保持，这让我们在运行完脚本之后仍可访问脚本中定义的变量和函数。为了演示这个功能，请看包含如下代码的脚本文件 fib.py：

```
def fib(n):
    """
    Return a list of the first n Fibonacci numbers.
    """
    f0, f1 = 0, 1
    f = [1] * n
    for i in range(1, n):
        f[i] = f0 + f1
        f0, f1 = f1, f[i]
    return f
print(fib(10))
```

上面的脚本定义了一个函数，该函数生成 Fibonacci 序列的 n 个数，并将 n=10 的结果打印到标准输出。可以使用标准的 Python 解释器从系统终端运行该脚本：

```
$ python fib.py
[1, 1, 2, 3, 5, 8, 13, 21, 34, 55]
```

也可以在 IPython 交互式会话中运行该脚本，得到的输出相同，但会将文件中定义的符号添加到本地命名空间。因此，在运行完%run 命令之后，在会话中还可以使用 fib 函数：

```
In [21]: %run fib.py
Out[22]: [1, 1, 2, 3, 5, 8, 13, 21, 34, 55]

In [23]: %who
fib

In [24]: fib(6)
Out[24]: [1, 1, 2, 3, 5, 8]
```

在上面的示例中，我们还使用了%who 命令，该命令将列出所有已定义的符号(包括变量和函数)[1]。%whos 命令的功能与%who 命令类似，但是可以列出每个符号的类型和值的更详细信息。

---

1 Python 的 dir 函数提供了类似功能。

3. 调试器

IPython 提供了一种很方便实用的调试器(debugger)模式，可以在引发 Python 异常(错误)后调用。当未能拦截的异常打印到 IPython 控制台后，可使用 IPython 的%debug 命令直接进入 Python 调试器。该功能可以避免使用调试器从头开始运行程序或像其他调试方法一样在代码里面插入很多打印语句。如果异常事先没有预料到，并且发生在耗时计算比较靠后的地方，那么这样做可以节省很多时间。

为理解如何使用%debug 命令，请看下面对前面定义的 fib 函数的错误调用。假设输入参数是整数，但在调用 fib 函数时却传入一个浮点数，这样调用是会出错的。在第 7 行，代码遇到了类型错误，Python 解释器抛出了 TypeError 类型的异常。IPython 捕获了这种异常并将调用堆栈信息输出到控制台。如果我们不知道为什么第 7 行会出现错误，那么可以在 IPython 控制台中输入%debug 以进入调试器。然后，可以访问异常发生处的本地命名空间，这可以让我们更详细地研究引发异常的原因。

```
In [25]: fib(1.0)
---------------------------------------------------------------------------
TypeError                                 Traceback (most recent call last)
<ipython-input-24-874ca58a3dfb> in <module>()
----> 1 fib.fib(1.0)

/Users/rob/code/fib.py in fib(n)
      5     """
      6     f0, f1 = 0, 1
----> 7     f = [1] * n
      8     for i in range(1, n):
      9         f[n] = f0 + f1

TypeError: can't multiply sequence by non-int of type 'float'

In [26]: %debug
> /Users/rob/code/fib.py(7)fib()
      6     f0, f1 = 0, 1
----> 7     f = [1] * n
      8     for i in range(1, n):

ipdb> print(n)
1.0
```

提示：

在 debugger 提示符中输入问号，可以显示帮助菜单，其中列出了可以使用的命令。

```
ipdb> ?
```

有关 Python 调试器及其功能的更多信息，可参阅 Python 标准库文档，网址为 http://docs.python.org/3/library/pdb.html

4. 重置

通过重置 IPython 会话的命名空间，我们能够确保程序在原始环境中运行，不受已经存在的变量和函数的影响。%reset 命令就能提供这样的功能(标志-f 表示强制重置)。使用该命令时没必要退出和重启控制台。虽然在使用%reset 命令后需要重新导入模块，但需要注意的是，在前一次导入模块后，模块已经发生更改，在使用%reset 执行重置后，新的 import 语句并不会导入新的模块，而是重新使用上次导入时模块的缓存版本。在开发 Python 模块时，这通常不是我们所需要的。这时，可以使用 IPython.lib.deepreload 的 reload 函数来重新导入以前导入过(以及更新后)的模块。但是，这种方法并不总是有效，因为某些库的代码只在导入时运行一次。这种情况下，唯一的选择可能就是关闭并重新启动 IPython 解释器。

5. 代码性能分析

%timeit 和%time 命令是两个简单的性能测试工具，它们在查找性能瓶颈和试图优化代码时非常有用。%timeit 命令会将 Python 语句运行多次并给出运行时间的估计值(使用%%timeit 可对单元中的多行代码进行这种操作)。除非显式设置了-n 和-r 标志，否则代码的运行次数由 IPython 根据实际情况决定。更多详情可使用%timeit?查看。%timeit 命令不返回表达式的结果值。如果需要计算结果，那么可以使用%time 或%%time 命令，但是%time 和%%time 只运行一次代码，因此得到的平均运行时间不太准确。

下面的例子演示了%timeit 和%time 的典型用法：

```
In [27]: %timeit fib(100)
100000 loops, best of 3: 16.9 μ s per loop
In [28]: result = %time fib(100)
CPU times: user 33 μ s, sys: 0 ns, total: 33 μ s
Wall time: 48.2
```

虽然%timeit 和%time 命令对于测量计算的运行时间非常有用，但它们无法提供详细信息来说明计算中具体哪部分会消耗更多时间。此类分析需要使用更复杂的代码分析器(code profiler)，例如 Python 标准库中的 cProfile 模块[1]中提供的分析器。在 IPython 中可以通过%prun(针对代码语句)以及带-p 标志的%run(针对外部脚本文件)来访问 Python 分析器。分析器的输出较为冗长，可以使用%prun 和%run -p 命令的可选标志来自定义输出(有关可选标志的详细说明，请参阅%prun?)。

---

1 例如，可以通过运行 python -m cProfile script.py，从而与标准的 Python 解释器一起分析脚本。

查看下面的示例函数，假设存在 *N* 个随机走动的行人，每人走 *M* 步，每步的长度随机，计算这些行人距离起点的最远距离：

```
In [29]: import numpy as np
In [30]: def random_walker_max_distance(M, N):
    ...:     """
    ...:     Simulate N random walkers taking M steps, and return the
             largest distance
    ...:     from the starting point achieved by any of the random walkers.
    ...:     """
    ...:     trajectories = [np.random.randn(M).cumsum() for _ in range(N)]
    ...:     return np.max(np.abs(trajectories))
```

使用%prun 调用以上函数将会产生下面的输出，其中包括每个函数的调用次数、每个函数消耗的总时间(tottime)以及累计时间(cumtime)[1]。根据这些信息，可以得到结论，在这个简单例子中，对函数 np.random.randn 的调用消耗了大量计算时间。

```
In [31]: %prun random_walker_max_distance(400, 10000)
   20008 function calls in 0.254 seconds

   Ordered by: internal time
  Ncalls  tottime  percall  cumtime  percall  filename:lineno(function)
  10000    0.169    0.000    0.169    0.000   {method 'randn' of 'mtrand.
                                               RandomState' objects}
  10000    0.036    0.000    0.036    0.000   {method 'cumsum' of 'numpy.
                                               ndarray' objects}
      1    0.030    0.030    0.249    0.249   <ipython-input-30>:18(random_
                                               walker_max_distance)
      1    0.012    0.012    0.217    0.217   <ipython-input-30>:
                                               19(<listcomp>)
      1    0.005    0.005    0.254    0.254   <string>:1(<module>)
      1    0.002    0.002    0.002    0.002   {method 'reduce' of 'numpy.
                                               ufunc' objects}
      1    0.000    0.000    0.254    0.254   {built-in method exec}
      1    0.000    0.000    0.002    0.002   _methods.py:25(_amax)
      1    0.000    0.000    0.002    0.002   fromnumeric.py:2050(amax)
      1    0.000    0.000    0.000    0.000   {method 'disable' of '_
                                               lsprof.Profiler' objects}
```

1 译者注：totime 是函数自身消耗的时间，cumtime 是函数及其内部因调用其他函数消耗的总时间。

6. 开发环境的解释器和编辑器

一般来说，高效的Python开发环境只需要Python或IPython解释器再加上一个好的文本编辑器。事实上，这种简单的设置是很多经验丰富的程序员的首选开发环境。但是，在接下来的内容中，我们将介绍 Jupyter 以及集成开发环境 Spyder，它们提供了更丰富的功能，可以在进行交互和探索性计算时提高生产力。

1.4 Jupyter

Jupyter[1]是 IPython 项目的衍生产品，其中包含独立的 Python 前端，但值得注意的是我们接下来将要详细介绍的 notebook 应用，以及支持将前端和后台计算(称为内核)分离的通信框架。在 Jupyter 之前，notebook 应用及其底层框架曾是 IPython 项目的一部分。但是，由于 notebook 前端是语言无关的——可以应用于其他很多语言，如 R 和 Julia——因而从原项目中分离出来成为独立的项目，以便更好地服务于更多的计算社区，避免由于产生的 Python 偏见而带来的影响。现在，IPython 主要专注于 Python 相关的应用，例如交互式 Python 控制台，以及为 Jupyter 环境提供 Python 内核。

在 Jupyter 框架中，前端和称为内核的计算后台通信。前端可以注册多个内核，分别面向不同的编程语言、Python、Python 环境等。内核负责维护解释器的状态并进行实际的计算，而前端管理代码的输入和组织，以及将计算结果显示给用户。

本节将介绍 Jupyter 的 QtConsole 和 Notebook 两个前端，简单介绍它们在显示和交互方面的功能，以及 Notebook 的工作流。Jupyter Notebook 是本书推荐使用的 Python 环境，本书后面的代码都将以 Notebook 代码单元的形式提供，容易阅读，便于理解。

1.4.1 Jupyter QtConsole

Jupyter QtConsole 是增强型的控制台应用程序，可以替代 IPython 标准控制台。可以通过将 qtconsole 参数传给 jupyter 命令来启动Jupyter QtConsole：

```
$ jupyter qtconsole
```

这样就可以在控制台中打开一个新的 IPython 应用程序，该应用程序可以显示富媒体对象，如图像、图形和数学方程式等。Jupyter QtConsole 还提供了菜单，用于显示自动补全结果。当输入函数或方法的左括号时，会在弹出窗口中显示函数的文档字符串。Jupyter QtConsole 应用的截图如图 1-3 所示。

1 关于 Jupyter 的更多信息，可访问 http://jupyter.org。

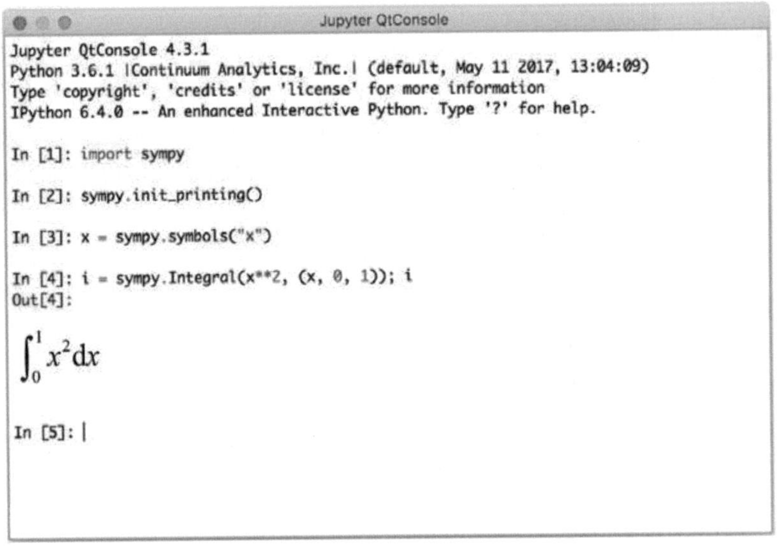

```
Jupyter QtConsole
Jupyter QtConsole 4.3.1
Python 3.6.1 |Continuum Analytics, Inc.| (default, May 11 2017, 13:04:09)
Type 'copyright', 'credits' or 'license' for more information
IPython 6.4.0 -- An enhanced Interactive Python. Type '?' for help.

In [1]: import sympy

In [2]: sympy.init_printing()

In [3]: x = sympy.symbols("x")

In [4]: i = sympy.Integral(x**2, (x, 0, 1)); i
Out[4]:
```

$$\int_0^1 x^2 dx$$

```
In [5]: |
```

图 1-3 Jupyter QtConsole 应用的截图

1.4.2 Jupyter Notebook

除了交互式控制台，Jupyter 还提供了让其闻名于世的基于 Web 的 Notebook 应用程序。在处理数据分析和计算问题时，notebook 环境相比传统开发环境更有优势。特别是，notebook 环境可以在一个文档中完成很多任务，包括编写代码、运行代码、显示代码运行结果、生成代码和运行结果的注释文档等。这意味着可以在一个文档中完成整个分析流程，还可以保存和恢复，便于后续重复使用。与之相反的是，使用文本编辑器或 IDE 时，代码、对应的数据文件和图片、文档分布在文件系统的多个文件中，需要花费大量精力和时间来保持工作流程。

Jupyter Notebook 具有很好的显示系统，可以将方程表达式、图形和视频等媒体作为 notebook 的内嵌对象进行显示。使用 Jupyter 的 widget 系统也可以创建 HTML 和 JavaScript 的用户界面元素。这些 widget 可以在交互式应用中使用，将 Web 应用与在 IPython 内核(在服务器端)中运行的 Python 代码联系起来。Jupyter Notebook 的这些功能使其成为交互式计算和文学编程(literate computing)的优秀环境，就像我们在本书中看到的示例那样。

可以把 notebook 参数传给 jupyter 命令行程序来启动 Jupyter Notebook 环境：

```
$ jupyter notebook
```

上述命令将启动 notebook 内核以及一个 Web 应用程序，默认情况下，Web 服务器将在 localhost 的 8888 端口启动，可以在浏览器中通过 http://localhost:8888/进行访问[1]。运行 jupyter notebook 命令后，将在默认的浏览器中打开主面板(dashboard)页面，主面板页面中将列出启动 Jupyter Notebook 的目录中的所有 notebook，以及可以导航到子目录的简单文件目录浏览器。图 1-4 显示了在浏览器中打开 Jupyter Notebook 主面板页面后的截图。

1 这个 Web 应用默认只能从发布 notebook 应用的系统进行本地访问。

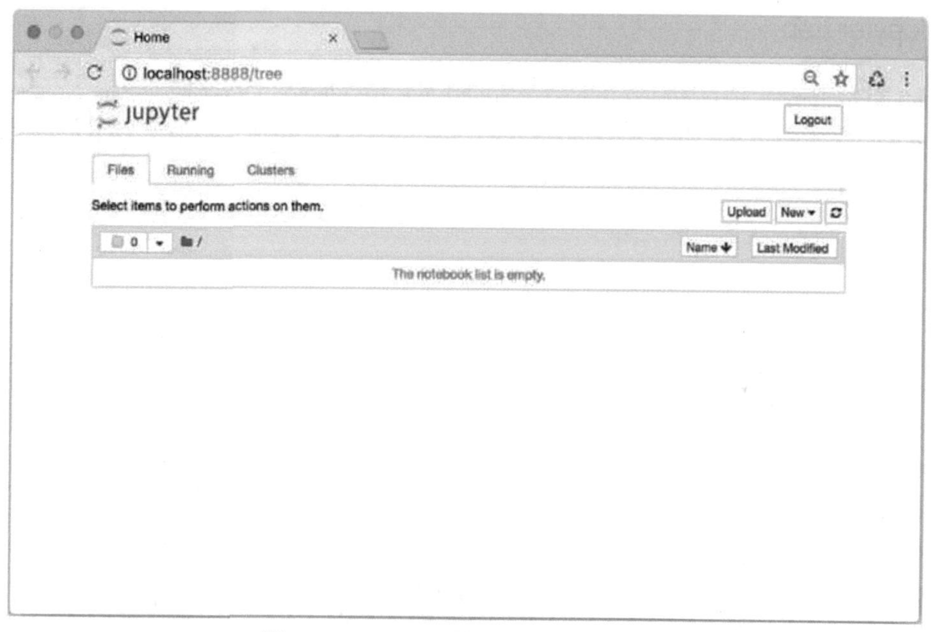

图 1-4　Jupyter Notebook 主面板页面的截图

单击 New 按钮可以新建一个 notebook，并在浏览器的新页面中打开这个 notebook，如图 1-5 所示。新建的 notebook 名为 Untitled 或 Untitled1。单击 notebook 页面顶部的文件名可以对文件进行重命名。Jupyter Notebook 文件以 ipynb 为后缀且保存为 JSON 文件格式。Jupyter Notebook 文件并不是纯 Python 代码，但是如果需要，可以从 notebook 中轻松地导出 Python 代码，方法是使用 File | Download as | Python 菜单命令或 Jupyter 的 nbconvert 工具(后面会介绍)。

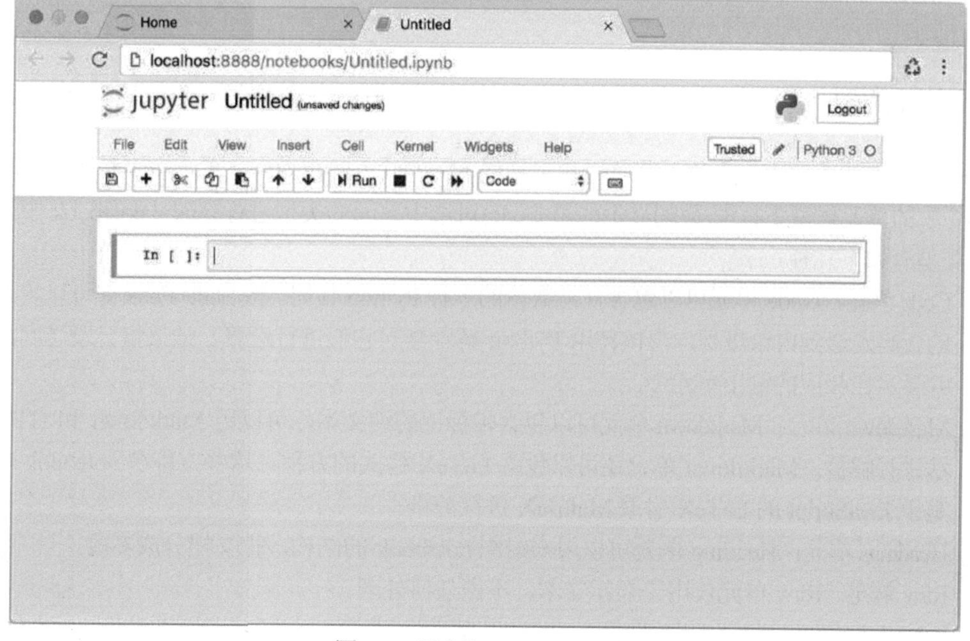

图 1-5　新建的 Jupyter Notebook

1.4.3　Jupyter Lab

Jupyter Lab 是 Jupyter 项目团队发布的另一新的开发环境。Jupyter Lab 能把 Jupyter Notebook 界面与文件浏览器、文本编辑器、shell 和 IPython 控制台结合在一起，组成一种基于 Web 的类 IDE 的环境，如图 1-6 所示。

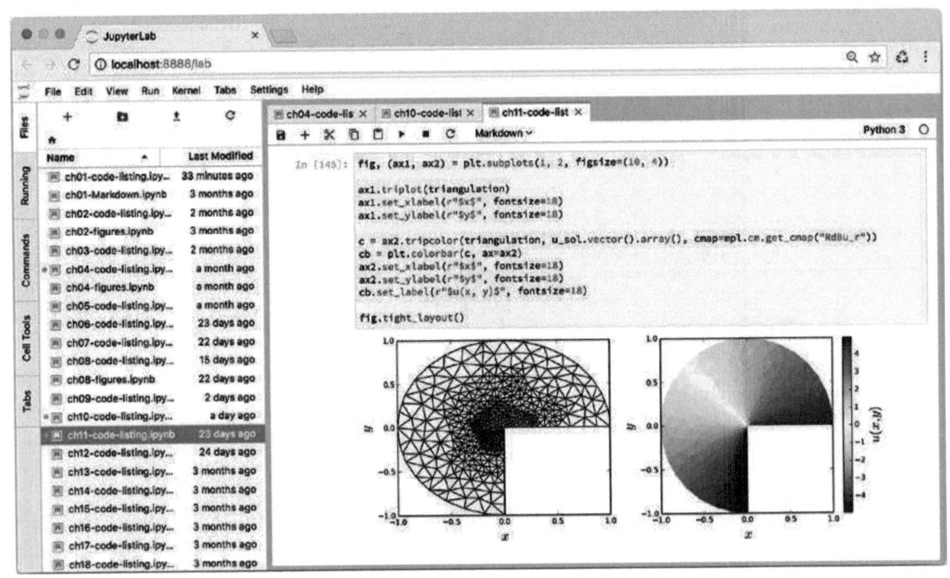

图 1-6　Jupyter Lab 界面包括文件浏览器(左侧)和多标签的 notebook 编辑器(右侧)

Jupyter Lab 环境结合了 notebook 环境以及传统 IDE 的优点。当 Jupyter 服务器运行在远端系统(如计算集群或云服务器)中时，通过一个前端 Web 页面同时访问 shell 控制台和文本编辑器是非常方便的。

1.4.4　单元类型

notebook 中的主要内容是位于菜单栏和工具栏下面的输入输出单元。单元有多种类型，可以使用工具栏中的单元类型下拉框(最初显示的是 Code)对选中单元的类型进行更改。notebook 中最重要的单元类型有如下几种。

- Code 单元：Code 单元可以包含任意数量的多行 Python 代码。按 Shift+Enter 键可以将单元中的代码发送到内核进程，内核使用 Python 解释器对它们进行运算。结果将会发送回浏览器并显示在相应的输出单元中。
- Markdown 单元：Markdown 单元可以包含带标记的纯文本，可以用 Markdown 和 HTML 语法进行解析。Markdown 单元还可以包含 LaTeX 格式的方程，这些方程在 notebook 中使用基于 JavaScript 的 LaTeX 引擎 MathJaX 进行渲染。
- Headings 单元：Heading 单元可以用来组织 notebook 的结构，把文档分成多段。
- Raw 单元：Raw 单元仅用于显示文本，不做任何处理。

1.4.5　编辑单元

使用菜单栏和工具栏，可以添加、删除、上下移动、剪切和粘贴单元。这些操作也可以通过键盘快捷键来完成，非常便捷。notebook 使用双模式(编辑模式和命令模式)的输入界面。单击某个单元，或者当光标处在某个单元时，按 Enter 键就能进入编辑模式。处于编辑模式时，就可以对输入单元的内容进行编辑。按 Esc 键可以退出编辑模式，也可以使用 Shift+Enter 快捷键运行单元。当处于命令模式(command mode)时，可以使用向上和向下箭头在单元之间移动光标，工具栏和菜单栏中的很多单元操作都可以使用快捷键来完成。表 1-1 总结了 Jupyter Notebook 命令模式中最重要的快捷键。

表 1-1　Jupyter Notebook 命令模式中最重要的快捷键

快捷键	说明
b	在当前选中的单元的下方创建一个新单元
a	在当前选中的单元的上方创建一个新单元
d+d(连续按两次 d 键)	删除当前选中的所有单元
1~6	设置 1~6 级单元标题
x	剪切当前所有选中的单元
c	复制当前选中的单元
v	从剪贴板粘贴单元
m	将单元转换成 Markdown 单元
y	将单元转换成 Code 单元
Up	选择前一个单元
Down	选择后一个单元
Enter	进入编辑模式
Escape	退出编辑模式
Shift+Enter	执行单元
h	显示所有可用快捷键的列表的帮助窗口
0-0	重启内核
i+i(连续按两次 i 键)	中断单元的执行
s	保存 notebook

当 notebook 单元被执行时，输入提示符用星号 In[*]表示，页面右上角的指示符表示 IPython 内核正在运行。可以通过使用 Kernel | Interrupt 菜单命令或者在命令模式中输入 i+i(连续按两次 i 键)来中断执行。

1.4.6　Markdown 单元

Jupyter Notebook 的一项关键功能是：代码单元和输出单元可以用文本单元中的文档进行补充说明。文本单元又称为 Markdown 单元。可使用 Markdown 标记语法解释和重新格式化输入文本。Markdown 语言是为轻量级排版系统设计的，允许将带有简单标记规则的文本转换为 HTML 和其他格式的富文本来显示。标记规则对用户很友好并且可读性强，就像纯文本格式一样。例如，一段文本可以用星号括起来(*文本*)表示斜体，用双星号括起来(**文本**)表示粗体。使用 Markdown 语言还可以创建有序列表、无序列表、表格、超链接等。Jupyter 还支持对 Markdown 进行扩展，可以使用 JavaScript LaTeX 的 MathJax 库来支持 LaTex 数学表达式。我们要充分利用 Jupyter Notebook 提供的功能(包括使用 Markdown 单元为代码和输出结果编写文档)和显示选项。表 1-2 介绍了可在 Jupyter Notebook Markdown 单元中使用的 Markdown 和数学公式语法。

表 1-2　可以在 Jupyter Notebook Markdown 单元中使用的 Markdown 和数学公式语法

<table>
<tr><th>功能</th><th>语法示例</th></tr>
<tr><td>斜体</td><td>*text*</td></tr>
<tr><td>粗体</td><td>**text**</td></tr>
<tr><td>删除线</td><td>~~text~~</td></tr>
<tr><td>等宽字体</td><td>`text`</td></tr>
<tr><td>URL</td><td>[URL 文本](http://www.example.com)</td></tr>
<tr><td>新段落</td><td>用空行分隔两个段落的文本</td></tr>
<tr><td>缩进</td><td>以四个空格开头的行将使用固定宽度按原样显示文本，而不用进一步做任何处理，这对于类似代码的文本段很有用
␣␣␣␣def func(x):
␣␣␣␣   return x ** 2</td></tr>
<tr><td>表格</td><td>| A| B| C|
|---|---|---|
| 1 | 2 | 3 |
| 4 | 5 | 6 |</td></tr>
<tr><td>水平分隔线</td><td>由三根短线组成的水平分隔线：---</td></tr>
<tr><td>标题</td><td>#一级标题
##二级标题
###三级标题
……</td></tr>
<tr><td>引用</td><td>以>开头的行表示引用内容
> 这里的文本相对于正文有缩进和偏移</td></tr>
</table>

(续表)

功能	语法示例
无序列表	*列表项 1 *列表项 2 *列表项 3
有序列表	*列表项 1 *列表项 2 *列表项 3
图片	`![可选文字](image-file.png)`[1] 或者 `![可选文字](http://www.example.com/image.png)`[1]
行内 LaTeX 公式	$\LaTeX$
行间 LaTeX 公式 (在新的一行中居中显示)	$$\LaTeX$$或\begin{env}...\end{env}，其中，env 可以是 LaTex 环境，如 equation、eqnarray、align 等

Markdown 单元也可以包含 HTML 代码，Jupyter Notebook 界面会将它们渲染成 HTML 页面。这是 Jupyter Notebook 提供的一项非常强大的功能，但缺点是使用 nbconvert 工具无法将此类 HTML 代码转换成其他格式(如 PDF)。因此，通常建议尽可能使用 Markdown 格式，仅在绝对需要时才使用 HTML。

有关 Math.Jax 和 Markdown 的更多信息，请分别访问网址 www.mathjax.com 和 http://daringfireball.net/projects/markdown。

1.4.7　输出显示

在 notebook 代码单元中，最后一条语句的结果通常会显示在对应的输出单元中，就像标准的 Python 解释器或 IPython 控制台。默认的输出单元格式采用的是对象的字符串表示，由__repr__方法生成。但是，notebook 环境有更丰富的输出格式，因为原则上允许在输出单元中显示任意 HTML。IPython.display 模块提供了多个类和函数，可以轻松地在 notebook 中以编程方式渲染带格式的输出。例如，Image 类提供了显示来自本地文件系统或在线资源的图像的方法，如图 1-7 所示。

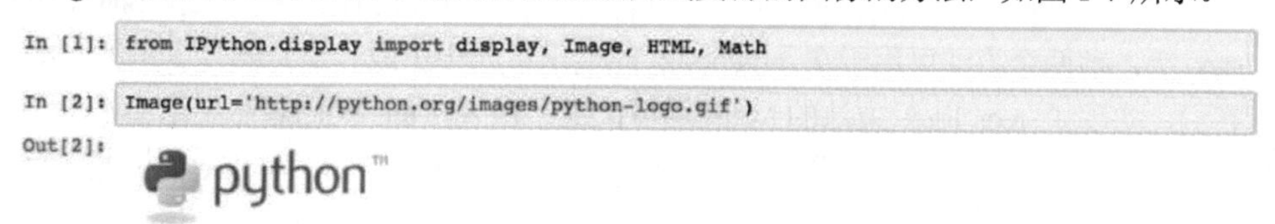

图 1-7　关于 notebook 丰富的输出单元格式的示例：使用 Image 类在输出单元中显示一幅图片

IPython.display 模块中还有一些其他类，如 HTML 类用于渲染 HTML 代码、Math 类用于渲染 LaTeX 公式，等等。通过 display 函数可显式地渲染对象并显示到输出区域。

1 图片路径是 notebook 目录的相对路径。

图 1-8 演示了如何使用 HTML 类在 notebook 中渲染 HTML 代码。这里，我们首先新建了一个包含 HTML 表格代码的字符串(用于显示多个 Python 库的版本信息)，然后创建了 HTML 类的一个实例，通过该实例在输出单元中渲染 HTML 代码。由于是对应输入单元中的最后(也是唯一)一条语句，因此 Jupyter 将在输出单元中渲染对象代表的内容。

```
In [3]: import scipy, numpy, matplotlib
        modules = [numpy, matplotlib, scipy]
        row = "<tr> <td>%s</td> <td>%s</td> </tr>"
        rows = "\n".join([row % (module.__name__, module.__version__) for module in modules])
        s = "<table> <tr><th>Library</th><th>Version</th> </tr> %s</table>" % rows

In [4]: s

Out[4]: '<table> <tr><th>Library</th><th>Version</th> </tr> <tr> <td>numpy</td> <td>1.13.3</td> </tr>
        \n<tr> <td>matplotlib</td> <td>2.0.2</td> </tr>\n<tr> <td>scipy</td> <td>1.1.0</td> </tr></ta
        ble>'

In [5]: HTML(s)

Out[5]:
```

Library	Version
numpy	1.13.3
matplotlib	2.0.2
scipy	1.1.0

图 1-8 使用 Jupyter Notebook 输出单元渲染 HTML 表格的示例，HTML 表格中包含模块的版本信息

想要以 HTML 格式显示某个对象，我们所需要做的就是在对象的类中添加_repr_hmtl_方法。例如，可以轻松地实现一个原始版本的 HTML 类，然后用它渲染前一个示例中的 HTML 代码，如图 1-9 所示。

```
In [8]: class HTMLDisplayer(object):
            def __init__(self, code):
                self.code = code

            def _repr_html_(self):
                return self.code

In [9]: HTMLDisplayer(s)

Out[9]:
```

Library	Version
numpy	1.13.3
matplotlib	2.0.2
scipy	1.1.0

图 1-9 在 Jupyter Notebook 中使用实现了_repr_hmtl_方法的类渲染 HTML 代码

除了前面介绍的_repr_hmtl_方法，Jupyter 还支持很多其他的展现方法，例如_repr_png_、_repr_svg_和 _repr_latex_等，前两个方法可用于在 notebook 的输出单元中生成和显示图片。例如，matplotlib 库使用了它们，实现了_repr_latex_方法的 Math 类可以用来在 Jupyter Notebook 中渲染数学公式。这在科学计算和技术应用中非常有用。图 1-10 演示了如何使用 Math 类和_repr_latex_方法渲染公式。

```
In [8]: Math(r'\hat{H} = -\frac{1}{2}\epsilon \hat{\sigma}_z-\frac{1}{2}\delta \hat{\sigma}_x')
```

Out[8]: $\hat{H} = -\frac{1}{2}\epsilon\hat{\sigma}_z - \frac{1}{2}\delta\hat{\sigma}_x$

```
In [9]: class QubitHamiltonian(object):
            def __init__(self, epsilon, delta):
                self.epsilon = epsilon
                self.delta = delta

            def _repr_latex_(self):
                return "$\hat{H} = -%.2f\hat{\sigma}_z-%.2f\hat{\sigma}_x$" % \
                    (self.epsilon/2, self.delta/2)
```

```
In [10]: QubitHamiltonian(0.5, 0.25)
```

Out[10]: $\hat{H} = -0.25\hat{\sigma}_z - 0.12\hat{\sigma}_x$

图 1-10　使用 Math 类和_repr_latex_方法渲染 LaTeX 公式，生成对象的 LaTeX 格式的展现形式

利用 Jupyter 支持的各种展现方法，或者借助 IPython.display 模块中的类，可以非常灵活地设置 Jupyter Notebook 中计算结果的可视化方式。但是，能做的事情远不止如此，Jupyter Notebook 还有一项令人兴奋的功能：可使用诸如 widget (UI 组件)的库或者直接使用 JavaScript 和 HTML 来创建交互式应用，在前端和后端内核之间进行双向通信。例如，使用来自 ipywidgets 库的 interact 函数，可以非常轻松地创建交互式图形，从而接收从 slider 组件得到的参数，如图 1-11 所示。

```
In [11]: import matplotlib.pyplot as plt
         import numpy as np
         from scipy import stats

         def f(mu):
             X = stats.norm(loc=mu, scale=np.sqrt(mu))
             N = stats.poisson(mu)
             x = np.linspace(0, X.ppf(0.999))
             n = np.arange(0, x[-1])

             fig, ax = plt.subplots()
             ax.plot(x, X.pdf(x), color='black', lw=2, label="Normal($\mu=%d, \sigma^2=%d$)" % (mu, mu))
             ax.bar(n, N.pmf(n), align='edge', label=r"Poisson($\lambda=%d$)" % mu)
             ax.set_ylim(0, X.pdf(x).max() * 1.25)
             ax.legend(loc=2, ncol=2)
             plt.close(fig)
             return fig
```

```
In [12]: from ipywidgets import interact
         import ipywidgets as widgets
```

```
In [13]: interact(f, mu=widgets.FloatSlider(min=1.0, max=20.0, step=1.0));
```

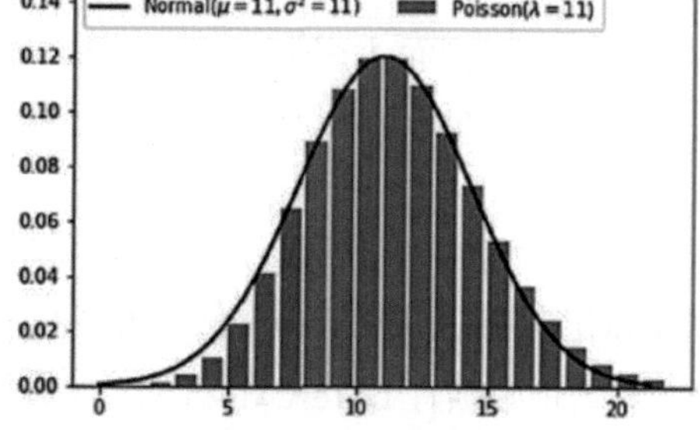

图 1-11　使用 ipywidgets 库的 interact 函数创建交互式 widget 应用的示例：这个交互式 widget 应用提供了一个 slider 组件，可以让输入参数的值随着拖动而变化。当 slider 组件被拖动时，函数值会重新计算，生成新的图片

在图 1-11 所示的示例中，我们绘制了正态分布和泊松分布的分布函数，其中分布的均值和方差是从交互式应用中的 UI 对象获得的。来回拖动 slider 组件，可以看到正态分布和泊松分布(具有相同的方差)是如何随着分布均值的增加而互相接近的，以及均值很小时它们之间的差异。这种交互式图形对于建立直觉和探索性研究非常有用，因此 Jupyter Notebook 是这方面的利器[1]。

1.4.8 nbconvert

使用 nbconvert 可以将 Jupyter Notebook 转换成很多种不同的只读格式，支持的格式包括 PDF、HTML 等。将 nbconvert 作为 jupyter 命令的第一个参数就可以调用 nbconvert。当需要与同事共享 notebook 或者发布 notebook 到网上时(此时，用户不需要运行代码，只需要查看 notebook 中的结果)，将 Jupyter Notebook 转换成 PDF 或 HTML 会很有用。

1. HTML

在notebook页面中，使用File | Download as | HTML菜单命令可以生成notebook静态视图的HTML文档。还可以使用 nbconvert 应用从命令提示符生成 HTML 文档，例如，可以使用下面的命令将 Notebook.ipynb 转换为 HTML：

```
$ jupyter nbconvert --to html Notebook.ipynb
```

上述代码会生成一个 HTML 页面，该 HTML 页面自身包含 style sheet 和 JavaScript 资源(这些 JavaScript 资源可从公共的 CDN 服务器加载)，能够直接发布到网上。但是，使用 Markdown 或 HTML 标签的图像资源并不包含在文件中，必须与 HTML 文件一起发布。

至于 Jupyter Notebook 的在线发布，Jupyter 项目团队提供了名为 nbviewer 的 Web 服务，详见 http://nbviewer.jupyter.org。在将公开的 notebook 文件的 URL 传给 nbviewer 后，nbviewer 就会自动地将 notebook 转换成HTML 并显示结果。使用这种方法发布 Jupyter Notebook 的众多好处之一是：notebook 的作者只需要维护一个文件——notebook 文件自身——当该文件更新后，只需要重新上传到原来的位置，nbviewer 生成的静态页面会自动随之更新。但是，因为需要将源 notebook 发布到某个公开的 URL 地址，所以只能用来进行公开共享。

提示：

Jupyter 项目团队维护了一个 WiKi 页面，上面列出了很多公开发布的有趣的 Jupyter Notebook，详见 http://github.com/jupyter/jupyter/wiki/A-gallery-of-interesting-Jupyter-Notebooks。这些 notebook 演示了 IPython 和 Jupyter 的许多高级功能，它们是了解 Jupyter Notebook 以及相关主题的绝佳资源。

2. PDF

为了将 notebook 转换成 PDF 格式，需要先将 notebook 转换成 LaTeX，然后再将 LaTeX 文档编译成 PDF 格式。为了完成 LaTeX 到 PDF 的转换，系统中必须有 LaTeX 环境(至于如何安装这些工

1 关于使用 Jupyter 和 ipywidgets 库创建交互式应用的更多信息，请参阅 ipywidgets 库(https://ipywidgets.readthedocs.io/en/latest)。

具，请参阅附录)。对 nbconvert 应用可以添加--to pdf 参数(--to latex 参数可用于获得中间生成的 LaTeX 源代码)，从而一次性完成 notebook 到 LaTeX 以及 LaTeX 到 PDF 的转换。

```
$ jupyter nbconvert --to pdf Notebook.ipynb
```

可以使用--template name 参数指定所生成文档的样式，其中内置的模板包括 base、article 和 report(这些模板位于 Jupyter 安装目录的 nbconvert/templates/latex 中)。通过对现有模板进行扩展[1]，可以很轻松地生成自定义的文档样式。例如，LaTeX 中通常包含一些 Jupyter Notebook 中没有的、关于文档的额外信息，例如文档标题(假设与 notebook 文件名不同)、文档作者等。可以创建自定义的模板，将这些信息添加到 nbconvert 生成的 LaTeX 文档中。例如，下面的模板就在内置模板的基础上做了扩展，重写了 title 和 author：

```
((*- extends 'article.tplx' -*))

((* block title *)) \title{Document title} ((* endblock title *))
((* block author *)) \author{Author's Name} ((* endblock author *))
```

假设这些模板保存在 custom_template.tplx 文件中，可以使用下面的命令将 notebook 转换为使用这些模板的 PDF 格式：

```
$ jupyter nbconvert --to pdf --template custom_template.tplx Notebook.ipynb
```

上面的命令能生成 LaTeX 和 PDF 文档，这些文档按照模板的要求添加了标题和作者信息。

3. Python

可以使用带 python 参数的 nbconvert 将 JSON 格式的 Jupyter Notebook 文件转换成纯 Python 代码：

```
$ jupyter nbconvert --to python Notebook.ipynb
```

上面的命令将生成 Notebook.py，该文件仅包含可运行的 Python 代码(如果 notebook 中使用了 IPython 扩展，那将生成 IPython 可运行的文件)。notebook 中的非代码内容也会以注释的形式包含在生成的 Python 代码文件中，这些注释不会影响 Python 解释器的工作。将 notebook 转换为纯 Python 代码很有用，例如，当使用 Jupyter Notebook 开发的函数和类需要在其他 Python 文件或 notebook 中导入时。

1 IPython 的 nbconvert 使用 jinjia2 模板引擎。有关 jinjia2 模板引擎的更多信息及相关文档，可访问 http://jinja.pocoo.org。

1.5 Spyder 集成开发环境

集成开发环境是一种增强的文本编辑器，此外还提供很多其他的功能，如运行代码、生成文档和调试等。有很多免费的或商用的 IDE 可以提供对 Pyhton 项目的支持。Spyder[1]是一款免费的、优秀的 IDE，特别适合于用 Python 进行计算和数据分析。本节稍后将重点介绍 Spyder，详细探讨 Spyder 的功能。当然，还有很多其他很好用的 IDE。例如，Eclipse[2]就是一个很流行且功能强大的多语言 IDE，Eclipse 的扩展版 PyDev[3]提供了很好的 Python 环境。PyCharm[4]是另一个功能强大的 Python IDE，最近在 Python 开发人员中非常受欢迎。此外，Atom[5]也是非常不错的选择。对于使用过这些工具的读者来说，它们都可以作为计算工作的高效工作环境。

但是，Spyder IDE 是专为 Python 编程(特别是 Python 科学计算)而设计的。因此，Spyder 有很多对于交互式计算和探索性计算来说很有用的功能：最特别的是，可以把 IPython 控制台直接集成在 IDE 中。Spyder 用户界面由几个可选窗口组成，可以在 IDE 中以不同的方式进行组合。最重要的窗口有：

- 源代码编辑器
- 用于 Python 和 IPython 解释器以及系统 shell 的控制台
- 对象查看器，用于显示 Python 对象的文档
- 变量浏览器
- 文件浏览器
- 历史命令
- 性能分析器

可以根据用户的需要，使用 View | Panes 菜单命令决定每个窗口的显示或隐藏。另外，窗口可以标签组(tabbed group)的形式展示。在默认布局中，会显示三个标签组：左侧主要是代码编辑器，右上是变量浏览器(variable explorer)、文件浏览器(file explorer)或对象查看器(object inspector)，右下则是 Python 或 IPython 控制台。

可通过在 shell 提示符下运行 spyder 命令来启动 Spyder IDE。图 1-12 展示了 Spyder 应用程序的默认布局。

1 http://code.google.com/p/spyderlib

2 http://www.eclipse.org

3 http://pydev.org

4 http://www.jetbrains.com/pycharm

5 https://atom.io

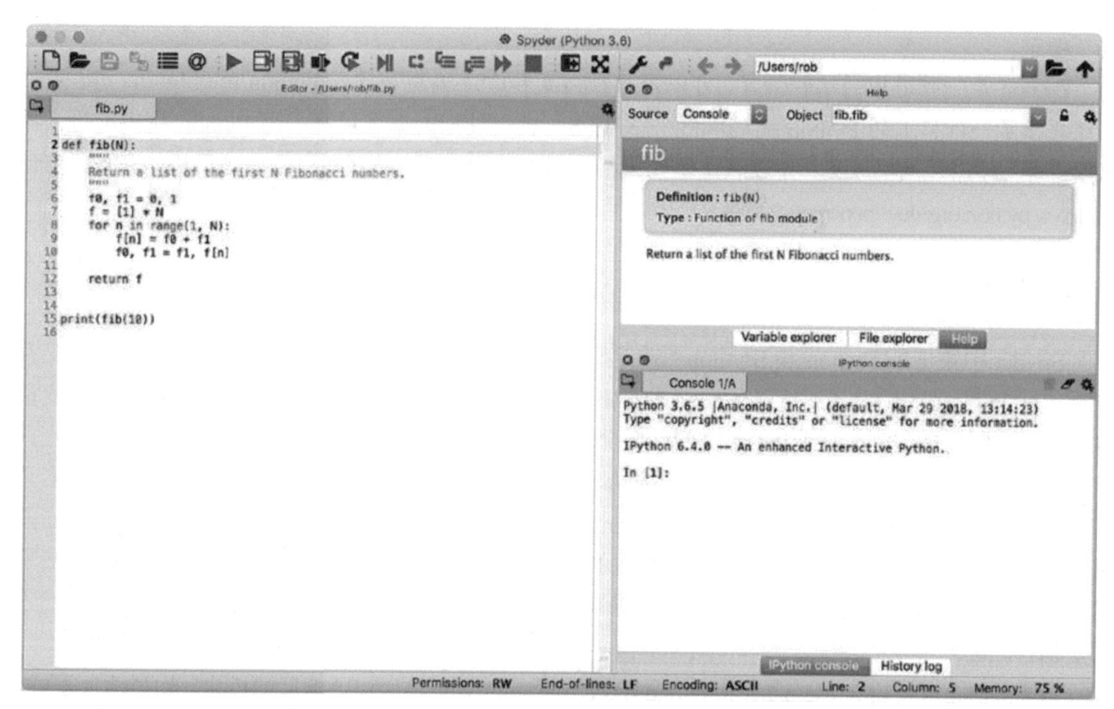

图 1-12　Spyder IDE 的默认布局：左侧是代码编辑器，右上是对象查看器，右下是 IPython 控制台

1.5.1　源代码编辑器

Spyder 中的源代码编辑器支持如下功能：代码高亮显示、智能自动补全、同时处理多个打开文件、括号匹配、缩进以及现代代码编辑器中的很多其他功能。使用 IDE 的额外好处是，代码编辑器中的代码可以选择在加载的 Python 或 IPython 控制台中全部运行(F5 功能键)，也可以选择部分运行(F9 功能键)。IPython 控制台可以在多次连续运行时保持持久会话。

另外，Spyder 中的源代码编辑器还支持使用 pylint[1]、pyflakes[2]、pep8[3]进行静态代码检查，这些外部工具可以对 Python 源代码进行分析，发现代码中的错误，如未定义的符号、语法错误、代码风格不规范等。这些警告和错误将会在源代码编辑器中对应代码行的左侧显示带感叹号的黄色三角形。静态代码检查在 Python 编程中非常重要。Python 是一种延迟计算(lazily evaluated)的解释型语言，因此在运行时，在运行到违规代码之前可能无法发现这些简单错误(如未定义的符号等)，对于很少使用的代码路径，有时这些错误很难被发现。可以在 Preference 窗口(打开方法是：在 Mac OS X 系统中，选择 Python | Preferences 菜单命令；在 Linux 和 Windows 系统中，选择 Tools | Preferences 菜单命令)的 Editor 区域激活或取消 Spyder 的实时静态代码检查和编码风格检查功能。在 Editor 区域，建议选中 Code Introspection/Analysis 选项卡中的 Code analysis 和 Style analysis 复选框。

1 http://www.pylint.org

2 http://github.com/pyflakes/pyflakes

3 http://pep8.readthedocs.org

提示：

Python 是一种通用的编程语言，可以用各种格式和方法编写等效的 Python 源代码。目前，人们已经提出了一种标准的 Python 编码风格——PEP8，我们鼓励大家采用统一的 Python 编码风格。建议读者学习 PEP8 编码风格，并遵照该编码风格编写自己的代码。有关 PEP8 编码风格的介绍，可访问 www.python.org/dev/ peps/pep-0008。

1.5.2 Spyder 控制台

Spyder 中集成的 Python 和 IPython 控制台可用于运行文本编辑器中正在编辑的文件，或以交互方式运行 Python 代码。当运行源代码编辑器中的 Python 代码时，你在脚本中创建的命名空间变量将保存在控制台的 IPython 或 Python 会话中。除了传统的 IDE 功能之外，这是使 Spyder 成为交互式计算环境的一项重要功能，因为在执行完脚本之后还能访问变量的值。Spyder 支持同时打开多个 Python 和 IPython 控制台，例如，可以通过 Consoles | Open an IPython console 菜单命令来启动一个新的 IPython 控制台。当在编辑器中运行脚本时(按 F5 功能键或者单击工具栏中的 Run 按钮)，默认情况下，脚本在最新激活的控制台中运行。这样就可以为不同的脚本或项目维护具有独立命名空间的不同控制台。

当需要时，可使用%reset 命令和 reload 函数清除命名空间并加载更新后的模块。如果这还不够，可以单击控制台面板右上角的图标，从下拉菜单中重新启动 IPython 控制台对应的内核。最后，可在控制台面板中右击，从弹出菜单中选择 Save as HTML/XML，进而将 IPython 控制台会话导出为 HTML 文件。

1.5.3 对象查看器

在编写 Python 代码时，对象查看器(Help 窗格)非常有用。对象查看器使用丰富的格式显示了代码中定义的对象以及系统里已安装模块中定义的符号的文档字符串。对象查看器顶部的输入框可以用来输入需要查看的模块、函数、类的名称。不需要将模块和符号导入本地命名空间，就可以使用对象查看器显示它们的文档字符串。使用光标和快捷键 Ctrl+i(在 Mac OS X 中，快捷键是 Cmd+i)可以选择编辑器或控制台中的某个对象，并在对象查看器中打开该对象的文档。甚至可以在键入左括号时自动显示可调用对象的文档字符串，实时地给出对象的参数及参数顺序方面的信息，从而极大地提高生产力。要激活此功能，请在 Preference 窗口的 Help 窗格中选中 Automatic connections 区域的复选框。

1.6 本章小结

本章介绍了用于科学计算和技术计算的 Python 环境。事实上，这是一种完整的基于各种库和工具的计算生态环境，不仅包括 Python 软件，还包括从底层数字运算库到图形用户界面以及 Web 应用在内的所有组件。在这种多语言生态环境中，Python 只是将它们连接在一起，从而组成高效的计算环境。IPython 是 Python 计算环境中的核心组成部分，在介绍 Jupyter Notebook 和 Spyder IDE 提供的高级用户环境之前，我们简要介绍了 IPython 的一些重要功能。这些都是进行大部分探索性计算和交互式计算时需要使用的工具。在本书后面，我们将假设使用 IPython、Jupyter Notebook 和 Spyder 中的一种环境，重点介绍如何使用 Python 库进行数值计算。

1.7　扩展阅读

Jupyter Notebook 是一个丰富的交互式计算平台，当前很活跃。人们为 Jupyter Notebook 最新开发的一项功能是 widget 系统，这是一组用户界面组件，用于开发和展示浏览器中的交互界面，而浏览器中当前正在显示 notebook。在本章，我们只简单介绍了 Jupyter widget——Jupyter 项目中一类非常有趣且快速发展的组件，建议读者研究它们在交互式计算方面的潜在应用。至于 Jupyter Notebook widget 和 Jupyter 的其他功能，可在 http://nbviewer.ipython.org/github/ipython/ipython/tree/master/examples 上找到以 Jupyter Notebook 形式提供的示例。

1.8　参考文献

Rossant, C. (2014). *IPython Interactive Computing and Visualization Cookbook*. Mumbai: Packt.

Rossant, C. (2013). *Learning IPython for Interactive Computing and Data Visualization*. Mumbai: Packt.

第2章

向量、矩阵和多维数组

向量、矩阵和多维数组是数值计算中必不可少的工具。当需要对一组输入数据进行重复计算时，很自然地会把数据表示成数组的形式，使用数组操作来进行计算。使用这种方式的计算被称为向量化计算[1]。向量化计算通过对数组数据进行批量处理，避免了对数组元素显式地进行循环操作。这样做的结果是可以得到简洁、更易维护的代码，并且可以使用更底层的库来实现数组操作。因此，向量化计算相比按照顺序逐个元素进行计算要快得多。这对于Python这样的解释型语言尤为重要，因为逐个元素循环遍历需要的开销很大。

在Python科学计算环境中，NumPy库提供了用于处理数组的高效数据结构。NumPy的核心是使用C语言实现的，提供了很多处理和操作数组的函数。初看时，NumPy数组与Python列表数据结构有相似之处。但是两者有如下重要区别：Python列表是所有对象的通用容器，而NumPy数组是同质的(homogenous)、带数据类型的、固定长度的数组。同质意味着数组中的所有元素具有相同的数据类型。固定长度意味着无法调整数组的大小(在不创建新数组的前提下)。由于这些以及其他一些原因，用于NumPy数组的操作和函数相比使用Python列表的效率更高。除了数组数据结构，NumPy还提供了大量可以对这些数据结构进行操作的基本运算符和函数，以及一些高级算法的子模块，如线性代数和快速傅里叶变换等。

本章我们将首先介绍基本的NumPy数据结构以及创建NumPy数组的多种方法，然后介绍对数组进行操作和运算的方法。NumPy提供的多维数组几乎是Python中所有数值运算的基础。因此，花时间熟悉并了解NumPy的工作方式非常重要。

提示：

NumPy库提供了用于表示各种数组的数据结构，以及对这些数组进行操作的方法和函数。NumPy为Python中几乎所有的科学计算库或技术计算库提供了数值计算支持。因此，NumPy是Python科学计算生态系统中非常重要的组成部分。在编写本书时，NumPy的最新版本是1.14.2。有关NumPy的更多信息，请访问www.numpy.org。

---

1 很多现代处理器提供了数组操作指令。这些也被称为向量化操作，但是这里的向量化是指基于数组的高级操作，而不管它们在处理器层是如何实现的。

2.1　导入模块

为使用 NumPy 库，需要先导入它。按照惯例，我们以别名 np 导入 NumPy 模块，代码如下：

```
In [1]: import numpy as np
```

以后可以使用 np 命名空间来访问 NumPy 模块中的函数和类。在本书中，我们假设都以这种方式导入 NumPy 模块。

2.2　NumPy Array 对象

NumPy 库的核心是表示同质数据(homogeneous data)的多维数组。同质指的是数组中的所有元素具有相同的数据类型[1]。NumPy 中多维数组的主要数据结构是 ndarray 类。除了保存在数组中的数据，这种数据结构还可以包含关于数据的重要元数据，例如形状(shape)、大小(size)、数据类型及其他属性。表 2-1 对这些属性做了详细说明。ndarray 的文档字符串中有完整的属性列表及说明，可以在 Python 解释器中通过 help(np.ndarray)或者在 IPython 控制台中通过 np.ndarray?来访问。

表 2-1　ndarray 类的基本属性及说明

属性	说明
shape	包含数组每个维度的元素数量(长度)的元组
size	数组中元素的总数
ndim	维度的数量
nbytes	存储数据的字节数
dtype	数组中元素的数据类型

下面的示例演示了如何通过 ndarray 类的 data 实例来访问这些属性：

```
In [2]: data = np.array([[1, 2], [3, 4], [5, 6]])
In [3]: type(data)
Out[3]: <class 'numpy.ndarray'>
In [4]: data
Out[4]: array([[1, 2],
               [3, 4],
               [5, 6]])
In [5]: data.ndim
Out[5]: 2
In [6]: data.shape
```

1 对于 Python 列表并非如此，Python 列表中的元素可以是异构的(heterogenous)。

```
Out[6]: (3, 2)
In [7]: data.size
Out[7]: 6
In [8]: data.dtype
Out[8]: dtype('int64')
In [9]: data.nbytes
Out[9]: 48
```

上述代码使用 np.array 函数从一个嵌套的 Python 列表创建了 ndarray 实例 data。本章稍后将介绍更多从数据及各种规则创建 ndarray 实例的方法。在前面的示例中，data 是 3×2(data.shape)的二维数组(data.ndim)，共有 6 个(data.size)int64 类型(data.dtype)的元素，总大小是 48 字节(data.nbytes)。

2.2.1　数据类型

刚才我们使用了 ndarray 对象的 dtype 属性，该属性描述了数组中每个元素的数据类型(请注意，NumPy 数组是同质的，所有元素的数据类型都是相同的)。NumPy 支持的基本数字类型如表 2-2 所示，另外还支持非数字类型，如字符串、对象以及用户自定义的符合类型等。

表 2-2　NumPy 支持的基本数字类型

dtype	变体	说明
int	int8、int16、int32、int64	整数类型
uint	uint8、uint16、uint32、uint64	无符号(非负)整数类型
bool	Bool	布尔类型(True 或 False)
float	float16、float32、float64、float128	浮点类型
complex	complex64、complex128、complex256	复数浮点型

对于数值计算工作，最重要的数据类型是 int(整数类型)、float(浮点类型)和 complex(复数浮点型)。这些数据类型中的每一种都有不同的大小，如 int32(32 位整数)、int64(64 位整数)等。这相比标准 Python 数据类型能够提供更细粒度的控制，标准 Python 只为整数和浮点数提供一种类型。通常没有必要明确选择需要使用的数据类型的位数，但一般需要明确说明使用的是整数数组、浮点数数组还是复数数组。

下面的示例演示了如何使用 dtype 属性创建整数数组、浮点数数组和复数数组：

```
In [10]: np.array([1, 2, 3], dtype=np.int)
Out[10]: array([1, 2, 3])
In [11]: np.array([1, 2, 3], dtype=np.float)
Out[11]: array([ 1., 2., 3.])
In [12]: np.array([1, 2, 3], dtype=np.complex)
Out[12]: array([ 1.+0.j, 2.+0.j, 3.+0.j])
```

创建完 NumPy 数组之后，数组的 dtype 就不能更改了，除非复制数组以进行类型转换。对数组进行类型转换很简单，可以使用 np.array 函数：

```
In [13]: data = np.array([1, 2, 3], dtype=np.float)
In [14]: data
Out[14]: array([ 1., 2., 3.])
In [15]: data.dtype
Out[15]: dtype('float64')
In [16]: data = np.array(data, dtype=np.int)
In [17]: data.dtype
Out[17]: dtype('int64')
In [18]: data
Out[18]: array([1, 2, 3])
```

也可以使用 ndarray 类的 astype 方法：

```
In [19]: data = np.array([1, 2, 3], dtype=np.float)
In [20]: data
Out[20]: array([ 1., 2., 3.])
In [21]: data.astype(np.int)
Out[21]: array([1, 2, 3])
```

在使用 NumPy 数组进行计算时，如果计算需要，那么数据类型可能会发生转变。例如，将浮点数数组和复数数组相加，得到的数组是复数类型：

```
In [22]: d1 = np.array([1, 2, 3], dtype=float)
In [23]: d2 = np.array([1, 2, 3], dtype=complex)
In [24]: d1 + d2
Out[24]: array([ 2.+0.j, 4.+0.j, 6.+0.j])
In [25]: (d1 + d2).dtype
Out[25]: dtype('complex128')
```

有些情况下，根据应用场景的需要，必须在创建数组时指定合适的数据类型，例如 int 或 complex。默认的数据类型是 float。考虑下面的示例：

```
In [26]: np.sqrt(np.array([-1, 0, 1]))
Out[26]: RuntimeWarning: invalid value encountered in sqrt
         array([ nan, 0., 1.])
In [27]: np.sqrt(np.array([-1, 0, 1], dtype=complex))
Out[27]: array([ 0.+1.j, 0.+0.j, 1.+0.j])
```

在这里，使用 np.sqrt 函数计算数组中每个元素的平方根，但是两次计算得到的结果会因为数据类型而异。只有当数组类型为 complex 时，－1 的平方根才会得到虚数单元(在 Python 中表示为 1j)。

实部和虚部

不管 dtype 属性的值是什么，所有 NumPy 数组实例都具有 real 和 imag 属性，分别用于访问数组的实部和虚部：

```
In [28]: data = np.array([1, 2, 3], dtype=complex)
In [29]: data
Out[29]: array([ 1.+0.j, 2.+0.j, 3.+0.j])
In [30]: data.real
Out[30]: array([ 1., 2., 3.])
In [31]: data.imag
Out[31]: array([ 0., 0., 0.])
```

函数 np.real 和 np.imag 也分别提供相同的功能，它们也可以应用于其他类似数组的对象，如 Python 列表。请注意，Python 本身支持复数，并且 Python 标量也有 imag 和 real 属性。

2.2.2　内存中数组数据的顺序

在内存中，多维数组被保存为连续的数据。可以自由选择如何在内存段中存放数组的元素。对于包含行和列的二维数组：一种可能的方式是按顺序逐行存储数据，另一种方式是逐列存储数据。前者称为行主序(row-major)格式，后者称为列主序(column-major)格式。至于使用行主序格式还是列主序格式，有约定俗成的规定，例如，C 语言使用行主序格式、Fortran 语言使用列主序格式。在创建 NumPy 数组时，可以使用关键字参数 order='C'设置行主序格式，使用 order='F'设置列主序格式。当使用借助 C 和 Fortran 编写的接口时(在进行 Python 数值计算时经常遇到这种情况)，需要特别注意 NumPy 数组使用的是'C'还是'F'。

行主序和列主序是将元素寻址的索引映射到内存段中元素偏移量的特殊情况。通常，NumPy 数组的 ndarray.strides 属性准确定义了这种映射方法。strides 属性表示的是长度与数组维数(轴)相同的元组。strides 中的每个值都是一个计算因子，当计算某个索引表达式在内存中的偏移量(以字节为单位)时，可使用相应维度的索引乘上该计算因子。

例如，考虑形状为 shape(2,3)的数组 A(采用行主序格式)，这是一个二维数组，第一维和第二维分别有 2 个和 3 个元素。如果数据类型是 int32，那么每个元素的大小为 4 字节，整个数组总共占用 2×3×4=24 字节。因此，该数组的 strides 属性是(4×3，4×1)=(12，4)，因为 $A[n, m]$中的 m 每次增加时，内存偏移量就会增加 4 字节。同样，n 每次增加时，内存偏移量就会增加 12 字节，因为数组 A 中第二维的长度是 3。另外，如果相同的数组以列主序格式存储，strides 属性将变为(4，8)。使用 strides 属性来描述数组索引到数组内存偏移量的映射非常聪明，因为这样可以描述不同的映射策略以及数组中很多常见的操作，例如转置，从而避免在内存中移动数据，只需要简单地改变 strides 属性就可以实现。仅仅改变 strides 属性就能得到新的 ndarray 对象，新的 ndarray 对象与原数组引用相同的数据，这种数组又称为视图。为提高效率，NumPy 在对数组进行操作时尽量使用视图而不是数组的副本。这通常是一种很好的做法，但是更需要注意的是，有些数组操作会产生视图而不是新的独立数组，修改这些视图的数据将会导致原始数组中的数据也发生改变。在本章后面我们将看到多个这样的示例。

2.3 创建数组

我们已经介绍了 NumPy 中用于表示数组的基本数据结构——ndarray 类，我们还介绍了 ndarray 类的基本属性。本节将重点介绍 NumPy 库中用于创建 ndarray 实例的函数。

根据数组的特性以及应用场景，有多种创建数组的方法。例如，就像前面介绍的那样，可以把 Python 列表(可以显式定义)传给 np.array 函数来初始化 ndarray 实例。但是，这种方法显然只能用于较小的数组。很多时候，需要创建这样的数组：其中的元素是按照某种规则生成的。例如，以某个常量填充、递增的整数、均匀间隔的数字、随机数，等等。另外，我们可能需要借助保存在文件中的数据来创建数组。由于各种各样的要求，NumPy 库提供了一整套用于生成各种类型数组的函数。在本节中，我们将详细介绍其中的许多函数。至于完整的函数列表，请参阅 NumPy 的参考手册，或者输入 help(np)以查看文档字符串，或者使用 np.<TAB>查看自动补全信息。表 2-3 列出了用于生成数组的常用函数。

表 2-3　用于生成数组的常用函数

函数名	数组类型
np.array	使用类数组对象创建数组，例如(嵌套的)Python 列表、元组、可迭代序列或其他 ndarray 实例
np.zeros	创建指定维度和数据类型的数组，以 0 填充
np.ones	创建指定维度和数据类型的数组，以 1 填充
np.diag	创建对角数组，指定对角线的值，其他以 0 填充
np.arange	创建均匀间隔数值的数组，指定开始值、结束值以及增量值
np.linspace	创建均匀间隔数值的数组，指定开始值、结束值以及元素数量
np.logspace	创建等比数列数组，指定开始值和结束值
np.meshgrid	从一维坐标向量生成坐标矩阵(和高维坐标数组)
np.fromfunction	创建一个数组，用给定函数的值进行填充，该函数将针对给定数组大小的每个索引组合进行计算
np.fromfile	借助二进制(或文本)文件中的数据来创建数组。NumPy 还提供了对应的函数 np.tofile，用于将 NumPy 数组保存到磁盘上，后续可以使用 np.fromfile 进行读取
np.genfromtxt,np.loadtxt	从文本文件(如 CSV 文件)读取数据以创建数组 np.genfromtxt 还支持处理缺失值
np.random.rand	创建一个数组，元素来自于 0 和 1 之间均匀分布的随机数。也可以使用 np.random 模块中的其他分布

2.3.1　从列表和其他类数组对象创建数组

使用 np.array 函数，可以从 Python 列表、可迭代表达式和其他类数组对象(如其他 ndarray 实例)创建 NumPy 数组。例如，要从 Python 列表创建一维数组，我们只需要将 Python 列表作为参数传给 np.array 函数：

```
In [32]: np.array([1, 2, 3, 4])
Out[32]: array([ 1, 2, 3, 4])
In [33]: data.ndim
Out[33]: 1
In [34]: data.shape
Out[34]: (4,)
```

要使用上述示例中相同的数据来创建一个二维数组，可以使用嵌套的 Python 列表：

```
In [35]: np.array([[1, 2], [3, 4]])
Out[35]: array([[1, 2],
                [3, 4]])
In [36]: data.ndim
Out[36]: 2
In [37]: data.shape
Out[37]: (2, 2)
```

2.3.2　以常量填充的数组

函数 np.zeros 和 np.ones 分别以 0 和 1 填充创建的数组。这两个函数都使用一个整数或元组作为第一个参数来描述数组中每个维度的元素数量。例如，下面的代码创建了一个以 0 填充的 2×3 数组，以及一个以 1 填充的长度为 4 的数组：

```
In [38]: np.zeros((2, 3))
Out[38]: array([[ 0., 0., 0.],
                [ 0., 0., 0.]])
In [39]: np.ones(4)
Out[39]: array([ 1., 1., 1., 1.])
```

和其他数组生成函数一样，函数 np.zeros 和 np.ones 还可以接收一个可选的关键字参数，该参数用于指定数组中元素的数据类型。默认的数据类型是 float64，可以通过显式指定 dtype 参数更改为所需的数据类型：

```
In [40]: data = np.ones(4)
In [41]: data.dtype
Out[41]: dtype('float64')
```

```
In [42]: data = np.ones(4, dtype=np.int64)
In [43]: data.dtype
Out[43]: dtype('int64')
```

如果要创建一个以某个特定值填充的数组，可以首先创建一个以 1 填充的数组，然后将该数组乘上所需的特定值。但是，NumPy 还提供了 np.full 函数，它能够一步就完成此操作。下面使用这两种方法来创建包含 10 个元素的数组，以数值 5.4 进行填充，得到的结果一样，但是使用 np.fill 时效率稍微高一点，因为避免了乘法运算。

```
In [44]: x1 = 5.4 * np.ones(10)
In [45]: x2 = np.full(10, 5.4)
```

已经创建好的数组也可以使用 np.fill 函数进行填充，该函数使用一个数组和一个数值作为参数，可以把数组中的所有元素都设置为这个值。使用以下两种创建数组的方法时，得到的结果一样：

```
In [46]: x1 = np.empty(5)
In [47]: x1.fill(3.0)
In [48]: x1
Out[48]: array([ 3.,  3.,  3.,  3.,  3.])
In [49]: x2 = np.full(5, 3.0)
In [50]: x2
Out[50]: array([ 3.,  3.,  3.,  3.,  3.])
```

在上面的示例中，我们还使用了 np.empty 函数，用于生成一个没有初始化值的数组。只有当我们确定会以其他方法对所有元素进行初始化时，我们才使用 np.empty 函数，例如显式地循环所有元素或者使用其他的显式赋值方法。本章后面将会详细介绍该 np.empty 数。

2.3.3 以增量序列填充的数组

在数值计算中，经常需要在起始值和结束值之间有均匀间隔值的数组。NumPy 提供了两个类似的函数来创建这样的数组：np.arange 和 np.linspace。这两个函数都有三个参数，其中前两个参数都是起始值和结束值。np.arange 的第三个参数是增量值，np.linspace 的第三个参数是数组元素的个数。

例如，要生成介于 1 和 10 之间的数组，增量为 1，可以使用下面两种方法中的任意一种：

```
In [51]: np.arange(0.0, 10, 1)
Out[51]: array([ 0.,  1.,  2.,  3.,  4.,  5.,  6.,  7.,  8.,  9.])
In [52]: np.linspace(0, 10, 11)
Out[52]: array([ 0.,  1.,  2.,  3.,  4.,  5.,  6.,  7.,  8.,  9.,  10.])
```

但是，请注意，np.arange 不包含结束值(10)，但是 np.linspace 默认包含结束值(也可以通过可选的关键字参数 endpoint 来改变相关设置)。具体使用 np.arange 还是 np.linspace，主要看个人偏好，但通常建议：当增量不是整数时使用 np.linspace。

2.3.4　以等比数列填充的数组

函数 np.logspace 与 np.linspace 类似，但数组元素的增量是以对数形式进行分布的，前两个参数(开始值和结束值)是可选参数 base(默认是 10)的幂。例如，要生成一个在 1 和 100 之间以对数形式分布元素的数组，可以使用下面的代码：

```
In [53]: np.logspace(0, 2, 5) # 5 data points between 10**0=1 to 10**2=100
Out[53]: array([ 1. , 3.16227766, 10. , 31.6227766 , 100.])
```

2.3.5　Meshgrid 数组

可以使用函数 np.meshgrid 来生成多维坐标网格。给定两个一维坐标数组(也就是说，数组中包含沿着给定维度上一组坐标点的集合)，可以使用 np.meshgrid 函数生成二维坐标数组(coordinate array)。下面用示例进行相关说明：

```
In [54]: x = np.array([-1, 0, 1])
In [55]: y = np.array([-2, 0, 2])
In [56]: X, Y = np.meshgrid(x, y)
In [57]: X
Out[57]: array([[-1, 0, 1],
                [-1, 0, 1],
                [-1, 0, 1]])
In [58]: Y
Out[58]: array([[-2, -2, -2],
                [ 0, 0, 0],
                [ 2, 2, 2]])
```

二维坐标数组(例如本例中的 X 和 Y)的常见应用场景是计算包含两个变量 x 和 y 的函数，可用于绘制包括这两个变量的函数的图形，如色图或等高线图。例如，要使用前面 x 和 y 数组中值的所有组合来计算表达式$(x+y)^2$，可以使用二维坐标数组 X 和 Y：

```
In [59]: Z = (X + Y) ** 2
In [60]: Z
Out[60]: array([[9, 4, 1],
                [1, 0, 1],
                [1, 4, 9]])
```

将更多数组作为参数传给 np.meshgrid 函数，就可以生成更高维的坐标数组。另外，np.mgrid 和 np.ogrid 也可以用于生成坐标数组，它们都使用基于索引和切片对象的语法。有关详细信息，请参阅文档字符串或 NumPy 文档。

2.3.6　创建未初始化的数组

可以使用 np.empty 函数创建指定了大小和数据类型，但是对元素不进行初始化的数组。使用该函数的好处，在于可以省去初始化步骤，这与使用 np.zeros 创建用 0 对所有元素进行初始化的数组不同。如果我们能确保在后面的代码中对所有元素进行初始化，这将可以节省一点时间，特别是在处理大型数组时。下面的示例演示了 np.empty 函数的用法：

```
In [61]: np.empty(3, dtype=np.float)
Out[61]: array([ 1.28822975e-231, 1.28822975e-231, 2.13677905e-314])
```

在这里，我们生成了包含三个浮点型元素的新数组。在该数组中，元素的值是不确定的，实际每次运行时得到的值都不一样。因此，在该数组被使用之前一定要显式对其进行赋值，否则很可能出现不可预测的错误。通常 np.zeros 函数相比 np.empty 函数更安全，因此，如果性能提升不是很明显的话，最好使用 np.zeros，以减少由于 np.empty 函数生成的数组未初始化而带来的那些奇怪且不可重现的错误。

2.3.7　使用其他数组的属性创建数组

我们经常需要创建一个与另一个数组拥有相同属性(如 shape 和 dtype)的新数组。NumPy 为此提供了一系列函数：np.ones_like、np.zeros_like、np.full_like 和 np.empty_like。一种典型应用场景是定义一个函数，它将一个数组作为参数，然后需要对使用同样大小和数据类型的数组进行相关操作。例如，下面的函数就是这种情况：

```
def f(x):
    y = np.ones_like(x)
    #对 x 和 y 进行操作
    return y
```

在上述函数的第一行中，我们使用 np.ones_like 创建了新数组 y，数组 y 与数组 x 的大小和数据类型相同，并且用 1 进行填充。

2.3.8　创建矩阵数组

矩阵数组或二维数组是执行数值计算的重要工具。NumPy 提供了一些用于生成常用矩阵的函数。特别是函数 np.identity，使用它可以生成对角线为 1、其他元素为 0 的方形矩阵：

```
In [62]: np.identity(4)
Out[62]: array([[ 1., 0., 0., 0.],
                [ 0., 1., 0., 0.],
                [ 0., 0., 1., 0.],
                [ 0., 0., 0., 1.]])
```

类似的函数 numpy.eye 可以生成对角线为 1 的矩阵(偏移量是可选参数)。下面的示例演示了该函数的用法——分别在对角线的上方和下方生成具有非 0 元素的对角线：

```
In [63]: np.eye(3, k=1)
Out[63]: array([[ 0.,  1.,  0.],
                [ 0.,  0.,  1.],
                [ 0.,  0.,  0.]])


In [64]: np.eye(3, k=-1)
Out[64]: array([[ 0.,  0.,  0.],
                [ 1.,  0.,  0.],
                [ 0.,  1.,  0.]])
```

如果要创建对角线是任意一维数组的矩阵，可以使用 np.diag 函数(该函数也可以使用可选关键字 *k* 来设置对角线的偏移量)，如下所示：

```
In [65]: np.diag(np.arange(0, 20, 5))
Out[65]: array([[0, 0, 0, 0],
                [0, 5, 0, 0],
                [0, 0, 10, 0],
                [0, 0, 0, 15]])
```

这里我们给 np.arange 函数提供了第三个参数，用于设置数组中元素递增的步长。因此，np.arange 函数得到的数组是[0, 5, 10, 15]，然后使用 np.diag 函数将该数组插到二维矩阵的对角线上。

2.4　索引和切片

NumPy 数组的元素及子数组可以使用类似 Python 列表的标准方括号表达式来访问。在方括号内，可以使用不同的索引格式来选择不同元素。通常，方括号内的表达式是元组，元组中的每一项用来指定从数组的每一维选择的元素。

2.4.1　一维数组

沿着某个轴(维)，使用整数索引可以选择单个元素，使用所谓的切片可以选择某个范围内的元素和序列。正整数用于从数组开头进行索引(索引开始于 0)，负整数用于从数组末尾进行索引，最后一个元素的索引是 -1，倒数第二个元素的索引是 -2，以此类推。

切片使用的:符号也可用于 Python 列表。在这种表示法中，可以使用类似 *m*:*n* 这样的表达式来选择从 *m* 到 *n* - 1(请注意，不包含第 *n* 个元素)的元素。切片 *m*:*n* 也可以更明确地写为 *m*:*n*:1，其中数字 1 表示 *m* 和 *n* 之间的每个元素都被选择。如果需要从每两个元素中选择一个元素，可以使用 *m*:*n*:2，以此类推。要从每 *p* 个元素中选择一个元素，可以使用 *m*:*n*:*p*。如果 *p* 是负数，则表示在 *m* 和 *n*+1(这意味着 *m* 必须大于 *n*)之间进行选择，并以逆序形式返回。表 2-4 总结了 NumPy 数组的索引和切片操作。

表 2-4　NumPy 数组的索引和切片操作

表达式	说明
a[*m*]	选择索引 *m* 处的元素，其中 *m* 是整数(从 0 开始计数)
a[–*m*]	从数组末尾选择第 *m* 个元素，其中 *m* 是整数。数组中最后一个元素的索引是 -1，倒数第二个元素的索引是 -2，以此类推
a[*m*: n]	选择索引为 *m* 到 *n* - 1 的元素(*m* 和 *n* 都是整数)
a[:]或 a[0: –1]	选择指定维的所有元素
a[:*n*]	选择索引为 0 到 *n* - 1 的元素(*n* 是整数)
a[*m*:]或 a[*m*: –1]	选择索引为 *m* 到数组末尾的所有元素
a[*m*: *n*: *p*]	选择索引为 *m* 到 *n*(不包含 *n*)、增量为 *p* 的所有元素
a[:: –1]	逆序选择所有元素

下面的几个例子演示了 NumPy 数组的索引和切片操作。首先，我们来看一个一维数组，它包含一个取值为 0 到 10 之间整数的序列：

```
In [66]: a = np.arange(0, 11)
In [67]: a
Out[67]: array([ 0, 1, 2, 3, 4, 5, 6, 7, 8, 9, 10])
```

请注意，数值 11 并没有包含在数组中。为了从数组中选择某些特定元素，如第一个元素、最后一个元素、第 5 个元素，可以使用整数索引：

```
In [68]: a[0]   # 第一个元素
Out[68]: 0
In [69]: a[-1]  # 最后一个元素
Out[69]: 10
In [70]: a[4]   # 索引为 4 的第 5 个元素
Out[70]: 4
```

为了选择一段元素，假如从第二个元素到倒数第二个元素，分别要求选择每个元素以及从每两个元素中选择一个元素，可以使用索引切片：

```
In [71]: a[1:-1]
Out[71]: array([1, 2, 3, 4, 5, 6, 7, 8, 9])
In [72]: a[1:-1:2]
Out[72]: array([1, 3, 5, 7, 9])
```

为了从数组中选择前面 5 个以及后面 5 个元素，可以使用切片:5 和 - 5:。因为在 *m*:*n* 表达式中，如果省略 *m* 或 *n*，那么默认分别从开头和结尾进行选择：

```
In [73]: a[:5]
Out[73]: array([0, 1, 2, 3, 4])
In [74]: a[-5:]
Out[74]: array([6, 7, 8, 9, 10])
```

如果要在数组中逆序地从每两个元素中选择一个元素，可以使用切片:: - 2，如下所示：

```
In [75]: a[::-2]
Out[75]: array([10, 8, 6, 4, 2, 0])
```

2.4.2　多维数组

对于多维数组，可以在每一维上应用刚才介绍的元素选择方法。得到的是一个缩减后的数组，其中的每个元素都满足给定的选择条件。下面介绍一个具体示例，考虑下面的二维数组：

```
In [76]: f = lambda m, n: n + 10 * m
In [77]: A = np.fromfunction(f, (6, 6), dtype=int)
In [78]: A
Out[78]: array([[ 0, 1, 2, 3, 4, 5],
                [10, 11, 12, 13, 14, 15],
                [20, 21, 22, 23, 24, 25],
                [30, 31, 32, 33, 34, 35],
                [40, 41, 42, 43, 44, 45],
                [50, 51, 52, 53, 54, 55]])
```

可以组合使用切片和整数索引，从这个二维数组中提取列和行：

```
In [79]: A[:, 1] # 第二列
Out[79]: array([ 1, 11, 21, 31, 41, 51])
In [80]: A[1, :] # 第二行
Out[80]: array([10, 11, 12, 13, 14, 15])
```

通过在数组的每个轴(维度)上使用切片，可以得到一个子数组(在我们的示例中是二维的子矩阵)：

```
In [81]: A[:3, :3] # 左上半对角线子矩阵
Out[81]: array([ [ 0, 1, 2],
               [10, 11, 12],
               [20, 21, 22]])
```

```
In [82]: A[3:, :3] # 左下半对角线子矩阵
Out[82]: array([[30, 31, 32],
                [40, 41, 42],
                [50, 51, 52]])
```

把元素的提取间隔设置为 1 以外的数字，可以得到由非连续元素组成的子矩阵：

```
In [83]: A[::2, ::2] # 从(0,0)开始，从每两个元素中选择一个元素
Out[83]: array([ [ 0, 2, 4],
                [20, 22, 24],
                [40, 42, 44]])
In [84]: A[1::2, 1::3] # 从(1,1)开始，从每两行中选择一行，从每三个列中选择一列
Out[84]: array([[11, 14],
                [31, 34],
                [51, 54]])
```

这种从多维数组中提取数据子集的方法是一种简单但非常有用的功能，在数据处理中应用很广。

2.4.3 视图

使用切片操作从数组中提取的子数组是同一底层数组数据的视图。也就是说，它们引用的是原始数组在内存中的同一份数据，但是具有不同的 strides 设置。视图中的元素被赋予新值后，原始数组中的值也会随之更新。例如：

```
In [85]: B = A[1:5, 1:5]
In [86]: B
Out[86]: array([[11, 12, 13, 14],
                [21, 22, 23, 24],
                [31, 32, 33, 34],
                [41, 42, 43, 44]])
In [87]: B[:, :] = 0
In [88]: A
Out[88]: array([[ 0, 1, 2, 3, 4, 5],
                [10, 0, 0, 0, 0, 15],
                [20, 0, 0, 0, 0, 25],
                [30, 0, 0, 0, 0, 35],
                [40, 0, 0, 0, 0, 45],
                [50, 51, 52, 53, 54, 55]])
```

在这里，我们对数组 *B*(从数组 *A* 得到的子数组)中的元素重新赋值，数组 *A* 中的值同样被修改(因为这两个数组引用了内存中相同的数据)。提取子数组得到的是视图而不是新的独立数组，从

而避免复制数据，提高性能。当需要的是数组的副本而不是视图时，可以使用 ndarray 实例的 copy 方法显式地复制视图。

```
In [89]: C = B[1:3, 1:3].copy()
In [90]: C
Out[90]: array([[0, 0],
               [0, 0]])
In [91]: C[:, :] = 1   # 该操作不会影响B，因为C是视图B[1:3, 1:3]的副本
In [92]: C
Out[92]: array([[1, 1],
                [1, 1]])
In [93]: B
Out[93]: array([[0, 0, 0, 0],
                [0, 0, 0, 0],
                [0, 0, 0, 0],
                [0, 0, 0, 0]])
```

除了 ndarray 类的 copy 属性，还可以使用 np.copy 函数或者带关键字参数 copy=True 的 np.array 函数来复制数组。

2.4.4　花式索引和布尔索引

我们刚才介绍了如何使用整数和切片来索引 NumPy 数组，从而提取数组中的单个元素或者某个范围内的元素。NumPy 还提供了一种方便的方法来索引数据，称为花式索引(fancy indexing)。通过花式索引，一个 NumPy 数组可以使用另一个 NumPy 数组、Python 列表或整数序列进行索引，通过索引从数组中选择元素。为了说明这个概念，请看下面的实例：我们首先创建一个包含 11 个浮点数的 NumPy 数组，然后使用另一个 NumPy 数组(和 Python 列表)索引该数组，从原始数组中提取 0.0、0.2 和 0.4 这三个元素。

```
In [94]: A = np.linspace(0, 1, 11)
Out[94]: array([ 0.0 , 0.1, 0.2,0.3,0.4,0.5,0.6,0.7,0.8,0.9,1.0 ])
In [95]: A[np.array([0, 2, 4])]
Out[95]: array([ 0.0 , 0.2, 0.4])
In [96]: A[[0, 2, 4]] # 同样的操作也可通过使用 Python 列表进行索引来完成
Out[96]: array([ 0.0 , 0.2,0.4])
```

这种索引方法也可以扩展到多维数组的每个轴(维度)，但要求作为索引的数组或列表的元素都是整数。

NumPy 数组索引的另一种变体是使用布尔值索引数组。这种情况下，每个元素(值为 True 或 False)用于指示是否从列表中的相应位置选择元素。也就是说，如果索引数组中第 n 个元素的布尔值是 True，那么被索引数组中的第 n 个元素就会被选择。如果值是 False，那么第 n 个元素不会被选择。这种索引方法对于从数组中过滤一些元素很方便。例如，要选择(前面定义的)数组 A 中所有大小超过 0.5 的元素，可以像下面这样把 NumPy 数组的比较操作与布尔值数组的索引操作结合起来：

```
In [97]: A > 0.5
Out[97]: array([False, False, False, False, False, False, True, True, True,
         True, True], dtype=bool)
In [98]: A[A > 0.5]
Out[98]: array([ 0.6, 0.7, 0.8, 0.9, 1. ])
```

与使用切片得到的数组不同，使用花式索引和布尔值索引得到的数组不是视图，而是新的独立数组。可以使用花式索引来对所选元素进行赋值：

```
In [99]: A = np.arange(10)
In [100]: indices = [2, 4, 6]
In [101]: B = A[indices]
In [102]: B[0] = -1          # 该操作不影响 A
In [103]: A
Out[103]: array([0, 1, 2, 3, 4, 5, 6, 7, 8, 9])
In [104]: A[indices] = -1    # 该操作会改变 A 中的元素
In [105]: A
Out[105]: array([ 0, 1, -1, 3, -1, 5, -1, 7, 8, 9])
```

布尔值索引也十分类似：

```
In [106]: A = np.arange(10)
In [107]: B = A[A > 5]
In [108]: B[0] = -1          # 该操作不影响 A
In [109]: A
Out[109]: array([0, 1, 2, 3, 4, 5, 6, 7, 8, 9])
In [110]: A[A > 5] = -1      # 该操作会改变 A 中的元素
In [111]: A
Out[111]: array([ 0, 1, 2, 3, 4, 5, -1, -1, -1, -1])
```

图 2-1 使用可视化的方法总结了 NumPy 数组的不同索引方法。请注意，我们这里讨论的每种索引类型都可以独立地应用于数组的每个维度。

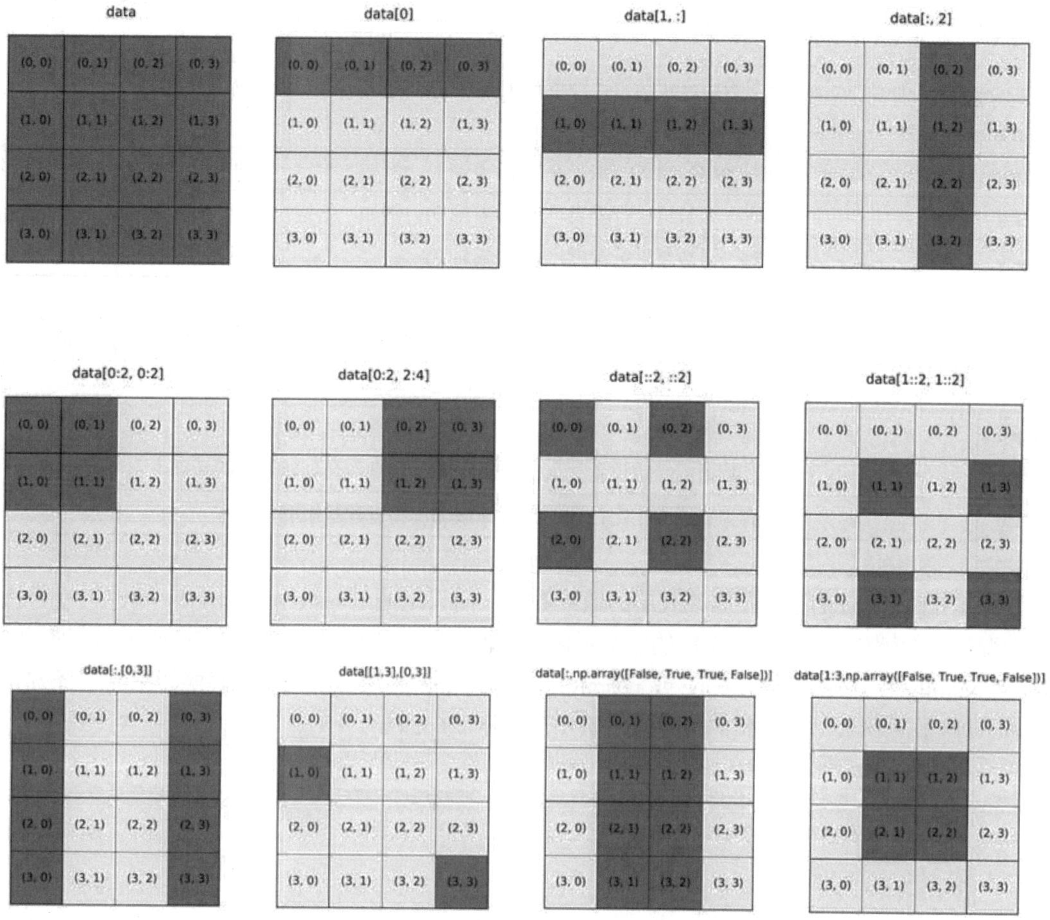

图 2-1　对 NumPy 数组的不同索引方法的可视化总结

2.5　调整形状和大小

在处理数组形式的数据时，经常需要对数组进行重新排列以及改变它们的表达方式。例如，一个 $N*N$ 的矩阵可以重新排列成一个长度为 N^2 的数组，一组一维数组可以连接在一起或者彼此堆叠在一起形成矩阵。NumPy 提供了很多能够执行此类操作的函数。表 2-5 列出了其中一些。

表 2-5　能够操作数组大小和形状的 NumPy 函数

函数/方法	说明
np.reshape 和 np.ndarray.reshape	调整 N 维数组的维度。元素的总数必须保持不变
np.ndarray.flatten	创建 N 维数组的副本，并将其折叠成一维数组(例如，把所有维度都折叠到一维)
np.ravel 和 np.ndarray.ravel	创建 N 维数组的视图(如果不能创建视图，则创建副本)，并将其折叠成一维数组
np.squeeze	删除长度为 1 的维度
np.expand_dims 和 np.newaxis	在数组中增加长度为 1 的新维度，其中 np.newaxis 用于数组索引

(续表)

函数/方法	说明
np.transpose、np.ndarray.transpose 和 np.ndarray.T	对数组进行转置。转置操作对应于对数组的轴进行反转(或置换)
np.hstack	对一组数组进行水平叠加(沿着轴 1)：例如，给定一组列向量，叠加之后形成矩阵
np.vstack	对一组数组进行垂直堆叠(沿着轴 0)：例如，给定一组行向量，堆叠之后形成矩阵
np.dstack	对一组数组进行深度堆叠(沿着轴 2)
np.concatenate	沿着给定轴堆叠数组
np.resize	调整数组的大小。根据给定的大小创建原始数组的新副本。如有需要，使用原始数组填充新数组
np.append	在数组中添加一个新元素。该操作会创建数组的新副本
np.insert	在数组的给定位置插入一个新元素。该操作会创建数组的新副本
np.delete	删除数组中指定位置的元素。该操作会创建数组的新副本

数组重排(reshaping)不需要修改底层的数组数据，而只是通过对数组的 strides 属性进行重新定义来改变数据的解释方式。这种操作的一个示例是，把一个 2×2 的数组(矩阵)转换成 1×4 的数组(向量)。在 NumPy 中，函数 np.reshape 或 ndarray 类的 reshape 方法可用于调整底层数据的解释方式。np.reshape 函数的参数是待调整的数组以及数组的新形状(shape)：

```
In [112]: data = np.array([[1, 2], [3, 4]])
In [113]: np.reshape(data, (1, 4))
Out[113]: array([[1, 2, 3, 4]])
In [114]: data.reshape(4)
Out[114]: array([1, 2, 3, 4])
```

新的数组形状的大小必须与数组原来的元素个数相同。但是，数组的维(轴)数并不需要保持一样。在上面的示例中，第一个新数组拥有两维的 shape(1,4)，而第二个新数组拥有一维的 shape(4,)。这个示例还演示了重排数组的两种不同方式：使用 np.reshape 函数和使用 ndarray 类的 reshape 方法。请注意，重排数组会生成数组的视图，如果需要生成数组的独立副本，则必须显式地复制视图(例如使用 np.copy)。

函数 np.ravel(以及相应的 ndarray 方法)是数组重排的一种特殊情况：把数组中的所有维度折叠到一个扁平的一维数组，该数组的长度和原始数组中元素的总数相同。使用 ndarray 类的 flatten 方法可以进行相同的操作，但返回的是副本而不是视图。

```
In [115]: data = np.array([[1, 2], [3, 4]])
In [116]: data
Out[116]: array([[1, 2],
                 [3, 4]])
In [117]: data.flatten()
```

```
Out[117]: array([ 1, 2, 3, 4])
In [118]: data.flatten().shape
Out[118]: (4,)
```

当使用 np.ravel 和 np.flatten 将数组的所有轴折叠成一维数组时，也可以使用 np.reshape 引入新的轴，或者使用索引表达式和 np.newaxis 关键字添加新的空轴。在下面的示例中，数组 data 有一个轴，所以应该使用带一个元素的元组进行索引。但是，如果使用具有多个元素的元组进行索引，并且元组中有 np.newaxis 值，则会添加相应的新轴：

```
In [119]: data = np.arange(0, 5)
In [120]: column = data[:, np.newaxis]
In [121]: column
Out[121]: array([[0],
                 [1],
                 [2],
                 [3],
                 [4]])
In [122]: row = data[np.newaxis, :]
In [123]: row
Out[123]: array([[0, 1, 2, 3, 4]])
```

也可以使用函数 np.expand_dims 向数组中添加新的维度，在前面的示例中，表达式 data[:, np.newaxis]等效于 np.expand_dims(data, axis=1)，表达式 data[np.newaxis, :] 等效于 np.expand_dims(data, axis=0)。在这里，axis 参数指定了新轴相对于现有轴需要插入的位置。

到目前为止，我们介绍了在不影响底层数据的前提下对数据进行重排的方法。在本章的前面，我们还介绍了如何使用各种索引技术来提取子数组。除了重排和选择子数组外，通常还需要将一些数组合并成更大的数组。例如，将单独计算或测量的数据序列合并成更高维的数组(如矩阵)。对于这种操作，NumPy 提供了函数 np.vstack 用于将行数据垂直堆叠成矩阵，还提供了函数 np.hstack 用于将列数据水平叠加成矩阵。函数 np.concatenate 也提供类似的功能，但是它采用关键字参数 axis 来指定沿着哪个轴对数组进行拼接。

传给函数 np.hstack、np.vstack 和 np.concatenate 的数组的形状对于实现所需的数组连接非常重要。例如，考虑下面的情况：假如我们有一些一维数组，我们想对这些数组进行垂直堆叠以得到一个矩阵，这个矩阵的每一行都是一个一维数组。可以使用 np.vstack 来实现该需求：

```
In [124]: data = np.arange(5)
In [125]: data
Out[125]: array([0, 1, 2, 3, 4])
In [126]: np.vstack((data, data, data))
Out[126]: array([[0, 1, 2, 3, 4],
                 [0, 1, 2, 3, 4],
```

```
                 [0, 1, 2, 3, 4]])
```

如果需要对数组进行水平叠加，从而得到一个每一列都是原始数组的矩阵，可以尝试用 np.hstack 函数来完成该需求：

```
In [127]: data = np.arange(5)
In [128]: data
Out[128]: array([0, 1, 2, 3, 4])
In [129]: np.hstack((data, data, data))
Out[129]: array([0, 1, 2, 3, 4, 0, 1, 2, 3, 4, 0, 1, 2, 3, 4])
```

上面的代码的确对数组做了水平叠加，但这不是我们想要的。为了能让 np.hstack 函数把输入数组作为列向量进行叠加，我们首先需要把输入数组变成 shape(1, 5)的二维数组而不是 shape (5,)的一维数组。正如前面所介绍的，可以通过索引 np.newaxis 来增加新的维度：

```
In [130]: data = data[:, np.newaxis]
In [131]: np.hstack((data, data, data))
Out[131]: array([[0, 0, 0],
                 [1, 1, 1],
                 [2, 2, 2],
                 [3, 3, 3],
                 [4, 4, 4]])
```

假设被堆叠数组的维度与最终数组的维度相同，并且当输入数组的长度为 1 时沿着一个轴进行堆叠。在以上情形下，最有助于理解水平和垂直堆叠函数以及连接数组的 np.concatenate 函数。

NumPy 数组创建之后，将无法更改数组中元素的个数。要对一个 NumPy 数组插入或删除元素(例如，使用 np.append、np.insert 和 np.delete 函数)，就必须创建一个新的数组并将数据复制到该数组。有时候，使用这些用于增删数组元素的函数很方便，但是考虑到创建新数组和复制数据产生的开销，通常最好还是一开始就分配好数组的大小，而不要等到后面才进行调整。

2.6　向量化表达式

用数组保存数据的目的是希望使用简洁的向量化表达式(vectorized expression)来处理数据，这些表达式能够对数组中的所有元素进行批处理操作。有效地使用向量化表达式能够去除很多显式的 for 循环。这样做的好处是可以让代码更精简、可维护性更好、性能更高。NumPy 实现了与绝大部分基础数学函数和运算符对应的函数和向量运算。这些函数和操作都将作用于数组中的元素，所以二元操作(binary operation)要求表达式中的所有数组都具有兼容大小(compatible size)。所谓兼容大小，是指表达式中的变量要么是标量，要么是相同大小和形状的数组。一般来讲，仅当两个数组能够广播(broadcast)成相同形状和大小的数组时，这两个数组的二元操作才能很好地进行。

如果是对标量和数组进行操作，那么广播会对标量与数组中的每个元素分别进行运算。当表达式中的两个数组的大小不同时，如果根据 NumPy 的广播规则(如果一个数组能够对另一个数组进行广播，那么需要分别比较它们的每一个维度，看看是否满足以下两个条件中的一个：当前维度的值相等，当前维度的值中有一个是 1)，较小的数组可以通过广播(有效扩展)匹配较大的数组，那么该操作仍然可以很好地进行。如果两个数组的维度不相等，那么维度较少的数组从左开始填充长度为 1 的新维度，直到两个数组的维度一样。

图 2-2 演示了数组广播的两个简单示例：对一个 3×3 的矩阵分别加上一个 1×3 的行向量和一个 3 × 1 的列向量，得到的结果都是一个 3 × 3 的矩阵。但是，结果矩阵的元素是不一样的，因为根据 NumPy 广播规则，将行向量和列向量的元素广播到矩阵的方法不一样，这取决于它们的形状。

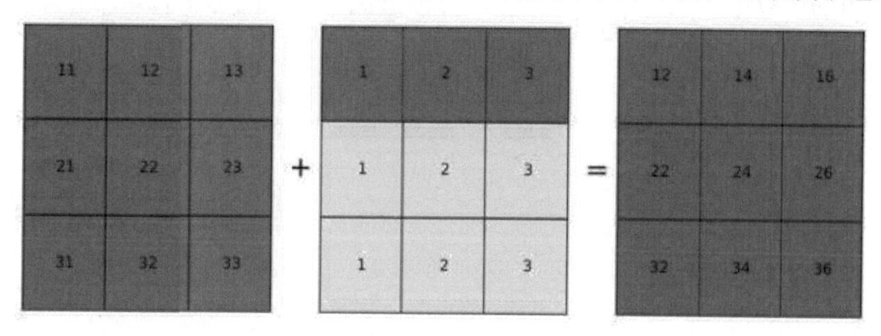

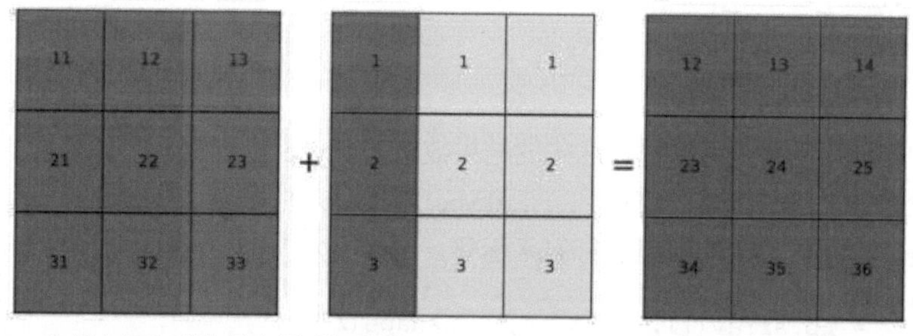

图 2-2　将行向量和列向量广播成矩阵的形状。用深色显示的元素是数组的原始真实元素，用浅色显示的元素是进行广播的元素

2.6.1　算术运算

NumPy 数组的标准算术运算是基于元素的运算。例如，考虑大小相等的数组的加法、减法、乘法和除法运算：

```
In [132]: x = np.array([[1, 2], [3, 4]])
In [133]: y = np.array([[5, 6], [7, 8]])
In [134]: x + y
Out[134]: array([[ 6, 8],
                 [10, 12]])
In [135]: y - x
Out[135]: array([[4, 4],
                 [4, 4]])
```

```
In [136]: x * y
Out[136]: array([[ 5, 12],
                 [21, 32]])
In [137]: y / x
Out[137]: array([[ 5.        , 3.        ],
                 [ 2.33333333, 2.        ]])
```

在标量与数组的运算中，正如预料的那样，对标量值与数组的每个元素进行运算：

```
In [138]: x * 2
Out[138]: array([[2, 4],
                 [6, 8]])
In [139]: 2 ** x
Out[139]: array([[ 2, 4],
                 [ 8, 16]])
In [140]: y / 2
Out[140]: array([[ 2.5, 3. ],
                 [ 3.5, 4. ]])
In [141]: (y / 2).dtype
Out[141]: dtype('float64')
```

请注意，如果计算需要，可以对表达式的结果数组的 dtype 进行提升。如前面的示例所示，将一个整数数组除以一个整数标量，将得到一个 dtype 为 float64 的数组。

如果对不兼容大小或形状的数组进行算术运算，则会引发 ValueError 异常：

```
In [142]: x = np.array([1, 2, 3, 4]).reshape(2, 2)
In [143]: z = np.array([1, 2, 3, 4])
In [144]: x / z
---------------------------------------------------------------------------
ValueError                              Traceback (most recent call last)
<ipython-input-144-b88ced08eb6a> in <module>()
----> 1 x / z
ValueError: operands could not be broadcast together with shapes (2,2) (4,)
```

在这里，数组 x 的形状是 shape(2,2)，数组 z 的形状是 shape(4,)，数组 z 无法广播成与 shape(2,2) 兼容的形状。另外，如果数组 z 的形状是 shape(2,)、shape(2, 1)或 shape(1, 2)，则可以沿着长度为 1 的轴重复数组以广播成 shape(2,2)。下面来看一个数组 z 的形状是 shape(1,2)的示例，第一个轴(轴 0)的长度为 1：

```
In [145]: z = np.array([[2, 4]])
In [146]: z.shape
```

```
Out[146]: (1, 2)
```

将数组 *x* 除以数组 *z* 等效于将数组 *z* 除以数组 *zz*，数组 *zz* 是通过重复行向量 *z*(这里使用的是 np.concatenate)构建的新数组，数组 *zz* 的维数与数组 *x* 相同：

```
In [147]: x / z
Out[147]: array([[ 0.5, 0.5],
                 [ 1.5, 1. ]])
In [148]: zz = np.concatenate([z, z], axis=0)
In [149]: zz
Out[149]: array([[2, 4],
                 [2, 4]])
In [150]: x / zz
Out[150]: array([[ 0.5, 0.5],
                 [ 1.5, 1. ]])
```

我们再来看下数组 *z* 的形状为 shape(2,1)的情况，此时数组 *z* 的第二个轴(轴 1)的长度为 1：

```
In [151]: z = np.array([[2], [4]])
In [152]: z.shape
Out[152]: (2, 1)
```

这一次，将 *x* 除以 *z* 等效于将 *x* 除以 *zz*，*zz* 是通过重复列向量 *z* 形成的一个与数组 *x* 维数相同的矩阵：

```
In [153]: x / z
Out[153]: array([[ 0.5 , 1. ],
                 [ 0.75, 1. ]])
In [154]: zz = np.concatenate([z, z], axis=1)
In [155]: zz
Out[155]: array([[2, 2],
                 [4, 4]])
In [156]: x / zz
Out[156]: array([[ 0.5 , 1. ],
                 [ 0.75, 1. ]])
```

总之，上面的示例演示了当执行 *x/z* 运算时，形状为 shape(1, 2)和 shape(2, 1)的数组 *z* 如何广播成数组 *x* 的形状 shape(2, 2)。在这两个示例中，*x/z* 运算的结果，与先让数组 *z* 沿着长度为 1 的轴进行重复，从而得到与 *x* 形状相同的数组 *zz*，再进行 *x/zz* 运算得到的结果一样。虽然在广播的实现过程中没有显式地执行这种扩展以及相应的内存操作，但是这种方式对于理解数组的广播非常有帮助。表 2-6 总结了用于对 NumPy 数组进行算术运算的运算符。这些运算操作使用了 Python 中的标准符号。对一两个数组进行算术运算的结果是得到一个新的、在内存中独立存在的数组。所以，在进行复杂算法表达式的运算时，可能会触发很多内存分配和复制操作，这在使用大数组时可能会导致内存的大量占用并对性能产生负面影响。这种情况下，使用原位(inplace)运算(参见表 2-6)可以减少内存占用并提高性能。下面演示原位运算的用法，考虑下面两个具有相同效果的语句：

```
In [157]: x = x + y
In [158]: x += y
```

表 2-6　用于对 NumPy 数组元素执行算术运算的运算符

运算符	运算
+和+=	加法
-和-=	减法
和=	乘法
/和/=	除法
//和//=	整除
和=	指数运算

这两个表达式具有相同的效果，但是在第一个表达式中，*x* 会被分配一个新的数组；而在第二个表达式中，数组 *x* 的值在原位进行更新。原位运算符的广泛使用可能会损害代码的可读性，因此仅在必要时才使用原位运算。

2.6.2　逐个元素进行操作的函数

除了使用运算符进行算术运算，NumPy 还提供了向量化函数用于对很多基本数学函数和运算进行基于元素的计算。表 2-7 总结了 NumPy 中的基本数学函数[1]。其中的每一个函数都以一个数组(可使用任意维度)作为输入，并且输出相同形状的数组，这些函数将作用于输入数组中的每一个元素。输出数组的数据类型不一定与输入数组的数据类型相同。

表 2-7　NumPy 中逐元素计算的部分基本数学函数

NumPy 函数	说明
np.cos、np.sin、np.tan	三角函数
np.arccos、np.arcsin、np.arctan	反三角函数
np.cosh、np.sinh、np.tanh	双曲三角函数
np.arccosh、np.arcsinh、np.arctanh	反双曲三角函数
np.sqrt	平方根
np.exp	指数
np.log、np.log2、np.log10	底为 e、2、10 的对数

1 请注意，这并不是逐元素操作函数的完整列表，更完整的列表请参阅 NumPy 的参考文档。

例如，np.sin 函数(只接收一个参数)用于计算数组中所有元素的正弦函数：

```
In [159]: x = np.linspace(-1, 1, 11)
In [160]: x
Out[160]: array([-1. , -0.8, -0.6, -0.4, -0.2, 0. , 0.2, 0.4, 0.6, 0.8, 1.])
In [161]: y = np.sin(np.pi * x)
In [162]: np.round(y, decimals=4)
Out[162]: array([-0., -0.5878, -0.9511, -0.9511, -0.5878, 0., 0.5878, 0.9511,
          0.9511, 0.5878, 0.])
```

这里还使用了常量 np.pi 以及用于将 y 值四舍五入到小数点后四位的 np.round 函数。与 np.sin 函数一样，很多基本数学函数都接收一个输入数组，生成一个输出数组。相比之下，很多数学运算符函数(见表 2-8)都接收两个输入数组并生成一个输出数组。

```
In [163]: np.add(np.sin(x) ** 2, np.cos(x) ** 2)
Out[163]: array([ 1., 1., 1., 1., 1., 1., 1., 1., 1., 1., 1.])
In [164]: np.sin(x) ** 2 + np.cos(x) ** 2
Out[164]: array([ 1., 1., 1., 1., 1., 1., 1., 1., 1., 1., 1.])
```

表 2-8　逐元素进行数学运算的 NumPy 函数

NumPy 函数	说明
np.add、np.subtract、np.multiply 和 np.divide	两个 NumPy 数组的加、减、乘、除运算
np.power	将第一个输入参数作为第二个输入参数的幂(逐元素进行)
np.remainder	除法运算的余数
np.reciprocal	每个元素的倒数
np.real、np.imag 和 np.conj	输入数组中每个元素的实部、虚部和共轭复数
np.sign、np.abs	符号值和绝对值
np.floor、np.ceil 和 np.rint	转换为整数
np.round	四舍五入到指定精度

请注意，在该例中，np.add 和运算符+是等效的，对于正常情况，应该使用运算符。

有时需要定义对 NumPy 数组进行逐元素运算的新函数。实现这种函数的一种好办法是使用已有的 NumPy 运算符和表达式。如果无法这样做，可以使用 np.vectorize 函数。该函数的输入是一个非向量化函数，返回的是一个向量化函数。例如，下面的 heaviside 阶跃函数适用于标量输入：

```
In [165]: def heaviside(x):
     ...:     return 1 if x > 0 else 0
In [166]: heaviside(-1)
```

```
Out[166]: 0
In [167]: heaviside(1.5)
Out[167]: 1
```

但是，heaviside 函数无法用于 NumPy 数组的输入：

```
In [168]: x = np.linspace(-5, 5, 11)
In [169]: heaviside(x)
...
ValueError: The truth value of an array with more than one element is
ambiguous. Use a.any() or a.all()
```

使用 np.vectorize，标量函数 heaviside 可以转换成向量函数，从而适用于 NumPy 数组的输入：

```
In [170]: heaviside = np.vectorize(heaviside)
In [171]: heaviside(x)
Out[171]: array([0, 0, 0, 0, 0, 0, 1, 1, 1, 1, 1])
```

虽然使用 np.vectorize 得到的函数可以适用于数组，但是由于数组中的每个元素都必须调用原始函数，因此速度会相对较慢。对于该特定函数，使用布尔值数组的运算(本章后面会有相关介绍)效果更好：

```
In [172]: def heaviside(x):
     ...:     return 1.0 * (x > 0)
```

尽管如此，np.vectorize 通常不失为一种快速对标量输入函数进行矢量化的方便方法。

2.6.3 聚合函数

NumPy 提供了一组用于对 NumPy 数组进行聚合计算的函数，这些函数将数组作为输入，返回一个标量。例如，计算输入数组中元素的平均值、标准差、方差等统计量的函数，以及计算数组中所有元素的和、乘积的函数，都是聚合函数。

表 2-9 总结了 NumPy 中的聚合函数。所有这些函数在 ndarray 类中都有对应的方法。例如，以下示例中的 np.mean(data)和 data.mean()是等效的：

```
In [173]: data = np.random.normal(size=(15,15))
In [174]: np.mean(data)
Out[174]: -0.032423651106794522
In [175]: data.mean()
Out[175]: -0.032423651106794522
```

表 2-9　NumPy 中的聚合函数

NumPy 函数	说明
np.mean	计算数组中所有元素的均值
np.std	计算标准差
np.var	计算方差
np.sum	计算所有元素的和
np.prod	计算所有元素的乘积
np.cumsum	计算所有元素的累积和
np.cumprod	计算所有元素的累积乘
np.min 和 np.max	计算数组中的最大值/最小值
np.argmin 和 np.argmax	计算数组中最大值/最小值的索引
np.all	如果参数数组中的所有元素都不为零，则返回 True
np.any	只要参数数组中的任何一个元素不为零，就返回 True

默认情况下，表 2-9 中的函数会对整个输入数组进行聚合。可在这些函数中使用关键字参数 axis 以及对应的 ndarray 方法，从而选择在数组的哪个轴上进行聚合。axis 参数可以是整数，用于指定需要进行聚合的轴。很多时候，axis 参数也可以是整数元组，用于指定需要聚合的多个轴。下面的示例演示了如何在形状为 shape(5, 10, 15)的数组上使用聚合函数 np.sum，根据 axis 参数的值减少数组的维度：

```
In [176]: data = np.random.normal(size=(5, 10, 15))
In [177]: data.sum(axis=0).shape
Out[177]: (10, 15)
In [178]: data.sum(axis=(0, 2)).shape
Out[178]: (10,)
In [179]: data.sum()
Out[179]: -31.983793284860798
```

图 2-3 演示了在一个 3×3 数组上，分别对所有元素进行聚合、对第一个轴进行聚合、对第二个轴进行聚合的示意图。在此例中，数组用 1 到 9 的数字进行填充：

```
In [180]: data = np.arange(1,10).reshape(3,3)
In [181]: data
Out[181]: array([[1, 2, 3],
                 [4, 5, 6],
                 [7, 8, 9]])
```

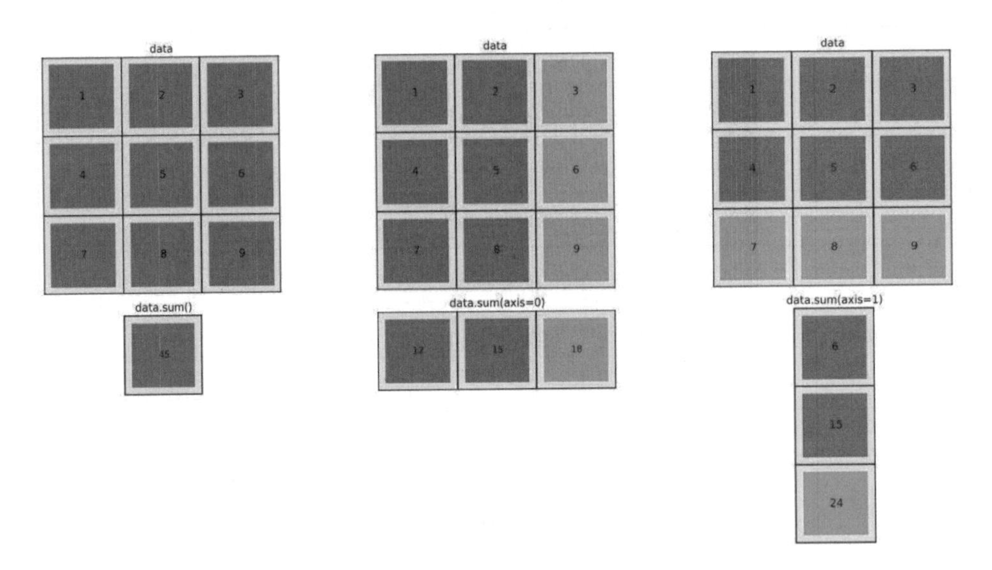

图 2-3　对 3×3 的二维数组进行聚合：对所有轴进行聚合(左图)、对第一个轴进行聚合(中间图)以及对第二个轴进行聚合(右图)

下面的代码分别用于对整个数组、轴 0、轴 1 进行聚合加法：

```
In [182]: data.sum()
Out[182]: 45
In [183]: data.sum(axis=0)
Out[183]: array([12, 15, 18])
In [184]: data.sum(axis=1)
Out[184]: array([ 6, 15, 24])
```

2.6.4　布尔数组和条件表达式

当我们进行 NumPy 数组计算时，经常需要比较不同数组中的元素并根据比较结果进行不同的计算。和算术运算符类似，NumPy 数组提供了常用的比较运算符，如>、<、>=、<=、==和!=。比较运算是基于元素进行的。广播规则同样适用于比较运算符，如果两个数组的形状和大小兼容，比较运算就会对每一个元素进行比较，得到一个新的布尔值数组(dtype 是 np.bool)：

```
In [185]: a = np.array([1, 2, 3, 4])
In [186]: b = np.array([4, 3, 2, 1])
```

```
In [187]: a < b
Out[187]: array([ True, True, False, False], dtype=bool)
```

为了把数组比较运算的结果应用到 if 语句中，需要以某种合适的方式对结果数据中的布尔值进行聚合，得到单一的 True 或 False 值。一种常见的场景是使用 np.all 或 np.any 聚合函数(取决于实际工作的需要)：

```
In [188]: np.all(a < b)
Out[188]: False
In [189]: np.any(a < b)
Out[189]: True
In [190]: if np.all(a < b):
...: print("All elements in a are smaller than their corresponding
     element in b")
...: elif np.any(a < b):
...: print("Some elements in a are smaller than their corresponding
     element in b")
...: else:
...: print("All elements in b are smaller than their corresponding
     element in a")
Some elements in a are smaller than their corresponding element in b
```

不过，布尔值数组的好处在于它们可以完全避免 if 条件语句的使用。在算术表达式中使用布尔值数组时，可以把条件计算写成向量形式。当布尔值数组在算术表达式中与标量或另一种数值类型的 NumPy 数组一起出现时，布尔值数组会被转换为数值类型的数组，False 和 True 分别被转换为 0 和 1。

```
In [191]: x = np.array([-2, -1, 0, 1, 2])
In [192]: x > 0
Out[192]: array([False, False, False, True, True], dtype=bool)
In [193]: 1 * (x > 0)
Out[193]: array([0, 0, 0, 1, 1])
In [194]: x * (x > 0)
Out[194]: array([0, 0, 0, 1, 2])
```

这对于条件计算非常有用，例如定义分段函数。如果想要定义描述具有给定高度、宽度和位置的脉冲分段函数，可将高度(标量变量)乘上脉冲的两个布尔值数组来实现：

```
In [195]: def pulse(x, position, height, width):
     ...: return height * (x >= position) * (x <= (position + width))
In [196]: x = np.linspace(-5, 5, 11)
```

```
In [197]: pulse(x, position=-2, height=1, width=5)
Out[197]: array([0, 0, 0, 1, 1, 1, 1, 1, 1, 0, 0])
In [198]: pulse(x, position=1, height=1, width=5)
Out[198]: array([0, 0, 0, 0, 0, 0, 1, 1, 1, 1, 1])
```

在这个示例中，表达式(x >= position) * (x <= (position + width))是两个布尔值数组的乘积，对于这种情况，乘法运算符起到逐元素执行 AND 运算符的作用。pulse 函数也可使用 NumPy 的逐元素 AND 运算函数 np.logical_and 来实现：

```
In [199]: def pulse(x, position, height, width):
     ...: return height*np.logical_and(x>=position,x<=(position + width))
```

此外，还有一些其他逻辑运算函数，例如 NOT、OR、XOR，以及从不同数组中根据某个特定条件选取值的 np.where 函数、根据多条件进行选择的 np.select 函数、根据索引数组进行选择的 np.choose 函数，等等。表 2-10 对这类函数进行了总结。下面的示例演示了其中一些函数的基本用法。np.where 函数将一个布尔值数组作为条件(第一个参数)，从两个数组(第二和第三个参数)中选择某些值。条件数组中的元素为 True 时，选择第二个参数数组中的值；为 False 时，选择第三个参数数组中的值。

```
In [200]: x = np.linspace(-4, 4, 9)
In [201]: np.where(x < 0, x**2, x**3)
Out[201]: array([ 16., 9., 4., 1., 0., 1., 8., 27., 64.])
```

表 2-10　NumPy 中的条件和逻辑运算函数

函数	说明
np.where	根据条件数组的值从两个数组中选取值
np.choose	根据给定的索引数组中的值从数组列表中选取值
np.select	根据条件列表从数组列表中选取值
np.nonzero	返回非零元素的索引
np.logical_and	逐元素进行 AND 操作
np.logical_or 和 np.logical_xor	逐元素进行 OR/XOR 操作
np.logical_not	逐元素进行 NOT 操作(取反操作)

np.select 函数的工作方式虽然也类似，但却不使用布尔值数组作为条件，而是将布尔值数组的列表以及满足这些条件时对应的值的数组列表作为条件：

```
In [202]: np.select([x < -1, x < 2, x >= 2],
     ...:           [x**2 , x**3 , x**4])
Out[202]: array([ 16., 9., 4., -1., 0., 1., 16., 81., 256.])
```

np.choose 函数的第一个参数是一个包含索引的列表或数组，根据这些索引决定从数组列表的哪个数组中选取元素：

```
In [203]: np.choose([0, 0, 0, 1, 1, 1, 2, 2, 2],
     ...:           [x**2, x**3, x**4])
Out[203]: array([ 16., 9., 4., -1., 0., 1., 16., 81., 256.])
```

np.nonzero 函数返回索引的元组，用于对数组进行索引。这与直接使用 abs(x) > 2 对数据进行索引的结果是一样的，不同之处在于使用 np.nozero 返回的索引值进行花式索引，而不是使用布尔值数组进行索引。

```
In [204]: np.nonzero(abs(x) > 2)
Out[204]: (array([0, 1, 7, 8]),)
In [205]: x[np.nonzero(abs(x) > 2)]
Out[205]: array([-4., -3., 3., 4.])
In [206]: x[abs(x) > 2]
Out[206]: array([-4., -3., 3., 4.])
```

2.6.5　集合运算

Python 语言为无序唯一对象的管理提供了一种方便的数据结构：集合。NumPy 的数组类 ndarray 也可以用于描述这样的集合，NumPy 提供了一些对存储为 NumPy 数组格式的集合进行操作的函数。表 2-11 对这些函数进行了总结。使用 NumPy 数组描述和操作集合时，可以把某些操作表示成向量化的形式。例如，要检查某个 NumPy 数组中的值是否包含在一个集合内，可以使用 np.in1d 函数，该函数将检查第一个参数数组中的每个元素是否在第二个参数数组中。可通过下例来了解其工作原理：首先，为了确保 NumPy 数组是集合，需要使用 np.unique 函数，它将返回一个具有唯一值的新数组：

```
In [207]: a = np.unique([1, 2, 3, 3])
In [208]: b = np.unique([2, 3, 4, 4, 5, 6, 5])
In [209]: np.in1d(a, b)
Out[209]: array([False, True, True], dtype=bool)
```

表 2-11　NumPy 中的集合操作函数

函数	说明
np.unique	创建具有唯一值的新数组，每个元素只出现一次
np.in1d	检查某个数组中的元素是否在另一个数组中
np.intersect1d	以数组形式返回两个数组中都包含的元素
np.setdiff1d	以数组形式返回只在第一个数组中出现、但不在第二个数组中出现的元素
np.union1d	以数组形式返回两个数组中的所有元素

在上面的代码中，我们检查了 a 中的每个元素是否在 b 中，得到的结果是一个布尔值数组。可以使用 in 关键字来检查单个元素是否在 NumPy 数组表示的集合中：

```
In [210]: 1 in a
Out[210]: True
In [211]: 1 in b
Out[211]: False
```

为了判断 a 是否是 b 的子集，可以将上个示例中的 np.in1d 与聚合函数 np.all(或对应的 ndarray 方法)一起使用：

```
In [212]: np.all(np.in1d(a, b))
Out[212]: False
```

np.union1d、np.intersect1d 和 np. setdiff1d 分别提供了标准的并集(包含在任意集合中的元素)、交集(同时包含在所有集合中的元素)和差集(只包含在一个集合中而没有包含在另一个集合中的元素)操作：

```
In [213]: np.union1d(a, b)
Out[213]: array([1, 2, 3, 4, 5, 6])
In [214]: np.intersect1d(a, b)
Out[214]: array([2, 3])
In [215]: np.setdiff1d(a, b)
Out[215]: array([1])
In [216]: np.setdiff1d(b, a)
Out[216]: array([4, 5, 6])
```

2.6.6　数组运算

除了逐元素运算和聚合运算，还有一些操作把整个数组作为对象，转换成大小相同的数组。转置(transpose)就是这类操作的典型示例，转置是指翻转数组轴的顺序。对于矩阵这样的二维数组来说，转置就是转换行和列：

```
In [217]: data = np.arange(9).reshape(3, 3)
In [218]: data
Out[218]: array([[0, 1, 2],
                 [3, 4, 5],
                 [6, 7, 8]])
In [219]: np.transpose(data)
Out[219]: array([[0, 3, 6],
                 [1, 4, 7],
                 [2, 5, 8]])
```

ndarray 类中也有对应的方法，名为 ndarray.T。对于任意 *N* 维数组，转置操作会翻转所有轴，如下所示(请注意，这里使用 shape 属性显示每个轴上值的数量)：

```
In [220]: data = np.random.randn(1, 2, 3, 4, 5)
In [221]: data.shape
Out[221]: (1, 2, 3, 4, 5)
In [222]: data.T.shape
Out[222]: (5, 4, 3, 2, 1)
```

np.fliplr(左右翻转)和 np.flipud(上下翻转)函数用于执行类似转置的操作：它们会重排数组中的元素，对行(np.fliplr)或列(np.flipud)中的元素进行翻转，输出数组的形状与输入数组相同。np.rot90 函数用于将数组的前两个轴中的元素旋转 90°，与 transpose 函数一样，可以改变数组的形状。表 2-12 总结了常见的 NumPy 数组操作函数。

表 2-12　NumPy 中的数组操作函数

函数	说明
np.transpose、np.ndarray.transpose 和 np.ndarray.T	转置数组(掉转轴)
np.fliplr/np.flipud	反转每行/每列中的元素
np.rot90	沿着前面两个轴将元素旋转 90°
np.sort 和 np.ndarray.sort	沿着指定轴对元素进行排序(默认沿着数组的最后一个轴)。可使用 np.ndarray 的 sort 方法进行原位(in place)操作，直接对输入数组进行修改

2.7　矩阵和向量运算

到目前为止，我们已经讨论了一般的 *N* 维数组。这些数组主要用来表示数学概念中的向量、矩阵和张量(tensor)，在这种应用场景下，我们还经常需要进行向量和矩阵运算，如标量(内)积、点(矩阵)乘、张量(外)积。表 2-13 总结了 NumPy 中的矩阵操作函数。

表 2-13　NumPy 中的矩阵操作函数

函数	说明
np.dot	对表示向量、数组或张量的两个数组进行矩阵乘法(点积)
np.inner	对表示向量的两个数组进行标量乘法(内积)
np.cross	对表示向量的两个数组进行叉积(cross product)
np.tensordot	沿着多维数组的某个指定的轴进行点积
np.outer	对表示向量的两个数组进行外积(向量的张量积)
np.kron	对表示矩阵和高维数组的两个数组进行 Kronecker 积(矩阵的张量积)
np.einsum	对多维数组执行爱因斯坦求和约定操作

在 NumPy 中，运算符*用于逐元素的乘法操作。因此，对于两个二维数组 A 和 B，表达式 $A*B$ 并不计算矩阵乘法(这与其他计算环境不同)。目前没有表示矩阵乘法的运算符[1]，但 NumPy 的 np.dot 函数可用于该目的，ndarray 类中也有相应的方法。为计算两个矩阵 $\boldsymbol{A}$(大小为 $N\times M$)和 $\boldsymbol{B}$(大小为 $M\times P$)的乘积，可以使用下面的代码，得到的结果是一个 $N\times P$ 的矩阵：

```
In [223]: A = np.arange(1, 7).reshape(2, 3)
In [224]: A
Out[224]: array([[1, 2, 3],
                 [4, 5, 6]])
In [225]: B = np.arange(1, 7).reshape(3, 2)
In [226]: B
Out[226]: array([[1, 2],
                 [3, 4],
                 [5, 6]])
In [227]: np.dot(A, B)
Out[227]: array([[22, 28],
                 [49, 64]])
In [228]: np.dot(B, A)
Out[228]: array([[ 9, 12, 15],
                 [19, 26, 33],
                 [29, 40, 51]])
```

np.dot 函数还可以用于矩阵-向量乘法(也就是二维数组与一维数组之间的乘法)。例如：

```
In [229]: A = np.arange(9).reshape(3, 3)
In [230]: A
Out[230]: array([[0, 1, 2],
                 [3, 4, 5],
                 [6, 7, 8]])
In [231]: x = np.arange(3)
In [232]: x
Out[232]: array([0, 1, 2])
In [233]: np.dot(A, x)
Out[233]: array([5, 14, 23])
```

在以上示例中，x 可以是形状为 shape(1, 3)的二维数组或形状为 shape(3,)的一维数组。除了 np.dot 函数外，ndarray 类中还有相应的 dot 方法，如下所示：

---

1 最近，Python 3.5 引入了@符号来表示矩阵乘法。但是，在编写本书时，运算符@还没有得到广泛应用。相关详细信息，请参考 http://legacy.python.org/dev/peps/pep-0465。

```
In [234]: A.dot(x)
Out[234]: array([5, 14, 23])
```

不过，当使用 np.dot 或 np.ndarray.dot 时，非平凡矩阵乘法表达式通常会变得很复杂、难以读懂。例如，即使诸如转置 $\boldsymbol{A}' = \boldsymbol{B}\boldsymbol{A}\boldsymbol{B}^{-1}$ 这种相对简单的矩阵表达式，也必须使用下面这种相对隐蔽的嵌套表达式[1]：

```
In [235]: A = np.random.rand(3,3)
In [236]: B = np.random.rand(3,3)
In [237]: Ap = np.dot(B, np.dot(A, np.linalg.inv(B)))
```

或者

```
In [238]: Ap = B.dot(A.dot(np.linalg.inv(B)))
```

为了改善这种情况，NumPy 为 ndarray 提供了另一种数据结构 matrix，诸如 A * B 的表达式可以使用 matrix 乘法来实现。matrix 提供了一些很方便的特殊属性，如表示逆矩阵的 matrix.I、表示矩阵复共轭转置(complex conjugate transpose)的 matrix.H。因此，借助 matrix 实例可以写成更易读的形式：

```
In [239]: A = np.matrix(A)
In [240]: B = np.matrix(B)
In [241]: Ap = B * A * B.I
```

这似乎是对实际情况做出的妥协，但是，使用 matrix 也有一些缺点，因此通常并不鼓励使用。反对使用 matrix 的主要理由是，像 A * B 这样的表达式是上下文相关的。也就是说，我们并不能立刻知道 A * B 表示的是元素级乘法还是矩阵乘法，因为这取决于 A 和 B 的类型，所以这就导致另一种可读性问题。如果 A 和 B 是用户给函数提供的参数，这个问题就会特别突出。这种情况下，需要使用 np.asmatrix 或 np.matrix 函数将输入的数组显式转换成 marix 实例(因为不能保证用户调用函数时输入的一定是 matrix 而不是 ndarray)。np.asmatrix 函数以 np.matrix 实例的形式创建原始数组的视图。这虽然没有增加计算成本，但是在 ndarray 和 matrix 之间来回地进行显式转换确实抵消了使用 matrix 在提高可读性方面带来的好处。另一个相关的问题是，有些用于对数组和矩阵进行运算的函数可能不管输入的类型如何，返回的都是 ndarray，即使输入参数是 matrix 类型。这样的话，matrix 类型的矩阵就可能会无意中被转换成 ndarray，这会改变类似 A * B 这样的表达式的行为。这种行为在使用 NumPy 的数组和矩阵函数时不太可能发生，但在使用其他软件包时就有可能发生。尽管存在这些不要过度使用 matrix 矩阵的理由，但是我们仍认为使用 matrix 实例来处理复杂的矩阵表达式还是非常有必要的。在这种场景下，在计算之前把数组显式转换成矩阵，然后把计算结果转换回 ndarray 类型不失为一种好办法，如下所示：

```
In [242]: A = np.asmatrix(A)
In [243]: B = np.asmatrix(B)
In [244]: Ap = B * A * B.I
In [245]: Ap = np.asarray(Ap)
```

---

1 使用新的矩阵乘法运算符，表达式可以写成更易读的形式：Ap = B @ A @ np.linalg.inv(B)。

可以使用 np.inner 函数来计算表示成向量的两个数组之间的内积(标量积)：

```
In [246]: np.inner(x, x)
Out[246]: 5
```

也可以使用等效的 np.dot：

```
In [247]: np.dot(x, x)
Out[247]: 5
```

二者的主要区别在于：np.inner 的两个输入参数的维度需要相同，而 np.dot 可以分别使用形状为 $1\times N$ 和 $N\times 1$ 的输入向量：

```
In [248]: y = x[:, np.newaxis]
In [249]: y
Out[249]: array([[0],
                 [1],
                 [2]])
In [250]: np.dot(y.T, y)
Out[250]: array([[5]])
```

内积是指将两个向量映射到标量，而外积是指将两个向量映射到矩阵。

```
In [251]: x = np.array([1, 2, 3])
In [252]: np.outer(x, x)
Out[252]: array([[1, 2, 3],
                 [2, 4, 6],
                 [3, 6, 9]])
```

外积也可以使用 Kronecker 积来计算(使用函数 np.kron)。但与 np.outer 相反，如果输入数组的形状分别是(M，N)和(P，Q)，则输出数组的形状是($M * P$，$N * Q$)。因此，对于两个长度分别为 M 和 P 的一维数组，得到的数组的形状是($M * P$，)：

```
In [253]: np.kron(x, x)
Out[253]: array([1, 2, 3, 2, 4, 6, 3, 6, 9])
```

要获得与 np.outer(x，x)对应的结果，输入数组 x 必须分别在 np.kron 的第一和第二个参数中扩展为形状(N，1)和(1，N)：

```
In [254]: np.kron(x[:, np.newaxis], x[np.newaxis, :])
Out[254]: array([[1, 2, 3],
                 [2, 4, 6],
                 [3, 6, 9]])
```

通常，虽然 np.outer 函数主要将向量作为输入，但 np.kron 函数可用于计算任意维数组的张量积(但两个输入数组必须具有相同数量的维数)。例如，要计算两个 2×2 矩阵的张量积，可以使用如下代码：

```
In [255]: np.kron(np.ones((2,2)), np.identity(2))
Out[255]: array([[ 1., 0., 1., 0.],
                 [ 0., 1., 0., 1.],
                 [ 1., 0., 1., 0.],
                 [ 0., 1., 0., 1.]])
In [256]: np.kron(np.identity(2), np.ones((2,2)))
Out[256]: array([[ 1., 1., 0., 0.],
                 [ 1., 1., 0., 0.],
                 [ 0., 0., 1., 1.],
                 [ 0., 0., 1., 1.]])
```

在处理二维数组时，通常可以使用爱因斯坦求和约定来简化常见数组操作的表达，并且假设在表达式中多次出现的索引上进行隐式求和。例如，两个向量 $\boldsymbol{x}$ 和 $\boldsymbol{y}$ 的标量积可以紧凑地表示成 $\boldsymbol{x}_n\boldsymbol{y}_n$，两个矩阵 $\boldsymbol{A}$ 和 $\boldsymbol{B}$ 的矩阵乘积可以表示成 $\boldsymbol{A}_{\mathrm{mk}}\boldsymbol{B}_{\mathrm{kn}}$。NumPy 提供了用于进行爱因斯坦求和的函数 np.einsum，它的第一个参数是索引表达式，后面是索引表达式中包含的任意数量的数组。索引表达式是一个用逗号对索引进行分隔的字符串，其中的每个逗号分隔表示对应数组的索引。每个数组可以有任意数量的索引。例如，可以使用 np.einsum("n,n", x, y)来计算标量乘积 $\boldsymbol{x}_n\boldsymbol{y}_n$，其中"n,n"是索引表达式：

```
In [257]: x = np.array([1, 2, 3, 4])
In [258]: y = np.array([5, 6, 7, 8])
In [259]: np.einsum("n,n", x, y)
Out[259]: 70
In [260]: np.inner(x, y)
Out[260]: 70
```

类似地，可以使用 np.einsum 和索引表达式"mk,kn"来计算矩阵乘法 $\boldsymbol{A}_{\mathrm{mk}}\boldsymbol{B}_{\mathrm{kn}}$：

```
In [261]: A = np.arange(9).reshape(3, 3)
In [262]: B = A.T
In [263]: np.einsum("mk,kn", A, B)
Out[263]: array([[ 5, 14, 23],
                [ 14, 50, 86],
                [ 23, 86, 149]])
In [264]: np.alltrue(np.einsum("mk,kn", A, B) == np.dot(A, B))
Out[264]: True
```

在处理多维数组时，爱因斯坦求和约定特别方便，因为定义操作的索引表达式可以很明确指出在哪个轴上执行哪种操作。诸如 np.tensordot 的等效计算可能需要给出用于计算点积的轴。

2.8 本章小结

在本章，我们简要介绍了如何使用 NumPy 库进行基于数组的编程。NumPy 是使用 Python 进行计算的核心库，它为几乎所有 Python 计算库提供基础。熟悉 NumPy 库及其使用方式是使用 Python 进行科学计算和技术计算的基础技能。我们首先介绍了 NumPy 的用于 *N* 维数组的数据结构 ndarray 对象，然后继续讨论了用于创建和操作数组的函数，包括用于从数组中提取元素的索引和切片操作。我们还讨论了使用 ndarray 对象进行计算的函数和运算符，重点是使用数组进行高效计算的向量化表达式和运算符。在本书的后续部分，我们将看到科学计算中特定领域的一些高级库的使用示例，这些库是基于 NumPy 数组框架建立的。

2.9 扩展阅读

介绍 NumPy 库的书有很多，包括由 NumPy 作者 T. Oliphant撰写的 *Guide to NumPy*，可以在线免费获得(http://web.mit.edu/dvp/Public/numpybook.pdf)。此外，可以参考由 Ivan Idris 编写的如下系列书籍：*Numpy Beginner's Guide*、*NumPy Cookbook* 和 *Learning NumPy Array*。McKinney 也对 NumPy 进行了详细介绍。

2.10 参考文献

Idris, I. *Learning NumPy Array.* Mumbai: Packt, 2014.

Numpy Beginner's Guide. 3rd Edition. Mumbai: Packt, 2015.

NumPy Cookbook. Mumbai: Packt, 2012.

McKinney, Wes. *Python for Data Analysis.* Sebastopol: O'Reilly, 2013.

第 3 章

符 号 计 算

与第 2 章介绍的基于数组的数值计算相比，符号计算(Symbolic Computing)是一种完全不同的计算模式。在符号计算软件[也称为计算机代数系统(Computer Algebra System，CAS)]中，数学对象和表达式用符号来表示，以解析方式进行变换和计算。符号计算基本上就是将原来用笔和纸进行的解析计算，用计算机来自动完成。相对于人工推导，使用计算机代数系统来自动化数据表达式的记录和操作，能够获得更好结果。符号计算不仅是一种用来验算和调试人工解析计算的工具，更为重要的是，它还能完成一些使用其他方法无法完成的解析分析。

解析计算和符号计算是科学计算领域的重要组成部分，对于即使只能用数值计算解决的问题(这种情况很普遍，因为在很多实际问题中解析方法是无法使用的)，在使用数值计算之前，通过解析往前推进一步，就能带来很大的不同。例如，可以降低最终待解决的数值问题的复杂度或解空间的大小。也就是说，不是直接用数值方法来解决原始问题，而是可以先用解析方式简化原始问题。

在 Python 科学计算环境中，主要用到的符号计算库是 SymPy(Symbolic Python)。SymPy 完全使用 Python 编写而成，提供了一系列用于解析计算和符号计算的工具。本章将详细介绍如何在 Python 中使用 SymPy 来进行符号计算。

提示：

SymPy 旨在提供功能齐全的计算机代数系统(CAS)。与很多其他 CAS 系统相比，SymPy 是库而非完整的计算环境。这使得 SymPy 非常适合与同样使用其他 Python 库的应用程序和系统进行整合。写作本书时，SymPy 的最新版本是 1.1.1。关于 SymPy 的更多信息，可以参考 www.sympy.org 和 https://github.com/sympy/sympy/wiki/Faq。

3.1 导入 SymPy

SymPy 项目团队提供了名为 SymPy 的 Python 库。在使用 SymPy 时，通常使用 from sympy import *来导入所有的符号，但为了表达更清楚以及避免与其他库(如 NumPy 和 SciPy)中的函数和变量产生命名空间冲突，这里将整个 SymPy 库一起导入。在本书中，我们假设 SymPy 都是以这种方式导入的。

```
In [1]: import sympy
In [2]: sympy.init_printing()
```

在上面的代码中，我们还调用了 sympy.init_printing 函数，用于初始化 SymPy 的打印模块，以便使用漂亮的格式来显示数学表达式，在本章后面我们将看到这些示例。在 Jupyter Notebook 中，我们将使用 MathJax JavaScript 库来渲染 SymPy 表达式，结果将显示在 notebook 的浏览器网页中。

为了更加方便和更具可读性，我们假设把下面这些常用符号也显式地从 SymPy 库导入本地命名空间：

```
In [3]: from sympy import I, pi, oo
```

警告：

NumPy、SymPy 以及很多其他库都有相同名称的函数和变量，但是这些符号不能互换使用。例如，numpy.pi 是数学符号 π 的近似数值表示，而 sympy.pi 是 π 的符号表示。不要将它们混用，在进行符号计算时不能使用 numpy.pi 替代 sympy.pi，反之亦然。对于很多基本的数学函数，也是如此，例如 numpy.sin 和 sympy.sin。因此，在 Python 中使用多个库进行计算时，重要的一点是始终写明命名空间。

3.2 符号

SymPy 的核心功能是将数学符号表示为 Python 对象。在 SymPy 库中，sympy.Symbol 类被用于此目的。Symbol 实例含有名称、一组描述符号特性的属性，以及一些用于查询这些特性和用于操作符号对象的方法。符号本身并没有太多实际用途，但符号一旦用在表达式树的节点上，就可以用来表示代数表达式。用 SymPy 来分析和解决问题的第一步是，为描述问题所需的各种数学变量和表达式创建符号。

符号名是字符串，可以包含类似 LaTex 的标记，这样就可在诸如 IPython 的 Rich Display System 中很漂亮地显示符号。Symbol 对象的名称在创建时会被设定。在 SymPy 中，有几种不同的方法可用来创建 Symbol 对象，例如，使用 sympy.Symbol、sympy.symbols 以及 symbol.var。我们通常会对 SymPy 符号与具有相同名称(或具有密切联系)的 Python 变量进行关联。例如，如果要创建一个名为 x 的符号，并将该符号绑定到名称相同的 Python 变量，可以把与符号名相同的字符串传给 Symbol 类的构造函数。

```
In [4]: x = sympy.Symbol("x")
```

现在，变量 x 表示抽象的数学符号 x，默认情况下，该符号包含很少的信息。此时，x 可以代表实数、整数、复数、函数以及其他很多可能的数学对象。在很多情况下，用这个抽象的、不确定的 Symbol 对象来表示数学符号已经足够了，但有时候需要告诉 SymPy 库更多的信息，以确定 Symbol 对象代表的符号类型，这样可以帮助 SymPy 更有效地工作或者简化解析表达式。通过在创建符号的函数中添加可选的关键字参数(keyword argument)，可以为符号加入各种假设条件(assumption)，从而减少符号的不确定性。表 3-1 总结了一系列 Symbol 实例的常用假设条件。例如，假设存在已知为实数的数学变量 y，那么可以在创建相应的 Symbol 实例时设置关键字参数 real=True。可以使用 Symbol

类的 is_real 属性来验证 SymPy 确实把这个符号定义为实数。

```
In [5]: y = sympy.Symbol("y", real=True)
In [6]: y.is_real
Out[6]: True
```

另外，如果用 is_real 来检验前面定义的符号 x(由于该符号没有显式定义为 real 类型，因此它既可以表示实数，也可以表示非实数)，那么得到的结果是 None。

```
In [7]: x.is_real is None
Out[7]: True
```

请注意，如果已知符号是实数，那么 is_real 返回 True；如果已知符号不是实数，那么 is_real 返回 False；如果不知道符号是否是实数，那么返回 None。Symbol 对象中用于判断假设条件的其他属性也是这样工作的。下面的例子演示了符号的 is_real 属性为 False：

```
In [8]: sympy.Symbol("z", imaginary=True).is_real
Out[8]: False
```

表 3-1 常用的假设条件以及 Symbol 对象中对应的关键字，完整的假设条件列表可参考 sympy.Symbol 的文档字符串

假设条件的关键字参数	属性	说明
real 和 imaginary	is_real 和 is_imaginary	符号表示实数或虚数
positive 和 negative	is_positive 和 is_negative	符号表示正数或负数
integer	is_integer	符号表示整数
odd 和 even	is_odd 和 is_even	符号表示奇数或偶数
prime	is_prime	符号表示素数，当然素数也是整数
finite 和 infinite	is_finite 和 is_ infinite	符号表示有限或无限的数

在表 3-1 所示的假设条件中，在创建新符号时需要显式指定的是 real 和 positive。在合适的情况下，为符号添加这些假设条件通常可以帮助 SymPy 简化各种表达式。例如：

```
In [9]: x = sympy.Symbol("x")
In [10]: y = sympy.Symbol("y", positive=True)
In [11]: sympy.sqrt(x ** 2)
Out[11]: √x²
In [12]: sympy.sqrt(y ** 2)
Out[12]: y
```

在上面的例子中，我们创建了两个符号，即 x 和 y，然后利用 SymPy 的 sympy.sqrt 函数对这两个符号的平方进行平方根运算。如果在计算中对符号的属性一无所知，将无法简化结果。但是，如果已知符号是正数，那么显然 SymPy 能够正确地对结果进行简化。

如果数学符号表示整数而不是实数，那么在创建 SymPy 符号时显式指定假设条件也是很有用的，可以设置 integer=True、even=True 或 odd=True。这样也可帮助 SymPy 简化某些表达式或函数，如下所示：

```
In [14]: n1 = sympy.Symbol("n")
In [15]: n2 = sympy.Symbol("n", integer=True)
In [16]: n3 = sympy.Symbol("n", odd=True)
In [17]: sympy.cos(n1 * pi)
Out[17]: cos(πn)
In [18]: sympy.cos(n2 * pi)
Out[18]: (-1)n
In [19]: sympy.cos(n3 * pi)
Out[19]: -1
```

对于某些非平凡(nontrivial)的数学问题，通常需要定义很多符号。使用 Symbol 逐一对这些符号设置假设条件很麻烦。为了方便起见，SymPy 提供了 sympy.symbols 函数，调用一次就可以创建多个符号。该函数可以接收以逗号分隔的多个符号名称的字符串，以及一组任意关键字参数(这些关键字参数适用于所有符号)，并返回一个元组，这个元组中保存了新创建的符号。使用 Python 的元组拆包以及 sympy.symbols 调用可以方便地创建多个符号：

```
In [20]: a, b, c = sympy.symbols("a, b, c", negative=True)
In [21]: d, e, f = sympy.symbols("d, e, f", positive=True)
```

数字

用 Python 对象来表示数学符号是为了在表达式树中使用它们。为达到这个目的，我们还需要其他数学对象，如数字、方法和常量。在本节中，我们将介绍 SymPy 中用于表示数字的类。所有这些类都有很多与 Symbol 实例共享的函数和属性，这样在表达式中就可以对符号和数字进行统一处理了。

例如，我们看到 Symbol 实例有一些用于查询对象特性的属性，如 is_real。在 SymPy 中操作符号表达式时，需要能够对所有类型的对象(包括整数、浮点数等数字)使用相同的属性。因此，我们不能直接使用 Python 内置的整数类型 int、浮点类型 float 等。SymPy 提供了 sympy.Integer 和 sympy.Float 类来表示 SymPy 框架中的整数和浮点数。在使用 SymPy 时，这一点很重要。不过幸运的是，我们很少需要关心如何创建 sympy.Integer 和 sympy.Float 类型的对象，因为当 Python 中的数字出现在 SymPy 表达式中时，SymPy 会自动把它们提升为 SymPy 中对应类的实例。在下面的示例中，我们显式地创建了 sympy.Integer 和 sympy.Float 实例，并使用属性来查询它们的一些特性。

```
In [22]: i = sympy.Integer(19)
In [23]: type(i)
Out[23]: sympy.core.numbers.Integer
In [24]: i.is_Integer, i.is_real, i.is_odd
```

```
Out[24]: (True, True, True)
In [25]: f = sympy.Float(2.3)
In [26]: type(f)
Out[26]: sympy.core.numbers.Float
In [27]: f.is_Integer, f.is_real, f.is_odd
Out[27]: (False, True, False)
```

提示：

可以使用转换函数int(i)和float(f)把sympy.Integer和sympy.Float转换回Python内置的数据类型。

为数字创建SymPy对象时，也可以使用sympy.sympify函数。该函数能够接收各种输入参数，并生成一个兼容SymPy的表达式，不需要显式指定想要创建什么类型的对象。例如，对于简单数字的输入，可以使用下面的代码：

```
In [28]: i, f = sympy.sympify(19), sympy.sympify(2.3)
In [29]: type(i), type(f)
Out[29]: (sympy.core.numbers.Integer, sympy.core.numbers.Float)
```

1. 整数类型

我们可以使用Integer类来表示整数。但需要指出的是，设置了integer=True的Symbol实例与Integer实例是存在差异的。Integer=True的符号表示某些整数，而Integer实例表示某个特定的整数。对于这两种情况，is_integer属性都为True，但是只有Integer实例的is_Integer为True。一般情况下，is_*name*属性表示对象是否为*name*类型，is_*name*属性表示对象是否满足某个已知条件*name*。所以，对于所有Symbol对象，属性is_Symbol=True。

```
In [30]: n = sympy.Symbol("n", integer=True)
In [31]: n.is_integer, n.is_Integer, n.is_positive, n.is_Symbol
Out[31]: (True, False, None, True)
In [32]: i = sympy.Integer(19)
In [33]: i.is_integer, i.is_Integer, i.is_positive, i.is_Symbol
Out[33]: (True, True, True, False)
```

SymPy中的整数类型是任意精度的，这意味着它们没有固定的下限和上限，所以在SymPy中可以使用非常大的数字，示例如下：

```
In [34]: i ** 50
Out[34]: 8663234049605954426644038200675212212900743262211018069459689001
In [35]: sympy.factorial(100)
Out[35]:
933262154439441526816992388562667004907159682643816214685929638952175999932299156089414639761565182862536979208272237582511852109168640000000000000000000000000
```

2. 浮点类型

我们在前面曾经用到 sympy.Float 类型。与 Integer 一样，Float 也是任意精度的，这与 Python 内置的 float 类型以及 NumPy 中的 float 类型是不一样的。这意味着 Float 可以表示具有任意位数的浮点数。当使用 Float 构造函数创建实例时，有两个参数：第一个参数是 Python 浮点数或表示浮点数的字符串，第二个(可选)参数是 Float 对象的精度(有效数字的位数)。例如，我们都知道实数 0.3 不能精确地表示为正常固定位数的浮点数，当我们以 25 位的有效数字打印 0.3 时，输出是 0.2999999999999999888977698。SymPy 的 Float 对象在表示实数 0.3 时可以不受浮点数的限制。

```
In [36]: "%.25f" % 0.3 # create a string representation with 25 decimals
Out[36]: '0.2999999999999999888977698'
In [37]: sympy.Float(0.3, 25)
Out[37]: 0.2999999999999999888977698
In [38]: sympy.Float('0.3', 25)
Out[38]: 0.3
```

但是请注意，为了正确表示 Float 对象 0.3，需要使用字符串'0.3'来初始化对象，而不是使用 Python float 0.3，因为 Python float 0.3 中已经包含了浮点误差。

3. 有理数类型

有理数是两个整数(分子为 *p*，分母为 *q*)的分数 *p*/*q*。SymPy 中使用 sympy.Rational 类来表示这种类型的数字。可以使用 sympy.Rational 类，将分子和分母作为参数来显式创建有理数：

```
In [39]: sympy.Rational(11, 13)
Out[39]: 11 / 13
```

有理数也可以是通过 SymPy 计算后得到的简化结果。无论是哪种情况，对有理数和整数进行算术运算后得到的都是有理数。

```
In [40]: r1 = sympy.Rational(2, 3)
In [41]: r2 = sympy.Rational(4, 5)
In [42]: r1 * r2
Out[42]: 8 / 15
In [43]: r1 / r2
Out[43]: 5/6
```

4. 常数以及特殊符号

SymPy 为各种数学常数和特殊对象提供了预定义符号，例如虚数单位 i 以及正无穷。表 3-2 总结了这些常数以及 SymPy 中对应的符号。需要特别注意的是，虚数单位在 SymPy 中是 I。

表3-2 部分数学常数、特殊符号以及它们在SymPy中对应的符号

数学符号	SymPy 符号	说明
π	sympy.pi	圆周率
e	sympy.E	自然对数的底：e = exp(1)
γ	sympy.EulerGamma	欧拉常数
i	sympy.I	虚数单位
∞	sympy.oo	正无穷

5. 函数

在 SymPy 中，可以使用 sympy.Function 来创建 Function 对象。和 Symbol 对象一样，Function 对象的第一个参数也是对象的名称。SymPy 中的函数分为已定义函数和未定义函数、已应用函数和未应用函数。使用 sympy.Function 创建函数时将得到一个未定义(抽象)、未应用的函数，这个函数只有名称，无法求值，因为它的表达式或函数体未定义。这样的函数可以表示具有任意输入变量的任意函数，因为尚未应用于任何特定的符号或输入变量。可将未应用的函数应用于一组代表函数域的输入符号，这些符号是 Function 实例的输入参数[1]。虽然得到的结果仍是无法求值的函数，不过因为函数已经应用到一组特定的输入变量，所以有了一组因变量。下面举例说明。我们首先创建了一个未定义的函数 f，将该函数应用于符号 x。我们还定义了函数 g，将该函数直接应用于符号集合(x,y,z)：

```
In [44]: x, y, z = sympy.symbols("x, y, z")
In [45]: f = sympy.Function("f")
In [46]: type(f)
Out[46]: sympy.core.function.UndefinedFunction
In [47]: f(x)
Out[47]: f(x)
In [48]: g = sympy.Function("g")(x, y, z)
In [49]: g
Out[49]: g(x,y,z)
In [50]: g.free_symbols
Out[50]: {x,y,z}
```

这里还使用了属性 free_symbols，并且返回的是给定的表达式(在这里是指未定义函数 g)中所包含的符号集合，这可以证明某个已应用函数确实与特定的输入符号集合关联在一起。当我们考虑抽象函数的导数时，就需要用到 free_symbols 属性。未定义函数主要用于微分方程。

与未定义函数相比，已定义函数是指具有特定实现的函数，可以对所有有效的输入参数进行数

---

1 这里需要记住的是，Python 中的函数(可以调用的 Pyhton 对象，如 sympy.Function)与 sympy.Function 实例代表的符号函数之间有很大区别。

值计算。可以通过 sympy.Function 的子类来定义这样的函数，但大多数情况下，使用 SymPy 提供的数学函数就足够了。SymPy 为很多标准数学函数提供了内置函数，这些函数在 SymPy 全局命名空间内都可以使用(请参阅 sympy.functions.elementary、sympy.functions.combinatorial 和 sympy. functions.special 及其子模块的文档，使用 Python 的帮助功能可以列出所有可用函数)。例如，SymPy 为正弦函数提供了 sympy.sin 函数。请注意，这里的 sympy.sin 函数不是 Python 语义中的函数(事实上是 sympy.Function 类的子类)，可应用于某个数值、符号或表达式。

```
In [51]: sympy.sin
Out[51]: sympy.functions.elementary.trigonometric.sin
In [52]: sympy.sin(x)
Out[52]: sin(x)
In [53]: sympy.sin(pi * 1.5)
Out[53]: -1
```

当把正弦函数 sympy.sin 应用于某个抽象符号时，还是不能进行求值。但在某些特殊情况下，能够求解出数值，如下所示：

```
In [54]: n = sympy.Symbol("n", integer=True)
In [55]: sympy.sin(pi * n)
Out[55]: 0
```

SymPy 中的第三种函数是 lambda 函数，又称为匿名函数，这些函数没有名称，但是有可以进行计算的函数体。lambda 函数可以使用 sympy.Lambda 来创建：

```
In [56]: h = sympy.Lambda(x, x**2)
In [57]: h
Out[57]: (x ↦ x²)


In [58]: h(5)
Out[58]: 25
In [59]: h(1 + x)
Out[59]: (1 + x)²
```

3.3 表达式

前面介绍的各种符号是构成数学表达式的基础模块。在 SymPy 中，数学表达式用树状结构表示，叶子代表符号、节点代表数学运算的类实例。这些类的代表有用于基本算术运算的 Add、Mul 和 Pow 等，以及用于数学分析运算的 Sum、Product、Integral 和 Derivative。另外，还有很多其他的数学运算，在本章后面的内容中我们将看到相关示例。

例如，考虑数学表达式 $1+2x^2+3x^3$，要在 SymPy 中表示它，我们只需要创建符号 x，然后将表达式写成 Python 代码：

```
In [60]: x = sympy.Symbol("x")
In [61]: expr = 1 + 2 * x**2 + 3 * x**3
In [62]: expr
Out[62]: 3x³ + 2x² + 1
```

在上面的示例中，expr是Add的一个实例，它有三个子表达式1、2*x**2、3*x**3。图3-1展示了expr的整个表达式树。请注意，我们不需要显式地构造表达式树，因为它可以使用符号和运算符自动生成。不过，想要了解SymPy的工作原理，理解表达式的表示方法非常重要。

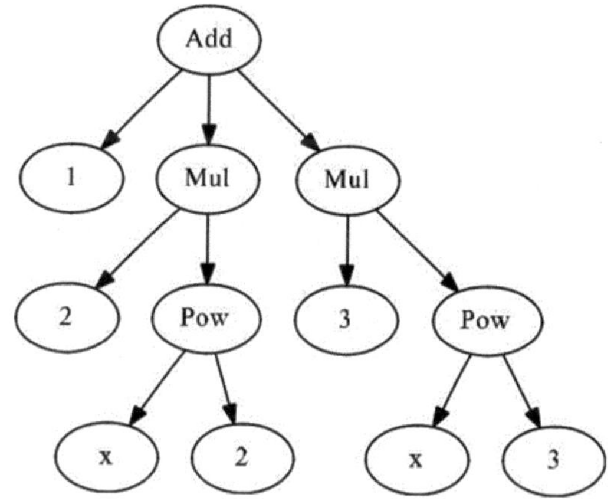

图3-1 1+2*x**2+3*x**3的可视化表达式树

使用args属性可以显式地遍历表达式树，SymPy的所有运算符和符号都有该属性。对于运算符，args属性是子表达式的一个元组，这些子表达式通过运算符的规则组合在一起；对于符号，args属性是一个空的元组，表示表达式树中的叶子。下面的示例演示了如何显式地访问表达式树：

```
In [63]: expr.args
Out[63]: (1,2x²,3x³)
In [64]: expr.args[1]
Out[64]: 2x²
In [65]: expr.args[1].args[1]
Out[65]: x²
In [66]: expr.args[1].args[1].args[0]
Out[66]: x
In [67]: expr.args[1].args[1].args[0].args
Out[67]: ()
```

在SymPy的日常使用中，很少需要显式地操作表达式树，但是，当操作表达式的方法不够用时，使用args属性实现自己的函数，从而对表达式树进行遍历或操作就会很有用。

3.4 表达式操作

操作表达式树是 SymPy 的主要工作之一，SymPy 针对不同类型的转换提供了很多函数。总体思路是通过化简或重写，表达式树可以在等价的数学形式之间进行转换。这些函数通常不会对传入的表达式进行修改，而是新建一个表达式。因此，SymPy 中的表达式被视为不可变对象。我们在本节中演示的所有函数，都把 SymPy 表达式视为不可变对象，并且返回一个新的表达式树，而不是直接修改表达式。

3.4.1 化简

对于一个表达式来说，最想要执行的操作就是对它进行化简。但这也可能是最模糊的操作，因为利用算法来判断一个表达式是否比其他表达式更简单，是一件很复杂的事。另外，通常并没有明确的方法能够对表达式进行化简。尽管如此，黑盒化简功能仍是所有 CAS 的一个重要部分。SymPy 提供了 sympy. simplify 函数用于化简表达式，该函数用到很多不同的方法。这个化简函数也可以通过调用表达式的 simplify 方法来使用，如下所示：

```
In [68]: expr = 2 * (x**2 - x) - x * (x + 1)
In [69]: expr
Out[69]: 2x^2 - x(x+1)-2x
In [70]: sympy.simplify(expr)
Out[70]: x(x-3)
In [71]: expr.simplify()
Out[71]: x(x-3)
In [72]: expr
Out[72]: 2x^2 - x(x+1)-2x
```

你会注意到，和前面所讲的一样，sympy.simplify(expr)和 expr.simplify()都会返回一个新的表达式树，而 expr 本身保持不变。在这个示例中，可通过乘积展开、合并同类项、重新因式分解对表达式 expr 进行化简。通常，sympy.simplify 会尝试很多不同的策略，并且会对三角函数和幂函数等进行化简，如下所示：

```
In [73]: expr = 2 * sympy.cos(x) * sympy.sin(x)
In [74]: expr
Out[74]: 2 sin(x)cos(x)
In [75]: sympy.simplify(expr)
Out[75]: sin(2x)
```

以及

```
In [76]: expr = sympy.exp(x) * sympy.exp(y)
In [77]: expr
```

```
Out[77]: exp(x)exp(y)
In [78]: sympy.simplify(expr)
Out[78]: exp(x+y)
```

各种特定类型的化简也可以使用更加专业的函数，如 sympy.trigsimp 和 sympy.powsimp 分别用于对三角函数和指数函数进行化简。这些函数仅用于对表达式中指定的部分进行化简，表达式中的其余部分保持原有形式不变。表 3-3 列出了常用的化简函数。当已知精确的化简步骤时，最好使用具体的化简函数，因为这些函数执行的操作更加明确，并且在新版 SymPy 中改动最小。而 sympy.simplify 函数使用的是启发式方法，未来可能发生改变，因此对于特定的输入表达式，可能会得到不同的结果。

表 3-3　常用的 SymPy 表达式化简函数

函数	描述
sympy.simplify	尝试使用各种方法对给定表达式进行化简
sympy.trigsimp	尝试使用三角恒等式对表达式进行化简
sympy.powsimp	尝试使用幂定律对表达式进行化简
sympy.compsimp	化简组合表达式
sympy.ratsimp	使用公分母简化表达式

3.4.2 展开

当使用 sympy.simplify 的黑盒化简功能无法得到令人满意的结果时，一般可以通过使用更具体的代数运算来手动指导 SymPy 获得更好的结果。在这个过程中，一种很重要的手段就是以各种方式展开表达式。sympy.expand 函数根据各个可选参数的值，能够对表达式进行各种展开。默认情况下，该函数能将和的乘积完全展开。例如，在下面的代码中，可将$(x+1)(x+2)$展开为x^2+3x+2：

```
In [79]: expr = (x + 1) * (x + 2)
In [80]: sympy.expand(expr)
Out[80]: x^2 + 3x + 2
```

还有一些可选的关键字参数，如 mul=True 用于对乘法进行展开，trig=True 用于对三角函数进行展开：

```
In [81]: sympy.sin(x + y).expand(trig=True)
Out[81]: sin(x)cos(y) + sin(y)cos(x)
```

log=True 用于对对数进行展开：

```
In [82]: a, b = sympy.symbols("a, b", positive=True)
In [83]: sympy.log(a * b).expand(log=True)
Out[83]: log(a) + log(b)
```

complex=True 用于将表达式的实数部分和虚数部分分开：

```
In [84]: sympy.exp(I*a + b).expand(complex=True)
Out[84]: ieᵇ sin(a) + eᵇ cos(a)
```

power_base=True 和 power_exp=True 分别用于展开幂表达式的底和指数：

```
In [85]: sympy.expand((a * b)**x, power_base=True)
Out[85]: aˣbˣ
In [86]: sympy.exp((a-b)*x).expand(power_exp=True)
Out[86]: e^(iax)e^(-ibx)
```

在 sympy.expand 函数中设置这些关键字参数为 True，等效于分别调用更具体的函数，比如 sympy.expand_mul、sympy.expand_trig、sympy.expand_log、sympy.expand_complex、sympy.expand_power_base 和 sympy.expand_power_exp，但是 sympy.expand 函数的优势在于可以在单个函数调用中执行多种类型的展开。

3.4.3 因式分解、合并同类项

使用 sympy.expand 函数化简某个表达式的通用模式，是让 SymPy 消去某些项或因子，然后通过因式分解或合并重新生成表达式。使用 sympy.factor 函数可以尽可能地对表达式进行因式分解，从某种意义上讲，这与设置了 mul=True 的 sympy.expand 刚好相反。可以通过下面这样的代码对代数表达式进行因式分解：

```
In [87]: sympy.factor(x**2 - 1)
Out[87]: (x - 1)(x + 1)
In [88]: sympy.factor(x * sympy.cos(y) + sympy.sin(z) * x)
Out[88]: x(sin(x) + cos(y))
```

我们之前展开过的其他类型可以使用 sympy.trigsimp、sympy.powsimp 和 sympy.logcombine 进行反向操作，如下所示：

```
In [89]: sympy.logcombine(sympy.log(a) - sympy.log(b))
```

Out[89]: $\log\left(\frac{a}{b}\right)$

在处理数学表达式时，通常需要对因式分解进行更细粒度的控制。SymPy 的 sympy.collect 函数可以针对某个或多个给定的符号合并同类项。例如 $x+y+xyz$ 不能被完全因式分解，但是能够对其中的部分因子(x 或 y)合并同类项：

```
In [90]: expr = x + y + x * y * z
In [91]: expr.collect(x)
Out[91]: x(yz + 1) + y
In [92]: expr.collect(y)
Out[92]: x + y(xz + 1)
```

通过为 sympy.collect 函数或表达式的 collect 方法传入符号或表达式列表，可以在一次调用中对多个符号进行同类项合并。当然，在使用 collect 方法时，返回的也是一个新的表达式，这样就可以像下面的代码一样进行多个函数的链式调用：

```
In [93]: expr = sympy.cos(x + y) + sympy.sin(x - y)
In [94]: expr.expand(trig=True).collect([sympy.cos(x),
    ...: sympy.sin(x)]).collect(sympy. cos(y) - sympy.sin(y))
Out[94]: (sin(x) + cos(x))(-sin(y) + cos(y))
```

3.4.4 分式分解、通分、消除公因子

这里我们将要讨论的最后一种数学化简类型是重写分式。函数 sympy.apart 和 sympy.together 分别用来对分式进行部分分式分解以及把多个分式合并为单个分式，如下所示：

```
In [95]: sympy.apart(1/(x**2 + 3*x + 2), x)
```

Out[95]: $-\frac{1}{x+2}+\frac{1}{x+1}$

```
In [96]: sympy.together(1 / (y * x + y) + 1 / (1+x))
```

Out[96]: $\frac{y+1}{y(x+1)}$

```
In [97]: sympy.cancel(y / (y * x + y))
```

Out[97]: $\frac{1}{x+1}$

在上面的第一个示例中，我们使用 sympy.apart函数把表达式$(x^2+3x+2)^{-1}$ 重写为部分分式 $-\frac{1}{x+2}+\frac{1}{x+1}$，使用 sympy.together 函数把多个分式的和 $1/(yx+y)+1/(1+x)$合并成单个分式表达式。在这个示例中，我们还使用 sympy.cancel 函数消除了表达式 $y/(yx+y)$中分子和分母里的相同因子。

3.4.5 替换

前面我们一直关注如何使用各种数学恒等式来重写表达式。另外一种常用的操作数学表达式的方法是替换其中的符号或子表达式。例如，我们可能想要进行变量替换，用变量 y 替换变量 x，或者用另外一个表达式替换某个符号。在 SymPy 中，进行替换操作的函数有两个：subs 和 replace。通常，subs 函数是最合适的选择，但是在某些情况下，replace 函数能够提供更强大的功能。例如，可以使用通配符表达式进行替换(有关详细信息，请参阅 sympy.Symbol.replace 的文档字符串)。

subs 函数通常使用表达式的方法进行调用，将需要替换的符号或表达式(x)作为第一个参数，将新的符号或表达式(y)作为第二个参数。在结果中，表达式中出现的所有 x 都被替换成了 y：

```
In [98]: (x + y).subs(x, y)
Out[98]: 2y
In [99]: sympy.sin(x * sympy.exp(x)).subs(x, y)
Out[99]: sin(ye^y)
```

当需要进行多个替换时，我们不需要把多个 subs 函数连起来，而只需要传递一个字典类型的参数给 subs 函数，再在字典中把旧的符号或表达式映射到新的符号或表达式：

```
In [100]: sympy.sin(x * z).subs({z: sympy.exp(y), x: y, sympy.sin: sympy.cos})
Out[100]: cos(ye^y)
```

subs 函数的典型应用就是用数字替代表达式中的符号以进行数值计算，下面的代码做了详细演示。一种便捷的方法就是定义字典，把需要替换的符号和对应的数值放到字典中，把字典作为参数传给 subs 函数：

```
In [101]: expr = x * y + z**2 *x
In [102]: values = {x: 1.25, y: 0.4, z: 3.2}
In [103]: expr.subs(values)
Out[103]: 13.3
```

3.5 数值计算

即便研究符号数学，也不可避免地需要对符号表达式进行求值计算，例如生成图表或求数值结果。可以使用函数 sympy.N 或 SymPy 表达式实例的 evalf 方法对 SymPy 表达式进行求值：

```
In [104]: sympy.N(1 + pi)
Out[104]: 4.14159265358979
In [105]: sympy.N(pi, 50)
Out[105]: 3.1415926535897932384626433832795028841971693993751
In [106]: (x + 1/pi).evalf(10)
Out[106]: x + 0.3183098862
```

sympy.N 函数和 evalf 方法都使用一个可选的参数来指定要计算的表达式的有效位数，SymPy 的多精度浮点函数能够计算高达 50 位的 π 值。

当需要对一系列输入值进行数值计算时，原则上可以对这些输入值进行循环，然后逐个进行 evalf 调用，例如：

```
In [107]: expr = sympy.sin(pi * x * sympy.exp(x))
In [108]: [expr.subs(x, xx).evalf(3) for xx in range(0, 10)]
Out[108]: [0,0.774,0.642,0.722,0.944,0.205,0.974,0.977,-0.870,-0.695]
```

但是这种方法很慢，SymPy 提供了更高效的函数 sympy.lambdify 来执行这项操作。该函数将一组自由符号和一个表达式作为参数，生成一个能对表达式进行高效数值计算的函数。所生成函数的参数数量与传给 sympy.lambdify 的自由符号数量一样。

```
In [109]: expr_func = sympy.lambdify(x, expr)
In [110]: expr_func(1.0)
Out[110]: 0.773942685266709
```

请注意，expr_func 函数需要将数字(标量)作为参数，所以我们不能将符号作为参数传递给该函数，我们执行的是严格的数值计算。在前面的例子中，创建的 expr_func 是一个标量函数，因而并不直接兼容 NumPy 数组形式的矢量输入。但是 SymPy 能够生产 NumPy 数组兼容的函数：将可选参数'numpy'作为第三个参数传给 sympy.lambdify，就可以创建能接收 NumPy 数组作为输入的矢量化函数。在对具有大量输入参数的符号表达式进行数值计算时，通常这是一种有效的方法[1]。下面的代码演示了 SymPy 表达式 expr 是如何转换成既兼容 NumPy 数组又能高效进行数值计算的矢量化函数的：

```
In [111]: expr_func = sympy.lambdify(x, expr, 'numpy')
In [112]: import numpy as np
In [113]: xvalues = np.arange(0, 10)
In [114]: expr_func(xvalues)
Out[114]: array([ 0.0        , 0.77394269, 0.64198244, 0.72163867,
          0.94361635,0.20523391,0.97398794,0.97734066,-0.87034418, -0.69512687])
```

利用这种方法可以从 SymPy 表达式生成数据，这对于绘图以及很多其他面向数据的应用很有用。

3.6 微积分

到目前为止，我们已经研究了如何在 SymPy 中表示数学表达式以及如何对这些数学表达式进行基本的简化和转换。我们现在已经准备好探索符号微积分(符号分析)了，这是应用数学的基石，并且在整个科学和工程中有很多应用。微积分的核心概念在于不同输入变量带来的函数变化(导数和微分)，以及函数在输入范围内的累积(积分)。 在本节中，我们将介绍如何在 SymPy 中计算函数的导数和积分。

3.6.1 导数

函数的导数描述了函数在给定点的变化率。在 SymPy 中，可以使用 sympy.diff 函数或 SymPy 表达式实例的 diff 方法来计算函数的导数。这些函数的参数是一个或多个符号，可使用函数或表达式对这些符号进行求导。为了表示抽象函数 $f(x)$的关于 x 的一阶导数，可以这样做：

```
In [115]: f = sympy.Function('f')(x)
In [116]: sympy.diff(f, x)                # equivalent to f.diff(x)
```

Out[116]: $\frac{d}{dx}f(x)$

1 另请参阅 sympy.utilities.autowrap 模块中的 ufuncity 以及 sympy.printing.theanocode 模块中的 theano_function。这些函数虽然提供与 sympy. lambdify 类似的功能，但在背后使用了不同的计算方式。

为了表示高阶导数，可以在 sympy.diff 的参数列表中重复符号 x，或者在符号 x 的后面传入一个整数作为参数，这个参数定义了表达式中相应符号需要求导的次数：

```
In [117]: sympy.diff(f, x, x)
```

Out[117]: $\frac{d^2}{dx^2}f(x)$

```
In [118]: sympy.diff(f, x, 3) # equivalent to sympy.diff(f, x, x, x)
```

Out[118]: $\frac{d^3}{dx^3}f(x)$

这种方法很容易扩展到多元函数：

```
In [119]: g = sympy.Function('g')(x, y)
In [120]: g.diff(x, y)        # equivalent to sympy.diff(g, x, y)
```

Out[120]: $\frac{\partial^2}{\partial x \partial y}g(x,y)$

```
In [121]: g.diff(x, 3, y, 2) # equivalent to sympy.diff(g, x, x, x, y, y)
```

Out[121]: $\frac{\partial^5}{\partial x^3 \partial y^2}g(x,y)$

到目前为止，这些示例只涉及未定义函数的求导。对于已定义的函数和表达式，也可以进行求导，得到一个新的表达式。例如，使用 sympy.diff 可以很轻松地计算任意数学表达式的导数，例如多项式：

```
In [122]: expr = x**4 + x**3 + x**2 + x + 1
In [123]: expr.diff(x)
```

Out[123]: $4x^3 + 3x^2 + 2x + 1$

```
In [124]: expr.diff(x, x)
```

Out[124]: $2(6x^2 + 3x + 1)$

```
In [125]: expr = (x + 1)**3 * y ** 2 * (z - 1)
In [126]: expr.diff(x, y, z)
```

Out[126]: $6y(x + 1)^2$

以及三角函数和其他更复杂的数学表达式：

```
In [127]: expr = sympy.sin(x * y) * sympy.cos(x / 2)
In [128]: expr.diff(x)
```

Out[128]: $y\cos\left(\frac{x}{2}\right)\cos(xy) - \frac{1}{2}\sin\left(\frac{x}{2}\right)\sin(xy)$

```
In [129]: expr = sympy.special.polynomials.hermite(x, 0)
In [130]: expr.diff(x).doit()
```

Out[130]: $\dfrac{2^x\sqrt{\pi}\operatorname{polygamma}\left(0,-\dfrac{x}{2}+\dfrac{1}{2}\right)}{2\Gamma\left(-\dfrac{x}{2}+\dfrac{1}{2}\right)}+\dfrac{2x\sqrt{\pi}\log(2)}{\Gamma\left(-\dfrac{x}{2}+\dfrac{1}{2}\right)}$

相对来说，导数容易计算，sympy.diff应该能够对SymPy中定义的绝大部分标准数学函数进行求导。

请注意，在上面的示例中，直接对表达式调用sympy.diff会产生一个新的表达式。如果想要符号化地表示已定义表达式的导数，可以创建sympy.Derivative类的实例，把表达式作为第一个参数，后面的参数是需要求导的符号：

```
In [131]: d = sympy.Derivative(sympy.exp(sympy.cos(x)), x)
In [132]: d
```

Out[132]: $\dfrac{d}{dx}+e^{\cos(x)}$

然后可以通过sympy.Derivative实例的doit方法计算表达式的导数形式：

```
In [133]: d.doit()
```

Out[133]: $-e^{\cos(x)}\sin(x)$

这种延迟计算模式在SymPy中贯穿始终，能够完全控制何时对形式表达式进行计算，这在很多时候都很有用。

3.6.2 积分

在SymPy中，可使用sympy.integrate函数计算积分，使用sympy.Integral函数表示积分(与sympy.Derivative类似，可以通过调用doit方法进行显式计算)。积分有两种基本形式：定积分和不定积分。定积分有特定的积分极限，可以用面积或体积来表示；而不定积分没有积分极限，表示为反导函数(antiderivative)的形式。SymPy用sympy.integrate函数来处理定积分和不定积分。

如果只用一个表达式作为参数来调用sympy.integrate函数，则计算不定积分。如果再传递(x,a,b)这样的元组参数，则计算定积分，其中x是积分变量，a和b是积分区间。对于单变量函数$f(x)$，可使用下面的代码来计算不定积分和定积分：

```
In [134]: a, b, x, y = sympy.symbols("a, b, x, y")
     ...: f = sympy.Function("f")(x)
In [135]: sympy.integrate(f)
```

Out[135]: $\int f(x)dx$

```
In [136]: sympy.integrate(f, (x, a, b))
```

Out[136]: $\int_a^b f(x)dx$

当这些方法被应用到显式的函数时，积分则会进行相应的计算：

```
In [137]: sympy.integrate(sympy.sin(x))
Out[137]: -cos(x)
In [138]: sympy.integrate(sympy.sin(x), (x, a, b))
Out[138]: cos(a) - cos(b)
```

使用 SymPy 的无穷符号 oo，还可以让定积分的积分区间包含正无穷或/和负无穷：

```
In [139]: sympy.integrate(sympy.exp(-x**2), (x, 0, oo))
```

Out[139]: $\frac{\sqrt{\pi}}{2}$

```
In [140]: a, b, c = sympy.symbols("a, b, c", positive=True)
In [141]: sympy.integrate(a * sympy.exp(-((x-b)/c)**2), (x, -oo, oo))
```

Out[141]: $\sqrt{\pi}ac$

一般来说，计算符号化的积分比较困难，SymPy 不能给出积分的符号化结果。当 SymPy 不能计算积分时，会返回一个 sympy.Integral 实例来表示形式积分。

```
In [142]: sympy.integrate(sympy.sin(x * sympy.cos(x)))
```

Out[142]: $\int \sin\left(x\cos\left(x\right)\right)\mathrm{d}x$

使用 sympy.integrate 也可以计算多元表达式的积分。对于多元表达式的不定积分，需要明确指定积分变量：

```
In [143]: expr = sympy.sin(x*sympy.exp(y))
In [144]: sympy.integrate(expr, x)
```

Out[144]: $-e^{-y}\cos(xe^{y})$

```
In [145]: expr = (x + y)**2
In [146]: sympy.integrate(expr, x)
```

Out[146]: $\frac{x^3}{3}+x^2y+xy^2$

通过传递多个符号或元组(元组中包含了符号以及它们的积分区间)，可以计算多重积分：

```
In [147]: sympy.integrate(expr, x, y)
```

Out[147]: $\frac{x^3y}{3}+\frac{x^2y^2}{2}+\frac{xy^3}{3}$

```
In [148]: sympy.integrate(expr, (x, 0, 1), (y, 0, 1))
Out[148]: 7/6
```

3.6.3 级数展开

级数展开是很多计算领域的重要工具。通过级数展开，可以将任意函数写成一个多项式，其系数由函数的导数在展开处的点给出。通过将级数展开成 n 阶，就可以得到函数的第 n 阶近似。在SymPy中，可以使用sympy.series函数或SymPy表达式实例中的series方法来计算函数或表达式的级数展开。sympy.series函数的第一个参数是需要展开的函数或表达式，后面的参数是要计算展开的符号(对于单变量的表达式和函数，可以省略这个参数)。另外，还可以指定围绕某个点执行展开(使用 $x0$ 关键字参数，默认 $x0=0$)，指定展开的阶数(使用 n 关键字参数，默认 $n=6$)，指定级数展开的方向从 $x0$ 的上方还是下方开始(使用dir关键字参数，默认dir='+')。

对于未定义的函数 $f(x)$，在 $x0=0$ 处向上进行6阶展开的代码如下：

```
In [149]: x, y = sympy.symbols("x, y")
In [150]: f = sympy.Function("f")(x)
In [151]: sympy.series(f, x)
```

Out[151]:

$$f(0)+x\frac{d}{dx}f(x)\Big|_{x=0}+\frac{x^2}{2}\frac{d^2}{dx^2}f(x)\Big|_{x=0}+\frac{x^3}{6}\frac{d^3}{dx^3}f(x)\Big|_{x=0}+\frac{x^4}{24}\frac{d^4}{dx^4}f(x)\Big|_{x=0}+\frac{x^5}{120}\frac{d^5}{dx^5}f(x)\Big|_{x=0}+\mathcal{O}(x^6)$$

为了改变级数展开的点，可以如下设置x0参数：

```
In [152]: x0 = sympy.Symbol("{x_0}")
In [153]: f.series(x, x0, n=2)
```

Out[153]:

$$f(x_0)+(x-x_0)\frac{d}{d\xi_1}f(\xi_1)\Big|_{\xi_1=x_0}+\mathcal{O}\left((x-x_0)^2;x\to x_0\right)$$

我们设置 $n=2$，让级数只进行二阶展开。请注意，由截断产生的误差用高阶无穷小项 $\mathcal{O}(\cdots)$ 来表示。在级数展开计算中，误差项用来跟踪展开的阶数，例如乘以或加上不同的展开。但是，对于数值计算，需要从表达式中移除误差项，为此可以使用removeO方法。

```
In [154]: f.series(x, x0, n=2).removeO()
```

Out[154]:

$$f(x_0)+(x-x_0)\frac{d}{d\xi_1}f(\xi_1)\Big|_{\xi_1=x_0}$$

虽然前面的展开针对非特定函数 $f(x)$，但是对于特定的函数和表达式，自然也能对其级数进行展开，并且得到特定的计算结果。例如，可以很容易地对很多标准数学函数进行级数展开：

```
In [155]: sympy.cos(x).series()
```

Out[155]: $1-\frac{x^2}{2}+\frac{x^4}{24}+\mathcal{O}(x^6)$

```
In [156]: sympy.sin(x).series()
```

Out[156]: $x-\frac{x^3}{6}+\frac{x^5}{120}+\mathcal{O}(x^6)$

```
In [157]: sympy.exp(x).series()
```

Out[157]: $1+x+\frac{x^2}{2}+\frac{x^3}{6}+\frac{x^4}{24}+\frac{x^5}{120}+\mathcal{O}\left(x^6\right)$

```
In [158]: (1/(1+x)).series()
```

Out[158]: $1-x+x^2-x^3+x^4-x^5+\mathcal{O}\left(x^6\right)$

当然，对任意表达式和函数也可以进行级数展开，包括多变量函数：

```
In [159]: expr = sympy.cos(x) / (1 + sympy.sin(x * y))
In [160]: expr.series(x, n=4)
```

Out[160]: $1-xy+x^2\left(y^2-\frac{1}{2}\right)+x^3\left(-\frac{5y^3}{6}+\frac{y}{2}\right)+\mathcal{O}\left(x^4\right)$

```
In [161]: expr.series(y, n=4)
```

Out[161]: $\cos(x)-xy\cos(x)+x^2y^2\cos(x)-\frac{5x^3y^3\cos(x)}{6}+\mathcal{O}\left(y^4\right)$

3.6.4 极限

微积分的另外一个重要工具是极限，极限是指当函数的某个自变量接近某个特定值或者趋向于负无穷或正无穷时函数的值。导数也可以用极限来定义：

$$\frac{\mathrm{d}}{\mathrm{d}x}f(x)=\lim_{h\to 0}\frac{f(x+h)-f(x)}{h}$$

虽然极限更可能是理论上的工具，不像级数展开那样有很多实际应用，但用 SymPy 来计算极限还是很有用的。在 SymPy 中，可以使用 sympy.limit 来求极限，输入参数包括待求极限的表达式、自变量符号以及自变量靠近的点。例如，要计算当 x 趋向于 0 时 $\sin(x)/x$ 函数的极限，可以编写如下代码：

```
In [162]: sympy.limit(sympy.sin(x) / x, x, 0)
Out[162]: 1
```

由此得到极限的值为 1。也可以使用 sympy.limit 来计算符号的极限，下面的代码演示了如何对刚才得到的导数求极限：

```
In [163]: f = sympy.Function('f')
     ...: x, h = sympy.symbols("x, h")
In [164]: diff_limit = (f(x + h) - f(x))/h
In [165]: sympy.limit(diff_limit.subs(f, sympy.cos), h, 0)
Out[165]: -sin(x)
In [166]: sympy.limit(diff_limit.subs(f, sympy.sin), h, 0)
Out[166]: cos(x)
```

另外一个更实际的例子是使用极限来研究当自变量趋向于无穷时函数的渐近行为。例如，对于函数$f(x)=(x^2-3x)/(2x-2)$，当x不断增大时，$f(x)\to px+q$，可以使用 sympy.limit 来计算p和q：

```
In [167]: expr = (x**2 - 3*x) / (2*x - 2)
In [168]: p = sympy.limit(expr/x, x, sympy.oo)
In [169]: q = sympy.limit(expr - p*x, x, sympy.oo)
In [170]: p, q
```

Out[170]: $\left(\frac{1}{2},-1\right)$

从上面的结果可以得出如下结论：当x变大时，$f(x)$的渐近线是线性函数$f(x)\to x/2-1$。

3.6.5　和与积

可以使用 SymPy 中的 sympy.Sum 类和 sympy.Product 类来表示和与积。它们的第一个参数都是一个表达式，第二个参数是一个元组$(n,n1,n2)$，其中n是一个符号，$n1$和$n2$分别是符号n在运算中的上下限。当 sympy.Sum 和 sympy.Product 对象创建之后，可以使用 doit 方法来求值。

```
In [171]: n = sympy.symbols("n", integer=True)
In [172]: x = sympy.Sum(1/(n**2), (n, 1, oo))
In [173]: x
```

Out[173]: $\sum_{n=1}^{\infty}\frac{1}{n^2}$

```
In [174]: x.doit()
```

Out[174]: $\frac{\pi^2}{6}$

```
In [175]: x = sympy.Product(n, (n, 1, 7))
In [176]: x
```

Out[176]: $\prod_{n=1}^{7}n$

```
In [177]: x.doit()
Out[177]: 5040
```

在上面的示例中，我们注意到求和运算的上限是无穷大。显然，结果不是通过加法运算得到的，而是通过解析方法得到的。SymPy 能够计算很多这样的求和运算，包括表达式中包含符号变量的情况：

```
In [178]: x = sympy.Symbol("x")
In [179]: sympy.Sum((x)**n/(sympy.factorial(n)), (n, 1, oo)).doit(). simplify()
```

Out[179]: $e^x - 1$

3.7 方程

方程求解是数学的基础，几乎在所有的科学和技术领域都有应用，因此非常重要。SymPy 可以符号化地求解各种方程，虽然原则上很多方程没有解析解。如果方程或方程组有解析解，那么 SymPy 很有可能可以找到解。如果没有，则只能得到数值解。

最简单的方程只涉及单个未知变量，并且没有附加参数，例如二次多项式方程 $x^2+2x-3=0$。这个方程即便使用手工计算也很容易求解，可以使用 SymPy 中的 sympy.solve 函数来找到满足这个方程的 x 值：

```
In [180]: x = sympy.Symbol("x")
In [181]: sympy.solve(x**2 + 2*x - 3)
Out[181]: [-3,1]
```

从输出可以看出，解是 $x=-3$ 以及 $x=1$。sympy.solve 函数的参数是一个待求解的、等于 0 的表达式。当这个表达式包含多个符号时，待求解的变量需要作为第二个参数传给函数。例如：

```
In [182]: a, b, c = sympy.symbols("a, b, c")
In [183]: sympy.solve(a * x**2 + b * x + c, x)
```

Out[183]: $\left[\frac{1}{2a}\left(-b+\sqrt{-4ac+b^2}\right),-\frac{1}{2a}\left(b+\sqrt{-4ac+b^2}\right)\right]$

在这种情况下，得到的解是表达式，表达式由方程中的其他符号组成。

sympy.solve 也可以求解其他类型的方程，包括三角表达式：

```
In [184]: sympy.solve(sympy.sin(x) - sympy.cos(x), x)
```

Out[184]: $\left[-\frac{3\pi}{4}\right]$

以及解可以用特殊函数表示的方程：

```
In [185]: sympy.solve(sympy.exp(x) + 2 * x, x)
```

Out[185]: $\left[-\mathrm{LambertW}\left(\frac{1}{2}\right)\right]$

但是，在处理一般方程时，即便是单变量方程，也经常会遇到无代数解或 SymPy 无法求解的情况。在这种情况下，SymPy 将会返回一个形式解。如果需要的话，可以生成数值解；如果对于这类特殊方程实在找不到解，就会返回错误信息。

```
In [186]: sympy.solve(x**5 - x**2 + 1, x)
Out[186]: [RootOf(x^5 - x^2 + 1,0), RootOf(x^5 - x^2 + 1,1), RootOf(x^5 - x^2 + 1,2),
          RootOf(x^5 - x^2 + 1,3), RootOf(x^5 - x^2 + 1,4)]
In [187]: sympy.solve(sympy.tan(x) + x, x)
---------------------------------------------------------------------------
```

```
NotImplementedError                    Traceback (most recent call last)
...
NotImplementedError: multiple generators [x, tan(x)] No algorithms are
implemented to solve equation x + tan(x)
```

在SymPy中求解多个未知变量的方程组，就是对求解单变量方程的简单推广。传给sympy.solve的参数不再是单个表达式，而是组成方程组的表达式列表。在这种情况下，第二个参数应该是需要求解的符号列表。例如，下面的两个示例演示了如何分别求解线性方程组和非线性方程组中的未知变量x和y：

```
In [188]: eq1 = x + 2 * y - 1
     ...: eq2 = x - y + 1
In [189]: sympy.solve([eq1, eq2], [x, y], dict=True)
```

Out[189]: $\left[\left\{x:-\frac{1}{3}, y:\frac{2}{3}\right\}\right]$

```
In [190]: eq1 = x**2 - y
     ...: eq2 = y**2 - x
In [191]: sols = sympy.solve([eq1, eq2], [x, y], dict=True)
In [192]: sols
```

Out[192]: $\left[\{x:0, y:0\}, \{x:1, y:1\}, \left\{x:-\frac{1}{2}+\frac{\sqrt{3}i}{2}, y:-\frac{1}{2}-\frac{\sqrt{3}i}{2}\right\}, \left\{x:\frac{\left(1-\sqrt{3}i\right)^2}{4}, y:-\frac{1}{2}+\frac{\sqrt{3}i}{2}\right\}\right]$

请注意，在上面的两个示例中，函数sympy.solve都返回了一个列表，其中的每个元素都代表方程组的一个解。我们还使用了可选的关键字参数dict=True，表示以字典的形式返回每个解。对字典形式的解可以很方便地进行验证，如下所示：

```
In [193]: [eq1.subs(sol).simplify() == 0 and eq2.subs(sol).simplify() == 0
          for sol in sols]
Out[193]: [True, True, True, True]
```

3.8 线性代数

线性代数是数学的另外一个基本分支，在科学计算和技术计算中有着非常重要的应用，涉及向量、向量空间以及向量空间之间的线性映射(映射可以表示成矩阵)。在SymPy中，可以使用sympy.Matrix类来表示向量和矩阵，其中的元素可以是数字、符号甚至是任意符号组成的表达式。为了创建数值矩阵，需要像第2章的NumPy数组一样，传递一个Python列表给sympy.Matrix。

```
In [194]: sympy.Matrix([1, 2])
```

Out[194]: $\begin{bmatrix}1\\2\end{bmatrix}$

```
In [195]: sympy.Matrix([[1, 2]])
```

```
Out[195]: [1  2]
In [196]: sympy.Matrix([[1, 2], [3, 4]])
```

Out[196]: $\begin{bmatrix}1 & 2\\3 & 4\end{bmatrix}$

由此可以看出，可通过单个列表生成列向量，矩阵则需要嵌套的列表。请注意，与第 2 章介绍的 NumPy 中的多维数组不同，SymPy 中的 sympy.Matrix 对象仅适用于二维数组。另外一种创建 sympy.Matrix 对象的方法是把矩阵的列数和行数以及一个函数(该函数以行列索引作为参数，生成矩阵每个位置的元素)作为参数传给构造函数。

```
In [197]: sympy.Matrix(3, 4, lambda m, n: 10 * m + n)
```

Out[197]: $\begin{bmatrix}0 & 1 & 2 & 3\\10 & 11 & 12 & 13\\20 & 21 & 22 & 23\end{bmatrix}$

有别于其他数据结构(如 NumPy 数组)，SymPy 矩阵的最强大功能就在于其中的元素可以是符号表达式。例如，对于任意 2×2 矩阵，其中的每个元素都可以用符号变量表示：

```
In [198]: a, b, c, d = sympy.symbols("a, b, c, d")
In [199]: M = sympy.Matrix([[a, b], [c, d]])
In [200]: M
```

Out[200]: $\begin{bmatrix}a & b\\c & d\end{bmatrix}$

并且这样的矩阵也可以用于计算，计算结果中的元素也用符号表示。通常的算术运算符都可以用于矩阵对象，但是请注意，这里的乘法运算符*表示矩阵乘法：

```
In [201]: M * M
```

Out[201]: $\begin{bmatrix}a^2+bc & ab+bd\\ac+cd & bc+d^2\end{bmatrix}$

```
In [202]: x = sympy.Matrix(sympy.symbols("x_1, x_2"))
In [203]: M * x
```

Out[203]: $\begin{bmatrix}ax_1+bx_2\\cx_1+dx_2\end{bmatrix}$

除算术运算外，矢量和矩阵的很多标准线性代数运算也在 SymPy 函数和 smypy.Matrix 类的方法中实现了。表 3-4 总结了常用的线性代数相关的函数(完整列表请参阅 sympy.Matrix 的文档字符串)。SymPy 矩阵也可以使用索引和切片来操作其中的元素，与第 2 章介绍的 NumPy 数组类似。

下面是一个可以使用 SymPy 进行符号线性代数求解，但不能直接使用纯数值方法求解的参数化线性方程组：

$$x + p\,y = b_1$$

$$q\,x + y = b_2$$

需要对未知变量 x 和 y 进行求解。这里 p、q、b_1 和 b_2 是未指定的参数，下面是以上两个方程的矩阵形式：

$$\begin{pmatrix} 1 & p \\ q & 1 \end{pmatrix}\begin{pmatrix} x \\ y \end{pmatrix} = \begin{pmatrix} b_1 \\ b_2 \end{pmatrix}$$

表 3-4　SymPy 矩阵中常用的函数和方法

函数/方法	说明
transpose/T	计算矩阵的转置矩阵
adjoint/H	计算矩阵的伴随矩阵
trace	计算矩阵的轨迹(主对角线上元素的和)
det	计算矩阵的行列式
inv	计算矩阵的逆矩阵
LUdecomposition	计算矩阵的 LU 分解
LUsolve	使用 LU 分解求 $\boldsymbol{M}x=\boldsymbol{b}$ 形式的线性方程组(x 是未知变量)
QRdecomposition	计算矩阵的 QR 分解
QRsolve	使用 QR 分解求 $\boldsymbol{M}x=\boldsymbol{b}$ 形式的线性方程组(x 是未知变量)
diagonalize	对矩阵进行对角化，使之可以写成 $\boldsymbol{D}=\boldsymbol{P}^{-1}\boldsymbol{MP}$ 的形式，其中 $\boldsymbol{D}$ 是对角矩阵
norm	计算矩阵的范数
nullspace	计算矩阵的零空间
rank	计算矩阵的等级
singular_values	计算矩阵的奇异值
solve	求解 $\boldsymbol{M}x=\boldsymbol{b}$ 形式的线性方程组

使用纯数值方法，在求解这个问题之前，需要选择参数 p 和 q 的值，例如对方程左边的矩阵进行 LU 分解(或者计算其逆矩阵)。使用符号计算方法，我们可以直接计算，就像执行手动计算一样。使用 SymPy，可以简单地为未知变量和参数定义符号，并设置所需的矩阵对象：

```
In [204]: p, q = sympy.symbols("p, q")
In [205]: M = sympy.Matrix([[1, p], [q, 1]])
In [206]: M
```

Out[206]: $\begin{bmatrix} 1 & p \\ q & 1 \end{bmatrix}$

```
In [207]: b = sympy.Matrix(sympy.symbols("b_1, b_2"))
In [208]: b
```

Out[208]: $\begin{bmatrix} b_1 \\ b_2 \end{bmatrix}$

然后使用诸如 LUsolve 的函数求解线性方程组：

```
In [209]: x = M.LUsolve(b)
In [210]: x
```

Out[210]: $\begin{bmatrix} b_1 - \dfrac{p(-b_1 q + b_2)}{-pq+1} \\ \dfrac{-b_1 q + b_2}{-pq+1} \end{bmatrix}$

另外，也可以直接求矩阵 ***M*** 的逆矩阵，然后乘以向量 ***b***：

```
In [211]: x = M.inv() * b
In [212]: x
```

Out[212]: $\begin{bmatrix} b_1\left(\dfrac{pq}{-pq+1}+1\right) - \dfrac{b_2 p}{-pq+1} \\ -\dfrac{b_1 q}{-pq+1} + \dfrac{b_2}{-pq+1} \end{bmatrix}$

但是，计算矩阵的逆矩阵比执行 LU 分解更难，所以如果像这里一样，需要求解 ***Mx=b*** 这样的方程，那么使用 LU 分解效率更高。对于较大的方程组，这尤为明显。使用这里介绍的两种方法，我们得到了方程解的符号表达式，对于任意参数值都可以很容易地求值，而不需要重新求解。这正是符号计算的优势。这里讨论的例子当然也可以手动轻松求解，但随着方程数量和未指定参数的增加，手动分析和计算将迅速变得让人望而却步。借助 SymPy 这样的计算机代数系统，针对可以解析求解的问题，可以得到更好的解。

3.9　本章小结

本章介绍了如何使用 Python 和 SymPy 库进行计算机辅助的符号计算。尽管解析计算和数值计算通常被视为两种不同的方法，但事实上解析方法是所有计算的基础，并且对于开发算法和数值方法十分重要。不管是手动还是使用 SymPy 之类的计算机代数系统，解析计算都是很重要的工具。因此，解析方法和数值方法密切相关，在分析某个计算问题时，先使用解析计算和符号计算的方法对问题进行分析是十分必要的。当这些方法行不通时，再考虑使用数值方法。如果在使用解析方法之前就直接使用数值方法进行计算，那就有可能使问题变得比原来更难以解决。

3.10 扩展阅读

有关 SymPy 的简单介绍，请参阅 Lamy(2013)等文档。SymPy 的官方文档中也提供了非常好的入门教程，在线网址是 http://docs.sympy.org/latest/tutorial/index.html。

3.11 参考文献

Lamy, R. (2013). *Instant SymPy Starter.* Mumbai: Packt.

第4章

绘图和可视化

可视化是研究和展示计算结果的通用工具，毫不夸张地说，几乎所有计算工作(不管是数值计算还是符号计算)的最终产物都是某种类型的图形。当使用图形进行可视化时，最容易挖掘出计算结果中的信息。因此，可视化是所有计算研究领域非常重要的组成部分。

在 Python 科学计算环境中，有很多高质量的可视化库。最受欢迎的通用可视化库是 matplotlib，它主要用于生成静态的、达到出版品质的 2D 和 3D 图形。还有其他一些专注于某个特定领域的可视化库，如 Brokeh(http://bokeh.pydata.org)和 Plotly(http://plot.ly)主要专注于交互性和网络访问；Seaborn (http://stanford.edu/~mwaskom/software/seaborn)是基于 matplotlib 的针对统计数据分析的高级绘图库；Mayavi (http://docs.enthought.com/mayavi/mayavi)用于高质量的 3D 可视化，它使用古老的 VTK (http://www.vtk.org)对重量级科学计算进行可视化。另外，同样基于 VTK 的可视化软件 ParaView(www.paraview.org)支持 Python 脚本，也可以通过 Python 程序控制 ParaView。在 3D 可视化领域，最近还有一些新的加入者，如 VisPy(http://vispy.org)是基于 OpenGL 的 2D 和 3D 可视化库，能够在基于浏览器的环境(如 Jupyter Notebook)中提供良好的交互性及连接性。

Python 科学计算环境中的可视化领域很活跃并且非常多样化，为各种可视化需求提供了很多选择。本章将重点介绍如何在 Python 中使用 matplotlib 库进行传统科学计算的可视化。所谓的传统可视化，指的是在科学和技术学科中对结果和数据进行可视化的常用图形和绘图，如线图(line plot)、条形图(bar plot)、等高线图(contour plot)、色图(colormap plot)和 3D 曲面图(3D surface plot)等。

提示：

matplotlib 是一个能够提供出版品质的 2D 和 3D 图形的 Python 库，它支持很多不同的输出格式。写作本书时，matplotlib 的最新版本是 2.2.2。关于 matplotlib 的更多信息，请访问 www.matplotlib.org。

有两种常用的方法可用来进行科学计算的可视化：使用图形化用户界面手动绘制图形以及通过编程的方法使用代码来生成图形。本章我们将使用编程的方法，研究如何使用 matplotlib API 来生成图形以及设置它们的外观。这是一种特别适合为科学和技术应用生成图形的方法，特别适合生成出版品质的图形。使用这种方法的一个重要原因是，由这种方法生成的图形能够保证一致性、能够重现，并且可以轻松进行修改和调整，而不用像在图形化用户界面中执行那种冗长烦琐的重做过程。

4.1　导入模块

与大部分 Python 库不同，matplotlib 通过不同的 API 提供了多个入口。具体来说，包括一个有状态的 API 和一个面向对象的 API，这两个 API 都由 matplotlib.pyplot 模块提供。强烈建议只使用面向对象的 API，本章其余部分也仅关注 matplotlib 这方面的内容[1]。

要使用面向对象的 API，我们首先需要导入 Python 模块。假设使用下面的标准约定导入 matplotlib：

```
In [1]: %matplotlib inline
In [2]: import matplotlib as mpl
In [3]: import matplotlib.pyplot as plt
In [4]: from mpl_toolkits.mplot3d.axes3d import Axes3D
```

上述代码中的第一行假设我们在 IPython 环境中工作，更具体地说是 Jupyter Notebook 或 IPython QtConsole。IPython 的魔术命令%matplotlib inline用于配置 matplotlib 使用 inline 后端，这可以让生成的图形直接在终端(如 Jupyter Notebook)显示，而不是使用新的窗口。语句 import matplotlib as mpl 将导入 matplotlib 主模块；语句 import matplotlib. pyplot as plt 用于快速访问子模块 matplotlib.pyplot，该子模块提供了用于生成 Figure 实例的函数。

本章还需要经常使用 NumPy 库，如第 2 章所述，假设 NumPy 库以下面的方式导入：

```
In [5]: import numpy as np
```

我们还需要使用 SymPy 库，可以如下方式导入：

```
In [6]: import sympy
```

4.2　入门

在深入研究如何使用 matplotlib 创建图形之前，我们先用一个简单的例子来帮助你了解如何创建简单但典型的图形。我们还将介绍 matplotlib 库的一些基本原理，以便了解如何使用该库来生成图形。

matplotlib 中的图形由一个 Figure(画布)实例以及该实例中的多个 Axes(轴)实例构建而成。Figure 实例为绘图提供了画布区域，Axes 实例则提供了坐标系，并分配给画布的固定区域，如图 4-1 所示。

---

1 虽然有状态的 API 对于一些小的例子来说很简单并且十分方便，但是使用有状态的 API 编写的代码的可读性和可维护性很差，并且这种代码的上下文依赖特性使得代码难以更改或重用。因此，建议避免使用这种 API，只使用面向对象的 API。

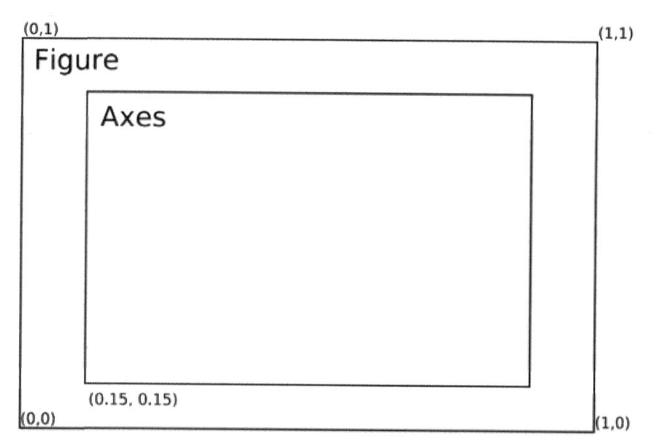

图 4-1　Figure 实例和 Axes 实例的示意图。Axes 实例提供绘图的坐标系，Axes 实例本身需要赋值给画布中的某个区域。画布有一个简单的坐标系，(0,0)是左下角，(1,1)是右上角，这个坐标系只用于直接在画布上放置元素

一个 Figure 实例可以包含多个 Axes 实例，例如，如果要在一个画布中显示多个面板或者在另外一个 Axes 实例中显示子图，可以手动将 Axes 实例分配给画布的任意区域，或者使用 matplotlib 的布局管理器将 Axes 实例自动添加到画布。Axes 实例提供了一个可用于绘制不同样式图形的坐标系，包括线图、散点图、柱状图等样式。另外，Axes 实例还可以用来决定如何显示坐标轴，例如轴标签、刻度线、刻度线标签等。事实上，在使用 matplotlib 的面向对象 API 时，用于设置图形外观的大部分函数都是 Axes 类的方法。

下面通过一个简单的例子来介绍 matplotlib，我们将为函数 $y(x)=x^3+5x^2+10$ 及其一阶、二阶导数绘制图形，其中 $x \in [-5, 2]$。首先为 x 创建 NumPy 数组，然后对需要绘图的三个函数进行求值。准备好图形数据后，需要创建 matplotlib 的 Figure 和 Axes 实例，然后使用 Axes 实例的 plot 方法为数据绘制图形，并设置图形的一些基本属性，如使用 set_xlabel 和 set_ylabel 设置 x 和 y 的轴标签，使用 legend 方法生成图例。下面的代码演示了这些步骤，生成的图形如图 4-2 所示。

```
In [7]: x = np.linspace(-5, 2, 100)
   ...: y1 = x**3 + 5*x**2 + 10
   ...: y2 = 3*x**2 + 10*x
   ...: y3 = 6*x + 10
   ...:
   ...: fig, ax = plt.subplots()
   ...: ax.plot(x, y1, color="blue", label="y(x)")
   ...: ax.plot(x, y2, color="red", label="y'(x)")
   ...: ax.plot(x, y3, color="green", label="y”(x)")
   ...: ax.set_xlabel("x")
   ...: ax.set_ylabel("y")
   ...: ax.legend()
```

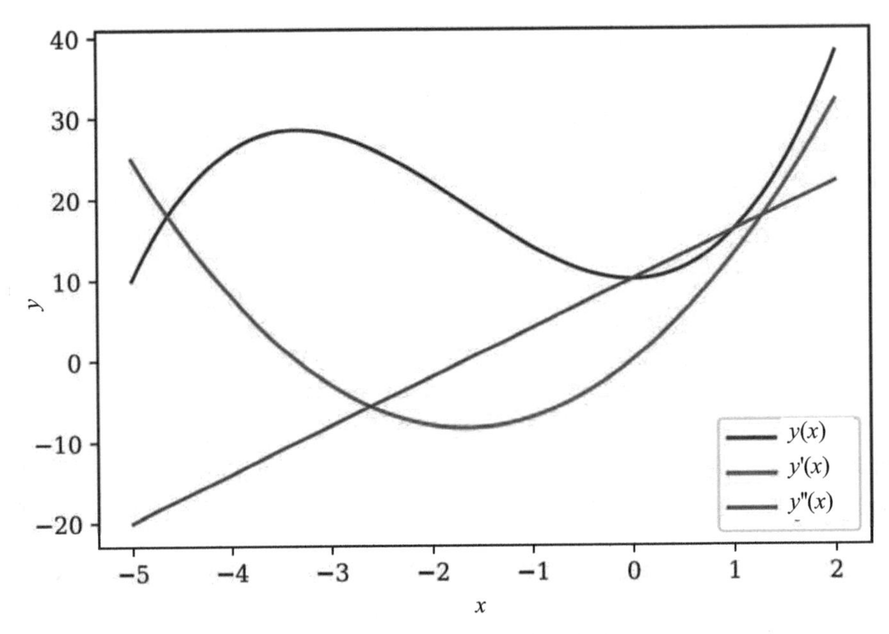

图 4-2 使用 matplotlib 生成的简单图形

这里我们使用 plt.subplots 函数来生成 Figure 和 Axes 实例。该函数可用于在新建的 Figure 实例中创建 Axes 实例网格，但是这里用它仅仅是为了方便，通过一次函数调用生成一个 Figure 实例和一个 Axes 实例。Axes 实例创建之后，后续所有步骤都是通过调用 Axes 实例的方法来完成的。为了生成实际的图形，我们使用 ax.plot 函数，该函数的第一和第二个参数分别是用于表示图形中 x 和 y 值的 NumPy 数值数组，它将绘制一条连接这些点的线。还可以使用可选的 color 和 label 关键字参数来为每条线设置颜色以及为图例中的每条线设置文本标签。短短的几行代码就可以生成我们所需的图形，但最少我们还应该为 x 和 y 轴设置标签，并且在合适的情况下为绘制的曲线添加图例。可以使用 ax.set_xlabel 和 ax.set_ ylabel 方法来设置轴标签，这两个方法的参数是对应标签的文本字符串。可以使用 ax.legend 方法来添加图例，在本例中，该方法不需要任何参数，因为我们在绘制曲线时已经使用了 label 关键字。

这就是使用 matplotlib 绘制图形所需的典型步骤。虽然图 4-2 中的图形很完整并且功能完善，但是在外观上肯定还有很多改进的空间。例如，为了满足出版或生产标准，我们可能需要更改轴标签、刻度标签以及图例的字体和字号，也可能需要将图例移动到图形的另外一个位置(从而避免干扰我们绘制的曲线)。我们甚至可能想要更改轴刻度线的数量以及标签，以及为了强调图形的某些方面而添加注释和额外的辅助线，等等。对绘制的这些线做一些改动后，可以得到如图 4-3 所示的图形，看上去更好一些。在本章的后面，我们将介绍如何控制使用 matplotlib 生成的图形的外观。

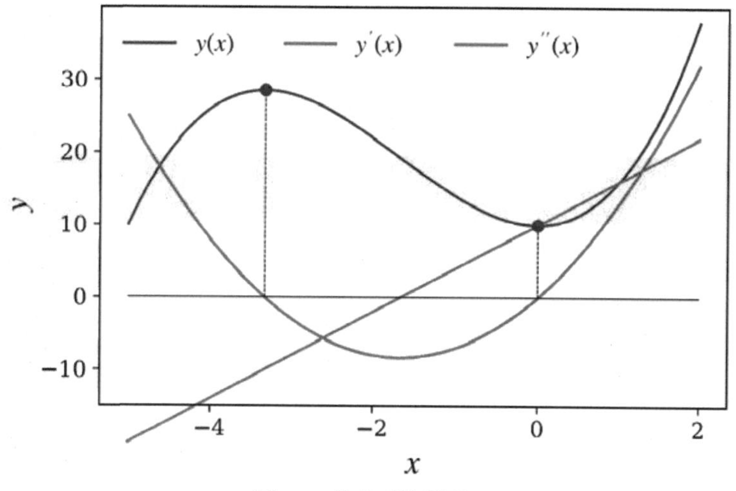

图 4-3　修改后的图形

交互与非交互模式

matplotlib 库旨在与很多不同的环境和平台配合使用。因此，该库不仅包含用于生成图形的方法，还支持在不同图形环境中显示图形。为此，matplotlib 提供了用于生成不同格式(如 PNG、PDF、Postscript 和 SVG 等)图形的后端，以及用于在不同平台的图形用户界面(GUI)中显示图形的后端，这些图形用户界面使用不同的 widget 工具包(如 Qt、GTK、wxWidgets 和 Mac OS X 中的 Cocoa)。

可以在 matplotlib 的资源文件[1]中选择需要使用的后端，或者在导入 matplotlib.pyplot 之前使用 mpl.use 函数进行设置(该函数需要在导入 matplotlib 之后立即调用)。例如，如果需要选择 Qt4Agg 后端，可以使用如下代码：

```
import matplotlib as mpl
mpl.use('qt4agg')
import matplotlib.pyplot as plt
```

在图 4-4 中，用于显示 matplotlib 图形的用户界面对于与 Python 脚本文件或 IPython 控制台进行交互非常有用，它允许用户以交互的形式浏览图形，如进行缩放或平移等。当使用用于在用户界面中显示图形的交互式后端时，需要调用函数 plt.show 以在屏幕上显示窗口。默认情况下，plt.show 调用程序将挂起，直到窗口被关闭。为了获得更多的交互体验，可以调用函数 plt.ion 来激活交互模式。该函数将让 matplotlit 接管 GUI 的事件循环，在创建图形时立即显示窗口，并把控制流交还给 Python 或 IPython 解释器。为了让图形的变动生效，需要使用 plt.draw 函数发出重绘指令。可以使用 plt.ioff 函数来停止交互模式，使用 mpl.is_interactive 函数来检查 matplotlib 是否处于交互模式。

1 matplotlib 的资源文件 matplotlibrc 可用于设置很多 matplotlib 参数的默认值，包括要使用的后台。该资源文件的保存位置与平台相关，详细信息请参阅 http://matplotlib.org/users/customizing.html。

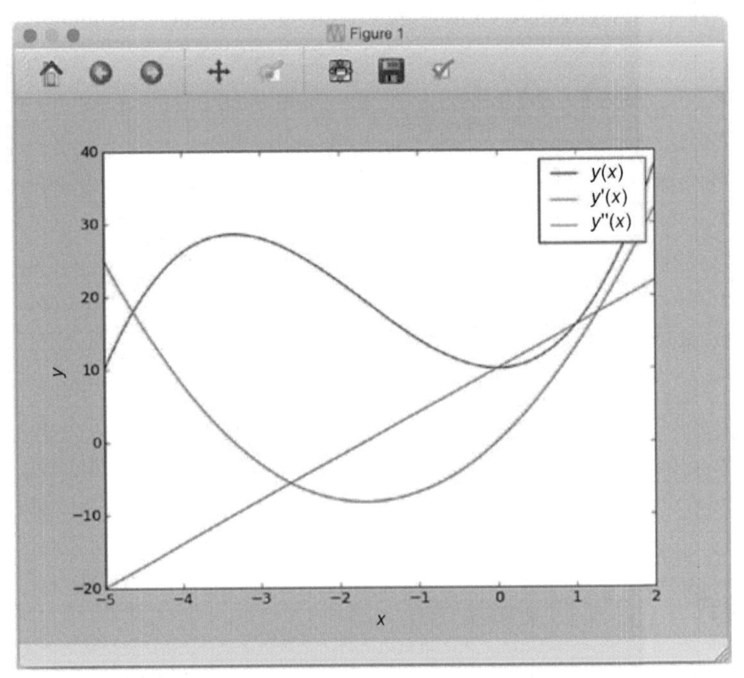

图 4-4 在 Max OS X 中使用 Qt4 后端来显示 matplotlib 图形的截图。图形的显示细节会由于平台和后端的不同而有所不同，但基本功能是相同的

虽然使用交互式的用户界面具有独特的优势，但在使用 Jupyter Notebook 或 Qtconsole 时，直接将 matplotlib 生成的图形嵌入 notebook 中会更方便。使用 IPython 命令%matplotlib inline 可以激活 IPython 提供的内联后端(inline backend)。这样可以将 matplotlib 设置成使用非交互式后端来生成图形，然后以静态图片的形式进行显示，例如显示在 Jupyter Notebook 中。可以使用 IPython 的%config 命令对 matplotlib 的 IPython 内联后端进行微调。可以使用 InlineBackend.figure_format 选项设置所生成图形的输出格式[1]，比如可以设置'svg'来生成 SVG 图形而不是 PNG 文件：

```
In [8]: %matplotlib inline
In [9]: %config InlineBackend.figure_format='svg'
```

如果使用这种方法，将丧失图形界面的交互功能(如缩放、平移等)，但是将图形直接嵌入 notebook 也有很多好处。例如，将图形的生成代码与生成的图形放在同一个文件中可以避免重复运行代码，另外 Jupyter Notebook 自身的交互性可以部分取代 matplotlib 图形界面的交互性。

使用 IPython 的内联后端时，没有必要使用 plt.show 和 plt.draw，因为 IPython 的富显示系统会负责触发图形的渲染和显示。在本书中，我们假设示例代码都在 Jupyter Notebook 中运行，因此示例代码中不会出现 plt.show 函数。在使用交互式后端时，必须在每个示例的末尾添加对 plt.show 函数的调用。

1 对于 Mac OS X 用户，另外一个有用的选项是%config InlineBackend.figure_format='retina'，通过这个选项可以在 Retina 显示器上提高 matplotlib 图形的显示质量。

4.3 Figure 对象

前面已经介绍过，在 matplotlib 中可以使用 Figure 对象来表示图形。除了提供放置 Axes 实例的画布外，Figure 对象还提供了进行图形操作的方法，以及用于设置图形外观的多个属性。

可以使用函数 plt.figure 来创建 Figure 对象，该函数可以使用几个可选的关键字参数来设置图形的属性。特别是，可以使用 figsize 关键字参数，该参数以元组(width, height)的形式设置图形画布的宽和高(单位是英寸)。还可以使用 facecolor 关键字参数来设置图形画布的颜色。

创建 Figure 对象之后，可以使用 add_axes 方法来创建新的 Axes 实例并赋值给图形画布的某个区域。add_axes方法有一个必需的参数：包含左下角坐标以及Axes对象宽高的列表，格式是(left, bottom, width, height)[1]。Axes 对象的坐标、宽度和高度都以画布的比例表示，详见图 4-1。例如，完全填充画布的 Axes 对象对应于(0, 0, 1, 1)，但不会留下任何空间给轴标签和刻度。更加实用的尺寸是(0.1, 0.1, 0.8, 0.8)，这对应于将 Axes 对象放在画布中间，并覆盖 80%的宽度和高度。add_axes 方法有很多关键字参数，用于设置 Axes 对象的属性。当我们在本章后面深入讨论 Axes 对象时将更详细地介绍这些属性。但是，有一个关键字参数 facecolor 需要在这里强调一下，可以使用它为 Axes 对象设置背景颜色。在与 plt.figure 的 facecolor 参数一起使用后，可以设置画布以及 Axes 实例所覆盖区域的颜色。

利用从 plt.figure 和 fig.add_axes 得到的 Figure 和 Axes 对象，可以开始使用 Axes 对象的方法绘制数据的图形了。但是，在生成了所需的图形之后，Figure 对象还有很多方法在图形创建过程中也很重要。例如，要设置图形的标题，可以使用 suptitle 方法，该方法将标题的字符串作为参数。要把图形保存到文件中，可以使用 savefig 方法，该方法将表示输出文件名的字符串作为第一个参数，同时还有几个可选的关键字参数。默认情况下，输出文件的格式将根据 filename 参数中的文件扩展名来确定，但还可以使用 format 参数来显式地设置格式。可用的输出格式取决于使用的 matplotlib 后端，常用的格式包括 PGN、PDF、EPS 和 SVG。可以使用 dpi 参数来设置所生成图像的分辨率。DPI 表示每英寸点数(dots per inch)，由于图形的大小是使用 figsize 参数指定的，因此将这些相乘可以得到输出图像的像素分辨率。例如，使用 figsize=(8, 6)和 dpi=100 生成的图像大小是 800 像素×600 像素。savfig 方法还可以接收一些与 plt.figure 函数类似的参数，例如 facecolor 参数。请注意，即使将 facecolor 参数与 plt.figure 一起使用，在使用 savefig 时也仍需要指定，以便应用于生成的图像文件。最后，还可以设置 savefig 的参数 transparent=True以将图形画布设置成透明，结果如图 4-5 所示。

```
In [10]: fig = plt.figure(figsize=(8, 2.5), facecolor="#f1f1f1")
    ...:
    ...: # axes coordinates as fractions of the canvas width and height
    ...: left, bottom, width, height = 0.1, 0.1, 0.8, 0.8
    ...: ax = fig.add_axes((left, bottom, width, height), facecolor="#e1e1e1")
    ...:
```

1 可以将已经存在的 Axes 实例传给 add_axes，以替代坐标和大小元组。

```
...: x = np.linspace(-2, 2, 1000)
...: y1 = np.cos(40 * x)
...: y2 = np.exp(-x**2)
...:
...: ax.plot(x, y1 * y2)
...: ax.plot(x, y2, 'g')
...: ax.plot(x, -y2, 'g')
...: ax.set_xlabel("x")
...: ax.set_ylabel("y")
...:
...: fig.savefig("graph.png", dpi=100, facecolor="#f1f1f1")
```

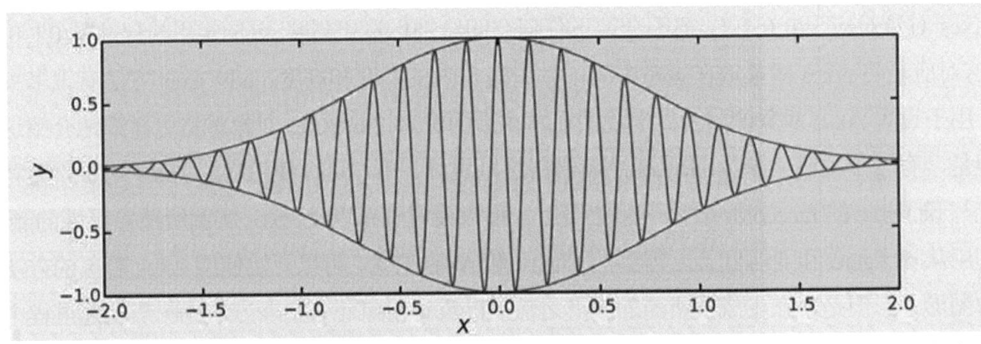

图 4-5　设置图形的属性：使用 figsize 设置图形的大小，使用 add_axes 添加 Axes 实例，使用 facecolor 设置 Figure 和 Axes 对象的背景颜色，使用 savefig 将图形保存为文件

4.4　Axes 实例

前面介绍的 Figure 对象是 matplotlib 图形的骨干，但是所有重要的内容都在 Axes 实例的内部或周围。我们已经在本章前面遇到过几次 Axes 实例。Axes 实例是大部分使用 matplotlib 库进行绘图的工作的核心。Axes 实例提供了用于绘制数据和数学函数图形的坐标系，此外还包含了轴对象(轴标签和轴刻度线都在轴对象中)。本节我们将介绍使用 Axes 方法可以绘制哪些不同类型的图形，如何自定义 x 轴和 y 轴的外观以及 Axes 实例使用的坐标系。

我们已经看到如何使用 add_axes 方法显式地将新的 Axes 实例添加到图形中。这种将 Axes 实例放到图形中任意位置的方法非常灵活和强大，在本章后面我们将看到该方法的几种重要应用场景。但是对于大多数常见场景，在图形画布中显式指定 Axes 实例的坐标十分烦琐。当图形中有多个 Axes 实例面板时(如采用网格布局)尤其如此。matplotlib 提供了几个不同的 Axes 布局管理器(layout manager)，它们可以根据不同的策略在图形画布中创建和摆放 Axes 实例。本章后面将详细介绍如何使用这些布局管理器。这里为了便于理解下面的示例，我们简单介绍其中一个布局管理器：plt.subplots 函数。在本章前面我们已经使用过该函数，通过该函数的一次调用同时生成了新的 Figure 和 Axes 实例。但是，plt.subplots 函数还可以使用 Axes 实例的网格来填充图形，通过设置该函数的第一和第二个参数——nrows 和 cols，可以根据给定的行数和列数创建 Axes 对象网格。例如，要在新创建的

Figure 对象中生成三行两列的 Axes 实例网格，可以使用下面的代码：

```
fig, axes = plt.subplots(nrows=3, ncols=2)
```

在这里，plt.subplots 函数会返回一个元组(fig , axes)，其中 fig 是一个 Figure 实例，axes 是一个大小为(nrows, ncols)的 NumPy 数组，其中的每个元素都是一个摆放在对应的图形画布中合适位置的 Axes 对象。此时，还可以使用 sharex 和 sharey 参数(设置为 True 或 False)来指定共享 x 和 y 轴的列和/或行。

plt.subplots 函数还有两个特殊的关键字参数 fig_kw 和 subplot_kw，它们分别是用于在创建 Figure 和 Axes 实例时使用的关键字参数字典。这可以让我们像直接使用 plt.figure 和 make_axes 方法一样设置和控制通过 plt.subplots 得到的 Figure 和 Axes 对象的属性。

4.4.1　绘图类型

有效的科学和技术数据的可视化需要使用各种绘图技术。matplotlib 在 Axes 实例的方法中实现了很多不同种类的绘图方法。例如，在前面的示例中，我们已经使用了 plot 方法，该方法在 Axes 实例提供的坐标系中绘制曲线。在下面的章节中，我们将通过示例更加深入地研究 matplotlib 的绘图函数。图 4-6 总结了常用的一些 2D 绘图函数。其他类型的图形，如色图和 3D 图，将在本章后面进行介绍。matplotlib 中的所有绘图函数都以 NumPy 数组的形式接收输入数据，通常 x 和 y 坐标点的数组是函数的第一和第二个参数。关于图 4-6 中每个方法的详细信息，请参考对应的文档字符串，例如 help(plt.Axes.bar)。

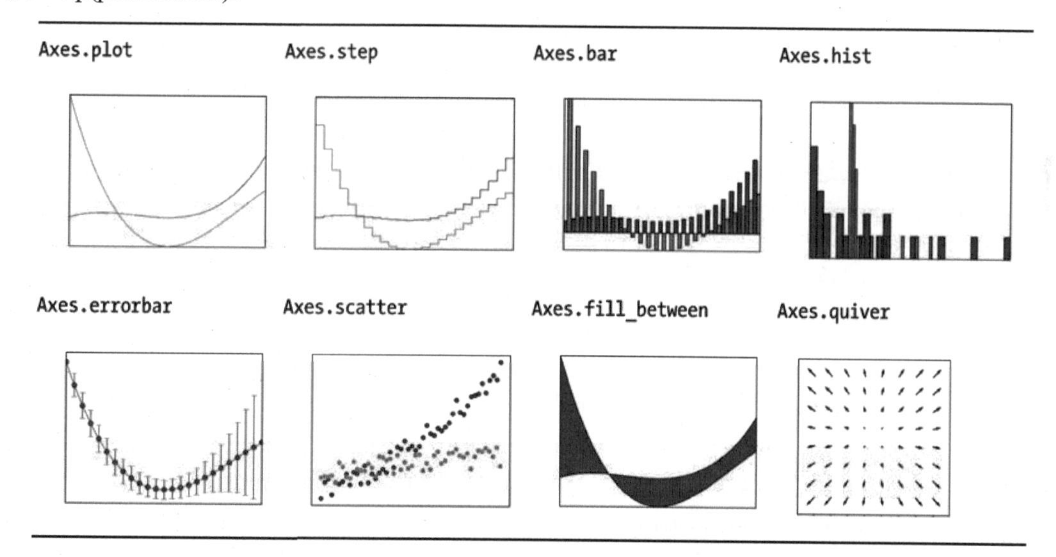

图 4-6　Axes 实例支持的部分 2D 图形以及生成每种图形的 Axes 方法

4.4.2　线条属性

最基本的绘图类型是简单的线图(line plot)。线图可以用来描述单变量函数的图形，或者将数据绘制成控制变量的函数。在线图中，我们经常需要设置线条的属性，例如线宽、线条颜色和样式(实线、虚线、点线等)。在 matplotlib 中，我们使用关键字参数为绘图方法设置这些属性，如 plot、step 和 bar 等。图 4-6 中列出了部分图形类型。很多绘图方法都有自己特定的参数，但一些基本的属性，如颜色、线宽等，是大部分绘图方法所共有的。表 4-1 总结了这些基本属性以及对应的关键字参数。

表 4-1　matplotlib 绘图方法中线条的基本属性以及对应的关键字参数

关键字参数	可选值	描述
color	可以使用表示颜色名称的字符串，如 red、blue 等，还可以使用形如#aabbcc 的 RGB 颜色码	设置颜色
alpha	介于 0.0(完全透明)和 1.0(完全不透明)之间的浮点数	设置透明度
linewidth 和 lw	浮点数	设置线宽
linestyle 和 ls	-表示实线 --表示虚线 :表示点线 -.表示点画线	设置线型，如实线、点线或虚线
marker	+、o、*分别表示十字形、圆形、星形 s 表示方形 . 表示小点 1, 2, 3, 4, …分别表示不同角度的三角形	每一个数据点，不管是否与其他数据点相连，都可以使用 marker 关键字参数设置的符号标记来表示
markersize	浮点数	设置标记的大小
markerfacecolor	颜色值(与 color 的取值一样)	设置标记的颜色
markeredgewidth	浮点数	设置标记边缘的线宽
markeredgecolor	颜色值(与 color 的取值一样)	设置标记边缘的颜色

下面的代码演示了这些属性和关键字参数的用法，我们绘制了不同线宽、线型以及标记类型、颜色、大小的水平线，结果如图 4-7 所示。

```
In [11]: x = np.linspace(-5, 5, 5)
    ...: y = np.ones_like(x)
    ...:
    ...: def axes_settings(fig, ax, title, ymax):
    ...:     ax.set_xticks([])
    ...:     ax.set_yticks([])
    ...:     ax.set_ylim(0, ymax+1)
    ...:     ax.set_title(title)
    ...:
    ...: fig, axes = plt.subplots(1, 4, figsize=(16,3))
    ...:
    ...: # 线条宽度
    ...: linewidths = [0.5, 1.0, 2.0, 4.0]
```

```
...: for n, linewidth in enumerate(linewidths):
...:     axes[0].plot(x, y + n, color="blue", linewidth=linewidth)
...: axes_settings(fig, axes[0], "linewidth", len(linewidths))
...:
...: # 线条类型
...: linestyles = ['-', '-.', ':']
...: for n, linestyle in enumerate(linestyles):
...:     axes[1].plot(x, y + n, color="blue", lw=2, linestyle=linestyle)
...: # 自定义虚线样式
...: line, = axes[1].plot(x, y + 3, color="blue", lw=2)
...: length1, gap1, length2, gap2 = 10, 7, 20, 7
...: line.set_dashes([length1, gap1, length2, gap2])
...: axes_settings(fig, axes[1], "linetypes", len(linestyles) + 1)

...: # 标记类型
...: markers = ['+', 'o', '*', 's', '.', '1', '2', '3', '4']
...: for n, marker in enumerate(markers):
...:     # lw = shorthand for linewidth, ls = shorthand for linestyle
...:     axes[2].plot(x, y + n, color="blue", lw=2, ls='*', marker=marker)
...: axes_settings(fig, axes[2], "markers", len(markers))
...: # 标记大小和颜色
...: markersizecolors = [(4, "white"), (8, "red"), (12, "yellow"),
     (16, "lightgreen")]
...: for n, (markersize, markerfacecolor) in enumerate (markersizecolors):
...: axes[3].plot(x, y + n, color="blue", lw=1, ls='-',
...:     marker='o', markersize=markersize,
...:     markerfacecolor=markerfacecolor, markeredgewidth=2)
...: axes_settings(fig, axes[3], "marker size/color", len (markersizecolors))
```

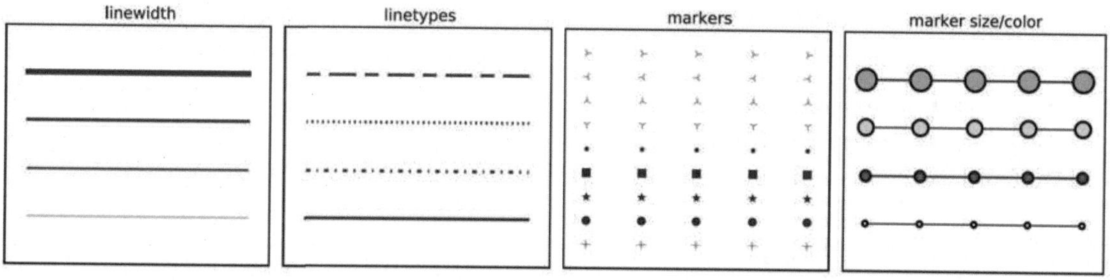

图 4-7　设置线条的属性：绘制不同线宽、线型以及标记类型、大小和颜色的水平线

在实际使用中，不同颜色、宽度和线型的线条是提高图形可读性的重要工具。在拥有很多线条的图形中，通过图例，可以使用颜色和样式的组合来唯一标记每一个线条。线宽可用于需要强调重要性的线条。下面的示例绘制了函数 sin(x)及其在 x=0 处级数展开后的图形，结果如图 4-8 所示。

```
In [12]: # 定义变量 x 的符号以及 x 变量值的数组
    ...: sym_x = sympy.Symbol("x")
    ...: x = np.linspace(-2 * np.pi, 2 * np.pi, 100)
    ...:
    ...: def sin_expansion(x, n):
    ...:     """
    ...:     对数组 x 中的数值分别计算 sin(x)的 n 阶泰勒展开式
    ...:     """
    ...:     return sympy.lambdify(sym_x, sympy.sin(sym_x).series(n=n+1). removeO(),
         'numpy')(x)
    ...:
    ...: fig, ax = plt.subplots()
    ...:
    ...: ax.plot(x, np.sin(x), linewidth=4, color="red", label='exact')
    ...:
    ...: colors = ["blue", "black"]
    ...: linestyles = [':', '-.', '--']
    ...: for idx, n in enumerate(range(1, 12, 2)):
    ...:         ax.plot(x, sin_expansion(x, n), color=colors[idx // 3],
    ...:                 linestyle=linestyles[idx % 3], linewidth=3,
    ...:                 label="order %d approx." % (n+1))
    ...:
    ...: ax.set_ylim(-1.1, 1.1)
    ...: ax.set_xlim(-1.5*np.pi, 1.5*np.pi)
    ...:
    ...: # 在 Axes 的外面显示图例
    ...: ax.legend(bbox_to_anchor=(1.02, 1), loc=2, borderaxespad=0.0)
    ...: # 在 Axes 的右边设置图例的空间
    ...: fig.subplots_adjust(right=.75)
```

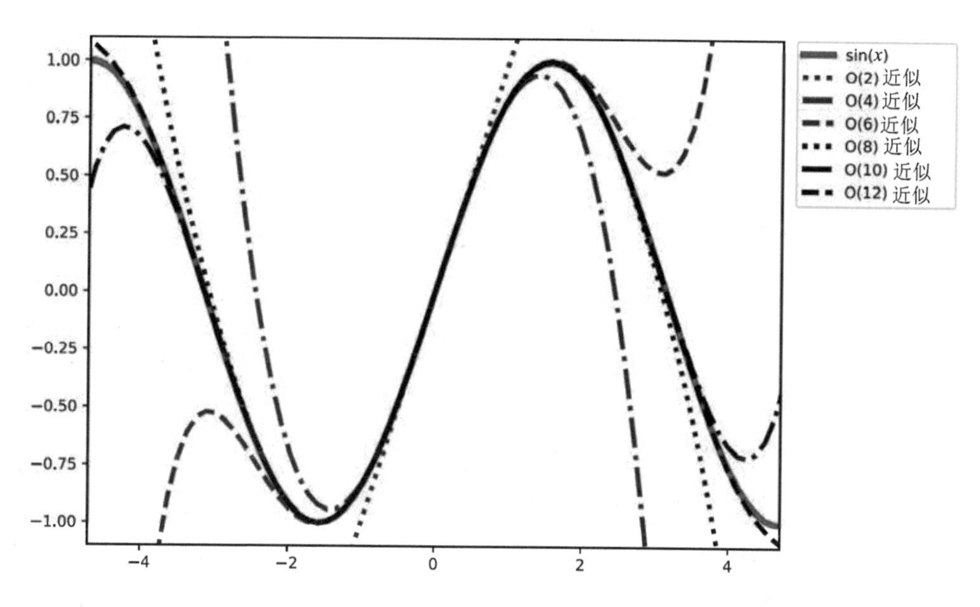

图 4-8　函数 sin(x)及其几个低阶泰勒级数展开后的图形

4.4.3　图例

在包含多个线条的图形中加上图例后效果会更好，图例是为图形中各种不同类型的线条添加的标签。正如我们在前面的示例中所看到的，可以使用 legend 方法将图例添加到 matplotlib 图形的 Axes 实例中。图例中只包含添加了标签的线条(例如可以使用 Axes.plot 的 label 参数给线条添加标签)。legend 方法可以接收很多可选参数，具体细节请参见 help(plt.legend)。这里我们重点介绍一些最有用的参数。在 4.4.2 节的示例中，我们使用 loc 参数来设置将图例添加到 Axes 实例中的哪个位置：loc=1 表示右上角，loc=2 表示左上角，loc=3 表示左下角，loc=4 表示右下角，如图 4-9 所示。

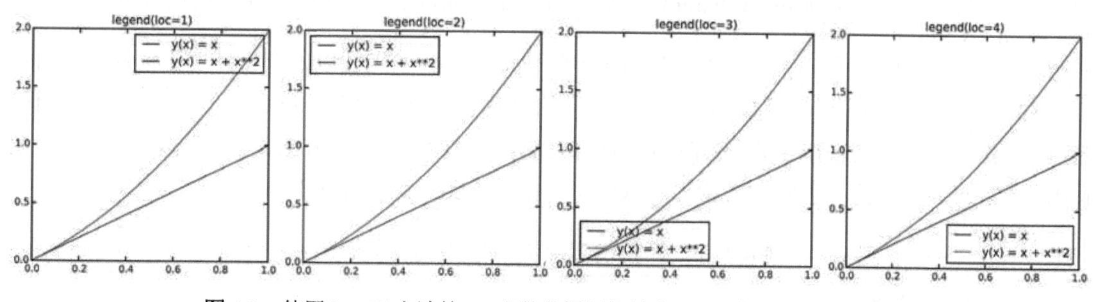

图 4-9　使用 legend 方法的 loc 参数将图例摆放在 Axes 实例中的不同位置

在 4.4.2 节的示例中，我们还使用 bbox_to_anchor 参数将图例放置到图形画布的任意位置。bbox_to_anchor 参数的值是(x, y)形式的元组，其中 x 和 y 是 Axes 对象中的画布坐标点。例如，点(0, 0)对应左下角，点(1, 1)对应右上角。请注意，这种情况下，x 和 y 的值可以小于 0 或大于 1，这表示将图例放在 Axes 区域之外。

默认情况下，图例中的所有线条都是垂直排列的。使用 ncols 参数，可以将图例标签拆分成多列，如图 4-10 所示。

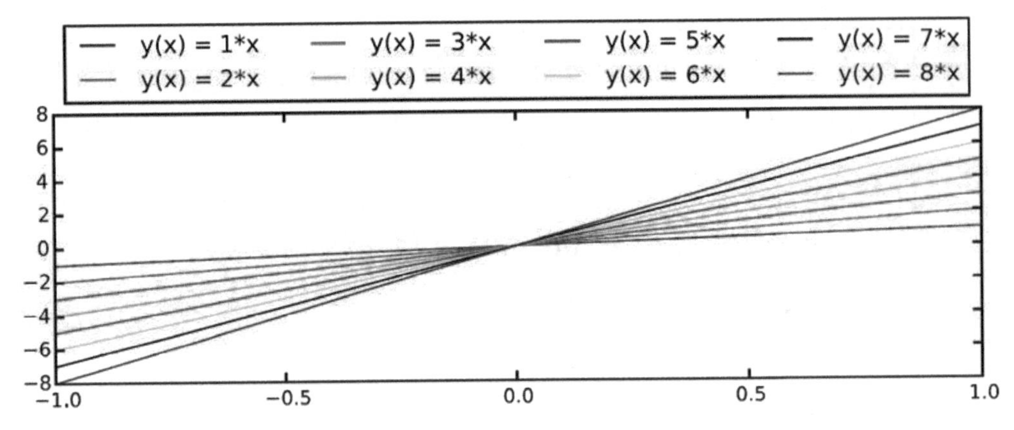

图 4-10　图例显示在 Axes 对象的外面，并且标签排成四列，对应的代码是 ax.legend(ncol=4, loc=3, bbox_ to_anchor=(0, 1))

4.4.4　文本格式和注释

文本标签、标题和注释是大部分图形的重要组成部分，对它们进行完全的控制(如字体、字号等)是生成能够达到出版品质的图形的基本要求。matplotlib 提供了几种设置字体属性的方法。可以在 matplotlib 的资源文件中设置默认值，还可以在 mpl.rcParams 字典中进行会话级别的设置。该字典是 matplotlib 资源文件的缓存，在该字典中对参数所做的修改将会在 Python 解释器重启以及 matplotlib 重新导入之前一直有效。与文本显示相关的参数包括'font.family'、'font.size'等。

提示：

可尝试使用 print(mpl.rcParams)获得配置参数的列表及当前值。更新参数很简单，只需要对 mpl.rcParams 字典中对应的元素赋予新值即可，如 mpl.rcParams['savefig.dpi'] = 100。另外，可参阅 mpl.rc 函数，该函数可以用来更新 mpl.rcParams 字典；mpl.rcdefaults 函数可用于重新加载默认值。

也可以将一组标准关键字参数传给在图形中创建文本标签的函数以逐个设置文本的属性。大部分处理文本标签的 matplotlib 函数都接收表 4-2 中的关键字参数(表 4.2 中只列出了部分常用的参数，完整的参数列表可参见 help(mpl.text.Text))。例如，这些参数可用于 Axes.test 方法，该方法用于在坐标中创建新的文本标签。它们也可以用于 set_title、set_xlabel、set_ylabel 等方法。

表 4-2　字体的部分属性以及对应的关键字参数

关键字参数	描述
fontsize	字号(以磅为单位)
family 或 fontname	字体
backgroundcolor	文本标签的背景颜色
color	文本颜色
alpha	文本颜色的透明度
rotation	文本标签的旋转角度

在可视化科学计算与技术计算时，在文本标签中渲染数学符号显然非常重要。matplotlib 在文本标签中通过 LaTex 标记来支持数学符号的显示：matplotlib 中的任何文本标签都可以包含 LaTex 数学符号(放在一对$符号的中间)，例如 Regular text: $f(x)=1-x^2$。默认情况下，matplotlib 使用内部 LaTex 渲染引擎，能够支持 LaTex 语言的子集。但是通过设置配置参数 mpl.rcParams["text.usetex"]=True，也可以使用支持 LaTex 全部功能的外部渲染引擎(前提是系统中安装了这种引擎)。

当在 Python 字符串中嵌入 LaTex 代码时，有一个常见的问题：Python 使用\作为转义符，但是在 LaTex 中\字符表示命令的开始。为了防止 Python 解释器对包含 LaTex 表达式的字符串进行转义，使用原始字符串(在字符串表达式的前面加上前缀 r)比较方便，如 r"$\int f(x) dx$"以及 r'$x_{\rm A}$'。

下面的示例演示了如何使用 ax.text 和 ax.annotate 在 matplotlib 图形中添加文本标签和注释，以及如何渲染包含 LaTex 表达式的文本标签，结果如图 4-11 所示。

```
In [13]: fig, ax = plt.subplots(figsize=(12, 3))
    ...:
    ...: ax.set_yticks([])
    ...: ax.set_xticks([])
    ...: ax.set_xlim(-0.5, 3.5)
    ...: ax.set_ylim(-0.05, 0.25)
    ...: ax.axhline(0)
    ...:
    ...: # 文本标签
    ...: ax.text(0, 0.1, "Text label", fontsize=14, family="serif")
    ...:
    ...: # 注释
    ...: ax.plot(1, 0, "o")
    ...: ax.annotate("Annotation",
    ...:     fontsize=14, family="serif",
    ...:     xy=(1, 0), xycoords="data",
    ...:     xytext=(+20, +50), textcoords="offset points",
    ...:     arrowprops=dict(arrowstyle="->", connectionstyle="arc3, rad=.5"))
    ...:
    ...: # 方程
    ...: ax.text(2, 0.1, r"Equation: $i\hbar\partial_t \Psi = \hat{H}\ Psi$",
              fontsize=14, family="serif")
    ...:
```

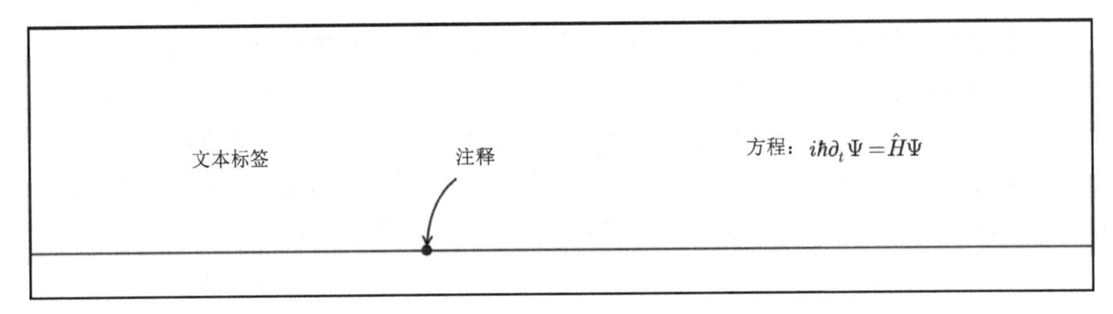

图 4-11　使用 ax.text 和 ax.annotate 在 matplotlib 图形中添加文本标签和注释，并且在 matplotlib 文本标签中包含 LaTex 格式的方程

4.4.5　轴属性

创建了 Figure 和 Axes 对象之后，就可以使用 matplotlib 提供的绘图函数来绘制数据或函数的图形了，还可以对线条和标记的外观进行自定义，图形中需要进行配置和微调的最后一个主要对象是 Axis(轴)实例。二维图形有两个轴对象：水平 x 轴和垂直 y 轴。每个轴都可以单独设置各自的属性，如轴标签(axis label)、刻度(tick)位置、刻度标签(tick label)、轴自身的位置和外观等。本节将研究如何设置图形的这些属性。

1. 轴标签和标题

轴标签可以说是轴最重要的属性，几乎在任何场景下都需要设置。可以使用 set_xlabel 和 set_ylabel 方法来设置轴标签：这两个方法的第一个参数都是一个字符串标签。另外，可选参数 labelpad 可以设置轴与标签之间的距离(以磅为单位)。为了避免轴标签和轴刻度标签发生重叠，偶尔需要设置该参数。set_xlabel 和 set_ylabel 方法还可以接收其他参数用于设置文本属性，比如前面介绍过的 color、fontsize 和 fontname 属性。下面的代码演示了如何使用 set_xlabel 和 set_ylabel 方法以及刚才讨论的关键字参数，结果如图 4-12 所示。

```
In [14]: x = np.linspace(0, 50, 500)
    ...: y = np.sin(x) * np.exp(-x/10)
    ...:
    ...: fig, ax = plt.subplots(figsize=(8, 2), subplot_kw={'facecolor':
         "#ebf5ff"})
    ...:
    ...: ax.plot(x, y, lw=2)
    ...:
    ...: ax.set_xlabel("x", labelpad=5, fontsize=18, fontname='serif',
                       color="blue")
    ...: ax.set_ylabel("f(x)", labelpad=15, fontsize=18, fontname='serif',
                       color="blue")
    ...: ax.set_title("axis labels and title example", fontsize=16,
```

```
   ...:                  fontname='serif', color="blue")
```

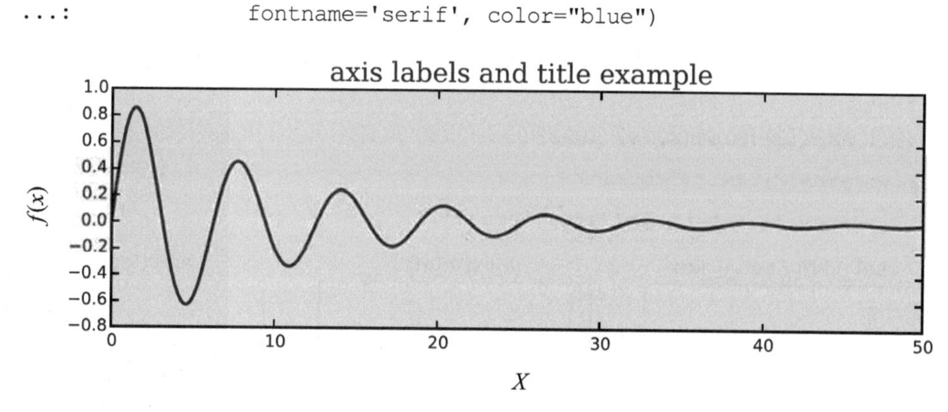

图 4-12　使用 set_xlabel 和 set_ ylabel 设置 x 轴和 y 轴的标签

除了 x 轴和 y 轴的标签外，还可以使用 set_title 方法设置 Axes 对象的标题。该方法的参数大部分与 set_ xlabel 和 set_ylabel 相同，但 loc 参数除外，该参数可以赋值为'left'、'centered'、'right'，用于设置标题左对齐、居中还是右对齐。

2. 轴的范围

默认情况下，matplotlib 的 x 轴和 y 轴的范围是根据 Axes 对象绘制的数据自动调整的。在很多场景中，这些默认的范围就足够了，但在某些情况下，可能需要明确设置轴的范围。这时可以使用 Axes 对象的 set_xlim 和 set_ylim 方法。这两个方法都采用两个参数来分别设置轴上显示的上限和下限。除了 set_xlim 和 set_ylim 方法，还可以使用 axis 方法，该方法接收'tight'、'equal' 等字符串作为参数，'tight'表示坐标的范围紧密匹配绘制的线条，'equal'表示每个坐标轴的单位长度包含相同的像素点(也就是保持坐标的比例不变)。

也可以通过 autoscale 方法来打开或关闭自动缩放功能，该方法的第一个参数可设置为 True 或 False，axis 参数可设置为'x'、'y'或'both'。下面的示例演示了如何使用这些方法来控制轴的范围，结果如图 4-13 所示。

```
In [15]: x = np.linspace(0, 30, 500)
    ...: y = np.sin(x) * np.exp(-x/10)
    ...:
    ...:
    ...: fig, axes = plt.subplots(1, 3, figsize=(9, 3), subplot_
           kw={'facecolor': "#ebf5ff"})
    ...:
    ...: axes[0].plot(x, y, lw=2)
    ...: axes[0].set_xlim(-5, 35)
    ...: axes[0].set_ylim(-1, 1)
    ...: axes[0].set_title("set_xlim / set_y_lim")
    ...:
    ...: axes[1].plot(x, y, lw=2)
```

```
...: axes[1].axis('tight')
...: axes[1].set_title("axis('tight')")
...:
...: axes[2].plot(x, y, lw=2)
...: axes[2].axis('equal')
...: axes[2].set_title("axis('equal')")
```

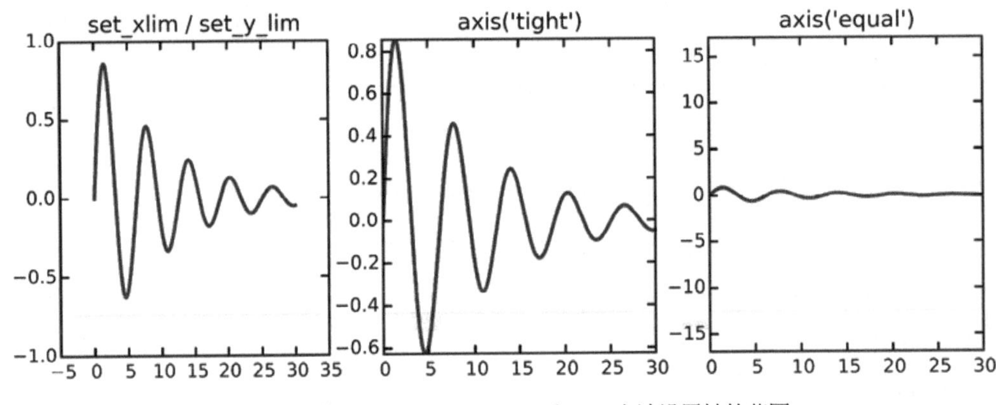

图 4-13 使用 set_xlim、set_ ylim 和 axis 方法设置轴的范围

3. 轴刻度线、刻度标签和网格

最后需要配置的轴的基本属性是轴刻度线的位置以及刻度标签的位置和格式。轴刻度线是图表整体外观的重要部分，在生成出版和生产品质的图形时，通常需要对轴刻度线进行精细控制。matplotlib 模块 mpl.ticker 提供了一种通用且可扩展的刻度管理系统，可以对刻度的位置进行完全控制。matplotlib 把刻度分为主要刻度(major tick)和次要刻度(minor tick)。默认情况下，每个主要刻度都有对应的标签，主要刻度之间的距离可能会进一步以次要刻度进行标记，次要刻度没有标签，该功能必须显式打开。图 4-14 演示了主要刻度和次要刻度的区别。

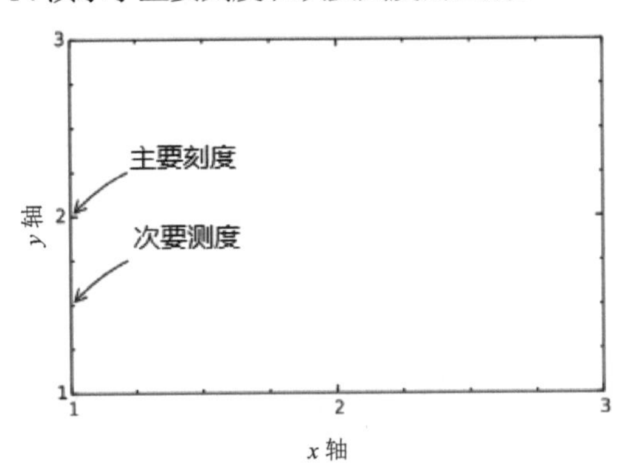

图 4-14 主要刻度和次要测度的区别

在设置刻度线时，最常见的需求是确定带标签的主刻度在坐标轴上的位置。mpl.ticker 模块为不同的摆放策略提供了相应的类。例如，mpl.ticker.MaxNLocator 用于设置刻度的最大值(未指定位置)，mpl.ticker.MultipleLocator 在给定基数的倍数处设置刻度，mpl.ticker.FixedLocator 在显式指定的坐标处设

置刻度。如果要改变刻度的摆放策略，可以使用 Axes.xaxis 和 Axes.yaxis 中的 set_major_locator 和 set_minor_locator 方法。这两个方法接收 mpl.ticker 中定义的 ticker 类以及从这些类派生出来的自定义类的实例作为参数。

如果需要明确指定刻度的位置，还可以使用 set_xticks 和 set_yticks 方法，这两个方法都借助坐标的列表来确定主刻度的位置。在这种情况下，还可以使用 set_xticklabels 和 set_yticklabels 为每个刻度设置自定义标签，输入参数是对应刻度的标签字符串列表。如果可以的话，最好使用通用的刻度摆放策略，如 mpl.ticker.MaxNLocator，因为如果改变坐标范围，它们会自动调整，而在使用 set_xticks 和 set_yticks 显式地设置刻度位置时需要手动更改代码。但是，当需要控制刻度的精确位置时，set_xticks 和 set_yticks 还是很方便的。

下面的代码演示了如何组合使用前面介绍的方法来更改默认的刻度位置，结果如图 4-15 所示。

```
In [16]: x = np.linspace(-2 * np.pi, 2 * np.pi, 500)
    ...: y = np.sin(x) * np.exp(-x**2/20)
    ...:
    ...: fig, axes = plt.subplots(1, 4, figsize=(12, 3))
    ...:
    ...: axes[0].plot(x, y, lw=2)
    ...: axes[0].set_title("default ticks")
    ...: axes[1].plot(x, y, lw=2)
    ...: axes[1].set_title("set_xticks")
    ...: axes[1].set_yticks([-1, 0, 1])
    ...: axes[1].set_xticks([-5, 0, 5])
    ...:
    ...: axes[2].plot(x, y, lw=2)
    ...: axes[2].set_title("set_major_locator")
    ...: axes[2].xaxis.set_major_locator(mpl.ticker.MaxNLocator(4))
    ...: axes[2].yaxis.set_major_locator(mpl.ticker.FixedLocator([-1, 0, 1]))
    ...: axes[2].xaxis.set_minor_locator(mpl.ticker.MaxNLocator(8))
    ...: axes[2].yaxis.set_minor_locator(mpl.ticker.MaxNLocator(8))
    ...:
    ...: axes[3].plot(x, y, lw=2)
    ...: axes[3].set_title("set_xticklabels")
    ...: axes[3].set_yticks([-1, 0, 1])
    ...: axes[3].set_xticks([-2 * np.pi, -np.pi, 0, np.pi, 2 * np.pi])
    ...: axes[3].set_xticklabels([r'$-2\pi$', r'$-\pi$', 0, r'$\pi$',
         r'$2\pi$'])
    ...: x_minor_ticker = mpl.ticker.FixedLocator([-3 * np.pi / 2,
         -np.pi / 2, 0,
    ...: np.pi / 2, 3 * np.pi / 2])
```

```
   ...: axes[3].xaxis.set_minor_locator(x_minor_ticker)
   ...: axes[3].yaxis.set_minor_locator(mpl.ticker.MaxNLocator(4))
```

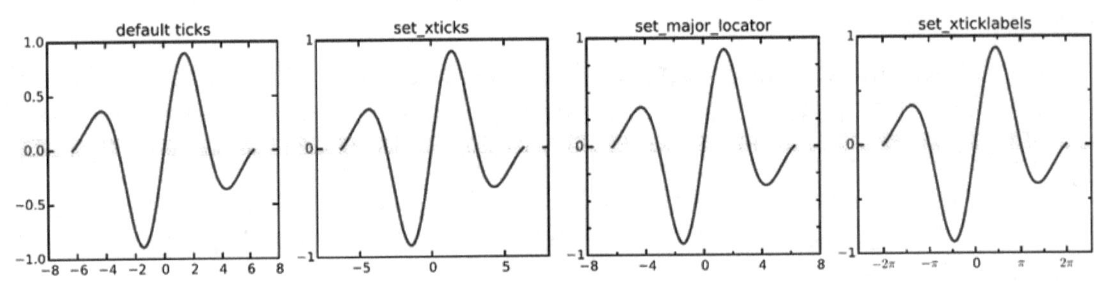

图 4-15　使用不同的方法控制 x 轴和 y 轴的主要刻度和次要刻度的位置及外观

图形中的另外一个常见的元素是网格线(grid line)，它有助于从图形中直观地读取数值。网格和网格线与轴的刻度线密切相关，因为它们是用相同的坐标值绘制的，网格线本质上是扩展的横跨整个图形的刻度线。在 matplotlib 中，可以使用 Axis 对象的 grid 方法来启用网格线。grid 方法可以通过可选的关键字参数来控制网格的外观。例如，与 matplotlib 中的很多绘图函数一样，grid 方法可以使用 color、linestyle、linewidth 参数来设置网格线的属性。另外，它的参数 which、axis 分别可以赋值为'major'、'minor'、'both'以及'x'、'y'、'both'。这些参数可用于指定要把这些样式应用到哪个轴的哪种刻度上。如果需要给网格线设置多种不同的样式，可以多次调用 grid 方法，每次在不同的轴上使用不同的值。下面的示例演示了如何添加网格线以及使用不同的方法设置它们的样式，结果如图 4-16 所示。

```
In [17]: fig, axes = plt.subplots(1, 3, figsize=(12, 4))
    ...: x_major_ticker = mpl.ticker.MultipleLocator(4)
    ...: x_minor_ticker = mpl.ticker.MultipleLocator(1)
    ...: y_major_ticker = mpl.ticker.MultipleLocator(0.5)
    ...: y_minor_ticker = mpl.ticker.MultipleLocator(0.25)
    ...:
    ...: for ax in axes:
    ...:     ax.plot(x, y, lw=2)
    ...:     ax.xaxis.set_major_locator(x_major_ticker)
    ...:     ax.yaxis.set_major_locator(y_major_ticker)
    ...:     ax.xaxis.set_minor_locator(x_minor_ticker)
    ...:     ax.yaxis.set_minor_locator(y_minor_ticker)
    ...:
    ...: axes[0].set_title("default grid")
    ...: axes[0].grid()
    ...:
    ...: axes[1].set_title("major/minor grid")
    ...: axes[1].grid(color="blue", which="both", linestyle=':',
         linewidth=0.5)
```

```
   ...:
   ...: axes[2].set_title("individual x/y major/minor grid")
   ...: axes[2].grid(color="grey", which="major", axis='x', linestyle='-',
        linewidth=0.5)
   ...: axes[2].grid(color="grey", which="minor", axis='x', linestyle=':',
        linewidth=0.25)
   ...: axes[2].grid(color="grey", which="major", axis='y', linestyle='-',
        linewidth=0.5)
```

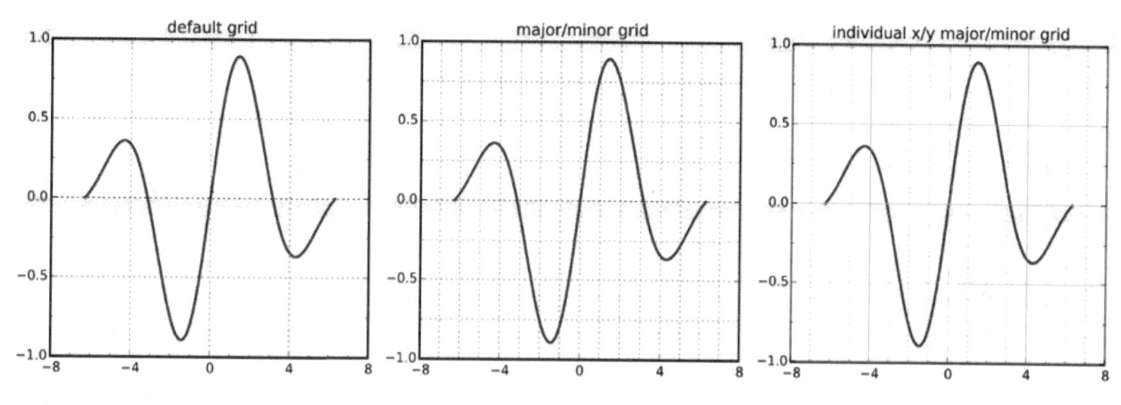

图 4-16　使用了网格线的图形

除了可以控制刻度线的位置，matplotlib 的 mpl.ticker 模块还提供了自定义刻度标签的类。例如，mpl.ticker 模块的 ScalarFormatter 可用于设置科学记数法标签以及大数字标签的属性。如果使用 set_scientific 方法激活了科学记数法标签，则可以使用 set_ powerlimits 方法来控制使用科学记数法的阈值(默认情况下，小数字不使用科学记数法)。还可以在创建 ScalarFormatter 实例时使用 useMathText=True 参数设置指数以数学符号显示，而不是用代码样式显示指数(如 1e10)。下面的示例演示了如何在刻度标签中使用科学记数法，结果如图 4-17 所示。

```
In [18]: fig, axes = plt.subplots(1, 2, figsize=(8, 3))
    ...:
    ...: x = np.linspace(0, 1e5, 100)
    ...: y = x ** 2
    ...:
    ...: axes[0].plot(x, y, 'b.')
    ...: axes[0].set_title("default labels", loc='right')
    ...:
    ...: axes[1].plot(x, y, 'b')
    ...: axes[1].set_title("scientific notation labels", loc='right')
    ...:
    ...: formatter = mpl.ticker.ScalarFormatter(useMathText=True)
```

```
    ...: formatter.set_scientific(True)
    ...: formatter.set_powerlimits((-1,1))
    ...: axes[1].xaxis.set_major_formatter(formatter)
    ...: axes[1].yaxis.set_major_formatter(formatter)
```

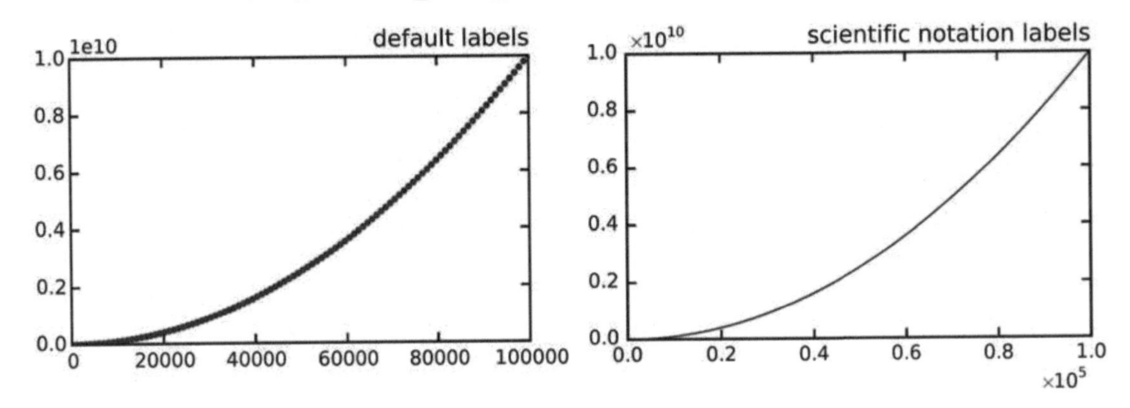

图 4-17 在刻度标签中使用科学记数法。左图使用默认的标签格式；右图在刻度标签中使用了科学记数法，并以数学符号显示

4. 对数坐标

在对横跨多个数量级的数据进行可视化时，使用对数坐标非常有用。在 matplotlib 中，有几个绘图函数用于在这种坐标系统中绘制图形，如 loglog、semilogx 和 semilogy 分别对应 x 轴和 y 轴同时使用对数坐标、只有 x 轴使用对数坐标以及只有 y 轴使用对数坐标的情况。除了数轴是对数坐标外，这些函数的其他方面都与标准绘图函数一样。另外一种方法是使用标准的绘图函数，并利用 set_xscale 和(或)set_yscale 方法(以'log'作为第一个参数)将数轴分布设置为对数坐标。下面的示例演示了如何生成对数坐标，结果如图 4-18 所示。

```
In [19]: fig, axes = plt.subplots(1, 3, figsize=(12, 3))
    ...:
    ...: x = np.linspace(0, 1e3, 100)
    ...: y1, y2 = x**3, x**4
    ...:
    ...: axes[0].set_title('loglog')
    ...: axes[0].loglog(x, y1, 'b', x, y2, 'r')
    ...:
    ...: axes[1].set_title('semilogy')
    ...: axes[1].semilogy(x, y1, 'b', x, y2, 'r')
    ...:
    ...: axes[2].set_title('plot / set_xscale / set_yscale')
    ...: axes[2].plot(x, y1, 'b', x, y2, 'r')
```

```
    ...: axes[2].set_xscale('log')
    ...: axes[2].set_yscale('log')
```

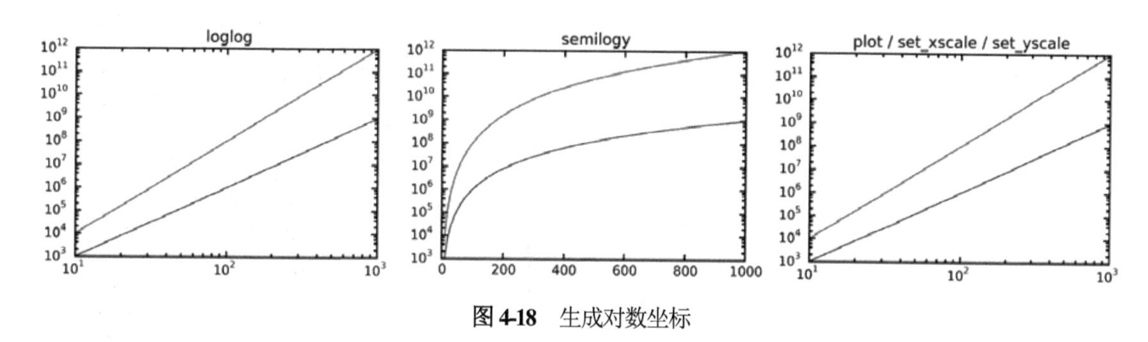

图 4-18　生成对数坐标

5. 双轴图

matplotlib 提供的一个有意思的功能是双轴，利用双轴可以显示彼此重叠的两个独立的 Axes 实例。当在同一图形中绘制两个不同的量(如使用不同的单位)时，双轴非常有用。下面的代码简单演示了该功能，结果如图 4-19 所示。这里我们使用 twinx 方法(还有 twiny 方法)来生成第二个 Axes 实例，该实例与第一个 Axes 实例共享 *x* 轴，但 *y* 轴是独立的，并显示在图形的右侧。

```
In [20]: fig, ax1 = plt.subplots(figsize=(8, 4))
    ...:
    ...: r = np.linspace(0, 5, 100)
    ...: a = 4 * np.pi * r ** 2 # area
    ...: v = (4 * np.pi / 3) * r ** 3 # volume
    ...:
    ...: ax1.set_title("surface area and volume of a sphere", fontsize=16)
    ...: ax1.set_xlabel("radius [m]", fontsize=16)
    ...:
    ...: ax1.plot(r, a, lw=2, color="blue")
    ...: ax1.set_ylabel(r"surface area ($m^2$)", fontsize=16, color="blue")
    ...: for label in ax1.get_yticklabels():
    ...:     label.set_color("blue")
    ...:
    ...: ax2 = ax1.twinx()
    ...: ax2.plot(r, v, lw=2, color="red")
    ...: ax2.set_ylabel(r"volume ($m^3$)", fontsize=16, color="red")
    ...: for label in ax2.get_yticklabels():
    ...:     label.set_color("red")
```

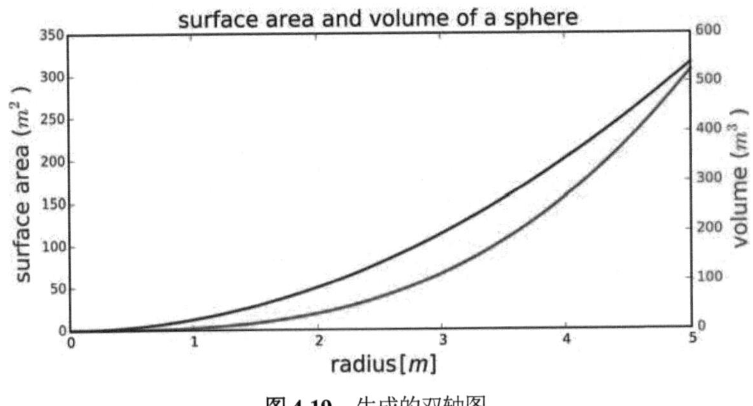

图 4-19 生成的双轴图

6. 边框线

到目前为止，在生成的所有图形中，都有一条包围 Axes 区域的边框。这确实是科学和技术图表的常见样式，但是在某些情况下，例如表示示意图时，可能需要移动这些坐标线。在 matplotlib 中，构成外围框的这些线被称为 axis spines，可以使用 Axes.spines 来改变它们的属性。例如，我们可能需要移除顶部和右侧的边框线，并将边框线移到坐标系的原点位置。

Axes 对象的 spines 属性是一个字典，里面包含 right、left、top 和 bottom 四个键，可用于单独访问每条边框线。可以使用 set_color 方法将某个不需要显示的边框线的颜色设置为 None。在本例中，我们还需要使用 Axes.xaxis 和 Axes.yaxis 的 set_ticks_position 方法删除与边框线相关的刻度线，该方法可以分别接收'both'、'top'或'bottom'参数，以及'both'、'left'或'right'参数。使用这些方法，可以将边框转换成 x 和 y 坐标轴，结果如图 4-20 所示。

```
In [21]: x = np.linspace(-10, 10, 500)
...: y = np.sin(x) / x
...: fig, ax = plt.subplots(figsize=(8, 4))
...: ax.plot(x, y, linewidth=2)
...:
...: # 去除顶部和右侧的框线
...: ax.spines['right'].set_color('none')
...: ax.spines['top'].set_color('none')
...: # 去除顶部和右侧的框线刻度
...:ax.xaxis.set_ticks_position('bottom')
...: ax.yaxis.set_ticks_position('left') ...:
...: # 将底部和左侧的边框线移到 x = 0、y = 0 处
...: ax.spines['bottom'].set_position(('data', 0))
...: ax.spines['left'].set_position(('data', 0))
 ...:
...: ax.set_xticks([-10, -5, 5, 10])
```

```
...: ax.set_yticks([0.5, 1])
...:
...: #为每个标签设置纯白色背景，以免与绘图线重叠
...: for label in ax.get_xticklabels() + ax.get_yticklabels():
...:     label.set_bbox({'facecolor': 'white',
...:                     'edgecolor': 'white'})
```

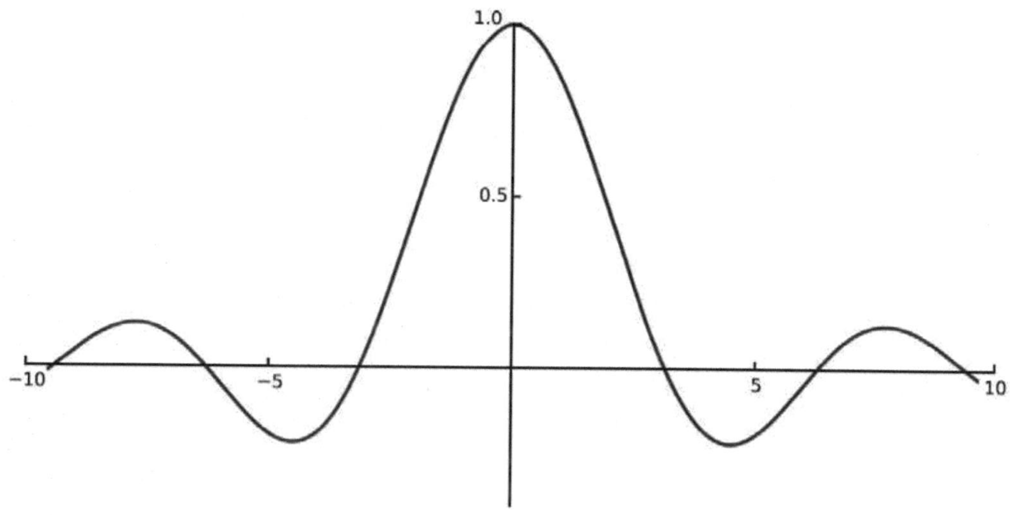

图 4-20　改变图形中的边框线

4.5　Axes 高级布局

到目前为止，我们已经多次使用 plt.figure、Figure.make_axes 以及 plt.subplots 方法来创建新的 Figure 和 Axes 实例，然后使用这些实例来生成图形。在科学计算和技术计算的可视化过程中，通常需要将不同面板的多个图形放在一起，例如，放到网格布局中。在 matplotlib 中，一些函数可以使用各种不同的布局策略自动创建 Axes 对象，并将它们摆放到图形画布上。我们已经使用过 plt.subplots 函数，它可以生成一个包含 Axes 对象的统一网格。本节将介绍 plt.subplots 函数的其他功能，以及 subplot2grid 和 GridSpec 布局管理器，这两个布局管理器可以更加灵活地控制 Axes 对象在画布中的位置。

4.5.1　图中图

在深入了解如何使用更高级的 Axes 布局管理器之前，我们回头看看将 Axes 实例添加到图形画布的第一种方式：使用 Figure.add_axes 方法。该方法非常适合创建新的图中图(inset)，所谓图中图，是指在其他图形的某个区域显示的小图形。例如，图中图经常用于显示大图形中某个特别感兴趣的区域的放大图，或者显示一些次要的相关图。

在 matplotlib 中，可以在图形画布的任意位置放置其他 Axes 对象，即使它们与现有的 Axes 对象重叠。因此，为了创建图中图，我们只需要将使用 Figure.make_axes 添加的 Axes 对象及其坐标放到指定的位置即可。下面的代码演示了如何生成带图中图的图形，结果如图 4-21 所示。在为图中图创建 Axes 对象时，使用参数 facecolor='none'可能会很有用，该参数表示没有背景颜色，即图中图的 Axes 背景是透明的。

```
In [22]: fig = plt.figure(figsize=(8, 4))
...:
...: def f(x):
...:     return 1/(1 + x**2) + 0.1/(1 + ((3 - x)/0.1)**2)
...:
...: def plot_and_format_axes(ax, x, f, fontsize):
...:     ax.plot(x, f(x), linewidth=2)
...:     ax.xaxis.set_major_locator(mpl.ticker.MaxNLocator(5))
...:     ax.yaxis.set_major_locator(mpl.ticker.MaxNLocator(4))
...:     ax.set_xlabel(r"$x$", fontsize=fontsize)
...:     ax.set_ylabel(r"$f(x)$", fontsize=fontsize)
...:
...: # 主图
...: ax = fig.add_axes([0.1, 0.15, 0.8, 0.8], facecolor="#f5f5f5")
...: x = np.linspace(-4, 14, 1000)
...: plot_and_format_axes(ax, x, f, 18)
...:
...: # 图中图
...: x0, x1 = 2.5, 3.5
...: ax.axvline(x0, ymax=0.3, color="grey", linestyle=":")
...: ax.axvline(x1, ymax=0.3, color="grey", linestyle=":")
...:
...: ax_insert = fig.add_axes([0.5, 0.5, 0.38, 0.42], facecolor='none')
...: x = np.linspace(x0, x1, 1000)
...: plot_and_format_axes(ax_insert, x, f, 14)
```

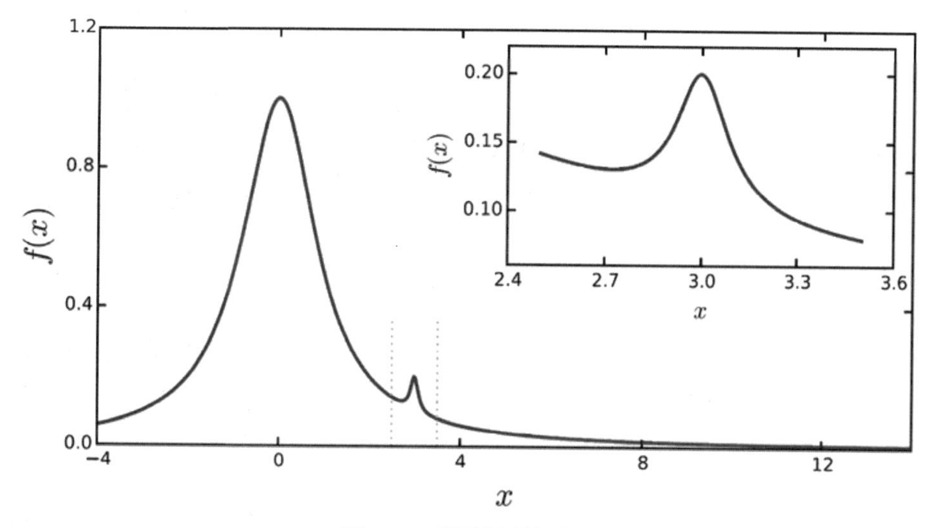

图 4-21　带图中图的图形

4.5.2　plt.subplots

我们已经多次使用了 plt.subplots，它返回一个元组，该元组中包含一个 Figure 实例以及一个包含 Axes 对象(根据函数调用时请求的行和列来生成)的 NumPy 数组。通常情况下，绘制子图网格时，在子图之间会共享 *x* 轴或 *y* 轴，或者同时共享这两个轴。这时使用 plt.subplots 的 sharex 和 sharey 参数非常有用，它们可以避免在多个 Axes 对象之间重复使用相同的轴标签。

值得注意的是，默认情况下，plt.subplots 返回的 NumPy 数组(其中的元素是 Axes 实例)的维度默认是“压缩(squeezed)”的：也就是说，长度为 1 的维度被从数组中删掉了。如果请求的行数和列数都大于 1，则返回二维数组。但只要行数和列数中有一个为 1，返回的就是一维数组(或标量，例如只有 Axes 对象自身)。可以通过设置 plt.subplot 函数的参数 squeeze=False 来去除对 NumPy 数组的压缩。这样，“fig, axes = plt.subplots(nrows, ncols)”中的 axes 变量就总是二维数组。

最后，还可以使用 plt.subplots_adjust 函数来进行一些配置，该函数允许我们显式地设置整个 Axes 网格的左边、右边、底部和顶部的坐标，以及网格中 Axes 实例之间间距的宽度(wspace)和高度(hspace)。下面的代码演示了如何一步步设置 Axes 网格共享的 *x* 轴和 *y* 轴以及调整 Axes 实例之间的间距，结果如图 4-22 所示。

```
In [23]: fig, axes = plt.subplots(2, 2, figsize=(6, 6), sharex=True, sharey=True,
                                  squeeze=False)
    ...:
    ...: x1 = np.random.randn(100)
    ...: x2 = np.random.randn(100)
    ...:
    ...: axes[0, 0].set_title("Uncorrelated")
    ...: axes[0, 0].scatter(x1, x2)
    ...:
```

```
...: axes[0, 1].set_title("Weakly positively correlated")
...: axes[0, 1].scatter(x1, x1 + x2)
...:
...: axes[1, 0].set_title("Weakly negatively correlated")
...: axes[1, 0].scatter(x1, -x1 + x2)
...:
...: axes[1, 1].set_title("Strongly correlated")
...: axes[1, 1].scatter(x1, x1 + 0.15 * x2)
...:
...: axes[1, 1].set_xlabel("x")
...: axes[1, 0].set_xlabel("x")
...: axes[0, 0].set_ylabel("y")
...: axes[1, 0].set_ylabel("y")
...:
...: plt.subplots_adjust(left=0.1, right=0.95, bottom=0.1, top=0.95,
                         wspace=0.1, hspace=0.2)
```

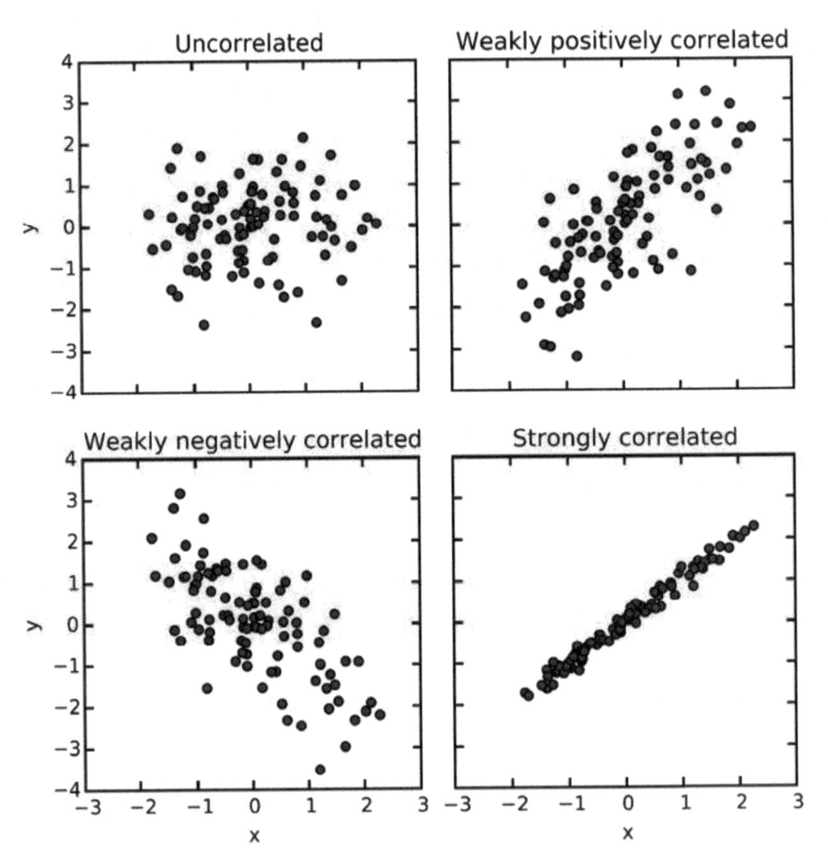

图 4-22　plt.subplot 和 plt.subplot_adjust 的使用示例

4.5.3　plt.subplot2grid

plt.subplot2grid 提供了相比 plt.subplots 更灵活的 Axes 布局管理，同时相比 GridSpec 更易用。特别是，plt.subplot2grid 可以创建跨越多行和(或)多列的 Axes 网格。plt.subplot2grid 有两个必要参数：第一个参数是 Axes 网格的形状，以元组(nrows, ncols)的形式表示；第二个参数也是元组(row, col)，用于设置网格中的起始位置。该函数还有两个可选参数——colspan 和 rowspan，用于指定新的 Axes 实例跨越多少行和列。表 4-3 给出了如何使用 plt.subplot2grid 函数的示例。请注意，每次调用 plt.subplot2grid 函数都会产生一个新的 Axes 实例，而 plt.subplot 会通过一次函数调用生成所有的 Axes 实例，并放在 NumPy 数组中返回。

表 4-3　使用 plt.subplot2grid 创建的网格布局以及对应的代码

Axes 网格布局	代码
ax0 ax1 ax4 ax2 ax3	ax0 = plt.subplot2grid((3, 3), (0, 0)) ax1 = plt.subplot2grid((3, 3), (0, 1)) ax2 = plt.subplot2grid((3, 3), (1, 0), colspan=2) ax3 = plt.subplot2grid((3, 3), (2, 0), colspan=3) ax4 = plt.subplot2grid((3, 3), (0, 2), rowspan=2)

4.5.4　GridSpec

这里要介绍的最后一个网格布局管理器是来自 mpl.gridspec 模块的 GridSpec。这是 matplotlib 中最通用的网格布局管理器，可以创建并非所有行和列都采用相等宽高的网格，这在本章前面使用的网格管理器中不是很容易做到。

GridSpec 对象仅用于设置网格布局，它自身并不生成任何 Axes 对象。当创建新的 GridSpec 实例时，我们必须指定网格的行数和列数。就像其他网格布局管理器一样，也可以使用关键字参数 left、bottom、right 和 top 来设置网格的位置，可以使用 wspace 和 hspace 来设置子图之间间隔的宽度和高度。另外，GridSpec 可以使用 width_ratios 和 height_ratios 参数来设置列与行的相对宽度和高度。这两个参数都是列表，用于表示网格中每列大小和每行大小的相对权重。例如，要生成一个两行两列的网格，其中第一行和第一列分别是第二行和第二列的两倍，可以使用 mpl.gridspec.GridSpec(2, 2, width_ratios=[2, 1], height_ratios=[2, 1])。

创建了 GridSpec 实例之后，可以使用 Figure.add_subplot 方法来创建 Axes 对象并将它们放到图形画布上。可以将 mpl.gridspec.SubplotSpec 实例作为参数传给 add_subplot，还可以使用类似数组的索引从 GridSpec 对象中生成 mpl.gridspec.SubplotSpec 实例。例如，对于 GridSpec 实例 gs，可以使用 gs[0,0]来得到左上角网格元素的 SubplotSpec 实例；对于覆盖第一行的 SubplotSpec 实例，可以使用 gs[:, 0]得到；等等。表 4-4 给出了如何使用 GridSpec 和 add_subplot 来创建 Axes 实例的具体示例。

表 4-4　网格管理器 mpl.gridspec.GridSpec 的使用示例

<table>
<tr><th>Axes 网格布局</th><th>代码</th></tr>
<tr><td>ax0 ax4 ax1 ax6 ax5 ax2 ax8 ax7 ax9 ax3</td><td>fig = plt.figure(figsize=(6, 4))
gs = mpl.gridspec.GridSpec(4, 4)
ax0 = fig.add_subplot(gs[0, 0])
ax1 = fig.add_subplot(gs[1, 1])
ax2 = fig.add_subplot(gs[2, 2])
ax3 = fig.add_subplot(gs[3, 3])
ax4 = fig.add_subplot(gs[0, 1:])
ax5 = fig.add_subplot(gs[1:, 0])
ax6 = fig.add_subplot(gs[1, 2:])
ax7 = fig.add_subplot(gs[2:, 1])
ax8 = fig.add_subplot(gs[2, 3])
ax9 = fig.add_subplot(gs[3, 2])</td></tr>
<tr><td>ax1 ax0 ax2</td><td>fig = plt.figure(figsize=(4, 4))
gs = mpl.gridspec.GridSpec(
    2, 2,
    width_ratios=[4, 1],
    height_ratios=[1, 4],
    wspace=0.05, hspace=0.05)
ax0 = fig.add_subplot(gs[1, 0])
ax1 = fig.add_subplot(gs[0, 0])
ax2 = fig.add_subplot(gs[1, 1])</td></tr>
</table>

4.6 绘制色图

到目前为止，我们只考虑了单变量函数以及与之等价的 *x-y* 格式的二维数据的图形。绘制这种图形的二维 Axes 也能用于对二元函数或 *x-y-z* 形式的三维数据进行可视化，使用的是名为色图(或称为热图)的工具，Axes 区域中的每个像素都根据坐标系中对应点的 *z* 值进行着色。matplotlib 为这种类型的绘图提供了 pcolor 和 imshow 函数，另外还为使用同样格式的数据绘制等高线图提供了 contour 和 contourf 函数。图 4-23 展示了使用这些函数生成的示例图。

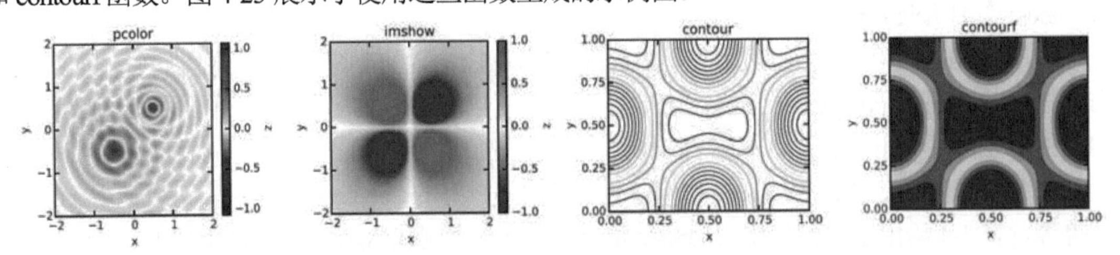

图 4-23　使用 pcolor、imshow、contour 和 contourf 函数生成的示例图

为了生成色图，例如使用 pcolor 函数，我们首先需要以合适的格式准备数据。虽然标准的二维图形需要使用带 x 值和 y 值的一维坐标数组，但是在本例中，需要使用二维坐标数组，例如可以使用 NumPy meshgrid 函数来生成这样的数组。为了绘制二元函数或包含两个独立变量的数据，我们首先定义一维坐标数组 X 和 Y，它们可以覆盖所需的坐标范围或对应的可用数据的值。然后可以将 X 和 Y 数组传给 np.meshgrid 函数，该函数将会生成所需的二维坐标数组 X 和 Y。如果需要的话，可以将数组 X 和 Y 代入二元函数，通过 NumPy 数组计算得到数据数组 Z。

准备好二维坐标和数据数组之后，可以使用诸如 pcolor、contour 或 contourf的函数轻松地对它们进行可视化，将数组 X、Y 和 Z 作为前三个参数传给这些函数。imshow 方法的工作方式与之类似，但只需要将数据数组 Z 作为参数，并且必须使用 extent 参数设置相关的坐标范围，该参数的值是格式为[xmin, xmax, ymin, ymax]的列表。此外还有其他一些用于控制色图外观的很重要的关键字参数，比如 vmin、vmax、norm 和 cmap。其中，vmin 和 vmax 用于设置映射到色轴的值的范围。这与使用 norm=mpl.colors.Normalize(vmin, vmax)是等效的。cmap 参数用于设置将数据值映射到颜色的色图。matplotlib 中预先定义的色图可以在 mpl.cm 中找到。可使用 help(mpl.cm)或者在 IPython 中对 mpl.cm 模块使用自动补全来得到色图的完整列表[1]。

绘制色图的最后一步需要的是 colorbar 元素，该元素为图形的查看者提供了查看不同颜色所对应数值的方法。在 matplotlib 中，可以使用 plt.colorbar 函数将 colorbar 添加到已经绘制的色图中。该函数的第一个参数是色图的句柄，此外还有两个可选参数 ax 和 cax，这两个参数可用于控制 colorbar 在图形中的位置。如果设置了参数 ax，那么将会从 Axes 对象中给新的 colorbar 分配空间。另外，如果设置了参数 cax，那么 colorbar 将会绘制在 Axes 对象上。colorbar 实例 cb 有自己的 Axis 对象，可以通过 cb.ax 对象的标准方法来设置 Axis 对象的属性，例如可以像 x 轴和 y 轴一样，使用 set_label、set_ticks 和 set_ticklabels 方法。

下面的代码实现了前面介绍的步骤，生成的图形如图 4-24 所示。函数 imshow、contour 和 contourf 的使用方法几乎相同，虽然这些函数有额外的参数来控制它们的个性化属性。例如，contour 和 contourf 函数有额外的参数 N 用于设置需要绘制的等高线数量。

```
In [24]: x = y = np.linspace(-10, 10, 150)
    ...: X, Y = np.meshgrid(x, y)
    ...: Z = np.cos(X) * np.cos(Y) * np.exp(-(X/5)**2-(Y/5)**2)
    ...:
    ...: fig, ax = plt.subplots(figsize=(6, 5))
    ...:
    ...: norm = mpl.colors.Normalize(-abs(Z).max(), abs(Z).max())
    ...: p = ax.pcolor(X, Y, Z, norm=norm, cmap=mpl.cm.bwr)
    ...:
    ...: ax.axis('tight')
    ...: ax.set_xlabel(r"$x$", fontsize=18)
```

1 可以在 https://scipy-cookbook.readthedocs.io/items/Matplotlib_Show_colormaps.html 页面上查看所有可用色图，该页面还介绍了如何创建新的色图。

```
   ...: ax.set_ylabel(r"$y$", fontsize=18)
   ...: ax.xaxis.set_major_locator(mpl.ticker.MaxNLocator(4))
   ...: ax.yaxis.set_major_locator(mpl.ticker.MaxNLocator(4))
   ...:
   ...: cb = fig.colorbar(p, ax=ax)
   ...: cb.set_label(r"$z$", fontsize=18)
   ...: cb.set_ticks([-1, -.5, 0, .5, 1])
```

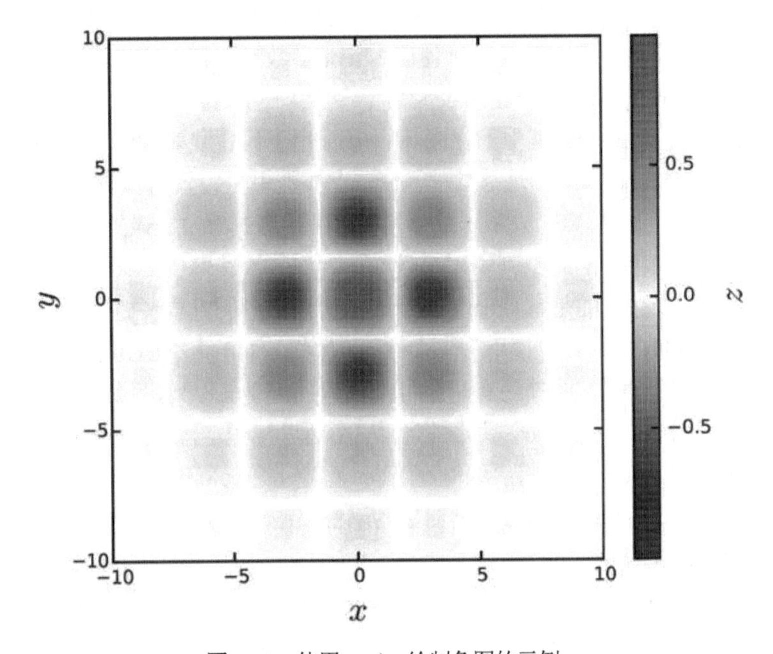

图 4-24 使用 pcolor 绘制色图的示例

4.7 绘制 3D 图形

前面介绍的色图可用于在 2D 图形中通过颜色编码数据来可视化含两个因变量的数据。另一种可视化这类数据的方式是使用 3D 图形，3D 图形引入了第三个轴 z，并以透视的方式将图像显示在屏幕上。在 matplotlib 中，绘制 3D 图形需要使用不同的 Axes 对象，也就是 mpl_toolkits.mplot3d 模块提供的 Axes3D 对象。可以使用 Axes3D 类的构造函数来显式地创建支持 3D 效果的 Axes 实例，但需要将一个 Figure 对象作为参数传入：ax = Axes3D(fig)。也可以使用参数 projection='3d' 的 add_subplot 函数：

```
In[25]: ax = ax = fig.add_subplot(1, 1, 1, projection='3d')
```

还可以使用参数 subplot_kw={'projection': '3d'}的 plt.subplots 函数：

```
fig, ax = plt.subplots(1, 1, figsize=(8, 6), subplot_kw={'projection': '3d'})
```

通过这种方式，我们可以使用之前用于 2D 图形的所有 Axes 布局方法，只是需要以合适的方式设置 projection 参数。请注意，使用 add_subplot 可以将 Axes 对象与 2D、3D 投影混合在同一图形中，但使用 plt.subplots 时，subplot_kw 参数可以用于图形中所有的子图。

创建并向图形中添加了支持 3D 的 Axes 对象后，就可以使用 Axes3D 类的方法(如 plot_surface、plot_wireframe 和 contour)在三维透视图中将数据绘制成曲面了。这些函数的使用方式与刚才介绍的色图几乎一样：它们将二维坐标和数据数组 *X*、*Y* 和 *Z* 作为第一个参数。每个函数还使用其他参数来调整个性化属性。例如，plot_surface 函数使用 rstride 和 cstride 参数(行和列的步长)从输入数组中选择数据(避免数据点过于密集)，contour 和 contourf 函数使用可选参数 zdir 和 offset 来选择投影方向(可选值有'x'、'y'和'z')以及指定显示投影的平面。

除了用于绘制 3D 曲面的函数，还有一些线图和点图函数，如 plot、scatter、bar 和 bar3d，它们在 Axes3D 类中也有类似的版本。与这些函数的 2D 版本一样，它们需要一维数据数组，而不是用于绘制曲面的二维坐标数组。

当涉及轴标题、标签、刻度线、刻度标签时，本章前面详细介绍的用于 2D 图形的方法也都可以直接推广到 3D 图形。例如，新的方法 set_zlabel、set_zticks 和 set_zticklabels 被用于操作新的 *z* 轴属性。Axes3D 对象还为特定的操作和属性提供了新的方法。特别是，view_init 方法可用于改变图形的查看角度，该方法将 elevation(仰角)和 azimuth(方位角)作为第一和第二个参数。

下面给出了如何使用这些 3D 绘图方法的示例，生成的图形如图 4-25 所示。

```
In [26]: fig, axes = plt.subplots(1, 3, figsize=(14, 4), subplot_kw={'projection':
        '3d'})
...:
...: def title_and_labels(ax, title):
...:     ax.set_title(title)
...:     ax.set_xlabel("$x$", fontsize=16)
...:     ax.set_ylabel("$y$", fontsize=16)
...:     ax.set_zlabel("$z$", fontsize=16)
...:
...: x = y = np.linspace(-3, 3, 74)
...: X, Y = np.meshgrid(x, y)
...:
...: R = np.sqrt(X**2 + Y**2)
...: Z = np.sin(4 * R) / R
...:
...: norm = mpl.colors.Normalize(-abs(Z).max(), abs(Z).max())
...:
...: p = axes[0].plot_surface(X, Y, Z, rstride=1, cstride=1,
       linewidth=0, antialiased=False, norm=norm, cmap=mpl.cm.Blues)
...:
...: cb = fig.colorbar(p, ax=axes[0], shrink=0.6)
```

```
...: title_and_labels(axes[0], "plot_surface")
...:
...: p = axes[1].plot_wireframe(X, Y, Z, rstride=2, cstride=2,
         color="darkgrey")
...: title_and_labels(axes[1], "plot_wireframe")
...:
...: cset = axes[2].contour(X, Y, Z, zdir='z', offset=0, norm=norm,
     cmap=mpl.cm.Blues)
...: cset = axes[2].contour(X, Y, Z, zdir='y', offset=3, norm=norm,
     cmap=mpl.cm.Blues)
...: title_and_labels(axes[2], "contour")
```

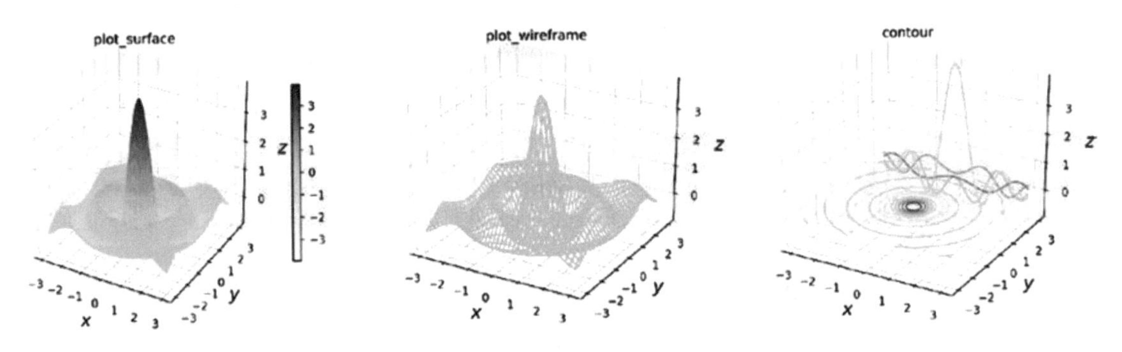

图 4-25　使用 plot_surface、plot_wireframe 和 contour 绘制的 3D 图形和等高线图

4.8　本章小结

本章介绍了使用 matplotlib 生成 2D 和 3D 图形的基础知识。可视化是计算领域的科学家和工程师最重要的工具之一，既可以作为处理计算问题的分析工具，也可以用于展现和交流计算成果。因此，可视化是计算工作中不可或缺的一部分，通过可视化，能够快速对数据进行可视化和分析，对图形中的每个元素进行精细控制，以及生成漂亮的出版品质的图形。matplotlib 是一款出色的用于可视化探索以及生成出版品质的图形的通用工具。但是，matplotlib 也有一些不足，特别是在交互性和高质量的 3D 图形方面。因此，对于更专业的场景，建议研究 Python 科学计算生态中的其他图形库，其中一些在本章开头提到过。

4.9　扩展阅读

专门介绍 matplotlib 库的书籍有 Tosi(2009)和 Devert(2014)，也有介绍范围更广的一些书籍，如 Milovanovi(2013)和 McKinney(2013)。有关数据可视化和样式方面的讨论及实践，可参考 Yau(2011)和 J. Steele(2010)。

4.10　参考文献

Devert, A. (2014). *matplotlib Plotting Cookbook.* Mumbai: Packt.

J. Steele, N. I. (2010). *Beautiful Visualization.* Sebastopol: O'Reilly.

McKinney, W. (2013). *Python for Data Analysis.* Sebastopol: O'Reilly.

Milovanovi, I. (2013). *Python Data Visualization Cookbook.* Mumbai: Packt.

Tosi, S. (2009). *Matplotlib for Python Developers*. Mumbai: Packt.

Yau, N. (2011). *Visualize this.* Indianapolis: Wiley.

第5章

方 程 求 解

前面已经介绍了一些通用的方法和技术，如基于数据的数值计算、符号计算和可视化等。这些方法是科学计算的基石，是我们研究计算问题的基本工具集。

从本章开始，我们将研究如何使用前面介绍的基本技术来解决应用数学和计算科学中不同领域的问题。本章将介绍代数方程求解。这是一个非常广泛的领域，需要使用数学中多个领域的理论和方法。特别是，当我们讨论方程求解时，需要区分单变量和多变量方程(它们分别包含一个或多个未知变量)。另外，我们还需要区分线性方程和非线性方程。求解不同类型的方程需要使用不同的数学方法，所以这种分类是很有用的。

我们将首先介绍线性方程组，它们非常有用，在每个科学领域都有很重要的应用。原因是使用线性代数理论可以很直接地求解线性方程，而非线性方程通常比较难以求解，一般需要使用更复杂、计算量更大的方法。由于线性方程易于求解，它们也是求非线性系统局部近似解的重要工具。例如，考虑某个展开点附近非常小的变动，非线性系统通常可以使用展开点附近的线性系统来近似。但是，线性化只能用来描述局部的性质，对于非线性问题的全局分析，需要使用其他技术。这些方法通常采用迭代方式来逐步构建对解越来越精确的估计。

本章将使用 SymPy 对方程进行符号化求解(如果可以的话)，并使用 SciPy 库的线性代数模块来对方程组进行数值求解。为了解决非线性问题，我们将使用 SciPy 的 optimize 模块的 root-finding 函数。

提示：

SciPy 是一个 Python 库，是 Python 科学计算环境的统称，也是 Python 中很多科学计算核心库的伞形组织(umbrella organization)。实际上，SciPy 库是很多高级科学计算库的集合，这些库或多或少彼此独立。SciPy 库建立在 NumPy 之上，NumPy 提供了基础的数组数据结构以及针对数组的基本操作。SciPy 中的模块为特定领域提供了高级计算方法，例如线性代数运算、优化、插值、积分等。编写本书时，SciPy 的最新版本是 1.1.0。有关 SciPy 的更多信息，请访问 www.scipy.org。

5.1 导入模块

SciPy 库是一些模块的集合，可以按照需要有选择地导入。本章将使用 scipy.linalg 模块来求解线性方程组，并使用 scipy.optimize 模块来求解非线性方程。本章假设这些模块都是按照下面的方式导入的：

```
In [1]: from scipy import linalg as la
In [2]: from scipy import optimize
```

本章还会使用前面章节中介绍过的 NumPy、SymPy 和 matplotlib 库，并假设按照以前的约定导入这些库：

```
In [3]: import sympy
In [4]: sympy.init_printing()
In [5]: import numpy as np
In [6]: import matplotlib.pyplot as plt
```

为了让整数除法在 Python 2 和 Python 3 中有相同的表现，我们还需要包含下面的语句(只需要在 Python 2 中包含)：

```
In [7]: from __future__ import division
```

5.2 线性方程组

线性方程的一个重要应用是求解线性方程组。我们已经在第 3 章的 SymPy 库中使用了线性代数的功能。NumPy 和 SciPy 库中也有线性代数模块，分别是 numpy.linalg 和 scipy.linalg，它们都为数值问题(所有项都只包含数值因子和参数的问题)提供线性代数程序。

通常，线性方程组可以写成下面的形式：

$$\begin{gathered} a_{11}x_1 + a_{12}x_2 + \ldots + a_{1n}x_n = b_1 \\ a_{21}x_1 + a_{22}x_2 + \ldots + a_{2n}x_n = b_2 \\ \cdots \\ a_{m1}x_1 + a_{m2}x_2 + \ldots + a_{mn}x_n = b_m \end{gathered}$$

这是一个包含 m 个方程、n 个未知数$\{x_1, x_2, \cdots, x_n\}$的线性方程组，其中 a_{mn} 和 b_m 是已知参数或常数。处理线性方程组时，写成矩阵形式会更方便：

$$\begin{pmatrix} a_{11} & a_{12} & \cdots & a_{1n} \\ a_{21} & a_{22} & \cdots & a_{2n} \\ \vdots & \vdots & \ddots & \vdots \\ a_{m1} & a_{m2} & \cdots & a_{mn} \end{pmatrix} \begin{pmatrix} x_1 \\ x_2 \\ \vdots \\ x_n \end{pmatrix} = \begin{pmatrix} b_1 \\ b_2 \\ \vdots \\ b_m \end{pmatrix}$$

也可以简单地表示为 $\boldsymbol{Ax}=\boldsymbol{b}$，其中 $\boldsymbol{A}$ 是一个 $m \times n$ 的矩阵，$\boldsymbol{b}$ 是一个 $m \times 1$ 的矩阵，$\boldsymbol{x}$ 是未知的 $n \times 1$ 解矩阵。根据矩阵 $\boldsymbol{A}$ 的性质，解矩阵 $\boldsymbol{x}$ 可能存在也可能不存在，如果解存在，那么解不一定是唯一的。然而，如果解存在，那么可以表示为向量 $\boldsymbol{b}$ 和矩阵 $\boldsymbol{A}$ 中列向量的线性组合，其中系数由解矩阵 $\boldsymbol{x}$ 中的元素确定。

如果方程组中 $m < n$，那么称之为欠定(underdetermined)方程组，因为方程数量少于未知数的数量，因此不能完全确定唯一解。另外，如果 $m > n$，那么称之为超定(overdetermined)方程组。这通常会带来约束冲突，从而导致解不存在。

5.2.1　方形方程组

方形方程组是 $m=n$ 的一个重要特例，对应于方程的数量等于未知变量数量的情况，因此可能会有唯一解。为了有唯一解，矩阵 $\boldsymbol{A}$ 必须是非奇异的，也就是说，$\boldsymbol{A}$ 存在逆矩阵，解可以写成 $\boldsymbol{x}=\boldsymbol{A}^{-1}\boldsymbol{b}$。如果 $\boldsymbol{A}$ 是奇异的，那么矩阵的秩小于 n，即 $\mathrm{rank}(\boldsymbol{A})<n$，它们也可能是等价的。如果行列式为零，即 $\det\boldsymbol{A} = 0$，则方程组 $\boldsymbol{Ax} = \boldsymbol{b}$ 无解或者有无穷多个解，这取决于右侧向量 $\boldsymbol{b}$。对于秩不足的矩阵，即 $\mathrm{rank}(\boldsymbol{A})<n$，有些列或行可以表示成其他列或向量的线性组合，因此它们对应于不包含任何新约束的方程，方程组实际上是欠定的。因此，通过计算线性方程组对应的矩阵 $\boldsymbol{A}$ 的秩，就能够知晓矩阵是否是奇异的以及是否存在解。

当 $\boldsymbol{A}$ 满秩时，一定存在解。但是，可能无法精确计算解。矩阵的条件数 $\mathrm{cond}(\boldsymbol{A})$给出了衡量线性方程组好坏的条件。如果条件数接近 1，那么方程组是条件良态的(well conditioned)，条件数为 1 是理想条件。如果条件数很大，那么方程组是条件病态的(ill conditioned)。病态的线性方程组的解可能会有很大误差。可以使用简单的误差分析来直观地理解条件数。假设我们有形如 $\boldsymbol{Ax}=\boldsymbol{b}$ 的线性方程组，其中 $\boldsymbol{x}$ 是解向量。现在考虑 $\boldsymbol{b}$ 的一种微小变化，比如 $\delta\boldsymbol{b}$，那么可以从 $\boldsymbol{A}(\boldsymbol{x}+\delta\boldsymbol{x}) = \boldsymbol{b}+\delta\boldsymbol{b}$ 得出解的相应变化 $\delta\boldsymbol{x}$。由于方程是线性的，可以得到 $\boldsymbol{A}\delta\boldsymbol{x} = \delta\boldsymbol{b}$。现在要考虑的一个重要问题是：相对于 $\boldsymbol{b}$ 的变化，$\boldsymbol{x}$ 的变化有多大？在数学上，可以根据这些向量的范数比例来表述该问题。具体而言，我们比较$\|\delta\boldsymbol{x}\|/\|\boldsymbol{x}\|$和$\|\delta\boldsymbol{b}\|/\|\boldsymbol{b}\|$，其中$\|\boldsymbol{x}\|$是 $\boldsymbol{x}$ 的范数。使用矩阵的范数关系$\|\boldsymbol{Ax}\| \leqslant \|\boldsymbol{A}\|\cdot\|\boldsymbol{x}\|$，可以写成：

$$\frac{\|\delta\boldsymbol{x}\|}{\|\boldsymbol{x}\|}=\frac{\|\boldsymbol{A}^{-1}\delta\boldsymbol{b}\|}{\|\boldsymbol{x}\|}\leqslant\frac{\|\boldsymbol{A}^{-1}\|\cdot\|\delta\boldsymbol{b}\|}{\|\boldsymbol{x}\|}=\frac{\|\boldsymbol{A}^{-1}\|\cdot\|\boldsymbol{b}\|}{\|\boldsymbol{x}\|}\cdot\frac{\|\delta\boldsymbol{b}\|}{\|\boldsymbol{b}\|}\leqslant\|\boldsymbol{A}^{-1}\|\cdot\|\boldsymbol{A}\|\cdot\frac{\|\delta\boldsymbol{b}\|}{\|\boldsymbol{b}\|}$$

所以，给定 $\boldsymbol{b}$ 向量的相对误差后，解 $\boldsymbol{x}$ 的相对误差的边界可以由 $\mathrm{cond}(\boldsymbol{A})\equiv\|\boldsymbol{A}^{-1}\|\cdot\|\boldsymbol{A}\|$给出，也就是矩阵 $\boldsymbol{A}$ 的条件数。这意味着，对于矩阵 $\boldsymbol{A}$ 的病态线性方程组，即使向量 $\boldsymbol{b}$ 发生微小扰动，也会让解向量 $\boldsymbol{x}$ 出现大的误差。这在使用浮点数的数值解中尤其需要注意，因为浮点数只是实数的近似值。因此，当求解线性方程组时，通过查看条件数来估计解的精度非常重要。

在 SymPy 中可以使用 Matrix 方法 rank、condition_number 和 norm 来计算符号矩阵的秩、条件数和范数。对于数值问题，可以使用 NumPy 函数 np.linalg.matrix_rank、np.linalg.cond 和 np.linalg.norm。例如，对于如下包含两个线性方程的方程组：

$$2x_1 + 3x_2 = 4$$

$$5x_1 + 4x_2 = 3$$

这两个方程对应(x_1,x_2)平面中的两条直线，它们的交点就是方程组的解。如图 5-1 所示，图 5-1 中的两条直线对应两个方程，它们的交点是$(-1,2)$。

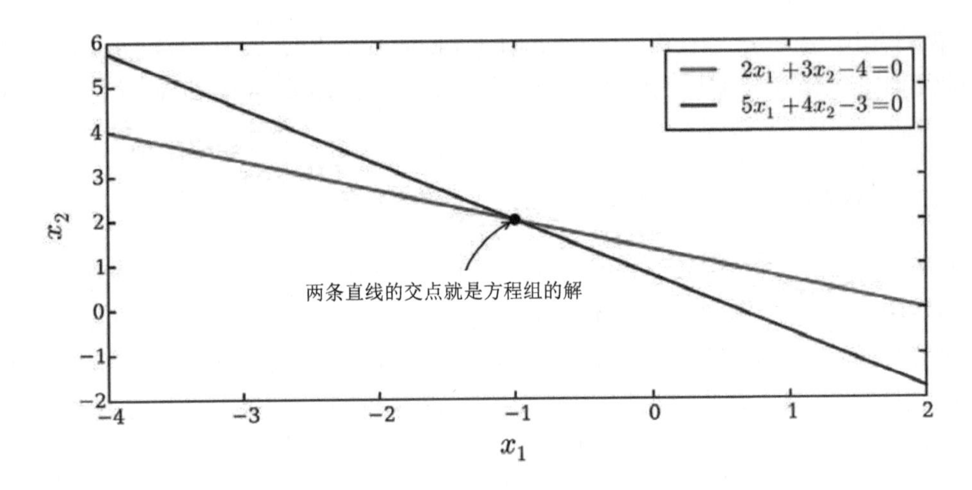

图 5-1　包含两个方程的线性方程组的解

可以通过在 SymPy 中为 ***A*** 和 ***b*** 创建矩阵对象来定义该问题，然后计算矩阵 ***A*** 的秩、条件数和范数：

```
In [8]: A = sympy.Matrix([[2, 3], [5, 4]])
In [9]: b = sympy.Matrix([4, 3])
In [10]: A.rank()
Out[10]: 2
In [11]: A.condition_number()
```

Out[11]: $\dfrac{\sqrt{27+2\sqrt{170}}}{\sqrt{27-2\sqrt{170}}}$

```
In [12]: sympy.N(_)
Out[12]: 7.58240137440151
In [13]: A.norm()
```

Out[13]: $3\sqrt{6}$

在 NumPy/SciPy 中，也可以使用 NumPy 数组来表示 ***A*** 和 ***b***，然后使用 np.linalg 和 scipy.linalg 模块中的函数进行相同的计算：

```
In [14]: A = np.array([[2, 3], [5, 4]])
In [15]: b = np.array([4, 3])
In [16]: np.linalg.matrix_rank(A)
Out[16]: 2
In [17]: np.linalg.cond(A)
Out[17]: 7.5824013744
In [18]: np.linalg.norm(A)
Out[18]: 7.34846922835
```

求解线性问题的直接方法是计算矩阵 $\boldsymbol{A}$ 的逆，然后乘上向量 $\boldsymbol{b}$，就像前面分析中讨论过的一样。但是，这不是找到解向量 $\boldsymbol{x}$ 的最有效的计算方法。更好的方法是对矩阵 $\boldsymbol{A}$ 进行 $\boldsymbol{LU}$ 分解，即 $\boldsymbol{A}=\boldsymbol{LU}$，其中 $\boldsymbol{L}$ 是下三角矩阵，$\boldsymbol{U}$ 是上三角矩阵。得到 $\boldsymbol{L}$ 和 $\boldsymbol{U}$ 之后，首先使用正向替换求解 $\boldsymbol{Ly}=\boldsymbol{b}$，然后使用后向替换求解 $\boldsymbol{Ux}=\boldsymbol{y}$，从而得到解向量 $\boldsymbol{x}$。由于 $\boldsymbol{L}$ 和 $\boldsymbol{U}$ 是三角矩阵，这两个计算过程都很高效。

在 SymPy 中，可以使用 sympy.Matrix 类的 LUdecomposition 方法来进行符号 $\boldsymbol{LU}$ 分解。该方法会返回两个新的 Matrix 对象、$\boldsymbol{L}$ 和 $\boldsymbol{U}$ 矩阵以及一个行交换矩阵。当我们想要求解 $\boldsymbol{Ax}=\boldsymbol{b}$ 方程组时，不需要显式地计算 $\boldsymbol{L}$ 和 $\boldsymbol{U}$ 矩阵，而是使用 LUsolve 方法，该方法将在内部执行 $\boldsymbol{LU}$ 分解并利用这些因子求解方程组。回到前面的例子，可以使用下面的代码计算 $\boldsymbol{L}$ 和 $\boldsymbol{U}$ 因子，并求解方程组：

```
In [19]: A = sympy.Matrix([[2, 3], [5, 4]])
In [20]: b = sympy.Matrix([4, 3])
In [21]: L, U, _ = A.LUdecomposition()
In [22]: L
```

Out[22]: $\begin{bmatrix} 1 & 0 \\ 5/2 & 1 \end{bmatrix}$

```
In [23]: U
```

Out[23]: $\begin{bmatrix} 2 & 3 \\ 0 & -7/2 \end{bmatrix}$

```
In [24]: L * U
```

Out[24]: $\begin{bmatrix} 2 & 3 \\ 5 & 4 \end{bmatrix}$

```
In [25]: x = A.solve(b); x # equivalent to A.LUsolve(b)
```

Out[25]: $\begin{bmatrix} -1 \\ 2 \end{bmatrix}$

对于数值问题，可以使用 SciPy 线性代数模块的 la.lu 函数。该函数返回置换矩阵 $\boldsymbol{P}$ 以及 $\boldsymbol{L}$ 和 $\boldsymbol{U}$ 矩阵，使得 $\boldsymbol{A}=\boldsymbol{PLU}$。与 SymPy 一样，我们不需要显式计算 $\boldsymbol{L}$ 和 $\boldsymbol{U}$ 矩阵，而是使用 la.solve 函数来求解线性方程组 $\boldsymbol{Ax}=\boldsymbol{b}$，该函数将矩阵 $\boldsymbol{A}$ 和向量 $\boldsymbol{b}$ 作为参数。这通常是使用 SciPy 求解数值线性方程组的首选方法。

```
In [26]: A = np.array([[2, 3], [5, 4]])
In [27]: b = np.array([4, 3])
In [28]: P, L, U = la.lu(A)
In [29]: L
Out[29]: array([[ 1. , 0. ],
                [ 0.4, 1. ]])
In [30]: U
```

```
Out[30]: array([[ 5. , 4. ],
                [ 0. , 1.4]])
In [31]: P.dot(L.dot(U))
Out[31]: array([[ 2., 3.],
                [ 5., 4.]])
In [32]: la.solve(A, b)
Out[32]: array([-1., 2.])
```

使用 SymPy 的好处在于可以得到精确解，也可以在矩阵中包含符号变量。但是，并不是所有的问题都可以进行符号求解，甚至有些问题会给出非常长的结果。另外，使用 NumPy/SciPy 的数值方法的优点在于可以保证能得到结果，虽然由于浮点误差结果可能只是近似解。下面的代码演示了符号方法和数值方法的区别，并且说明了数值方法对于大条件数的方程组很敏感。在这个例子中，我们将求解的方程组如下：

$$\begin{pmatrix} 1 & \sqrt{p} \\ 1 & \frac{1}{\sqrt{p}} \end{pmatrix}\begin{pmatrix} x_1 \\ x_2 \end{pmatrix}=\begin{pmatrix} 1 \\ 2 \end{pmatrix}$$

当 $p=1$ 时，该方程组是奇异的；当 p 是 1 附近的值时，该方程组是病态条件的。使用 SymPy，可以很容易地找到解：

```
In [33]: p = sympy.symbols("p", positive=True)
In [34]: A = sympy.Matrix([[1, sympy.sqrt(p)], [1, 1/sympy.sqrt(p)]])
In [35]: b = sympy.Matrix([1, 2])
In [36]: x = A.solve(b)
In [37]: x
```

Out[37]: $\begin{pmatrix} \frac{2p-1}{p-1} \\ -\frac{\sqrt{p}}{p-1} \end{pmatrix}$

符号解和数值解的区别如图 5-2 所示。在这里，数值解的误差是由浮点数误差引起的，当 p 是 1 附近的值时，方程组的条件数很大，因此误差明显更大。另外，如果 $\boldsymbol{A}$ 或 $\boldsymbol{b}$ 中存在其他误差源，则 $\boldsymbol{x}$ 中的相应误差可能更严重。

```
In [38]: # 定义符号问题
    ...: p = sympy.symbols("p", positive=True)
    ...: A = sympy.Matrix([[1, sympy.sqrt(p)], [1, 1/sympy.sqrt(p)]])
    ...: b = sympy.Matrix([1, 2])
    ...:
    ...: # 符号求解
    ...: x_sym_sol = A.solve(b)
```

```
...: Acond = A.condition_number().simplify()
...:
...: # 数值求解
...: AA = lambda p: np.array([[1, np.sqrt(p)], [1, 1/np.sqrt(p)]])
...: bb = np.array([1, 2])
...: x_num_sol = lambda p: np.linalg.solve(AA(p), bb)
...:
...: # 绘制符号(精确)解和数值解之间差异的图形
...: fig, axes = plt.subplots(1, 2, figsize=(12, 4))
...:
...: p_vec = np.linspace(0.9, 1.1, 200)
...: for n in range(2):
...:     x_sym = np.array([x_sym_sol[n].subs(p, pp).evalf() for pp in p_vec])
...:     x_num = np.array([x_num_sol(pp)[n] for pp in p_vec])
...: axes[0].plot(p_vec, (x_num - x_sym)/x_sym, 'k')
...: axes[0].set_title("Error in solution\n(numerical - symbolic)/ symbolic")
...: axes[0].set_xlabel(r'$p$', fontsize=18)
...:
...: axes[1].plot(p_vec, [Acond.subs(p, pp).evalf() for pp in p_vec])
...: axes[1].set_title("Condition number")
...: axes[1].set_xlabel(r'$p$', fontsize=18)
```

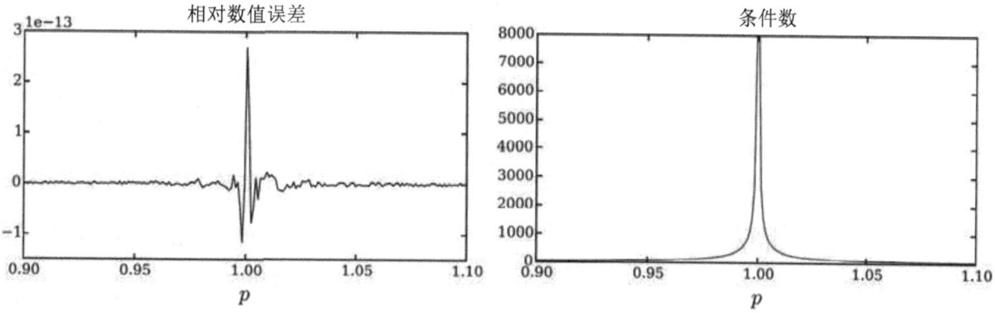

图 5-2　相对数值误差(左图)以及条件数(右图)与参数 p 的关系

5.2.2　矩形方程组

对于 $m \neq n$ 的矩形方程组，既可以是欠定的，也可以是超定的。欠定方程组的变量数比方程数多，所以无法完全确定解。对于这样的方程组，解必须用剩下的自由变量来表示。这就使得难以用数值方法来处理这类问题，但通常可以用符号方法进行替代。

例如，考虑下面的欠定线性方程组：

$$\begin{pmatrix}1 & 2 & 3\\4 & 5 & 6\end{pmatrix}\begin{pmatrix}x_1\\x_2\\x_3\end{pmatrix}=\begin{pmatrix}7\\8\end{pmatrix}$$

这里有三个未知变量，但是只有两个方程用于约束这些变量的关系。将以上方程组写成 $\boldsymbol{Ax}-\boldsymbol{b}=0$ 的形式，可以使用 SymPy 的 sympy.solve 函数来得到 x_1 和 x_2 的解(用剩下的自由变量 x_3 表示)：

```
In [39]: x_vars = sympy.symbols("x_1, x_2, x_3")
In [40]: A = sympy.Matrix([[1, 2, 3], [4, 5, 6]])
In [41]: x = sympy.Matrix(x_vars)
In [42]: b = sympy.Matrix([7, 8])
In [43]: sympy.solve(A*x - b, x_vars)
Out[43]: { x1 = x3 -19 / 3 , x 2 = -2x3 + 20 / 3}
```

我们得到了符号解 $x_1=x_3-19/3$ 以及 $x_2=-2x_3+20/3$，它们在$\{x_1,x_2,x_3\}$的三维空间内定义了一条直线。这条直线上的任意点都满足前面的欠定方程组。

另外，如果方程组是超定的，那么方程的数量比未知变量的数量更多，即 $m>n$。换言之，我们拥有的约束条件比自由度多，这种情况下方程组通常没有精确解。但是，我们经常会尝试为超定方程组寻找近似解。数据拟合就是这种情况的佐证：假设有一个模型，变量 y 是变量 x 的二次多项式，$y=A+Bx+Cx^2$，我们希望使用该模型来拟合实验数据。这里，y 与 x 的关系是非线性的，但是 y 对于三个未知系数 A、B 和 C 是线性的，因而可以将该模型写成一个线性方程组。如果采集了 m 针对变量 x 和变量 y 的数据 $\{(x_i,y_i)\}_{i=1}^m$，就可以将该模型写成如下 $m\times 3$ 的方程组：

$$\begin{pmatrix}1 & x_1 & x_1^2\\ \vdots & \vdots & \vdots\\ 1 & x_m & x_m^2\end{pmatrix}\begin{pmatrix}A\\B\\C\end{pmatrix}=\begin{pmatrix}y_1\\ \vdots\\ y_m\end{pmatrix}$$

如果 $m=3$，并且假设方程组矩阵是非奇异的，就可以求解模型的未知参数 A、B 和 C。但是，直观上可以很清晰地看到，如果数据中有噪声，并且使用 3 个以上的数据点，就能够得到模型参数的更精确估计。

但是，如果 $m>3$，那么通常就没有精确解，需要引入近似解，为超定方程组 $\boldsymbol{Ax}\approx\boldsymbol{b}$ 给出最佳拟合。针对这种方程组的最佳拟合的一种自然定义是最小化误差平方和 $\min_x\sum_{i=1}^m(r_i)^2$，其中 $\boldsymbol{r}=\boldsymbol{b}-\boldsymbol{Ax}$ 是残差向量。这就得到了问题 $\boldsymbol{Ax}\approx\boldsymbol{b}$ 的最小二乘解，让数据点与线性解之间的距离最小。在 SymPy 中，可以使用 solve_least_squares 方法来求解超定方程组的最小二乘解。对于数值问题，可以使用 SciPy 中的 la.lstsq 函数。

下面的代码演示了如何使用 SciPy 的 la.lstsq 方法来拟合之前的示例模型，结果如图 5-3 所示。我们首先定义了模型的真实参数，然后在真实的模型关系中加入随机噪声来模拟测量数据，最后使用

la.lstsq 函数来求解最小二乘问题。该函数除了求解向量 $\boldsymbol{x}$ 外，还返回误差平方和(残差 $\boldsymbol{r}$)、矩阵 $\boldsymbol{A}$ 的秩 rank 和奇异值 sv。在下面的示例中，我们只使用了解向量 $\boldsymbol{x}$。

```
In [44]: # 定义模型的真实参数
    ...: x = np.linspace(-1, 1, 100)
    ...: a, b, c = 1, 2, 3
    ...: y_exact = a + b * x + c * x**2
    ...:
    ...: # 模拟噪声数据
    ...: m = 100
    ...: X = 1 - 2 * np.random.rand(m)
    ...: Y = a + b * X + c * X**2 + np.random.randn(m)
    ...:
    ...: # 使用线性最小二乘法将数据拟合到模型
    ...: A = np.vstack([X**0, X**1, X**2])     # 另请参考 np.vander
    ...: sol, r, rank, sv = la.lstsq(A.T, Y)
    ...:
    ...: y_fit = sol[0] + sol[1] * x + sol[2] * x**2
    ...: fig, ax = plt.subplots(figsize=(12, 4))
    ...:
    ...: ax.plot(X, Y, 'go', alpha=0.5, label='Simulated data')
    ...: ax.plot(x, y_exact, 'k', lw=2, label='True value $y = 1 + 2x + 3x^2$')
    ...: ax.plot(x, y_fit, 'b', lw=2, label='Least square fit')
    ...: ax.set_xlabel(r"$x$", fontsize=18)
    ...: ax.set_ylabel(r"$y$", fontsize=18)
    ...: ax.legend(loc=2)
```

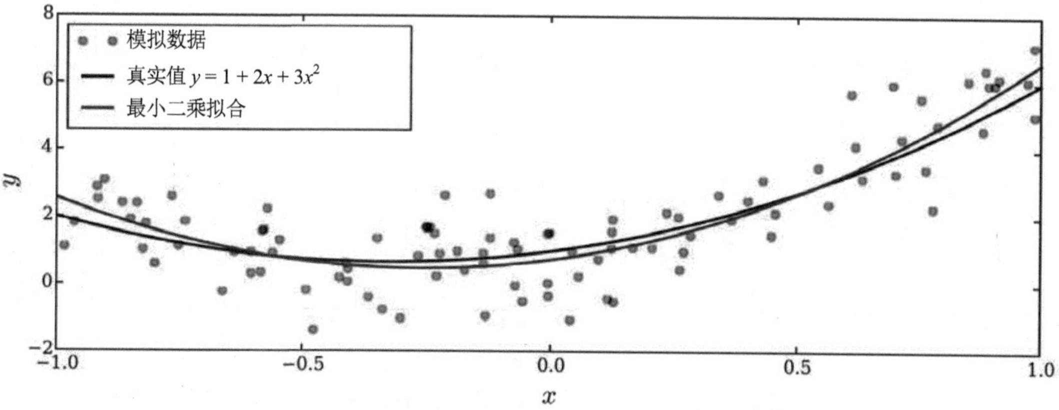

图5-3 线性最小二乘拟合

想让数据与模型很好地拟合，显然要求用于描述数据的模型能够很好地与生成数据的过程对应在下面的示例和图 5-4 中，我们把前一个示例中拟合到线性模型的相同数据拟合到一个高阶多项式模型(最高为 15 阶)。前者是欠拟合，因为我们使用的模型太简单；这次是过拟合，因为我们使用了过于复杂的模型，不仅拟合了数据的潜在趋势，而且拟合了测量噪声。使用合适的模型是进行数据拟合的一个重要且棘手的问题。

```
In [45]: # 使用线性最小二乘法将数据拟合到模型
    ...: # 一阶多项式
    ...: A = np.vstack([X**n for n in range(2)])
    ...: sol, r, rank, sv = la.lstsq(A.T, Y)
    ...: y_fit1 = sum([s * x**n for n, s in enumerate(sol)])
    ...:
    ...: # 十五阶多项式
    ...: A = np.vstack([X**n for n in range(16)])
    ...: sol, r, rank, sv = la.lstsq(A.T, Y)
    ...: y_fit15 = sum([s * x**n for n, s in enumerate(sol)])
    ...:
    ...: fig, ax = plt.subplots(figsize=(12, 4))
    ...: ax.plot(X, Y, 'go', alpha=0.5, label='Simulated data')
    ...: ax.plot(x, y_exact, 'k', lw=2, label='True value $y = 1 + 2x + 3x^2$')
    ...: ax.plot(x, y_fit1, 'b', lw=2, label='Least square fit [1st order]')
    ...: ax.plot(x, y_fit15, 'm', lw=2, label='Least square fit [15th order]')
    ...: ax.set_xlabel(r"$x$", fontsize=18)
    ...: ax.set_ylabel(r"$y$", fontsize=18)
    ...: ax.legend(loc=2)
```

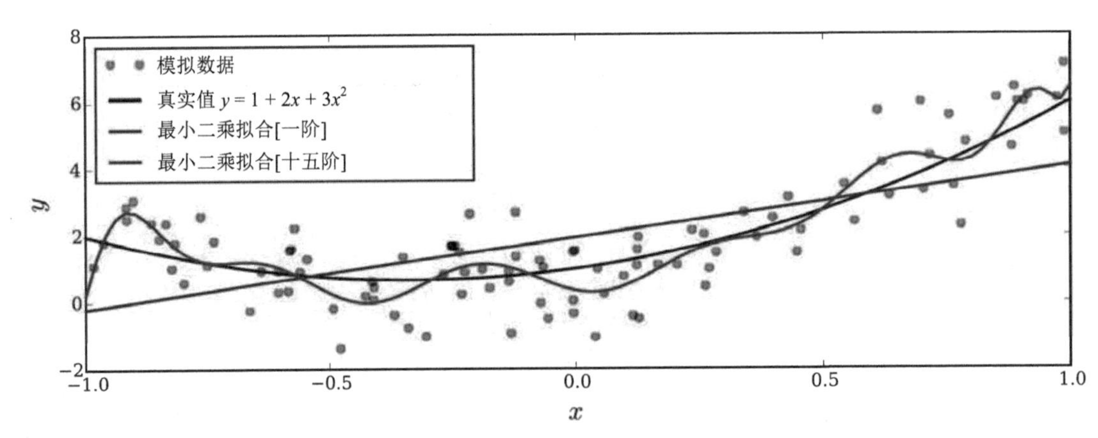

图 5-4 使用线性最小二乘法时数据的欠拟合和过拟合

5.3 特征值问题

一种在理论上和实践中都很重要的特殊方程组是特征值方程 $\boldsymbol{Ax}=\lambda\boldsymbol{x}$，其中 $\boldsymbol{A}$ 是一个 $N\times N$ 的方阵，$\boldsymbol{x}$ 是未知向量，λ 是未知标量。这里 $\boldsymbol{x}$ 是矩阵 $\boldsymbol{A}$ 的特征向量，λ 是矩阵 $\boldsymbol{A}$ 的特征值。特征方程 $\boldsymbol{Ax}=\lambda\boldsymbol{x}$ 与线性方程组 $\boldsymbol{Ax}=\boldsymbol{b}$ 非常相似，但是需要注意，这里的 $\boldsymbol{x}$ 和 λ 都是未知的，所以我们不能直接使用相同的方法来求解这个方程。求解这类特征问题的标准方式是将方程写成 $(\boldsymbol{A}-\boldsymbol{I}\lambda)\boldsymbol{x}=0$ 的形式。请注意，如果存在非平凡解 $\boldsymbol{x}\neq 0$，那么矩阵 $\boldsymbol{A}-\boldsymbol{I}\lambda$ 必须是奇异的，其行列式必须为零，即 $\det(\boldsymbol{A}-\boldsymbol{I}\lambda)=0$。这将得到一个 N 阶的多项式方程(特征多项式)，它的 N 个根会给出 N 个特征值 $\{\lambda_n\}_{n-1}^{n}$。一旦特征值已知，就可以使用标准的前向替换来求解第 n 个特征值 x_n 的 $(\boldsymbol{A}-\boldsymbol{I}\lambda_n)x_n=0$ 方程。

SymPy 以及 SciPy 中的线性代数包都包含求解特征问题的方法。在 SymPy 中，可以使用 Matrix 类的 eigenvals 和 eigenvects 方法，它们能够计算某些具有符号元素的矩阵的特征值和特征向量。例如，要计算具有符号元素的 2×2 对称矩阵的特征值和特征向量，可以使用下面的代码：

```
In [46]: eps, delta = sympy.symbols("epsilon, Delta")
In [47]: H = sympy.Matrix([[eps, delta], [delta, -eps]])
In [48]: H
```

Out[48]: $\begin{pmatrix}\varepsilon & \Delta\\ \Delta & -\varepsilon\end{pmatrix}$

```
In [49]: H.eigenvals()
```

Out[49]: $\left\{-\sqrt{\varepsilon^2+\Delta^2}:1,\sqrt{\varepsilon^2+\Delta^2}:1\right\}$

```
In [50]: H.eigenvects()
```

Out[50]: $\left[\left(-\sqrt{\varepsilon^2+\Delta^2},1,\left[\begin{bmatrix}-\frac{\Delta}{\varepsilon+\sqrt{\varepsilon^2+\Delta^2}}\\ 1\end{bmatrix}\right]\right),\left(\sqrt{\varepsilon^2+\Delta^2},1,\left[\begin{bmatrix}-\frac{\Delta}{\varepsilon-\sqrt{\varepsilon^2+\Delta^2}}\\ 1\end{bmatrix}\right]\right)\right]$

eigenvals 方法的返回值是一个字典，其中的每个特征值都是一个键，对应的值是该特征值的重数(multiplicity)。这里的特征值是 $-\sqrt{\varepsilon^2+\Delta^2}$ 和 $\sqrt{\varepsilon^2+\Delta^2}$，每个特征值都是一重的。eigenvects 方法的返回值更复杂一些：它返回一个列表，其中的每个元素都是一个元组，这个元组中包含特征值、特征值的重数以及特征向量列表。每个特征值的特征向量的数量等于重数。在本例中，可以对 eigenvects 方法返回的值进行解包，并验证两个特征向量是否正交：

```
In [51]: (eval1, _, evec1), (eval2, _, evec2) = H.eigenvects()
In [52]: sympy.simplify(evec1[0].T * evec2[0])
Out[52]: [0]
```

使用这些方法得到的特征值和特征向量的解析表达式通常都相当令人满意，但遗憾的是，它们仅仅适用于小矩阵。对于矩阵大于 3×3 的情况，所得结果的解析表达式会变得非常冗长和复杂，即使使用 SymPy 这样的计算机代数系统。因此，对于较大的方程组，必须使用完全数值化的方法。为此，可以使用 SciPy 线性代数包中的 la.eigvals 和 la.eig 函数。Hermitian 矩阵和实数对称矩阵具有实数特征值，对于这类矩阵，使用 la.eigvalsh 和 la.cigh 函数更有优势，可以保证函数返回的特征值是实数特征值(保存在 NumPy 数组中)。例如，如果要使用 la.eig 求解实数特征值问题，可以使用下面的代码：

```
In [53]: A = np.array([[1, 3, 5], [3, 5, 3], [5, 3, 9]])
In [54]: evals, evecs = la.eigh(A)
In [55]: evals
Out[55]: array([ 13.35310908+0.j,-1.75902942+0.j, 3.40592034+0.j])
In [56]: evecs
Out[56]: array([[ 0.42663918, 0.90353276, -0.04009445],
                [ 0.43751227, -0.24498225, -0.8651975 ],
                [ 0.79155671, -0.35158534, 0.49982569]])
In [57]: la.eigvalsh(A)
Out[57]: array([ -1.75902942, 3.40592034,13.35310908])
```

由于以上示例中的矩阵是对称的，因此可以使用 la.eigh 和 la.eigvalsh 函数，从而得到实数特征值数组。

5.4　非线性方程

本节将考虑非线性方程。如本章前面所述，线性方程组在科学计算中极为重要，因为它们易于求解并且可以用来构建很多其他计算方法和技术。但是，在自然科学和工程学科中，很多(但不是大多数)系统本质上是非线性的。

根据定义，线性方程$f(x)$满足可加性$f(x+y)=f(x)+f(y)$以及齐次性$f(\alpha x)=\alpha f(x)$，两者写在一起可以得到叠加原理$f(\alpha x+\beta y)=\alpha f(x)+\beta f(y)$。这就是线性的精确定义。相反，非线性函数不满足这些条件。因此，非线性是一个更加广泛的概念，存在各种各样的非线性函数。但是，一般而言，如果表达式中有一个变量的幂大于 1，那么表达式就是非线性的。例如，表达式 x^2+x+1 就是非线性的，因为有 x^2 项。

非线性方程总是可以写成$f(x)=0$的形式，其中$f(x)$是非线性函数，需要找到能使$f(x)$等于 0 的 x 值(可以是标量或矢量)。x 被称为函数$f(x)$的根，因此方程求解的过程通常被称为求根(root finding)。与本章前面介绍的内容不同，本节除了单个方程和方程组外，还需要区分单变量方程和多变量方程。

5.4.1　单变量方程

单变量函数$f(x)$仅依赖于单个变量，其中 x 是标量，对应的单变量方程是 $f(x)=0$。这类方程的典型例子是多项式，例如 $x^2-x+1=0$，以及包含基本函数的表达式，例如 $x^3-3\sin(x)=0$ 和 $\exp(x)-2=0$。与线性系统不同的是，没有通用的方法能得到非线性方程的一个或多个解，也不能确定得到的解是否唯一。

由于存在各种可能性，因此很难设计一种能够求解非线性方程的全自动方法。从分析上看，只有特定形式的方程可以精确求解。例如，对于四阶多项式以及某些特殊情况下更高阶的多项式，可以通过解析的方法进行求解。另外，包含三角函数以及其他基本函数的一些方程也可以通过解析的方法进行求解。在 SymPy 中，可以使用 sympy.solve 函数对很多可解析的单变量非线性方程进行求解。例如，要求解标准的二次方程 $a+bx+cx^2=0$，可以定义一个方程表达式，然后将它传给 sympy.solve 函数：

```
In [58]: x, a, b, c = sympy.symbols("x, a, b, c")
In [59]: sympy.solve(a + b*x + c*x**2, x)
Out[59]: [(-b + sqrt(-4*a*c + b**2))/(2*c), -(b + sqrt(-4*a*c + b**2))/(2*c)]
```

同样的方法也可以用来求解一些三角方程：

```
In [60]: sympy.solve(a * sympy.cos(x) - b * sympy.sin(x), x)
Out[60]:[-2*atan((b - sqrt(a**2 + b**2))/a), -2*atan((b + sqrt(a**2 + b**2))/a)]
```

但是，一般情况下，非线性方程通常是无法解析求解的。例如，包含多项式表达式和基本函数的方程(如 $\sin x = x$)一般是超越(transcendental)方程，不存在代数解。如果尝试使用 SymPy 来求解这类方程，就会得到异常错误：

```
In [61]: sympy.solve(sympy.sin(x)-x, x)
...
NotImplementedError: multiple generators [x, sin(x)]
No algorithms are implemented to solve equation -x + sin(x)
```

在这种情况下，需要使用各种数值方法。首先绘制函数的图形，这通常很有用。从中可以得到有关方程解的数量以及大概位置的线索。在使用数值方法寻找方程近似根的时候，通常需要这些信息。例如，使用下面的代码绘制四个非线性方程的图形，结果如图 5-5 所示。从这些图中可以立即得出结论：从左到右的四个函数分别有两个、三个、一个和多个根(至少在绘制的区域中如此)。

```
In [62]: x = np.linspace(-2, 2, 1000)
    ...: # 四个非线性函数
    ...: f1 = x**2 - x - 1
    ...: f2 = x**3 - 3 * np.sin(x)
    ...: f3 = np.exp(x) - 2
    ...: f4 = 1 - x**2 + np.sin(50 / (1 + x**2))
    ...:
    ...: # 绘制每个函数的图形
    ...: fig, axes = plt.subplots(1, 4, figsize=(12, 3), sharey=True)
    ...:
```

```
    ...: for n, f in enumerate([f1, f2, f3, f4]):
    ...:     axes[n].plot(x, f, lw=1.5)
    ...:     axes[n].axhline(0, ls=':', color='k')
    ...:     axes[n].set_ylim(-5, 5)
    ...:     axes[n].set_xticks([-2, -1, 0, 1, 2])
    ...:     axes[n].set_xlabel(r'$x$', fontsize=18)
    ...:
    ...:     axes[0].set_ylabel(r'$f(x)$', fontsize=18)
    ...:
    ...: titles = [r'$f(x)=x^2-x-1$', r'$f(x)=x^3-3\sin(x)$',
    ...:     r'$f(x)=\exp(x)-2$', r'$f(x)=\sin\left(50/(1+x^2)\ right)+1-x^2$']
    ...: for n, title in enumerate(titles):
    ...:     axes[n].set_title(title)
```

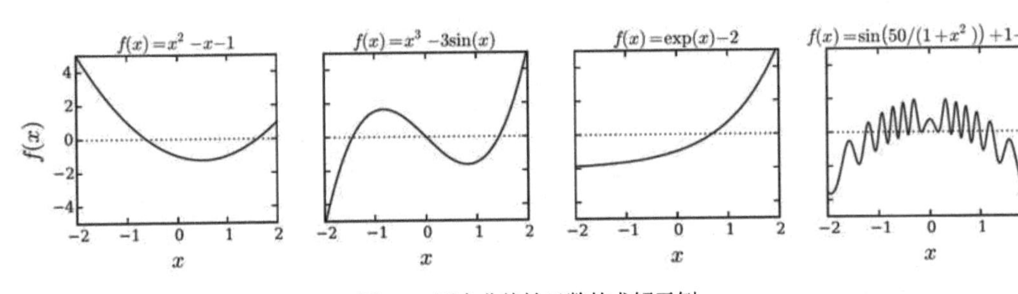

图 5-5　四个非线性函数的求解示例

为了找到方程解的近似位置，可以从众多求数值解的方法中选择一种，这些方法通常都使用迭代的方式，计算函数在某个连续区域的值，直到算法收敛到某个所需的精度。有两种标准的方法演示了数字求根方法的基本思想：二分法和牛顿法。

二分法要求提供起始区间$[a,b]$，使得$f(a)$和$f(b)$的符号不同，从而确保在指定的区间内至少有一个根。在每次迭代时，计算函数在 a 和 b 之间的中间点 m 处的值，如果 a 和 m 处函数值的符号不同，下一次就选择新的区间$[a,b=m]$进行迭代。否则，选择区间$[a=m,b]$进行迭代。这就保证了在每次迭代中，函数在区间两个端点的值的符号不同，并且每次迭代后将区间减半，向着方程根的方向进行收敛。下面的代码实现了简单的二分法，并且用图形对每一步进行了可视化，结果如图 5-6 所示。

```
In [63]: # 定义函数、期望精度和起始区间[a, b]
    ...: f = lambda x: np.exp(x) - 2
    ...: tol = 0.1
    ...: a, b = -2, 2
    ...: x = np.linspace(-2.1, 2.1, 1000)
    ...:
    ...: #绘制函数 f 的图形
    ...: fig, ax = plt.subplots(1, 1, figsize=(12, 4))
    ...:
```

```
...: ax.plot(x, f(x), lw=1.5)
...: ax.axhline(0, ls=':', color='k')
...: ax.set_xticks([-2, -1, 0, 1, 2])
...: ax.set_xlabel(r'$x$', fontsize=18)
...: ax.set_ylabel(r'$f(x)$', fontsize=18)
...:
...: # 使用二分法求根并在图形中对每一步进行可视化
...: fa, fb = f(a), f(b)
...:
...: ax.plot(a, fa, 'ko')
...: ax.plot(b, fb, 'ko')
...: ax.text(a, fa + 0.5, r"$a$", ha='center', fontsize=18)
...: ax.text(b, fb + 0.5, r"$b$", ha='center', fontsize=18)
...:
...: n = 1
...: while b - a > tol:
...:     m = a + (b - a)/2
...:     fm = f(m)
...:
...:     ax.plot(m, fm, 'ko')
...:     ax.text(m, fm - 0.5, r"$m_%d$" % n, ha='center')
...:     n += 1
...:
...:     if np.sign(fa) == np.sign(fm):
...:         a, fa = m, fm
...:     else:
...:         b, fb = m, fm
...:
...: ax.plot(m, fm, 'r*', markersize=10)
...: ax.annotate("Root approximately at %.3f" % m,
...:             fontsize=14, family="serif",
...:             xy=(a, fm), xycoords='data',
...:             xytext=(-150, +50), textcoords='offset points',
...:              arrowprops=dict(arrowstyle="->", connectionstyle="arc3,
             rad=-.5"))
...:
...: ax.set_title("Bisection method")
```

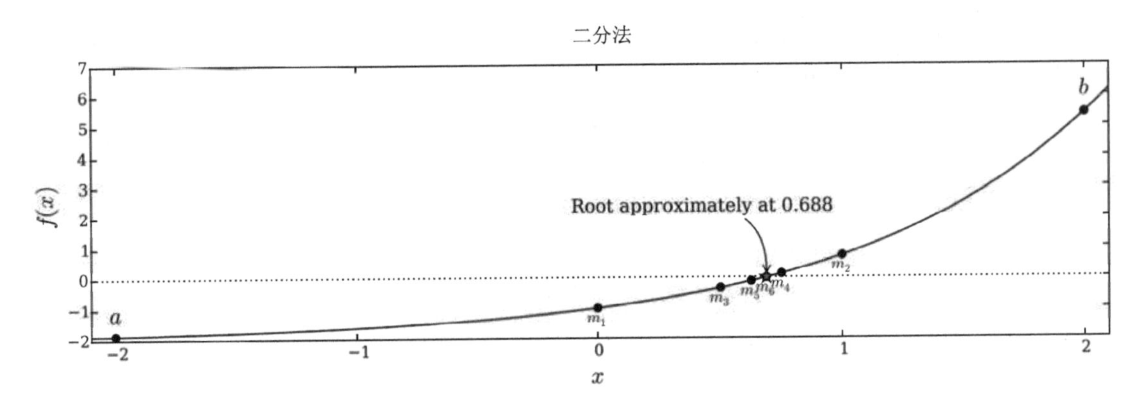

图 5-6　二分法的求根过程

另外一种求根的标准方法是牛顿法，其收敛速度比前面介绍的二分法更快。二分法只使用每个点处函数值的符号，牛顿法则使用函数的实际值来得到非线性函数的更为准确的近似值。特别地，牛顿法使用 $f(x)$ 的一阶泰勒展开式 $f(x+dx)=f(x)+dx\,f'(x)$ 来近似函数 $f(x)$。一阶泰勒展开式是一个线性函数，很容易就能得到它的根 $x-f(x)/f'(x)$。当然，这并不是 $f(x)$ 的根，但在很多情况下，这是对 $f(x)$ 函数的根的非常好的近似。潜在的问题是，如果在某些点 x_k，$f'(x_k)$ 等于 0，该方法将失效。在实现该方法时必须处理这种特殊情况。下面的例子演示了如何使用这种方法来求方程 $\exp(x)-2=0$ 的根，其中使用 SymPy 来计算函数 $f(x)$ 的导数，图 5-7 对求解过程进行了可视化。

```
In [64]: # 定义函数、期望精度和起始点 xk
    ...: tol = 0.01
    ...: xk = 2
    ...:
    ...: s_x = sympy.symbols("x")
    ...: s_f = sympy.exp(s_x) - 2
    ...:
    ...: f = lambda x: sympy.lambdify(s_x, s_f, 'numpy')(x)
    ...: fp = lambda x: sympy.lambdify(s_x, sympy.diff(s_f, s_x), 'numpy')(x)
    ...:
    ...: x = np.linspace(-1, 2.1, 1000)
    ...:
    ...: # 创建可视化求解过程的图形
    ...: fig, ax = plt.subplots(1, 1, figsize=(12, 4))
    ...: ax.plot(x, f(x))
    ...: ax.axhline(0, ls=':', color='k')
    ...:
    ...: # 利用牛顿法不断迭代，直至收敛到期望的精度
    ...: n = 0
    ...: while f(xk) > tol:
```

```
...:     xk_new = xk - f(xk) / fp(xk)
...:
...:     ax.plot([xk, xk], [0, f(xk)], color='k', ls=':')
...:     ax.plot(xk, f(xk), 'ko')
...:     ax.text(xk, -.5, r'$x_%d$' % n, ha='center')
...:     ax.plot([xk, xk_new], [f(xk), 0], 'k-')
...:
...:     xk = xk_new
...:     n += 1
...:
...: ax.plot(xk, f(xk), 'r*', markersize=15)
...: ax.annotate("Root approximately at %.3f" % xk,
...:             fontsize=14, family="serif",
...:             xy=(xk, f(xk)), xycoords='data',
...:             xytext=(-150, +50), textcoords='offset points',
...:             arrowprops=dict(arrowstyle="->", connectionstyle="arc3,
                 rad=-.5"))
...:
...: ax.set_title("Newtown's method")
...: ax.set_xticks([-1, 0, 1, 2])
```

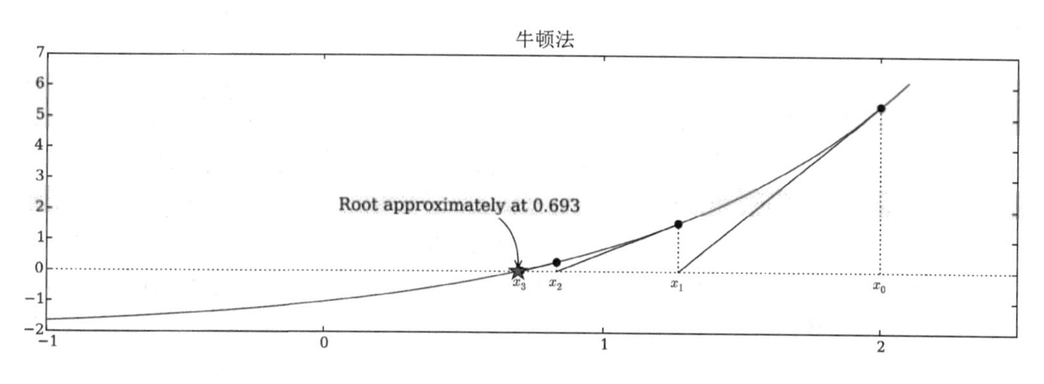

图 5-7 使用牛顿法求 exp(x)−2=0 的根，并对求解过程进行可视化

牛顿法存在的潜在问题是，要求在每次迭代中计算函数值和函数导数的值。在上一个示例中，我们使用 SymPy 通过符号来计算导数，在使用全数值的实现中，这显然是不可能的，所以需要求导数的近似值，这反过来又需要进一步的函数计算。牛顿法的一种变体——割线法(secant method)，不需要对函数进行求导，而使用函数的前两个计算值来获得函数当前值的线性近似值，该线性近似值可用于计算根的最新估计值。割线法的迭代公式是 $x_{k+1} = x_k - f(x_k)\dfrac{x_k - x_{k-1}}{f(x_k) - f(x_{k-1})}$。这只是牛顿法的基本思想的众多变体和改进之一。最先进的数值求根方法通常是在牛顿法或二分法的思想之

上，或者结合二者的思想，进行各种改进，例如函数的高阶插值，从而实现更快的收敛速度。

SciPy 的 optimize 模块提供了多个用于数值求根的函数。optimize.bisect 和 optimize.newton 函数实现了变体形式的二分法和牛顿法。optimize.bisect 有三个参数：第一个参数是一个 Python 函数(如 lambda 函数)，它是需要求解的方程的数学函数；第二和第三个参数是进行二分法的区间的上下限。请注意，像前面介绍过的一样，函数值的符号在 a 点和 b 点必须不同，这样才能使用二分法。使用 optimize.bisect 函数，可以计算前面例子中方程 $\exp(x)-2=0$ 的根：

```
In [65]: optimize.bisect(lambda x: np.exp(x) - 2, -2, 2)
Out[65]: 0.6931471805592082
```

只要 $f(\mathrm{a})$ 和 $f(b)$ 的符号不一样，就可以保证在区间 $[a, b]$ 内可以找到根。使用牛顿法的 optimize.newton 函数的第一个参数也是待求解的函数，第二个参数是函数解的初始猜测值。还有一个可选的关键字参数 fprime，用于指定函数的导数。如果给出了 fprime，则使用牛顿法，否则使用割线法。为了找到方程 $\exp(x)-2=0$ 的根，我们分别使用指定导数和不指定导数两种方法：

```
In [66]: x_root_guess = 2
In [67]: f = lambda x: np.exp(x) - 2
In [68]: fprime = lambda x: np.exp(x)
In [69]: optimize.newton(f, x_root_guess)
Out[69]: 0.69314718056
In [70]: optimize.newton(f, x_root_guess, fprime=fprime)
Out[70]: 0.69314718056
```

请注意，如果函数有多个根，那么使用这种方法无法控制会找到哪个根。例如，不能保证函数返回的根是不是最接近初始猜测值的那个，并且无法事先知道根是大于还是小于初始猜测值。

SciPy 的 optimize 模块还为求根提供了其他函数。特别是 optimize.brentq 和 optimize.brenth 函数，它们都是二分法的变体，同样适用于函数值会改变符号的区间。optimize.brentq 函数通常被认为是 SciPy 中全能求根函数的首选。为了使用 optimize.brentq 和 optimize.brenth 函数对前面示例中的方程进行求根，可以使用如下代码：

```
In [71]: optimize.brentq(lambda x: np.exp(x) - 2, -2, 2)
Out[71]: 0.6931471805599453
In [72]: optimize.brenth(lambda x: np.exp(x) - 2, -2, 2)
Out[72]: 0.6931471805599381
```

请注意，这两个函数将一个表示方程的 Python 函数作为第一个参数，将区间的上下限作为第二和第三个参数。

5.4.2 非线性方程组

与线性方程组不同的是，通常不能把非线性方程组写成矩阵乘法的形式。相反，我们将多元非线性方程组表示成向量值函数(vector-valued function)，如$f: \mathbb{R}^N \to \mathbb{R}^N$，这表示将一个$N$维向量映射到另一个$N$维向量。多变量方程组相比单变量方程更难以求解，部分原因是它拥有更多的可能性。所以，没有严格保证能收敛到某个解的方法，像单变量非线性方程的二分法那样，即使存在求解方法，也比单变量情况下的计算量大得多，特别是当变量数量增加时。

我们前面讨论过的求解单变量方程的方法并非都能推广到多变量的情况。例如，二分法不能直接推广到多变量方程组。另外，牛顿法则可以用于多变量问题，在这种情况下，迭代方程是$x_{k+1} = x_k - J_f(x_k)^{-1} f(x_k)$，其中$J_f(x_k)$是函数$f(x)$的雅可比矩阵，其中的元素是$[J_f(x_k)]_{ij} = \partial f_i(x_k)/\partial x_j$。该方法只需要求解线性方程组$J_f(x_k)\delta x_k = -f(x_k)$，然后使用$x_{k+1} = x_k + \delta x_k$更新$x_k$，而不需要求雅可比矩阵的逆。与单变量方程组中牛顿法的割线法变体一样，也有多变量函数的变体，可以根据函数先前的计算来估计函数的当前值，从而避免计算雅可比矩阵。Broyden法就是这类多变量方程组的割线更新法的典型例子。在SciPy的optimize模块中，broyden1和broyden2是两个使用不同的Jacobian近似值实现Broyden法的函数；而optimize.fsolve函数则提供了一种类牛顿法的实现，该函数有一个可选参数用于指定雅可比矩阵(如果有的话)。所有的函数都有类似的函数签名：第一个参数是表示待求解方程的Python函数(该函数的第一个参数是NumPy数组，并返回一个形状相同的数组)，第二个参数是解的初始猜测值(使用NumPy数组的形式)。optimize.fsolve函数也可以使用可选的关键字参数fprime，该参数是一个函数，用于返回函数$f(x)$的雅可比矩阵。另外，所有这些函数都有大量可选的关键字参数，用于调整它们的行为。

例如，考虑如下包含两个多变量非线性方程的方程组：

$$\begin{cases} y - x^3 - 2x^2 + 1 = 0 \\ y + x^2 - 1 = 0 \end{cases}$$

以上方程组可以表示成向量值函数的形式$f([x_1, x_2]) = [x_2 - x_1^3 - 2x_1^2 + 1, x_2 + x_1^2 - 1]$。为了使用SciPy来求解该方程组，需要为$f([x_1, x_2])$定义一个Python函数，然后调用该函数(例如，使用optimize.fsolve调用该函数，并传入解向量的初始猜测值)：

```
In [73]: def f(x):
    ...: return [x[1] - x[0]**3 - 2 * x[0]**2 + 1, x[1] + x[0]**2 - 1]
In [74]: optimize.fsolve(f, [1, 1])
Out[74]: array([ 0.73205081, 0.46410162])
```

可以使用类似的方法来使用optimize.broyden1和optimize.broyden2。为了给optimize.fsolve指定一个雅可比矩阵，需要定义一个函数来计算给定的输入向量的雅可比矩阵。这要求我们首先手动计算或者使用SymPy计算雅可比矩阵：

```
In [75]: x, y = sympy.symbols("x, y")
In [76]: f_mat = sympy.Matrix([y - x**3 -2*x**2 + 1, y + x**2 - 1])
```

```
In [77]: f_mat.jacobian(sympy.Matrix([x, y]))
```

Out[77]:
$$\begin{pmatrix} -3x^2-4x & 1 \\ 2x & 1 \end{pmatrix}$$

然后就可以很容易地实现一个 Python 函数，该函数可以作为参数传给 optimize.fsolve 函数：

```
In [78]: def f_jacobian(x):
    ...: return [[-3*x[0]**2-4*x[0], 1], [2*x[0], 1]]
In [79]: optimize.fsolve(f, [1, 1], fprime=f_jacobian)
Out[79]: array([ 0.73205081, 0.46410162])
```

与单变量非线性方程组的牛顿法一样，解的初始猜测值非常重要，不同的初始猜测值可能会导致找到不同的方程解。我们不能保证可以找到特定的解，尽管初始猜测值与真实解的接近程度通常与是否收敛到该特定解相关。如果可以的话，绘制待求解方程的图形通常是一种很好的方法，可以很直观地显示解的数量及位置。例如，下面的代码演示了如何使用不同的初始猜测值和 optimize.fsolve 函数找到这里讨论的方程组的三个不同解，结果如图 5-8 所示。

```
In [80]: def f(x):
    ...: return [x[1] - x[0]**3 - 2 * x[0]**2 + 1,
    ...:         x[1] + x[0]**2 - 1]
    ...:
    ...: x = np.linspace(-3, 2, 5000)
    ...: y1 = x**3 + 2 * x**2 -1
    ...: y2 = -x**2 + 1
    ...:
    ...: fig, ax = plt.subplots(figsize=(8, 4))
    ...:
    ...: ax.plot(x, y1, 'b', lw=1.5, label=r'$y = x^3 + 2x^2 - 1$')
    ...: ax.plot(x, y2, 'g', lw=1.5, label=r'$y = -x^2 + 1$')
    ...:
    ...: x_guesses = [[-2, 2], [1, -1], [-2, -5]]
    ...: for x_guess in x_guesses:
    ...:    sol = optimize.fsolve(f, x_guess)
    ...:    ax.plot(sol[0], sol[1], 'r*', markersize=15)
    ...:
    ...:    ax.plot(x_guess[0], x_guess[1], 'ko')
    ...:    ax.annotate("", xy=(sol[0], sol[1]), xytext=(x_guess[0], x_guess[1]),
    ...:                arrowprops=dict(arrowstyle="->", linewidth=2.5))
```

```
    ...:
    ...: ax.legend(loc=0)
    ...: ax.set_xlabel(r'$x$', fontsize=18)
```

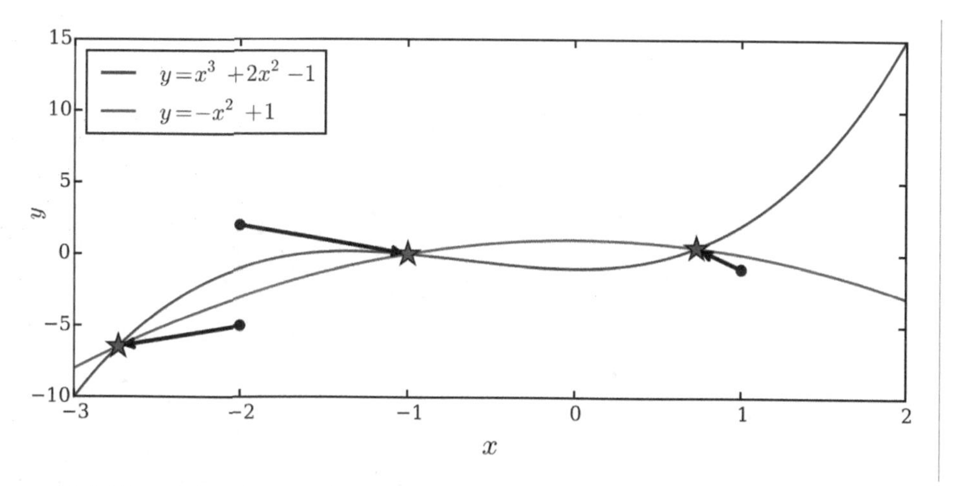

图 5-8 包含两个非线性方程的方程组。红色的星星表示方程组的解，黑色的点是初始猜测值，指向解的箭头表示每个初始猜测值最终的收敛方向

通过使用不同的初始猜测值对方程组进行系统性求解，可以建立不同的初始猜测值如何收敛到不同解的可视化图形。下面的代码实现了上述过程，结果如图 5-9 所示。这表明，即使对于这个相对简单的例子，收敛到不同解的初始猜测值的区域也是很复杂的，甚至存在一些缺失点，对应最终不能收敛到任何解的初始猜测值。求解非线性方程是一项很复杂的工作，各种类型的可视化通常对于构建针对特定问题特征的理解非常有用。

```
In [81]: fig, ax = plt.subplots(figsize=(8, 4))
    ...:
    ...: ax.plot(x, y1, 'k', lw=1.5)
    ...: ax.plot(x, y2, 'k', lw=1.5)
    ...:
    ...: sol1 = optimize.fsolve(f, [-2,2])
    ...: sol2 = optimize.fsolve(f, [ 1, -1])
    ...: sol3 = optimize.fsolve(f, [-2, -5])
    ...: sols = [sol1, sol2, sol3]
    ...: colors = ['r', 'b', 'g']
    ...: for idx, s in enumerate(sols):
    ...:     ax.plot(s[0], s[1], colors[idx]+'*', markersize=15)
    ...:
    ...: for m in np.linspace(-4, 3, 80):
    ...:    for n in np.linspace(-15, 15, 40):
```

```
...:        x_guess = [m, n]
...:        sol = optimize.fsolve(f, x_guess)
...:        idx = (abs(sols - sol)**2).sum(axis=1).argmin()
...:        ax.plot(x_guess[0], x_guess[1], colors[idx]+'.')
...:
...: ax.set_xlabel(r'$x$', fontsize=18)
```

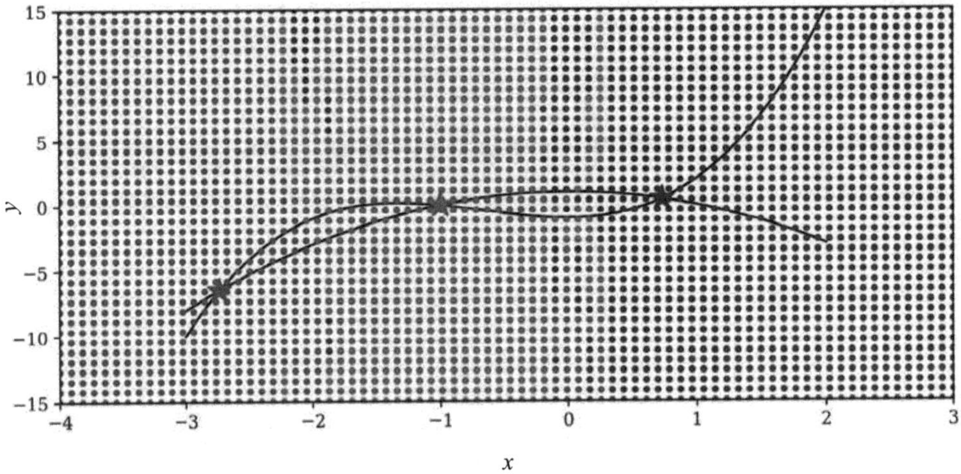

图 5-9　对不同的初始猜测值收敛到不同的解进行可视化。每个点对应一个初始猜测值，点的颜色与最终收敛到的解的颜色一样，不同的解用对应颜色的星星标记

5.5　本章小结

本章探讨了使用 SymPy 和 SciPy 库求解代数方程的方法。方程求解是计算科学中最基本的数学工具之一，它不仅是很多算法和方法的重要组成部分，而且可以直接用来解决很多实际问题。在某些情况下，存在解析代数解，特别是对于那些多项式方程或者包含基本函数组合的方程，这些方程通常可以使用 SymPy 进行符号求解。对于没有代数解的方程以及较大的方程组，数值方法通常是唯一可行的方法。线性方程组总是可以进行系统性求解，所以线性方程组有很多重要的应用，无论是原始的线性系统还是近似原始的非线性系统。非线性方程的求解需要一组不同的方法，通常复杂得多，并且需要更多的计算量。实际上，很多求解非线性方程组的方法都使用了迭代方法，而求解线性方程组是迭代方法中的重要步骤。对于数值方程的求解，可以使用 SciPy 中的线性代数和优化模块，它们为线性和非线性方程组的求根及方程求解提供了行之有效的方法。

5.6　扩展阅读

方程求解是一种基本的数值计算技术，在大多数介绍数值分析的文章中都有相关介绍。例如，Heath(2001)中就有很多这方面的介绍，而 W.H. Press(2007)则给出了很多实现方面的细节。

5.7 参考文献

Heath, M. (2001). *Scientific Computing*. Boston: McGraw-Hill.

W.H. Press, S. T. (2007). *Numerical Recipes: The Art of Scientific Computing* (3rd ed.). Cambridge: Cambridge University Press.

第 6 章

优　　化

本章将在方程求解的基础上，研究求解优化问题相关的主题。通常，优化是从一组候选解中寻找和选择最优解的过程。在数学优化中，这类问题通常被定义为在给定的域中找到函数的极值。极值或最优值可以是函数的最小值或最大值，具体取决于应用场景和特定问题。本章中，我们将关注的是在一组约束条件下，对一个或多个变量的实数值函数的优化。

数学优化的应用多种多样，求解优化问题的方法和算法也是如此。由于优化是一种非常重要的数学工具，因此在科学与工程的很多领域中都有研究和应用，不同领域中描述优化问题的术语也各不相同。例如，被优化的数学函数可能被称为代价函数(cost function)、损失函数(loss function)、能量函数(energy function)或目标函数(objective function)等。这里我们使用通用的术语：目标函数。

优化与方程求解密切相关，因为在函数的最优值处，导数或梯度(多变量时)为 0。反之不一定成立，不过求解优化问题的方法是找到导数或梯度为 0 的点，然后从这些候选点中找到最优值。但是这种方法并不总是行得通，我们经常可能需要采用其他数值方法，其中很多方法与第 5 章介绍的用于求根的数值方法密切相关。

本章将讨论如何使用 SciPy 的优化模块 optimize 来解决非线性优化问题，我们将简单探讨如何使用优化库 cvxopt 来处理带线性约束的线性优化问题。该库还有功能强大的、用于求解二次规划问题的求解器。

提示：

优化库 cvxopt 提供了线性优化问题和二次优化问题的求解器。编写本书时，cvxopt 的最新版本是 1.1.9。关于该库的更多信息，请访问项目网站 http://cvxopt.org。在本章，我们将使用该库来解决约束线性优化问题。

6.1　导入模块

与前面各章一样，为了使用 SciPy 库的 optimize 模块，需要使用下面的方法导入该模块：

```
In [1]: from scipy import optimize
```

本章后面还将讨论如何使用 cvxopt 库进行线性编程，我们假设按照下面的方法导入整个库：

```
In [2]: import cvxopt
```

为了进行基本的数值计算、符号计算和绘图，我们还需要使用 NumPy、SymPy 和 matplotlib 库，下面导入并初始化它们：

```
In [3]: import matplotlib.pyplot as plt
In [4]: import numpy as np
In [5]: import sympy
In [6]: sympy.init_printing()
```

6.2　优化问题的分类

这里我们把考虑的范围限制在单个或多个因变量的实数函数的数学优化问题上。很多数学优化问题都可以表示成这种形式，但需要注意的例外是离散变量函数的优化。例如，变量取值是整数，这超出了本书的讨论范围。

这里考虑的一般优化问题可以表示成最小化问题，即 $\min_x f(x)$，存在一组 m 个等式约束条件 $g(x)=0$，以及 p 个不等式约束条件 $h(x)\leqslant 0$。其中 $f(x)$是 x 的实值函数，x 可以是标量或向量 $\boldsymbol{x}=(x_0, x_1, \cdots, x_n)^{\mathrm{T}}$，$g(x)$和 $h(x)$可以是向量值函数：$f:\mathbb{R}^n\to\mathbb{R}$，$g:\mathbb{R}^n\to\mathbb{R}^m$ 以及 $h:\mathbb{R}^n\to\mathbb{R}^p$。请注意，$f(x)$的最大化问题等同于 $-f(x)$的最小化问题，因此上述定义具有一般性，只需要考虑最小化问题就可以了。

根据目标函数 $f(x)$的性质以及等式和不等式约束条件 $g(x)$ 和 $h(x)$，我们的公式可以涵盖各种各样的问题。这种形式的通用数学优化问题很难求解，不存在什么有效的方法用以完全求解一般的优化问题。但是对于很多重要的特定问题，存在有效求解的方法，因此在优化中，尽可能多地了解目标函数和约束对于求解问题很重要。

根据 $f(x)$、$g(x)$和 $h(x)$函数的性质，可以对优化问题进行分类。首先，如果 x 是标量，即 $x\in\mathbb{R}$，则是单变量或一维问题；如果 x 是向量，即$\boldsymbol{x}\in\mathbb{R}^n$，则是多变量或多维问题。对于 n 较大的高维目标函数，优化问题难以求解，对计算量要求更高。如果目标函数和约束条件都是线性的，则是线性优化问题或线性规划问题[1]。如果目标函数或约束条件是非线性的，则是非线性优化问题或非线性规划问题。根据约束条件的不同，优化问题可分为无约束问题、线性约束问题和非线性约束问题。最后，等式约束和不等式约束问题需要用不同的方法进行求解。

和往常一样，非线性问题相比线性问题更难以解决，因为非线性问题的可能行为更多。一般的非线性问题可以同时有局部最小值和全局最小值，这使得很难找到全局最小值：迭代求解器可能会经常收敛到局部最小值而不是全局最小值，当同时存在局部最小值和全局最小值时，无法收敛到任何一个最小值。但是，在可以有效求解的非线性问题中有一类问题重要子集是凸优化问题，这类问题没有严格意义上的局部最小值，只有全局最小值。根据定义，如果在某个区间[a，b]上，函数的

1 由于历史原因，优化问题经常被称为规划问题，但这里的规划与计算机编程没有关系。

所有值都位于两个端点$(a,f(a))$和$(b,f(b))$确定的直线之下，那么该函数在该区间上是凸函数。该条件可以很容易地推广到多变量的情况，该条件也隐含了很多重要的性质。例如，在区间上存在唯一的最小值。由于凸优化问题存在这样的性质，即使它们是非线性的，也可以有效地进行求解。图 6-1 演示了局部最小值和全局最小值以及凸函数和非凸函数的概念。

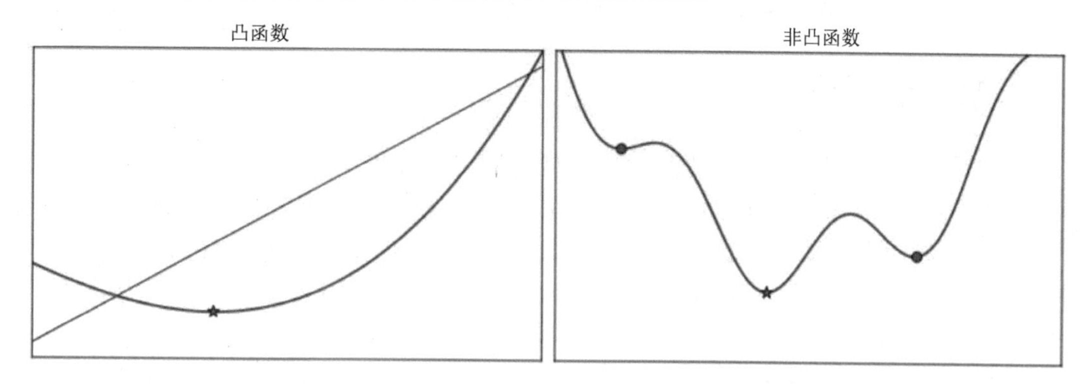

图 6-1 凸函数(左图)和非凸函数(右图，其中有一个全局最小值和两个局部最小值)

目标函数$f(x)$以及约束条件$g(x)$和$h(x)$是否连续和平滑是非常重要的性质，对求解优化问题的方法和技术影响非常大。这些函数以及它们的导数或梯度不连续的话，将会给很多求解优化问题的方法带来困难，所以我们假设这些函数是连续且平滑的。另外请注意，如果函数本身不是确定的，由于测量或其他原因引入了噪声，那么下面讨论的很多方法可能不适用。

连续平滑函数的优化与非线性方程的求解密切相关，因为函数的极值对应于导数或梯度为 0 的点。所以，寻找函数$f(x)$的候选最优值等同于求解方程(一般是非线性的)$f(x)=0$。但是，方程$f(x)=0$的解也被称为驻点(stationary point)，并不一定对应 $f(x)$的最小值，而可能是最大值点或鞍点(saddle point)，如图 6-2 所示。因此，求解$f(x)=0$得到的候选点需要检验是否是最优点。对于无约束条件的目标函数，高阶导数或 Hessian 矩阵

$$\left\{H_f(x)\right\}_{ij}=\frac{\partial^2 f(x)}{\partial x_i \partial x_j}$$

对于多变量的情况，可用于决定驻点是否是局部最小点。特别是，当驻点x处的二阶导数为正或者 Hessian 矩阵为正定矩阵时，x就是局部最小值。负的二阶导数或者负定的 Hessian 矩阵对应局部最大值；二阶导数为 0 或者 Hessian 矩阵是不定矩阵时，对应鞍点。

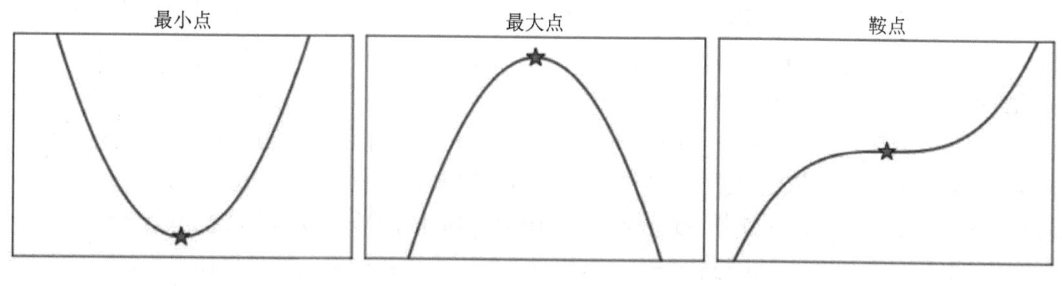

图 6-2 一维函数的不同驻点

因此，使用代数方法求解方程$\nabla f(x)=0$，然后对候选解进行优化检验，这是求解优化问题的一种

可选方案。但是，这并不总是行得通。特别是，我们可能没有 $f(x)$的解析表达式，从而无法对其进行求导，也可能得到的非线性方程很复杂，难以求解，特别是找到所有的根。这种情况下，有其他一些数值优化方法，其中一些与第 5 章介绍的求解方法类似。在本章后面，我们将探讨各种优化问题以及如何使用 Python 的优化库来对这些问题进行求解。

6.3　单变量优化

对只依赖于单个变量的函数进行优化相对比较简单。除了使用解析方法求解函数导数的根外，还可以使用类似于求根单变量函数的方法：包围法(bracketing method)和牛顿法。与单变量求根的二分法一样，可以仅使用函数求值通过包围和不断迭代来缩小区间。选取区间$[a, b]$内的两点 x_1 和 x_2，其中 $x_1 < x_2$，计算函数在这两点的值，如果$f(x_1) > f(x_2)$，则选取$[x_1, b]$作为新的区间，否则选取$[a, x_2]$作为新的区间，从而不断缩小包含最小值的区间。黄金分割搜索法(golden section search method)就基于上述思想，在选择 x_1 和 x_2时，它们在$[a, b]$区间的相对位置满足黄金分割比例。该方法有一个好处，可以利用上一次迭代中的函数求值，这样每次迭代时只需要进行一次新的函数求值，并且每次迭代仍然可以按照固定的比例缩小区间。对于在给定区间内具有唯一最小值的函数，该方法能够保证收敛到最优值，但遗憾的是，对于更复杂的函数无法提供保证。因此，重要的是小心选择初始区间，最好能够相对接近某个最优点。在 SciPy 的 optimize 模块中，golden 函数实现了黄金分割搜索法。

作为用于求根的二分法，黄金分割搜索法是一种(相对)安全但收敛缓慢的方法。如果能充分利用函数的值，而不仅仅比较两个值的大小(这有点类似于在二分法中只使用函数值的符号)，就可以构造出收敛速度更快的方法。函数值可用来拟合多项式，例如二次多项式，通过插值的方法为最小值找到新的近似值，为下次函数求值给出候选者，然后不断迭代这个过程。这种方法可以更快地收敛，但是相比包围法的风险高，可能根本不会收敛，也可能会收敛到区间之外的局部最小值。

二次近似法(quadratic approximation method)可用于寻找函数的最小值，可以将二次近似法用于函数的导数而不是函数本身，用于方程求根的牛顿法就是示例。牛顿法使用的迭代公式是 $x_{k+1}=x_k-f'(x_k)/f''(x_k)$。如果起点离最优点较近的话，就能快速收敛；如果起点离最优点太远的话，可能根本不会收敛。以上迭代公式还需要在每次迭代中计算导数和二阶导数。如果能够获得这些导数的解析表达式，这将是一种很好的方法。如果只能进行函数计算，那么可能需要使用类似割线法的方法来获得导数的近似值。

在单变量优化的实际实现中经常需要对前面介绍的两种方法进行组合使用，可以同时获得较好的稳定性和快速收敛性。在 SciPy 的 optimize 模块中，函数 brent 就是这样一种组合方法，并且通常是 SciPy 中单变量优化问题的首选方法。该方法是黄金分割搜索法的变体，使用逆抛物线插值(inverse parabolic interpolation)来获得更快的收敛。

我们不需要直接调用 optimize.golden 和 optimize.brent 函数，而是可以更方便地使用统一的接口函数 optimize.minimize_scalar，根据关键字参数 method 的取值(目前支持'Golden'、'Brent'和'Bounded')来决定是使用 optimize.golden 还是 optimize.brent 函数。'Bounded'参数会调用 optimize.fminbound 函数，对该函数在一个有界区间上进行优化，这相当于使用不等式约束条件将目标函数限制在某个区域。请注意，optimize.golden 和 optimize.brent 函数可能会收敛到区间之外的局部最小值，但是 optimize.fminbound 函数在这种情况下将会返回区间结束位置的值。

为了通过示例来说明这些方法，请考虑下面的经典优化问题：最小化单位体积圆柱体的表面积。这里的变量有圆柱体的半径 r 和高度 h，目标函数是 $f([r,h])=2\pi r^2+2\pi rh$，等式约束条件是 $g([r,h])=\pi r^2h-1=0$。从公式中可以看出，这是一个具有等式约束的二维优化问题。但是，可以通过代数方法求解其中一个因变量的约束方程 $h=1/\pi r^2$，然后代入目标函数，得到如下无约束条件的一维优化问题：$f(r)=2\pi r^2+2/r$。首先，通过让 $f(r)$ 的导数等于 0，可以通过 SymPy 的符号化方法来求解该问题：

```
In [7]: r, h = sympy.symbols("r, h")
In [8]: Area = 2 * sympy.pi * r**2 + 2 * sympy.pi * r * h
In [9]: Volume = sympy.pi * r**2 * h
In [10]: h_r = sympy.solve(Volume - 1)[0]
In [11]: Area_r = Area.subs(h_r)
In [12]: rsol = sympy.solve(Area_r.diff(r))[0]
In [13]: rsol
```

Out[13]: $\frac{2^{2/3}}{2\sqrt[3]{\pi}}$

```
In [14]: _.evalf()
Out[14]: 0.541926070139289
```

现在再来验证二阶导数是否为正，以及 rsol 是否对应最小值：

```
In [15]: Area_r.diff(r, 2).subs(r, rsol)
```

Out[15]: 12π

```
In [16]: Area_r.subs(r, rsol)
```

Out[16]: $3\sqrt[3]{2\pi}$

```
In [17]: _.evalf()
Out[17]: 5.53581044593209
```

对于简单的问题，这种方法通常是可行的，但是对于更现实的问题，我们一般需要使用数值方法。为了使用 SciPy 的数值优化函数，我们首先需要定义 Python 函数 f 来实现目标函数。求解优化问题时，我们将这个函数传给 optimize.brent 等优化函数。可以使用关键字参数 brack 来指定算法的起始区间：

```
In [18]: def f(r):
    ...: return 2 * np.pi * r**2 + 2 / r
In [19]: r_min = optimize.brent(f, brack=(0.1, 4))
In [20]: r_min
Out[20]: 0.541926077256
In [21]: f(r_min)
Out[21]: 5.53581044593
```

可以使用变量最小化问题的通用接口 optimize.minimize_scalar 而不是直接调用 optimize.brent。请注意，在这种情况下如果要指定起始区间，则必须使用关键字参数 bracket：

```
In [22]: optimize.minimize_scalar(f, bracket=(0.1, 4))
Out[22]:nit: 13
fun: 5.5358104459320856
0.54192606489766715 nfev: 14
```

借助所有这些方法得到的能够最小化圆柱体面积的半径大概都是 0.54(符号计算的精确结果是 $2^{2/3}/2\sqrt[3]{\pi}$)，最小的面积大概是 5.54($3\sqrt[3]{2\pi}$)。在这里，最小化的目标函数如图 6-3 所示，其中的最小值点以红色星星标记。如果可以的话，最好在尝试使用数值优化之前对目标函数进行可视化，因为这样可以帮助我们确定合适的初始区间以及数值优化程序的起始点。

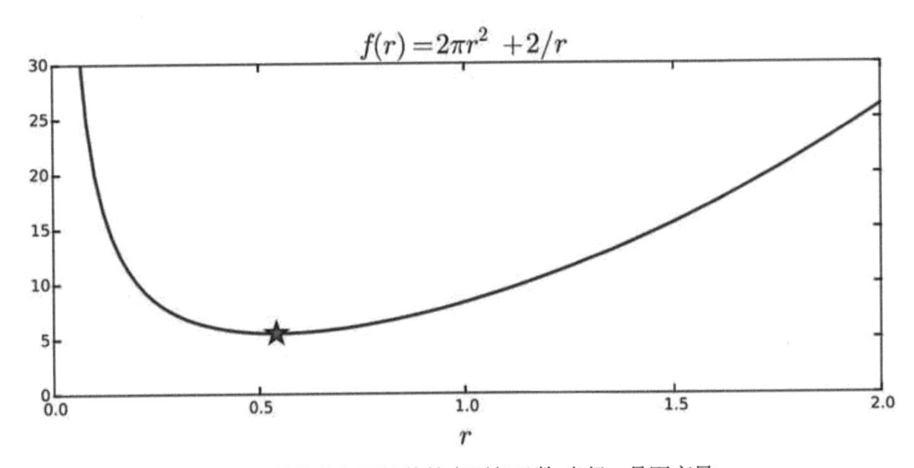

图 6-3　单位体积圆柱体的表面积函数(半径 r 是因变量)

6.4　无约束的多变量优化问题

多变量优化问题相比单变量优化问题要难得多。特别是，在多变量的情况下，用解析方法来求解非线性方程的梯度根几乎不可能，黄金分割搜索法中的包围法也不能直接使用。相反，我们必须使用从坐标空间中的某个点开始搜索的技术，然后使用不同的策略来更好地逼近最小点。这类方法中最基本的是考虑目标函数 $f(x)$在给定点 x 处的梯度$\nabla f(x)$。通常，负的梯度 $-\nabla f(x)$总是指向函数 $f(x)$减少最多的方向。作为寻找最小值的策略，明智的做法是沿着这个方向移动一段距离 α_k，然后在新的位置迭代这个过程。这种方法又称为最速下降法，迭代公式是 $x_{k+1}=x_k-\alpha_k\nabla f(x_k)$，其中 α_k是被称为线性搜索参数的自由参数，用于设置每次迭代中沿着指定方向移动的距离。合适的 α_k可以通过求解一维优化问题 $\min_{\alpha k} f(x_k-a_k\nabla f(x_k))$来获得。这种方法可以保证每次迭代都能向着最优点前进一些，并最终收敛到函数的最小值，但是收敛速度可能非常慢，因此这种方法可能会在梯度方向上出现超调(overshoot)的现象，从而沿着锯齿的路线靠近最小值。尽管如此，最速下降法仍然是很多多变量优化算法的基础，可以通过适当的修改来提高收敛速度。

用于多变量优化的牛顿法是最速下降法的变体，可以提高收敛速度。与单变量的情况一样，牛顿法被认为是对函数的局部二次近似。在多变量的情况下，迭代公式是 $x_{k+1}=x_k-H_f^{-1}(x_k)\nabla f(x_k)$，与最速下降法相比，梯度被替换成梯度乘以 Hessian 矩阵的逆[1]。通常这将改变每一步的方向和长度，所以这种方法并不是严格意义上的最速下降法。如果开始点离最小值很远，那么有可能不会收敛。但是，当靠近最小值时，该方法可以快速地收敛。与其他方法一样，需要在收敛速度和稳定性之间进行权衡。从迭代公式中可以看出，牛顿法同时需要知道函数的梯度和 Hessian 矩阵。

在 SciPy 中，函数 optimize.fmin_ncg 实现了牛顿法。该函数使用以下参数：作为目标函数的 Python 函数、起始点、计算梯度的 Python 函数、计算 Hessian 矩阵的 Python 函数(可选参数)。为了了解如何使用该函数来求解优化问题，我们考虑下面的问题：$\min_x f(x)$，其中目标函数 $f(x)=(x_1-1)^4+5(x_2-1)^2-2x_1x_2$。为了使用牛顿法，需要计算梯度和 Hessian 矩阵。对于这个示例，可以很容易地手动完成。但是，考虑到通用性，下面使用 SymPy 来计算梯度和 Hessian 的符号表达式。为此，我们首先为目标函数定义符号和表达式，然后对每个变量使用 sympy.diff 函数，从而得到梯度和 Hessian 矩阵的符号表达式：

```
In [23]: x1, x2 = sympy.symbols("x_1, x_2")
In [24]: f_sym = (x1-1)**4 + 5 * (x2-1)**2 - 2*x1*x2
In [25]: fprime_sym = [f_sym.diff(x_) for x_ in (x1, x2)]
In [26]: # Gradient
    ...: sympy.Matrix(fprime_sym)
```

Out[26]: $\begin{bmatrix} -2x_2+4(x_1-1)^3 \\ -2x_1+10x_2-10 \end{bmatrix}$

```
In [27]: fhess_sym = [[f_sym.diff(x1_, x2_) for x1_ in (x1, x2)] for x2_ in
(x1, x2)]
In [28]: # Hessian 矩阵
    ...: sympy.Matrix(fhess_sym)
```

Out[28]: $\begin{bmatrix} 12(x_1-1)^2 & -2 \\ -2 & 10 \end{bmatrix}$

现在有了梯度和 Hessian 矩阵的符号表达式，可以使用 sympy.lambdify 为这些表达式创建矢量化函数了：

```
In [29]: f_lmbda = sympy.lambdify((x1, x2), f_sym, 'numpy')
In [30]: fprime_lmbda = sympy.lambdify((x1, x2), fprime_sym, 'numpy')
In [31]: fhess_lmbda = sympy.lambdify((x1, x2), fhess_sym, 'numpy')
```

---

1 在实际应用中，并不需要计算 Hessian 矩阵的逆，我们只需要求解线性方程组 $Hf(x_k)y_k=-\nabla f(x_k)$，并使用积分公式 $x_{k+1}=x_k+y_k$。

但是，由 sympy.lambdify 生成的函数为相应表达式中的每个变量都设置了一个参数，SciPy 优化函数所需要的矢量化函数希望所有坐标都在同一个数组里面。为了得到与 SciPy 优化函数兼容的函数，需要将 sympy.lambdify 生成的每个函数重新封装成一个 Python 函数，在该 Python 函数中对参数进行重新组合：

```
In [32]: def func_XY_to_X_Y(f):
    ...:     """
    ...:     Wrapper for f(X) -> f(X[0], X[1])
    ...:     """
    ...:     return lambda X: np.array(f(X[0], X[1]))
In [33]: f = func_XY_to_X_Y(f_lmbda)
In [34]: fprime = func_XY_to_X_Y(fprime_lmbda)
In [35]: fhess = func_XY_to_X_Y(fhess_lmbda)
```

现在，函数 f、fprime 和 fhess 都已经是矢量化的 Python 函数，并且是 SciPy 优化函数(例如 optimize.fmin_ncg)期望的形式，可以通过调用这个函数对处理的问题进行数值优化。除了使用 SymPy 表达式创建的函数外，我们还需要为牛顿法提供起始点。这里使用(0, 0)作为起始点。

```
In [36]: x_opt = optimize.fmin_ncg(f, (0, 0), fprime=fprime, fhess=fhess)
        Optimization terminated successfully.
            Current function value: -3.867223
            Iterations: 8
            Function evaluations: 10
            Gradient evaluations: 17
            Hessian evaluations: 8
In [37]: x_opt
Out[37]: array([ 1.88292613, 1.37658523])
```

程序在点$(x_1, x_2) = (1.88292613, 1.37658523)$处找到了最小值点，并且将求解过程的相关信息打印到标准输出，包括找到解所需的迭代次数，以及函数、梯度和 Hessian 矩阵的计算次数。与之前一样，我们对目标函数和解进行了可视化，如图 6-4 所示。

```
In [38]: fig, ax = plt.subplots(figsize=(6, 4))
    ...: x_ = y_ = np.linspace(-1, 4, 100)
    ...: X, Y = np.meshgrid(x_, y_)
    ...: c = ax.contour(X, Y, f_lmbda(X, Y), 50)
    ...: ax.plot(x_opt[0], x_opt[1], 'r*', markersize=15)
    ...: ax.set_xlabel(r"$x_1$", fontsize=18)
    ...: ax.set_ylabel(r"$x_2$", fontsize=18)
    ...: plt.colorbar(c, ax=ax)
```

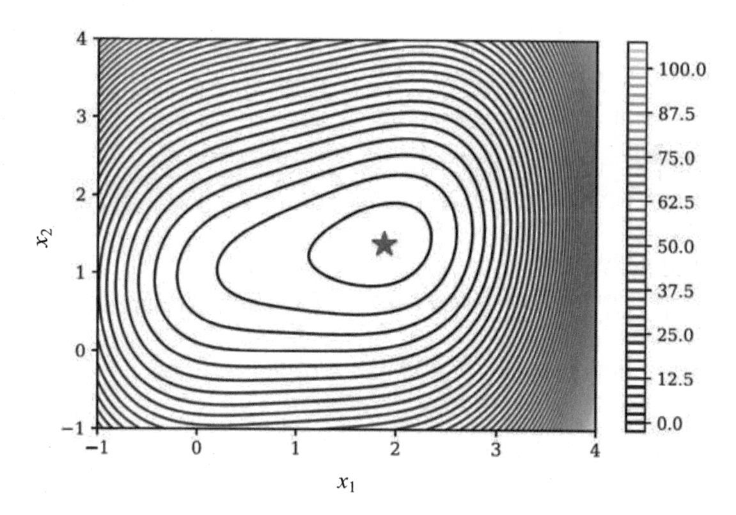

图 6-4 目标函数 $f(x) = (x_1 - 1)^4 + 5(x_2 - 1)^2 - 2x_1x_2$ 的等高线图，最小值以红色星星标记

在实际应用中，可能并不总是能够提供计算目标函数梯度和 Hessian 矩阵的函数，如果只需要进行函数自身计算的求解器，将会方便很多。对于这种情况，有几种方法可用来计算梯度或(和)Hessian 矩阵的数值估计值。使用估计值的方法被称为拟牛顿法，也有一些能完全避免使用估计值的迭代方法。其中有两种流行的方法：Broyden-Fletcher-Goldfarb-Shanno(BFGS)法和共轭梯度(conjugate gradient)法。SciPy 中的函数 optimize.fmin_bfgs 和 optimize.fmin_cg 分别实现了这两种方法。BFGS 方法是一种拟牛顿法，可以逐步构建对 Hessian 矩阵的数值估计以及对梯度的估计(如果需要的话)。共轭梯度法是最速下降法的一种变体，并且不使用 Hessian 矩阵，就与仅从函数计算得到的梯度数值估计一起使用。使用这些方法，求解问题所需的函数计算量要远远大于牛顿法。另外，还需要计算梯度和 Hessian 矩阵。函数 optimize.fmin_bfgs 和 optimize.fmin_cg 可以接收用于计算梯度的函数，如果没有提供计算梯度的函数，则会通过函数计算来估计梯度。

前面用牛顿法求解的问题也可以使用 optimize.fmin_bfgs 和 optimize.fmin_cg 来进行求解，不需要提供计算 Hessian 矩阵的函数：

```
In [39]: x_opt = optimize.fmin_bfgs(f, (0, 0), fprime=fprime)
         Optimization terminated successfully.
             Current function value: -3.867223
             Iterations: 10
             Function evaluations: 14
             Gradient evaluations: 14
In [40]: x_opt
Out[40]: array([ 1.88292605, 1.37658523])

In [41]: x_opt = optimize.fmin_cg(f, (0, 0), fprime=fprime)
       Optimization terminated successfully.
             Current function value: -3.867223
```

```
            Iterations: 7
            Function evaluations: 17
            Gradient evaluations: 17
In [42]: x_opt
Out[42]: array([ 1.88292613, 1.37658522])
```

请注意这里优化求解器输出的信息，函数计算和梯度计算的次数相比牛顿法多很多。正如前面提及的，这两种方法都不需要提供计算梯度的函数。下面是使用 optimize.fmin_bfgs 求解器的示例：

```
In [43]: x_opt = optimize.fmin_bfgs(f, (0, 0))
        Optimization terminated successfully.
            Current function value: -3.867223
            Iterations: 10
            Function evaluations: 56
            Gradient evaluations: 14
In [44]: x_opt
Out[44]: array([ 1.88292604, 1.37658522])
```

这种情况下，函数计算的次数更多，但是明显更加方便，因为不需要实现计算梯度和 Hessian 矩阵的函数。

通常，应该首先尝试使用 BFGS 法，特别是在梯度和 Hessian 矩阵未知的情况下。如果只知道梯度，那么 BFGS 法仍然是推荐使用的方法，尽管共轭梯度法是 BFGS 法的有力竞争者。如果梯度和 Hessian 矩阵已知的话，那么通常牛顿法的收敛速度最快。但应该注意的是，尽管 BFGS 法和共轭梯度法在理论上相比牛顿法收敛速度更慢，但有时它们可以提高稳定性，因而会优先选择它们。与拟牛顿法和共轭梯度法相比，牛顿法每次迭代所需的计算量也更大，特别是对于大型的问题，前者尽管所需的迭代次数更多，但是整体速度会更快。

到目前为止，我们讨论过的多变量优化方法一般都会收敛到局部最小值。对于存在很多局部最小值的问题，即使存在全局最小值，也很容易导致求解器陷入局部最小值的情况。虽然没有完整且通用的方法来解决该问题，但是可以通过在坐标网格上使用暴力搜索(brute force search)，从而为迭代求解器找到合适的起始点来部分缓解该问题。这至少给出了一种在给定坐标范围内寻找全局最小值的系统性方法。在 SciPy 中，函数 optimize.brute 可用于进行这样的系统性搜索。下面演示如何使用这种方法，考虑最小化函数 $4\sin x\pi+6\sin y\pi+(x-1)^2+(y-1)^2$，该函数具有大量的局部最小值。这可能让迭代求解器选择合适的起始点变得有点棘手。为了使用 SciPy 来求解这个优化问题，我们首先为目标函数定义一个 Python 函数：

```
In [45]: def f(X):
    ...:     x, y = X
    ...:     return (4 * np.sin(np.pi * x) + 6 * np.sin(np.pi * y)) +
             (x - 1)**2 + (y - 1)**2
```

要系统性地在坐标网格上搜索最小值，可以调用 optimize.brute 函数，它的第一个参数是目标函数 f，第二个参数是包含 slice 对象的元组，每个 slice 对象表示一个坐标轴。这些 slice 对象用于指定进行最小值搜索的坐标网格。这里还设置了关键字参数 finish=None，这将阻止 optimize.brute 对最优候选者进行自动优化。

```
In [46]: x_start = optimize.brute(f, (slice(-3, 5, 0.5), slice(-3, 5, 0.5)),
         finish=None)
In [47]: x_start
Out[47]: array([ 1.5, 1.5])
In [48]: f(x_start)
Out[48]: -9.5
```

在 slice 对象元组指定的坐标网格上，最优点是$(x_1, x_2) = (1.5, 1.5)$，对应目标函数的最小值是 − 9.5。这可以作为其他更复杂的迭代求解器(如 optimize.fmin_bfgs)的很好的起始点：

```
In [49]: x_opt = optimize.fmin_bfgs(f, x_start)
         Optimization terminated successfully.
            Current function value: -9.520229
            Iterations: 4
            Function evaluations: 28
            Gradient evaluations: 7
In [50]: x_opt
Out[50]: array([ 1.47586906, 1.48365788])
In [51]: f(x_opt)
Out[51]: -9.52022927306
```

上面通过 BFGS 法给出了最终的最小值点$(x_1, x_2) = (1.47586906,1.48365788)$，目标函数的最小值是−9.52022927306。对于这类问题，猜测的起始点很容易让迭代求解器收敛到局部最小值，而 optimize.brute 提供的系统性方法通常很有用。

和往常一样，对目标函数以及求解过程进行可视化非常重要。下面绘制当前目标函数的等高线图，并用红色的星星标记最终得到的解(如图 6-5 所示)。与前面的示例一样，需要通过一个封装函数来调整目标函数的参数，因为这些参数需要的向量形式不一样(分别需要分开的数组以及打包成单个数组)。

```
In [52]: def func_X_Y_to_XY(f, X, Y):
    ...: """
    ...: Wrapper for f(X, Y) -> f([X, Y])
    ...: """
    ...: s = np.shape(X)
    ...: return f(np.vstack([X.ravel(), Y.ravel()])).reshape(*s)
```

```
In [53]: fig, ax = plt.subplots(figsize=(6, 4))
    ...: x_ = y_ = np.linspace(-3, 5, 100)
    ...: X, Y = np.meshgrid(x_, y_)
    ...: c = ax.contour(X, Y, func_X_Y_to_XY(f, X, Y), 25)
    ...: ax.plot(x_opt[0], x_opt[1], 'r*', markersize=15)
    ...: ax.set_xlabel(r"$x_1$", fontsize=18)
    ...: ax.set_ylabel(r"$x_2$", fontsize=18)
    ...: plt.colorbar(c, ax=ax)
```

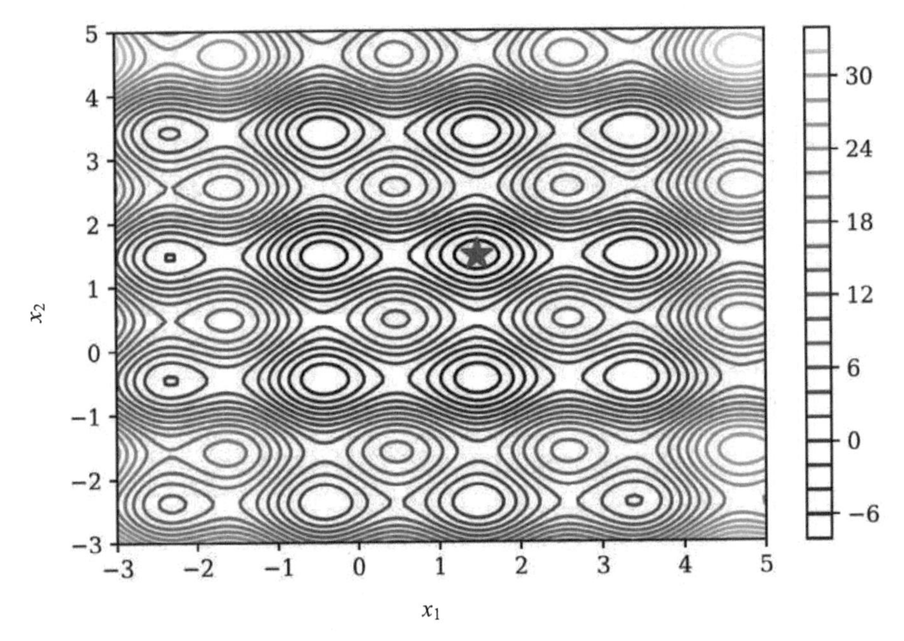

图 6-5　目标函数 $f(x)=4\sin x\pi+6\sin y\pi+(x-1)^2+(y-1)^2$ 的等高线图，最小值用红色的星星标记

我们显式调用了特定求解器的函数，如 optimize.fmin_bfgs。但是，与标量优化一样，SciPy 还为所有多变量优化求解器提供了统一的接口函数 optimize. minimize，该函数将会根据关键字参数 method 的值来调用指定求解器的函数(请注意，单变量优化问题的统一接口函数是 optimize.scalar_minimize)。为了更加清晰，我们这里倾向于显式调用特定求解器的函数，但是通常使用 optimize.minimize 也是个好办法，因为这样可以更容易地在不同求解器之间切换。例如，在前面的示例中，可以通过下面的方式使用 optimize.fmin_bfgs 函数：

```
In [54]: x_opt = optimize.fmin_bfgs(f, x_start)
```

也可以使用如下方式：

```
In [55]: result = optimize.minimize(f, x_start, method= 'BFGS')
In [56]: x_opt = result.x
```

上述代码将返回一个 optimize.OptimizeResult 实例，该实例是优化的结果。可以通过该实例的 x 属性来获得优化问题的解。

6.5 非线性最小二乘问题

在第 5 章，我们已经遇到过线性最小二乘问题，并讨论了如何使用线性代数的方法进行求解。通常，最小二乘问题可看成对目标函数 $g(\boldsymbol{\beta})=\sum_{i=0}^{m} r_i(\boldsymbol{\beta})^2=\|\boldsymbol{r}(\boldsymbol{\beta})\|^2$ 的优化问题，其中 $\boldsymbol{r}(\boldsymbol{\beta})$是 m 个观察值(x_i, y_i)的残差向量，即 $r_i(\boldsymbol{\beta})=y_i-f(x_i,\boldsymbol{\beta})$。$\boldsymbol{\beta}$ 是函数$f(\boldsymbol{x},\boldsymbol{\beta})$的未知参数向量。如果参数 $\boldsymbol{\beta}$ 是线性的，那么这就是一个非线性最小二乘问题，因为它是非线性的，所以不能使用第 5 章讨论的线性代数方法来求解。相反，可以使用前面章节介绍的多变量优化方法，如牛顿法或拟牛顿法。由于这种非线性最小二乘优化问题有特殊的结构，目前已经有多种专门为这类特定优化问题开发的方法，如 Levenberg-Marquardt 法，该方法的基本思想是在每次迭代中不断对问题进行线性化。

在 SciPy 中，函数 optimize.leastsq 提供了使用 Levenberg-Marquardt 法求解非线性最小二乘问题的求解器。下面说明如何使用该函数，考虑形式为$f(x,\boldsymbol{\beta})=\beta_0+\beta_1\exp(-\beta_2 x^2)$的非线性模型及其一组观测值$(x_i, y_i)$。在下面的示例中，我们将在真实值中添加噪声来模拟观测值，通过求解最小值问题给出参数 $\boldsymbol{\beta}$ 的最小二乘估计。首先，我们定义一个元组，其中包含参数向量 $\boldsymbol{\beta}$ 的真实值，然后为模型函数定义一个 Python 函数。该函数将根据给定的 x 值返回相应的 y 值，变量 x 是它的第一个参数，其他参数是函数的未知参数：

```
In [57]: beta = (0.25, 0.75, 0.5)
In [58]: def f(x, b0, b1, b2):
    ...: return b0 + b1 * np.exp(-b2 * x**2)
```

定义完模型函数之后，可以生成一些随机数据点来模拟观察数据：

```
In [59]: xdata = np.linspace(0, 5, 50)
In [60]: y = f(xdata, *beta)
In [61]: ydata = y + 0.05 * np.random.randn(len(xdata))
```

准备完模型函数以及观察数据之后，就可以开始求解非线性最小二乘问题。第一步是为给定的数据和模型函数定义残差函数，参数是有待确定的模型参数 β。

```
In [62]: def g(beta):
    ...: return ydata - f(xdata, *beta)
```

下一步，定义参数向量的初始猜测值，使用 optimize.leastsq 函数通过最小二乘法求解参数向量的最佳拟合：

```
In [63]: beta_start = (1, 1, 1)
In [64]: beta_opt, beta_cov = optimize.leastsq(g, beta_start)
In [65]: beta_opt
```

```
Out[65]: array([ 0.25733353, 0.76867338, 0.54478761])
```

这里得到的最佳拟合非常接近前面定义时使用的真实参数值(0.25, 0.75, 0.5)。通过绘制观察数据、模型函数的真实值以及拟合的函数参数的图形，可以很直观地看到拟合的模型似乎能够很好地解释数据(见图 6-6)。

```
In [66]: fig, ax = plt.subplots()
    ...: ax.scatter(xdata, ydata, label='samples')
    ...: ax.plot(xdata, y, 'r', lw=2, label='true model')
    ...: ax.plot(xdata, f(xdata, *beta_opt), 'b', lw=2, label='fitted model')
    ...: ax.set_xlim(0, 5)
    ...: ax.set_xlabel(r"$x$", fontsize=18)
    ...: ax.set_ylabel(r"$f(x, \beta)$", fontsize=18)
    ...: ax.legend()
```

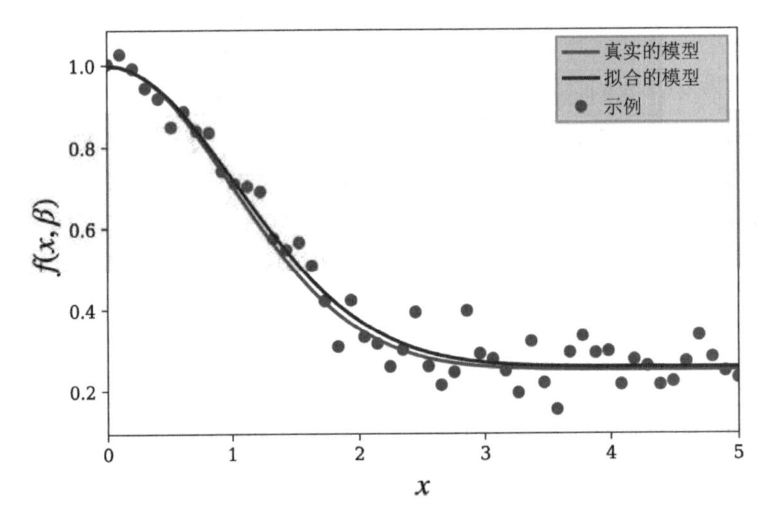

图 6-6 对函数 $f(x,\boldsymbol{\beta})=\beta_0+\beta_1\exp(-\beta_2 x^2)$进行非线性最小二乘拟合，其中 $\boldsymbol{\beta}=(0.25, 0.75, 0.5)$

SciPy 的 optimize 模块还为非线性最小二乘拟合提供了另外一个接口函数 optimize.curve_fit。它是对函数 optimize.leastsq 的封装，可以避免为最小二乘问题显式地定义残差函数。因此，可以使用下面更加简洁的代码来求解上面的问题：

```
In [67]: beta_opt, beta_cov = optimize.curve_fit(f, xdata, ydata)
In [68]: beta_opt
Out[68]: array([ 0.25733353, 0.76867338, 0.54478761])
```

6.6 受约束的优化问题

约束条件为优化问题增加了另外一层复杂性，需要对不同的约束条件进行分类。受约束的优化问题的一种简单形式是坐标变量受某些边界条件的限制。例如 $\min_x f(x)$，满足约束条件 $0 \leqslant x \leqslant 1$。这里的约束条件 $0 \leqslant x \leqslant 1$ 很简单，因为它只限制了坐标的范围，并不依赖其他变量。这类问题可以使用 SciPy 中的 L-BFGS-B 法进行求解，这是我们前面使用过的 BFGS 法的一种变体。该求解器可以通过 optimize.fmin_l_bgfs_b 函数或者将 method 参数设置为'L-BFGS-B'的 optimize.minimize 函数来获得。如果要定义坐标的边界，就必须使用 bound 关键字参数，该参数的值是一个元组列表，其中包含每个约束变量的最小值和最大值。如果最小值或最大值被设置为 None，坐标将会被解释成没有边界。

作为使用 L-BFGS-B 求解器来求解有界优化问题的示例，我们考虑最小化目标函数 $f(x)=(x_1-1)^2-(x_2-1)^2$，满足约束条件 $2 \leqslant x_1 \leqslant 3$ 和 $0 \leqslant x_2 \leqslant 2$。为了求解该问题，我们首先为目标函数定义一个 Python 函数，并根据给定的约束条件为该问题的两个变量的边界各创建一个元组。为了进行比较，在下面的代码中，我们还对相同目标函数的无约束问题进行了求解，并绘制了目标函数的等高线图，分别用蓝星和红星对无约束和有约束条件的最小值进行了标记。

```
In [69]: def f(X):
    ...:     x, y = X
    ...:     return (x - 1)**2 + (y - 1)**2
In [70]: x_opt = optimize.minimize(f, [1, 1], method='BFGS').x
In [71]: bnd_x1, bnd_x2 = (2, 3), (0, 2)
In [72]: x_cons_opt = optimize.minimize(f, [1, 1], method='L-BFGS-B',
    ...: bounds=[bnd_x1, bnd_x2]).x
In [73]: fig, ax = plt.subplots(figsize=(6, 4))
    ...: x_ = y_ = np.linspace(-1, 3, 100)
    ...: X, Y = np.meshgrid(x_, y_)
    ...: c = ax.contour(X, Y, func_X_Y_to_XY(f, X, Y), 50)
    ...: ax.plot(x_opt[0], x_opt[1], 'b*', markersize=15)
    ...: ax.plot(x_cons_opt[0], x_cons_opt[1], 'r*', markersize=15)
    ...: bound_rect = plt.Rectangle((bnd_x1[0], bnd_x2[0]),
    ...:                            bnd_x1[1] - bnd_x1[0], bnd_x2[1] -
                                    bnd_x2[0], facecolor="grey")
    ...: ax.add_patch(bound_rect)
    ...: ax.set_xlabel(r"$x_1$", fontsize=18)
    ...: ax.set_ylabel(r"$x_2$", fontsize=18)
    ...: plt.colorbar(c, ax=ax)
```

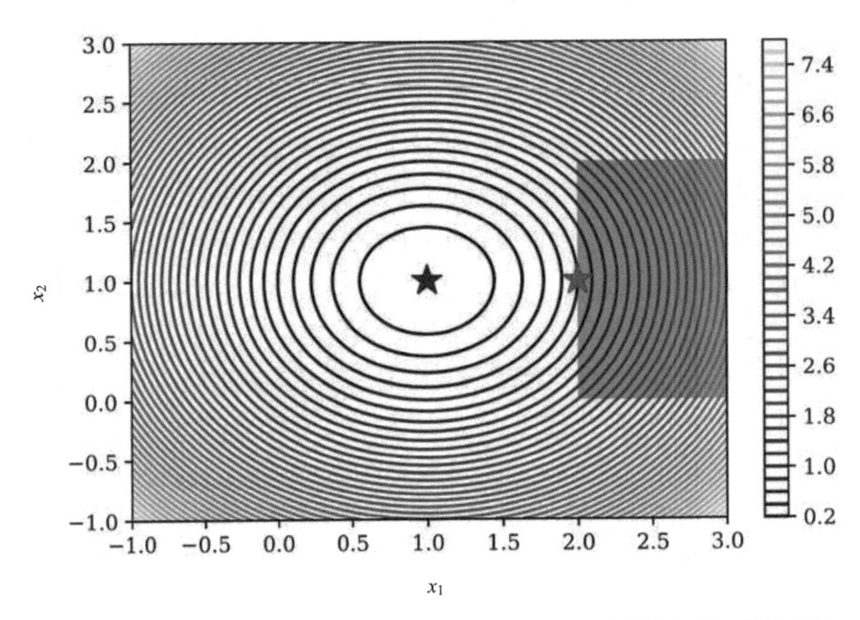

图 6-7　目标函数$f(x)$的等高线图以及无约束条件(蓝星)和有约束条件(红星)下的最小值，阴影区域是约束问题的变量区间

由多个变量的等式或不等式定义的约束条件在某种程度上更难处理。但是，对于这类问题也有一些通用的技术。例如，使用拉格朗日乘子法，通过引入额外的变量将受约束的优化问题转换为无约束的优化问题。例如考虑 $\min_x f(x)$，满足等式约束条件 $g(x)=0$。在无约束的优化问题中，$f(x)$的梯度在最优点是 0，即$\nabla f(x)=0$。可以看出，受约束的优化问题对应的约束条件是负梯度位于约束发现的空间中，即$-\nabla f(x)=\lambda J_g^T(x)$。这里的$J_g(x)$是约束函数 $g(x)$的雅可比矩阵，λ 是拉格朗日乘子(新变量)的矢量。该约束条件是通过使函数 $\Lambda(x,\lambda)=f(x)+\lambda^T g(x)$的梯度等于零而得到的，这就是所谓的拉格朗日函数。因此，如果$f(x)$和 $g(x)$都是连续平滑的，那么函数 $\Lambda(x, \lambda)$的驻点(x_0, λ_0)就对应原有优化问题的最优点 x_0。请注意，如果 $g(x)$是标量函数(只有一个约束条件)，那么雅可比矩阵 $J_g(x)$可缩减成梯度$\nabla g(x)$。

下面通过示例来介绍这种方法，考虑最大化长方体的体积(三条边的长度分别是 x_1、x_2和 x_3)，限制条件是总体表面积为：$g(x)=2x_1x_2+2x_0x_2+2x_1x_0-1=0$。为了使用拉格朗日乘子法来求解该优化问题，定义拉格朗日函数 $\Lambda(x)=f(x)+\lambda g(x)$，寻找$\nabla\Lambda(x)=0$ 的驻点。使用 SymPy，可以首先定义问题中变量的符号，然后构造$f(x)$、$g(x)$和 $\Lambda(x)$：

```
In [74]: x = x0, x1, x2, l = sympy.symbols("x_0, x_1, x_2, lambda")
In [75]: f = x0 * x1 * x2
In [76]: g = 2 * (x0 * x1 + x1 * x2 + x2 * x0) - 1
In [77]: L = f + l * g
```

最后使用 sympy.diff 计算 $\Lambda(x)$，使用 sympy.solve 求解方程 $\Lambda(x)=0$：

```
In [78]: grad_L = [sympy.diff(L, x_) for x_ in x]
In [79]: sols = sympy.solve(grad_L)
In [80]: sols
```

Out[80]: $\left[\left\{\lambda:-\frac{\sqrt{6}}{24}, x_0:\frac{\sqrt{6}}{6}, x_1:\frac{\sqrt{6}}{6}, x_2:\frac{\sqrt{6}}{6}\right\}, \left\{\lambda:\frac{\sqrt{6}}{24}, x_0:-\frac{\sqrt{6}}{6}, x_1:-\frac{\sqrt{6}}{6}, x_2:-\frac{\sqrt{6}}{6}\right\}\right]$

以上计算结果给出了两个驻点。可以通过计算目标函数在这两个驻点的值来确定最优值。但是，从物理意义上来说，只有一个驻点是可接受的最优点：因为在该问题中，x_i 是长方体的长度，所以必须是正数。因此，可以立即找出对应的最优点，对应的结果是 $x_0=x_1=x_2=\frac{\sqrt{6}}{6}$ (正方体)。最后再对结果进行验证，使用得到的结果计算约束函数和目标函数：

```
In [81]: g.subs(sols[0])
Out[81]: 0
In [82]: f.subs(sols[0])
```

Out[82]: $\frac{\sqrt{6}}{36}$

该方法在进行扩展后也可用于处理不等式约束，并且存在多种使用该方法的途径。其中一种就是被称为序列最小二乘规划(sequential least square programming，SLSQP)的方法。通过在 SciPy 中使用这种方法，可以调用 optimize.slsqp 函数或者通过设置参数 method='SLSQP'来调用 optimize.minimize 函数。optimize.minimize 函数的关键字参数 constraints 是一个字典列表，其中的每个字典指定了一个约束条件。在字典中可以设置的键(值)有 type(值是'eq'或'ineq')、fun(约束函数)、jac(约束函数的雅可比矩阵)以及 args(约束函数以及计算雅可比矩阵所需的其他参数)。例如，对于前面示例中的约束条件，可以用字典 dict(type='eq', fun=g)来表示。

如果要使用 SciPy 的 SLSQP 求解器对问题进行数值求解，那么需要为目标函数以及约束函数定义一个 Python 函数：

```
In [83]: def f(X):
    ...: return -X[0] * X[1] * X[2]
In [84]: def g(X):
    ...: return 2 * (X[0]*X[1] + X[1] * X[2] + X[2] * X[0]) - 1
```

请注意，由于 SciPy 的优化函数都用于求解最小值问题，而这里我们需要求最大值，因此这里的函数 f 应该对原来的目标函数取负。接下来，为 $g(x)=0$ 定义约束字典，最后调用 optimize.minimize 函数：

```
In [85]: constraint = dict(type='eq', fun=g)
In [86]: result = optimize.minimize(f, [0.5, 1, 1.5], method='SLSQP',
           constraints=[constraint])
In [87]: result
```

```
Out[87]: status: 0
        success: True
          njev: 18
          nfev: 95
           fun: -0.068041368623352985
             x: array([ 0.40824187, 0.40825127, 0.40825165])
        message: 'Optimization terminated successfully.'
            jac: array([-0.16666925, -0.16666542, -0.16666527, 0.])
            nit: 18
In [88]: result.x
Out[88]: array([ 0.40824187, 0.40825127, 0.40825165])
```

正如预期的一样，这种方法的结果与使用拉格朗日乘子法的符号计算得到的结果非常吻合。

为了求解不等式约束的优化问题，我们需要做的就是在约束字典里面设置 type='ineq'，并提供相应的不等式函数。为了演示最小化非线性不等式约束下的非线性目标函数，我们再次回到前面介绍过的二次问题，但这次使用不等式约束条件 $g(x)=x_1-1.75-(x_0-0.75)^4 \geqslant 0$。和往常一样，我们首先定义目标函数、约束函数以及约束字典：

```
In [89]: def f(X):
    ...:     return (X[0] - 1)**2 + (X[1] - 1)**2
In [90]: def g(X):
    ...:     return X[1] - 1.75 - (X[0] - 0.75)**4
In [91]: constraints = [dict(type='ineq', fun=g)]
```

然后，我们准备通过调用 optimize.minimize 函数来求解优化问题。为了便于比较，这里还求解了对应的无约束问题。

```
In [92]: x_opt = optimize.minimize(f, (0, 0), method='BFGS').x
In [93]: x_cons_opt = optimize.minimize(f, (0, 0), method='SLSQP',
         constraints=constraints).x
```

为了验证所得解的正确性，我们绘制了目标函数的等高线图，可行域用阴影标记(满足不等式约束的区域)。约束问题和无约束问题的解分别用红星和蓝星标记，结果如图 6-8 所示。

```
In [94]: fig, ax = plt.subplots(figsize=(6, 4))
In [95]: x_ = y_ = np.linspace(-1, 3, 100)
    ...: X, Y = np.meshgrid(x_, y_)
    ...: c = ax.contour(X, Y, func_X_Y_to_XY(f, X, Y), 50)
    ...: ax.plot(x_opt[0], x_opt[1], 'b*', markersize=15)
    ...: ax.plot(x_, 1.75 + (x_-0.75)**4, 'k-', markersize=15)
    ...: ax.fill_between(x_, 1.75 + (x_-0.75)**4, 3, color='grey')
```

```
...: ax.plot(x_cons_opt[0], x_cons_opt[1], 'r*', markersize=15)
...:
...: ax.set_ylim(-1, 3)
...: ax.set_xlabel(r"$x_0$", fontsize=18)
...: ax.set_ylabel(r"$x_1$", fontsize=18)
...: plt.colorbar(c, ax=ax)
```

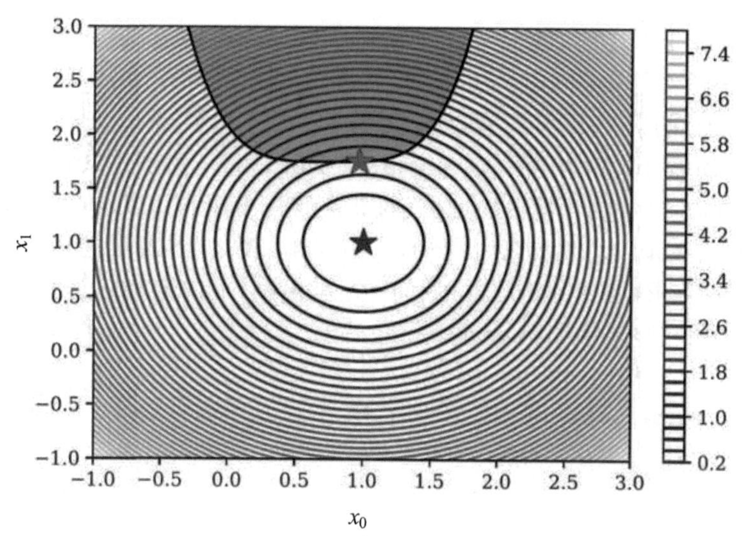

图 6-8　约束问题的目标函数的等高线图，阴影部分是可行域；
约束问题和无约束问题的最优解分别用红星和蓝星标记

对于只有不等式约束的优化问题，SciPy 提供了另外一个求解器：线性近似约束优化(constrained optimization by linear approximation，COBYLA)方法。该方法可通过 optimize.fmin_cobyla 函数或者带参数 method='COBYLA'的 optimize.minimize 函数获得。在前面的示例中，只需要将 method='SLSQP' 替换成 method='COBYLA'就可以使用该求解器进行求解。

线性规划

前面介绍了求解一般优化问题的方法，目标函数和约束函数都可以是非线性的。但是，这里可以回头研究一些约束条件更严格的优化问题，即线性规划问题。目标函数是线性的，所有的约束条件都是线性等式或不等式。这类问题虽然明显不是那么具有普遍性，但是线性规划有很多非常重要的现实应用，并且与一般的非线性问题相比，更能有效地对问题进行求解。这主要是因为线性问题的特性使得能够使用完全不同的方法进行求解。特别是，线性优化问题的解必须在约定的边界上，因此只需要搜索线性约束函数交点的顶点就可以。在实际应用中这可以很方便地做到。对于这类问题，有一种很常见的算法称为单纯形法(simplex)，该方法可以系统性地从一个顶点移动到另外一个顶点，直到找到最优的顶点。另外还有比较新的内点法(interior point)，也可以有效地求解线性规划问题。使用这些方法，可以十分容易地对包含数千个变量和约束的线性规划问题进行求解。

线性规划问题通常可以写成标准的形式：$\min_x \boldsymbol{c}^{\mathrm{T}}\boldsymbol{x}$，其中 $\boldsymbol{Ax} \leqslant \boldsymbol{b}$，$\boldsymbol{x} \geqslant 0$。这里 $\boldsymbol{c}$ 和 $\boldsymbol{x}$ 都是长

度为 n 的向量，$\boldsymbol{A}$ 是 $m \times n$ 的矩阵，$\boldsymbol{b}$ 是长度为 m 的向量。例如，考虑求函数 $f(x) = -x_0+2x_1-3x_2$ 的最小值，满足三个不等式约束条件：$x_0+x_1 \leqslant 1$、$-x_0+3x_1 \leqslant 2$ 以及 $-x_1+x_2 \leqslant 3$。写成标准形式后，得到 $\boldsymbol{c}=(-1,2,-3)$、$\boldsymbol{b}=(1,2,3)$以及

$$A=\begin{pmatrix} 1 & 1 & 0 \\ -1 & 3 & 0 \\ 0 & -1 & 1 \end{pmatrix}$$

为了求解该问题，这里使用 cvxopt 库，该库通过函数 cvxopt.solvers.lp 提供了一个线性规划求解器。该求解器将前面介绍的标准形式中的向量 $\boldsymbol{c}$、矩阵 $\boldsymbol{A}$ 和向量 $\boldsymbol{b}$ 作为参数(请注意这三个参数的顺序)。cvxopt 库使用自己的类来表示矩阵和向量，不过幸运的是，它们都可以通过数组接口与 NumPy 数组进行互操作[1]，所以可以使用函数 cvxopt.matrix 和 np.array 从一种形式转换到另一种形式。由于 NumPy 数组是 Python 科学计算环境中数组格式的事实标准，因此应该尽量使用 NumPy 数组，只在需要时才转换成 cvxopt.matrix，例如在调用 cvxopt.solvers 中的某个求解器之前。

为了使用 cvxopt 库求解上述示例问题，我们首先为矩阵 $\boldsymbol{A}$ 和向量 $\boldsymbol{b}$、$\boldsymbol{c}$ 创建 NumPy 数组，并使用 cvxpot.matrix 函数将它们转换成 cvxopt 矩阵：

```
In [96]: c = np.array([-1.0, 2.0, -3.0])
In [97]: A = np.array([[ 1.0, 1.0, 0.0],
                       [-1.0, 3.0, 0.0],
                       [ 0.0, -1.0, 1.0]])
In [98]: b = np.array([1.0, 2.0, 3.0])
In [99]: A_ = cvxopt.matrix(A)
In [100]: b_ = cvxopt.matrix(b)
In [101]: c_ = cvxopt.matrix(c)
```

现在，可以将 cvxopt 兼容的矩阵和向量 **c_**、**A_**和 **b_**传给线性规划求解器 cvxopt.solvers.lp：

```
In [102]: sol = cvxopt.solvers.lp(c_, A_, b_)
          Optimal solution found.
In [103]: sol
Out[103]: {'dual infeasibility': 1.4835979218054372e-16,
           'dual objective': -10.0,
           'dual slack': 0.0,
           'gap': 0.0,
           'iterations': 0,
           'primal infeasibility': 0.0,
           'primal objective': -10.0,
           'primal slack': -0.0,
```

1 更多细节请参考 http://docs.scipy.org/doc/numpy/reference/arrays.interface.html。

```
            'relative gap': 0.0,
            'residual as dual infeasibility certificate': None,
            'residual as primal infeasibility certificate': None,
            's': <3x1 matrix, tc='d'>,
            'status': 'optimal',
            'x': <3x1 matrix, tc='d'>,
            'y': <0x1 matrix, tc='d'>,
            'z': <3x1 matrix, tc='d'>}
In [104]: x = np.array(sol['x'])
In [105]: x
Out[105]: array([[ 0.25],
                 [ 0.75],
                 [ 3.75]])
In [106]: sol['primal objective']
Out[106]: -10.0
```

最终以向量 $\boldsymbol{x}$ 的形式给出问题的解，$\boldsymbol{x}=(0.25, 0.75, 3.75)$，对应的 $f(x)$值是－10。使用这种方法以及 cvxopt.solvers.lp 求解器，可以很容易地对具有数百甚至数千个变量的线性规划问题进行求解。所需要做的只是将优化问题写成标准形式，并创建 $\boldsymbol{c}$、$\boldsymbol{A}$ 和 $\boldsymbol{b}$。

6.7　本章小结

优化问题——从集合中选择最优解——是很多科学和工程应用的基础。数学优化提供了一个严谨的框架来系统性地处理优化问题，如果可以表示成数学问题的话。优化的计算方法是实际应用中求解优化问题的工具。在科学计算环境中，优化扮演了非常重要的角色。对于使用 Python 的科学计算问题，SciPy 库提供了求解很多标准优化问题的程序，可用于求解各种计算优化问题。但是，优化是数学中一个非常大的领域，需要使用不同的方法来求解各种不同类型的问题，目前针对特定类型的优化问题，已经有多个 Python 优化库提供了专门的求解器。一般来说，SciPy 的 optimize 模块为各种优化问题提供了好用且灵活的通用求解器，但是对于特定类型的优化问题，还有很多专用的库可以提供更好的性能或更多的功能。cvxopt 就是这些库中的一个，它在 SciPy 的通用优化程序的基础上，为线性问题和二次问题提供了有效的求解器。

6.8　扩展阅读

如果想要对本章介绍的优化方法有更详细的了解，请参阅 Heath(2002)。如果想对优化问题有更严格、深入的理解，请参阅 E.K.P.Chong(2013)。cvxopt 库的作者在(S.Boyd, 2004)中对凸优化做了全面介绍，读者可以在线阅读 http://stanford.edu/~boyd/cvxbook。

6.9 参考文献

E.K.P. Chong, S. Z. (2013). *An Introduction to Optimization* (4th ed.). New York: Wiley.

Heath, M. (2002). *Scientific Computing: An introductory Survey* (2nd ed.). Boston: McGraw-Hill.

S. Boyd, L. V. (2004). *Convex Optimization.* Cambridge: Cambridge University Press.

第 7 章

插　　值

插值是一种从离散数据点集构建函数的数学方法。插值函数或插值方法应该与给定的数据点完全一致，并且可以在采样范围内通过其他中间输入值进行计算。插值有很多应用场景：一种典型的应用场景就是根据给定的数据集绘制平滑的曲线。另外一种应用场景是对复杂函数(可能需要很大计算量)进行近似求值。这种情况下，仅对原函数在有限数量的点处进行计算，然后在其他点使用插值方法来获得函数的近似值。

插值初看起来很像第5章(线性最小二乘法)和第6章(非线性最小二乘法)中介绍过的最小二乘拟合。实际上，插值和最小二乘法的曲线拟合有很多相似的地方，但是二者之间也存在很多重要的概念区别：在最小二乘拟合中，我们感兴趣的是使用很多数据点以及超定方程组，将函数拟合到数组点，使得误差平方和最小。另外，在插值中，需要一个方程能够与已有的数据点完全重合，仅使用与插值函数自由参数个数相同的数据点。因此，最小二乘法更适合将大量数据点拟合到模型函数，而插值是根据少量数据点创建函数表示的数学工具。实际上，插值是很多数学方法的重要组成部分，包括我们在第 5 章和第 6 章使用过的一些方程求解和优化方法。

外插(extrapolation)是与插值相关的一个概念。外插是指在采样范围之外计算函数的估计值，而插值是指在采样范围(由给定数据点确定的范围)内对函数进行估算。外插一般比插值的风险更大，因为涉及在没有采样的区间对函数进行估算。这里我们只关注插值。要在 Python 中进行插值，可以使用 NumPy 的 polynomial 模块以及 SciPy 的 interpolation 模块。

7.1　导入模块

这里我们将沿用从 SciPy 库中显式导入子模块的传统。本章需要使用 SciPy 的 interpolate 模块以及 NumPy 的 polynomial 模块(这个模块可以提供多项式相关的类和函数)。我们以下面的方式导入这两个模块：

```
In [1]: from scipy import interpolate
In [2]: from numpy import polynomial as P
```

另外，我们还需要 NumPy 库的其余部分、SciPy 库的线性代数模块 linalg 以及绘图用的

matplotlib 库：

```
In [3]: import numpy as np
In [4]: from scipy import linalg
In [5]: import matplotlib.pyplot as plt
```

7.2 插值概述

在深入研究如何使用 NumPy 和 SciPy 进行插值的细节之前，我们首先用数学形式来描述插值问题。为了简洁起见，我们只考虑一维插值问题，可以如下表述：对于给定的包含 n 个数据点的集合 $\{(x_i, y_i)\}_{i=1}^{n}$，找到函数 $f(x)$，使得 $f(x_i)=y_i$，其中 $i\in[1,n]$。函数 $f(x)$就是插值函数，该函数并不是唯一的。事实上，有无数函数满足插值标准。通常可以将插值函数写成一些基函数 $f(x)$的线性组合，即 $f(x)=\sum_{j=1}^{n}c_j\phi_j(x)$，其中 c_j 是未知系数。将给定的数据点带入线性组合，可以得到未知系数的线性方程组：$\sum_{j=1}^{n}c_j\varphi_j(x_i)=y_i$。该方程组可以写成显式矩阵的形式：

$$\begin{bmatrix} \phi_1(x_1) & \phi_2(x_1) & \cdots & \phi_n(x_1) \\ \phi_1(x_2) & \phi_2(x_2) & \cdots & \phi_n(x_2) \\ \vdots & \vdots & \ddots & \vdots \\ \phi_1(x_n) & \phi_2(x_n) & \cdots & \phi_n(x_n) \end{bmatrix} \begin{bmatrix} c_1 \\ c_2 \\ \vdots \\ c_n \end{bmatrix} = \begin{bmatrix} y_1 \\ y_2 \\ \vdots \\ y_n \end{bmatrix}$$

也可以写成更紧凑的隐式矩阵形式 $\phi(\boldsymbol{x})\boldsymbol{c}=\boldsymbol{y}$，矩阵 $\phi(\boldsymbol{x})$中的元素是$\{\phi(\boldsymbol{x})\}_{ij}=\phi_j(x_i)$。请注意，这里基函数的数量与数据点的数量相同，所以 $\phi(\boldsymbol{x})$是方阵。假设该矩阵是满秩的，可以使用第 5 章介绍的标准方法来得到向量 $\boldsymbol{c}$ 的唯一解。如果数据点的数量多于基函数的数量，那么该方程组是超定的，一般来说没有满足插值条件的解。这种情况下，更适合考虑用最小二乘拟合(见第 5 章)而不是精确插值。

基函数的选择会影响方程组的性质，合适的基函数取决于待拟合数据的属性。常见的插值基函数是各种类型的多项式，如幂基函数$\phi_i(\boldsymbol{x})=x^{i-1}$，也可能是正交多项式，如勒让德多项式$\phi_i(\boldsymbol{x})=P_{i-1}(x)$、切比雪夫多项式 $\phi_i(\boldsymbol{x})=T_{i-1}(x)$或分段多项式。请注意，通常 $f(x)$不是唯一的，但是对于 n 个数据点的集合，不管使用哪种多项式基，都存在唯一的 $n-1$ 阶插值多项式。对于幂基 $\phi_i(\boldsymbol{x})=x^{i-1}$，矩阵 $\phi(\boldsymbol{x})$是范德蒙矩阵，我们已经在第 5 章的最小二乘拟合中看过具体应用。对于其他多项式基，$\phi(\boldsymbol{x})$是广义范德蒙矩阵，定义线性方程组矩阵的每个基都必须在插值问题中进行求解。$\phi(\boldsymbol{x})$矩阵的结构对于不同的多项式基是不同的，并且条件数量和求解插值问题的计算开销是不同的。因此，多项式在插值中有非常重要的作用，在我们开始求解差值问题之前，需要一种能够在 Python 中方便地处理多项式的方法。

7.3　多项式

NumPy 库包含的 polynomial 模块(我们在这里导入为 P)提供了处理多项式的函数和类，此外还提供了很多标准正交多项式的实现。在进行插值时，这些函数和类都非常有用，因此我们在介绍多项式插值之前，先来看看如何使用该模块。

注意：

NumPy 中有两个多项式模块：numpy.poly1d 和 numpy.polynomial。这两个模块的功能虽然存在很多相似之处，但它们彼此不兼容(具体来说，这两个模块中的坐标数组的顺序是相反的)。numpy.poly1d 模块比较旧，已经被 numpy.polynomial 替代，在代码中推荐使用后者。这里我们只关注 numpy.polynomial，但还是需要了解一下 numpy.poly1d。

np.polynomial 模块包含很多用于表示不同多项式基的多项式类。标准多项式一般写成幂基的形式$\{x^i\}$，用 Polynomial 类表示。要创建该类的实例，可以将系数数组传给该类的构造函数。在系数数组中，第 i 个元素是 x^i 的系数。例如，可以将列表[1, 2, 3]传给 Polynomial 类来创建多项式 $1+2x+3x^2$ 的表达式：

```
In [6]: p1 = P.Polynomial([1, 2, 3])
In [7]: p1
Out[7]: Polynomial([ 1., 2., 3.], domain=[-1, 1], window=[-1, 1])
```

也可以使用 P.Polynomial.fromroots 方法，通过指定多项式的根来初始化多项式。例如，具有根 $x=-1$ 和 $x=1$ 的多项式可以使用下面的代码来创建：

```
In [8]: p2 = P.Polynomial.fromroots([-1, 1])
In [9]: p2
Out[9]: Polynomial([-1., 0., 1.], domain=[-1., 1.], window=[-1., 1.])
```

这里得到的多项式的系数数组是[-1, 0, 1]，对应的多项式是$-1+x^2$。多项式的根可以使用 roots 方法计算得到。例如，前面创建的两个多项式的根是：

```
In [10]: p1.roots()
Out[10]: array([-0.33333333-0.47140452j, -0.33333333+0.47140452j])
In [11]: p2.roots()
Out[11]: array([-1., 1.])
```

正如预期的那样，多项式 p2 的根是 $x=-1$ 和 $x=1$，这与我们使用 fromroots 方法创建的多项式的参数一样。

前面例子中的多项式可表示为 Polynomial([- 1., 0., 1.], domain=[- 1., 1.], window=[- 1., 1.])。第一个列表是多项式的系数数组，第二和第三个列表是 domain 和 window 参数，可以用于将多项式的输入域映射到另外一个区间。具体来说，就是将输入域区间 [domain[0], domain[1]]通过线性变换(缩放和平移)映射到区间[window[0], window[1]]，这两个参数的默认值是 domain=[- 1, 1]以及

window=[－1, 1]，对应于恒等变换(identity transformation)，也就是不做任何变动。当处理与某个特定区间上定义的标量积(scalar product)正交的多项式时，domain 和 window 参数会特别有用。因为需要将输入数据的域映射到这个区间。这对于正交多项式的插值特别重要，如切比雪夫多项式或埃尔米特多项式，因为通过这些变换可以极大地提高插值问题的范德蒙矩阵的条件数。

可以通过 coeff、domain 和 window 属性来直接访问 Polynomial 实例的特性。例如，对于前面示例中定义的多项式 p1，可以使用如下代码：

```
In [12]: p1.coef
Out[12]: array([ 1., 2., 3.])
In [13]: p1.domain
Out[13]: array([-1, 1])
In [14]: p1.window
Out[14]: array([-1, 1])
```

多项式在用 Polynomial 实例表示之后可以很容易地计算任何 x 的多项式值，只需要直接调用类的实例即可。x 可以是变量、列表或任意 NumPy 数组。例如，为了计算多项式 p1 在点 $x=\{1.5, 2.5, 3.5\}$ 处的值，只需要简单地将 x 作为参数来调用 p1：

```
In [15]: p1(np.array([1.5, 2.5, 3.5]))
Out[15]: array([ 10.75, 24.75, 44.75])
```

Polynomial 实例可以使用标准的算术运算符+、–、*、/等进行操作。运算符//用于多项式除法，下面我们来看看它是如何工作的，考虑将多项式 $p_1(x)=(x-3)(x-2)(x-1)$ 除以多项式 $p_2(x)=(x-2)$。因为这两个多项式都被写成因式分解的形式，所以答案很明显是 $(x-3)(x-1)$。可以使用 NumPy 来计算和验证：首先为 p_1 和 p_2 创建多项式实例，然后使用//运算符计算多项式除法。

```
In [16]: p1 = P.Polynomial.fromroots([1, 2, 3])
In [17]: p1
Out[17]: Polynomial([ -6., 11., -6., 1.], domain=[-1., 1.],
          window=[-1., 1.])
In [18]: p2 = P.Polynomial.fromroots([2])
In [19]: p2
Out[19]: Polynomial([-2., 1.], domain=[-1., 1.], window=[-1., 1.])
In [20]: p3 = p1 // p2
In [21]: p3
Out[21]: Polynomial([ 3., -4., 1.], domain=[-1., 1.], window=[-1., 1.])
```

计算后得到一个新的系数数组为[3, –4, 1]的多项式，如果计算它的根，可以得到 1 和 3，所以这个多项式确实是 $(x-3)(x-1)$：

```
In [22]: p3.roots()
```

```
Out[22]: array([ 1., 3.])
```

除了表示标准幂基多项式的 Polynomial 类，polynomial 模块还提供了用于表示切比雪夫多项式、勒让德多项式、拉盖尔多项式、埃尔米特多项式的类，分别是 Chebyshev、Legendre、Laguerre、Hermite 和 HermiteE。例如，系数数组为[1, 2, 3]的切比雪夫多项式，也就是多项式 $1T_0(x)+2T_1(x)+3T_2(x)$，可以用下面的代码来创建，其中 $T_i(x)$是 n 阶切比雪夫多项式：

```
In [23]: c1 = P.Chebyshev([1, 2, 3])
In [24]: c1
Out[24]: Chebyshev([ 1., 2.,3.], domain=[-1, 1], window=[-1, 1])
```

以上多项式的根可以用 roots 属性获得：

```
In [25]: c1.roots()
Out[25]: array([-0.76759188, 0.43425855])
```

所有多项式类都有与前面讨论过的 Polynomial 类相同的属性、方法和运算符，并且使用的方式也一样。例如，要创建根为 $x=-1$ 和 $x=1$ 的切比雪夫和拉盖尔多项式，可以使用 fromroots 属性，方式与前面的 Polynomial 类一样：

```
In [26]: c1 = P.Chebyshev.fromroots([-1, 1])
In [27]: c1
Out[27]:Chebyshev([-0.5, 0. , 0.5], domain=[-1., 1.], window=[-1., 1.])
In [28]: l1 = P.Legendre.fromroots([-1, 1])
In [29]: l1
Out[29]:Legendre([-0.66666667,0. ,0.66666667], domain=[-1., 1.], window=[-1., 1.])
```

请注意，当使用不同的基来表示时，即使根一样(这里是 $x=-1$ 和 $x=1$)，所得多项式的系数也不一样。但是，当我们计算某个 x 的多项式值时，得到的结果是一样的：

```
In [30]: c1(np.array([0.5, 1.5, 2.5]))
Out[30]: array([-0.75, 1.25,5.25])
In [31]: l1(np.array([0.5, 1.5, 2.5]))
Out[31]: array([-0.75, 1.25,5.25])
```

7.4　多项式插值

前面讨论的多项式类都可以为多项式插值提供有用的函数。例如，回忆前面多项式插值问题的线性方程：$\phi(\boldsymbol{x})\boldsymbol{c}=\boldsymbol{y}$，其中 $\boldsymbol{x}$ 和 $\boldsymbol{y}$ 都是包含数据点 x_i 和 y_i 的向量，$\boldsymbol{c}$ 是未知系数向量。为了求解这个插值问题，需要首先根据给定的基函数计算矩阵 $\phi(\boldsymbol{x})$，然后求解得到的线性方程组。polynomial模块中的每个多项式类都提供了方便的函数来计算相应基的范德蒙矩阵。例如，对于幂基多项式，可以使用 np.polynomial.polynomial.polyvander 函数；对于切比雪夫多项式，可以使用 np.polynomial.chebyshev.chebvander 函数；等等。关于各种多项式基的完整的广义范德蒙矩阵函数列表，请参考 np.polynomial 及其子模块的文档字符串。

使用上述函数，可以很容易地进行不同基函数的多项式插值。例如，假设存在数据点(1, 1)、(2, 3)、(3, 5)和(4, 4)。我们首先为数据点的 x 和 y 坐标创建 NumPy 数组：

```
In [32]: x = np.array([1, 2, 3, 4])
In [33]: y = np.array([1, 3, 5, 4])
```

要通过这些点进行多项式插值，需要使用三次多项式(比数据点的数量少 1)。如果要使用幂基插值，那么需要寻找系数 c_i，使得 $f(x)=\sum_{i=1}^{4} c_i x^{i-1} = c_1x^0 + c_2x^1 + c_3x^2 + c_4x^3$。为了找到这个系数，需要计算范德蒙矩阵，并求解插值方程组：

```
In [34]: deg = len(x) - 1
In [35]: A = P.polynomial.polyvander(x, deg)
In [36]: c = linalg.solve(A, y)
In [37]: c
Out[37]: array([ 2. , -3.5, 3. , -0.5])
```

找到的系数向量是[2, −3.5, 3, −0.5]，所以插值多项式是 $f(x)=2-3.5x+3x^2-0.5x^3$。有了系数向量之后，现在可以创建一个用于插值的多项式表达式：

```
In [38]: f1 = P.Polynomial(c)
In [39]: f1(2.5)
Out[39]: 4.1875
```

为了使用其他的多项式基来进行插值，我们需要在前面的例子中更改用于生成范德蒙矩阵 $\boldsymbol{A}$ 的函数名称。例如，要使用切比雪夫多项式进行插值，可以如下这样做：

```
In [40]: A = P.chebyshev.chebvander(x, deg)
In [41]: c = linalg.solve(A, y)
In [42]: c
Out[42]: array([ 3.5 , -3.875, 1.5, -0.125])
```

与预期的一样，对于这个基函数，得到的系数向量是不一样的，切比雪夫插值多项式是 $f(x) = 3.5T_0(x) - 3.875T_1(x) + 1.5T_2(x) - 0.125T_3(x)$。但是，不管多项式的基函数是什么，插值多项式都是唯一的，插值得到的结果是一样的。

```
In [43]: f2 = P.Chebyshev(c)
In [44]: f2(2.5)
```

```
Out[44]: 4.1875
```

可以将 f1 和 f2 函数以及数据点绘制在同一图形中，从而验证这两个基函数在进行插值后，确实得到了相同的插值函数(见图 7-1)：

```
In [45]: xx = np.linspace(x.min(), x.max(), 100) # supersampled [x[0], x[-1]] interval
       : fig, ax = plt.subplots(1, 1, figsize=(12, 4))
    ...: ax.plot(xx, f1(xx), 'b', lw=2, label='Power basis interp.')
    ...: ax.plot(xx, f2(xx), 'r--', lw=2, label='Chebyshev basis interp.')
    ...: ax.scatter(x, y, label='data points')
    ...: ax.legend(loc=4)
    ...: ax.set_xticks(x)
    ...: ax.set_ylabel(r"$y$", fontsize=18)
    ...: ax.set_xlabel(r"$x$", fontsize=18)
```

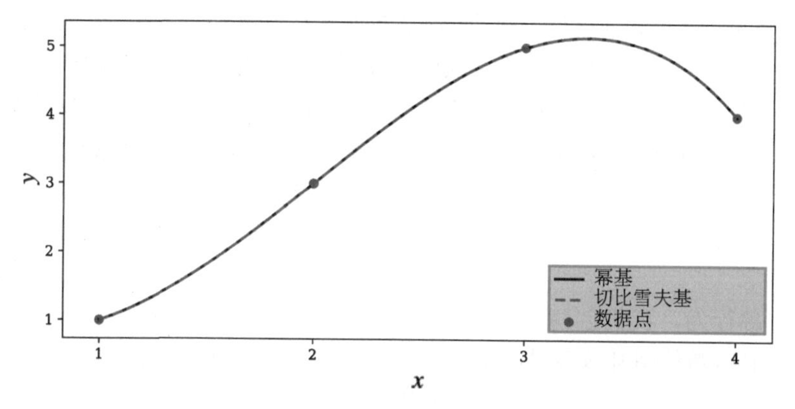

图 7-1　使用幂基和切比雪夫基对四个数据点进行多项式插值

计算广义范德蒙矩阵的函数可以让用的不同多项式基进行插值变得非常方便，但还有一种更简单、更好的方法。每个多项式类都有 fit 方法，可以使用该方法计算插值多项式[1]。因此，可以使用下面的方法来计算前一示例中手动计算的两个插值函数。使用幂基及其 Polynomial 类，可以得到：

```
In [46]: f1b = P.Polynomial.fit(x, y, deg)
In [47]: f1b
Out[47]:Polynomial([ 4.1875, 3.1875, -1.6875, -1.6875], domain=[ 1., 4.],
                   window=[-1., 1.])
```

另外，也可以使用 Chebyshev 类的 fit 方法，从而得到：

```
In [48]: f2b = P.Chebyshev.fit(x, y, deg)
```

1 如果插值多项式的次数少于数据点的数量减 1，则使用最小二乘拟合而不是精确的插值。

```
In [49]: f2b
Out[49]:Chebyshev([ 3.34375 , 1.921875, -0.84375 , -0.421875], domain=[ 1., 4.],
                   window=[-1., 1.])
```

请注意，使用这种方法时，结果实例中的 domain 属性会自动设置为数据点中相应的 x 值(在此例中，输入范围是[1, 4])，并相应地调整系数。如前所述，将差值数据映射到某个基函数最合适的范围后，可以明显提高插值的数值稳定性。例如，使用切比雪夫基，x 值会缩放到 $x \in [-1, 1]$而不是前一示例中 x 的原值，从而将条件数从差不多 4660 减少到 1.85：

```
In [50]: np.linalg.cond(P.chebyshev.chebvander(x, deg))
Out[50]: 4659.7384241399586
In [51]: np.linalg.cond(P.chebyshev.chebvander((2*x-5)/3.0, deg))
Out[51]: 1.8542033440472896
```

对少量数据点进行多项式插值是一种功能强大且非常有用的数学手段，是很多数学方法中非常重要的部分。当数据点的数量增加时，需要使用次数更多的多项式才能得到精确的插值，这会带来多方面的问题。首先，对于次数更高的多项式插值计算和插值函数的确定，计算量更大。另外，更严重的问题是高次多项式插值可能会在插值点之间带来不可预料的行为。虽然插值在给定数据点处是精确的，但是高阶多项式在数据点之间变化很大。例如，一个典型的例子就是使用区间[-1, 1]上的均匀采样点对龙格函数 $f(x) = 1/(1 + 25x^2)$进行多项式插值。得到的插值函数在接近区间端点时几乎发散。

为了演示这种行为，我们创建 Python 函数 runge，该函数实现了龙格函数；再定义函数 runge_interpolate，该函数使用幂基多项式插值对龙格函数的均匀采样点进行插值：

```
In [52]: def runge(x):
    ...:     return 1/(1 + 25 * x**2)
In [53]: def runge_interpolate(n):
    ...:     x = np.linspace(-1, 1, n + 1)
    ...:     p = P.Polynomial.fit(x, runge(x), deg=n)
    ...:     return x, p
```

最后，绘制龙格函数，并对 13 次和 14 次多项式插值函数在[-1, 1]区间上过采样的 x 值进行插值，结果如图 7-2 所示。

```
In [54]: xx = np.linspace(-1, 1, 250)
In [55]: fig, ax = plt.subplots(1, 1, figsize=(8, 4))
    ...: ax.plot(xx, runge(xx), 'k', lw=2, label="Runge's function")
    ...: # 龙格函数的 13 阶插值
    ...: n = 13
    ...: x, p = runge_interpolate(n)
```

```
...: ax.plot(x, runge(x), 'ro')
...: ax.plot(xx, p(xx), 'r', label='interp. order %d' % n)
...: # 龙格函数的 14 阶插值
...: n = 14
...: x, p = runge_interpolate(n)
...: ax.plot(x, runge(x), 'go')
...: ax.plot(xx, p(xx), 'g', label='interp. order %d' % n)
...:
...: ax.legend(loc=8)
...: ax.set_xlim(-1.1, 1.1)
...: ax.set_ylim(-1, 2)
...: ax.set_xticks([-1, -0.5, 0, 0.5, 1])
...: ax.set_ylabel(r"$y$", fontsize=18)
...: ax.set_xlabel(r"$x$", fontsize=18)
```

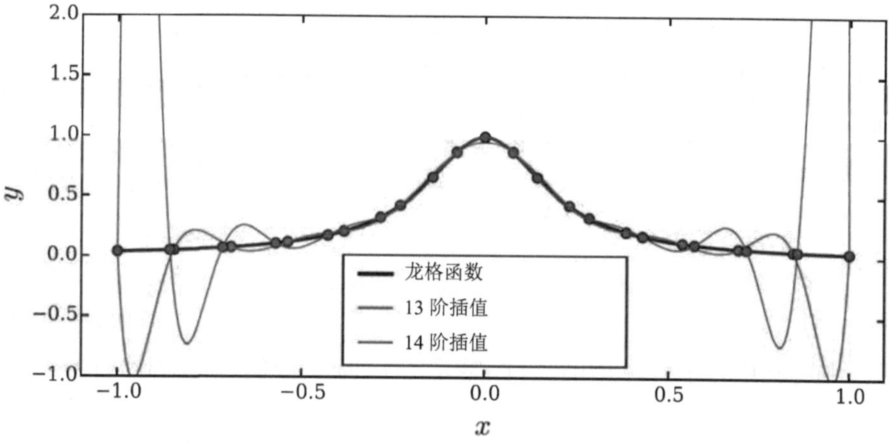

图 7-2 龙格函数以及两个高阶多项式插值

我们注意到，在图 7-2 中，插值和龙格函数在采样点处的值完全相同，但是在这些点之间靠近区间端点的地方它们急剧震荡。插值函数的这些不良特性违背了插值的初衷。该问题的一种解决方法是，当对大量数据点进行插值时，使用分段低次多项式。换句话说，不是将所有数据点拟合到高次多项式中，而是使用不同的低次多项式来描述每两个连续点之间的子区间。

7.5 样条插值

对于包含 n 个数据点的集合$\{x_i, y_i\}$，在整个数据区间$[x_0, x_{n-1}]$上有 $n-1$ 个子区间 $[x_i, x_{i+1}]$。连接两个子区间的数据点在分段多项式插值中被称为节点。为了在每个子区间上使用 k 次多项式对 n 个数据点进行插值，我们必须确定$(k+1)(n-1)$个未知参数。所有节点的值可以给出 $2(n-1)$个方程。这些方程本身只能确定一次分段函数。但是，节点处导数和高阶导数的连续性可以给出其他的方程。

这个条件能够确保得到的分段多项式是平滑的。

样条是一种特殊类型的分段多项式插值函数：如果一个 k 次的分段多项式可以连续可微 $k-1$ 次，那么该分段多项式就是样条函数。最受欢迎的是三次样条，k=3，需要 $4(n-1)$个参数。对于这种情况，在 $n-2$ 个节点处，借助两个导数的连续性可以给出 $2(n-2)$个方程，所以总的方程数量是 $2(n-1)+2(n-2)=4(n-1)-2$。所以还剩下两个未确定的参数，必须通过其他方法来确定。一种常见的方法是要求端点处的二阶导数为 0(这样的样条称为自然样条)，这可以得到另外两个方程，从而组成一个方程组。

SciPy 的 interpolate 模块提供了用于进行样条插值的多个函数和类。例如，可以使用 interpolate.interp1d 函数，该函数的第一和第二个参数是数据点的 x 和 y 值数组。可选关键字参数 kind 可用于指定插值的类型和阶数。例如，可以设置 kind=3(或 kind='cubic')来计算三次样条。该函数会返回一个类的实例，该实例可以像函数一样被调用，并且调用时可以计算不同 x 的值。另外一个样条函数是 interpolate.InterpolatedUnivariateSpline，它也将 x 和 y 值数组作为第一和第二个参数，但是使用关键字参数 k(而不是 kind)来设置样条插值的阶数。

为了演示如何使用 interpolate.interp1d 函数，再次考虑龙格函数，我们这次想要使用三次样条多项式来插值该函数。为此，首先为样本点的 x 和 y 坐标创建 NumPy 数组。然后，设置 kind=3 并调用 interpolate.interp1d 函数，得到样本数据的三次样条：

```
In [56]: x = np.linspace(-1, 1, 11)
In [57]: y = runge(x)
In [58]: f_i = interpolate.interp1d(x, y, kind=3)
```

为了评估样条插值的好坏(这里用实例 f_i 表示)，下面绘制插值函数、原始的龙格函数以及样本点的图形，结果如图 7-3 所示。

```
In [59]: xx = np.linspace(-1, 1, 100)
In [60]: fig, ax = plt.subplots(figsize=(8, 4))
    ...: ax.plot(xx, runge(xx), 'k', lw=1, label="Runge's function")
    ...: ax.plot(x, y, 'ro', label='sample points')
    ...: ax.plot(xx, f_i(xx), 'r--', lw=2, label='spline order 3')
    ...: ax.legend()
    ...: ax.set_xticks([-1, -0.5, 0, 0.5, 1])
    ...: ax.set_ylabel(r"$y$", fontsize=18)
    ...: ax.set_xlabel(r"$x$", fontsize=18)
```

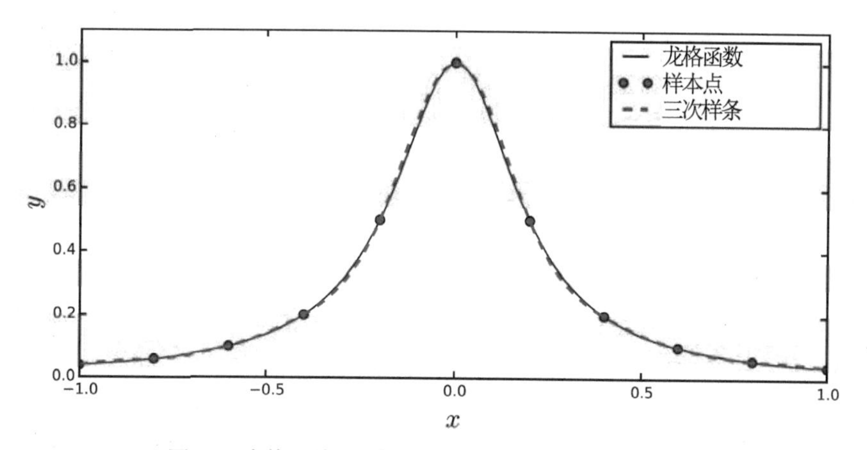

图 7-3 龙格函数以及使用 11 个数据点的三次样条插值

这里使用了 11 个数据点以及三次样条。从图 7-3 中可以看到，插值很好地与原始函数吻合。通常，阶数为 3 或更小的样条插值没有高阶多项式插值时出现的那种震荡现象，并且如果我们具有足够数量的数据点，一般使用三次样条就足够了。

为了说明阶数对样条插值的影响，考虑对数据点(0, 3)、(1, 4)、(2, 3.5)、(3, 2)、(4, 1)、(5, 1.5)、(6, 1.25)、(7, 0.9)使用不同阶数的样条进行插值。首先定义 x 和 y 数组，然后循环调用不同阶的样条函数，计算不同阶的插值并绘制图形，结果如图 7-4 所示。

```
In [61]: x = np.array([0, 1, 2, 3, 4, 5, 6, 7])
In [62]: y = np.array([3, 4, 3.5, 2, 1, 1.5, 1.25, 0.9])
In [63]: xx = np.linspace(x.min(), x.max(), 100)
In [64]: fig, ax = plt.subplots(figsize=(8, 4))
    ...: ax.scatter(x, y)
    ...:
    ...: for n in [1, 2, 3, 5]:
    ...: f = interpolate.interp1d(x, y, kind=n)
    ...: ax.plot(xx, f(xx), label='order %d' % n)
    ...:
    ...: ax.legend()
    ...: ax.set_ylabel(r"$y$", fontsize=18)
    ...: ax.set_xlabel(r"$x$", fontsize=18)
```

从图 7-4 所示的样条插值可以清晰地看出二阶或三阶样条已经能够提供较好的插值，原始函数与插值函数之间的误差已经很小。对于高阶样条，则会出现与我们在高阶多项式插值中类似的问题。因此，在实际应用中，通常适合使用三次样条插值。

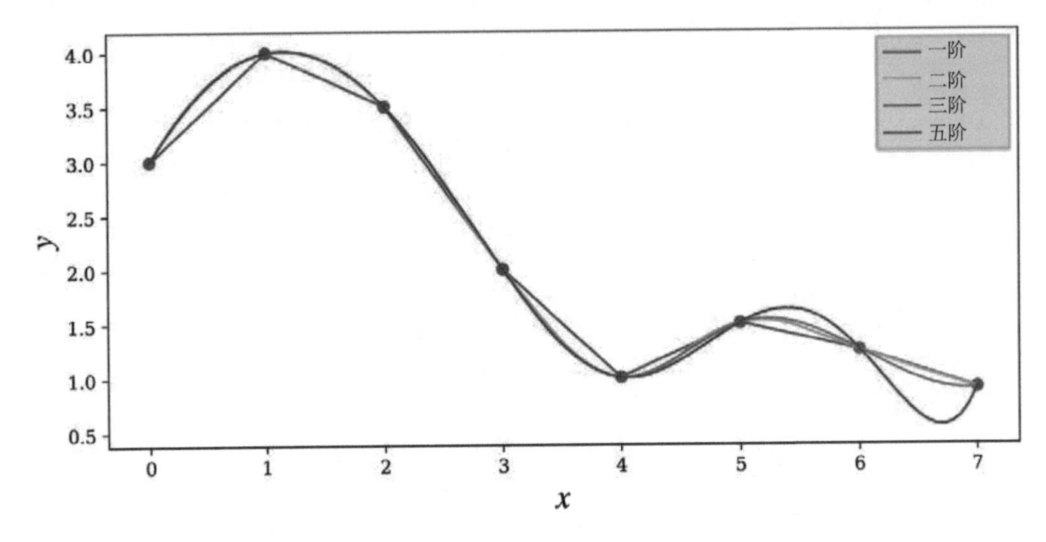

图 7-4　不同阶数的样条插值

7.6　多变量插值

多项式插值和样条插值可以直接推广到多变量的情况。与单变量的情况类似，需要找到一个函数，它的值由给定的数据点确定，该函数可以对采样区间内的点进行求值。SciPy 为多变量插值提供了多个函数和类，在下面的两个示例中，我们将分别介绍两个最有用的双变量插值函数：interpolate.interp2d 和 interpolate.griddata。有关其他插值函数的信息，请参阅 interpolate 模块的文档字符串及参考手册。

我们首先来看看 interpolate.interp2d，它由我们前面使用过的 interp1d 函数推广而来，并且前两个参数是单独保存数据点的 x 和 y 坐标的一维数组，接着是 x 和 y 坐标的每个组合的二维数组。假设数据点位于 x 和 y 坐标的规则且均匀的网格中。

为了说明如何使用 interp2d 函数，我们在已知函数 $f(x, y) = \exp(-(x+1/2)^2 - 2(y+1/2)^2) - \exp(-(x - 1/2)^2 - 2(y - 1/2)^2)$中添加随机噪声来模拟测量噪声。为了构造插值问题，我们在 x 和 y 坐标的[−2, 2]区间上采样 10 个点，然后添加小部分正态分布的噪声。我们首先为样本点的 x 和 y 坐标创建 NumPy 数组，并且为$f(x,y)$定义 Python 函数：

```
In [65]: x = y = np.linspace(-2, 2, 10)
In [66]: def f(x, y):
    ...:     return np.exp(-(x + .5)**2 - 2*(y + .5)**2) -
             np.exp(-(x - .5)**2 - 2*(y - .5)**2)
```

然后在采样点处计算函数值，并且添加随机噪声来模拟不确定的测量：

```
In [67]: X, Y = np.meshgrid(x, y)
In [68]: # 在固定的网格点处模拟噪声数据
    ...: Z = f(X, Y) + 0.05 * np.random.randn(*X.shape)
```

此时，我们有了一个带噪声的数据点 Z 的矩阵，它与精确知道并规则间隔的 x 和 y 坐标关联。为了得到一个能够计算采样区间内 x 和 y 中间值的插值函数，可以使用 interp2d 函数：

```
In [69]: f_i = interpolate.interp2d(x, y, Z, kind='cubic')
```

请注意，这里的 x 和 y 是一维数组(长度为 10)，Z 是形状为 shape(10, 10)的二维数组。interp2d 函数会返回一个实例，这里用 f_i 表示，它类似于函数，可以对任意的 x 和 y 坐标(在采样范围内)进行求值。因此，可以通过下面的方法，使用插值函数得到原始数据的超采样(supersampling)：

```
In [70]: xx = yy = np.linspace(x.min(), x.max(), 100)
In [71]: ZZi = f_i(xx, yy)
In [72]: XX, YY = np.meshgrid(xx, yy)
```

这里的 ***XX*** 和 ***YY*** 是超采样数据点的坐标矩阵，对应的插值是 ZZi。使用这些值可绘制描述稀疏数据和噪声数据的平滑函数。下面的代码绘制了原始函数以及插值数据的等高线图，结果如图 7-5 所示。

```
In [73]: fig, axes = plt.subplots(1, 2, figsize=(12, 5))
    ...: #作为参考，首先绘制精确函数的等高线图
    ...: c = axes[0].contourf(XX, YY, f(XX, YY), 15, cmap=plt.cm.RdBu)
    ...: axes[0].set_xlabel(r"$x$", fontsize=20)
    ...: axes[0].set_ylabel(r"$y$", fontsize=20)
    ...: axes[0].set_title("exact / high sampling")
    ...: cb = fig.colorbar(c, ax=axes[0])
    ...: cb.set_label(r"$z$", fontsize=20)
    ...: # 接下来，绘制噪声数据的超采样插值的等高线图
    ...: c = axes[1].contourf(XX, YY, ZZi, 15, cmap=plt.cm.RdBu)
    ...: axes[1].set_ylim(-2.1, 2.1)
    ...: axes[1].set_xlim(-2.1, 2.1)
    ...: axes[1].set_xlabel(r"$x$", fontsize=20)
    ...: axes[1].set_ylabel(r"$y$", fontsize=20)
    ...: axes[1].scatter(X, Y, marker='x', color='k')
    ...: axes[1].set_title("interpolation of noisy data / low sampling")
    ...: cb = fig.colorbar(c, ax=axes[1])
    ...: cb.set_label(r"$z$", fontsize=20)
```

利用相对稀疏的数据点，可以使用 interpolate.interp2d 计算二元三次样条插值，从而构建对原始函数的近似。这样可以得到原始函数的平滑近似，这对于处理需要大量时间或其他资源的测量数据或计算数据特别有用。对于更高维的问题，可以使用 interpolate.interpnd 函数，它是对 N 维问题的推广。

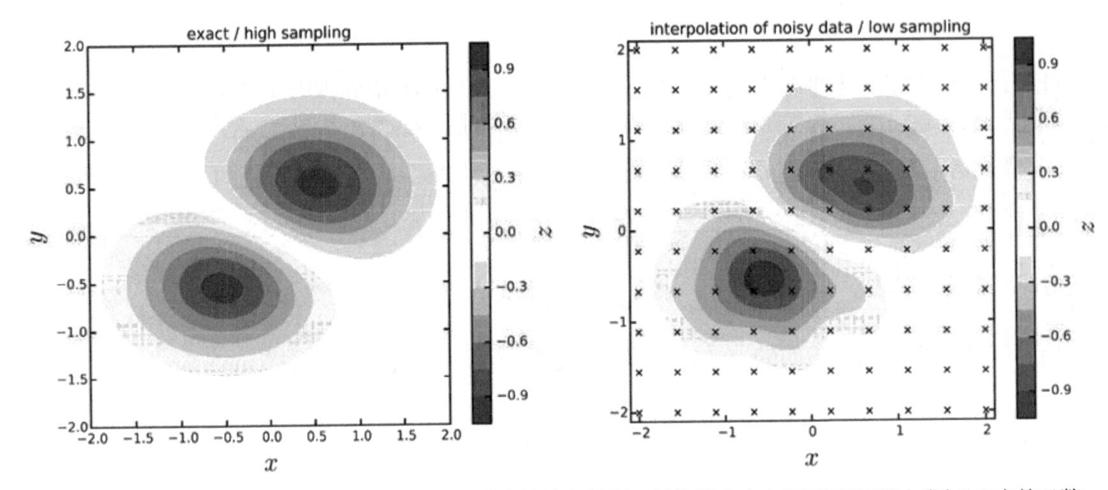

图 7-5 原始函数(左图)与二元三次样条插值(右图)的等高线图，插值样本来自规则网格(用十字标记)中的函数

另一种需要进行多变量插值的常见场景是从不规则的坐标网格中采样数据。当无法直接控制采集的观察结果时，这种情况经常发生(例如，在实验或其他数据采集过程中)。为了能够使用现有的工具对数据进行可视化和分析，可能需要将它们插值到规则的坐标网格中。在 SciPy 中，可以使用 interpolate.griddata 函数来完成这项工作。该函数的第一个参数是一维坐标数组的元组(xdata, ydata)，第二个参数是矩阵形式的数据点的值 zdata，第三个参数是待插值的新数据点的坐标数组或坐标矩阵形式的元组(X, Y)。另外，还可以使用 method 参数设置插值方式('nearest'、'linear'或'cubic')：

```
In [74]: Zi = interpolate.griddata((xdata, ydata), zdata, (X, Y), method='cubic')
```

为了演示如何使用 interpolate.griddata 函数在非结构化的坐标点上进行数据插值，考虑函数 $f(x,y)=\exp(-x^2-y^2)\cos 4x \sin 6y$ 以及在 x 和 y 坐标的[－1, 1]区间上随机选择的采样点。然后对得到的数据点$\{x_i, y_i, z_i\}$进行插值，并计算 $x, y \in [-1, 1]$区间上规则网格的超采样点的值。为此，首先为 $f(x,y)$定义一个 Python 函数，然后生成随机的采样数据：

```
In [75]: def f(x, y):
    ...:     return np.exp(-x**2 - y**2) * np.cos(4*x) * np.sin(6*y)
In [76]: N = 500
In [77]: xdata = np.random.uniform(-1, 1, N)
In [78]: ydata = np.random.uniform(-1, 1, N)
In [79]: zdata = f(xdata, ydata)
```

为了对函数以及采样点的密度进行可视化，绘制采样位置的散点图并叠加到 $f(x, y)$的等高线图上，结果如图 7-6 所示。

```
In [80]: x = y = np.linspace(-1, 1, 100)
In [81]: X, Y = np.meshgrid(x, y)
In [82]: Z = f(X, Y)
In [83]: fig, ax = plt.subplots(figsize=(8, 6))
```

```
...: c = ax.contourf(X, Y, Z, 15, cmap=plt.cm.RdBu);
...: ax.scatter(xdata, ydata, marker='.')
...: ax.set_ylim(-1,1)
...: ax.set_xlim(-1,1)
...: ax.set_xlabel(r"$x$", fontsize=20)
...: ax.set_ylabel(r"$y$", fontsize=20)
...: cb = fig.colorbar(c, ax=ax)
...: cb.set_label(r"$z$", fontsize=20)
```

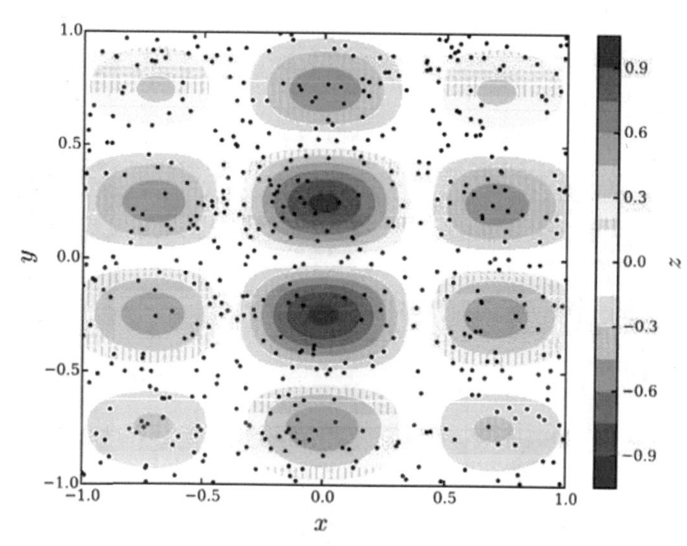

图 7-6　随机采样函数的等高线图，500 个采样点已用黑点标记

从图 7-6 所示的等高线图和散点图可以看出，随机选择的样本点很好地覆盖了我们感兴趣的坐标区域，看上去我们应该可以通过对数据插值来相对精确地重建 $f(x, y)$函数。这里，我们想要在使用 X 和 Y 坐标数组定义的更细小间隔(超采样)的网格中进行数据插值。为了比较不同的插值方法以及采样点增加时的效果，我们定义了函数 z_interpolate，它使用最临近点插值、线性插值和三次样条插值对给定的数据点进行插值：

```
In [84]: def z_interpolate(xdata, ydata, zdata):
    ...:Zi_0 = interpolate.griddata((xdata,ydata),zdata,(X, Y), method='nearest')
    ...:Zi_1 = interpolate.griddata((xdata, ydata), zdata,(X, Y), method='linear')
    ...:Zi_3 = interpolate.griddata((xdata, ydata), zdata,(X, Y), method='cubic')
    ...:return Zi_0, Zi_1, Zi_3
```

最后，我们分别绘制了使用三种不同的插值方法对采样点的三种不同子集(50、150 和 500 个数据点)进行插值的等高线图，结果如图 7-7 所示。

```
In [85]: fig, axes = plt.subplots(3, 3, figsize=(12, 12), sharex=True, sharey=True)
    ...:
```

```
...: n_vec = [50, 150, 500]
...: for idx, n in enumcrate(n_vec):
...:     Zi_0, Zi_1, Zi_3 = z_interpolate(xdata[:n], ydata[:n], zdata[:n])
...:     axes[idx, 0].contourf(X, Y, Zi_0, 15, cmap=plt.cm.RdBu)
...:     axes[idx, 0].set_ylabel("%d data points\ny" % n, fontsize=16)
...:     axes[idx, 0].set_title("nearest", fontsize=16)
...:     axes[idx, 1].contourf(X, Y, Zi_1, 15, cmap=plt.cm.RdBu)
...:     axes[idx, 1].set_title("linear", fontsize=16)
...:     axes[idx, 2].contourf(X, Y, Zi_3, 15, cmap=plt.cm.RdBu)
...:     axes[idx, 2].set_title("cubic", fontsize=16)
...: for m in range(len(n_vec)):
...:     axes[idx, m].set_xlabel("x", fontsize=16)
```

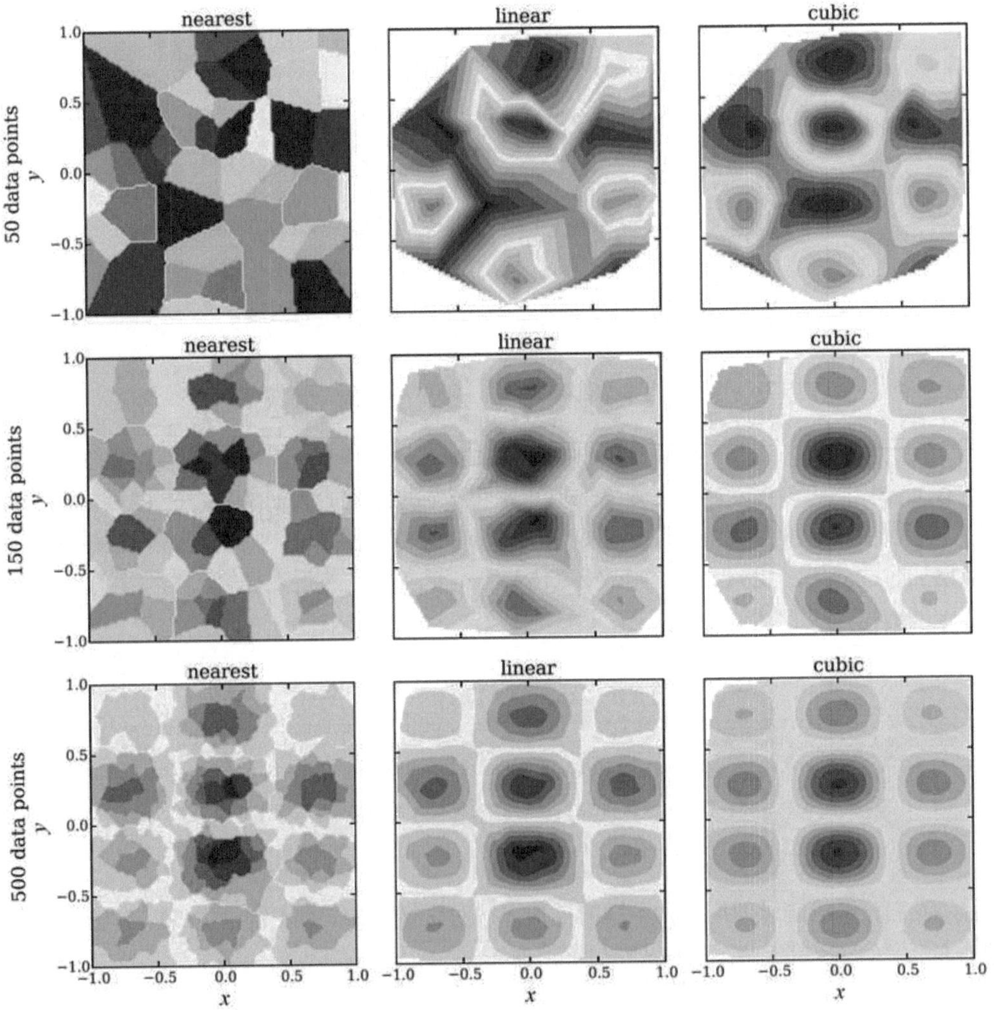

图 7-7　对随机采样值进行双变量插值，插值函数的阶数依次增加(从左到右)，插值的采样点数量依次增加(从上到下)

图 7-7 显示，只要采样点能够很好地覆盖我们感兴趣的区域，就可以通过对非结构化的样本数据进行插值来重建函数。在这个例子中，并且对于其他情况也是如此，很明显，三次样条插值远远好于最邻近点插值和线性插值，尽管样条插值的计算量较大，但一般来说这都是十分值得的。

7.7　本章小结

插值是一种基本的数学工具，在整个科学计算和技术计算中具有非常重要的应用。特别地，插值是很多数据方法和算法的关键部分，并且插值自身也是一种绘制或分析数据(这些数据可能来自于实验、观察或高资源消耗的计算)的实用工具。NumPy 和 SciPy 提供的数值插值方法能够覆盖大部分的单变量或多变量插值问题。对于实际应用中涉及大量数据的插值问题，三次样条插值是最有用的技术，但是低次多项式插值是其他数值方法(如求根、优化、数值积分等)中的常用工具。本章探讨了如何使用 NumPy 的 polynomial 模块以及 SciPy 的 interpolate 模块对给定的一维和二维数据集进行插值。掌握这些技术是计算科学家的一项重要基本技能，读者可以通过学习 scipy.interpolate 模块及其很多函数和类的文档字符串来进一步研究该模块中尚未介绍的内容。

7.8　扩展阅读

在大部分关于数值方法的书籍中都会涉及插值，要对这方面进行更全面的理论学习，可以参阅 J. Stoer(1992)或 Hamming(1987)。

7.9　参考文献

Hamming, R. (1987). *Numerical Methods for Scientists and Engineers*. New York: Dover Publications.

J. Stoer, R. B. (1992). *Introduction to Numerical Analysis.* New York: Springer.

第 8 章

积　　分

本章将介绍积分相关的内容，主要关注数值积分(numerical integration)。由于历史原因，数值积分又称为 quadrature。积分要比其逆运算(微分)难得多，虽然有很多可以使用解析方法来计算的积分示例，但是总的来说，我们还是需要使用数值方法。根据被积函数(integrand)的性质和积分的极限，数值积分的计算难易程度不一。大多数情况下，连续函数以及有限积分域的积分在单一维度上可以有效地计算，但是对于带奇点(singularity)或无限积分域的可积函数，即使是对单一维度进行数值积分也很难。二维积分(二重积分)和多重积分可以通过重复一重积分来进行计算，或者使用扩展到多维的一重积分技术。但是，随着积分维度的增加，计算复杂度会急剧增长，所以在实际应用中这种方法只对低维积分(例如二重积分和三重积分)适用。高维积分通常需要使用完全不同的技术，例如蒙特卡罗采样算法。

除了可以对有限积分域的积分进行数值计算(结果是数值)外，积分还有其他非常重要的应用。例如，积分方程(含有对未知函数的积分进行运算的方程)经常会在科学和工程应用中使用。积分方程一般都很难求解，但通常可以将它们离散化，然后转换成线性方程组。不过这不是我们这里要讨论的问题，我们将在第 10 章介绍相关示例。积分的另外一个重要应用是积分变换，可用于在不同域之间进行函数和方程的变换。在本章的最后，我们将简要介绍如何使用 SymPy 来进行一些积分变换，如拉普拉斯变换和傅里叶变换。

为了进行符号积分，可以使用 SymPy，如第 3 章所述。如果要进行数值积分，则主要使用 SciPy 的 integrate 模块。不过，SymPy 中也有用于数值积分的程序(通过高精度浮点库 mpmath)，可以提供任意精度的积分，作为 SciPy 的补充。本章还将简单介绍如何使用 scikit-monaco 库进行蒙特卡罗(Monte Carlo)积分。

提示：

scikit-monaco 是一个小型的新库，通过它可以方便简单地进行蒙特卡罗积分。编写本书时，scikit-monaco 的最新版本是 0.2.1。更多信息请访问 http://scikit-monaco.readthedocs.org。

8.1 导入模块

本章将像以前一样使用 NumPy 和 matplotlib 库来进行数值计算和图形绘制，最重要的是，我们将使用 SciPy 的 integrate 模块、SymPy 库以及高精度数学库 mpmath。这里我们假设以下面的方式导入这些模块：

```
In [1]: import numpy as np
In [2]: import matplotlib.pyplot as plt
In [3]: import maplotlib as mpl
In [4]: from scipy import integrate
In [5]: import sympy
In [6]: import mpmath
```

另外，为了让 SymPy 输出漂亮的格式，我们还需要设置打印系统：

```
In [7]: sympy.init_printing()
```

8.2 数值积分方法

这里我们将计算形如 $I(f)=\int_a^b f(x)\mathrm{d}x$ 的定积分，积分的上下限分别是 a 和 b。区间 $[a, b]$ 可以是有限的、半无穷的($a=-\infty$ 或 $b=\infty$)或无穷的($a=-\infty$ 且 $b=\infty$)。积分 $I(f)$ 可以解释成积分函数 $f(x)$ 的曲线与 x 轴之间的面积，如图 8-1 所示。

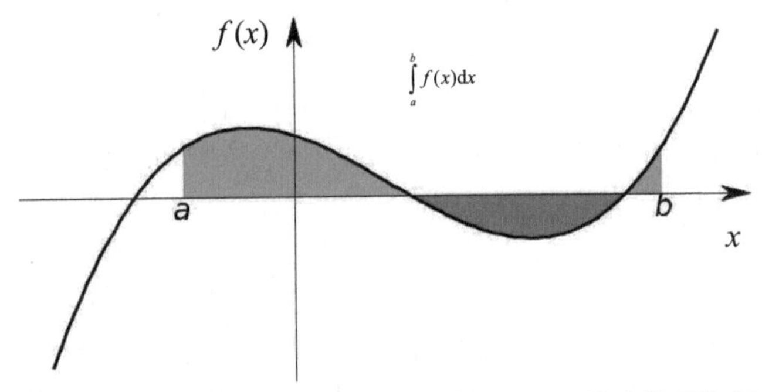

图 8-1 积分可以解释为积分函数的曲线与 x 轴之间的面积，如果 $f(x)>0$，面积记为正值(绿色)，否则记为负值(红色)

一种计算上述形式积分 $I(f)$ 的策略是，将积分写成积分函数值的离散和：

$$I(f)=\sum_{i=1}^{n} w_i f(x_i)+r_n$$

这里的 w_i 是 $f(x)$ 在点 $x_i\in[a, b]$ 处的权重，r_n 是近似误差。在实际应用中，我们假设 r_n 很小，可以忽略不计，但重要的是需要对 r_n 有合适的估计，才能知道积分近似得有多准确。$I(f)$ 的这个求和公式被称为 n 点求积法则，其中 n 的选择、每个点在 $[a, b]$ 中的位置、权重因子 w_i 都会影响计算的准确性和复杂性。积分法则可以通过在区间 $[a, b]$ 上对 $f(x)$ 进行插值推导而来。如果 x_i 在区间 $[a, b]$ 上是均匀间隔的，那么可以使用多项式插值，得到的求积公式被称为牛顿-科斯特求积公式。例如，使用中间点 $x_0=(a+b)/2$ 的零阶多项式(常数值)逼近 $f(x)$，可以得到：

$$\int_a^b f(x)\mathrm{d}x \approx f\left(\frac{a+b}{2}\right)\int_a^b \mathrm{d}x = (b-a)f\left(\frac{a+b}{2}\right)$$

这被称为中点公式，由于可以精确地对最多一阶的多项式(线性函数)进行积分，因此也被称为一次多项式。使用一次多项式来逼近 $f(x)$，在区间的端点处进行计算，可以得到：

$$\int_a^b f(x)\mathrm{d}x \approx \frac{b-a}{2}\big(f(a)+f(b)\big)$$

这被称为梯形公式，并且也是一次多项式。如果使用二阶插值多项式，将会得到辛普森公式：

$$\int_a^b f(x)\mathrm{d}x \approx \frac{b-a}{6}\left(f(a)+4f\left(\frac{a+b}{2}\right)+f(b)\right)$$

辛普森公式使用的是端点和中间点的函数值。因为是三次多项式，所以能够对最高三阶的多项式进行积分。使用 SymPy 可以很容易地表示该公式：首先，为 a、b、x 以及函数 f 定义符号。

```
In [8]: a, b, X = sympy.symbols("a, b, x")
In [9]: f = sympy.Function("f")
```

然后定义一个包含采样点(区间[a, b]的端点和中间点)的元组，以及求积公式中与每个采样点对应的权重因子 w 的列表：

```
In [10]: x = a, (a+b)/2, b     # 用于辛普森公式
In [11]: w = [sympy.symbols("w_%d" % i) for i in range(len(x))]
```

有了 x 和 w 之后，就可以构建求积公式的符号表达式了：

```
In [12]: q_rule = sum([w[i] * f(x[i]) for i in range(len(x))])
In [13]: q_rule
```

Out[13]: $w_0 f(a)+w_1 f\left(\frac{a}{2}+\frac{b}{2}\right)+w_2 f(b)$

为了得到适合权重因子 w_i 的值，我们选择使用多项式基函数 $\{\phi_n(x)=x^n\}_{n=0}^{2}$ 来对 $f(x)$进行插值，这里使用 sympy.Lambda 函数为这些基函数创建符号表达式：In [13]: phi = [sympy.Lambda(X, X**n) for n in range(len(x))]

```
In [14]: phi
```

Out[14]: $\left[(x\mapsto 1),(x\mapsto x),(x\mapsto x^2)\right]$

找出积分公式中权重因子的关键是可以对每个基函数 $\phi_n(x)$的积分$\int_a^b \phi_n(x)\mathrm{d}x$进行解析求解。将求积公式中的$f(x)$替换成基函数 $\phi_n(x)$，可以得到未知权重因子的方程组：

$$\sum_{i=0}^{2} w_i\phi_n\left(x_i\right)=\int_a^b \phi_n\left(x\right)\mathrm{d}x$$

这些方程等效于要求求积公式能够精确地对所有基函数进行积分，所以(至少)所有由基函数构建的函数也都可以进行积分。该方程组可以使用 SymPy 来构建：

```
In [15]: eqs = [q_rule.subs(f, phi[n]) - sympy.integrate(phi[n](X), (X, a, b))
    ...:        for n in range(len(phi))]
In [16]: eqs
```

Out[16]: $\left[a-b+w_0+w_1+w_2,\ \frac{a^2}{2}+aw_0-\frac{b^2}{2}+bw_2+w_1\left(\frac{a}{2}+\frac{b}{2}\right),\ \frac{a^3}{3}+a^2w_0-\frac{b^3}{3}+b^2w_2+w_1\left(\frac{a}{2}+\frac{b}{2}\right)^2\right]$

通过求解该线性方程组可以得到权重因子的解析表达式：

```
In [17]: w_sol = sympy.solve(eqs, w)
In [18]: w_sol
```

Out[18]: $\left\{w_0:-\frac{a}{6}+\frac{b}{6},\ w_1:-\frac{2a}{3}+\frac{2b}{3},\ w_2:-\frac{a}{6}+\frac{b}{6}\right\}$

然后将上述解代入求积公式的符号表达式，可以得到：

```
In [19]: q_rule.subs(w_sol).simplify()
```

Out[19]: $-\frac{1}{6}(a-b)\left(f(a)+f(b)+4f\left(\frac{a}{2}+\frac{b}{2}\right)\right)$

可以看到，得到的结果就是前面介绍的辛普森求积公式。选择不同的采样点(以上代码中的 x 元组)将得到不同的求积公式。

类似地，可以使用高次多项式插值(在区间$[a, b]$上选取更多的采样点)来导出高阶求积公式。但是，高次多项式插值可能会导致我们不希望见到的行为。因此，通常我们不使用高阶求积公式，而是将积分区间$[a, b]$划分为子区间$[a=x_0,x_1]$, $[x_1,x_2]$, …, $[x_{N-1},x_N=b]$，然后对每个子区间使用低阶积分公式。这种方法又称为复化求积公式。图 8-2 显示了如何采用三种低阶牛顿-科斯特求积公式对函数$f(x)=3+x+x^2+x^3+x^4$ 在区间$[-1, 1]$上进行积分，以及如何把原始区间划分为四个子区间，并采用对应的复化求积公式进行积分。

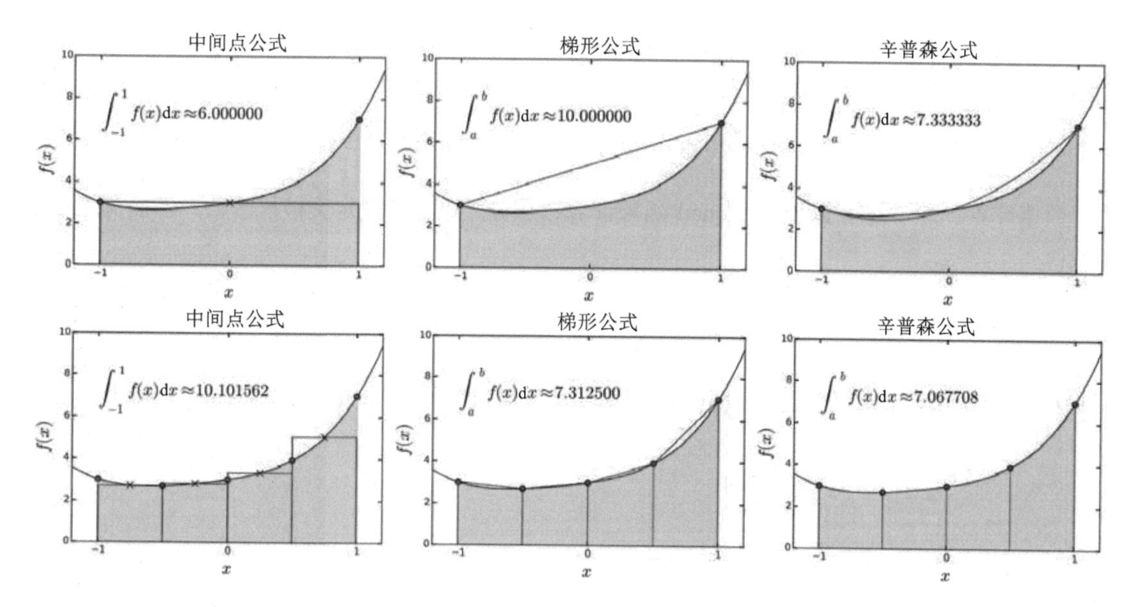

图 8-2　零阶(中间点公式)、一阶(梯形公式)、二阶(辛普森公式)求积公式和复合求积公式的可视化

复化求积公式中有一个很重要的参数：子区间的长度 $h=(b-a)/N$。近似求积公式的误差估计以及 h 对误差的影响，可以通过被积函数的泰勒级数展开式以及对级数项进行解析求积来得到。另外一种方法是同时考虑对不同阶或不同子区间的长度 h 进行求积。这两种方法所得结果的差异常常被用来估计误差，这是估计求积误差以及积分值的基础。

我们已经看到牛顿-科斯特求积公式使用的是被积函数 $f(x)$上均匀分布的采样点。这通常很方便，特别是当被积函数是对某些点的测量值或观察值，而无法对区间$[a, b]$上的任意点进行求值时。但这不一定是选择求积节点最有效方法，如果被积函数可以对任意 $x \in [a,b]$很方便地求值的话，可以使用那些非均匀采样点的求积公式。例如，高斯求积公式就是这样的方法，高斯求积公式也使用多项式插值来确定求积公式中权重因子的值，但是求积节点的选择是为了在求积节点数量固定的情况下，最大化能够被精确积分的多项式的次数。可以证明，满足这些条件的 x_i 是不同正交多项式的根，采样点 x_i 通常会落在积分区间$[a, b]$中某个无理数的位置。对于数值计算来说这通常不是问题，但实际上需要函数 $f(x)$可以在积分程序确定的任意点进行求值，而不是通过列表或预先计算的方式给出规则间隔的 x 的函数值。如果 $f(x)$可以在任意位置求值，那么高斯求积公式通常会更好，不过由于刚才提到的原因，如果被积函数的值是通过列表的方式给出的，那么牛顿-科斯特求积公式也同样重要。

8.3　使用 SciPy 进行数值积分

SciPy 的 integrate 模块中的数值求积函数可以分成两类：一类将被积函数作为 Python 函数传入，另一类将被积函数在给定点的样本值以数组的形式传入。第一类函数使用高斯求积法(quad、quadrature、fixed_quad)，第二类函数使用牛顿-科斯特法(trapz、simps 和 romb)。

quadrature 函数是一个使用 Python 实现的自适应高斯求积程序。quadrature 函数会重复调用 fixed_quad 函数(可进行某个固定次数的高斯求积)，并且不断增加多项式的次数，直到满足所需的精度。quad 函数是对 Fortran 库 QUADPACK 的封装，在速度方面有更好的性能，并具有更多的功能(例如支持无穷积分)。所以，我们一般优先使用 quad 函数。在下面的示例中，我们使用的就是这个求积函数。但是，所有这些函数都有相似的参数，经常可以互相替换。它们将实现积分的函数作为第一个参数，第二和第三个参数是积分区间的上下限。下面介绍一个具体的例子，考虑对积分 $\int_{-1}^{1} e^{-x^2} \mathrm{d}x$ 进行数值计算。为了使用 SciPy 的 quad 函数计算该积分，下面首先定义被积函数，然后调用 quad 函数：

```
In [20]: def f(x):
   ...:      return np.exp(-x**2)
In [21]: val, err = integrate.quad(f, -1, 1)
In [22]: val
Out[22]: 1.493648265624854
In [23]: err
Out[23]: 1.6582826951881447e-14
```

quad 函数将返回一个元组，其中包含积分的数值结果 val 以及绝对误差估计 err。可以使用可选参数 epsabs 和 epsrel 来设置绝对误差和相对误差的容忍度。如果函数 f 的变量超过一个，quad 函数将对第一个参数进行积分。如果要设置 quad 函数的其他参数的值，可以使用关键字参数 args 将这些值传给被积函数。例如，如果希望对 $\int_{-1}^{1} a e^{-(x-b)^2/c^2} \mathrm{d}x$ 进行数值积分，参数分别是 $a=1$、$b=2$ 和 $c=3$，那么可以在定义被积函数时增加这些额外参数，然后通过参数 args=(1, 2, 3) 将 a、b、c 的值传给 quad 函数：

```
In [24]: def f(x, a, b, c):
   ...:      return a * np.exp(-((x - b)/c)**2)
In [25]: val, err = integrate.quad(f, -1, 1, args=(1, 2, 3))
In [26]: val
Out[26]: 1.2763068351022229
In [27]: err
Out[27]: 1.4169852348169507e-14
```

当需要积分的变量不是第一个参数时，可以使用 lambda 函数来调整参数的顺序。例如，如果需要计算积分 $\int_{0}^{5} J_0(x) \mathrm{d}x$，被积函数 $J_0(x)$ 是零阶的第一类贝塞尔函数，那么可以很方便地使用 scipy.special 模块的 jv 函数作为被积函数。函数 jv 有两个参数 v 和 x，表示计算 v 阶第一类贝塞尔函数在 x 处的值。为了能够使用 jv 函数作为 quad 函数的被积函数，需要重新调整 jv 函数中参数的顺序。可以像下面代码中一样使用 lambda 函数：

```
In [28]: from scipy.special import jv
In [29]: f = lambda x: jv(0, x)
In [30]: val, err = integrate.quad(f, 0, 5)
In [31]: val
Out[31]: 0.7153119177847678
In [32]: err
Out[32]: 2.47260738289741e-14
```

通过这种方法，可以随意调整任何函数的参数，将被积变量作为函数的第一个参数，这样函数就可以用作 quad 函数的被积函数。

quad 函数支持无穷积分。为了表示积分的上下限是无穷的，我们使用浮点数中的无穷表达式 float('inf')，在 NumPy 中可以很方便地使用 np.inf 来获得。例如，考虑使用 quad 函数计算积分 $\int_{-\infty}^{\infty} e^{-x^2} dx$ ：

```
In [33]: f = lambda x: np.exp(-x**2)
In [34]: val, err = integrate.quad(f, -np.inf, np.inf)
In [35]: val
Out[35]: 1.7724538509055159
In [36]: err
Out[36]: 1.4202636780944923e-08
```

但是，请注意，quadrature 和 fixed_quad 函数仅支持有限积分。

通过一些额外的信息，quad 函数也可以处理很多带可积奇点的积分。例如，考虑积分 $\int_{-1}^{1} \frac{1}{\sqrt{|x|}} dx$ 。被积函数在 $x=0$ 处是发散的，但是积分的值并不发散，等于 4。初次使用 quad 函数计算这个积分时，由于被积函数的发散性，操作可能会失败：

```
In [37]: f = lambda x: 1/np.sqrt(abs(x))
In [38]: a, b = -1, 1
In [39]: integrate.quad(f, a, b)
Out[39]: (inf, inf)
```

在这种情况下，绘制被积函数的图形，从中了解其特性是很有用的，如图 8-3 所示。

```
In [40]: fig, ax = plt.subplots(figsize=(8, 3))
    ...: x = np.linspace(a, b, 10000)
    ...: ax.plot(x, f(x), lw=2)
    ...: ax.fill_between(x, f(x), color='green', alpha=0.5)
```

```
   ...: ax.set_xlabel("$x$", fontsize=18)
   ...: ax.set_ylabel("$f(x)$", fontsize=18)
   ...: ax.set_ylim(0, 25)
   ...: ax.set_xlim(-1, 1)
```

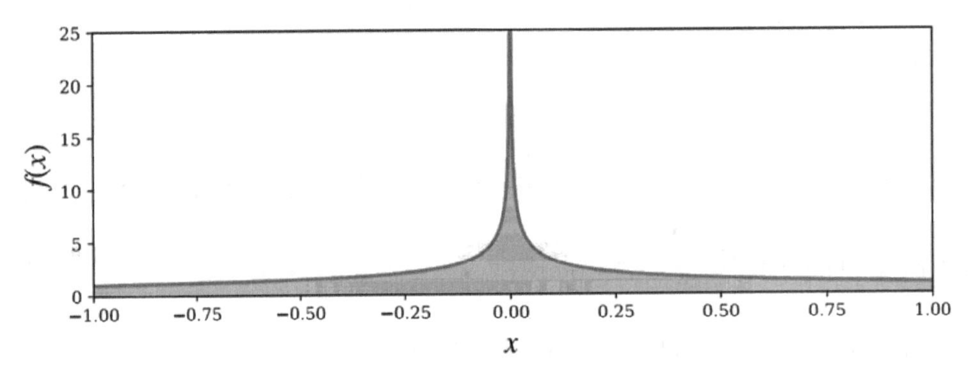

图 8-3　使用 quad 函数计算发散函数的有限积分

在这种情况下，求积计算将会失败，因为被积函数刚好在高斯求积公式中的某个采样点(中间点)上发散。可以使用 points 关键字参数设置 quad 函数需要绕过的点的列表，在本例中可以使用 points=[0]让 quad 函数正确地计算积分：

```
In [41]: integrate.quad(f, a, b, points=[0])
Out[41]: (4.0,5.684341886080802e-14)
```

列表积分法

我们已经看到，quad 函数适合于计算被积函数可以用 Python 函数表示的积分。这种情况下，被积函数在任意点都可以求值(由某种特定的求积公式确定)。但是，很多时候，被积函数可能只可以在某些预先确定的点求值，例如积分区间$[a, b]$上均匀间隔的点。这种情况是可能发生的，例如被积函数来自实验或观察数据，不受某个特定的积分函数控制。这种情况下，可以使用 Newton-Cotes 求积，如本章前面介绍过的中间点公式、梯形公式或辛普森公式。

在 SciPy 的 integrate 模块中，trapz 和 simps 函数实现了复化梯形公式和辛普森公式。这些函数的第一个参数是数组 y，y 中包含被积函数在积分区间某些点的值；第二个参数可以是用于指定采样点值的数组 x，或是每个采样点之间的间隔 dx(假设采样点是均匀分布的)。请注意，采样点并不一定要求是均匀分布的，但是它们必须是提前知道的。

为了演示如何对通过采样点给定的函数进行积分，我们来考虑积分 $\int_0^2 \sqrt{x}\mathrm{d}x$，在积分区间[0, 2]上选取被积函数的 25 个采样点，如图 8-4 所示。

```
In [42]: f = lambda x: np.sqrt(x)
In [43]: a, b = 0, 2
```

```
In [44]: x = np.linspace(a, b, 25)
In [45]: y = f(x)
In [46]: fig, ax = plt.subplots(figsize=(8, 3))
    ...: ax.plot(x, y, 'bo')
    ...: xx = np.linspace(a, b, 500)
    ...: ax.plot(xx, f(xx), 'b-')
    ...: ax.fill_between(xx, f(xx), color='green', alpha=0.5)
    ...: ax.set_xlabel(r"$x$", fontsize=18)
    ...: ax.set_ylabel(r"$f(x)$", fontsize=18)
```

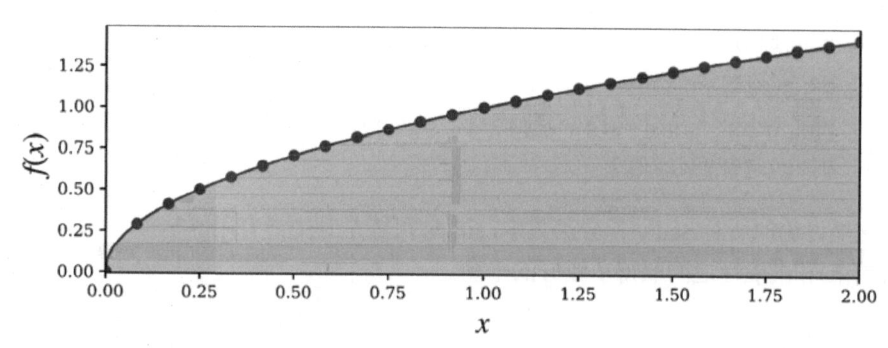

图 8-4 被积函数以列表值(图中的点)的形式表示，积分对应于阴影区域

要计算这个积分，可以将 x 和 y 数组传给 trapz 或 simps 函数。请注意，y 数组必须是第一个参数：

```
In [47]: val_trapz = integrate.trapz(y, x)
In [48]: val_trapz
Out[48]: 1.88082171605
In [49]: val_simps = integrate.simps(y, x)
In [50]: val_simps
Out[50]: 1.88366510245
```

trapz 和 simps 函数无法提供对误差的估计，但是对于这个特定的例子，可以进行解析积分，然后比较它们的数值结果：

```
In [51]: val_exact = 2.0/3.0 * (b-a)**(3.0/2.0)
In [52]: val_exact
Out[52]: 1.8856180831641267
In [53]: val_exact - val_trapz
Out[53]: 0.00479636711328
In [54]: val_exact - val_simps
Out[54]: 0.00195298071541
```

由于对于被积函数的所有信息只有给定的样本点，因此无法让 trapz 或 simps 函数给出更精确的解。提高准确度的唯一方法是增加样本点的数量(如果不知道产生数据的函数，这可能会很难)或者使用更高阶的方法。

integrate 模块中的 romb 函数实现了 Romberg 法。Romberg 法是 Newton-Cotes 法的一种，但使用的是 Richardson 外推算法来加速梯形法的收敛。不过，这种方法需要的采样点是均匀间隔的，总共 2^n+1 个采样点，n 是整数。与 traps 和 simps 函数类似，romb 函数的第一个参数也是被积函数的采样点数组，但是如果设置第二个参数，就必须是采样点的间隔 dx：

```
In [55]: x = np.linspace(a, b, 1 + 2**6)
In [56]: len(x)
Out[56]: 65
In [57]: y = f(x)
In [58]: dx = x[1] - x[0]
In [59]: val_exact - integrate.romb(y, dx=dx)
Out[59]: 0.000378798422913
```

我们在这里讨论的所有 SciPy 积分函数中，simps 可能是其中最有用的一个，因为它在易用性(对样本点没有约束)和准确性之间取得了较好的平衡。

8.4 多重积分

多重积分，例如二重积分 $\int_a^b\int_c^d f(x,y)\mathrm{d}x\mathrm{d}y$ 和三重积分 $\int_a^b\int_c^d\int_e^f f(x,y,z)\mathrm{d}x\mathrm{d}y\mathrm{d}z$，可以使用 SciPy 的 integrate 模块中的 dblquad 和 tplquad 函数。同样，对于 n 个变量在域 D 上的积分 $\int\ldots\int_D f(x)\mathrm{d}x$，也可以使用 nquad 函数来计算。这些函数都是对单变量求积函数 quad 的封装，沿着被积函数的每个维度重复调用 quad 函数。

具体来说，二重积分函数 dblquad 可以计算如下形式的积分：

$$\int_a^b\int_{g(x)}^{h(x)} f(x,y)\mathrm{d}x\mathrm{d}y$$

函数签名是 dblquad(f, a, b, g, h)，其中 f 是表示被积函数的 Python 函数，a 和 b 是 x 轴的常量积分限，g 和 f 都是 Python 函数(x 为参数)，用于指定 y 轴的积分限。例如，考虑积分 $\int_0^1\int_0^1 \mathrm{e}^{-x^2-y^2}\mathrm{d}x\mathrm{d}y$。为了计算该积分，需要首先为被积函数定义函数 f，然后绘制该函数以及积分区间，如图 8-5 所示。

```
In [60]: def f(x, y):
   ...:      return np.exp(-x**2 - y**2)
In [61]: fig, ax = plt.subplots(figsize=(6, 5))
```

```
...: x = y = np.linspace(-1.25, 1.25, 75)
...: X, Y = np.meshgrid(x, y)
...: c = ax.contour(X, Y, f(X, Y), 15, cmap=mpl.cm.RdBu, vmin=-1, vmax=1)
...: bound_rect = plt.Rectangle((0, 0), 1, 1, facecolor="grey")
...: ax.add_patch(bound_rect)
...: ax.axis('tight')
...: ax.set_xlabel('$x$', fontsize=18)
...: ax.set_ylabel('$y$', fontsize=18)
```

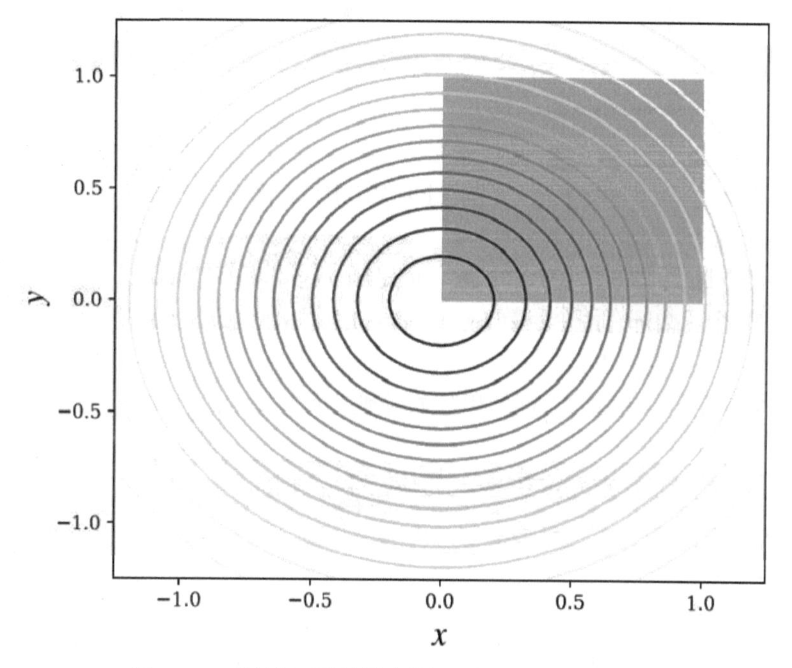

图8-5　二维被积函数的等高线图及积分区间(阴影区域)

该例中，x 和 y 变量的积分限都是固定的，但由于 dblquad 函数希望 y 变量的积分限能用函数表示，因此还需要定义函数 h 和 g，即使本例中不管 x 的值是什么，它们都返回常量。

```
In [62]: a, b = 0, 1
In [63]: g = lambda x: 0
In [64]: h = lambda x: 1
```

现在，所有的参数都准备好了，可以调用 dblquad 函数来求积分：

```
In [65]: integrate.dblquad(f, a, b, g, h)
Out[65]: (0.5577462853510337, 6.1922276789587025e-15)
```

请注意，通过内联 lambda 函数定义，还可以更简洁地完成同样的工作，虽然可读性稍差一点：

```
In [66]: integrate.dblquad(lambda x, y: np.exp(-x**2-y**2), 0, 1, lambda
        x: 0, lambda x: 1)
Out[66]: (0.5577462853510337, 6.1922276789587025e-15)
```

因为 g 和 h 都是函数，所以即使 y 轴积分限依赖于 x 变量，也可以计算积分。例如，$g(x)=x-1$、$h(x)=1-x$：

```
In [67]: integrate.dblquad(f, 0, 1, lambda x: -1 + x, lambda x: 1 - x)
Out[67]: (0.7320931000008094, 8.127866157901059e-15)
```

函数 tplquad 可以计算如下形式的积分：

$$\int_a^b \int_{g(x)}^{h(x)} \int_{q(x,y)}^{r(x,y)} f(x,y,z)\mathrm{d}x\mathrm{d}y\mathrm{d}z$$

这是对使用 dblquad 计算双重积分的扩展，但是额外需要两个 Python 函数作为参数，用于指定 z 轴的积分限。这两个函数都有两个参数——x 和 y，但请注意，g 和 h 函数仍然只有一个参数(x)。

为了演示 tplquad 如何使用，考虑将前面的积分扩展到三个变量：$\int_0^1\int_0^1\int_0^1 \mathrm{e}^{-x^2-y^2-z^2}\mathrm{d}x\mathrm{d}y\mathrm{d}z$。可以使用类似的方法来计算。也就是说，首先定义被积函数以及积分限的函数，然后调用 tplquad 函数：

```
In [68]: def f(x, y, z):
    ...:     return np.exp(-x**2-y**2-z**2)
In [69]: a, b = 0, 1
In [70]: g, h = lambda x: 0, lambda x: 1
In [71]: q, r = lambda x, y: 0, lambda x, y: 1
In [72]: integrate.tplquad(f, 0, 1, g, h, q, r)
Out[72]: (0.4165383858866382, 4.624505066515441e-15)
```

对于任意数量的积分，可以使用 nquad 函数，它的第一个参数仍然是使用 Python 函数表示的被积函数。被积函数应该具有 $f(x_1, x_2, \cdots, x_n)$ 这样的函数签名。与 dplquad 和 tplquad 函数不同的是，nquad 函数的第二个参数是用于指定积分限的列表。列表里面包含每个积分变量的积分限元组，或者包含能够返回积分限的函数。例如，为了计算前面我们使用 tplquad 函数计算过的积分，可以使用如下代码：

```
In [73]: integrate.nquad(f, [(0, 1), (0, 1), (0, 1)])
Out[73]: (0.4165383858866382, 8.291335287314424e-15)
```

当增加积分变量时，多重积分的计算复杂度快速增长(比如使用 nquad 函数时)。为了研究这种增长趋势，考虑下面的积分函数，这是 dplquad 和 tplquad 的扩展版本：

```
In [74]: def f(*args):
    ...:     """
    ...:     f(x1, x2, ... , xn) = exp(-x1^2 - x2^2 - ... - xn^2)
    ...:     """
    ...:     return np.exp(-np.sum(np.array(args)**2))
```

接下来，计算不同重数(从 1 到 5)的积分。在下面的示例中，积分限列表的长度代表了积分的重数。我们使用 IPython 命令%time 来估计大致的计算时间：

```
In [75]: %time integrate.nquad(f, [(0,1)] * 1)
CPU times: user 398 µs, sys: 63 µs, total: 461 µs
Wall time: 466 µs
Out[75]: (0.7468241328124271,8.291413475940725e-15)
In [76]: %time integrate.nquad(f, [(0,1)] * 2)
CPU times: user 6.31 ms, sys: 298 µs, total: 6.61 ms
Wall time: 6.57 ms
Out[76]: (0.5577462853510337,8.291374381535408e-15)
In [77]: %time integrate.nquad(f, [(0,1)] * 3)
CPU times: user 123 ms, sys: 2.46 ms, total: 126 ms
Wall time: 125 ms
Out[77]: (0.4165383858866382,8.291335287314424e-15)
In [78]: %time integrate.nquad(f, [(0,1)] * 4)
CPU times: user 2.41 s, sys: 11.1 ms, total: 2.42 s
Wall time: 2.42 s
Out[78]: (0.31108091882287664,8.291296193277774e-15)
In [79]: %time integrate.nquad(f, [(0,1)] * 5)
CPU times: user 49.5 s, sys: 169 ms, total: 49.7 s
Wall time: 49.7 s
Out[79]: (0.23232273743438786,8.29125709942545e-15)
```

可以看到，随着积分重数从 1 增加到 5，计算时间从几百微秒增加到将近一分钟。对于更多重的积分，使用直接求积的方法将变得不切实际，其他方法(如蒙特卡罗采样法)通常会更好，特别是在精度要求没那么高的情况下。蒙特卡罗积分是一种简单但功能强大的技术，它在积分域中对被积函数进行随机采样，然后逐步估计出积分值。由于随机性，转换速度一般相对较慢，并且很难取得较高的精度。但是，蒙特卡罗积分法在维度上的扩展性非常好，对于高维积分，它是一种很有竞争力的方法。

为了使用蒙特卡罗采样法计算积分，可以使用 skmonaco 库(名为 scikit-monaco)的 mcquad 函数。该函数的第一个参数是表示被积函数的 Python 函数，第二个参数是积分域下限的列表，第三个参数是积分域上限的列表。请注意，这里设置积分限的方式与 SciPy 的 integrate 模块中的 quad 函数不完全相同。我们首先导入 skmonaco(scikit-monaco)模块：

```
In [80]: import skmonaco
```

导入模块之后，可以使用 skmonaco.mcquad 函数来执行蒙特卡罗积分。在下面的示例中，我们计算前面示例中相同的积分：

```
In [81]: %time val, err = skmonaco.mcquad(f, xl=np.zeros(5), xu=np.ones(5),
         npoints=100000)
CPU times: user 1.43 s, sys: 100 ms, total: 1.53 s
Wall time: 1.5 s
In [82]: val, err
Out[82]: (0.231322502809, 0.000475071311272)
```

虽然误差与 nquad 函数的结果不能相提并论，但计算时间短多了。通过增加采样点的数量(可以使用 npoints 参数来设置)，可以提高结果的精度。但是，蒙特卡罗积分的收敛速度非常慢，因此它最适合对精度要求不高的情况。不过，蒙特卡罗积分的优点在于计算复杂度与积分重数无关。下面的示例将对此进行说明，该例将计算 10 变量的积分，计算时间与前一个示例中的 5 变量积分差不多，并且误差水平也大致相当。

```
In [83]: %time val, err = skmonaco.mcquad(f, xl=np.zeros(10), xu=np. ones(10),
         npoints=100000)
CPU times: user 1.41 s, sys: 64.9 ms, total: 1.47 s
Wall time: 1.46 s
In [84]: val, err
Out[84]: (0.0540635928549, 0.000171155166006)
```

8.5 符号积分和任意精度积分

在第 3 章，我们已经演示了如何使用 SymPy 的 sympy.integrate 函数来计算符号函数的有限积分和无限积分。例如，为了计算积分 $\int_{-1}^{1} 2\sqrt{1-x^2}\,\mathrm{d}x$，需要首先创建符号 x，定义被积函数的表达式，积分限 $a=-1$ 且 $b=1$：

```
In [85]: x = sympy.symbols("x")
In [86]: f = 2 * sympy.sqrt(1-x**2)
In [87]: a, b = -1, 1
```

然后，可以使用下面的代码计算积分的闭合表达式：

```
In [88]: val_sym = sympy.integrate(f, (x, a, b))
```

```
In [89]: val_sym
Out[89]: π
```

在该例中，SymPy 可以找到积分的解析表达式：π。正如前面指出的那样，这种情况是一种例外，通常我们都无法找到解的解析闭合表达式。因此，需要使用数值方法，例如本章前面讨论过的 SciPy 的 integrate.quad 函数。但是，mpmath 库[1](与 SymPy 紧密集成)通过任意精度计算提供了另外一种数值方法。使用这个库，就能以任意精度计算积分，不受浮点数的限制。但是，缺点就是任意精度的计算会比浮点数计算慢得多。当我们要求的精度超出 SciPy 求积函数可以提供的范围时，就可以使用这种任意精度的求积函数。

例如，为了按照给定的精度计算积分 $\int_{-1}^{1} 2\sqrt{1-x^2}\,\mathrm{d}x$ [2]，可以使用 mpmath.quad 函数，该函数的第一个参数是表示被积函数的 Python 函数，第二个参数是元组形式(a, b)的积分限。为了设置精度，我们把变量 mpmath.mp.dps 设置为所需精度的小数位数。例如，需要 75 位小数的精度，可以设置：

```
In [90]: mpmath.mp.dps = 75
```

被积函数必须以 Python 函数的形式给出，该 Python 函数可以使用 mpmath 库里面的数学函数来计算被积函数。可以使用 sympy.lambdify 从一个 SymPy 表达式中创建这样的函数。sympy.lambdify 的第三个参数是'mpmath'，表示需要一个与 mpmath 兼容的函数。也可以使用 SymPy 的 mpmath 模块中的数学函数直接实现这样的 Python 函数：f_mpmath = lambda x: 2 * mpmath.sqrt(1 - x**2)。但是，这里我们使用 sympy.lambdify 来自动实现这一步：

```
In [91]: f_mpmath = sympy.lambdify(x, f, 'mpmath')
```

然后，可以使用 mpmath.quad 来计算积分并显示结果：

```
In [92]: val = mpmath.quad(f_mpmath, (a, b))
In [93]: sympy.sympify(val)
Out[93]:3.14159265358979323846264338327950288419716939937510582097494459230781640629
```

为了验证数值计算的结果是否满足所需的精度(75 位小数)，可以对结果与解析结果(π)进行比较。误差确实很小：

```
In [94]:sympy.N(val_sym, mpmath.mp.dps+1) - val
Out[94]:6.90893484407555570030908149024031965689280029154902510801896277613487344253e-77
```

SciPy 的 integrate 模块中的 quad 函数无法达到这样的精度，因为受浮点数精度的限制。

mpmath 库中的 quad 函数也可以用于计算二重和三重积分。计算这样的积分时，我们只需要把

1 关于高精度(任意精度)数学库 mpmath 的更多信息，请访问 http://mpmath.org。

2 在这里，我们特意选择已知解析值的积分，这样就可以对高精度的求积结果与已知的精确值进行比较。

拥有多个变量参数的被积函数传给 quad 函数，并为每个积分变量传入积分限的元组即可。例如，为了计算下面的双重积分

$$\int_0^1\int_0^1 \cos(x)\cos(y)\mathrm{e}^{-x^2-y^2}\,\mathrm{d}x\mathrm{d}y$$

以及三重积分

$$\int_0^1\int_0^1\int_0^1 \cos(x)\cos(y)\cos(z)\mathrm{e}^{-x^2-y^2-z^2}\,\mathrm{d}x\mathrm{d}y\mathrm{d}z$$

精度要求是 30 位小数(在这个例子中无法使用 SymPy 进行符号求解)，可以首先为被积函数创建 SymPy 表达式，然后使用 sympy.lambdify 创建相应的 mpmath 表达式：

```
In [95]: x, y, z = sympy.symbols("x, y, z")
In [96]: f2 = sympy.cos(x) * sympy.cos(y) * sympy.exp(-x**2 - y**2)
In [97]: f3 = sympy.cos(x) * sympy.cos(y) * sympy.cos(z) * sympy. exp(-x**2 - y**2
             - z**2)
In [98]: f2_mpmath = sympy.lambdify((x, y), f2, 'mpmath')
In [99]: f3_mpmath = sympy.lambdify((x, y, z), f3, 'mpmath')
```

最后，可以通过设置 mpmath.mp.dps 并调用 mpmath.quad 来计算所需精度的积分：

```
In [100]: mpmath.mp.dps = 30
In [101]: mpmath.quad(f2_mpmath, (0, 1), (0, 1))
Out[101]: mpf('0.430564794306099099242308990195783')
In [102]: res = mpmath.quad(f3_mpmath, (0, 1), (0, 1), (0, 1))
In [103]: sympy.sympify(res)
Out[103]: 0.282525579518426896867622772405
```

同样，结果的精度也超过了 scipy.integrate.quad，但是这种精度提升伴随的是计算成本的急剧增加。请注意，mpmath.quad 返回的对象类型是高精度浮点数(mpf)，可以使用 sympy.sympify 将其转换为 SymPy 中的类型。

曲线积分

SymPy 还可以使用 line_integral 函数来计算形如 $\int_C f(x,y)\mathrm{d}s$ 的曲线积分，其中 C 是 $x-y$ 平面上的曲线。该函数的第一个参数是以 SymPy 表达式表示的被积函数，第二个参数是一个 sympy.Curve 实例，第三个参数是积分变量的列表。曲线积分的路径由 Curve 实例指定，Curve 实例可以表示一条参数化的曲线，其中的 x 和 y 坐标是某个独立参数(例如 t)的函数。例如，要创建 Curve 实例来表示沿单位圆的路径，可以使用如下代码：

```
In [104]: t, x, y = sympy.symbols("t, x, y")
```

```
In [105]: C = sympy.Curve([sympy.cos(t), sympy.sin(t)], (t, 0, 2 * sympy.pi))
```

指定积分路径之后，就可以很容易地使用 line_integral 计算给定被积函数的曲线积分。例如，对于被积函数 $f(x,y)=1$，积分结果是单位圆的周长：

```
In [106]: sympy.line_integrate(1, C, [x, y])
Out[106]: 2π
```

对于非平凡的被积函数，结果没有这么明显，例如在下面的示例中，计算被积函数 $f(x,y)=x^2y^2$ 的曲线积分：

```
In [107]: sympy.line_integrate(x**2 * y**2, C, [x, y])
Out[107]: π/4
```

8.6 积分变换

本章要讨论的积分的最后一个应用是积分变换。积分变换是将一个函数作为输入，然后输出另外一个函数的过程。当可以使用符号进行计算时积分变换最有用，这里我们将讨论 SymPy 支持的两种积分变换：拉普拉斯变换和傅里叶变换。这两种变换有很多应用，但基本出发点都是将复杂问题转换为更易于处理的形式。例如，可以使用拉普拉斯变换将微分方程转换为代数方程，或者使用傅里叶变换将时域问题转换为频域问题。

一般来说，函数 $f(t)$ 的积分变换可写成：

$$T_f(u)=\int_{t_1}^{t_2} K(t,u)f(t)\mathrm{d}t$$

其中 $T_f(u)$ 是变换后的函数。核函数 $K(t,u)$ 以及积分限的选择决定了积分变换的类型。积分变换的逆变换是：

$$f(u)=\int_{u_1}^{u_2} K^{-1}(u,t)T_f(u)\mathrm{d}u$$

其中 $K^{-1}(u,t)$ 是核函数的逆变换。SymPy 为多种积分变换提供了相关的函数，但是这里我们主要关注拉普拉斯变换

$$L_f(s)=\int_0^{\infty} \mathrm{e}^{-st}f(t)\mathrm{d}t$$

及其逆变换

$$f(t)=\frac{1}{2\pi i}\int_{c-i\infty}^{c+i\infty} \mathrm{e}^{st}L_f(s)\mathrm{d}s$$

以及傅里叶变换

$$F_f(\omega)=\frac{1}{\sqrt{2\pi}}\int_{-\infty}^{\infty}\mathrm{e}^{-i\omega t}f(t)\mathrm{d}t$$

及其逆变换

$$f(t)=\frac{1}{\sqrt{2\pi}}\int_{-\infty}^{\infty}\mathrm{e}^{i\omega t}F_f(\omega)\mathrm{d}\omega$$

在 SymPy 中，可以分别使用 sympy.laplace_transform 和 sympy.fourier_transform 函数进行这些变换，并且可以分别使用 sympy.inverse_laplace_transform 和 sympy.inverse_fourier_transform 函数进行相应的逆变换。这些函数的第一个参数是需要进行变换的函数的 SymPy 表达式，第二个参数是需要进行变换的表达式中自变量的符号(例如 t)，第三个参数是变换变量的符号(如 s)。例如，为了计算函数 $f(t)=\sin(at)$的拉普拉斯变换，可以首先为变量 a、t 和 s 定义 SymPy 符号，并且定义函数 $f(t)$的 SymPy 表达式：

```
In [108]: s = sympy.symbols("s")
In [109]: a, t = sympy.symbols("a, t", positive=True)
In [110]: f = sympy.sin(a*t)
```

为变量和函数创建 SymPy 对象后，可以调用 laplace_transform 函数来计算拉普拉斯变换：

```
In [111]: sympy.laplace_transform(f, t, s)
```

Out[111]: $\left(\frac{a}{a^2+s^2},-\infty,0<\Re s\right)$

默认情况下，laplace_transform 函数返回一个元组，其中包含转换结果、变换的收敛条件($A<\Re s$)中的值 A 以及变换所需的其他条件。这些条件通常都与符号创建时指定的限制有关。例如，这里我们在创建符号 a 和 t 时使用 positive=True 来指定它们代表正实数。一般我们只关心变换本身，可以使用关键字参数 noconds=True 来去除返回结果中的条件。

```
In [112]: F = sympy.laplace_transform(f, t, s, noconds=True)
In [113]: F
```

Out[113]: $\frac{a}{a^2+s^2}$

逆变换也可以用类似的方法来计算，我们只需要将符号 s 和 t 的角色对调就可以。拉普拉斯变换是一种一对一映射，所以如果计算前面拉普拉斯变换的逆变换，将得到原始函数：

```
In [114]: sympy.inverse_laplace_transform(F, s, t, noconds=True)
```

Out[114]: $\sin(at)$

SymPy 可以计算很多基础函数以及这类函数的组合变换。当手动求解拉普拉斯变换问题时，一般会通过查找已知拉普拉斯变换函数的对应表来进行。使用 SymPy，很多情况下(但不是全部)可以更加方便地自动完成该过程。下面的示例演示了拉普拉斯变换表中一些常用的函数。多项式的拉普拉斯变换比较简单：

```
In [115]: [sympy.laplace_transform(f, t, s, noconds=True) for f in
          [t, t**2, t**3, t**4]]
```

Out[115]: $[\frac{1}{s^2}, \frac{2}{s^3}, \frac{6}{s^4}, \frac{24}{s^5}]$

我们还可以计算任意整数指数表达式的变换：

```
In [116]: n = sympy.symbols("n", integer=True, positive=True)
In [117]: sympy.laplace_transform(t**n, t, s, noconds=True)
```

Out[117]: $\frac{\Gamma(n+1)}{s^{n+1}}$

也可以计算组合表达式的拉普拉斯变换，下面计算函数$f(t)=(1-at)e^{-at}$的拉普拉斯变换：

```
In [118]: sympy.laplace_transform((1 - a*t) * sympy.exp(-a*t), t, s,noconds=True)
```

Out[118]: $\frac{s}{(a+s)^2}$

拉普拉斯变换的主要应用是求解微分方程，拉普拉斯变换可以将微分方程转换为纯代数形式，求解之后再使用拉普拉斯逆变换转换回原来的域。在第9章，我们将看到具体示例。傅里叶变换也可以用于相同的目的。

傅里叶变换函数 fourier_tranform 及其逆变换函数 inverse_fourier_transform 的使用方法与拉普拉斯变换函数几乎一样。例如，为了计算 $f(t)=e^{-at^2}$ 的傅里叶变换，我们首先要为变量 a、t、ω 以及函数$f(t)$定义符号，然后调用函数 sympy.fourier_transform 以计算傅里叶变换：

```
In [119]: a, t, w = sympy.symbols("a, t, omega")
In [120]: f = sympy.exp(-a*t**2)
In [121]: F = sympy.fourier_transform(f, t, w)
In [122]: F
```

Out[122]: $\sqrt{\pi / a}e^{-\pi^2\omega^2/a}$

与预想的一样，F 的逆变换与原函数一样：

```
In [123]: sympy.inverse_fourier_transform(F, w, t)
```

Out[123]: e^{-at^2}

SymPy 可以使用符号化方法计算各种各样的傅里叶变换，但遗憾的是，无法处理狄拉克函数相关的变换。这限制了 SymPy 的应用，不过对于不涉及狄拉克函数的变换，SymPy 仍是一种很有用的工具。

8.7 本章小结

积分是数学分析中的基本工具之一。数值积分(求积分的数值结果)在很多科学领域里都有重要的应用，因为在实际应用中出现的积分通常无法解析地表示为封闭的形式。因此，它们需要使用数值计算。本章回顾了数值积分的基本方法和技术，介绍了 SciPy 的 integrate 模块中对应的函数，这些函数可以在实践中用于计算积分。当被积函数是在任意点都可以求值的函数时，我们一般更喜欢使用高斯求积公式。当被积函数以列表数据的形式给出时，可以使用更简单的牛顿-科斯特(Newton-Cotes)求积公式。作为浮点求积方法的补充，我们还研究了符号积分以及任意精度的求积方法，可以对特定的积分进行符号计算或者在需要更高的精度时使用。与往常一样，使用符号方法对问题进行分析是不错的起点，如果可以通过寻找积分的反导数(antiderivative)来符号化计算积分，这将会是最理想的情况。当符号积分失败时，需要使用数值积分，首先可以尝试使用 SciPy 的 integrate 模块中提供的基于浮点数的方法。如果需要更高的精度，那么可以使用任意精度的积分。符号积分的另外一个应用是积分变换，积分变换可对问题(如微分方程)在不同的域中进行转换。本章简要介绍了如何使用 SymPy 进行符号化的拉普拉斯变换和傅里叶变换，第 9 章还将继续探讨如何使用符号方法求解其他类型的微分方程。

8.8 扩展阅读

很多数值计算的入门教材都会讨论数值积分，如 Heath(2002)和 J. Stoer(1992)。W. H. Press(2002)中详细介绍了很多求积方法及实现示例。关于积分变换(如傅里叶变换和拉普拉斯变换)的理论介绍，请参阅 Folland(1992)。

8.9 参考文献

Folland, G.B. *Fourier Analysis and Its Applications.* American Mathematical Society, 1992. Heath, M.T. *Scientific Computing: An Introductory Survey.* 2nd. New York: McGrawHill, 2002.

J. Stoer, R. Bulirsch. *Introduction to Numerical Analysis.* New York: Springer, 1992.

W. H. Press, S. A. Teukolsky, W. T. Vetterling, B. P. Flannery. *Numerical Recipes in C.* Cambridge: Cambridge University Press, 2002.

第 9 章

常微分方程

方程中的未知量是方程而不是变量，并且涉及未知函数导数的方程称为微分方程(differential equation)。有一类特殊的微分方程称为常微分方程(*ordinary* differential equation)，在这类方程中，导数的未知函数只有一个因变量。如果方程中存在多个变量的导数，则称为偏微分方程(*partial* differential equation)，我们将在第 11 章讨论这方面的内容。本章主要关注常微分方程(可缩写为 ODE)，讨论这类方程的符号求解和数值求解方法。ODE 的解析闭合解通常不存在，但一些特殊类型的 ODE 有解析解，在这种情况下，我们有可能使用符号方法来找到解。如果符号方法行不通，我们就必须像往常一样使用数值方法进行求解。

常微分方程在科学和工程以及其他很多领域都普遍存在，例如在动力学系统的研究中。ODE 的典型应用是描述时间的演化过程，其中变化的速度(导数)与过程的其他属性有关。为了研究在给定初始状态后，过程如何随着时间而演变，我们必须求解(或积分)描述该过程的 ODE。常微分方程的具体应用还有：物理学中机械运动的规律、化学和生物学中的分子反应以及生态学中的种群模型等。

本章将探讨求解 ODE 的符号方法和数值积分。对于符号方法，我们使用 SymPy 模块；对于数值积分，我们使用 SciPy 的 integrate 模块中的函数。

9.1 导入模块

这里需要使用 NumPy 和 matplotlib 库来进行基础数值的计算以及绘图。为了求解 ODE，需要 SymPy 库以及 SciPy 的 integrate 模块。和往常一样，我们假设使用下面的方法导入这些模块：

```
In [1]: import numpy as np
In [2]: import matplotlib.pyplot as plt
In [3]: from scipy import integrate
In [4]: import sympy
```

为了更好地显示 SymPy 的输出，需要对打印系统进行初始化：

```
In [5]: sympy.init_printing()
```

9.2 常微分方程

常微分方程的最简单形式是$\frac{\mathrm{d}y(x)}{\mathrm{d}x}=f(x,y(x))$，其中$y(x)$是未知函数，$f(x,y(x))$是已知函数。由于方程中有 $y(x)$的导数，因此这是一个微分方程。又由于该方程中只出现了一阶导数，因此它是一阶 ODE。更一般的情况是，可以将第 n 阶 ODE 写成显式形式$\frac{\mathrm{d}^n y}{\mathrm{d}x^n}=f(x,y,\frac{\mathrm{d}y}{\mathrm{d}x},\ldots,\frac{\mathrm{d}^{n-1}y}{\mathrm{d}x^{n-1}})$或隐式形式$F(x,y,\frac{\mathrm{d}y}{\mathrm{d}x},\ldots,\frac{\mathrm{d}^n y}{\mathrm{d}x^n})=0$，其中$f$和$F$是已知函数。

一阶 ODE 的典型示例就是牛顿冷却定律$\frac{\mathrm{d}T(t)}{\mathrm{d}t}=-k(T(t)-T_a)$，该定律描述了环境温度$T_a$中的物体温度$T(t)$。该 ODE 的解是$T(t)=T_0+(T_0-T_a)\mathrm{e}^{-kt}$，其中$T_0$是物体的初始温度。二阶 ODE 的示例有牛顿第二运动定律$F=ma$，也可写成$F(x(t))=m\frac{\mathrm{d}^2x(t)}{\mathrm{d}t^2}$。这个方程描述了受到位置相关的力$F(x(t))$时，质量为$m$的物体的位置$x(t)$。为了求解该 ODE，我们除了找到它的一般解外，还必须给出对象的初始位置和速度。同样，n阶 ODE 的一般解有n个自由参数，需要给出未知函数的初始条件及其$n-1$阶导数。

ODE 总是可以重新写成一阶常微分方程组。具体来说，$\frac{\mathrm{d}^n y}{\mathrm{d}x^n}=g(x,y,\frac{\mathrm{d}y}{\mathrm{d}x},\ldots,\frac{\mathrm{d}^{n-1}y}{\mathrm{d}x^{n-1}})$形式的$n$阶 ODE 可以通过引入$n$个新的函数$y_1=y,y_2=\frac{\mathrm{d}y}{\mathrm{d}x},\ldots,y_n=\frac{\mathrm{d}^{n-1}y}{\mathrm{d}x^{n-1}}$写成标准的形式。这将产生下面的一阶常微分方程组：

$$\frac{\mathrm{d}}{\mathrm{d}x}\begin{bmatrix} y_1 \\ y_2 \\ \vdots \\ y_{n-1} \\ y_n \end{bmatrix}=\begin{bmatrix} y_2 \\ y_3 \\ \vdots \\ y_n \\ g(x,y_1,\ldots,y_n) \end{bmatrix}$$

也可以写成更紧凑的向量形式$\frac{\mathrm{d}}{\mathrm{d}x}\boldsymbol{y}(x)=f(x,\boldsymbol{y}(x))$。这种规范形式对于 ODE 的数值解尤为有用，并且常见的求解 ODE 的数值方法需要将函数$f=(f_1,f_2,\cdots,f_n)$(在本例中是$f=(y_2,y_3,\cdots,g)$)作为输入变量。例如，牛顿第二运动定律的二阶 ODE $F(x)=m\frac{\mathrm{d}^2x}{\mathrm{d}t^2}$可以写成标准形式$\boldsymbol{y}=\left[y_1=x,y_2=\frac{\mathrm{d}x}{\mathrm{d}t}\right]^\mathrm{T}$，其中$\frac{\mathrm{d}}{\mathrm{d}t}\begin{bmatrix} y_1 \\ y_2 \end{bmatrix}=\begin{bmatrix} y_2 \\ F(y_1)/m \end{bmatrix}$。

如果函数 $f_1, f_2, \cdots, f_n$ 是线性的，那么对应的常微分方程组可以写成简单的形式 $\frac{\mathrm{d}\boldsymbol{y}(x)}{\mathrm{d}x} = \boldsymbol{A}(x)\boldsymbol{y}(x) + \boldsymbol{r}(x)$，其中，$\boldsymbol{A}(x)$是一个 $n \times n$ 的矩阵，$\boldsymbol{r}(x)$是一个仅依赖于 x 的 n 维向量。在该形式中，$\boldsymbol{r}(x)$被称为源项，如果 $\boldsymbol{r}(x)=0$，则线性方程组是齐次的，否则就是非齐次的。线性常微分方程是可以求解(例如使用 $\boldsymbol{A}(x)$的特征值分解)的常微分方程中非常重要的特例。同样，对于具有某些性质或形式的函数 $f(x, \boldsymbol{y}(x))$，除了近似的数值方法，可能还会有已知解或者存在特殊的方法用来求解相应的 ODE 问题，但是对于一般的 $f(x, \boldsymbol{y}(x))$，没有通用的求解方法。

除了函数 $f(x, \boldsymbol{y}(x))$的性质，ODE 的边界条件也会影响 ODE 问题的可解性以及可以使用的数值方法。需要使用边界条件来确定解中积分常数的值。ODE 问题中主要有两种类型的边界条件：初值条件和边值条件。对于初值问题，函数及其导数的值在起点给出，问题是自变量(如时间或位置)从起点向前演化函数。对于边值问题，未知函数及其导数的值在不动点给出。这些不动点通常是感兴趣区域的终点。本章主要关注初值问题，有关边值问题的方法将在第 10 章的偏微分方程中进行讨论。

9.3　使用符号方法求解 ODE

SymPy 提供了一个通用的 ODE 求解器 sympy.dsolve，它可以为很多基本的 ODE 找到解析解。sympy.dsolve 函数会尝试自动对给定的 ODE 进行分类，并尝试使用各种方法来求解给定的 ODE。也可以为 sympy.dsolve 函数发出一些提示，这样可以引导它找到最合适的求解方法。正如我们将看到的，虽然 sympy.dsolve 可以用来符号求解很多简单的 ODE，但需要记住的是，大部分 ODE 是不能解析求解的。可以符号求解的典型 ODE 是一阶或二阶 ODE，以及具有较少未知函数的一阶线性常微分方程组。如果 ODE 具有某些特殊的对称性或其他性质，比如可分离、具有常数系数或者存在已知解析解的特殊形式，则会非常有助于求解。虽然这些 ODE 类型是一些例外或特殊情况，但这些 ODE 都有很多重要的应用，对于这些情况，sympy.dsolve 将会是对传统解析方法非常有用的补充。本节将探讨如何使用 sympy.dsolve 函数来求解这些简单但常见的 ODE。

为了演示使用 SymPy 求解 ODE 的方法，我们首先从简单的问题开始，然后逐步研究更复杂的问题。第一个例子是简单的一阶 ODE，用于牛顿冷却定律 $\frac{\mathrm{d}T(t)}{\mathrm{d}t} = -k(T(t) - T_a)$，其中初值 $T(0) = T_0$。为了使用 SymPy 求解这个问题，我们首先需要为变量 t、k、T_0和 T_a定义符号，以及为未知函数 $T(t)$定义表达式，为此可以使用 sympy.Function 对象：

```
In [6]: t, k, T0, Ta = sympy.symbols("t, k, T_0, T_a")
In [7]: T = sympy.Function("T")
```

然后，可以很自然地定义 ODE，当把 ODE 写成 $\frac{\mathrm{d}T(t)}{\mathrm{d}t} + k(T(t) - T_a) = 0$ 时，只需要简单地为 ODE 的左边创建一个 SymPy 表达式。这里，为了表示函数 $T(t)$，可以使用 SymPy 的函数对象 T。使用函数调用语法 $T(t)$，将符号 t 应用到该函数，就可以得到一个应用的函数对象，可以使用 sympy.diff 或 $T(t)$表达式的 diff 方法对其进行求导：

```
In [8]: ode = T(t).diff(t) + k*(T(t) - Ta)
```

```
In [9]: sympy.Eq(ode)
```

Out[9]: $k(-T_a+T(t)+\frac{\mathrm{d}T(t)}{\mathrm{d}t}=0$

这里使用 sympy.Eq 来显示方程(等号右边为 0)。有了这种形式的 ODE 表达式后，可以直接将其传给 sympy.dsolve，进而尝试自动寻找 ODE 的一般解：

```
In [10]: ode_sol = sympy.dsolve(ode)
In [11]: ode_sol
```

Out[11]: $T(t)=C_1\mathrm{e}^{-kt}+T_a$

对于这个 ODE 问题，sympy.dsolve 函数确实能够找到一般解，其中包含了一个未知的积分常数 C_1，我们必须通过问题的初始条件来确定该常数。sympy.dsolve 的返回值是一个 sympy.Eq 实例，它是等式的符号表达式。该实例有 lhs 和 rhs 两个属性，可以分别用于访问等式的左侧和右侧：

```
In [12]: ode_sol.lhs
```

Out[12]: $T(t)$

```
In [13]: ode_sol.rhs
```

Out[13]: $C_1\mathrm{e}^{-kt}+T_a$

找到一般解之后，需要使用初始条件来找到未知积分常数的值。这里初始条件是 $T(0)=T_0$。为此，首先创建一个描述初始条件的字典 ics = {T(0): T0}，可以使用 SymPy 的 subs 方法将初始条件应用到 ODE 的解，这将得到未知积分常数 C_1 的方程：

```
In [14]: ics = {T(0): T0}
In [15]: ics
```

Out[15]: $\{T(0): T_0\}$

```
In [16]: C_eq = ode_sol.subs(t, 0).subs(ics)
In [17]: C_eq
```

Out[17]: $T_0=C_1+T_a$

在这个例子中，C_1 的方程很容易求解，但是为了通用性，这里我们使用 sympy.solve 来求解。得到的结果是一个包含所有解的列表(本例的列表中只有一个解)。可以将 C_1 的解代入 ODE 的一般解中，得到对应给定初始条件的特殊解：

```
In [18]: C_sol = sympy.solve(C_eq)
In [19]: C_sol
```

Out[19]: $[\{C_1:T_0-T_a\}]$

```
In [20]: ode_sol.subs(C_sol[0])
```

Out[20]: $T(t)=T_a+(T_0-T_a)\mathrm{e}^{-kt}$

完成这些步骤之后，就实现了符号化求解 ODE 问题，并得到了解 $T(t) = T_a+(T_0 - T_a)e^{-kt}$。实现过程中的这些步骤比较简单直接，但应用初始条件以及求解未知积分常数有点烦琐，因此有必要将这些步骤集中到一个可重用的函数中。下面的函数 apply_ics 实现了将这些步骤推广到任意阶数的微分方程：

```
In [21]: def apply_ics(sol, ics, x, known_params):
    ....:     """
    ....:
    ....:     将初始条件(ics)应用到带独立变量 x 的 ODE 的解
    ....:     ics 可表示为字典形式 ics = {y(0): y0, y(x).diff(x).subs(x, 0): yp0, ...}
    ....:     从 ODE 的解的自有符号中提取未知积分常数 C1, C2, ...
    ....:     其中不包含 known_params 列表中的符号
    ....:     """
    ....:     free_params = sol.free_symbols - set(known_params)
    ....:     eqs = [(sol.lhs.diff(x, n) - sol.rhs.diff(x, n))
                    .subs(x, 0).subs(ics) for n in range(len(ics))]
    ....:     sol_params = sympy.solve(eqs, free_params)
    ....:     return sol.subs(sol_params)
```

通过这个函数，在给定 ODE 的一般解后，就可以更方便地为 ODE 找到符合一组初始条件的特殊解：

```
In [22]: ode_sol
```
Out[22]: $T(t) = C_1e^{-kt} + T_a$
```
In [23]: apply_ics(ode_sol, ics, t, [k, Ta])
```
Out[23]: $T(t) = T_a + (T_0 - T_a)e^{-kt}$

我们目前看到的例子都十分普通，但是相同的方法可以用于求解任何 ODE 问题，虽然这并不能保证找到解。作为稍微复杂一些的例子，我们来考虑阻尼谐波振荡器的 ODE，这是一个形式为 $\frac{d^2x(t)}{dt^2} + 2\gamma\omega_0\frac{dx(t)}{dt} + \omega_0^2x(t) = 0$ 的二阶 ODE，其中 $x(t)$是振荡器在时间 t 的位置，ω_0 是无阻尼的频率，γ 是阻尼比。我们首先定义需要的符号并构造 ODE，然后通过调用 sympy.dsolve 来找到一般解：

```
In [24]: t, omega0, gamma= sympy.symbols("t, omega_0, gamma", positive=True)
In [25]: x = sympy.Function("x")
In [26]: ode = x(t).diff(t, 2) + 2 * gamma * omega0 * x(t).diff(t) +
           omega0**2 * x(t)
In [27]: sympy.Eq(ode)
```
Out[27]: $\frac{d^2x(t)}{dt^2} + 2\gamma\omega_0\frac{dx(t)}{dt} + \omega_0^2x(t) = 0$

```
In [28]: ode_sol = sympy.dsolve(ode)
In [29]: ode_sol
```

Out[29]: $x(t)=C_1 e^{\omega_0 t\left(-\gamma-\sqrt{\gamma^2-1}\right)}+C_2 e^{\omega_0 t\left(-\gamma+\sqrt{\gamma^2-1}\right)}$

由于这是一个二阶 ODE，因此在一般解中存在两个未知积分常数。需要为位置 $x(0)$和速度 $\left.\frac{dx(t)}{dt}\right|_{t=0}$ 指定初始条件，以便为ODE 找到一个特殊解。为此，我们为这些初始条件创建一个字典，并使用 apply_ics 将其应用到 ODE 的一般解：

```
In [30]: ics = {x(0): 1, x(t).diff(t).subs(t, 0): 0}
In [31]: ics
```

Out[31]: $\left\{x(0):1, \left.\frac{dx(t)}{dt}\right|_{t=0}:0\right\}$

```
In [32]: x_t_sol = apply_ics(ode_sol, ics, t, [omega0, gamma])
In [33]: x_t_sol
```

Out[33]: $x(t)=\left(-\frac{\gamma}{2\sqrt{\gamma^2-1}}+\frac{1}{2}\right)e^{\omega_0 t\left(-\gamma-\sqrt{\gamma^2-1}\right)}+\left(\frac{\gamma}{2\sqrt{\gamma^2-1}}+\frac{1}{2}\right)e^{\omega_0 t\left(-\gamma+\sqrt{\gamma^2-1}\right)}$

这就是具有初始条件 $x(0) = 1$ 和 $\left.\frac{dx(t)}{dt}\right|_{t=0}$ 的振荡器针对任意 t、ω_0和 γ 的解。但是，将对应临界阻尼的 $\gamma=1$ 直接代入表达式将会导致除零错误。对于 γ 的这个特殊值，需要小心并计算 $\gamma\to 1$ 的极限。

```
In [34]: x_t_critical = sympy.limit(x_t_sol.rhs, gamma, 1)
In [35]: x_t_critical
```

Out[35]: $\frac{\omega_0 t+1}{e^{\omega_0 t}}$

最后，我们绘制 $\omega_0=2\pi$ 和不同阻尼比的图形：

```
In [36]: fig, ax = plt.subplots(figsize=(8, 4))
    ...: tt = np.linspace(0, 3, 250)
    ...: w0 = 2 * sympy.pi
    ...: for g in [0.1, 0.5, 1, 2.0, 5.0]:
    ...:     if g == 1:
    ...:     x_t = sympy.lambdify(t, x_t_critical.subs({omega0: w0}), 'numpy')
    ...:     else:
    ...:        x_t=sympy.lambdify(t,x_t_sol.rhs.subs({omega0:w0,gamma:g}),'numpy')
```

```
...:      ax.plot(tt, x_t(tt).real, label=r"$\gamma = %.1f$" % g)
...: ax.set_xlabel(r"$t$", fontsize=18)
...: ax.set_ylabel(r"$x(t)$", fontsize=18)
...: ax.legend()
```

阻尼谐波振荡器的 ODE 解如图 9-1 所示。对于 $\gamma<1$，振荡器是欠阻尼的，可以看到解是振荡的；对于 $\gamma>1$，振荡器是过阻尼的，并且单调衰减。这两种行为的临界点发生在临界阻尼 $\gamma=1$ 处。

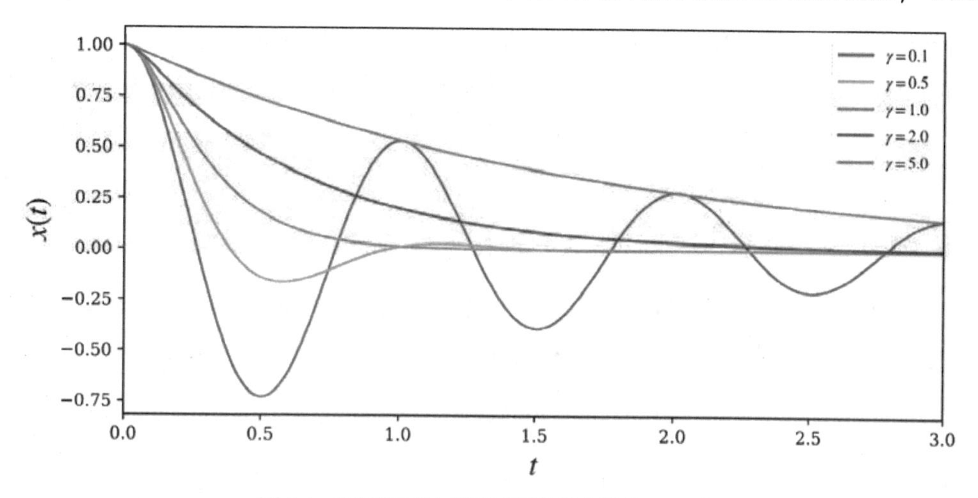

图 9-1　不同阻尼比的阻尼谐波振荡器的 ODE 解

到目前为止，我们介绍的两个 ODE 例子都可以通过解析的方法完全求解，但事实上这还远远不够。即使对于很多一阶 ODE，也不能以基础函数来精确求解。例如，考虑 $\frac{\mathrm{d}y(x)}{\mathrm{d}x}=x+y(x)^2$，该方程就是没有任何闭合解的 ODE 例子。如果尝试用 sympy.dsolve 进行求解，将会得到一个幂级数形式的近似解：

```
In [37]: x = sympy.symbols("x")
In [38]: y = sympy.Function("y")
In [39]: f = y(x)**2 + x
In [40]: sympy.Eq(y(x).diff(x), f)
```

Out[40]: $\frac{\mathrm{d}y(x)}{\mathrm{d}x}=x+y(x)^2$

```
In [41]: sympy.dsolve(y(x).diff(x) - f)
```

Out[41]: $y(x)=C_1+C_1x+\frac{1}{2}(2C_1+1)x^2+\frac{7C_1}{6}x^3+\frac{C_1}{12}(C_1+5)x^4+\frac{1}{60}\left(C_1^2(C_1+45)+20C_1+3\right)x^5+\mathcal{O}\left(x^6\right)$

对于很多其他形式的方程，SymPy 完全无法生产任何解。例如，如果尝试求解二阶 ODE $\frac{\mathrm{d}^2y(x)}{\mathrm{d}x^2}=x+y(x)^2$，将得到下面的错误信息：

```
In [42]: sympy.Eq(y(x).diff(x, x), f)
```

Out[42]: $\frac{\mathrm{d}^2 y(x)}{\mathrm{d}x^2} = x + y(x)^2$

```
In [43]: sympy.dsolve(y(x).diff(x, x) - f)
---------------------------------------------------------------------------
...
NotImplementedError: solve: Cannot solve -x - y(x)**2 + Derivative(y(x), x, x)
```

这种结果可能意味着 ODE 实际上没有解析解，也可能意味着 SymPy 无法对它进行求解。

sympy.dsolve 函数可以接收很多可选参数，如果能够为求解器提供一些提示，进而指导使用哪种方法来求解当前的 ODE 问题，那么通常能得到更好的结果。有关可选参数的相关信息可参考 sympy.dsolvnen 的文档字符串。

9.3.1　方向场

方向场图是一种简单但很有用的技术，用于可视化任意一阶 ODE 的可能解，由 x-y 平面网格中未知函数斜率的短线组成。方向场图很容易生成，因为 $y(x)$在 x-y 平面上任意点的斜率由 ODE $\frac{\mathrm{d}y(x)}{\mathrm{d}x} = f(x, y(x))$ 的定义给出。也就是说，我们只需要遍历坐标网络中感兴趣区域的 x 和 y 值，然后计算 $f(x, y(x))$就可以知道 $y(x)$在该点的斜率。方向场图之所以有用，是因为在方向场图中，与斜率相切的平滑连续曲线都是 ODE 的可能解。

下面的 plot_direction_field 函数用于为一阶 ODE(给定自变量 x、未知函数 $y(x)$以及右侧函数 $f(x, y(x))$)生成方向场图。也可以可选地设置 x 和 y 轴的范围(分别使用 x_lim 和 y_lim)，以及绘制图形的 Axis 实例。

```
In [44]: def plot_direction_field(x, y_x, f_xy, x_lim=(-5, 5),
         y_lim=(-5, 5), ax=None):
    ...:     f_np = sympy.lambdify((x, y_x), f_xy, 'numpy')
    ...:     x_vec = np.linspace(x_lim[0], x_lim[1], 20)
    ...:     y_vec = np.linspace(y_lim[0], y_lim[1], 20)
    ...:
    ...:     if ax is None:
    ...:         _, ax = plt.subplots(figsize=(4, 4))
    ...:
    ...:     dx = x_vec[1] - x_vec[0]
    ...:     dy = y_vec[1] - y_vec[0]
    ...:
    ...:     for m, xx in enumerate(x_vec):
    ...:         for n, yy in enumerate(y_vec):
    ...:             Dy = f_np(xx, yy) * dx
```

```
   ...:             Dx = 0.8 * dx**2 / np.sqrt(dx**2 + Dy**2)
   ...:             Dy = 0.8 * Dy*dy / np.sqrt(dx**2 + Dy**2)
   ...:         ax.plot([xx - Dx/2, xx + Dx/2],
   ...:                 [yy - Dy/2, yy + Dy/2], 'b', lw=0.5)
   ...:         ax.axis('tight')
   ...:         ax.set_title(r"$%s$" %(sympy.latex(sympy.Eq(y(x).diff(x), f_xy))),
   ...:                      fontsize=18)
   ...:         return ax
```

使用这个函数，可以为$\frac{\mathrm{d}y(x)}{\mathrm{d}x}=f(x,y(x))$形式的 ODE 生成方向场图。例如，下面的代码为$f(x, y(x))=y(x)^2+x$、$f(x,y(x))=-x/y(x)$和$f(x,y(x))=y(x)^2/x$生成了方向场图，结果如图 9-2 所示。

```
In [45]: x = sympy.symbols("x")
In [46]: y = sympy.Function("y")
In [47]: fig, axes = plt.subplots(1, 3, figsize=(12, 4))
    ...: plot_direction_field(x, y(x), y(x)**2 + x, ax=axes[0])
    ...: plot_direction_field(x, y(x), -x / y(x), ax=axes[1])
    ...: plot_direction_field(x, y(x), y(x)**2 / x, ax=axes[2])
```

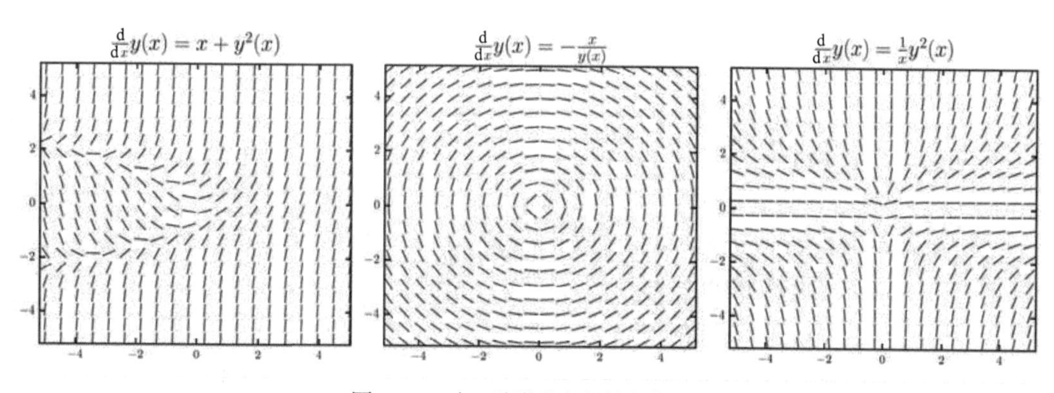

图 9-2　三个一阶微分方程的方向场图

图 9-2 中的方向线展示了对应 ODE 解的曲线的行为，方向场图对于无法解析求解的 ODE 问题，是一种对解进行可视化的有用工具。为了说明这一点，再次考虑初始条件 $y(0) = 0$ 的 ODE $\frac{\mathrm{d}y(x)}{\mathrm{d}x}=x+y(x)^2$，我们之前只能通过幂级数近似求解。和以前一样，为了求解该问题，我们首先定义符号 x 和函数 $y(x)$，然后使用它们来构建和显示 ODE：

```
In [48]: x = sympy.symbols("x")
In [49]: y = sympy.Function("y")
In [50]: f = y(x)**2 + x
In [51]: sympy.Eq(y(x).diff(x), f)
```

Out[51]: $\frac{dy(x)}{dx} = x + y(x)^2$

这里需要找到满足初始条件的特定的幂级数解，对于该问题，可以直接使用 sympy.dsolve 函数的 ics 关键字参数来设置初始条件[1]：

```
In [52]: ics = {y(0): 0}
In [53]: ode_sol = sympy.dsolve(y(x).diff(x) - f, ics=ics)
In [54]: ode_sol
```

Out[54]: $y(x)=\frac{x^2}{2}+\frac{x^5}{20}+\mathcal{O}(x^6)$

可将 ODE 的解和方向场绘制在一起，这是找到近似幂级数的有效范围的一种快捷简单方法。下面的代码绘制了近似解和方向场(参见图 9-3 的左图)。通过不断增加初始条件 x 的值来重复求解 ODE，可以从前面的幂级数解中获得扩展的有效范围内的解(参见图 9-3 的右图)

```
In [55]: fig, axes = plt.subplots(1, 2, figsize=(8, 4))
    ...: # 左图
    ...: plot_direction_field(x, y(x), f, ax=axes[0])
    ...: x_vec = np.linspace(-3, 3, 100)
    ...: axes[0].plot(x_vec, sympy.lambdify(x, ode_sol.rhs.removeO())
         (x_vec), 'b', lw=2)
    ...: axes[0].set_ylim(-5, 5)
    ...:
    ...: # 右图
    ...: plot_direction_field(x, y(x), f, ax=axes[1])
    ...: x_vec = np.linspace(-1, 1, 100)
    ...: axes[1].plot(x_vec, sympy.lambdify(x, ode_sol.rhs.removeO())
         (x_vec), 'b', lw=2)
    ...: # 不断更新初始条件，迭代求解 ODE
    ...: ode_sol_m = ode_sol_p = ode_sol
    ...: dx = 0.125
    ...: # x 的正值
    ...: for x0 in np.arange(1, 2., dx):
    ...:     x_vec = np.linspace(x0, x0 + dx, 100)
    ...:     ics = {y(x0): ode_sol_p.rhs.removeO().subs(x, x0)}
    ...:     ode_sol_p = sympy.dsolve(y(x).diff(x) - f, ics=ics, n=6)
```

1 在当前版本的 SymPy 中，sympy.dsolve 中的 ics 关键字参数只能被幂级数求解器识别。其他类型的 ODE 求解将会忽略 ics 参数，需要使用我们本章前面定义和使用过的 apply_ics 函数。

```
...:        axes[1].plot(x_vec, sympy.lambdify(x, ode_sol_p.rhs.removeO())
              (x_vec), 'r', lw=2)
...: # x的负值
...: for x0 in np.arange(-1, -5, -dx):
...:        x_vec = np.linspace(x0, x0 - dx, 100)
...:        ics = {y(x0): ode_sol_m.rhs.removeO().subs(x, x0)}
...:        ode_sol_m = sympy.dsolve(y(x).diff(x) - f, ics=ics, n=6)
...:        axes[1].plot(x_vec, sympy.lambdify(x, ode_sol_m.rhs.removeO())
            (x_vec), 'r', lw=2)
```

在图 9-3 的左图中，我们看到在 $x = 0$ 附近，近似解的曲线可以很好地与方向线对齐，但是当 $|x| \geq 1$ 时就开始偏离，这说明近似解不再有效。右图中显示的曲线在整个绘制范围内都能更好地与方向线对齐。蓝色曲线是原始的近似解，红色曲线是通过初始条件序列(从蓝色曲线两端开始)求解 ODE 得到的连续曲线。

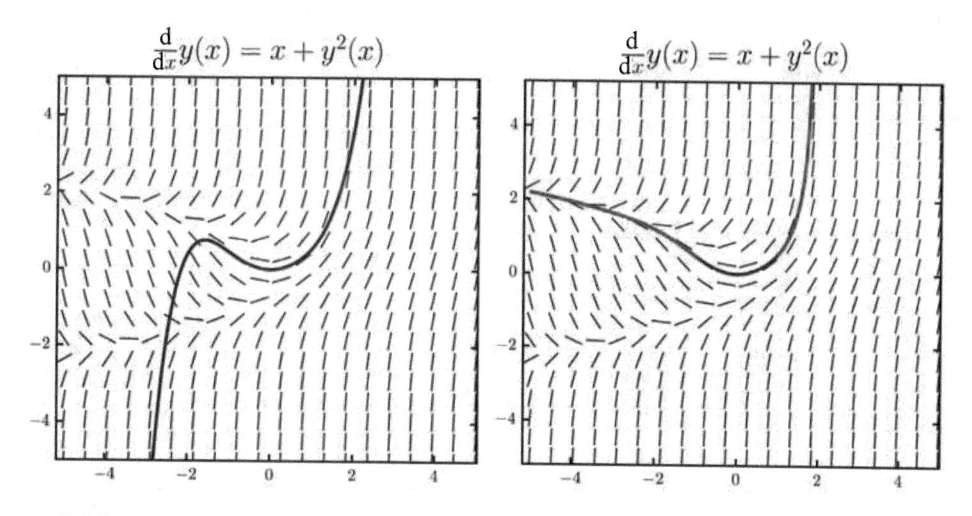

图 9-3　ODE $\frac{dy(x)}{dx} = x + y(x)^2$ 的方向场图，左图是 $x=0$ 附近的 5 阶幂级数近似解，右图是在 -5 和 2 之间不断围绕 x 进行幂级数展开得到的解

9.3.2　使用拉普拉斯变换求解 ODE

另外一种使用“黑盒”求解器[1] sympy.dsolve 符号化求解 ODE 的方法是借助 SymPy 的符号化功能来手动求解。一种可用于求解这些 ODE 问题的方式是对 ODE 进行拉普拉斯变换，对于很多问题来说，这将得到更容易求解的代数方程。然后可以通过拉普拉斯逆变换将代数方程的解转换回原始域，从而得到原始问题的解。使用这种方式的关键是函数导数的拉普拉斯变换是函数自身拉普拉斯变换的代数表达式：$\mathcal{L}[y'(t)] = s\mathcal{L}[y(t)] - y(0)$。SymPy 虽然能够对很多类型的基础函数进行拉普

1　称为“白盒”求解器也可以，因为 SymPy 是开源的，随时可以查看 sympy.dsolve 的内部工作原理。

拉斯变换，但是它并不知道如何对未知函数的导数进行转换。我们可以通过定义一个函数来完成该任务，这样就可以很容易地弥补这个缺点。

例如，考虑下面受驱谐振荡器(driven harmonic oscillator)的微分方程：

$$\frac{d^2}{dt^2}y(t)+2\frac{d}{dt}y(t)+10y(t)=2\sin 3t$$

为了求解 ODE，我们首先为因变量 t 和函数 $y(t)$创建 SymPy 符号，然后使用它们构造 ODE 的符号表达式：

```
In [56]: t = sympy.symbols("t", positive=True)
In [57]: y = sympy.Function("y")
In [58]: ode = y(t).diff(t, 2) + 2 * y(t).diff(t) + 10 * y(t) - 2 * sympy. sin(3*t)
In [59]: sympy.Eq(ode)
```

Out[59]: $10y(t)-2\sin(3t)+2\frac{d}{dt}y(t)+\frac{d^2}{dt^2}y(t)=0$

对上述 ODE 进行拉普拉斯变换将得到一个代数方程。为了使用 SymPy 及其函数 sympy.laplace_transform 来实现这种方法，我们首先需要创建要在拉普拉斯变换中使用的符号 s。这里我们还要创建后面需要用到的符号 Y。

```
In [60]: s, Y = sympy.symbols("s, Y", real=True)
```

然后对未知函数 $y(t)$以及整个 ODE 进行拉普拉斯变换。

```
In [61]: L_y = sympy.laplace_transform(y(t), t, s)
In [62]: L_y
```

Out[62]: $\mathcal{L}_t\left[y(t)\right](s)$

```
In [63]: L_ode = sympy.laplace_transform(ode, t, s, noconds=True)
In [64]: sympy.Eq(L_ode)
```

Out[64]: $10\mathcal{L}_t\left[y(t)\right](s)+2\mathcal{L}_t\left[\frac{d}{dt}y(t)\right](s)+\mathcal{L}_t\left[\frac{d^2}{dt^2}y(t)\right](s)-\frac{6}{s^2+9}=0$

对未知函数 $y(t)$进行拉普拉斯变换时，正如预期的一样，我们将得到未定的结果 $\mathcal{L}_t\left[y(t)\right](s)$。但是，将 sympy.laplace_transform 应用到 $y(t)$的导数，也就是 $\frac{d}{dt}y(t)$，得到是未赋值的表达式 $L_t\left[\frac{d}{dt}y(t)\right](s)$。这不是我们想要的结果，我们需要解决该问题以得到所需的代数方程。未知函数的导数的拉普拉斯变换有一种众所周知的形式，该形式涉及函数本身而不是其导数的拉普拉斯变换，公式是：

$$\mathcal{L}_t\left[\frac{d^n}{dt^n}y(t)\right](s)=s^n\mathcal{L}_t\left[y(t)\right](s)-\sum_{m=0}^{n-1}s^{n-m-1}\left.\frac{d^m}{dt^m}y(t)\right|_{t=0}$$

通过遍历 L_ode 的 SymPy 表达式树，并使用该公式的表达式替换 $\mathrm{L}_t\left[\frac{\mathrm{d}^n}{\mathrm{d}t^n}y(t)\right](s)$，可以得到所需的 ODE 代数形式。为下面的函数输入拉普拉斯变换后的一个 ODE，对 $y(t)$的导数的未赋值拉普拉斯变换进行替换：

```
In [65]: def laplace_transform_derivatives(e):
   ...:      """
   ...:      计算函数的导数的拉普拉斯变换
   ...:      """
   ...:      if isinstance(e, sympy.LaplaceTransform):
   ...:         if isinstance(e.args[0], sympy.Derivative):
   ...:         d, t, s = e.args
   ...:         n = len(d.args) - 1
   ...:         return ((s**n) * sympy.LaplaceTransform(d.args[0], t, s) -
   ...:                 sum([s**(n-i) * sympy.diff(d.args[0], t, i-1).
                        subs(t, 0) for i in range(1, n+1)]))
   ...:
   ...:    if isinstance(e, (sympy.Add, sympy.Mul)):
   ...:       t = type(e)
   ...:       return t(*[laplace_transform_derivatives(arg) for arg in e.args])
   ...:
   ...:   return e
```

将该函数应用到拉普拉斯变换的 ODE 方程 L_ode，将得到：

```
In [66]: L_ode_2 = laplace_transform_derivatives(L_ode)
In [67]: sympy.Eq(L_ode_2)
```

Out[67]:

$$s^2\mathcal{L}_t\left[y(t)\right](s)+2s\mathcal{L}_t\left[y(t)\right](s)-sy(0)+10\mathcal{L}_t\left[y(t)\right](s)-2y(0)-\left.\frac{\mathrm{d}}{\mathrm{d}t}y(t)\right|_{t=0}-\frac{6}{s^2+9}=0$$

为了简化符号，我们用符号 Y 替换表达式 $\mathcal{L}_t\left[y(t)\right](s)$：

```
In [68]: L_ode_3 = L_ode_2.subs(L_y, Y)
In [69]: sympy.Eq(L_ode_3)
```

Out[69]:

$$s^2Y+2sY-sy(0)+10Y-2y(0)-\left.\frac{\mathrm{d}}{\mathrm{d}t}y(t)\right|_{t=0}-\frac{6}{s^2+9}=0$$

现在需要指定 ODE 问题的边界条件。这里我们使用 $y(0)=1$ 和 $y'(t)=0$，在创建了包含这些边界条件的字典之后，我们用它替换拉普拉斯变换后的 ODE 方程中的值：

```
In [70]: ics = {y(0): 1, y(t).diff(t).subs(t, 0): 0}
In [71]: ics
```

Out[71]: $\left\{y(0):1, \left.\frac{d}{dt}y(t)\right|_{t=0}:0\right\}$

```
In [72]: L_ode_4 = L_ode_3.subs(ics)
In [73]: sympy.Eq(L_ode_4)
```

Out[73]: $Ys^2+2Ys+10Y-s-2-\frac{6}{s^2+9}=0$

这是一个代数方程，可以用于求解 Y：

```
In [74]: Y_sol = sympy.solve(L_ode_4, Y)
In [75]: Y_sol
```

Out[75]: $\left[\frac{s^3+2s^2+9s+24}{s^4+2s^3+19s^2+18s+90}\right]$

结果是一个包含所有解的列表，在这个例子中仅有一个解。对该表达式进行拉普拉斯逆变换，就可以得到原始问题在时间域上的解：

```
In [76]: y_sol = sympy.inverse_laplace_transform(Y_sol[0], s, t)
In [77]: sympy.simplify(y_sol)
```

Out[77]: $\frac{1}{111e^t}\left(6(\sin 3t-6\cos 3t)e^t+43\sin 3t+147\cos 3t\right)$

这种首先对 ODE 进行拉普拉斯变换、求解对应的代数方程，然后对结果进行拉普拉斯逆变换以得到原始问题解的技术，可以应用于求解很多重要的 ODE 问题，例如电气工程和过程控制方面的应用。尽管这些问题可以用拉普拉斯变换表来帮助手动求解，但使用 SymPy 可能会显著简化过程。

9.4 数值法求解 ODE

虽然有些 ODE 问题可以使用解析法进行求解，但就像我们在前面章节中看到的那样，ODE 问题更为普遍的是不能解析求解。实际上，ODE 问题主要是使用数值方法进行求解。有很多数值求解 ODE 的方法，这些方法中的大部分都是为标准形式[1] $\frac{d\boldsymbol{y}(x)}{dx}=f(x,\boldsymbol{y}(x))$ 的一阶常微分方程组而设计的，其中 $\boldsymbol{y}(x)$是 x 的未知函数的向量。SciPy 提供了求解这类问题的函数，但在介绍如何使用这些函数之前，先简单回顾一些基本概念，并介绍求解 ODE 问题的数值积分术语。

很多求解 ODE 的数值方法的基本思想都来自欧拉方法。欧拉方法可以从 $y(x)$在点 x 处的泰勒级数展开推导而来：

$$y(x+h)=y(x)+\frac{dy(x)}{dx}h+\frac{1}{2}\frac{d^2y(x)}{dx^2}h^2+\cdots$$

1 回想一下，任何 ODE 问题都可以标准形式写为一阶常微分方程组。

为了让符号更简单，我们考虑 $y(x)$是标量函数的情况。通过去掉二阶或更高阶的项，我们得到近似等式$y(x+h)\approx y(x)+f(x,y(x))h$，该等式中的步长 h 已精确到一阶。通过将变量 x 离散化成 x_0、x_1、…、x_k，并设置步长 $h_k=x_{k+1}-x_k$以及令 $y_k=y(x_k)$，可以将该公式转换为迭代公式 $y_{k+1}\approx y_k+f(x_k,y_k)h_k$。该公式被称为前向欧拉法，这里是它的显式形式，因为在给定 y_k后，可以直接从公式计算得到 y_{k+1}。初值问题的数值解的目标是给定初始条件$y(x_0)=y_0$，计算某些点 x_n处的$y(x)$。因此，可以使用类似前向欧拉法的迭代公式从 y_0开始不断计算 y_k。该方法会带来两种类型的误差：首先，对泰勒级数的截断会带来误差，该误差会限制这种方法的准确性。其次，在计算 y_{k+1}时，使用前一次迭代给出的 y_k近似值也会带来额外的误差，该误差可能会在连续的迭代中累积，最终可能影响方法的稳定性。

可以使用类似的方法得到另外一种形式的后向欧拉法，迭代公式是$y_{k+1}\approx y_k+f(x_{k+1},y_{k+1})h_k$。这是一种后向微分法，并且是隐式的，因为在公式的两边都有 y_{k+1}。所以，为了计算 y_{k+1}，需要求解一个代数方程(例如，使用第 5 章介绍的牛顿法)。隐式法比显式法更难实现，每一个迭代过程都需要更多的计算。但是，隐式法的优点在于通常拥有更大的稳定区域以及更高的准确性。这意味着使用更大的步长 h_k，仍然可以得到准确和稳定的解。显式法还是隐式法更有效，取决于待解决的具体问题。隐式法通常更适用于刚性问题，这类问题粗略来说就是描述具有多个不同时间尺度的动力学 ODE 问题(例如，同时包含快震荡和慢振荡的动力学)。

有很多方法可以改进一阶欧拉前向法和后向法。一种是在$y(x+h)$的泰勒级数展开中保留高阶项，这样可以得到更精确的高阶迭代公式，例如二阶方法 $y_{k+1}\approx y(x_k)+f(x_{k+1},y_{k+1})h_k+\frac{1}{2}y_k^n(x)h_k^2$。但是，这种方法需要计算$y(x)$的更高阶导数。如果事先不知道$f(x,y(x))$(并且没有给出符号形式)，这将是一个问题。解决这个问题的方法包括使用导数的有限差分，或者通过在区间$[x_k,x_{k+1}]$的中点对$f(x,y(x))$进行采样来近似高阶导数。这种方法的典型示例就是大家都熟知的龙格-库塔法，这是一种需要对$f(x,y(x))$进行额外计算的单步方法。最著名的龙格-库塔法是四阶形式：

$$y_{k+1}=y_k+\frac{1}{6}\left(k_1+2k_2+2k_3+k_4\right)$$

其中：

$$k_1=f\left(t_k,y_k\right)h_k$$

$$k_2=f\left(t_k+\frac{h_k}{2},y_k+\frac{k_1}{2}\right)h_k$$

$$k_3=f\left(t_k+\frac{h_k}{2},y_k+\frac{k_2}{2}\right)h_k$$

$$k_4=f\left(t_k+h_k,y_k+k_3\right)h_k$$

这里的 k_1~k_4是在前面计算 y_{k+1}的显式公式中使用的 ODE 函数$f(x,y(x))$的四个不同值。y_{k+1}的估计值在前面四阶形式中都是精确的，但第五阶会有误差。也可以使用更多的函数值来构造更高阶的方法。通过组合两种不同阶的方法，可以估计近似值的误差。一种常用的组合是龙格-库塔法的四阶和五阶形式。这种方法被称为 RK45 或龙格-库塔-费伯格(Runge-Kutta-Fehlberg)法。Dormand-Prince 法是另外一种高阶方法，它使用了自适应的步长控制。例如，8-5-3 法通过组合三阶和五阶方法得到了八阶方法。

另外一种方法是使用 y_k 的多个前值来计算 y_{k+1}。这种方法被称为多步法，可以写成一般形式：

$$y_{k+s}=\sum_{n=0}^{s-1}a_n y_{k+n}+h\sum_{n=0}^{s}b_n f\left(x_{k+n},y_{k+n}\right)$$

使用以上公式，可以利用前 s 个 y_k 和 $f(x_k, y_k)$ 来计算 y_{k+s}(称为 s 步法)。选择不同的系数 a_n 和 b_n 将会得到不同的多步法。注意，如果 $b_s=0$，则是显式法；如果 $b_s\neq 0$，则是隐式法。

例如，使用 $b_0=b_1=\cdots=b_{s-1}=0$ 得到的是 s 步 BDF 的一般公式，可以通过选择 a_n 和 b_n 来最大化精度的阶数，也就是让多项式的阶数尽可能的高。例如，$b_1=a_0=1$ 的一步 BDF 方法可退化为后向欧拉法 $y_{k+1}=y_k+hf(x_{k+1}, y_{k+1})$，两步 BDF 方法 $y_{k+2}=a_0y_k+a_1y_{k+1}+hb_2f(x_{k+2}, y_{k+2})$在求解出系数($a_0$、$a_1$ 和 b_2)后变成了 $y_{k+2}=-\frac{1}{3}y_k+\frac{4}{3}y_{k+1}+\frac{2}{3}hf(x_{k+2},y_{k+2})$。我们还可以构建更高阶的 BDF 方法。推荐使用 SciPy 提供的 BDF 求解器来处理刚性问题，因为它具有很好的稳定性。

另外一类多步法是 Adams 法，它的系数是 $a_0=a_1=\cdots=a_{s-2}=0$ 且 $a_{s-1}=1$，其他的未知系数可用于最大化方法的阶数。具体来说，$b_s=0$ 的显式法被称为 Adams-Bashforth 法，$b_s\neq 0$ 的隐式法被称为 Adams-Moulton 法。例如，一步 Adams-Bashforth 法和 Adams-Moulton 法将分别退化为前向和后向欧拉法，两步法分别是 $y_{k+2}=y_{k+1}+h(-\frac{1}{2}f(x_k,y_k)+\frac{3}{2}f(x_{k+1},y_{k+1}))$ 和 $y_{k+1}=y_k+\frac{1}{2}h(f(x_k,y_k)+f(x_{k+1},y_{k+1}))$。使用这种方法也可以构建更高阶的显式法和隐式法。SciPy 中也有使用这种 Adams 法的求解器。

一般来说，显式法比隐式法更容易实现，迭代所需的计算量更少，原则上隐式法在每次迭代时都需要根据对未知 y_{k+1} 的猜测来求解(可能是非线性的)方程。但是，正如前面所提到的，隐式法通常更精确并且稳定性更好。一种同时兼顾了这两种方法优点的折中办法是将显式法和隐式法组合在一起：首先使用显式法计算 y_{k+1}，然后使用 y_{k+1} 作为隐式法中求解方程的初始猜测值。这个方程不需要精确求解，因为显式法提供的 y_{k+1} 初始猜测值应该相当好，只需要进行少量的迭代就足够了，例如使用牛顿法。这种使用显式法来预测 y_{k+1}，使用隐式法来校正预测值的方法被称为预测-校正法。

最后，很多高级 ODE 求解器使用的一种重要技术是自适应步长或步长控制：ODE 的精确度和稳定性高度依赖于 ODE 方法的迭代公式中使用的步长 h_k，求解的计算成本也是如此。如果 y_{k+1} 中的误差可以与 y_{k+1} 计算值一起估计出来，则可以自动调整步长 h_k，这样求解器就可以在可能的时候使用较大的步长，在需要时使用较小的步长。其他方法可能会使用的一种相关技术是自动调整方法的阶数，这样在可能的时候使用较低阶的方法，在需要时使用较高阶的方法。Adams 法就是一种阶数可以很容易改变的方法。

目前已经有很多实现好的高质量 ODE 求解器，这里没有必要重复介绍如何实现这些方法。事实上，这样做可能是错误的，除非出于教学目的或个人兴趣才研究数值求解 ODE 的方法。出于实用的目的，建议使用众多已经调试好并经过全面测试的某个 ODE 套件，大部分这些套件都是免费且开源的，并且已打包到 SciPy 等库中。但是，因为有大量的求解器可供选择，如果希望能够针对特定问题决定选择哪个求解器，并了解它们的可选属性，那么熟悉这里介绍的基本思想和方法就非常重要。

9.5 使用 SciPy 对 ODE 进行数值积分

在回顾了使用数值法求解 ODE 之后，现在可以开始研究 SciPy 中的 ODE 求解器及其使用方法了。SciPy 的 integrate 模块提供了两种 ODE 求解器接口：integrate.odeint 和 integrate.ode。integrate.odeint 是 ODEPACK[1]的 LSODA 求解器接口，可以在非刚性问题的 Adams 预测-校正法与刚性问题的 BDF 法之间自动切换。与之相对的是，integrate.ode 为很多不同的求解器提供了面向对象的接口：VODE 和 ZVODE 求解器[2](ZVODE 是用于复值函数的 VODE 的变体)、LSODA 求解器以及 dopri5 和 dop853，它们是具有自适应步长的四阶和八阶 Dormand-Prince 法(某类龙格-库塔法)。虽然 integrate.ode 提供的面向对象接口更加灵活，但在很多情况下，odeint 函数更加简单和便于使用。下面将介绍这两种接口，先从 odeint 函数开始。

odeint 函数有三个强制参数：用于计算 ODE 标准形式中右侧值的函数，为未知函数设定初始条件的数组(或标量)以及因变量值的数组，其中的未知函数需要进行计算。计算 ODE 右侧值的函数有两个必选参数以及任意数量的可选参数，这两个必选参数中的第一个是向量 $y(x)$的数组，第二个是 x 的值。例如，查看标量 ODE $y'(x)=f(x, y(x))=x+y(x)^2$。为了能再次绘制该 ODE 的方向场，并将使用 odeint 进行数值积分后得到的特殊解绘制在一起，我们首先定义构造 $f(x, y(x))$符号表达式所需的 SymPy 符号：

```
In [78]: x = sympy.symbols("x")
In [79]: y = sympy.Function("y")
In [80]: f = y(x)**2 + x
```

为了使用 SciPy 的 odeint 求解该 ODE，需要为$f(x, y(x))$定义一个 Python 函数，该函数将一个 Python 标量或 NumPy 数组作为输入。通过 SymPy 表达式 f，可以使用带'numpy'参数[3]的 sympy.lambdify 来生成这样的函数：

```
In [81]: f_np = sympy.lambdify((y(x), x), f)
```

接下来，需要定义初始值 y0 以及离散值 x 的 NumPy 数组(用于计算函数 $y(x)$)。这里从 $x=0$ 开始分别使用 NumPy 数组 xp 和 xm 从正负两个方向求解 ODE。请注意，为了在负方向求解 ODE，我们只需要创建负增量的 NumPy 数组。现在，我们已经创建了 ODE 函数 f_np、初始值 y0 以及 x 坐标的数组(如 xp)，可以调用 integrate.odeint(f_np, y0, xp)来对 ODE 问题进行求解：

```
In [82]: y0 = 0
In [83]: xp = np.linspace(0, 1.9, 100)
```

1 关于 ODEPACK 的更多信息可访问 http://computation.llnl.gov/casc/odepack。

2 ODE 和 ZVODE 求解器由 netlib 提供，详见 http://www.netlib.org/ode。

3 在这个标量 ODE 的特殊示例中，还可以使用 'math' 参数，该参数使用标准数学库中的函数来生成标量函数，但更常见的是，需要支持数组的函数，这些函数可以通过使用带 'numpy' 参数的 sympy.lambdify 来获得。

```
In [84]: yp = integrate.odeint(f_np, y0, xp)
In [85]: xm = np.linspace(0, -5, 100)
In [86]: ym = integrate.odeint(f_np, y0, xm)
```

得到的结果是两个一维的 NumPy 数组 ym 和 yp，与相应的坐标数组 xm 和 xp 的长度相同(例如 100)，这两个数组包含 ODE 问题在特定点的解。为了对解进行可视化，下面将 ym 和 yp 数组与 ODE 的方向场绘制在一起，结果如图 9-4 所示。显然，正如我们预料的那样，对于图中每个点的位置，解与方向场中的线对齐(相切)。

```
In [87]: fig, ax = plt.subplots(1, 1, figsize=(4, 4))
In [88]: plot_direction_field(x, y(x), f, ax=ax)
    ...: ax.plot(xm, ym, 'b', lw=2)
    ...: ax.plot(xp, yp, 'r', lw=2)
```

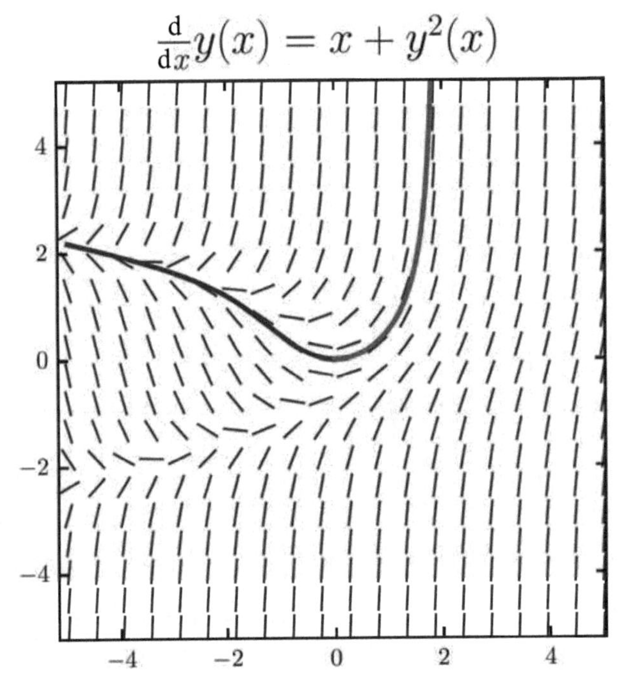

图 9-4　ODE 问题 $y'(x)=x+y(x)^2$ 的方向场以及满足 $y(0)=0$ 的特殊解

在上面的示例中，我们求解了一个标量 ODE 问题。更多的时候，我们感兴趣的是向量值的 ODE 问题(常微分方程组)。为了了解如何使用 odeint 求解这类问题，下面考虑描述捕食者和猎物种群问题(典型的耦合 ODE 问题)的 Lotka-Volterra 方程。方程式是 $x'(t)=ax-bxy$ 和 $y'(t)=cxy-dy$，其中 $x(t)$ 是猎物的数量，$y(t)$是捕食者的数量，系数 a、b、c 和 d 描述了模型中过程的速率。例如，a 是猎物出生的速度，d 是猎物死亡的速度，系数 b 和 c 分别是捕食者消耗猎物的速度以及捕食者种群的增长速度(以消耗猎物种群为代价)。请注意，这是一个非线性常微分方程组，因为存在 xy 项。

为了使用 odeint 求解这个问题，我们首先需要为向量形式的 ODE 的右侧编写一个函数。在本例中，也就是$f(t,[x,y]^{\mathrm{T}})=[ax-bxy,cxy-dy]^{\mathrm{T}}$，可以使用下面的方法将其实现为一个 Python 函数：

```
In [89]: a, b, c, d = 0.4, 0.002, 0.001, 0.7
In [90]: def f(xy, t):
    ...:     x, y = xy
    ...:     return [a * x - b * x * y, c * x * y - d * y]
```

这里，我们还为系数 a、b、c 和 d 定义了变量和值。请注意，这里 ODE 函数 f 的第一个参数是一个包含 $x(t)$ 和 $y(t)$当前值的数组。为了方便起见，我们首先将这些变量解包为单独的变量 x 和 y，这可以让函数的其他部分更易于阅读。函数的返回值应该是包含 $x(t)$和 $y(t)$导数值的数组或列表。函数 f 还必须有参数 t，以表示独立坐标的当前值。但是，本例中没有使用 t。函数 f 定义好之后，我们还需要定义初始值为 $x(0)$和 $y(0)$ 的数组 $xy0$ 以及数组 t，以表示我们希望计算 ODE 解的数据点。这里我们使用初始条件 $x(0)=600$ 和 $y(0)=400$，这表示在模拟开始时分别有 600 只猎物和 400 个捕食者。

```
In [91]: xy0 = [600, 400]
In [92]: t = np.linspace(0, 50, 250)
In [93]: xy_t = integrate.odeint(f, xy0, t)
In [94]: xy_t.shape
Out[94]: (250,2)
```

调用 integrate.odeint(f, $xy0$, t)以求解 ODE 问题，返回一个形状为 shape(250, 2)的数组，其中包含与 t 中 250 个值对应的 $x(t)$和 $y(t)$。下面的代码将解绘制成时间的函数，并在相空间(phase space)中绘制解的图形，结果如图 9-5 所示。

```
In [95]: fig, axes = plt.subplots(1, 2, figsize=(8, 4))
    ...: axes[0].plot(t, xy_t[:,0], 'r', label="Prey")
    ...: axes[0].plot(t, xy_t[:,1], 'b', label="Predator")
    ...: axes[0].set_xlabel("Time")
    ...: axes[0].set_ylabel("Number of animals")
    ...: axes[0].legend()
    ...: axes[1].plot(xy_t[:,0], xy_t[:,1], 'k')
    ...: axes[1].set_xlabel("Number of prey")
    ...: axes[1].set_ylabel("Number of predators")
```

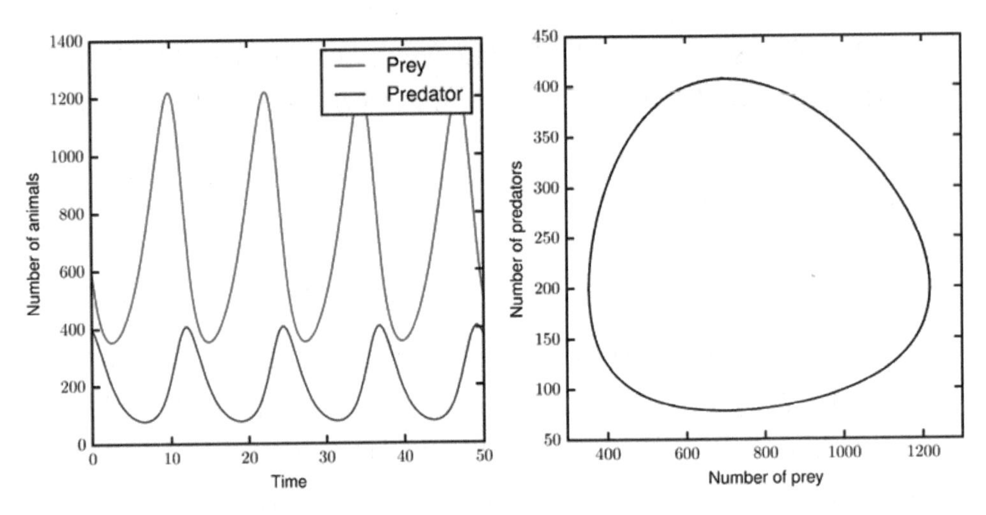

图 9-5　捕食者-猎物种群问题的 Lotka-Volterra ODE 的解，分别将解作为时间的函数(左图)以及在相空间中绘制解的图形(右图)

在前面的两个示例中，ODE 右侧的函数在实现时没有使用附加参数。在 Lotka-Volterra 方程示例中，函数 f 使用了全局定义的系数变量。相对于使用全局变量，通常在实现 f 时，将所有系数或参数作为 f 的参数会更加方便和优雅。为了说明这一点，我们来考虑另外一个著名的 ODE 问题：洛伦茨(Lorenz)方程，它由三个耦合的非线性 ODE 组成：$x'(t)=\sigma(y-x)$、$y'(t)=x(\rho-z)-y$ 和 $z'(t)=xy-\beta z$。这些方程因为它们的混沌解(chaotic solution)而著名，这些解敏感地依赖于参数 σ、ρ 和 β 的值。如果希望使用这些参数的不同值来求解这些方程，那么编写一个求解 ODE 的函数(将这些变量作为这个函数的参数)会非常有用。在下面实现函数 f 的代码中，在必选参数 $y(t)$ 和 t 的后面，添加了三个参数 sigma、rho 和 beta：

```
In [96]: def f(xyz, t, sigma, rho, beta):
    ...: x, y, z = xyz
    ...: return [sigma * (y - x),
    ...: x * (rho - z) - y,
    ...: x * y - beta * z]
```

下一步，定义为参数赋值的变量、求解需要的 t 值数组以及函数 $x(t)$、$y(t)$ 和 $z(t)$ 的初始条件：

```
In [97]: sigma, rho, beta = 8, 28, 8/3.0
In [98]: t = np.linspace(0, 25, 10000)
In [99]: xyz0 = [1.0, 1.0, 1.0]
```

这一次，当我们调用 integrate.odeint 时，还需要设置 args 参数，该参数可以是一个列表、元组或数组，大小与前面定义的 f 函数的可选参数的数量一样。在本例中，有三个参数，调用 integrate.odeint 时可通过一个元组将这些参数的值传给函数的 args 参数。在下面的代码中，我们用三组不同的参数来求解 ODE：

```
In [100]: xyz1 = integrate.odeint(f, xyz0, t, args=(sigma, rho, beta))
```

```
In [101]: xyz2 = integrate.odeint(f, xyz0, t, args=(sigma, rho, 0.6*beta))
In [102]: xyz3 = integrate.odeint(f, xyz0, t, args=(2*sigma, rho, 0.6*beta))
```

得到的解保存在 NumPy 数组 xyz1、xyz2 和 xyz3中。本例中，这些数组的形状为 shape(10000, 3)，因为 ODE 问题的 t 数组有一万个元素以及三个未知函数。下面的代码绘制了三个解的 3D 图形，结果如图 9-6 所示。当系统的参数发生很小的变化时，得到的解可能会有很大区别。

```
In [103]: from mpl_toolkits.mplot3d.axes3d import Axes3D
In [104]: fig, (ax1, ax2, ax3) = plt.subplots(1, 3, figsize=(12, 4),
     ...:                                      subplot_kw={'projection':'3d'})
     ...: for ax, xyz, c in [(ax1, xyz1, 'r'), (ax2, xyz2, 'b'), (ax3, xyz3, 'g')]:
     ...:                     ax.plot(xyz[:,0], xyz[:,1], xyz[:,2], c, alpha=0.5)
     ...:     ax.set_xlabel('$x$', fontsize=16)
     ...:     ax.set_ylabel('$y$', fontsize=16)
     ...:     ax.set_zlabel('$z$', fontsize=16)
     ...:     ax.set_xticks([-15, 0, 15])
     ...:     ax.set_yticks([-20, 0, 20])
     ...:     ax.set_zticks([0, 20, 40])
```

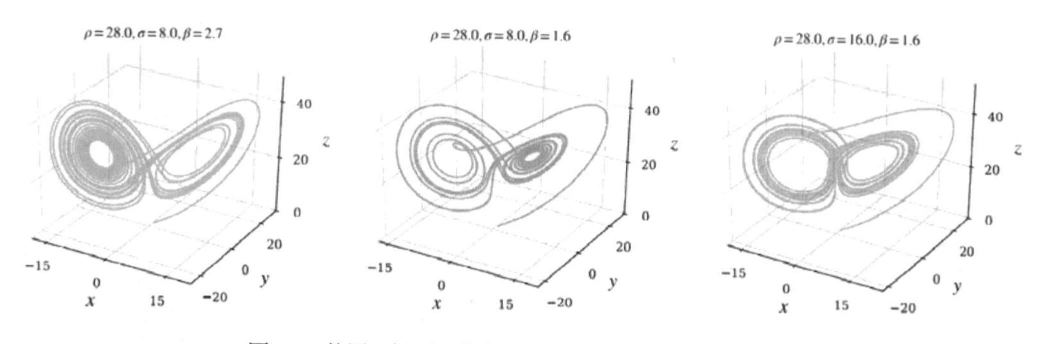

图 9-6　使用三组不同的参数来演示洛伦茨 ODE 的动态性

到目前为止，我们看到的三个例子都使用了 odeint 函数。该函数有大量的可选参数，可用于对求解器进行微调，包括允许的最大步数(hmax)、Adams 的最大阶数(mxordn)以及 BDF 的最大阶数(mxords)，等等。更多信息可参阅 odeint 函数的文档字符串。

在 SciPy 中，用于替代 odeint 函数的是由 integrate.ode 提供的面向对象接口。与 odeint 函数类似，为了使用 integrate.ode 类，我们首先需要为 ODE 定义右侧函数以及初始状态的数组，还有因变量值的数组。但是，有一个很小却很重要的不同点，那就是 odeint 中使用的 $f(x, y(x))$ 函数必须具有 $f(y, x, \cdots)$ 函数签名，而 integrate.ode 使用的对应函数的函数签名是 $f(x, y, \cdots)$(x 和 y 的顺序相反)。

integrate.ode 类可以和很多不同的求解器一起工作，并为每个求解器提供特定的可选参数。integrate.ode 的文档字符串详细介绍了这些求解器及其可选参数。为了演示如何使用 integrate.ode 接口，我们首先来看看下面几组耦合的二阶 ODE：

$$m_1 x_1''(t) + \gamma_1 x_1'(t) + k_1 x_1 - k_2(x_2 - x_1) = 0$$

$$m_2x_2''(t)+\gamma_2x_2'(t)+k_2(x_2-x_1)=0$$

这两个方程描述了两个耦合弹簧的动力学，其中$x_1(t)$和$x_2(t)$是两个质量为m_1和m_2的物体相对它们平衡位置的位移。位于x_1处的物体通过弹性常数为k_1的弹簧连接到固定的墙壁上，通过弹性常数为k_2的弹簧连接到物体x_2上。两个物体分别受到特征为γ_1和γ_2的阻尼力。为了使用 SciPy 求解这类问题，我们首先需要通过引入$y_0(t)=x_1(t)$、$y_1(t)=x_x'(t)$、$y_2(t)=x_2(t)$和$y_3(t)=x'_2(t)$来将它写成标准形式，这样可以得到四个耦合的一阶方程：

$$\frac{\mathrm{d}}{\mathrm{d}t}\begin{bmatrix}y_0(t)\\y_1(t)\\y_2(t)\\y_3(t)\end{bmatrix}=f(t,y(t))=\begin{bmatrix}y_1(t)\\(-\gamma_1y_1(t)-k_1y_0(t)-k_2y_0(t)+k_2y_2(t))/m_1\\y_3(t)\\(\gamma_2y_3(t)-k_2y_2(t)+k_2y_0(t))/m_2\end{bmatrix}$$

首先编写一个 Python 函数来实现$f(t,y(t))$函数，该函数将问题的参数作为附加参数。在下面的实现代码中，我们将所有参数打包到一个元组中，作为一个参数传给函数，然后在函数的第一行将其解包：

```
In [105]: def f(t, y, args):
     ...:     m1, k1, g1, m2, k2, g2 = args
     ...:     return [y[1], - k1/m1 * y[0] + k2/m1 * (y[2] - y[0]) - g1/m1 * y[1],
     ...:             y[3], - k2/m2 * (y[2] - y[0]) - g2/m2 * y[3]]
```

函数f的返回值是一个长度为 4 的列表，列表元素是 ODE 函数$y_0(t)$ ~$y_3(t)$的导数。然后，需要为这些参数创建具有特定值的变量，将它们打包到元组 args 中，该元组可以传给函数f。和以前一样，我们还需要为初始条件创建数组$y0$，为需要计算 ODE 解的t值创建数组t。

```
In [106]: m1, k1, g1 = 1.0, 10.0, 0.5
In [107]: m2, k2, g2 = 2.0, 40.0, 0.25
In [108]: args = (m1, k1, g1, m2, k2, g2)
In [109]: y0 = [1.0, 0, 0.5, 0]
In [110]: t = np.linspace(0, 20, 1000)
```

使用 integrate.odeint 和 integrate.ode 的主要区别就在这里。现在我们不调用 odeint 函数，而是需要创建 integrate.ode 类的实例，将 ODE 函数f作为参数传给它。

```
In [111]: r = integrate.ode(f)
```

这里我们将得到的求解器实例保存在变量r中。在开始使用它之前，需要为其配置一些属性。至少，需要使用方法 set_initial_value 设置初始状态。如果函数f需要附加参数，那么需要使用方法 set_f_params 设置这些参数。还可以使用方法 set_integrator 来选择求解器，该方法的第一个参数接收如下求解器的名称：vode、zvode、lsoda、dopri5 和 dop853。每种求解器都有可选参数。更多详细介绍可参阅 integrate.ode 的文档字符串。这里我们使用 lsoda 求解器，并设置初始状态，为函数f设置参数：

```
In [112]: r.set_integrator('lsoda');
In [113]: r.set_initial_value(y0, t[0]);
In [114]: r.set_f_params(args);
```

创建并配置完求解器后，可以开始调用 r.integrate 方法来一步一步求解 ODE，在该过程中可以使用 r.successful 来查询积分的状态(如果积分过程没问题，将返回 True)。需要跟踪已经积分到哪个点，并且需要自己保存结果：

```
In [115]: dt = t[1] - t[0]
...: y = np.zeros((len(t), len(y0)))
...: idx = 0
...: while r.successful() and r.t < t[-1]:
...:       y[idx, :] = r.y
...:       r.integrate(r.t + dt)
...:       idx += 1
```

可以说，这并不像简单调用 odeint 那么方便，但是这种方法提供了更好的灵活性，有时这正是我们所需要的。在本例中，我们将 t 中的每个元素对应的解保存在数组 y 中，这与 odeint 的返回值很像。使用下面的代码将解绘制成图形，结果如图 9-7 所示。

```
In [116]: fig = plt.figure(figsize=(10, 4))
    ...: ax1 = plt.subplot2grid((2, 5), (0, 0), colspan=3)
    ...: ax2 = plt.subplot2grid((2, 5), (1, 0), colspan=3)
    ...: ax3 = plt.subplot2grid((2, 5), (0, 3), colspan=2, rowspan=2)
    ...: # x_1 与时间的图形
    ...: ax1.plot(t, y[:, 0], 'r')
    ...: ax1.set_ylabel('$x_1$', fontsize=18)
    ...: ax1.set_yticks([-1, -.5, 0, .5, 1])
    ...: # x_2 与时间的图形
    ...: ax2.plot(t, y[:, 2], 'b')
    ...: ax2.set_xlabel('$t$', fontsize=18)
    ...: ax2.set_ylabel('$x_2$', fontsize=18)
    ...: ax2.set_yticks([-1, -.5, 0, .5, 1])
    ...: # x_1 和 x_2 相空间的图形
    ...: ax3.plot(y[:, 0], y[:, 2], 'k')
    ...: ax3.set_xlabel('$x_1$', fontsize=18)
    ...: ax3.set_ylabel('$x_2$', fontsize=18)
    ...: ax3.set_xticks([-1, -.5, 0, .5, 1])
    ...: ax3.set_yticks([-1, -.5, 0, .5, 1])
    ...: fig.tight_layout()
```

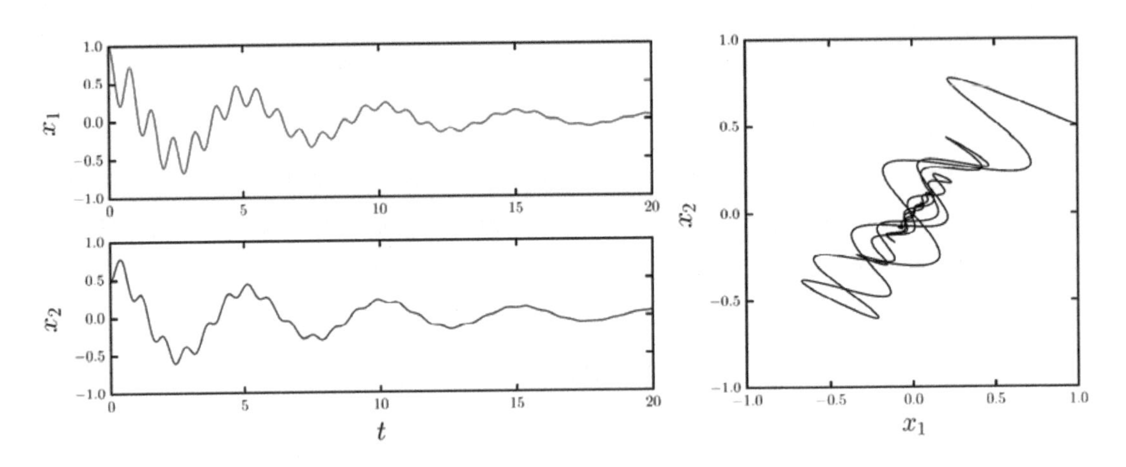

图 9-7　两个耦合的阻尼振荡器的 ODE 解

除了为 ODE 函数 $f(t, y(t))$提供 Python 函数，还可以为使用给定的 t 和 $y(t)$计算雅可比矩阵提供 Python 函数。求解器可以使用雅可比矩阵来更有效地求解隐式方法中的方程组。为了使用雅可比方程 jac(如下面为当前问题定义的雅可比方程)，需要在创建 integrate.ode 实例时将 jac 和 f 函数传给它。如果雅可比函数 jac 需要附加参数，那么必须在生成的 integrate.ode 结果实例中使用 set_jac_params 方法进行配置：

```
In [117]: def jac(t, y, args):
     ...:     m1, k1, g1, m2, k2, g2 = args
     ...:     return [[0, 1, 0, 0],
     ...:             [- k1/m2 - k2/m1, - g1/m1 * y[1], k2/m1, 0],
     ...:             [0, 0, 1, 0],
     ...:             [k2/m2, 0, - k2/m2, - g2/m2]]
In [118]: r = integrate.ode(f, jac)
In [119]: r.set_jac_params(args);
```

只要 ODE 问题可以首先定义成 SymPy 表达式，$f(t,y(t))$及其雅可比函数的 Python 函数就可以很方便地使用 SymPy 的 lambdify 来生成。这种符号-数值混合方法是求解 ODE 问题的一种强大工具。为了演示这种方法，考虑稍微复杂点的问题：双摆问题中两个耦合的二阶非线性 ODE。第一个摆和第二个摆的角偏转运动方程 $\theta_1(t)$和 $\theta_2(t)$分别如下[1]：

$$(m_1+m_2)l_1\theta_1''(t)+m_2l_2\theta_2''(t)\cos(\theta_1-\theta_2)+m_2l_2(\theta_2'(t))^2\sin(\theta_1-\theta_2)+g(m_1+m_2)\sin\theta_1=0$$

$$m_2l_2\theta_2''(t)+m_2l_1\theta_1''\cos(\theta_1-\theta_2)-m_2l_1(\theta_1'(t))^2\sin(\theta_1-\theta_2)+m_2g\sin\theta_2=0$$

第一个摆固定在固定支架上，第二个摆与第一个摆相连。这里 m_1 和 m_2、l_1 和 l_2 分别是第一个摆和第二个摆的重量与长度。我们首先为问题中的变量和函数定义 SymPy 符号，然后构造 ode 表达式：

1 更多细节请参考 http://scienceworld.wolfram.com/physics/DoublePendulum.html。

```
In [120]: t, g, m1, l1, m2, l2 = sympy.symbols("t, g, m_1, l_1, m_2, l_2")
In [121]: theta1, theta2 = sympy.symbols("theta_1, theta_2", cls=sympy.
          Function)
In [122]: ode1 = sympy.Eq((m1+m2)*l1 * theta1(t).diff(t,t) +
     ...:                  m2*l2 * theta2(t).diff(t,t) * sympy.
                           cos(theta1(t)-theta2(t)) +
     ...:                  m2*l2 * theta2(t).diff(t)**2 * sympy.
                           sin(theta1(t)-theta2(t)) +
     ...:                  g*(m1+m2) * sympy.sin(theta1(t)))
     ...: ode1
```

Out[122]: $g(m_1+m_2)\sin\theta_1(t)+l_1(m_1+m_2)\frac{\mathrm{d}^2}{\mathrm{d}t^2}\theta_1(t)+l_2m_2\sin(\theta_1(t)-\theta_2(t))\left(\frac{\mathrm{d}}{\mathrm{d}t}\theta_2(t)\right)^2$

$+l_2m_2\frac{\mathrm{d}^2}{\mathrm{d}t^2}\theta_2(t)\cos(\theta_1(t)-\theta_2(t))=0$

```
In [123]: ode2 = sympy.Eq(m2*l2 * theta2(t).diff(t,t) +
     ...:                  m2*l1 * theta1(t).diff(t,t) * sympy.
                          cos(theta1(t)-theta2(t)) -
     ...:                  m2*l1 * theta1(t).diff(t)**2 * sympy.
                          sin(theta1(t) - theta2(t)) +
     ...:                  m2*g * sympy.sin(theta2(t)))
     ...: ode2
```

Out[123]: $gm_2\sin\theta_2(t)-l_1m_2\sin(\theta_1(t)-\theta_2(t))\left(\frac{\mathrm{d}}{\mathrm{d}t}\theta_1(t)\right)^2$

$+l_1m_2\cos(\theta_1(t)-\theta_2(t))\frac{\mathrm{d}^2}{\mathrm{d}t^2}\theta_1(t)+l_2m_2\frac{\mathrm{d}^2}{\mathrm{d}t^2}\theta_2(t)=0$

现在，两个二阶 ODE 方程的 ode1 和 ode2 已经是 SymPy 表达式。尝试使用 sympy.dsolve 求解这些方程是徒劳无功的，需要使用数值方法。但是，这里的方程形式并不适合使用 SciPy 中提供的 ODE 求解器进行数值求解。我们首先需要将两个二阶 ODE 方程组写成标准形式的四个一阶 ODE。将这些方程重写成标准形式并不难，但是手动处理可能会很烦琐。幸运的是，可以使用 SymPy 的符号运算来自动实现该过程。为此，需要引入新的函数 $y_1(t)=\theta_1(t)$、$y_2(t)=\theta'_1(t)$、$y_3(t)=\theta_2(t)$和 $y_4(t)=\theta'_2(t)$，并使用这些函数重写 ODE。创建一个字典来映射变量的变化，使用 SymPy 函数 subs 通过该字典进行替换，可以很容易地得到 $y'_2(t)$和 $y'_4(t)$的方程：

```
In [124]: y1, y2, y3, y4 = sympy.symbols("y_1, y_2, y_3, y_4", cls=sympy.
          Function)
In [125]: varchange = {theta1(t).diff(t, t): y2(t).diff(t),
     ...:              theta1(t): y1(t),
     ...:              theta2(t).diff(t, t): y4(t).diff(t),
     ...:              theta2(t): y3(t)}
```

```
In [126]: ode1_vc = ode1.subs(varchange)
In [127]: ode2_vc = ode2.subs(varchange)
```

我们还需要为$y'_1(t)$和$y'_3(t)$引入两个 ODE：

```
In [128]: ode3 = y1(t).diff(t) - y2(t)
In [129]: ode4 = y3(t).diff(t) - y4(t)
```

现在，对于函数$y_1 \sim y_4$，我们已经有了四个耦合的一阶 ODE。剩下要做的就是求解这些函数的导数，从而获得标准形式的 ODE。可以使用 sympy.solve：

```
In [130]: y = sympy.Matrix([y1(t), y2(t), y3(t), y4(t)])
In [131]: vcsol = sympy.solve((ode1_vc, ode2_vc, ode3, ode4), y.diff(t), dict=True)
In [132]: f = y.diff(t).subs(vcsol[0])
```

现在，f是 ODE 函数$f(t,y(t))$的 SymPy 表达式形式。可以使用 sympy.Eq(*y*.diff(*t*), *f*)来显示 ODE，但是结果会相当长，所以为了节省版面，在此我们不显示输出。这里构造 f 主要是为了将其转换为可以与 integrate.odeint 或 integrate.ode 一起使用的 NumPy 函数。通过 ODE 现在的形式，可以使用 sympy.lambdify 来创建这样的函数。同样，因为到目前为止，我们已经用符号展示了问题，所以很容易计算雅可比矩阵并创建一个支持 NumPy 的函数。当使用 sympy.lambdify 为 odeint 和 ode 创建函数时，我们必须注意将 t 和 y 以正确的顺序放在传给 sympy.lambdify 的元组中。这里，我们将使用 integrate.ode，因此需要一个具有 $f(t, y,$ *args)签名的函数，可以首先将元组(t, y)作为第一个参数传给 sympy.lambdify，然后使用 lambda 函数对得到的结果函数进行封装，以便能够接收 SymPy 表达式中未使用的附加参数 args。

```
In [133]: params = {m1: 5.0, l1: 2.0, m2: 1.0, l2: 1.0, g: 10.0}
In [134]: _f_np = sympy.lambdify((t, y), f.subs(params), 'numpy')
In [135]: f_np = lambda _t, _y, *args: _f_np(_t, _y)
In [136]: jac = sympy.Matrix([[fj.diff(yi) for yi in y] for fj in f])
In [137]: _jac_np = sympy.lambdify((t, y), jac.subs(params), 'numpy')
In [138]: jac_np = lambda _t, _y, *args: _jac_np(_t, _y)
```

这里在调用 sympy.lambdify 之前，还将方程组参数替换成特定的值。第一个摆的长度是第二个摆的两倍，重量是第二个摆的五倍。有了函数 f_np 和 jac_np 之后，可以使用前面示例中相同的方法，通过 integrate.ode 来求解 ODE。这里，我们将初始状态设置为$\theta_1(0) = 2$和$\theta_2(0) = 0$，需要求解的时间区间是[0, 20]，步数为 1000：

```
In [139]: y0 = [2.0, 0, 0, 0]
In [140]: tt = np.linspace(0, 20, 1000)
In [141]: r = integrate.ode(f_np, jac_np).set_initial_value(y0, tt[0])
In [142]: dt = tt[1] - tt[0]
     ...: yy = np.zeros((len(tt), len(y0)))
```

```
   ...: idx = 0
   ...: while r.successful() and r.t < tt[-1]:
   ...:         yy[idx, :] = r.y
   ...:         r.integrate(r.t + dt)
   ...:         idx += 1
```

现在，ODE 的解保存在数组 *yy*(形状为 shape(1000, 4))中。当对解进行可视化时，摆在 *x*-*y* 平面上的位置(而不是摆的偏移角)会更加直观。角度变量 θ_1、θ_2与坐标 *x*、*y* 的转换公式是 $x_1 = l_1 \sin\theta_1$、 $y_1 = l_1 \cos\theta_1$、$x_2 = x_1 + l_2 \sin\theta_2$、$y_2 = y_1 + l_2 \cos\theta_2$:

```
In [143]: theta1_np, theta2_np = yy[:, 0], yy[:, 2]
In [144]: x1 = params[l1] * np.sin(theta1_np)
     ...: y1 = -params[l1] * np.cos(theta1_np)
     ...: x2 = x1 + params[l2] * np.sin(theta2_np)
     ...: y2 = y1 - params[l2] * np.cos(theta2_np)
```

最后，我们在 *x*-*y* 平面上绘制双摆的位置随时间变化的曲线，结果如图 9-8 所示。与预期的一样，第一个摆被限制在圆上运动(因为有固定的锚点)，第二个摆的轨迹则复杂得多。

```
In [145]: fig = plt.figure(figsize=(10, 4))
     ...: ax1 = plt.subplot2grid((2, 5), (0, 0), colspan=3)
     ...: ax2 = plt.subplot2grid((2, 5), (1, 0), colspan=3)
     ...: ax3 = plt.subplot2grid((2, 5), (0, 3), colspan=2, rowspan=2)
     ...:
     ...: ax1.plot(tt, x1, 'r')
     ...: ax1.plot(tt, y1, 'b')
     ...: ax1.set_ylabel('$x_1, y_1$', fontsize=18)
     ...: ax1.set_yticks([-3, 0, 3])
     ...:
     ...: ax2.plot(tt, x2, 'r')
     ...: ax2.plot(tt, y2, 'b')
     ...: ax2.set_xlabel('$t$', fontsize=18)
     ...: ax2.set_ylabel('$x_2, y_2$', fontsize=18)
     ...: ax2.set_yticks([-3, 0, 3]) ...:
     ...: ax3.plot(x1, y1, 'r')
     ...: ax3.plot(x2, y2, 'b', lw=0.5)
     ...: ax3.set_xlabel('$x$', fontsize=18)
     ...: ax3.set_ylabel('$y$', fontsize=18)
     ...: ax3.set_xticks([-3, 0, 3])
     ...: ax3.set_yticks([-3, 0, 3])
```

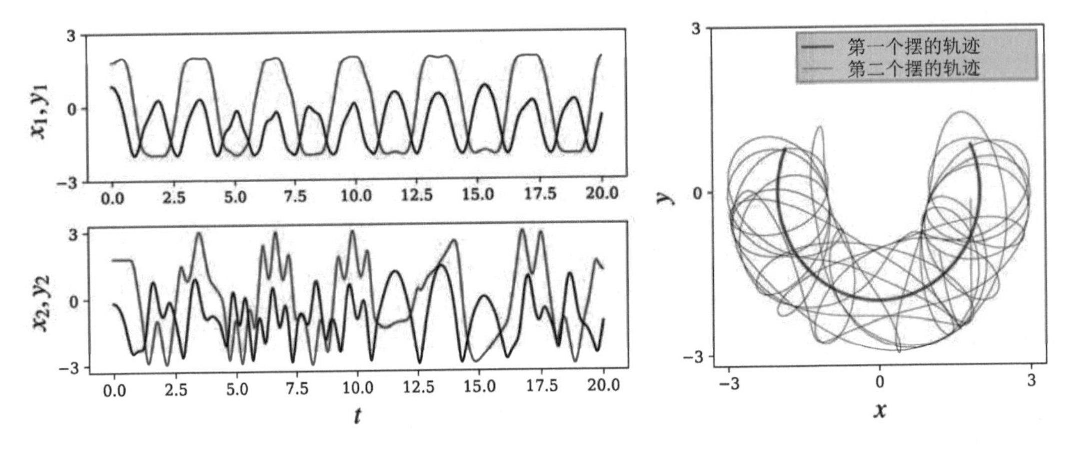

图 9-8 双摆的动力学曲线

9.6 本章小结

本章研究了 Python 中使用科学计算库求解常微分方程(ODE)的各种方法和工具。ODE 在很多科学和工程领域都会遇到，特别是在动力学系统的建模和描述中，因此掌握求解 ODE 问题的方法是计算科学家必备的关键技能。本章首先研究了如何使用 SymPy 中的 sympy.dsolve 函数或拉普拉斯变换方法来符号化求解 ODE。符号方法通常是很好的起点，并且借助 SymPy 的符号化功能，可以通过解析的方式求解很多基本的 ODE 问题。但是，对于大多数实际问题，都没有解析解，使用符号方法无法进行求解。我们还可以选择的是数值求解方法。ODE 的数值积分是一个很广阔的数学领域，并且存在很多求解 ODE 问题的可靠方法。本章简要回顾了 ODE 积分的方法，目的是介绍在 SciPy 提供的求解器中使用的 Adams 和 DBF 多步法背后的概念与思想。最后，我们通过一些示例研究了如何使用 SciPy 的 integrate 模块中的 odeint 和 ode 求解器。虽然大多数 ODE 问题最终都需要使用数值积分，但是使用符号-数值混合方法具有很大的优点，这种方法同时使用了 SymPy 和 SciPy 的功能。本章的最后一个示例演示了这种方法。

9.7 扩展阅读

Heath(2002)中给出了很多使用数值法求解 ODE 问题的入门介绍。关于常微分方程的介绍及代码示例可参阅 *Numerical Recipes*(W.H. Press 2007)的第 11 章。有关 ODE 数值方法的更详细介绍可参考 Kendall Atkinson (2009)。SciPy 中使用的 ODE 求解器主要实现了 VODE 和 LSODA 方法。这些方法的原始代码分别来自 netlib 的 www.netlib.org/ode/vode.f 和 www.netlib.org/odepack。除了这些求解器之外，还有劳伦斯 • 利弗莫尔国家实验室(Lawrence Livermore National Laboratory)提供的一套著名的求解器套件 sundials，相关信息可访问 http://computation.llnl.gov/casc/sundials/main.html。该套件还包含了微分代数方程(Differential-Algebraic Equation，DAE)的求解器。scikit.odes 库提供了 sundials 求解器套件的 Python 接口，详见 http://github.com/bmcage/odes。odespy 库还为很多不同的 ODE 求解器提供了统一的接口。关于 odespy 库的更多信息，可访问 http://hplgit.github.io/odespy/doc/web/index.html。

9.8　参考文献

Heath, M. T. *Scientific Computing.* 2nd. New York: McGraw-Hill, 2002.

Kendall Atkinson, Weimin Han, David Stewart. *Numerical solution of ordinary differential equations.* New Jersey: Wiley, 2009.

W.H. Press, S.A. Teukolsky, W.T. Vetterling, B.P. Flannery. *Numerical Recipes.* 3rd. New York: Cambridge University Press, 2007.

第 10 章

稀疏矩阵和图

我们已经介绍了数组和矩阵的很多示例，它们在很多方面都是数值计算的基础。到目前为止，我们正在使用 NumPy 的 ndarray 数据结构来表示数组，这是一种同构的容器，用于存储它所表示的数组的所有元素。在很多情况下，这是表示矢量、矩阵或者高维数组等对象的最有效方法。但是，有值得注意的例外，那就是大多数元素都为零的矩阵。这样的矩阵被称为稀疏矩阵，它们在很多应用中都会用到，例如网络连接(如电路)和求解偏微分方程(请见第 11 章的示例)时用到的大型代数方程组。

对于大部分元素都是零的矩阵，把所有这些零保存在计算机内存中的效率很低，更合适的方法是仅仅保存非零值及其位置信息。对于非稀疏矩阵(又称为稠密矩阵)，这样的表示方法相比在内存中顺序保存所有值效率更低，但是对于大的稀疏矩阵却有很大的优势。

在 Python 中有多种使用稀疏矩阵的方法。这里主要关注 SciPy 中的稀疏矩阵模块 scipy.sparse，该模块为稀疏矩阵的表示及其线性代数运算提供了功能丰富且简单易用的接口。另外一个可以选择的库是 PySparse[1]，该库提供了类似的功能。对于非常大规模的问题，PyTrilinos[2]和 PETSc[3]包为稀疏矩阵的很多操作提供了强大的并行处理能力。但是，使用这些包需要更多的编程知识，它们的学习曲线更陡峭，安装和配置也更困难。对于大部分基本应用场景，SciPy 的 sparse 模块更适合，是十分合适的起点。

在本章结束之前，我们还会简要介绍如何使用 SciPy 的 sparse.csgraph 模块以及 NetworkX 库来表示和处理图(graph)。图可以表示为邻接矩阵，图在很多应用中都很稀疏。所以，图和稀疏矩阵的关系非常密切。

10.1 导入模块

本章将要使用的主要模块是 SciPy 库的 sparse 模块。我们假设该模块以名称 sp 导入，另外还需要显式地导入其子模块 linalg，可以通过 sp.linalg 来访问该子模块。

---

1 http://pysparse.sourceforge.net

2 http://trilinos.org/packages/pytrilinos

3 http://www.mcs.anl.gov/petsc 和 https://bitbucket.org/petsc/petsc4py

```
In [1]: import scipy.sparse as sp
In [2]: import scipy.sparse.linalg
```

我们还需要 NumPy 库，和往常一样，我们以名称 np 导入该模块，并导入绘图用的 matlplotlib 库：

```
In [3]: import numpy as np
In [4]: import matplotlib.pyplot as plt
```

在本章的最后，我们将使用 networkx 库，我们以名称 nx 导入该模块：

```
In [5]: import networkx as nx
```

10.2　SciPy 中的稀疏矩阵

稀疏矩阵的基本思想是避免保存矩阵中大量的零值。在稠密矩阵中，数组的所有元素都是顺序存储的，只需要保存元素的值就可以，因为从元素位于数组中的位置就可以隐式地知道元素的行列索引。但是，如果只存储非零元素，显然我们还需要保存每个元素的行列索引。有很多方法可用来组织非零元素的存储以及对应的行列索引。这些方法各有优劣，例如，在矩阵创建是否容易方面，也许更为重要的是，使用稀疏矩阵来实现数学运算是否高效。表 10-1 比较了 SciPy 的 sparse 模块中各种可用的稀疏矩阵表示方法。

表 10-1　稀疏矩阵表示方法的总结和比较

类型	描述	优点	缺点
坐标的列表(COO, sp.coo_matrix)	将非零值及其行列信息保存在一个列表中	构造简单，可以高效地添加新的元素	访问元素时效率低下，不适合数学运算，例如矩阵乘法
列表的列表(LIL, sp.lil_matrix)	将每行的非零元素的列索引保存在一个列表中，将对应的值保存在另外一个列表中	支持切片操作	不方便进行数学运算
值的字典(DOK, sp.dok_matrix)	将非零值保存在字典中，并将非零值的(row,column)元组作为字典的键	构造简单，并且能快速添加、删除和访问元素	不方便进行数学运算
对角矩阵(DIA, sp.dia_matrix)	存储矩阵的对角线列表	对于对角矩阵有效	不适合非对角矩阵
压缩的列格式(CSC, sp.csc_matrix)以及压缩的行格式(CSR, sp.csr_matrix)	将值与行列索引的数组一起存储	构造相对复杂	对于矩阵的向量乘法很高效
块稀疏矩阵(BSR, cp.bsr_matrix)	与 CSR 类似，但适用于具有稠密子矩阵的稀疏矩阵	对于特定目的的矩阵有效	不适用于通用目的的矩阵

一种简单且直观地存储稀疏矩阵的方法就是简单地将行列索引的列表与非零值的列表保存在一

起。这种格式被称为坐标列表格式，在 SciPy 中可缩写为 COO。sp.coo_matrix 类用于以这种格式表示稀疏矩阵。这种格式特别容易初始化。例如，下面的矩阵

$$A=\begin{bmatrix}0 & 1 & 0 & 0\\ 0 & 0 & 0 & 2\\ 0 & 0 & 3 & 0\\ 4 & 0 & 0 & 0\end{bmatrix}$$

可以轻松地识别出非零值[$A_{01}=1, A_{13}=2, A_{22}=3, A_{30}=4$]以及它们对应的行[0, 1, 2, 3]和列[1, 3, 2, 0](请注意，这里使用的是 Python 从零开始的索引)。为了创建 sp.coo_matrix 对象，可以创建非零值、行索引以及列索引的列表(或数组)，并将它们传给 sp.coo_matrix。另外，还可以使用 shape 参数来设置数组的大小，当非零元素没有横跨整个矩阵时这会很有用(例如，如果有些列或行只有零值，那么矩阵的大小就不能正确地从行和列的数组中推测出来)。

```
In [6]: values = [1, 2, 3, 4]
In [7]: rows = [0, 1, 2, 3]
In [8]: cols = [1, 3, 2, 0]
In [9]: A = sp.coo_matrix((values, (rows, cols)), shape=[4, 4])
In [10]: A
Out[10]: <4x4 sparse matrix of type '<type 'numpy.int64'>' with 4 stored elements
          in Coordinate format>
```

返回的结果是代表稀疏矩阵的数据结构。SciPy 的 sparse 模块中的所有稀疏矩阵都有几个共同的属性，大部分这些属性都是从 NumPy 的 ndarray 对象派生而来的。这些属性包括 size、shape、dtype、ndim 以及所有格式都有的 nnz(非零元素的数量)和 data(非零值)属性。

```
In [11]: A.shape, A.size, A.dtype, A.ndim
Out[11]: ((4, 4), 4, dtype('int64'), 2)
In [12]: A.nnz, A.data
Out[12]: (4, array([1, 2, 3, 4]))
```

除了这些共同的属性，每种稀疏矩阵还有一些特殊属性，它们用来表示非零值的位置的存储方式。对于 sp.coo_matrix 对象，可以使用 row 和 col 属性来访问底层的行列数组：

```
In [13]: A.row
Out[13]: array([0, 1, 2, 3], dtype=int32)
In [14]: A.col
Out[14]: array([1, 3, 2, 0], dtype=int32)
```

还有很多操作稀疏矩阵对象的方法。这些方法可用于矩阵的数学运算，例如，单元素数学运算，如 sin、cos、arcsin 等；聚合(aggregation)运算，如 min、max、sum 等；数组数学运算，如共轭运算

(conj)、转置运算(transpose)等；稀疏矩阵之间或者稀疏矩阵与稠密向量之间的点积运算 dot(运算符*也表示稀疏矩阵的矩阵乘法)。更多详细信息，请参阅稀疏矩阵类的文档字符串(表 10-1 对此进行了总结)。另外一类很重要的方法用于稀疏矩阵不同格式之间的转换，例如 tocoo、tocsr、tolil 等。还有一些方法用于将稀疏矩阵分别转换成 NumPy ndarray 或 NumPy matrix 对象(稠密矩阵格式)：toarray 和 todense。

例如，要将稀疏矩阵 ***A*** 从 COO 格式分别转换成 CSR 格式和 NumPy 数组，可以使用下面的代码：

```
In [15]: A.tocsr()
Out[15]: <4x4 sparse matrix of type '<type 'numpy.int64'>'
          with 4 stored elements in Compressed Sparse Row format>
In [16]: A.toarray()
Out[16]: array([[0, 1, 0, 0],
                [0, 0, 0, 2],
                [0, 0, 3, 0],
                [4, 0, 0, 0]])
```

到目前为止，我们在很多上下文中访问矩阵元素时使用的方法是索引语法，例如 ***A***[1, 2]；也可能使用切片语法，例如 ***A***[1:3, 2]等。通常也可以对稀疏矩阵使用这种语法，但是并非所有格式都支持索引和切片，即使支持，也可能不是最有效的操作。特别地，对零值元素进行赋值是一项耗时的操作，因为可能需要根据使用的格式来重新排列基础数据结构。如果要将新元素递增地添加到稀疏矩阵，LIL(sp.lil_matrix)格式可能是合适的选择，但另一方面，这种格式不适合算术运算。

处理稀疏矩阵时，经常会遇到这样的情况：需要使用不同的格式来最有效地处理不同的任务，如构造、更新和算术运算等。在这些不同的格式之间进行转换是很有用的，因此，在应用程序的不同部分转换成不同的格式很有用。所以，为了能够有效地使用稀疏矩阵，就需要了解不同格式是如何实现的以及它们适合哪种使用场景。表 10-1 简要总结了 SciPy 的 sparse 模块中可用的稀疏矩阵格式的优缺点。使用转换方法，可以轻松地在不同格式之间进行切换。有关各种格式优缺点的更深入讨论，可阅读 SciPy 参考手册中的“稀疏矩阵”[1]部分。

对于计算来说，SciPy 的 sparse 模块中最重要的稀疏矩阵表示形式是 CSR(压缩的行)和 CSC(压缩的列)格式，因为它们非常适合进行有效的矩阵运算和线性代数应用。其他格式，如 COO、LIL 和 DOK，主要用于构造和更新稀疏矩阵。一旦准备好在计算中使用稀疏矩阵，最好使用 tocsr 或 tocsc 将其分别转换为 CSR 或 CSC 格式。

在 CSR 格式中，非零值(data)与包含每个值的列索引的数组(indices)以及另外一个包含列索引的数组的偏移量(indptr)存储在一起。例如，考虑下面的矩阵：

---

1 http://docs.scipy.org/doc/scipy/reference/sparse.html

$$A=\begin{bmatrix}1&2&0&0\\0&3&4&0\\0&0&5&6\\7&0&8&9\end{bmatrix}$$

这里的非零值(data)是 [1, 2, 3, 4, 5, 6, 7, 8, 9]，第一行的非零值对应的列索引是[0, 1]，第二行的是[1, 2]，第三行的是[2, 3]，第四行的是[0, 2, 3]。将所有这些列索引的列表连接起来组成 indices 数组[0, 1, 1, 2, 2, 3, 0, 2, 3]。为了跟踪列索引数组中每个元素对应的行，可以将每行的起始点保存在第二个数组中。第一行的列索引的元素是 0 和 1，第二行的元素是 2 和 3，第三行的元素是 4 和 5，第四行的元素是 6~9。将这些开始索引放到一个数组里面，得到 [0, 2, 4, 6]。为了方便实现，我们还在该数组的最后添加了非零元素的数量，最终得到 indptr 数组[0, 2, 4, 6, 9]。在下面的代码中，我们创建了一个对应矩阵 $\boldsymbol{A}$ 的 NumPy 数组，使用 sp.csr_matrix 将其转换成 CSR 矩阵，然后将属性 data、indices 和 indptr 显示出来：

```
In [17]: A = np.array([[1, 2, 0, 0], [0, 3, 4, 0], [0, 0, 5, 6], [7, 0, 8, 9]])
    ...: A
Out[17]: array([[1, 2, 0, 0],
                [0, 3, 4, 0],
                [0, 0, 5, 6],
                [7, 0, 8, 9]])
In [18]: A = sp.csr_matrix(A)
In [19]: A.data
Out[19]: array([1, 2, 3, 4, 5, 6, 7, 8, 9], dtype=int64)
In [20]: A.indices
Out[20]: array([0, 1, 1, 2, 2, 3, 0, 2, 3], dtype=int32)
In [21]: A.indptr
Out[21]: array([0, 2, 4, 6, 9], dtype=int32)
```

使用这种存储方案，索引为 i 的行中的非零元素将存储在 data 数组中索引为 indptr[i]与 indptr[i+1] - 1 之间的位置，这些元素的列索引保存在 indices 数组的相同索引位置。例如，第三行中的元素(索引为 2)，从 indptr[2]=4 开始，到 indptr[3] - 1=5 结束。也就是说，第三行的元素包括 data[4]=5 和 data[5]=6，对应的列索引是 indices[4]=2 和 indices=[5]=3。因此，$\boldsymbol{A}[2,2]=5$，$\boldsymbol{A}[2,3]=6$：

```
In [22]: i = 2
In [23]: A.indptr[i], A.indptr[i+1]-1
Out[23]: (4, 5)
In [24]: A.indices[A.indptr[i]:A.indptr[i+1]]
Out[24]: array([2, 3], dtype=int32)
In [25]: A.data[A.indptr[i]:A.indptr[i+1]]
Out[25]: array([5, 6], dtype=int64)
```

```
In [26]: A[2, 2], A[2,3] # 验证
Out[26]: (5, 6)
```

虽然 CSR 存储方法不像 COO、LIL 或 DOK 那么直观，但事实证明，CSR 非常适合于实现矩阵算术运算及线性代数运算。因此，CSR 和 CSC 格式是稀疏矩阵计算中使用的主要格式。CSC 格式和 CSR 基本相同，不同之处在于，使用行索引和列指针代替列索引和行指针(也就是将列和行的角色对调)。

10.2.1　创建稀疏矩阵的函数

正如我们在本章前面的示例中看到的那样，一种创建稀疏矩阵的方法是为某种特定的稀疏矩阵格式准备数据结构，并将其传给相应的稀疏矩阵类的构造函数。尽管有时这种方法是合适的，但通常从预定义的模板矩阵来构建系数矩阵更方便。sp.sparse 模块提供了很多用于生成此类矩阵的函数，例如，sp.eye 用于生成对角线都是 1 的稀疏矩阵(可以设置相对主对角线的偏移量)，sp.diags 用于根据特定的模式生成对角矩阵，sp.kron 用于计算两个稀疏矩阵的 Kronecker(张量积)，bmat、vstack 和 hstack 分别用于从稀疏块矩阵、垂直和水平堆叠稀疏矩阵来生成稀疏矩阵。

例如，在很多应用中，稀疏矩阵都具有对角形式。要创建一个大小为 10×10 的稀疏矩阵，它具有一条主对角线，并且上下各有一条对角线，可以调用三次 sp.eye，然后使用 k 参数设置相对主对角线的偏移量：

```
In [27]: N = 10
In [28]: A = sp.eye(N, k=1) - 2 * sp.eye(N) + sp.eye(N, k=-1)
In [29]: A
Out[29]: <10x10 sparse matrix of type '<class 'numpy.float64'>'
                  with 28 stored elements in Compressed Sparse Row format>
```

默认情况下，得到的结果是 CSR 格式的稀疏矩阵，但是使用 format 参数，可以指定任意其他的稀疏矩阵格式。format 参数的值是字符串形式，如'csr'、'csc'、'lil'等。sp.sparse 中所有用于创建稀疏矩阵的函数都接收该参数。例如，在前面的示例中，可以通过 sp.diags 并指定模式 [1, –2, 1](前一种表示方法中 sp.eye 的系数)以及对应的偏移量[1, 0, –1]来生成相同的矩阵。如果需要生成的稀疏矩阵为 CSC 格式，那么可以设置 format='csc'：

```
In [30]: A = sp.diags([1, -2, 1], [1, 0, -1], shape=[N, N], format='csc')
In [31]: A
Out[31]: <10x10 sparse matrix of type '<class 'numpy.float64'>'
              with 28 stored elements in Compressed Sparse Column format>
```

使用稀疏矩阵而非稠密矩阵的优势只有在处理大型矩阵时才能体现出来。因此，稀疏矩阵天生就很大，因此可能很难可视化，例如很难在终端将元素打印出来。matplotlib 提供的函数 spy 是对稀疏矩阵进行可视化的有用工具，可以作为 pyplot 模块中的函数或者 Axes 实例的方法来使用，当应用到前面定义的矩阵 ***A*** 时，得到的结果如图 10-1 所示。

```
In [32]: fig, ax = plt.subplots()
    ...: ax.spy(A)
```

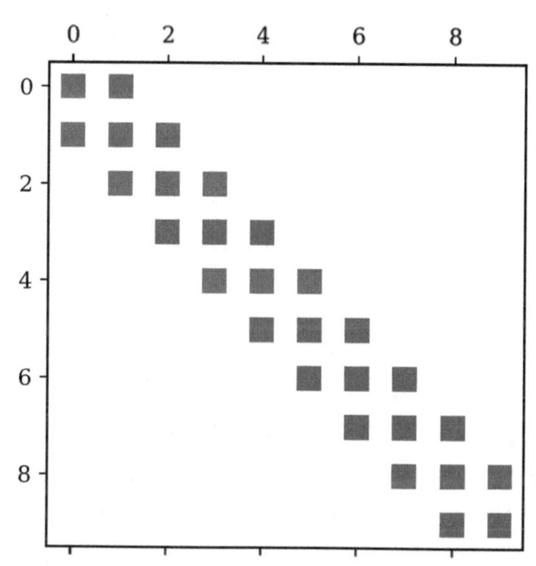

图 10-1　主对角线及相邻两条对角线为非零值的稀疏矩阵的结构

稀疏矩阵通常也和张量积空间(tensor product space)相关。这种情况下，可以使用 sp.kron 函数，将多个较小的矩阵组成单个大的稀疏矩阵。例如，要为矩阵 ***A*** 和如下矩阵的张量积创建稀疏矩阵：

$$B = \begin{bmatrix} 0 & 1 & 0 \\ 1 & 0 & 1 \\ 0 & 1 & 0 \end{bmatrix}$$

可以使用 sp.kron(***A***, ***B***)：

```
In [33]: B = sp.diags([1, 1], [-1, 1], shape=[3,3])
In [34]: C = sp.kron(A, B)
In [35]: fig, (ax_A, ax_B, ax_C) = plt.subplots(1, 3, figsize=(12, 4))
    ...: ax_A.spy(A)
    ...: ax_B.spy(B)
    ...: ax_C.spy(C)
```

为了进行比较，我们还绘制了 ***A***、***B*** 和 ***C*** 的稀疏矩阵结构，结果如图 10-2 所示。有关使用 sp.sparse 模块构建稀疏矩阵的更多详细信息，详见文档字符串以及 SciPy 参考手册中的“稀疏矩阵”部分。

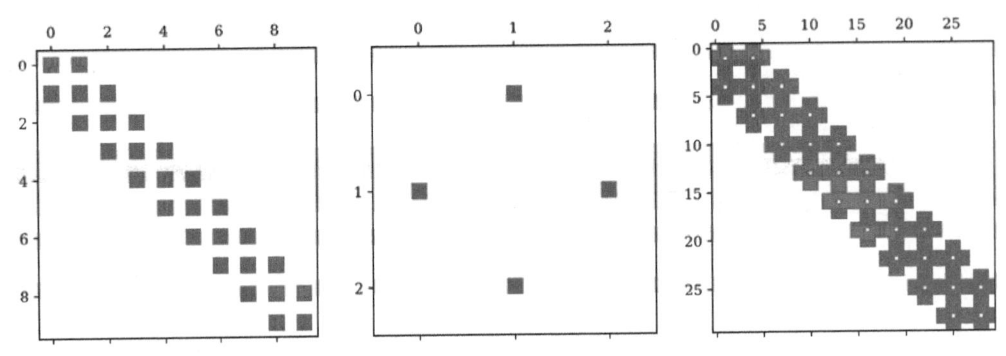

图 10-2 矩阵 $\boldsymbol{A}$(左图)和 $\boldsymbol{B}$(中间图)及其张量积(右图)的稀疏矩阵结构

10.2.2 稀疏线性代数函数

稀疏矩阵的主要应用是在大型矩阵上进行线性代数运算，使用稠密矩阵表示法难以处理这类问题或者效率不高。SciPy 的 sparse 模块中包含的 linalg 子模块实现了很多线性代数例程。并非所有的线性代数运算都适用于稀疏矩阵，与稠密矩阵的运算法则相比，在某些情况下，需要改变稀疏矩阵的运算行为。因此，稀疏线性代数模块 scipy.sparse.linalg 和稠密线性代数模块 scipy.linalg 之间存在很多差异。例如，用于稠密问题的特征值求解器通常会计算并返回所有的特征值和特征向量。对于稀疏矩阵来说，这是无法做到的，因为存储 $N\times N$ 大小稀疏矩阵的所有特征向量通常等于存储大小为 $N\times N$ 的稠密矩阵。相反，用于稀疏问题的特征值求解器通常会返回少量的特征值和特征向量——具有最小或最大特征值的那些。通常，为了使稀疏矩阵的方法有效，它们必须保留计算中所涉及矩阵的稀疏性。不能保留稀疏性的典型操作是矩阵的逆操作，因此应尽可能避免使用。

10.2.3 线性方程组

对于稀疏矩阵最重要的应用，无可争议的是求解 $\boldsymbol{Ax}=\boldsymbol{b}$ 形式的线性方程组，其中 $\boldsymbol{A}$ 是稀疏矩阵，$\boldsymbol{x}$ 和 $\boldsymbol{b}$ 是稠密矩阵。SciPy 的 sparse.linalg 模块为此类问题提供了直接求解器和迭代求解器(sp.linalg.spsolve)以及分解矩阵 $\boldsymbol{A}$ 的方法，如 LU 分解(sp.linalg.splu)、不完全 LU 分解(sp.linalg.spilu)。例如，考虑问题 $\boldsymbol{Ax}=\boldsymbol{b}$，其中 $\boldsymbol{A}$ 是前面提到的三对角矩阵，$\boldsymbol{b}$ 是一个填充了负数的稠密向量(有关此方程的物理解释，请参考第 11 章)。为了求解该问题(10×10 大小)，我们首先创建稀疏矩阵 $\boldsymbol{A}$ 和稠密矢量 $\boldsymbol{b}$:

```
In [36]: N = 10
In [37]: A = sp.diags([1, -2, 1], [1, 0, -1], shape=[N, N], format='csc')
In [38]: b = -np.ones(N)
```

现在，要使用 SciPy 提供的直接求解器求解方程组，可以使用如下代码:

```
In [39]: x = sp.linalg.spsolve(A, b)
In [40]: x
```

```
Out[40]: array([ 5.,9.,12.,14.,15.,15.,14.,12.,9.,5.])
```

解向量是一个 NumPy 稠密数组。为了进行比较，还可以使用 NumPy 的稠密矩阵直接求解器 np.linalg.solve(或者更简单地使用 scipy.linalg.solve)来求解该问题。为了能够使用稠密求解器，需要使用 A.todense()将稀疏矩阵转换为稠密数组：

```
In [41]: np.linalg.solve(A.todense(), b)
Out[41]: array([ 5.,9.,12.,14.,15.,15.,14.,12.,9.,5.])
```

和预期的一样，结果与使用稀疏求解器得到的结果一样。对于类似这样的小问题，使用稀疏矩阵并没有太大的优势，但是当系统的大小增大时，使用稀疏矩阵和稀疏求解器的优点就会显而易见。对于这个特定问题，稀疏矩阵方法优于稠密矩阵方法的系统大小阈值是 N=100，如图 10-3 所示。尽管每个问题的确切阈值会有所不同，并且也会因为硬件及软件版本的不同而不同，但是对于矩阵 $\boldsymbol{A}$ 足够稀疏的问题，这种优势是很明显的[1]。

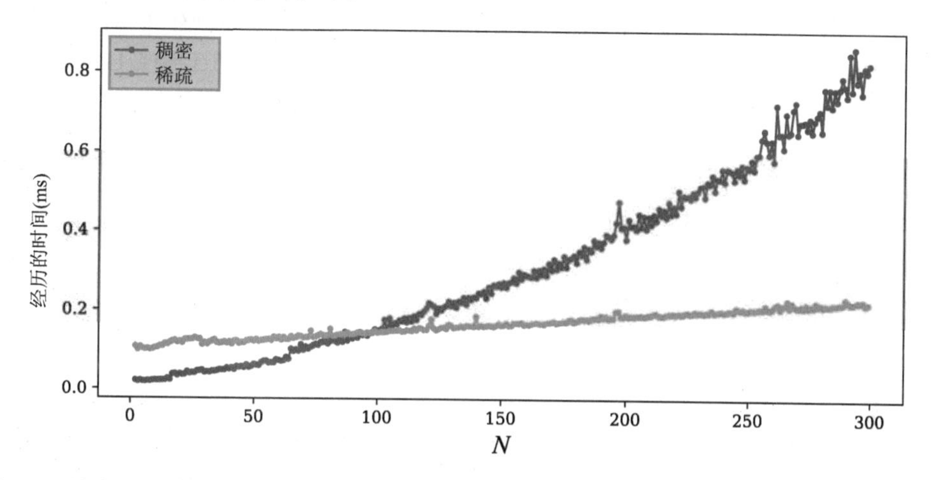

图 10-3　稀疏矩阵方法和稠密矩阵方法的性能比较(求解一维泊松问题，并将性能作为问题大小的函数)

一种替代 spsolve 接口的方法是使用 sp.sparse.splu 或 sp.sparse.spilu(不完全 LU 分解)显式地计算 LU 分解。这些函数返回的对象中包含 L 和 U 因子，以及求解 $LU\boldsymbol{x} = \boldsymbol{b}$(给定向量 $\boldsymbol{b}$)的方法 。当必须为多个向量 $\boldsymbol{b}$ 求解 $\boldsymbol{Ax} = \boldsymbol{b}$ 时，这当然特别有用。例如，可使用下面的代码对前面使用的矩阵 $\boldsymbol{A}$ 进行 LU 分解：

```
In [42]: lu = sp.linalg.splu(A)
In [43]: lu.L
Out[43]: <10x10 sparse matrix of type '<class 'numpy.float64'>'
                 with 20 stored elements in Compressed Sparse Column format>
In [44]: lu.U
Out[44]: <10x10 sparse matrix of type '<class 'numpy.float64'>'
```

1 有关 Python 代码优化方法和技术的讨论，请参考第 21 章。

```
                with 20 stored elements in Compressed Sparse Column format>
```

进行 LU 分解后，就可以使用 lu 对象的 solve 方法有效地求解方程 $LU\boldsymbol{x}=\boldsymbol{b}$ 了：

```
In [45]: x = lu.solve(b)
In [46]: x
Out[46]: array([ 5.,9.,12.,14.,15.,15.,14.,12.,9.,5.])
```

使用稀疏矩阵的一个重要考虑因素是，与矩阵 $\boldsymbol{A}$ 相比，$\boldsymbol{A}$ 的 LU 分解可能会给 L 和 U 引入新的非零元素，这样会降低 L 和 U 的稀疏性。L 或 U 中有但是 $\boldsymbol{A}$ 中没有的元素称为填充。如果填充的数量很大，则可能会失去使用稀疏矩阵的优势。虽然没有消除填充的完整方法，但通常可以通过置换(permuting)$\boldsymbol{A}$ 中的行和列来减少填充，这样 LU 分解就可以写成 $\boldsymbol{P}_r\boldsymbol{A}\boldsymbol{P}_c=LU$ 的形式，其中 $\boldsymbol{P}_r$ 和 $\boldsymbol{P}_c$ 分别是行和列的置换矩阵(permutation matrix)。有多个用于这种置换操作的函数。函数 spsolve、splu 和 spilu 都使用参数 permc_spec，该参数可以设置的值包括 NATURAL、MMD_ATA、MMD_AT_PLUS_A 和 COLAMD，它们代表这些函数中内置的不同的置换方法。splu 和 spilu 返回的对象就能得到这种置换，可以通过属性 perm_c 和 perm_r 来获得置换向量。由于这些置换，lu.L 和 lu.U 的积不会直接等于 $\boldsymbol{A}$，如果要从 lu.L 和 lu.U 中重建 $\boldsymbol{A}$，那么还需要去除行和列的置换：

```
In [47]: def sp_permute(A, perm_r, perm_c):
    ...: """对 A 的行和列进行置换 """
    ...: M, N = A.shape
    ...: # 行置换矩阵
    ...: Pr = sp.coo_matrix((np.ones(M), (perm_r, np.arange(N)))).tocsr()
    ...: # 列置换矩阵
    ...: Pc = sp.coo_matrix((np.ones(M), (np.arange(M), perm_c))).tocsr()
    ...: return Pr.T * A * Pc.T
In [48]: lu.L * lu.U - A# != 0
Out[48]: <10x10 sparse matrix of type '<class 'numpy.float64'>'
        with 8 stored elements in Compressed Sparse Column format>
In [49]: sp_permute(lu.L * lu.U, lu.perm_r, lu.perm_c) - A # == 0
Out[49]: <10x10 sparse matrix of type '<class 'numpy.float64'>'
        with 0 stored elements in Compressed Sparse Column format>
```

默认情况下，SciPy 中的直接稀疏线性求解器使用 SuperLU 包[1]。在 SciPy 中，另外一种可以使用的稀疏矩阵求解器是 UMFPACK 包[2]，虽然这个包不是绑定在 SciPy 库中，需要安装 scikit-umfpack Python 库。如果 scikit-umfpack 可用，并且 sp.linalg.spsolve 函数的 use_umfpack 参数为 True，那么就会

1 http://crd-legacy.lbl.gov/~xiaoye/SuperLU/

2 http://faculty.cse.tamu.edu/davis/suitesparse.html

用 UMFPACK 代替 SuperLU。至于是 SuperLU 还是 UMFPACK 能提供更好的性能，这会因问题而异。因此，对于任何问题，有必要同时安装和测试这两种包。

sp.spsolve 函数是直接求解器的接口，该接口在内部进行矩阵分解。另外一种方法是使用来自优化问题的迭代方法。SciPy 的 sparse.linalg 模块包含了多个用于迭代求解稀疏线性问题的函数，例如 bicg(双共轭梯度法)、bicgstab(稳定双共轭梯度法)、cg(共轭梯度法)、gmres(广义最小残差法)以及 lgmres(松散广义最小残差法)。所有这些函数(以及其他几个函数)都可以将 $\boldsymbol{A}$ 和 $\boldsymbol{b}$ 作为参数，用来求解 $\boldsymbol{Ax} = \boldsymbol{b}$ 问题，它们都会返回一个元组(*x*, info)，其中 *x* 是解，info 包含求解过程的额外信息(info=0 表示成功，正值表示收敛错误，负值表示输入错误)。例如：

```
In [50]: x, info = sp.linalg.bicgstab(A, b)
In [51]: x
Out[51]: array([  5.,  9., 12., 14., 15., 15., 14., 12., 9., 5.])
In [52]: x, info = sp.linalg.lgmres(A, b)
In [53]: x
Out[53]: array([  5.,  9., 12., 14., 15., 15., 14., 12., 9., 5.])
```

另外，每个迭代求解器都有各自特殊的参数。有关每个函数的详细信息，请参考各自的文档字符串。对于非常大的问题，迭代求解器可能比直接求解器更有优势。在这种情况下，直接求解器由于填充(这不是我们所希望的)而可能需要占用过多的内存。相比之下，迭代求解器仅需要计算稀疏矩阵-矢量的乘法，因此不会遇到填充问题。但另一方面，对于很多问题，它们的收敛速度会很慢，尤其是如果未进行适当预处理的话。

特征值问题

可以分别使用 sp.linalg.eigs 和 sp.linalg.svds 函数来求解稀疏矩阵的特征值和奇异值问题。对于实数对称或复杂的 Heimitian 矩阵，也可以使用 sp.linalg.eigsh 来计算特征值(这种情况下为实数)和特征向量。这些函数不会计算所有的特征值和奇异值，而是计算给定数量的特征值和向量(默认为 6 个)。使用关键字参数 *k*，可以设置所计算特征值和向量的数量。使用关键字参数 which，可以设置计算哪个 *k* 值。在 eigs 中，which 的选项有最大模 LM、最小模 SM、最大实部 LR、最小实部 SR、最大虚部 LI 和最小虚部 SI。对于 svds，只可以使用 LM 和 SM。

例如，要计算一维泊松问题(系统大小为 10×10)中稀疏矩阵的最大模的四个特征值，可以使用 sp.linalg.eigs($\boldsymbol{A}$, k=4, which='LM')：

```
In [54]: N = 10
In [55]: A = sp.diags([1, -2, 1], [1, 0, -1], shape=[N, N], format='csc')
In [56]: evals, evecs = sp.linalg.eigs(A, k=4, which='LM')
In [57]: evals
Out[57]:array([-3.91898595+0.j, -3.68250707+0.j, -3.30972147+0.j,
       -2.83083003+0.j])
```

sp.linalg.eigs(和 sp.linalg.eigsh)的返回值是一个元组(evals, evecs)，其中的第一个元素是特征值数组(evals)，第二个元素是 $N\times k$ 的数组(evecs)，列对应的是计算得到的 k 个特征值的特征向量。因此，我们期望 $\boldsymbol{A}$ 和 evecs 列之间的点积等于 evecs 中相同列与 evals 中对应特征值的缩放。我们可以直接验证这一点：

```
In [58]: np.allclose(A.dot(evecs[:,0]), evals[0] * evecs[:,0])
Out[58]: True
```

对于这个特定示例，稀疏矩阵 $\boldsymbol{A}$ 是对称的，因此我们不使用 sp.linalg.eigs，而是使用 sp.linalg.eigsh，这样可以得到具有实值元素的特征值数组：

```
In [59]: evals, evecs = sp.linalg.eigsh(A, k=4, which='LM')
In [60]: evals
Out[60]: array([-3.91898595, -3.68250707, -3.30972147, -2.83083003])
```

通过将参数 which='LM' (最大模)改成 which='SM'(最小模)，我们得到一组不同的特征值和向量(模最小)。

```
In [61]: evals, evecs = sp.linalg.eigs(A, k=4, which='SM')
In [62]: evals
Out[62]:array([-0.08101405+0.j, -0.31749293+0.j, -0.69027853+0.j,
         -1.16916997+0.j])
In [63]: np.real(evals).argsort()
Out[63]: array([3, 2, 1, 0])
```

请注意，虽然在前一个示例中我们计算得到了模最小的四个特征值，但是这些特征值和向量不一定是按顺序排列的(虽然在这个示例中是按顺序排列的)。对于排序后的特征值，可以很容易地通过一个小巧但方便的包装函数来得到，该函数使用 NumPy 的 argsort 方法对特征值进行排序。在这里，我们给出这样一个函数 sp_eigs_sorted，该函数返回按特征值实部排序的特征值和特征向量。

```
In [64]: def sp_eigs_sorted(A, k=6, which='SR'):
   ...:     """ compute and return eigenvalues sorted by the real part """
   ...:     evals, evecs = sp.linalg.eigs(A, k=k, which=which)
   ...:     idx = np.real(evals).argsort()
   ...:     return evals[idx], evecs[idx]
In [65]: evals, evecs = sp_eigs_sorted(A, k=4, which='SM')
In [66]: evals
Out[66]:array([-1.16916997+0.j, -0.69027853+0.j, -0.31749293+0.j,
        -0.08101405+0.j])
```

作为使用 sp.linalg.eigs 和包装函数 sp_ eigs_sorted 的一个更简单的示例，请考虑随机稀疏矩阵 $\boldsymbol{M}_1$ 和 $\boldsymbol{M}_2$ 的线性组合 $(1-x)\boldsymbol{M}_1+x\boldsymbol{M}_2$。可以使用 sp.rand 函数来生成两个随机的稀疏矩阵，并且重复使用 sp_eigs_sorted 针对不同的 x 值，找到矩阵 $(1-x)\boldsymbol{M}_1+x\boldsymbol{M}_2$ 的 25 个最小特征值，从而构造一个矩阵(evals_mat)，其中的特征值是 x 的函数。下面使用 x 在区间[0, 1]上的 50 个值：

```
In [67]: N = 100
In [68]: x_vec = np.linspace(0, 1, 50)
In [69]: M1 = sp.rand(N, N, density=0.2)
In [70]: M2 = sp.rand(N, N, density=0.2)
In [71]: evals_mat = np.array([sp_eigs_sorted((1-x)*M1 + x*M2, k=25)[0] for x in
         x_vec])
```

计算得到特征值的矩阵 evals_mat(其中特征值是 x 的函数)后，可以绘制特征值的谱图。结果如图 10-4 所示，由于矩阵 $\boldsymbol{M}_1$ 和 $\boldsymbol{M}_2$ 的随机性，结果是一幅复杂的特征值谱图：

```
In [72]: fig, ax = plt.subplots(figsize=(8, 4))
    ...: for idx in range(evals_mat.shape[1]):
    ...:     ax.plot(x_vec, np.real(evals_mat[:,idx]), lw=0.5)
    ...: ax.set_xlabel(r"$x$", fontsize=16)
    ...: ax.set_ylabel(r"eig.vals. of $(1-x)M_1+xM_2$", fontsize=16)
```

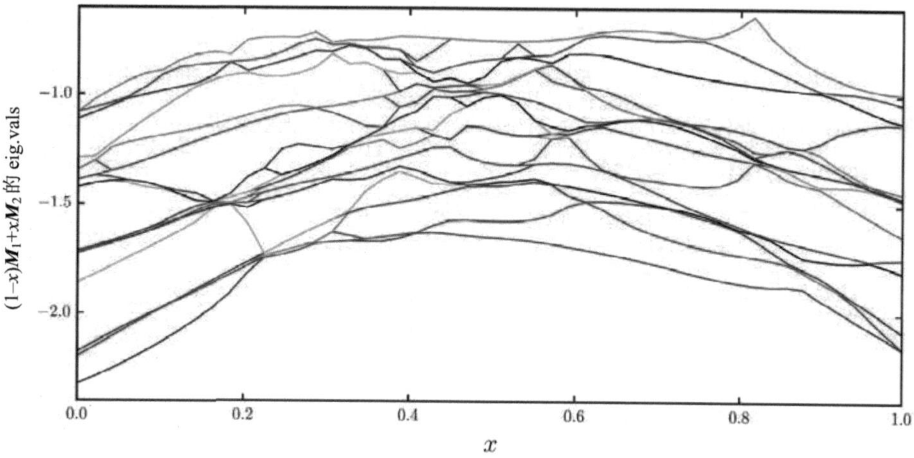

图 10-4 稀疏矩阵 $(1-x)\boldsymbol{M}_1+x\boldsymbol{M}_2$ 在不同 x 值时的 25 个最小特征值，其中 $\boldsymbol{M}_1$ 和 $\boldsymbol{M}_2$ 是随机矩阵

10.2.4 图和网络

将图表示为邻接矩阵是稀疏矩阵的另外一个重要应用。在邻接矩阵中，元素用于描述图中的哪些节点彼此相连。因此，如果每个节点仅连接到少量其他节点，则邻接矩阵是稀疏的。SciPy 中 sparse 模块的 scgraph 子模块提供了处理这种图的函数，包括使用不同的方法遍历图(例如，广度优先和深

度优先遍历)以及计算图中节点之间的最短路径，等等。有关此模块的更多信息，请参考 help(sp.csgraph)。

一个更全面的处理图的框架是 NetworkX Python 库。该库提供了用于创建和处理无向图及有向图的工具，还实现了很多图算法，例如查找图中节点之间的最短路径。这里，我们假设 NetworkX 是以名称 nx 导入的。使用该库，可以通过初始化一个 nx.Graph 对象来创建无向图。任何可哈希的 Python 对象都可以作为节点存储在 Graph 对象中，这使得图成为非常灵活的数据结构。但是，在下面的示例中，我们仅使用整数和字符串作为节点标签的 Graph 对象。表 10-2 总结了创建图以及往图中添加节点和边的函数。

表 10-2　使用 NetworkX 构建图的对象和方法

对象/方法	描述
nx.Graph	表示无向图的类
nx.DiGraph	表示有向图的类
nx.MultiGraph	表示支持多个边的无向图的类
nx.MultiDiGraph	表示支持多个边的有向图的类
add_node	添加一个节点，参数是节点标签(如字符串或更通用的可哈希对象)
add_nodes_from	添加多个节点，参数是节点标签的列表(或可迭代对象)
add_edge	添加一条边，参数是两个节点，然后创建这两个节点之间的一条边
add_edges_from	添加多条边，参数是节点标签的元组列表(或可迭代对象)
add_weighted_edges_from	使用权重因子添加多条边，参数是元组的列表(或可迭代对象)，每个元组中包含两个节点标签和权重因子

例如，可以使用 nx.Graph()创建简单的、节点数据为整数的图，然后使用 add_node 方法添加一个节点或者使用 add_node_from 方法一次性添加多个节点。nodes 方法将会返回所有节点的迭代器对象，称为 NodeView：

```
In [73]: g = nx.Graph()
In [74]: g.add_node(1)
In [75]: g.nodes()
Out[75]: NodeView((1,))
In [76]: g.add_nodes_from([3, 4, 5])
In [77]: g.nodes()
Out[77]: NodeView((1, 3, 4, 5))
```

为了连接节点，可以使用 add_edge 添加边，可将需要连接的两个节点的标签作为参数传入。如果要添加多条边，可以使用 add_edges_from 函数，并将需要连接的节点的元组列表传入。方法 edges 可以返回边的迭代器对象，称为 EdgeView：

```
In [78]: g.add_edge(1, 2)
```

```
In [79]: g.edges()
Out[79]: EdgeView([(1, 2)])
In [80]: g.add_edges_from([(3, 4), (5, 6)])
In [81]: g.edges()
Out[81]: EdgeView([(1, 2), (3, 4), (5, 6)])
```

为了表示节点之间有权重的边(如距离)，可以使用 add_weighted_edges_from，该函数需要传入元组的列表作为参数，元组中包含每条边的权重以及两个节点。当调用 edges 方法时，可以额外地设置参数 data=True，从而将边的数据也包含在结果视图中。

```
In [82]: g.add_weighted_edges_from([(1, 3, 1.5), (3, 5, 2.5)])
In [83]: g.edges(data=True)
Out[83]: EdgeDataView([(1, 2, {}),
                       (1, 3, {'weight': 1.5}),
                       (3, 4, {}),
                       (3, 5, {'weight': 2.5}),
                       (5, 6, {})])
```

请注意，当在不存在的节点之间添加边时，也可以添加成功。例如，在下面的代码中，我们在节点 6 和节点 7 之间添加带权重的边。首先，图中并不存在节点 7，但是当添加这条边时，将会自动在图中创建并添加节点。

```
In [84]: g.add_weighted_edges_from([(6, 7, 1.5)])
In [85]: g.nodes()
Out[85]: NodeView((1, 3, 4, 5, 2, 6, 7))
In [86]: g.edges()
Out[86]: EdgeView([(1, 2), (1, 3), (3, 4), (3, 5), (5, 6), (6, 7)])
```

在介绍完前面的基础知识后，下面开始介绍更复杂的图。在下面的示例中，我们将从保存到名为 tokyo-metro.json 的 JSON 文件(该文件已与本书的代码一起提供)的数据集中创建图，可以使用 Python 标准库的 json 模块[1]加载该文件：

```
In [87]: import json
In [88]: with open("tokyo-metro.json") as f:
    ...:         data = json.load(f)
```

JSON 文件的加载结果是一个 data 字典，其中包含地铁线路的信息。对于每条地铁线路，都有一个包含站点之间行驶时间(travel_times)的列表，一个包含到其他线路换乘站点的列表(transfer)，以

1 关于 JSON 格式及 json 模块的更多信息，请参考第 18 章。

及每条线路的颜色：

```
In [89]: data.keys()
Out[89]: dict_keys(['C', 'T', 'N', 'F', 'Z', 'M', 'G', 'Y', 'H'])
In [90]: data["C"]
Out[90]: {'color': '#149848',
'transfers': [['C3', 'F15'], ['C4', 'Z2'], ...],
'travel_times': [['C1', 'C2', 2], ['C2', 'C3', 2], ...]}
```

这里 travel_times 列表的格式是[['C1', 'C2', 2], ['C2', 'C3', 2], …]，表示 C1 和 C2 站点之间的行驶时间是 2 分钟，C2 和 C3 站点之间的行驶时间是 2 分钟，以此类推。transfers 列表的格式是[['C3', 'F15'], …]，表示从 C 线路的 C3 站点可以换乘到 F 线路的 F15 站点。travel_times 和 transfers 可以直接传给 add_weighed_edges_from 和 add_edges_from，因此，通过遍历每条地铁线路、调用这些方法，就可以很容易地创建表示地铁网络的图：

```
In [91]: g = nx.Graph()
    ...: for line in data.values():
    ...:     g.add_weighted_edges_from(line["travel_times"])
    ...:     g.add_edges_from(line["transfers"])
```

因为表示换乘的边没有权重，所以首先为每条边添加新的布尔属性来标记所有表示换乘的边：

```
In [92]: for n1, n2 in g.edges():
...:g[n1][n2]["transfer"] = "weight" not in g[n1][n2]
```

下一步，为了绘图，我们创建两个列表，以分别只包含换乘边和非换乘(on-train)边，还另外创建一个对应网络中每个节点颜色的列表：

```
In [93]: on_foot = [e for e in g.edges() if g.get_edge_data(*e)["transfer"]]
In [94]: on_train = [e for e in g.edges () if not g.get_edge_data(*e) ["transfer"]]
In [95]: colors = [data[n[0].upper()]["color"] for n in g.nodes()]
```

为了对图进行可视化，可以使用 Networkx 库中基于 matplotlib 的绘图程序：我们使用 nx.draw 来绘制每个节点，使用 nx.draw_networkx_labels 绘制节点标签，使用 nx.draw_network_edges 绘制每条边。分别用换乘边的列表(on_foot)和非换乘边的列表(on_train)两次调用 nx.draw_network_edges，并使用蓝色和黑色来标记不同的边(使用参数 edge_color)。图的布局可使用绘图函数的 pos 参数来确定。这里，我们使用 networkx.drawing.nx_agraph 的 graphviz_layout 函数来对节点进行布局。所有绘图函数的 ax 参数都可以接收 Axes 实例。绘图结果如图 10-5 所示。

```
In [96]: fig, ax = plt.subplots(1, 1, figsize=(14, 10))
    ...: pos = nx.drawing.nx_agraph.graphviz_layout(g, prog="neato")
    ...: nx.draw(g, pos, ax=ax, node_size=200, node_color=colors)
    ...: nx.draw_networkx_labels(g, pos=pos, ax=ax, font_size=6)
    ...: nx.draw_networkx_edges(g, pos=pos, ax=ax, edgelist=on_train, width=2)
    ...: nx.draw_networkx_edges(g, pos=pos, ax=ax, edgelist=on_foot, edge_
         color="blue")
```

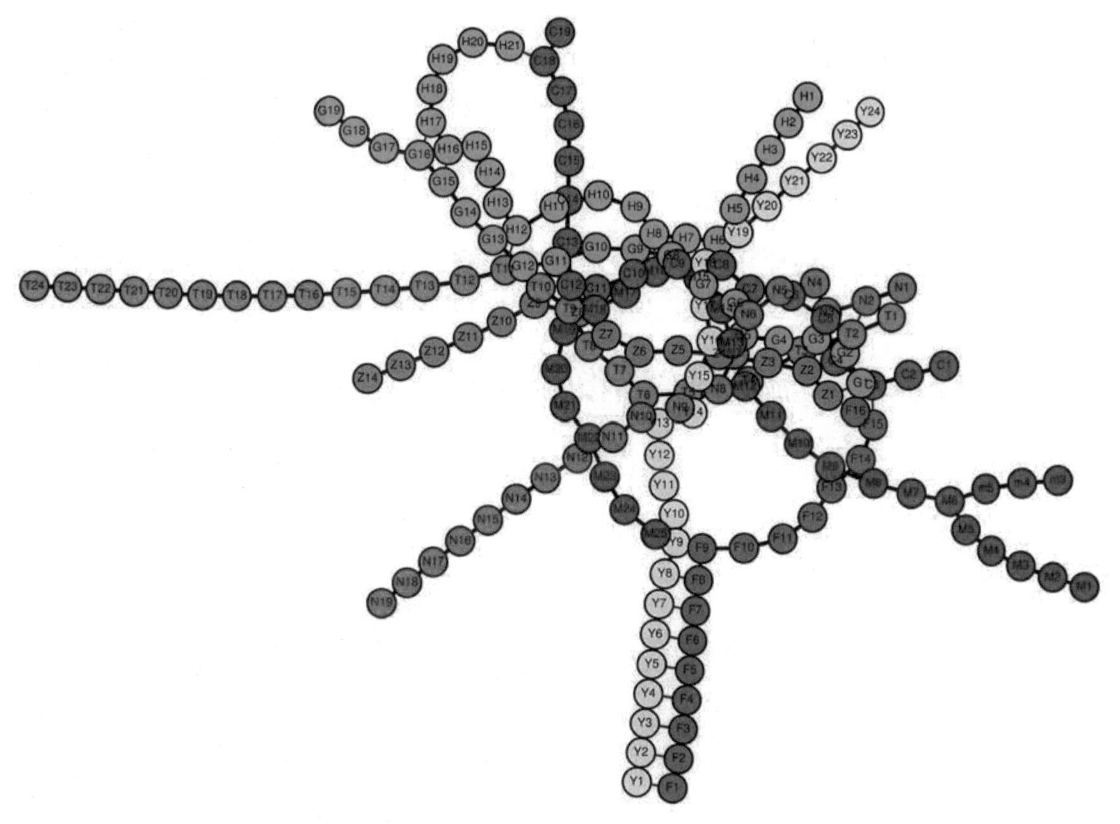

图 10-5　东京地铁站的网络图

生成网络图后，可以使用 NetworkX 提供的很多图算法来分析该网络。例如，为了计算每个节点的度数(degree，表示节点的连接数)，可以使用 degree 方法(为了节省版面，我们这里对输出结果进行了精简)：

```
In [97]: g.degree()
Out[97]: DegreeView({'Y8': 3, 'N18': 2,'M24': 2,'G15': 3,'C18': 3,
        'N13': 2, ... })
```

对于这个网络，节点的度可以解释为与站点的连接数：站点连接的地铁线路越多，对应节点的度越大。通过使用 degree 方法以及 max 函数查找度最大的节点，可以很容易地搜索到网络中连接数最多的站点。然后，对 degree 方法的结果进行迭代，就可以得到所有拥有最大度(在这个网络中是 6)的节点：

```
In [98]: d_max = max(d for (n, d) in g.degree())
In [99]: [(n, d) for (n, d) in g.degree() if d == d_max]
Out[99]: [('N7', 6), ('G5', 6), ('Y16', 6), ('M13', 6), ('Z4', 6)]
```

从结果可以得知，连接最多的站点是 N 号线上的 7 号站点、G 号线上的 5 号站点等。所有这些地铁线都在同一个站点交汇。还可以使用 nx.shortest_path 来计算网络中两点之间的最短路线。例如，Y24 和 C19 之间的最佳乘车路线是(假设没有等待时间和换乘时间)：

```
In [100]: p = nx.shortest_path(g, "Y24", "C19")
In [101]: p
Out[101]: ['Y24', 'Y23', 'Y22', 'Y21', 'Y20', 'Y19', 'Y18', 'C9', 'C10', 'C11', 'C12',
          'C13', 'C14', 'C15', 'C16', 'C17', 'C18', 'C19']
```

通过这种形式的路线，还可以对路线上所有相邻节点的权重进行累加，从而直接计算乘车时间：

```
In [102]: np.sum([g[p[n]][p[n+1]]["weight"]
     ...: for n in range(len(p)-1) if "weight" in g[p[n]][p[n+1]]])
Out[102]: 35
```

结果表明，从 Y24 到 C19 需要 35 分钟时间。由于换乘节点没有与之关联的权重，因此可以假设换乘是瞬时完成的。也许假设每次换乘需要 5 分钟时间更合理，假设需要在计算最短路线和乘车时间时把换乘时间考虑进去，可以对换乘节点进行更新，为每条换乘边加上权重 5。我们首先使用 copy 方法将图复制一份，然后迭代每一条边，更新 transfer 属性为 True 的边：

```
In [103]: h = g.copy()
In [104]: for n1, n2 in h.edges():
     ...:     if h[n1][n2]["transfer"]:
     ...:         h[n1][n2]["weight"] = 5
```

对更新后的图重新计算路线和乘车时间后，可以得到更贴近实际情况的结果：

```
In [105]: p = nx.shortest_path(h, "Y24", "C19")
In [106]: p
Out[106]:['Y24', 'Y23', 'Y22', 'Y21', 'Y20', 'Y19', 'Y18', 'C9', 'C10', 'C11', 'C12',
          'C13', 'C14', 'C15', 'C16', 'C17', 'C18', 'C19']
```

```
In [107]: np.sum([h[p[n]][p[n+1]]["weight"] for n in range(len(p)-1)])
Out[107]: 40
```

通过这种方法，可以计算网络中任意节点之间的最优路线和乘车时间。我们来看另一个示例，计算站点 Z1 和 H16 之间的最短路线和乘车时间(32 分钟)：

```
In [108]: p = nx.shortest_path(h, "Z1", "H16")
In [109]: np.sum([h[p[n]][p[n+1]]["weight"] for n in range(len(p)-1)])
Out[109]: 32
```

可以使用 nx.to_scipy_sparse_matrix 将 NetworkX 表示的图转换为 SciPy 稀疏矩阵形式的邻接矩阵，转换之后，使用 sp.csgraph 模块中的函数也可以对图进行分析。例如，将东京地铁的线路图转换成邻接矩阵并使用 Cuthill-McKee 方法对其进行重新排序(使用 sp.csgraph.reverse_cuthill_mckee，该方法可以对矩阵进行重新排序，从而减少矩阵元素到对角线的最大距离)，并按照这种排序对矩阵进行置换。可以使用 matplotlib 的 spy 函数绘制这两个矩阵的图形，结果如图 10-6 所示。

```
In [110]: A = nx.to_scipy_sparse_matrix(g)
In [111]: A
Out[111]: <184x184 sparse matrix of type '<class 'numpy.int64'>'
                    with 486 stored elements in Compressed Sparse Row format>
In [112]: perm = sp.csgraph.reverse_cuthill_mckee(A)
In [113]: fig, (ax1, ax2) = plt.subplots(1, 2, figsize=(8, 4))
     ...: ax1.spy(A, markersize=2)
     ...: ax2.spy(sp_permute(A, perm, perm), markersize=2)
```

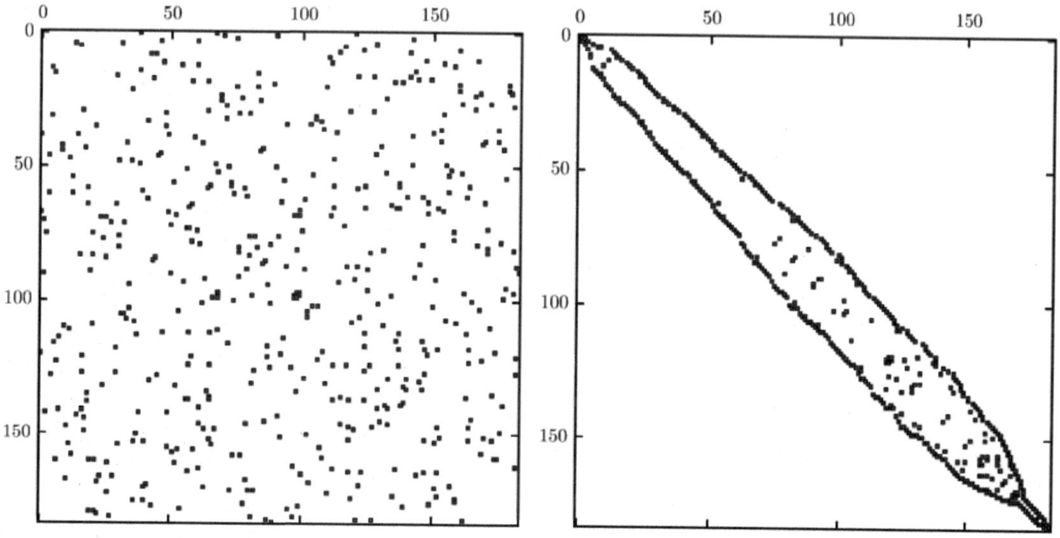

图 10-6　东京地铁线路图的邻接矩阵(左图)以及进行 RCM 重新排序后的矩阵(右图)

10.3 本章小结

本章简要介绍了存储稀疏矩阵的常用方法，回顾了如何使用 SciPy 的 sparse 模块中的稀疏矩阵类来表示它们。我们还介绍了 SciPy 的 sparse 模块中用于构造稀疏矩阵的函数以及 sparse.linalg 提供的稀疏线性代数例程。作为对 SciPy 内置的线性代数例程的补充，我们还简要介绍了 scikit.umfpack 扩展包，该包可以让我们在 SciPy 中使用 UMFPACK 求解器。SciPy 中的稀疏矩阵库是通用的，并且使用起来很方便，另外由于使用了高效的底层线性代数例程库(SuperLU 或 UMFPACK)，因此性能很好。对于需要使用多个处理器甚至多台计算机并行化处理的大规模问题，PETSc 和 Trilinos 框架(这两个框架都提供了 Python 接口)提供了在高性能应用程序中使用 Python 稀疏矩阵和稀疏线性代数的例程。我们最后简要介绍了使用 SciPy sparse.csgraph 和 NetworkX 库来表示并处理图的方法。

10.4 扩展阅读

Davis(2006)介绍了稀疏矩阵以及求解稀疏线性方程组的直接方法。W. H. Press(2007)中也对稀疏矩阵及其操作方法进行了详细讨论。有关网络和图的完整介绍，请参考 Newman(2010)。

10.5 参考文献

Davis, T. (2006). *Direct Methods for Sparse Linear Systems*. Philadelphia: SIAM.

Newman, M. (2010). *Networks: An introduction.* New York: Oxford.

W. H. Press, S. A. (2007). *Numerical Recipes in C: The Art of Scientific Computing*. Cambridge: Cambridge University Press.

第 11 章

偏微分方程

偏微分方程(Partial Differential Equation，PDE)是多元微分方程，这种方程中存在多个因变量的导数。也就是说，方程中的导数是偏导数。因此，偏微分方程是常微分方程(第 9 章已经介绍过)的扩展。从概念上讲，常微分方程和偏微分方程之间的差异并不大，但是处理 ODE 和 PDE 所需的计算方法却大不相同，并且求解 PDE 通常对计算的要求更高。数值求解 PDE 的大多数技术都基于将 PDE 问题中的每个因变量离散化的思想，从而将问题变换成代数形式。这通常会带来非常大规模的线性代数问题。将 PDE 转换为代数形式的两种常用技术是有限差分法(Finite-Difference Method，FDM)和有限元法(Finite-Element Method，FEM)，其中有限差分法是指将问题中的导数近似为有限差分，而有限元法是指将未知函数写成简单基函数的线性组合，基函数可以较容易地进行微分和积分。未知函数可以表示成基函数的一组系数，通过对 PDE 进行适当的重写，可以得到这些系数的代数方程。

对于 FDM 和 FEM，得到的代数方程组一般都非常大，并且在矩阵形式下，此类方程组通常非常稀疏。因此，FDM 和 FEM 都非常依赖于稀疏矩阵来表示代数线性方程，如第 10 章所述。大多数 PDE 通用框架都基于 FEM，因为 FEM 可以对复杂问题域的通用问题进行求解。

相对于前面讨论过的其他类型的计算问题，求解 PDE 问题所需的资源可能要大很多。发生资源消耗的一部分原因是对空间进行离散化所需点的数量与维数是指数关系。如果一个一维问题需要用 100 个点来表示，那么具有相似分辨率的二维问题将需要 $100^2 = 10^4$ 个点，而三维问题则需要 $100^3 = 10^6$ 个点。由于离散空间中的每个点都对应一个未知变量，因此很容易想象到 PDE 问题需要非常大的方程组。用编程的方式定义 PDE 问题可能也会很复杂。其中一个原因在于 PDE 可能形式的数量远远超过 ODE 可能形式的数量。另外一个原因在于几何形状：虽然一维空间中的区间可以由两个点唯一地确定，但是二维空间中由曲线包围的面积以及三维空间中由曲面包围的体积可能具有任意复杂的几何形状。因此，为了定义 PDE 的问题域并且在坐标点网格中进行离散化，需要使用更高级的工具，并且定义边界条件的方法也将需要很多的自由度。与 ODE 问题不同的是，不存在什么标准形式能够定义任意的 PDE 问题。

由于这些原因，Python 的 PDE 求解器只能由专门用于 PDE 问题的库和框架提供。Python 中至少有三个使用 FEM 法求解 PDE 问题的库：FiPy 库、SfePy 库和 FEniCS 库。所有这些库都有丰富的功能，这些库的详细用法已经超出本书的讨论范围。这里只简要介绍一下 PDE 问题，并研究 Python 中使用 PDE 库的典型示例，然后通过一些示例来说明其中一个库(FEniCS)的某些功能。希望可以为那些对使用 Python 求解 PDE 问题感兴趣的读者提供一些概览性信息，并为进一步深入研究提供指引。

11.1 导入模块

对于基本的数值计算和绘图，本章同样使用 NumPy 和 matplotlib 库。对于 3D 绘图，需要从 matplotlib 的工具箱库 mpl_toolkits 中显式地导入 mplot3d 模块。与往常一样，我们假设这些库是通过下面的方式导入的：

```
In [1]: import numpy as np
In [2]: import matplotlib.pyplot as plt
In [3]: import matplotlib as mpl
In [4]: import mpl_toolkits.mplot3d
```

我们还需要使用 SciPy 的 linalg 和 sparse 模块，并且使用 sparse 模块的 linalg 子模块，我们需要显式地导入这些模块：

```
In [5]: import scipy.sparse as sp
In [6]: import scipy.sparse.linalg
In [7]: import scipy.linalg as la
```

导入这些模块后，可以通过 la 来访问稠密的线性代数模块，通过 sp.linalg 来访问稀疏的线性代数模块。另外，在本章的后面，我们还将使用 FEniCS FEM 框架，所以需要用以下方式导入 dolfin 和 mshr 库：

```
In [8]: import dolfin
In [9]: import mshr
```

11.2 偏微分方程

PDE 中的未知量是多元函数，在这里表示为 u。在 N 维问题中，函数 u 依赖于 n 个独立变量：$u(x_1, x_2,\cdots, x_n)$。一般的 PDE 可以写成：

$$F\left(x_1,x_2,\cdots,x_n,u,\left\{\frac{\partial u}{\partial x_{i_1}}\right\}_{1\leqslant i_1\leqslant n},\left\{\frac{\partial^2 u}{\partial x_{i_1} x_{i_2}}\right\}_{1\leqslant i_1,i_2\leqslant n},\cdots\right)=0,\boldsymbol{x}\in\Omega$$

其中$\left\{\frac{\partial u}{\partial x_{i_1}}\right\}_{1\leqslant i_1\leqslant n}$表示自变量 $x_1,\cdots,x_n$ 的所有一阶导数，$\left\{\frac{\partial^2 u}{\partial x_{n_1} x_{n_2}}\right\}_{1\leqslant i_1,i_2\leqslant n}$表示所有二阶导数，以此类推。这里的 F 是已知函数，用于描述 PDE 的形式，Ω 是 PDE 问题的域。实际上，很多 PDE 问题最多包含二阶导数，并且通常是在两个或三个空间维度中求解问题。在使用 PDE 时，为了简化

符号，通常使用下标符号 $u_x = \dfrac{\partial u}{\partial x}$ 来表示自变量 x 的偏导数。高阶导数用多个下标表示：

$u_{xx} = \dfrac{\partial^2 u}{\partial x^2}, u_{xy} = \dfrac{\partial^2 u}{\partial x \partial y}$，等等。PDE 的典型示例就是热量方程，热量方程在二维笛卡尔坐标系中

的形式是 $u_t = \alpha(u_{xx}+u_{yy})$。这里，函数 $u = u(t, x, y)$用于描述在时间 t 时、点(x，y)处的温度，α 是热扩散系数。

为了完全确定 PDE 的解，需要定义 PDE 的边界条件，边界条件是函数的已知值或者沿着问题域 Ω 边界的导数的组合，如果问题是时间依赖的，那么还需要初始值。边界通常表示为 Γ 或∂Ω，通常可以为边界的不同区域指定不同的边界条件。边界条件有两种重要的类型：Dirichlet 边界条件，给出未知函数在边界上的值，对于 $x \in \Gamma_D$，　$u(x) = h(x)$；Neumann 边界条件，给出未知函数在边界上的外法线导数，对于 $x \in \Gamma_N$，$\dfrac{\partial u(x)}{\partial n} = g(x)$，其中 n 是边界上向外的法线。这里的 $h(x)$和 $g(x)$可以是任意函数。

11.3　有限差分法

有限差分法的基本思想是：利用离散空间中的有限差分公式来近似 PDE 中出现的导数。例如，在将连续变量 x 离散化成 $\{x_n\}$时，常导数 $\dfrac{\mathrm{d}u(x)}{\mathrm{d}x}$ 的有限差分公式可以用前向差分公式

$\dfrac{\mathrm{d}u(x_n)}{\mathrm{d}x} \approx \dfrac{u(x_{n+1}) - u(x_n)}{x_{n+1} - x_n}$ 、后向差分公式 $\dfrac{\mathrm{d}u(x_n)}{\mathrm{d}x} \approx \dfrac{u(x_n) - u(x_{n-1})}{x_n - x_{n-1}}$ 或中心差分公式

$\dfrac{\mathrm{d}u(x_n)}{\mathrm{d}x} \approx \dfrac{u(x_{n+1}) - u(x_{n-1})}{x_{n+1} - x_{n-1}}$ 来近似。同样，也可以为高阶导数(例如二阶导数)构造有限差分公式

$\dfrac{\mathrm{d}^2u(x_n)}{\mathrm{d}x^2} \approx \dfrac{u(x_{n+1})\text{-}2u(x_n) + u(x_{n-1})}{(x_n - x_{n-1})^2}$ 。如果连续变量 x 离散得足够好，那么这些有限差分公式可以很好地近似导数。用它们的有限差分公式替换 ODE 或 PDE 中的导数，就可以将方程从微分方程转换为代数方程。如果原始 ODE 或 PDE 是线性的，则代数方程也是线性的，可以使用标准的线性代数方法来求解。

为了更具体地说明这种方法，请考虑 ODE 问题 $u_{xx} = -5$，其中 $x \in [0, 1]$，边界条件是 $u(x=0) = 1$ 和 $u(x=1) = 2$，这类问题可能出现在诸如一维的稳态热方程等问题中。与第 9 章讨论的 ODE 初始值问题相反，这是边界值问题，因为 u 在 x=0 和 x=1 时的值是确定的。因此，这里适合使用初始值问题的解决方法。可以通过将区间[0, 1]分成离散点 x_n 来处理，这样问题就变成了在这些点找到函数 $u(x_n) = u_n$。对于每个内部点 n 以及边界条件 $u_0 = 1$ 和 $u_{N+1} = 2$，将 ODE 问题写成有限差分的形式，得到方程$(u_{n-1} - 2u_n + u_{n+1})/ x^2 = -5$。这里区间[0,1]被均匀离散成 N+2 个空间点，包括边界点，间隔 x =

$1/(N+1)$。由于函数在两个边界点的值是已知的，因此存在 N 个未知变量，对应内部点的函数值。内部点的方程组可以表示成矩阵形式 $\boldsymbol{Au}=\boldsymbol{b}$，其中 $\boldsymbol{u}=[u_1,\cdots,u_N]^{\mathrm{T}}$，$\boldsymbol{b}=\left[-5-\frac{u_0}{\Delta x^2},-5,\cdots,-5,-5-\frac{u_{N+1}}{\Delta x^2}\right]^{\mathrm{T}}$，并且

$$\boldsymbol{A}=\frac{1}{\Delta x^2}\begin{bmatrix}-2 & 1 & 0 & 0 & \cdots \\ 1 & -2 & 1 & 0 & \cdots \\ 0 & 1 & -2 & 1 & 0 \\ 0 & 0 & 1 & -2 & \ddots \\ \vdots & \vdots & 0 & \ddots & \ddots\end{bmatrix}$$

这里，矩阵 $\boldsymbol{A}$ 描述了方程 u_n 到相邻点值的耦合，因为我们使用有限差分公式来近似 ODE 中的二阶导数。边界值包含在向量 $\boldsymbol{b}$ 中，该向量还包含了原始 ODE 中右边项的常量(源项)。现在，可以直接求解线性方程组 $\boldsymbol{Au}=\boldsymbol{b}$ 中的未知向量 $\boldsymbol{u}$，从而获得离散点 $\{x_n\}$ 处函数 $u(x)$ 的近似值。

在 Python 代码中，可以通过下面的方式来设置和求解该问题：首先，我们把内部点的数量定义为变量 N，设定函数在边界 u_1 和 u_2 处的值，以及相邻点的间隔 dx。

```
In [10]: N = 5
In [11]: u0, u1 = 1, 2
In [12]: dx = 1.0 / (N + 1)
```

然后，我们按照之前的介绍构造矩阵 $\boldsymbol{A}$。可以使用 NumPy 的 eye 函数，该函数可以创建一个二维矩阵，该矩阵的对角线为 1，也可根据参数 k 给定的偏移量生成上下对角线：

```
In [13]: A = (np.eye(N, k=-1) - 2 * np.eye(N) + np.eye(N, k=1)) / dx**2
In [14]: A
Out[14]: array([[-72., 36., 0., 0., 0.],
                [ 36., -72., 36., 0., 0.],
                [ 0., 36., -72., 36., 0.],
                [ 0., 0., 36., -72., 36.],
                [ 0., 0., 0., 36., -72.]])
```

接下来，需要为向量 $\boldsymbol{b}$ 定义一个数组，该数组对应微分方程中的源项 -5 以及边界条件。边界条件通过方程组中代表第一个和最后一个方程(u_1 和 u_N)的导数的差分表达式加入方程组，但是这些项没有在矩阵 $\boldsymbol{A}$ 中出现，因此需要添加到向量 $\boldsymbol{b}$ 中。

```
In [15]: b = -5 * np.ones(N)
    ...: b[0] -= u0 / dx**2
    ...: b[N-1] -= u1 / dx**2
```

定义好矩阵 ***A*** 和向量 ***b*** 后，可以使用 SciPy 的线性方程求解器来求解方程组(也可以使用 NumPy 提供的求解器 np.linalg.solve)：

```
In [16]: u = la.solve(A, b)
```

这样就完成了 ODE 问题的求解。为了对解进行可视化，我们首先创建数组 x，其中包含已求解问题的离散坐标点(包括边界点)。我们还创建了数组 U，可将边界值和内部点放在同一个数组中。绘制的结果如图 11-1 所示。

```
In [17]: x = np.linspace(0, 1, N+2)
In [18]: U = np.hstack([[u0], u, [u1]])
In [19]: fig, ax = plt.subplots(figsize=(8, 4))
    ...: ax.plot(x, U)
    ...: ax.plot(x[1:-1], u, 'ks')
    ...: ax.set_xlim(0, 1)
    ...: ax.set_xlabel(r"$x$", fontsize=18)
    ...: ax.set_ylabel(r"$u(x)$", fontsize=18)
```

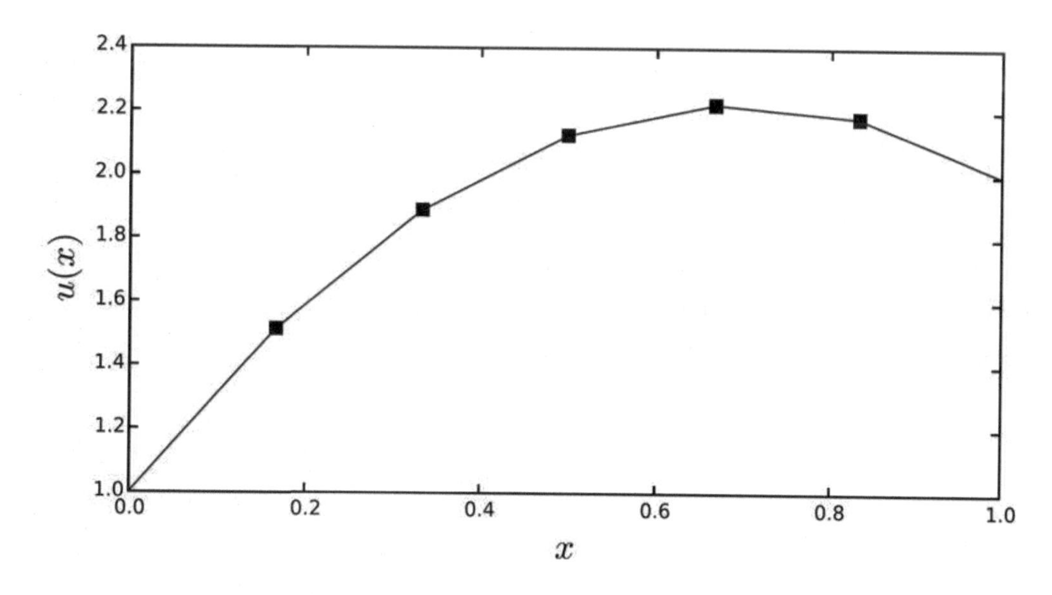

图 11-1　二阶边界值 ODE 问题的解

沿着每个离散后的坐标使用有限差分公式，可以很容易将有限差分法扩展到更高维。对于二维问题，可以用二维数组 u 来表示未知的函数值，使用有限差分公式时，对于 u 中的每个元素可以得到一个耦合方程组。为了将这些方程写成标准的矩阵-向量形式，可以将数组 u 重排成向量，并构建有限差分方程对应的矩阵 ***A***。

例如，考虑将前面的问题推广到二维：$u_{xx}+u_{yy}=0$，边界条件是 $u(x=0)=3$、$u(x=1)=-1$、$u(y=0)=-5$ 和 $u(y=1)=5$。这里没有源项，但是二维问题中的边界条件比前面求解的一维问题更复杂。在有限积分形式中，可以将 PDF 写成$(u_{m-1,n}-2u_{m,n}+u_{m+1,n})/\Delta x^2+(u_{m,n-1}-2u_{m,n}+u_{m,n+1})/\Delta y^2=0$。如果将 x 和 y 的区间分成 N 个内部点(包括边界点的话，总共 N+2 个点)，那么 $\Delta x=\Delta y=\dfrac{1}{N+1}$，$\boldsymbol{u}$ 是一个 $N\times N$ 的矩阵。为了将方程写成标准形式 $\boldsymbol{Av}=\boldsymbol{b}$，可以重新排列矩阵 $\boldsymbol{u}$，将它的行或列叠加成大小为 $N^2\times 1$ 的向量。矩阵 $\boldsymbol{A}$ 的大小是 $N^2\times N^2$，如果对 x 和 y 坐标进行小粒度的离散化，矩阵 $\boldsymbol{A}$ 会很大。例如，x 和 y 各使用 100 个点，则方程组有 10^4 个未知值 u_{mn}，矩阵 $\boldsymbol{A}$ 有 $100^4=10^8$ 个元素。幸运的是，由于有限差分公式仅与相邻点耦合，因此矩阵 $\boldsymbol{A}$ 很稀疏，这样可以从处理稀疏矩阵的方法中受益。

为了使用 Python 和有限积分法求解这个 PDE 问题，我们首先为内部点的数量定义变量，为单位正方形的四个边界定义值：

```
In [20]: N = 100
In [21]: u0_t, u0_b = 5, -5
In [22]: u0_l, u0_r = 3, -1
In [23]: dx = 1. / (N+1)
```

我们还计算了 x 和 y 与离散坐标点之间的距离 dx(假设相等)。因为有限差分公式将相邻的行和列耦合在一起，因此在本例中构造矩阵 $\boldsymbol{A}$ 会稍微复杂一些。但是，一种相对直接的方法是首先定义矩阵 A_1d，对应其中一个坐标轴(例如 x 或 $u_{m,n}$ 中的索引 m)上的一维公式。为了在每一行使用该公式，可以将大小为 $N\times N$ 的恒等矩阵与 A_1d 矩阵进行张量积计算。得到的结果描述了对于所有的索引 n，沿着索引 m 的所有导数。为了涵盖从 $u_{m,n}$ 到 $u_{m,n+1}$ 以及 $u_{m,n-1}$ 的耦合方程的项，也就是沿着索引 n 的导数，需要将与主对角线相隔 N 个位置的对角线加起来。在下面的代码中，使用 scipy.sparse 模块中的 eye 和 kron 函数构造 $\boldsymbol{A}$。得到的稀疏矩阵 $\boldsymbol{A}$ 描述了这个二维 PDE 的差分方程组：

```
In [24]: A_1d = (sp.eye(N, k=-1) + sp.eye(N, k=1) - 4 * sp.eye(N))/dx**2
In [25]: A = sp.kron(sp.eye(N), A_1d) + (sp.eye(N**2, k=-N) + sp.eye(N**2, k=N))/dx**2
In [26]: A
Out[26]: <10000x10000 sparse matrix of type '<type 'numpy.float64'>' with 49600
         stored elements in Compressed Sparse Row format>
```

打印结果表明 $\boldsymbol{A}$ 是一个包含 10^8 个元素的稀疏矩阵，非零值有 49 600 个，所以每 2000 个元素中才有 1 个非零元素，$\boldsymbol{A}$ 确实很稀疏。为了从边界条件构建向量 $\boldsymbol{b}$，可以生成一个 $N\times N$ 的零值数组，并将边界条件赋值给该数组的边元素(对应于 $\boldsymbol{u}$ 中与边界耦合的元素，也就是与边界相邻的内部点)。创建了这个 $N\times N$ 的数组并赋值后，可以使用 reshape 方法将其重新排列成一个 $N^2\times 1$ 的向量，该向量可用于 $\boldsymbol{Av}=\boldsymbol{b}$ 方程：

```
In [27]: b = np.zeros((N, N))
    ...: b[0, :] += u0_b    # 底部
    ...: b[-1, :] += u0_t  # 顶部
    ...: b[:, 0] += u0_l    # 左边
    ...: b[:, -1] += u0_r  # 右边
    ...: b = - b.reshape(N**2) / dx**2
```

生成了数组 $\boldsymbol{A}$ 和 $\boldsymbol{b}$ 后，我们为向量 $\boldsymbol{v}$ 求解方程组，并使用 reshape 方法将其转换为 $N \times N$ 的矩阵 $\boldsymbol{u}$：

```
In [28]: v = sp.linalg.spsolve(A, b)
In [29]: u = v.reshape(N, N)
```

为了绘图，我们创建矩阵 $\boldsymbol{U}$，将矩阵 $\boldsymbol{u}$ 和边界条件组合到一起。结合坐标矩阵 X 和 Y，我们为解绘制了色图以及 3D 表面图，结果如图 11-2 所示。

```
In [30]: U = np.vstack([np.ones((1, N+2)) * u0_b,
    ...:     np.hstack([np.ones((N, 1)) * u0_l, u, np.ones ((N, 1)) * u0_r]),
    ...:     np.ones((1, N+2)) * u0_t])
In [31]: x = np.linspace(0, 1, N+2)
In [32]: X, Y = np.meshgrid(x, x)
In [33]: fig = plt.figure(figsize=(12, 5.5))
    ...: cmap = mpl.cm.get_cmap('RdBu_r')
    ...:
    ...: ax = fig.add_subplot(1, 2, 1)
    ...: c = ax.pcolor(X, Y, U, vmin=-5, vmax=5, cmap=cmap)
    ...: ax.set_xlabel(r"$x_1$", fontsize=18)
    ...: ax.set_ylabel(r"$x_2$", fontsize=18)
    ...:
    ...: ax = fig.add_subplot(1, 2, 2, projection='3d')
    ...: p = ax.plot_surface(X, Y, U, vmin=-5, vmax=5, rstride=3, cstride=3,
    ...: linewidth=0, cmap=cmap)
    ...: ax.set_xlabel(r"$x_1$", fontsize=18)
    ...: ax.set_ylabel(r"$x_2$", fontsize=18)
    ...: cb = plt.colorbar(p, ax=ax, shrink=0.75)
    ...: cb.set_label(r"$u(x_1, x_2)$", fontsize=18)
```

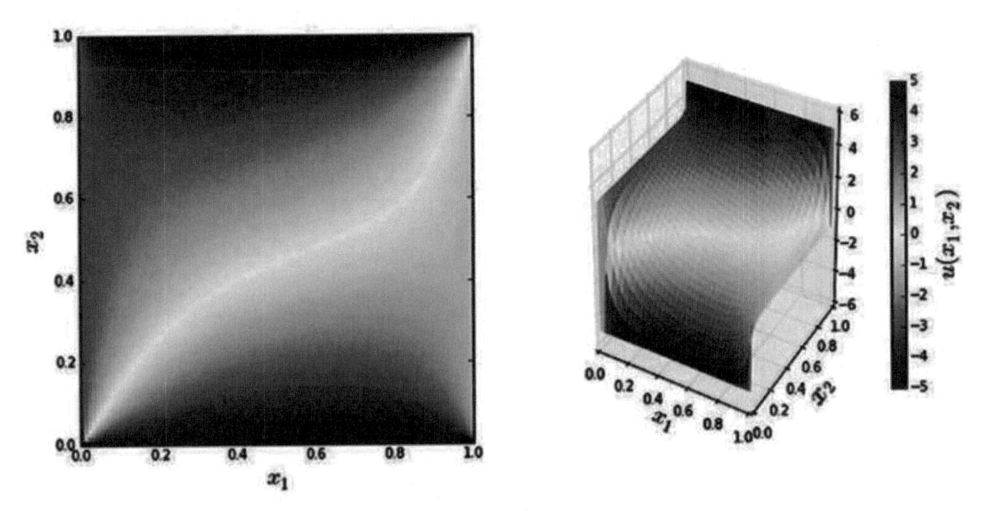

图 11-2　二维热力方程(Dirichlet 边界条件)的解

正如前面提到的，使用 FDM 方法得到的矩阵 $\boldsymbol{A}$ 非常稀疏。相对于使用稠密的 NumPy 数组，使用稀疏矩阵的数据结构(例如 scipy.sparse 提供的数据结构)可以带来显著的性能提升。为了具体说明使用稀疏矩阵求解这类问题的重要性，可以使用 IPython 的%timeit 命令来比较两种情况($\boldsymbol{A}$ 分别是稀疏矩阵和稠密矩阵)下求解方程 $\boldsymbol{Av} = \boldsymbol{b}$ 所需的时间：

```
In [34]: A_dense = A.todense()
In [35]: %timeit la.solve(A_dense, b)
1 loops, best of 3: 10.8 s per loop
In [36]: %timeit sp.linalg.spsolve(A, b)
10 loops, best of 3: 31.9 ms per loop
```

从这些结果可以看到，对这个问题使用稀疏矩阵会带来数量级提速(在该例中速度提升 $10.8/0.0319 \approx 340$ 倍)。

在刚才的两个示例中，我们使用的有限差分法是一种强大且相对简单的求解 ODE 边界值问题以及简单形状 PDE 问题的方法。但是，这种方法并不适用于更复杂的问题以及不均匀坐标网格的问题。对于这类问题，有限元法通常更灵活和方便，尽管 FEM 在概念上相比 FEM 更复杂，但它们的计算是有效的，并且可以很好地适应复杂问题域以及更复杂的边界条件。

11.4　有限元法

有限元法是一种强大且通用的可将 PDE 转换为代数方程的方法。该方法的基本思想是用有限的离散区域或单元的集合来代表 PDE 的定义域，并将未知函数近似为基函数的线性组合，这些基函数可以在每个单元(或小组相邻单元)上获得局部支持。在数学上，这种近似解 u_h 表示从函数空间 V(例如连续实值函数)中的精确解 u 到有限子空间(与问题域的离散化相关)$V_h \subset V$ 的映射。如果 V_h 是 V 的合适子空间，那么可以预期 u_h 能够很好地近似 u。

为了在简化的函数空间 V_h 中求解近似问题，可以首先将 PDE 从原始公式(也称为强形式)重写为对应的变体形式(也称为弱形式)。为了得到弱形式，我们将 PDE 乘以任意函数 v，并在整个问题域上进行积分。函数 v 被称为 test 函数，通常可以在不同于 V 和 V_h 的函数空间 $\hat{V}$ 中定义该函数。

例如，考虑本章前面使用 FDM 求解的稳态热方程(也称为泊松方程)，该方程的强形式是 $-\Delta u(x) = f(x)$，这里我们使用了向量运算符。将这个方程与 test 函数 v 相乘，然后在域 $x \in \Omega$ 上进行积分，可以得到弱形式：

$$-\int_{\Omega} \Delta u \, v \, \mathrm{d}x = \int_{\Omega} f \, v \, \mathrm{d}x$$

由于精确解 u 可以满足强形式，因此对于任何合理的 v，也会满足 PDE 的弱形式。反之则不一定成立，但是如果方程 u_h(这里称为 trial 函数)对于一大类适当选择的 test 函数 v 都满足弱形式，那么可以认为也能够很好地近似精确解 u。

为了对该问题进行数值求解，我们首先需要从无限维的函数空间 V 和 $\hat{V}$ 转换到近似的有限维函数空间 V_h 和 $\hat{V}_h$：

$$-\int_{\Omega} \Delta u_h v_h \, \mathrm{d}x = \int_{\Omega} f v_h \, \mathrm{d}x$$

其中 $u_h \in V_h$、$v_h \in \hat{V}_h$。这里的关键是 V_h 和 $\hat{V}_h$ 都是有限维的，所以可以分别使用一组有限的、横跨函数空间 V_h 和 $\hat{V}_h$ 的基函数 $\{\phi_i\}$ 和 $\{\hat{\phi}_i\}$ 来描述函数 u_h 和 v_h。特别是，可以将 u_h 表示成横跨函数空间的基函数的线性组合 $u_h = \sum U_i \phi_i$。将该线性组合插入 PDE 的弱形式，对基函数进行积分和微分操作，而不是直接对 PDE 中的项进行操作，可以得到一组代数方程。

要得到 $AU = b$ 这样简单形式的方程组，我们还必须将双线性形式的 PDE 弱形式写成 u_h 和 v_h 的函数 $a(u_h, v_h) = L(v_h)$，其中 a 和 L 都是函数。这并非总是可以做到，但是对于当前示例的泊松方程，可以通过分部积分来得到这种形式：

$$-\int_{\Omega} \Delta u_h v_h \, \mathrm{d}x = \int_{\Omega} \nabla u_h \cdot \nabla v_h \, \mathrm{d}x - \int_{\Omega} \nabla \cdot (\nabla u_h v_h) \mathrm{d}x = \int_{\Omega} \nabla u_h \cdot \nabla v_h \, \mathrm{d}x - \int_{\partial\Omega} (\nabla u_h \cdot \boldsymbol{n}) v_h \, \mathrm{d}\Gamma$$

在第二个等式中，我们还应用了高斯定理，从而将第二项转换为域 Ω 的边界 $\partial\Omega$ 上的积分。这里的 $\boldsymbol{n}$ 是边界 $\partial\Omega$ 的向外法向量。没有一种通用的方法能将强形式的 PDE 写成弱形式，需要对每个问题进行单独处理。但是，这里使用的分部积分以及使用积分定义对积分结果进行重写的方法，可以应用到很多常见的 PDE。

为了得到可以用标准线性代数方法求解的双线性形式，我们还需要处理前面弱形式等式中的边界条件。为此，假设问题在 $\partial\Omega$ 的部分域(表示为 Γ_D)上满足 Dirichlet 边界条件，在 $\partial\Omega$ 的其他部分域(表示为 Γ_N)上满足 Neumann 边界条件：$\{u = h, x \in \Gamma_D\}$ 且 $\{\nabla u \cdot \boldsymbol{n} = g, x \in \Gamma_N\}$。

由于可以自由选择 test 函数 v_h，因此可以让 v_h 在满足 Dirichlet 边界条件的边界上消失。这种情况下，可以得到 PDE 问题的弱形式：

$$\int_{\Omega} \nabla u_h \cdot \nabla v_h \, \mathrm{d}x = \int_{\Omega} f v_h \, \mathrm{d}x + \int_{\Gamma_N} g \, v_h \, \mathrm{d}\Gamma$$

如果使用函数 u_k 的基函数的线性组合表达式来替换 u_k，并使用其中一个基函数替换 test 函数，就可以得到如下代数方程：

$$\sum U_j \int_{\Omega} \nabla \phi_j \cdot \nabla \hat{\phi}_i \, \mathrm{d}x = \int_{\Omega} f \hat{\phi}_i \, \mathrm{d}x + \int_{\Gamma_N} g \hat{\phi}_i \, \mathrm{d}\Gamma$$

如果在 V_k 中有 N 个基函数，那么就有 N 个未知系数 U_i。为了得到封闭的方程组，需要 N 个独立的 test 函数 f_i。方程组的形式是 $\boldsymbol{AU}=\boldsymbol{b}$，其中 $A_{ij}=\int_{\Omega} \nabla \hat{\phi}_j \cdot \nabla \hat{\phi}_i \mathrm{d}x$、$b_i=\int_{\Omega} f \hat{\phi}_i \mathrm{d}x+\int_{\Gamma_N} g \hat{\phi}_i \mathrm{d}\Gamma$。因此，按照以上流程，我们已经将 PDE 问题转换成线性方程组，可以使用前面讨论的各种方法轻松求解该问题了。

在实际应用中，可能需要大量的基函数才能得到对精确解的良好近似，因此，使用 FEM 生成的线性方程组通常非常大。但是，在问题域的离散过程中，每个基函数仅对一个单元或邻近几个单元有效，这确保了矩阵 $\boldsymbol{A}$ 的稀疏性，这使得求解大规模 FEM 问题变得较为容易。我们还注意到，基函数 ϕ_i 以及 f_i 的重要特点在于它们的导数以及弱形式表达式的积分容易计算，这样可以有效地构建矩阵 $\boldsymbol{A}$ 以及向量 $\boldsymbol{b}$。典型的基函数是只在某个单元内不为零的低阶多项式函数。图 11-3 演示了此类函数的一维形式，其中区间[0, 6]使用五个内部点进行离散化，连续函数(黑实线)用分段线性函数(红色虚线)叠加合适的加权三角基函数(蓝色实线)来近似。

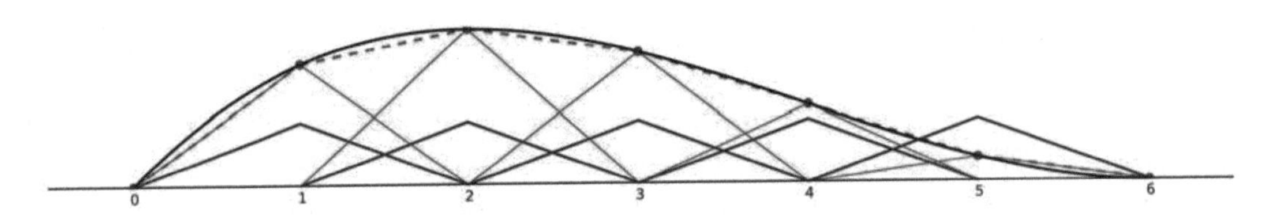

图 11-3 在一维区间[0, 6]上使用区间支持的基函数(蓝色实线)

使用求解 PDE 问题的 FEM 软件时，通常需要手动将 PDE 转换成弱形式。如果可能的话，可重写成双线性形式 $a(u, v)=L(v)$，还需要对问题域进行合适的离散化。这种离散化被称为网格，一般由覆盖整个域的三角形单元组成。对复杂曲面进行网格化本身可能是一个复杂的过程，并且可能需要使用专门用于网格化的复杂软件。对于简单的几何形状，存在一些使用编程方式来生成网格的工具，我们稍后将看到相关示例。

当生成网格并将 PDE 问题重写为合适的弱形式之后，可以将问题输入 FEM 框架，FEM 框架将自动构建代数方程组，并使用合适的稀疏方程求解器来求解。在这个过程中，通常可以选择使用哪种类型的基函数和求解器。求解代数方程后，可以借助基函数来构造 PDE 的近似解，还可以对解进行可视化或后续处理。

总之，使用 FEM 求解 PDE 问题通常涉及以下步骤：

(1) 为问题域生成网格。

(2) 将 PDE 写成弱形式。

(3) 在 FEM 框架中对问题进行编码。

(4) 求解得到的代数方程。

(5) 后续处理和/或可视化。

接下来，我们将介绍 Python 中可用的 FEM 框架，然后通过一些示例来说明使用 FEM 求解 PDE 的一些关键步骤。

FEM 库介绍

在 Python 中，至少有三个重要的 FEM 包：FiPy、SfePy 和 FEniCS。这些都是功能相当齐全的框架，能够求解各类 PDE 问题。从技术上讲，FiPy 库不是 FEM 软件，而是 FVM(有限体积法，Finite-Volume Method) 框架，并且背后的思想与 FEM 非常相似。FiPy 框架可以从 http://www.ctcms.nist.gov/fipy 获得。SfePy 库是 FEM 软件，它采用稍微不同的方法来定义 FDE 问题，它使用 Python 文件作为 FEM 求解器的配置文件，而不是通过编程的方式来设置 FEM 问题(尽管在技术上也支持这种操作模式)。SfePy 库可以从 http:// sfepy.org 获得。Python 中第三个主要的 FEM 框架是 FEniCS，它是用 C++和 Python 编写的。当使用 Python 中的 FEM 软件时，FEniCS 框架通过强大的 FEM 引擎提供了优雅的 Python 接口。和 FDM 问题一样，FEM 问题通常会产生需要使用稀疏矩阵才能有效求解的超大规模方程组。因此，FEM 框架的关键部分是使用稀疏矩阵的表示方法以及采用针对稀疏矩阵的直接或迭代求解器来有效地求解大规模的线性和非线性方程组，需要时还可以使用并行化的方法。前面提到的每个框架都支持多个这种底层计算的后端。例如，很多 FEM 框架可以使用 PETSc 和 Trilinos 框架。

遗憾的是，我们不能在这里深入探讨如何使用这两个 FEM 框架，但是在 11.5 节中，我们将介绍使用 FEniCS 求解示例问题，顺便介绍一些基本功能和用法。希望这些示例可以让大家了解如何在 Python 中处理 FEM 问题，并为有兴趣学习更多相关知识的读者提供起点。

11.5 使用 FEniCS 求解 PDE

本节将使用 FEniCS 框架来求解一系列复杂度逐步增加的 PDE 问题，并在求解过程中介绍 FEM 软件的工作流程以及主要功能。

提示：

FEniCS 是一个功能强大的 FEM 框架，是求解 PDE 问题的库和工具的集合。FEniCS 是用 C++编写的，并且提供了官方的 Python 接口。由于 FEniCS 库对外部底层库的依赖关系非常复杂，因此 FEniCS 通常作为独立的环境进行打包和安装，尽管在某些平台上也可以使用 conda 进行安装。关于 FEniCS 的更多信息，请参考 http://fenicsproject.org。编写本书时，FEniCS 的最新版本是 2018.1.0。

FEniCS 的 Python 接口由名为 dolfin 的库提供。对于网格生成，我们还将使用 mshr 库。在下面的代码中，我们假设这些库是按照本章开头的方式导入的。有关这些库中最重要的函数和类的总结，详见表 11-1 和表 11-2。

表 11-1　dolfin 库中的部分函数和类

函数/类	描述	示例
parameters	保存 FEniCS 框架的配置参数的字典	`dolfin.parameters["reorder_dofs_serial"]`
RectangleMesh	生成矩形 2D 网格的对象	`mesh = dolfin.RectangularMesh (dolfin.Point(0, 0), dolfin.Point (1,1), 10,10)`
MeshFunction	在给定网格上定义的函数	`dolfin.MeshFunction("size_t", mesh, mesh.topology().dim()-1)`
FunctionSpace	表示函数空间的对象	`V = dolfin.FunctionSpace (mesh,'Lagrange', 1)`
TrialFunction	表示在给定的函数空间中定义的 trail 函数的对象	`u = dolfin.TrialFunction(V)`
TestFunction	表示在给定的函数空间中定义的 test 函数的对象	`v = dolfin.TestFunction(V)`
Function	在 PDE 的弱形式中表示未知函数的对象	`u_sol = dolfin.Function(V)`
Constant	表示固定常数的对象	`c = dolfin.Constant(1.0)`
Expression	空间坐标中的数学表达式	`dolfin.Expression("x[0]*x[0]+x[1]*x[1]")`
DirichletBC	表示 Dirichlet 边界条件的对象	`dolfin.DirichletBC(V, u0,u0_boundary)`
Equation	表示方程的对象，例如使用==运算符与其他 FEniCS 对象生成的对象	`a == L`
inner	内积的符号表达式	`dolfin.inner(u, v)`
nabla_grad	梯度操作符的符号表达式	`dolfin.nabla_grad(u)`
dx	积分体积测度(volume measure)的符号表示	`f*v*dx`
ds	积分线测度(line measure)的符号表示	`g_v * v * dolfin.ds(0,domain=mesh, subdomain_data=boundary_parts)`
assemble	对基函数进行积分后得到代数方程	`A = dolfin.assemble(a)`
solve	求解代数方程	`dolfin.solve(A, u_sol.vector(), b)`
plot	绘制函数或表达式的图形	`dolfin.plot(u_sol)`
File	将函数写入可以用可视化软件(如 ParaView)打开的文件	`dolfin.File('u_sol.pvd')<<u_sol`
refine	将选中的现有网格单元差分为更小的网格	`mesh = dolfin.refine(mesh, cell_markers)`
AutoSubDomain	根据传入的参数从域的所有单元中选择一个子集	`dolfin.AutoSubDomain(v_boundary_func)`

表 11-2　mshr 和 dolfin 库中的部分函数和类

函数/类	描述
dolfin.Point	表示坐标点
mshr.Circle	表示圆形的几何对象，可用于组合 2D 域
mshr.Ellipse	表示椭圆形的几何对象
mshr.Rectangle	表示由 2D 矩形定义的域
mshr.Box	表示由 3D 长方体定义的域
mshr.Sphere	表示由 3D 球体定义的域
mshr.generate_mesh	从几何对象(前面列出的那些)组成的域中生成网格

在继续使用 Python 库 FEniCS 和 dolfin 之前，需要通过 dolfin.parameters 字典设置两个配置参数，以得到后面示例中所需要的性质：

```
In [37]: dolfin.parameters["reorder_dofs_serial"] = False
In [38]: dolfin.parameters["allow_extrapolation"] = True
```

为了使用 FEniCS，需要首先重新考虑二维的稳态热方程，本章前面使用 FDM 求解了该问题。这里我们考虑问题 $u_{xx}+u_{yy}=f$，其中 f 是源函数。假设边界条件是 $u(x=0,y)=u(x=1,y)=0$ 和 $u(x,y=0)=u(x,y=1)=0$。在后面的示例中，我们将看到如何定义 Dirichlet 和 Neumann 边界条件。

使用 FEM 求解 PDE 的第一步是定义描述问题域离散化的网格。在当前示例中，问题域是单位正方形 $x,y \in [0, 1]$。对于这样的简单几何形状，dolfin 库提供了生成网格的函数。这里我们使用 RectangleMesh 函数，它的前两个参数是表示 dolfin.Point 实例的坐标点(x_0, y_0)和(x_1, y_1)，其中(x_0, y_0)表示矩形的左下角，(x_1, y_1)表示右上角。第五和第六个参数分别是 x 和 y 轴上的单元数量。返回的网格对象可以在 Jupyter Notebook 中通过显示系统(这里为了显示网格结构，我们没有生成太细小的网格)来查看，如图 11-4 所示。

```
In [39]: N1 = N2 = 75
In [40]: mesh = dolfin.RectangleMesh(dolfin.Point(0, 0),dolfin.Point(1, 1),N1, N2)
In [41]: dolfin.RectangleMesh(dolfin.Point(0, 0), dolfin.Point(1, 1), 10, 10)
         # 显示网格
```

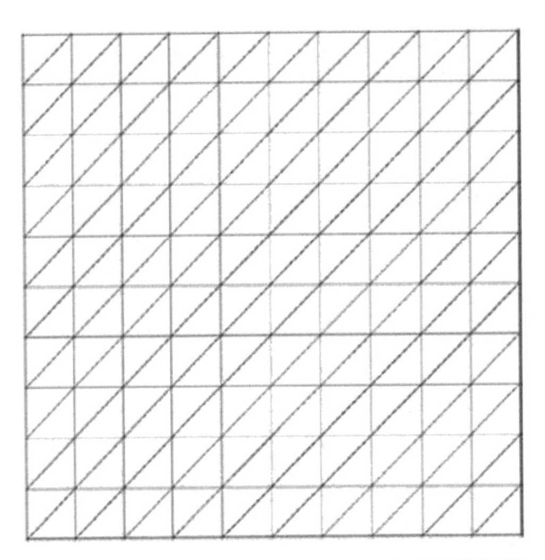

图 11-4 使用 dolfin.RectangleMesh 生成矩形网格

对问题域进行网格化是将问题离散成可用数值方法处理的关键。下一步是使用 dolfin.FunctionSpace 类为 trial 函数和 test 函数定义函数空间。该类的构造函数至少需要三个参数：网格对象以及基函数的类型名和度。这里将使用度为 1 的拉格朗日基函数(线性基函数)：

```
In [42]: V = dolfin.FunctionSpace(mesh, 'Lagrange', 1)
```

创建了网格对象和函数空间对象之后，需要为 trial 函数 u_h 和 test 函数 v_h 创建对象，可以使用它们来定义 PDE 的弱形式。在 FeniCS 中，我们使用 dolfin.TrialFunction 类和 dolfin.TestFunction 类来做这些事情。它们的构造函数都需要一个函数空间对象作为第一个参数：

```
In [43]: u = dolfin.TrialFunction(V)
In [44]: v = dolfin.TestFunction(V)
```

定义函数空间 V 以及 trial 函数 u、test 函数 v 的目的是构造广义的弱形式的 PDE 表达式。对于这里研究的稳态热方程，它的弱形式是(没有 Neumann 边界条件的情况)：

$$\int_{\Omega} \nabla u \cdot \nabla v \, \mathrm{d}x = \int_{\Omega} fv \, \mathrm{d}x$$

为了得到这种形式，通常需要手动重写和转换PDE的直接积分，一般是通过分部积分。在FEniCS中，PDE 本身是使用弱形式的被积函数来定义的，包括积分测度(如 dx)。为此，dolfin 库提供了很多操作 trial 函数对象 v 和 test 函数对象 u 的函数，这些函数代表了 PDE 弱形式中经常出现的函数操作。例如，在当前示例中，积分左侧的被积函数是$\nabla u \cdot \nabla v \, \mathrm{d}x$。为了表示该表达式，需要用内积、$u$ 和 v 的梯度以及积分测度 dx 的符号表达式。在 dolfin 库中，这些函数的名称分别是 inner、nabla_grad 和 dx，使用这些函数可以为 $a(u, v) = \nabla u \cdot \nabla v \, \mathrm{d}x$ 创建 FEniCS 框架可以理解并处理的表达式：

```
In [45]: a = dolfin.inner(dolfin.nabla_grad(u), dolfin.nabla_grad(v)) * dolfin.dx
```

同样，对于右侧，需要表达式 $b(v) = fv \, \mathrm{d}x$。现在，需要指定 f 的显式形式(PDF 中的源项)才能继续求解问题。这里我们看看两种类型的函数：$f=1$(常数)以及$f=x^2+y^2$ (x 和 y 的函数)。为了表示$f=1$，可以使用 dolfin.Constant 对象。该函数只需要一个参数，也就是它所表示的常数值：

```
In [46]: f1 = dolfin.Constant(1.0)
In [47]: L1 = f1 * v * dolfin.dx
```

如果f是 x 和 y 的函数，那么需要使用 dolfin.Expression 对象来表示f。该对象的构造函数将包含它所表示的函数的字符串作为第一个参数。这个表达式必须用 C++语法定义，因为 FEniCS 框架会自动生成和编译一个 C++函数来计算该表达式。在该表达式中，可以访问变量 x，该变量是特定点的坐标数组，x 可通过 $x[0]$来访问，y 可通过 $x[1]$访问，以此类推。例如，如果要编写$f(x,y)=x^2+y^2$的表达式，可以使用“$x[0]*x[0]+x[1]*x[1]$”。请注意，因为需要在该表达式中使用 C++语法，所以不能使用 Python 语法 $x[0]$**2。Expression 类的关键字参数 degree 用于指定基函数的度，也可以使用关键字参数 element 来指定有限单元，这些单元可以使用 ufl_element 函数从函数空间对象 V 中得到。

```
In [48]: f2 = dolfin.Expression("x[0]*x[0] + x[1]*x[1]", degree=1)
In [49]: L2 = f2 * v * dolfin.dx
```

至此，我们已经为 PDE 弱形式中出现的项定义了符号表达式。下一步就是定义边界条件。我们从简单的 Dirichlet 边界条件开始。dolfin 库提供了 DirichletBC 类来表示这类边界条件。可以使用该类来表示问题域边界上的任意函数，但是在第一个示例中，只考虑一个简单的边界条件：在整个边界上 $u=0$。为了表示边界上的常数值(这里为零)，可以再次使用 dolfin.Constant 类。

```
In [50]: u0 = dolfin.Constant(0)
```

除了边界条件值，我们还需要定义一个函数(这里命名为 u0_boundary)，该函数用于在创建 DirichletBC 实例时选择边界的不同部分。该函数有两个参数：坐标数组 x 和标记 on_boundary，用于确定某个点是否在网格的物理边界上。如果点 x 在边界上，则该函数返回 True，否则返回 False。由于该函数针对网格中的每个顶点进行计算，因此通过自定义函数，可以将问题域上任意部分的值固定为某个特定的值或表达式。但是，这里只需要选择物理边界上的所有点，因此可以简单地让 u0_boundary 函数返回 on_boundary 参数。

```
In [51]: def u0_boundary(x, on_boundary):
    ...: return on_boundary
```

有了边界上值的表达式 u0，以及从网格数组中选择边界点的函数 u0_boundary 之后，我们最终可以使用函数空间对象 V 来创建 DirichletBC 对象：

```
In [52]: bc = dolfin.DirichletBC(V, u0, u0_boundary)
```

这样就完成了 PDE 问题的定义，下一步是通过组装矩阵和数组，将问题从 PDE 的弱形式转换为代数形式。可以使用 dolfin.assemble 函数来显式完成这一点：

```
In [53]: A = dolfin.assemble(a)
In [54]: b = dolfin.assemble(L1)
```

```
In [55]: bc.apply(A, b)
```

上面的代码将得到矩阵 $\boldsymbol{A}$ 和数组 b，它们定义了未知函数的代数方程组。这里我们还使用了 DirichletBC 实例 bc 的 apply 方法，该方法将会根据方程组中的边界条件来改变矩阵 $\boldsymbol{A}$ 和数组 b。

最后对问题进行求解，需要创建一个存储未知解的 Function 对象，并调用 dolfin.solve 函数，将矩阵 $\boldsymbol{A}$ 和数组 b 以及 Function 对象的底层数据数组传给该函数。可以通过在 Function 对象上调用 vector 方法来获得数据数组。

```
In [56]: u_sol1 = dolfin.Function(V)
In [57]: dolfin.solve(A, u_sol1.vector(), b)
```

这里，我们将解的 Function 对象命名为 u_sol1，调用 dolfin.solve 以求解方程组，并将值填充到 u_sol1 对象的数据数组中。这里我们通过组装矩阵 $\boldsymbol{A}$ 和数组 $\boldsymbol{b}$ 并将结果传给 dolfin.solve 函数来显式求解 PDE 问题。dolfin.solve 函数也可以自动完成这些步骤，只需要将解的 Function 对象作为第一个参数，将 dolfin.Equation 对象作为第二个参数，将一个边界条件(或边界条件的列表)作为第三个参数传给函数即可。可以通过使用 a == L2 来创建 Equation 对象：

```
In [58]: u_sol2 = dolfin.Function(V)
In [59]: dolfin.solve(a == L2, u_sol2, bc)
```

这比使用 a == L1 来寻找 u_sol1 的方法更简洁，但是在某些情况下，当问题需要在多种情况下求解时，使用矩阵 $\boldsymbol{A}$ 和(或)数组 b 的显式组装会很有用，所以有必要熟悉这两种方法。

通过以 FEniCS Function 对象形式提供的解，我们有很多方法来继续后续处理以及对解进行可视化。一种对解进行绘图的直接方法是使用内置的 dolfin.plot 函数，该函数可用于绘制网格对象、函数对象以及多个其他类型的对象。例如，为了给解 u_sol2 绘图，可以简单地调用 dolfin.plot(u_sol2)，结果如图 11-5 所示。

```
In [60]: dolfin.plot(u_sol2)
```

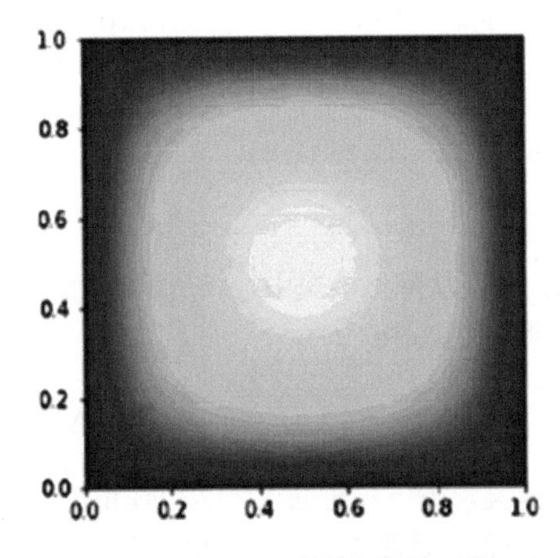

图 11-5　使用 dolfin 库的 plot 函数绘制网格函数 u_sol2 的图形

使用 dolfin.plot 是对解或网格进行可视化的一种好方法，但为了对可视化过程有更好的控制，经常需要将数据导出，然后使用专门的可视化软件进行绘图，例如 ParaView[1]。为了将解 u_sol1 和 u_ sol2 保存为 ParaView 可以打开的格式，可以使用 dolfin.File 对象来生成 PVD 文件(VTK 文件的集合)，并使用 << 操作符(类似于 C++中的流操作方式)将对象添加到文件中：

```
In [61]: dolfin.File('u_sol1.pvd') << u_sol1
```

也可以通过这种方法将多个对象添加到 PVD 文件中：

```
In [62]: f = dolfin.File('u_sol_and_mesh.pvd')
    ...: f << mesh
    ...: f << u_sol1
    ...: f << u_sol2
```

将 FEniCS 对象的数据导出到文件中，然后使用外部软件加载数据并绘制图形，可以充分利用功能强大的可视化软件的优点，例如交换性、并行处理、可对可视化进行更高水平的控制，等等。但是，很多情况下，可能更倾向于使用 Jupyter Notebook 对解和网格进行可视化。对于相对简单的一维、二维问题以及规模较小的三维问题，可以使用 matplotlib 直接对网格和解进行可视化。为了使用 matplotlib，需要得到 FEniCS 函数对象对应的 NumPy 数组。有多种方法可用来构建这样的数组。首先，可以像函数一样调用 FEniCS 的函数对象(将坐标值的数组或列表作为参数)：

```
In [63]: u_sol1([0.21, 0.67])
Out[63]: 0.0466076997781351
```

这可以让我们在问题域中的任意点计算解。也可以使用 vector 方法得到网格顶点处函数对象(如 u_sol1)的值，该值采用 FEniCS 向量的形式，然后可以使用 np.array 函数将其转换为一个 NumPy 数组。得到的 NumPy 数组是扁平的(一维)，对于二维矩形网格(例如当前示例)，只需要对扁平数组进行整形就可以得到用于绘图(例如使用 matplotlib 中的 pcolor、contour 或 plot_surface 函数)的二维数组。下面根据这些步骤将 u_sol1 和 u_sol2 函数对象的底层数据转换成 NumPy 数组，然后使用 matplotlib 进行绘图，结果如图 11-6 所示。

```
In [64]: u_mat1 = np.array(u_sol1.vector()).reshape(N1+1, N2+1)
In [65]: u_mat2 = np.array(u_sol2.vector()).reshape(N1+1, N2+1)
In [66]: X, Y = np.meshgrid(np.linspace(0, 1, N1+2), np.linspace(0, 1, N2+2))
In [67]: fig, (ax1, ax2) = plt.subplots(1, 2, figsize=(12, 5))
    ...:
    ...: c = ax1.pcolor(X, Y, u_mat1, cmap=mpl.cm.get_cmap('Reds'))
    ...: cb = plt.colorbar(c, ax=ax1)
    ...: ax1.set_xlabel(r"$x$", fontsize=18)
    ...: ax1.set_ylabel(r"$y$", fontsize=18)
    ...: cb.set_label(r"$u(x, y)$", fontsize=18)
```

1 http://www.paraview.org

```
    ...: cb.set_ticks([0.0, 0.02, 0.04, 0.06])
    ...:
    ...: c = ax2.pcolor(X, Y, u_mat2, cmap=mpl.cm.get_cmap('Reds'))
    ...: cb = plt.colorbar(c, ax=ax2)
    ...: ax1.set_xlabel(r"$x$", fontsize=18)
    ...: ax1.set_ylabel(r"$y$", fontsize=18)
    ...: cb.set_label(r"$u(x, x)$", fontsize=18)
    ...: cb.set_ticks([0.0, 0.02, 0.04])
```

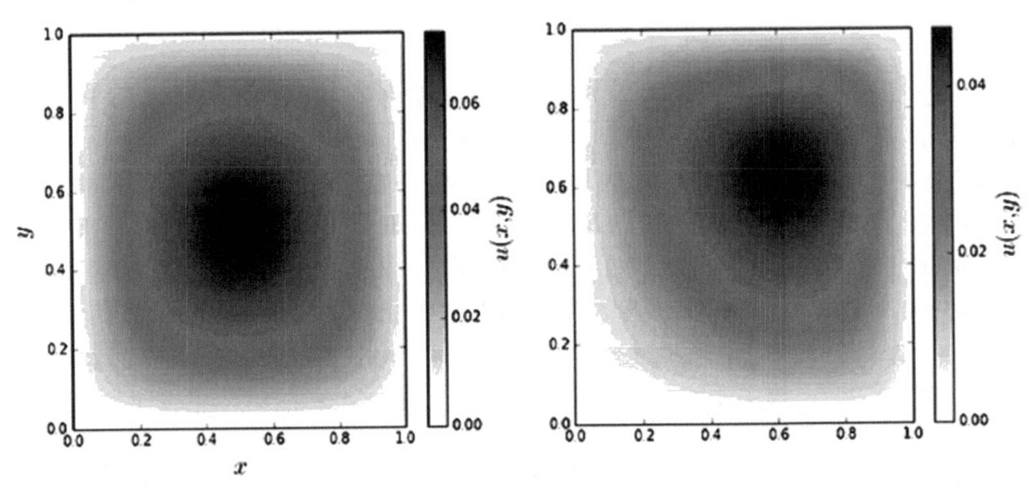

图 11-6　源项分别为 $f=1$(左图)和 $f=x^2+y^2$ (右图)的单位正方形上稳态热方程的解，满足函数 $u(x, y)$在边界上为零

用于生成图 11-6 的方法简单且方便，但是仅适用于矩形网格。对于更复杂的网格，顶点坐标不能以结构方式组织，仅对扁平数组数据进行简单整形是不够的。但是，代表问题域网格的 Mesh 对象包含每个顶点的坐标列表。这些值与 Function 对象中的值可以组合成可用 matplotlib 的 triplot 和 tripcolor 函数绘图的形式。为了使用这些绘图函数，首先需要根据网格的顶点坐标创建一个 Triangulation 对象：

```
In [68]: coordinates = mesh.coordinates()
    ...: triangles = mesh.cells()
    ...: triangulation = mpl.tri.Triangulation(coordinates[:, 0], coordinates[:, 1],
         triangles)
```

创建了 triangulation 对象后，可以使用 triplot 和 tripcolor 直接为 FEniCS 函数的数组数据绘制图形，就像下面的代码这样，结果如图 11-7 所示。

```
In [69]: fig, (ax1, ax2) = plt.subplots(1, 2, figsize=(10, 4))
    ...: ax1.triplot(triangulation)
    ...: ax1.set_xlabel(r"$x$", fontsize=18)
    ...: ax1.set_ylabel(r"$y$", fontsize=18)
```

```
...: cmap = mpl.cm.get_cmap('Reds')
...: c = ax2.tripcolor(triangulation, np.array(u_sol2.vector()), cmap=cmap)
...: cb = plt.colorbar(c, ax=ax2)
...: ax2.set_xlabel(r"$x$", fontsize=18)
...: ax2.set_ylabel(r"$y$", fontsize=18)
...: cb.set_label(r"$u(x, y)$", fontsize=18)
...: cb.set_ticks([0.0, 0.02, 0.04])
```

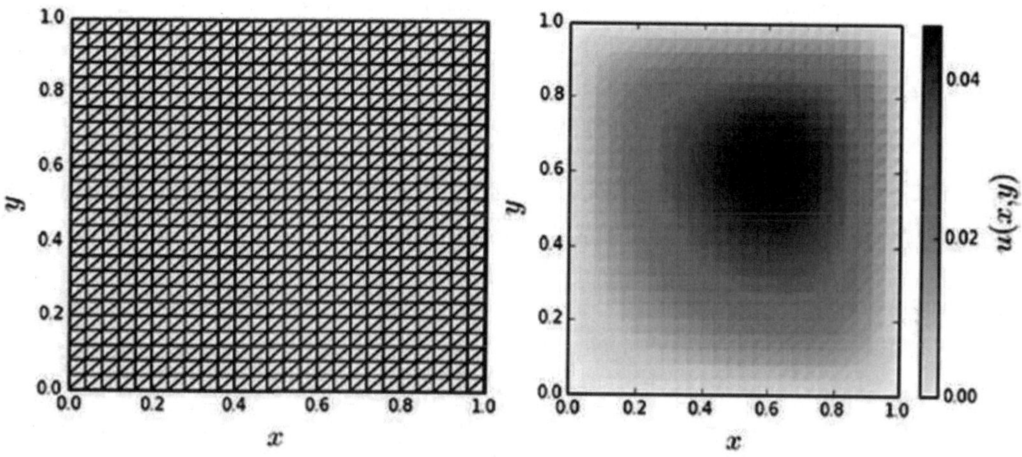

图 11-7　和图 11-6 一样，唯一的区别在于图形是使用 matplotlib 的 triangulation 函数生成的。左图是网格，右图是 PDE 的解

要了解如何处理更复杂的边界条件，可以再次考虑热量方程，这次没有源项 $u_{xx}+u_{yy}=0$，但边界条件是 $u(x=0)=3$、$u(x=1)=-1$、$u(y=0)=-5$ 和 $u(y=1)=5$。这与本章前面的 FDM 方程求解问题是一样的。这里，我们使用 FEM 方法来求解该问题。与前面的示例一样，我们首先定义问题域的网格、函数空间以及 test 和 trail 函数对象。

```
In [70]: V = dolfin.FunctionSpace(mesh, 'Lagrange', 1)
In [71]: u = dolfin.TrialFunction(V)
In [72]: v = dolfin.TestFunction(V)
```

然后，我们定义 PDE 的弱形式。这里使用 dolfin.Constant 对象来设置 $f=0$：

```
In [73]: a = dolfin.inner(dolfin.nabla_grad(u), dolfin.nabla_grad(v)) * dolfin.dx
In [74]: f = dolfin.Constant(0.0)
In [75]: L = f * v * dolfin.dx
```

现在剩下的就是根据给定的参数来定义边界条件。在本例中，我们不想在整个边界上使用统一的边界条件，所以需要使用传给 DirichletBC 类的边界选择函数的第一个参数来选择边界的不同部分。为此，我们定义四个函数来选择顶部、底部、左侧和右侧边界：

```
In [76]: def u0_top_boundary(x, on_boundary):
```

```
   ...:        # y == 1 的边界 ->顶部边界
   ...:        return on_boundary and abs(x[1]-1) < 1e-5
In [77]: def u0_bottom_boundary(x, on_boundary):
   ...:        # y == 0 的边界 -> 底部边界
   ...:        return on_boundary and abs(x[1]) < 1e-5
In [78]: def u0_left_boundary(x, on_boundary):
   ...:#       x == 0 的边界 -> 左侧边界
   ...:        return on_boundary and abs(x[0]) < 1e-5
In [79]: def u0_right_boundary(x, on_boundary):
   ...:#       x == 1 的边界 -> 右侧边界
   ...:        return on_boundary and abs(x[0]-1) < 1e-5
```

每个边界上未知函数的值都是简单的常量，可以使用 dolfin.Constant 实例来表示。因此，可以为每个边界创建 DirichletBC 实例，并将生成的对象保存在列表 bcs 中：

```
In [80]: bc_t = dolfin.DirichletBC(V, dolfin.Constant(5), u0_top_boundary)
   ...: bc_b = dolfin.DirichletBC(V, dolfin.Constant(-5), u0_bottom_ boundary)
   ...: bc_l = dolfin.DirichletBC(V, dolfin.Constant(3), u0_left_boundary)
   ...: bc_r = dolfin.DirichletBC(V, dolfin.Constant(-1), u0_right_ boundary)
In [81]: bcs = [bc_t, bc_b, bc_r, bc_l]
```

设置完边界条件后，可以继续调用 dolfin.solve 来求解 PDE 问题。得到的结果向量可以转换为 NumPy 数组，从而可用于 matplotlib pcolor 函数的绘图，结果如图 11-8 所示。在与图 11-2(使用 FDM 计算的结果)进行对比后，可以发现，这两种方法的确给出了相同的结果。

```
In [82]: u_sol = dolfin.Function(V)
In [83]: dolfin.solve(a == L, u_sol, bcs)
In [84]: u_mat = np.array(u_sol.vector()).reshape(N1+1, N2+1)
In [85]: x = np.linspace(0, 1, N1+2)
   ...: y = np.linspace(0, 1, N1+2)
   ...: X, Y = np.meshgrid(x, y)
In [86]: fig, ax = plt.subplots(1, 1, figsize=(8, 6))
   ...: c = ax.pcolor(X, Y, u_mat, vmin=-5, vmax=5, cmap=mpl.cm.get_ cmap('RdBu_r'))
   ...: cb = plt.colorbar(c, ax=ax)
   ...: ax.set_xlabel(r"$x_1$", fontsize=18)
   ...: ax.set_ylabel(r"$x_2$", fontsize=18)
   ...: cb.set_label(r"$u(x_1, x_2)$", fontsize=18)
```

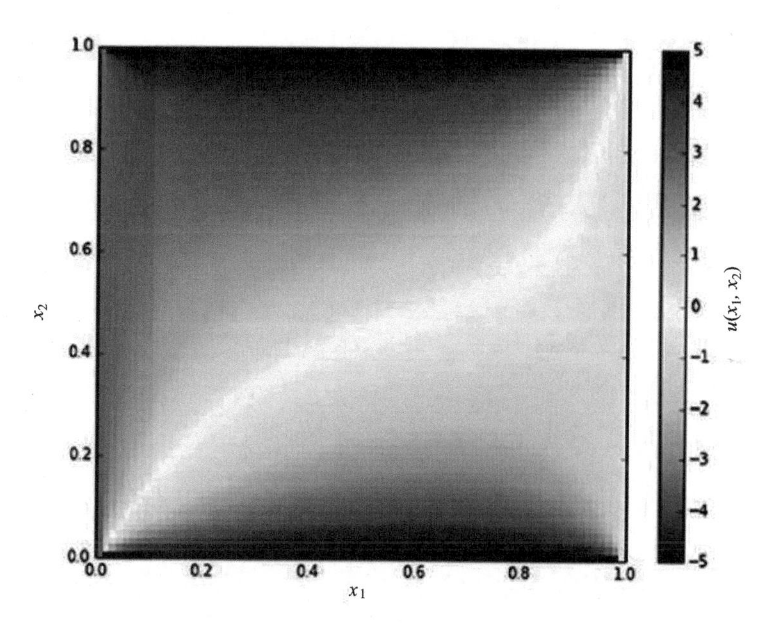

图 11-8　稳态热方程的解，该方程在单位正方形的每个边界上使用不同的 Dirichlet 边界条件

到目前为止，我们已经使用 FEM 求解了之前使用 FDM 求解过的同类问题，但是只有当考虑更复杂的问题域时，才能体现 FEM 的优势。为了说明这一点，请考虑一个单位圆上的热方程，该单位圆上有五个较小的圆，其中一个圆以原点为中心，它的周围是其他四个较小的圆。为了给这样的几何形状生成网格，可以使用与 FEniCS 一起发布的 mshr 库。该库提供了几何图元(点、圆、矩形等)，可通过代数(集合)运算为我们感兴趣的问题域生成网格。这里，我们首先使用 mshr.Circle 生成一个以(0, 0)为中心的单位圆，然后从它的里面减去其他 Circle 对象，以对应网格中需要去除的部分。生成的网格如图 11-9 所示。

```
In [87]: r_outer = 1
    ...: r_inner = 0.25
    ...: r_middle = 0.1
    ...: x0, y0 = 0.4, 0.4
In [88]: domain = mshr.Circle(dolfin.Point(.0, .0), r_outer) \
    ...: - mshr.Circle(dolfin.Point(.0, .0), r_inner) \
    ...: - mshr.Circle(dolfin.Point( x0,y0), r_middle) \
    ...: - mshr.Circle(dolfin.Point( x0, -y0), r_middle) \
    ...: - mshr.Circle(dolfin.Point(-x0,y0), r_middle) \
    ...: - mshr.Circle(dolfin.Point(-x0, -y0), r_middle)
In [89]: mesh = mshr.generate_mesh(domain, 10)
```

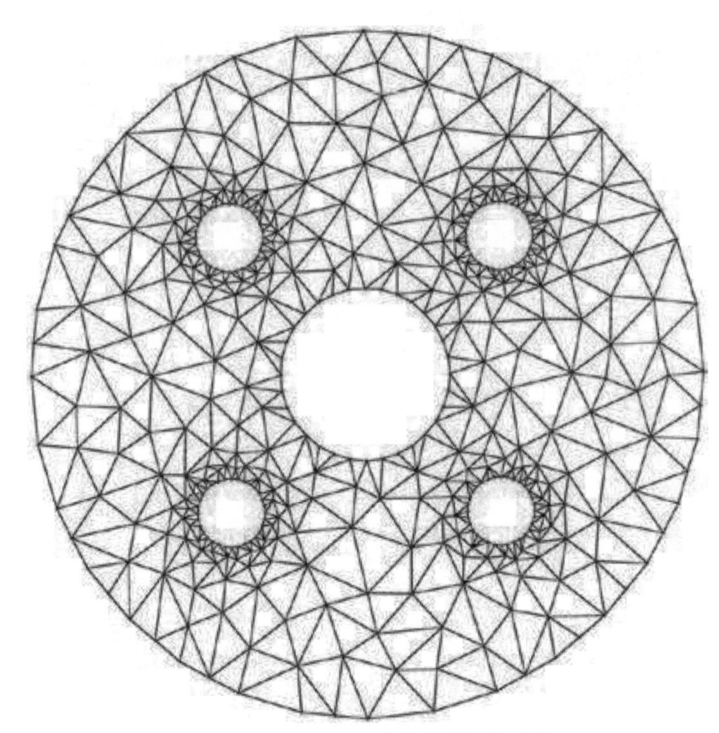

图 11-9　使用 mshr 库生成的网格对象

对该网格的物理解释是：这是一块中间有五根管道穿过的材料的横截面。其中，内管道用来输送热的液体，旁边的管道输送冷却用的液体(例如，被冷却管包围的发动机气缸)。如果这样解释的话，可以将内管道的边界条件设置成较高的值$u_0(x,y)\big|_{x^2+y^2=r_{outer}^2}=10$，将周围的小管道设置为较低的值$u_0(x,y)\big|_{(x-x_0)^2+(y-y_0)^2=r_{inner}^2}=0$，其中$(x_0, y_0)$是每根小管道的中心。我们不知道外边界，这相当于 Neumann 边界条件的特殊情况：$\frac{\partial u(\boldsymbol{x})}{\partial \boldsymbol{n}}=0$。和以前一样，我们定义用于边界上单个顶点的函数。因为在不同的边界上有不同的边界条件，所以这里也需要使用坐标参数 x 来确定哪些顶点属于哪个边界。

```
In [90]: def u0_inner_boundary(x, on_boundary):
   ...:      x, y = x[0], x[1]
   ...:      return on_boundary and abs(np.sqrt(x**2 + y**2) - r_inner) < 5e-2
In [91]: def u0_middle_boundary(x, on_boundary):
   ...:      x, y = x[0], x[1]
   ...:      if on_boundary:
   ...:         for _x0 in [-x0, x0]:
   ...:             for _y0 in [-y0, y0]:
```

```
   ...:             if abs(np.sqrt((x-_x0)**2 + (y-_y0)**2) - r_middle)
                    < 5e-2:
   ...:                 return True
   ...:         return False
In [92]: bc_inner = dolfin.DirichletBC(V, dolfin.Constant(10), u0_inner_ boundary)
    ...: bc_middle = dolfin.DirichletBC(V, dolfin.Constant(0), u0_middle_ boundary)
In [93]: bcs = [bc_inner, bc_middle]
```

当网格和边界条件定义好之后，可以和以前一样继续定义函数空间以及 trail 和 test 函数，并构造 PDE 问题的弱形式：

```
In [94]: V = dolfin.FunctionSpace(mesh, 'Lagrange', 1)
In [95]: u = dolfin.TrialFunction(V)
In [96]: v = dolfin.TestFunction(V)
In [97]: a = dolfin.inner(dolfin.nabla_grad(u), dolfin.nabla_grad(v)) * dolfin.dx
In [98]: f = dolfin.Constant(0.0)
In [99]: L = f * v * dolfin.dx
In [100]: u_sol = dolfin.Function(V)
```

问题的求解及可视化也与以前一样。解的图形如图 11-10 所示。

```
In [101]: dolfin.solve(a == L, u_sol, bcs)
In [102]: coordinates = mesh.coordinates()
     ...: triangles = mesh.cells()
     ...: triangulation = mpl.tri.Triangulation(
     ...: coordinates[:, 0], coordinates[:, 1], triangles)
In [103]: fig, (ax1, ax2) = plt.subplots(1, 2, figsize=(10, 4))
     ...: ax1.triplot(triangulation)
     ...: ax1.set_xlabel(r"$x$", fontsize=18)
     ...: ax1.set_ylabel(r"$y$", fontsize=18)
     ...: c = ax2.tripcolor(
     ...: triangulation, np.array(u_sol.vector()), cmap=mpl.cm.get_ cmap("Reds"))
     ...: cb = plt.colorbar(c, ax=ax2)
     ...: ax2.set_xlabel(r"$x$", fontsize=18)
     ...: ax2.set_ylabel(r"$y$", fontsize=18)
     ...: cb.set_label(r"$u(x, y)$", fontsize=18)
     ...: cb.set_ticks([0.0, 5, 10, 15])
```

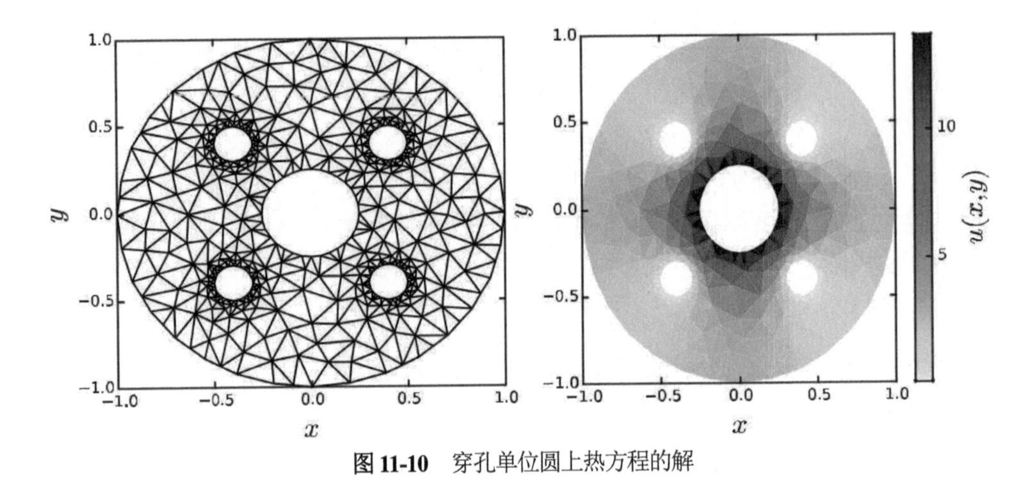

图 11-10 穿孔单位圆上热方程的解

这种几何形状的问题很难用 FDM 方法来处理，但是可以使用 FEM 相对简单地进行处理。当我们得到一个 FEM 问题的解后，即使是较复杂的问题边界，也可以用相对简单的方法对解进行后续处理，而不仅仅是绘制图形。例如，我们可能对某个边界上的函数值感兴趣。在当前的问题中，我们很自然地想要查看沿着问题域外半径的温度。例如，查看由于四个冷却管而能够让物体的外部温度降低多少。为了进行这种分析，需要用于从 u_sol 对象选出边界值的方法。为此，可以定义一个描述边界的对象(这里使用 dolfin.AutoSubDomain)，并应用于新的 Function 对象，该 Function 对象可作为从 u_sol 和 mesh.coordinates()选择所需单元的掩码。我们将此掩码函数称为 mask_outer。

```
In [104]: outer_boundary = dolfin.AutoSubDomain(
    ...: lambda x, on_bnd: on_bnd and abs(np.sqrt(x[0]**2 + x[1]**2) - r_outer) < 5e-2)
In [105]: bc_outer = dolfin.DirichletBC(V, 1, outer_boundary)
In [106]: mask_outer = dolfin.Function(V)
In [107]: bc_outer.apply(mask_outer.vector())
In [108]: u_outer = u_sol.vector()[mask_outer.vector() == 1]
In [109]: x_outer = mesh.coordinates()[mask_outer.vector() == 1]
```

通过这些步骤，我们已经为外部边界条件创建了掩码，并应用于 u_sol.vector()和 mesh.coordinates()函数，这样可以得到外部边界点的函数值和坐标。下面将边界值绘制为点(x, y)与 x 轴夹角的函数，结果如图 11-11 所示。

```
In [110]: phi = np.angle(x_outer[:, 0] + 1j * x_outer[:, 1])
In [111]: order = np.argsort(phi)
In [112]: fig, ax = plt.subplots(1, 1, figsize=(8, 4))
     ...: ax.plot(phi[order], u_outer[order], 's-', lw=2)
     ...: ax.set_ylabel(r"$u(x,y)$ at $x^2+y^2=1$", fontsize=18)
     ...: ax.set_xlabel(r"$\phi$", fontsize=18)
     ...: ax.set_xlim(-np.pi, np.pi)
```

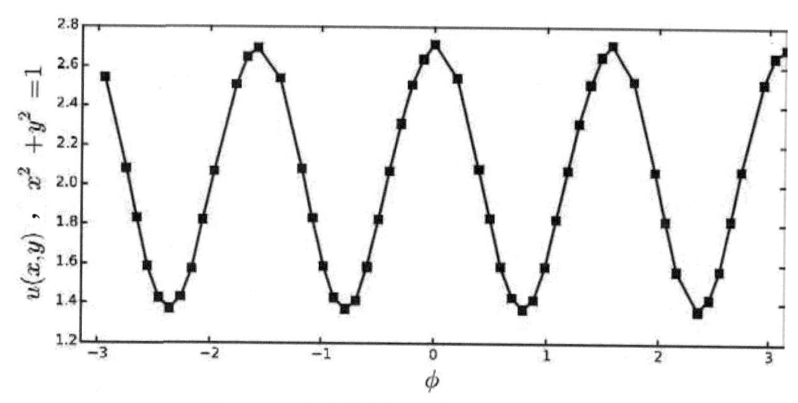

图 11-11　穿孔单位圆上外边界的温度分布

使用 FEM 求解的 PDE 问题的精度与代表问题域的网格中的单元尺寸密切相关：越细粒度的网格可以得到越精确的解。但是，增加网格中单元的数量也必然需要更多的计算资源。因此，必须在网格的精确度和计算资源之间进行权衡。处理这种权衡的一种重要工具是使用不均匀分布单元的网格。通过这种网格，对于未知函数值变化较快的区域可以使用较小的单元，对于我们不感兴趣的区域使用较少的单元。dolfin 库通过 dolfin.refine 函数提供了一种细化网格的简单方法。该函数将网格作为第一个参数，如果没有其他参数，它将对网格进行均匀细化，并返回一个新的网格。但是，dolfin.refine 函数还可以接收可选的第二个参数，该参数用于描述哪些部分需要细化。该参数是 dolfin.MeshFunction 的布尔值实例，作为掩码用来标记哪些单元需要分割。例如，考虑在单位圆的网格中减去 $x>0$ 且 $y<0$ 的象限部分。可以使用 mshr.Circle 和 mshr.Rectangle 来构造这种几何形状的网格。

```
In [113]: domain = mshr.Circle(dolfin.Point(.0, .0), 1.0) \
     ...:        - mshr.Rectangle(dolfin.Point(0.0, -1.0), dolfin.Point(1.0, 0.0))
In [114]: mesh = mshr.generate_mesh(domain, 10)
```

得到的网格如图 11-12 的左图所示。通常我们希望在几何形状的尖角附近使用更精细的网格。本例中，可以尝试在区域的边缘部分对网格进行细化。为此，需要创建一个 dolfin.MeshFunction 实例；使用 set_all 方法将它的所有元素初始化为 False；然后通过遍历所有单元，将原点附近的单元标记为 True；最后以 mesh 和 MeshFunction 实例作为参数调用 dolfin.refine 函数。可以重复执行以上操作，直到获得足够细化的网格为止。在下面的代码中，迭代调用 dolfin.refine，每次标记为需要细分的单元的数量在不断减少：

```
In [115]: refined_mesh = mesh
     ...: for r in [0.5, 0.25]:
     ...:     cell_markers = dolfin.MeshFunction("bool", refined_mesh, dim=2)
     ...:     cell_markers.set_all(False)
     ...:     for cell in dolfin.cells(refined_mesh):
     ...:         if cell.distance(dolfin.Point(.0, .0)) < r:
```

```
   ...:                 # 将半径 r 范围内的单元标记为去除
   ...:                 cell_markers[cell] = True
   ...:     refined_mesh = dolfin.refine(refined_mesh, cell_markers)
```

得到的结果网格 refined_mesh 与原始网格相比，在原点附近有更细化的单元。下面的代码绘制了两个网格，对它们进行比较，结果如图 11-12 所示。

```
In [116]: def mesh_triangulation(mesh):
     ...:     coordinates = mesh.coordinates()
     ...:     triangles = mesh.cells()
     ...:     triangulation = mpl.tri.Triangulation(coordinates[:, 0],
                                                   coordinates[:, 1],
     ...:     return triangulation
In [117]: fig, (ax1, ax2) = plt.subplots(1, 2, figsize=(8, 4))
     ...:
     ...: ax1.triplot(mesh_triangulation(mesh))
     ...: ax2.triplot(mesh_triangulation(refined_mesh))
     ...:
     ...: # 隐藏轴和刻度
     ...: for ax in [ax1, ax2]:
     ...:     for side in ['bottom','right','top','left']:
     ...:         ax.spines[side].set_visible(False)
     ...:         ax.set_xticks([])
     ...:         ax.set_yticks([])
     ...:         ax.xaxis.set_ticks_position('none')
     ...:         ax.yaxis.set_ticks_position('none')
     ...:
     ...: ax.set_xlabel(r"$x$", fontsize=18)
     ...: ax.set_ylabel(r"$y$", fontsize=18)
```

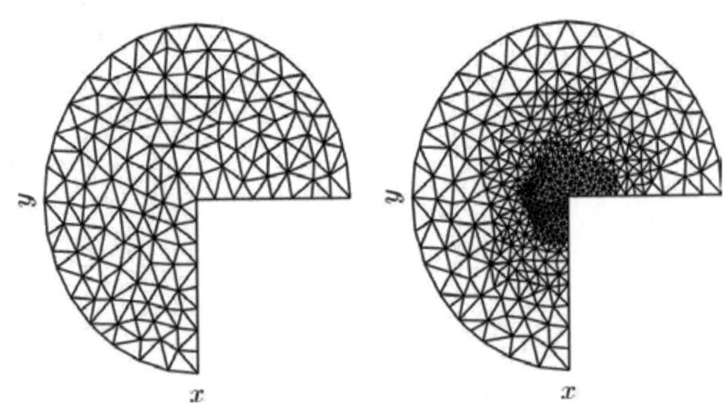

图 11-12 四分之三单位圆的原始网格以及细化后的网格

当使用几何图元表达式构造简单的网格时，利用 dolfin.refine 细化网格是一种很实用的、提高网格质量的技术。作为使用 FEniCS 的最后一个示例，我们考虑稳态热方程的另一个例子，对四分之三单位圆使用这个细化的网格，并且对单位圆缺失部分的水平和垂直边界使用 Neumann 边界条件：在垂直边上，假设热量外流，$\nabla u\cdot \boldsymbol{n}=-2$、$x=0$、$y<0$；在水平边上，假设热量流入，$\nabla u\cdot \boldsymbol{n}=1$、$x>0$、$y=0$，并假设外部径向边界服从 Dirichlet 边界条件 $u(x,y)=0$、$x^2+y^2=1$。

和往常一样，我们首先为函数空间以及 test 和 trial 函数创建对象：

```
In [118]: mesh = refined_mesh
In [119]: V = dolfin.FunctionSpace(mesh, 'Lagrange', 1)
     ...: u = dolfin.TrialFunction(V)
     ...: v = dolfin.TestFunction(V)
```

对于符合 Neumann 边界条件的问题，需要将边界条件包含在 PDE 的弱形式中。回想一下，泊松方程的弱形式是 $\int_{\Omega}\nabla u\cdot\nabla v\mathrm{d}x=\int_{\Omega}fv\mathrm{d}x+\int_{\Gamma_N}gv\mathrm{d}\Gamma$。因此，与前面的示例相比，需要考虑附加项，使用附加项对满足 Neumann 边界条件的边界进行积分。为了表示弱形式中该积分的积分测度，可以使用 dolfin.ds，但是为了能区分边界的不同部分，我们首先需要对边界的不同部分进行标记。一种在 FEniCS 中进行标记的方法是使用 dolfin.MeshFunction 对象，为边界的每个不同部位赋予唯一的整数值。为此，首先创建一个 dolfin.MeshFunction 实例：

```
In [120]: boundary_parts = dolfin.MeshFunction("size_t", mesh,
          mesh.topology().dim()-1)
```

然后，定义一个用于选择边界点的函数以及一个 dolfin. AutoSubDomain 实例，并使用边界选择函数进行初始化。最后，可以使用 AutoSubDomain 实例来为 MeshFunction(这里函数名是 boundary_parts)中对应的单元标记整数值。可以使用下面的代码对网格的初值边界($x = 0$ 且 $y < 0$)执行这些操作：

```
In [121]: def v_boundary_func(x, on_boundary):
     ...:     """网格的垂直边界，其中 x = 0 且 y < 0 """
     ...:     x, y = x[0], x[1]
     ...:     return on_boundary and abs(x) < 1e-4 and y < 0.0
In [122]: v_boundary = dolfin.AutoSubDomain(v_boundary_func)
In [123]: v_boundary.mark(boundary_parts, 0)
```

对网格的水平边界($y=0$ 且 $x>0$)重复执行相同的操作：

```
In [124]: def h_boundary_func(x, on_boundary):
     ...:     """ 网格的水平边界，其中 y = 0 且 x > 0 """
     ...:     x, y = x[0], x[1]
     ...:     return on_boundary and abs(y) < 1e-4 and x > 0.0
```

```
In [125]: h_boundary = dolfin.AutoSubDomain(h_boundary_func)
In [126]: h_boundary.mark(boundary_parts, 1)
```

还可以使用相同的方法来定义 Dirichlet 边界条件。这里，我们对满足 Dirichlet 边界条件的边界进行标记，然后在创建 dolfin.DirichletBC 对象时使用它们：

```
In [127]: def outer_boundary_func(x, on_boundary):
     ...:     x, y = x[0], x[1]
     ...:     return on_boundary and abs(x**2 + y**2-1) < 1e-2
In [128]: outer_boundary = dolfin.AutoSubDomain(outer_boundary_func)
In [129]: outer_boundary.mark(boundary_parts, 2)
In [130]: bc = dolfin.DirichletBC(V, dolfin.Constant(0.0), boundary_parts, 2)
```

当边界都被标记之后，可以继续创建 PDE 的弱形式。由于这里使用的是分区的边界，因此需要使用 mesh 和 boundary_parts 对象来设置积分测度 dolfin.dx 和 dolfin.ds 的 domain 及 subdomain 参数。

```
In [131]: dx = dolfin.dx(domain=mesh, subdomain_data=boundary_parts)
In [132]: a = dolfin.inner(dolfin.nabla_grad(u), dolfin.nabla_grad(v)) * dx
In [133]: f = dolfin.Constant(0.0)
In [134]: g_v = dolfin.Constant(-2.0)
In [135]: g_h = dolfin.Constant(1.0)
In [136]: L = f * v * dolfin.dx(domain=mesh, subdomain_data=boundary_parts)
In [137]: L += g_v * v * dolfin.ds(0, domain=mesh, subdomain_data=boundary_parts)
In [138]: L += g_h * v * dolfin.ds(1, domain=mesh, subdomain_data=boundary_parts)
```

在上面的最后两个代码单元中，我们为网格中的垂直和水平边界添加了 Dirichlet 边界条件的新项。边界的这些部分分别用整数 0 和 1 标记，并且将这些标记作为参数传给 dolfin.ds，用来选择对边界的不同部分进行积分。

```
In [139]: u_sol = dolfin.Function(V)
In [140]: dolfin.solve(a == L, u_sol, bc)
```

定义了 PDE 的弱形式后，可以继续使用 dolfin.solve 对问题进行求解，就像我们在前面的示例中所做的那样。最后，我们使用 matplotlib 的 triangulation 绘图函数为解绘制图形，结果如图 11-13 所示。从图 11-13 中可以看到，和期望的一样，解在原点的边缘附近有更多的结构。因此，使用非均匀粒度结构的网格，便可以在该区域使用更细小单元的网格，从而得到足够的分辨率而不至于带来太大的计算成本。

```
In [141]: fig, (ax1, ax2) = plt.subplots(1, 2, figsize=(10, 4))
     ...: triangulation = mesh_triangulation(mesh)
     ...: ax1.triplot(triangulation)
```

```
...: ax1.set_xlabel(r"$x$", fontsize=18)
...: ax1.set_ylabel(r"$y$", fontsize=18)
...:
...: data = np.array(u_sol.vector())
...: norm = mpl.colors.Normalize(-abs(data).max(), abs(data).max())
...: c = ax2.tripcolor(triangulation, data, norm=norm, cmap=mpl.
        cm.get_cmap("RdBu_r"))
...: cb = plt.colorbar(c, ax=ax2)
...: ax2.set_xlabel(r"$x$", fontsize=18)
...: ax2.set_ylabel(r"$y$", fontsize=18)
...: cb.set_label(r"$u(x, y)$", fontsize=18)
...: cb.set_ticks([-.5, 0, .5])
```

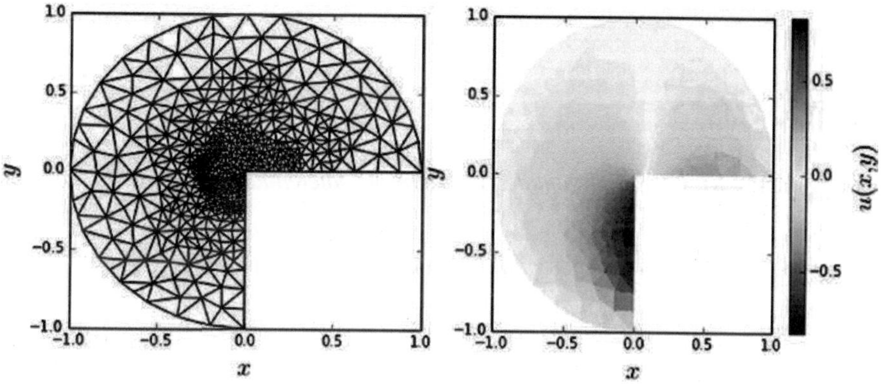

图 11-13　四分之三单位圆上热方程的解，图形同时满足 Dirichlet 和 Neumann 边界条件

本节介绍的示例只是 FEniCS 框架可以解决的一小部分简单问题。FEniCS 还有很多功能没有提及。对于求解 PDE 问题非常感兴趣的读者，推荐学习 FEniCS 的相关书籍(Anders Logg, 2012)，里面包含很多应用示例。特别是在用 FEM 求解 PDE 时，有很多重要的、我们这里没有讨论的情况，包括非平凡的 Neumann 边界条件(需要包含在 PDE 弱形式的表达式中)、矢量值函数的 PDE、高维 PDE 问题(如三维坐标中的热方程)以及随时间变化的 PDE 问题。所有这些还有很多其他问题，FEniCS 框架都提供相关支持。

11.6　本章小结

本章简要概述了用于求解偏微分方程(PDE)的方法，以及如何在 Python 科学计算环境中使用这些方法。具体来说，我们介绍了用于求解 PDE 问题的有限差分法(FEM)和有限元法(FEM)，并使用这些方法求解了几个示例问题。FEM 的优点在于简单，对于可以简单应用 FEM 的问题(如简单的问题域、均匀的离散化等)，这是一种非常实用的方法。对于更复杂的 PDE 问题，例如更复杂的问题域，通常更适合使用 FEM。但是，FEM 涉及更多的数学理论，并且实现也更复杂。尽管 Python 中有很多可以使用的高级 FEM 框架，但在本章中，我们主要关注 FEniCS 框架。FEniCS 是一个功能齐全的 FEM 软件，可用于求解各种 PDE 问题。通过本章介绍的示例，我们仅仅了解了 FEniCS 的一点皮毛。但是，希望通过本章介绍的示例，读者可以了解使用 FEM 求解 PDE 问题的大致流程，特别是如何使用 FEniCS 框架。

11.7 扩展阅读

本章讨论了 FDM 和 FEM，以及其他一些用于对 PDE 进行数值求解的方法。例如，有限体积法(FVM)是 FEM 法的一种变体，通常用于流体力学计算以及其他领域。Python 库 FiPy 提供了使用这种方法求解 PDE 问题的框架，Wesseling(2009)中涉及的理论知识进行了介绍。本章给出的有关 FDM 和 FEM 的理论背景知识很简短，仅仅介绍了相关的术语和符号。对于 FDM，特别是 FEM，更加深入地了解这些方法的基础非常重要。Gockenbach(2011)、Gockenbach(2006)、Johnson(2009)以及 LeVeque(2007)都对 FDM 和 FEM 进行了介绍。与 FEniCS 相关的书籍(Logg, 2012)可以从 FEniCS 项目的网站(http://fenicsproject.org)上免费获得，除了 FEniCS 本身的详细文档，该书也对 FEM 进行了介绍。

11.8 参考文献

Anders Logg, K.-A. M. (2012). *Automated Solution of Differential Equations by the Finite Element Method*. Springer.

Gockenbach, M. (2011). *Partial Differential Equations*. Philadelphia: SIAM.

Gockenbach, M. (2006). *Understanding And Implementing the Finite Element Method*. Philadelphia: SIAM.

Johnson, C. (2009). *Numerical Solution of Partial Differential Equations by the Finite Element Method*. Cambridge: Dover.

LeVeque, R. (2007). *Finite Difference Methods for Ordinary and Partial Differential Equations: Steady-State and Time-Dependent Problems*. Philadelphia: SIAM.

Wesseling, P. (2009). *Principles of Computational Fluid Dynamics*. Berlin: Springer.

第 12 章

数据处理和分析

在前几章，我们介绍了传统科学计算的主要内容。这些内容是大部分数值计算的基础。从本章开始，我们将继续介绍数据处理、分析、统计及建模等方面的内容。作为学习这些内容的第一步，我们将首先来看看数据分析库 Pandas。该库为序列数据和表数据的存储提供了很方便的数据结构，能够轻松地进行数据的转换、拆分、合并及变换。这些都是将原始数据清洗为适合分析的干净数据的重要过程[1]。Pandas 库在 NumPy 的基础上，补充了很多对数据处理特别有用的功能，如标签索引、分层索引、数据对齐、合并数据集合、处理丢失数据等。因此，Pandas 库已经成为 Python 中执行高级数据处理的事实标准库，尤其适用于统计应用分析。Pandas 库本身仅包含对统计建模的有限支持(即线性回归)。对于更复杂的统计分析和建模，可以使用其他的库，如 statsmodels、patsy 和 scikit-learn，我们将在后面的章节中介绍这些库。但是，即使利用这些库来进行统计建模，Pandas 也可以用来进行数据的保存和预处理。因此，Pandas 库是 Python 中进行数据分析的一个关键组件。

提示：

Pandas 库是 Python 中用来进行数据处理和分析的框架。在编写本书时，Pandas 库的最新版本是 0.23.4。有关 Pandas 库及其官方文档的更多信息，请访问网站 http://pandas.pydata.org。

本章将重点介绍 Pandas 库的基本功能和用法。在本章的最后，我们还将简单介绍一下基于 matplotlib 构建的统计可视化库 Seaborn。该库为存储在 Pandas 数据结构(或 NumPy 数组)中的数据提供了方便快捷的绘图功能。可视化是进行数据分析的一个重要部分，Pandas 库本身也提供了一些基础的数据可视化功能(也是基于 matplotlib 构建的)。Seaborn 库在此基础上提供了额外的统计绘图功能以及改进的样式，Seaborn 库以使用默认设置就能绘制美观的图形而著称。

提示：

Seaborn 库是为统计数据而准备的一个可视化库。该库以 matplotlib 为基础，为很多通用的统计绘图提供了易用的方法。在编写本书时，Seaborn 库的最新版本是 0.8.1。有关 Seaborn 库及其官方文档的更多信息，请访问网站 http://stanford.edu/~mwaskom/software/seaborn。

---

1 该过程也称为数据整理(data munging)或数据预处理(data wrangling)。

12.1　导入模块

本章主要使用 Pandas 库，下面以名称 pd 导入该库：

```
In [1]: import pandas as pd
```

我们还需要 NumPy 和 matplotlib 库，下面按照以前的方式导入：

```
In [2]: import numpy as np
In [3]: import matplotlib.pyplot as plt
```

为了让 Pandas 库生成的 matplotlib 图形更加美观，我们使用函数 mpl.style.use 选择一种合适的绘图样式：

```
In [4]: import matplotlib as mpl
   ...: mpl.style.use('ggplot')
```

在本章的后面，还需要导入 Seaborn 模块，命名为 sns：

```
In [5]: import seaborn as sns
```

12.2　Pandas 介绍

本章的重点是介绍用于数据分析的 Pandas 库，我们将从这里开始介绍数据分析的相关内容。Pandas 库主要提供用于表示和操作数据的数据结构和方法。Pandas 中的两个主要数据结构是 Series 和 DataFrame 对象，它们分别用于表示序列数据和表格数据。这两种数据结构的对象都有一个索引，用于访问对象中存储的元素或行数据。默认情况下，索引是从零开始的整数，和 NumPy 数组类似，但也可以使用任何标识符序列作为索引。

12.2.1　Series 对象

即使在一些简单的例子中，能够使用标签而不是数字来对序列数据进行索引也具有非常明显的优点：参考下面的 Series 对象，我们为构造函数传入一个整数列表，从而创建了一个 Series 对象。在 IPython 中打印 Series 对象将会显示该对象的数据及索引：

```
In [6]: s = pd.Series([909976, 8615246, 2872086, 2273305])
In [7]: s
Out[7]: 0 909976
        1 8615246
        2 2872086
        3 2273305
        dtype: int64
```

创建的 Series 对象中保存的是 int64 类型的数据，元素的索引用整数 0、1、2、3 表示。使用 index 和 values 属性，可以获得索引的相关信息以及存储在序列中的值：

```
In [8]: list(s.index)
Out[8]: RangeIndex(start=0, stop=4, step=1)
In [9]: s.values
Out[9]: array([ 909976, 8615246, 2872086, 2273305], dtype=int64)
```

虽然使用数字索引的数组或数据序列完全能够满足表示数据的功能需求，但是不具有描叙性。例如，如果数据表示的是欧洲四个城市的人口，那么使用城市名称作为索引显然比使用数字更方便、更具有描述性。使用 Series 对象就能做到这一点，可以把一个新的索引列表赋值给 Series 对象的 index 属性，也可以给 Series 对象的 name 属性设置有意义的名称。

```
In [10]: s.index = ["Stockholm", "London", "Rome", "Paris"]
In [11]: s.name = "Population"
In [12]: s
Out[12]: Stockholm  909976
         London     8615246
         Rome       2872086
         Paris      2273305
         Name: Population, dtype: int64
```

现在可以立刻弄明白数据代表什么。另外，也可以在创建 Series 对象时通过关键字参数设置索引和名称：

```
In [13]: s = pd.Series([909976, 8615246, 2872086, 2273305], name="Population",
    ...:                 index=["Stockholm", "London", "Rome", "Paris"])
```

虽然完全可以直接在 NumPy 数据中存储这些城市的人口数据，但即使在这个简单的例子中，用有意义的标签进行索引也能让数据表示得更清楚。当数据集更加复杂时，使用更贴近数据的描述就能带来更大的好处。

可以通过将索引作为下标来访问数据，也可以直接访问与索引名同名的属性(假设索引标签是有效的 Python 符号名)：

```
In [14]: s["London"]
Out[14]: 8615246
In [15]: s.Stockholm
Out[15]: 909976
```

使用一个索引列表来访问 Series 对象，将返回一个新的包含原始数据子集(与列表的索引对应)的 Series 对象：

```
In [16]: s[["Paris", "Rome"]]
```

```
Out[16]: Paris  2273305
         Rome   2872086
         Name:  Population, dtype: int64
```

通过利用 Series 对象来表示数据，可以很容易地使用 Series 的方法来计算一些统计信息，如 count(数据的数量)、median(中位数)、mean(平均值)、std(标准差)、min 和 max(最小值和最大值)以及 quantile(分位数)：

```
In [17]: s.median(), s.mean(), s.std()
Out[17]: (2572695.5, 3667653.25, 3399048.5005155364)
In [18]: s.min(), s.max()
Out[18]: (909976, 8615246)
In [19]: s.quantile(q=0.25), s.quantile(q=0.5), s.quantile(q=0.75)
Out[19]: (1932472.75, 2572695.5, 4307876.0)
```

上面所有这些信息都可以通过调用 describe 方法来统一输出，该方法能够输出 Series 对象中数据的汇总统计信息：

```
In [20]: s.describe()
Out[20]: count     4.000000
         mean    3667653.250000
         std     3399048.500516
         min      909976.000000
         25%     1932472.750000
         50%     2572695.500000
         75%     4307876.000000
         max     8615246.000000
         Name: Population, dtype: float64
```

使用 plot 方法，可以快速轻松地对 Series 对象中的数据进行可视化，生成相应的图形。Pandas 库使用 matplotlib 库来绘图，可以通过 ax 参数把一个 matplotlib Axes 实例传给 plot 方法。图形的类型可以通过 kind 参数进行设置(可选值有 line、hist、bar、barh、box、kde、density、area 和 pie)，部分绘图样式如图 12-1 所示。

```
In [21]: fig, axes = plt.subplots(1, 4, figsize=(12, 3))
    ...: s.plot(ax=axes[0], kind='line', title='line')
    ...: s.plot(ax=axes[1], kind='bar', title='bar')
    ...: s.plot(ax=axes[2], kind='box', title='box')
    ...: s.plot(ax=axes[3], kind='pie', title='pie')
```

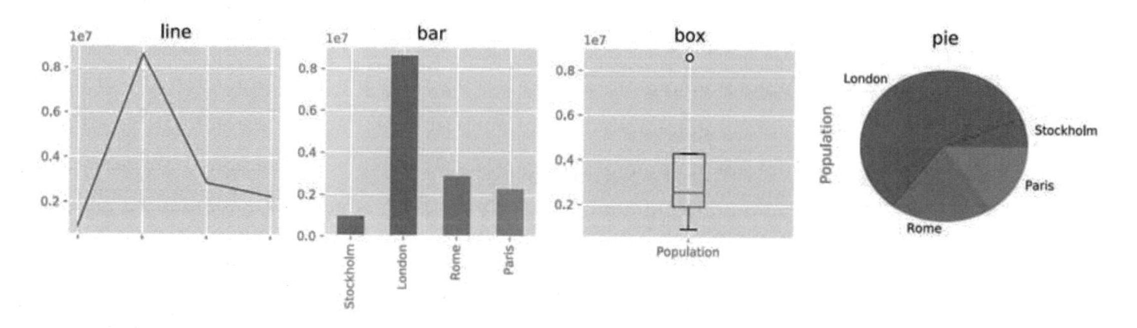

图 12-1　Series.plot 方法的部分绘图样式

12.2.2　DataFrame 对象

正如我们在前面的例子中看到的那样，Pandas 的 Series 对象能够为一维数组提供一个很方便的容器，该容器可以用来给元素设置描述性的标签，从而能够快速地获得数据的统计信息以及进行可视化。对于更高维的数组(主要是二维数组或数据表)，Pandas 提供了对应的数据结构 DataFrame，它可以看作具有公共索引的 Series 对象集合。

有很多方法可以用于进行 DataFrame 的初始化。对于比较简单的应用，最容易的方法是传递一个嵌套的 Python 列表或字典给 DataFrame 构造函数。例如，扩展一下 12.2.1 节中使用的数据集，每个城市除了人口信息，我们再增加一列，用来保存每个城市所属国家的名称。可以使用下面的方法来创建相应的 DataFrame 对象：

```
In [22]: df = pd.DataFrame([[909976, "Sweden"],
    ...:                    [8615246, "United Kingdom"],
    ...:                    [2872086, "Italy"],
    ...:                    [2273305, "France"]])
In [23]: df
Out[23]:
```

	0	1
0	909976	Sweden
1	8615246	United Kingdom
2	2872086	Italy
3	2273305	France

返回的结果是一种带有行和列的表格类型的数据结构。类似于 Series 对象，可以通过将 index 属性赋值为标签列表来为每行设置标签索引，另外，也可以通过设置 columns 属性来为每列设置标签：

```
In [24]: df.index = ["Stockholm", "London", "Rome", "Paris"]
In [25]: df.columns = ["Population", "State"]
In [26]: df
```

Out[26]:

	Population	State
Stockholm	909976	Sweden
London	8615246	United Kingdom
Rome	2872086	Italy
Paris	2273305	France

在创建 DataFrame 对象时，可以通过相应的关键字参数来设置 index 和 columns 属性：

```
In [27]: df = pd.DataFrame([[909976, "Sweden"],
    ...:                    [8615246, "United Kingdom"],
    ...:                    [2872086, "Italy"],
    ...:                    [2273305, "France"]],
    ...:                    index=["Stockholm", "London", "Rome", "Paris"],
    ...:                    columns=["Population", "State"])
```

也可以使用另外一种方法来创建相同的数据结构，有时候这种方法更加方便。给 DataFrame 构造函数传入一个字典，列头是字典的键，每列的数据是字典的值：

```
In [28]: df = pd.DataFrame({"Population": [909976, 8615246, 2872086, 2273305],
    ...:                    "State": ["Sweden", "United Kingdom", "Italy",
                             "France"]},
    ...:                    index=["Stockholm", "London", "Rome", "Paris"])
```

类似于 NumPy 数组使用 values 属性获取数据一样，可以使用 index 和 columns 属性分别获取 DataFrame 中数据的索引和所有列，其中的每一列可以使用与列名相同的属性来访问(也可以使用列标签作为索引，如 df["Population"])：

```
In [29]: df.Population
Out[29]: Stockholm  909976
         London     8615246
         Rome       2872086
         Paris      2273305
         Name: Population, dtype: int64
```

从 DataFrame 中提取一列数据后，将返回一个新的 Series 对象，可以使用 12.2.1 节中讨论的方法来进行相关处理和操作。DataFrame 实例的行可以使用 loc 索引器属性进行索引。在该属性上进行索引后返回的也是一个 Series 对象，对应原始数据结构中的一行数据：

```
In [30]: df.loc["Stockholm"]
Out[30]: Population  909976
```

```
State       Sweden
Name: Stockholm, dtype: object
```

给 loc 索引器属性传入一个行标签列表后，将返回一个新的 DataFrame，它是原始 DataFrame 的一个子集，里面只包含选择的行。

```
In [31]: df.loc[["Paris", "Rome"]]
Out[31]:
```

	Population	State
Paris	2273305	France
Rome	2872086	Italy

loc 索引器属性也可以用来同时选择行和列，结果可能是 DataFrame 或 Series 对象，也可能是元素的值，取决于选择的行和列的数量：

```
In [32]: df.loc[["Paris", "Rome"], "Population"]
Out[32]: Paris 2273305
         Rome 2872086
         Name: Population, dtype: int64
```

可以使用与 Series 对象相同的方法来计算数据的统计信息。当在 DataFrame 上调用这些方法(mean、std、median、min、max 等)时，可以分别为每个数值类型的列进行计算：

```
In [33]: df.mean()
Out[33]: Population 3667653.25
          dtype: float64
```

在本例中，两列中只有一列是数值类型(名为 Population 的列)。使用 DataFrame 的 info 方法和 dtypes 属性，可以得到 DataFrame 中的概要信息以及每列的数据类型：

```
In [34]: df.info()
<class 'pandas.core.frame.DataFrame'>
Index: 4 entries, Stockholm to Paris
Data columns (total 2 columns):
Population  4 non-null  int64
State       4 non-null  object
dtypes: int64(1), object(1)
memory usage: 96.0+ bytes
In [35]: df.dtypes
Out[35]: Population  int64
         State       object
         dtype: object
```

当处理更大、更复杂的数据集时，Pandas 才能显示出真正优势。这样的数据很难用列表或字典来存储，但可以传给 DataFrame。更常见的情况是：数据必须从某个文件或其他外部数据源进行读取。Pandas 库提供了多种从不同格式的文件读取数据的方法。下面使用 read_csv 函数从 CSV[1]文件读取数据并创建 DataFrame 对象。这个函数有很多可选的参数，详细信息可参考 help(pd.read_csv)。最有用的参数包括 header(指定哪一行是列头名称)、skiprows(需要跳过文件开头的哪几行，或者需要跳过哪些行)、delimiter(每列之间的分隔符)、encoding(文件使用的编码格式，如 utf-8)、nrows(要读取的行数)等。read_csv 函数的第一个也是唯一的必需参数是文件名或数据源的 URL。例如，要读取 european_cities.csv 文件中的数据集[2]，简单地调用 pd.read_csv("european_cities.csv")就可以，因为 delimiter 默认是“,”，header 默认是第一行。当然，也可以显式地把这些参数都写出来：

```
In [36]: !head -n 5 european_cities.csv
         Rank,City,State,Population,Date of census
         1,London, United Kingdom,"8,615,246",1 June 2014
         2,Berlin, Germany,"3,437,916",31 May 2014
         3,Madrid, Spain,"3,165,235",1 January 2014
         4,Rome, Italy,"2,872,086",30 September 2014
In [37]: df_pop = pd.read_csv("european_cities.csv",
    ...:                      delimiter=",", encoding="utf-8", header=0)
```

该数据集类似于本章前面使用的数据，但增加了一些新的列，并且行数更多。将数据读入 DataFrame 对象之后，可以先用 info 方法查看该数据集的概要信息，这样就能够对该数据集的属性有一个基本的了解。

```
In [38]: df_pop.info()
<class 'pandas.core.frame.DataFrame'>
Int64Index:  105 entries, 0 to 104
Data columns (total 5 columns):
Rank             105 non-null int64
City             105 non-null object
State            105 non-null object
Population       105 non-null object
Date of census   105 non-null object
dtypes: int64(1), object(4) memory usage: 4.9+ KB
```

可以看到该数据集有 105 行、5 列。只有 Rank 列是数值类型。需要注意的是，Population 列并不是数值类型，所以 read_csv 方法会把它解析为字符串格式。如果以表格的形式展示数据，那么也

1 CSV 是一种常见的文本格式，其中的每条记录以行存储，列以逗号(或其他字符)分隔。有关此格式和其他文本格式的更多信息，请参阅第 18 章。

2 该数据集来自维基百科：http://en.wikipedia.org/wiki/Largest_cities_of_the_European_Union_by_population_within_city_limits。

能得到很多信息，但是该数据集太大了，不太方便展示所有的数据。在这种情况下，可以使用 head 和 tail 方法分别截取头部和尾部的部分数据子集。这两个方法都有一个可选的参数，用于指定从 DataFrame 中截取的行数。请注意，df.head(*n*)与 df[:*n*]的效果是一样的，*n* 是整数：

```
In [39]: df_pop.head()
Out[39]:
```

	Rank	City	State	Population	Date of census
0	1	London	United Kingdom	8,615,246	1 June 2014
1	2	Berlin	Germany	3,437,916	31 May 2014
2	3	Madrid	Spain	3,165,235	1 January 2014
3	4	Rome	Italy	2,872,086	30 September 2014
4	5	Paris	France	2,273,305	1 January 2013

在进行数据分析之前，通过打印 DataFrame 中部分截取的数据，可以让我们知道数据大概的样子以及下一步该怎么做。通常需要用某种方法对数据列进行转换，然后按照某个特定的列或索引列对数据表重新排序。在下面的例子中，我们演示了对 DataFrame 对象进行转换的一些方法。首先，我们创建一个新列，对 DataFrame 的某列进行相应的转换并赋值给新列，然后使用 Python 的 del 关键字删除旧列。

apply 方法是一个对列进行转换的强大工具。在把一个函数传给某列的 apply 方法之后，该函数将作用于该列中的每个元素，生成一个新的 Series 对象并返回。例如，可以传递一个 lambda 函数(用于去掉字符串中的“,”字符，并把结果转换为整数类型)给 apply 方法，把 Population 列的元素从字符串类型转换为整数类型。然后把转换后得到的列赋值给名为 NumericPopulation 的新列。使用同样的方法，可以对 State 列中的数据进行清洗，再使用 strip 方法去除 State 列中每个元素末尾的空格。

```
In [40]: df_pop["NumericPopulation"] = df_pop.Population.apply(
    ...: lambda x: int(x.replace(",", "")))
In [41]: df_pop["State"].values[:3] # contains extra white spaces
Out[41]: array([' United Kingdom', ' Germany', ' Spain'], dtype=object)
In [42]: df_pop["State"] = df_pop["State"].apply(lambda x: x.strip())
In [43]: df_pop.head()
Out[43]:
```

	Rank	City	State	Population	Date of census	NumericPopulation
0	1	London	United Kingdom	8,615,246	1 June 2014	8615246
1	2	Berlin	Germany	3,437,916	31 May 2014	3437916
2	3	Madrid	Spain	3,165,235	1 January 2014	3165235
3	4	Rome	Italy	2,872,086	30 September 2014	2872086

```
4   5   Paris   France   2,273,305   1  January 2013  2273305
```

通过查看更新后的 DataFrame 中每列数据的数据类型，可以确认新列 NumericPopulation 确实是整数类型(Population 列保持不变)：

```
In [44]: df_pop.dtypes
Out[44]: Rank                 int64
          City                object
          State               object
          Population          object
          Date of census      object
          NumericPopulation int64
          dtype: object
```

还可以把 DataFrame 中的索引改为其他的列。在本例中，如果想使用 City 列作为索引，可以使用 set_index 方法。返回的结果是一个新的 DataFrame 对象，原始的 DataFrame 保持不变。另外，使用 sort_index 方法，可以将索引作为关键字对所有数据进行排序。

```
In [45]: df_pop2 = df_pop.set_index("City")
In [46]: df_pop2 = df_pop2.sort_index()
In [47]: df_pop2.head()
Out[47]:
```

City	Rank	State	Population	Date of census	NumericPopulation
Aarhus	92	Denmark	326,676	1 October 2014	326676
Alicante	86	Spain	334,678	1 January 2012	334678
Amsterdam	23	Netherlands	813,562	31 May 2014	813562
Antwerp	59	Belgium	510,610	1 January 2014	510610
Athens	34	Greece	664,046	24 May 2011	664046

如果为 DataFrame 设置了分层索引(hierarchical index)，那么还可以把包含多个列名的列表传给 sort_index 方法。分层索引使用索引标签的元组来定位 DataFrame 中的行。使用 sort_index 方法时可以传入一个整数类型的参数 level=*n*，以表示对 DataFrame 中的所有行按照分层索引中的第 *n* 层索引进行排序。在下面的例子中，我们创建了基于 State 和 City 列的多层索引，然后使用 sort_index 方法按照第一个索引(State)进行排序：

```
In [48]: df_pop3 = df_pop.set_index(["State", "City"]).sort_index(level=0)
In [49]: df_pop3.head(7)
Out[49]:
```

State	City	Rank	Population	Date of census
Austria	Vienna	7	1794770	1 January 2015

Belgium	Antwerp	59	510610	1 January 2014
	Brussels	16	1175831	1 January 2014
Bulgaria	Plovdiv	84	341041	31 December 2013
	Sofia	14	1291895	14 December 2014
	Varna	85	335819	31 December 2013
Croatia	Zagreb	24	790017	31 March 2011

对于有分层索引的 DataFrame，可以仅使用第 0 层索引进行部分定位(df3.loc["Sweden"])，也可以使用所有的索引元组进行完全定位(df3.loc[("Sweden", "Gothenburg")])：

```
In [50]: df_pop3.loc["Sweden"]
Out[50]:
```

City	Rank	Population	Date of census	NumericPopulation
Gothenburg	53	528,014	31 March 2013	528014
Malmö	102	309,105	31 March 2013	309105
Stockholm	20	909,976	31 January 2014	909976

```
In [51]: df_pop3.loc[("Sweden", "Gothenburg")]
Out[51]: Rank                             53
         Population                  528,014
         Date of census 31 March        2013
         NumericPopulation            528014
         Name: (Sweden, Gothenburg), dtype: object
```

如果想根据某列而不是索引来对某个 DataFrame 进行排序，可以使用 sort_values 方法。该方法的参数是 DataFrame 中的一个列名或者包含多个列名的列表。另外还可以设置关键字参数 ascending，取值可以是一个 Boolean 类型的数据或者包含多个 Boolean 类型数据的列表，表示对应的列是使用升序还是降序进行排序：

```
In [52]: df_pop.set_index("City").sort_values(["State", "NumericPopulation"],
   ...:       ascending=[False, True]).head()
Out[52]:
```

City	Rank	State	Population	Date of census	NumericPopulation
Nottingham	103	United Kingdom	308,735	30 June 2012	308735
Wirral	97	United Kingdom	320,229	30 June 2012	320229
Coventry	94	United Kingdom	323,132	30 June 2012	323132

```
Wakefield   91    United     327,627      30 June 2012 327627
                  Kingdom
Leicester   87    United     331,606      30 June 2012 331606
                  Kingdom
```

对于分类的数据，如 State 列，我们经常会想统计一下该列中的每个类别有多少个值。可以使用(Series 对象的)value_counts 方法来进行这样的统计。例如，对于包含 105 个欧洲城市的列表，需要统计每个国家分别有多少个城市，可以使用下面的方法：

```
In [53]: city_counts = df_pop.State.value_counts()
In [54]: city_counts.head()
Out[54]: Germany           19
         United Kingdom    16
         Spain             13
         Poland            10
         Italy             10
         dtype: int64
```

从以上结果中可以看到德国的城市最多，有 19 个城市；其次是英国，有 16 个城市。另外一个相关的问题是每个国家所有的城市总共有多少人口。对于这类问题，有两种处理方法：第一种方法，可以使用 State 和 City 创建分层索引，然后在某个索引上使用 sum 函数对 DataFrame 进行统计。在本例中，我们想在 State 索引层对所有的行进行统计，所以可以忽略 City 索引，直接使用 sum(level="State")。另外，可对返回的 DataFrame 根据 NumericPopulation 进行降序排列：

```
In [55]: df_pop3 = df_pop[["State", "City", "NumericPopulation"]].set_
         index(["State", "City"])
In [56]: df_pop4 = df_pop3.sum(level="State").sort_
         values("NumericPopulation", ascending=False)
In [57]: df_pop4.head()
Out[57]:
```

State	NumericPopulation
United Kingdom	16011877
Germany	15119548
Spain	10041639
Italy	8764067
Poland	6267409

另外，使用 groupby 方法可以得到相同的结果，该方法可以让我们根据给定列的值对 DataFrame 中的行进行分组，然后对返回的对象进行规约(reduction)操作(如 sum、mean、min、max 等)。返回

的结果是一个新的以分类列作为索引的 DataFrame。使用这种方法，可以按照国家进行分类，计算 105 个城市的总人口，代码如下：

```
In [58]: df_pop5 = (df_pop.drop("Rank", axis=1)
    ...:                  .groupby("State").sum()
    ...:                  .sort_values("NumericPopulation",
                          ascending=False))
```

注意，这里还使用 drop 方法从 DataFrame 中删除了 Rank 列(axis=1 表示删除列，axis=0 表示删除行)，因为该列对于我们的统计没有任何意义。最后，我们使用 Series 对象的 plot 方法为每个国家的城市数量及总人口绘制柱状图，结果如图 12-2 所示。

```
In [59]: fig, (ax1, ax2) = plt.subplots(1, 2, figsize=(12, 4))
    ...: city_counts.plot(kind='barh', ax=ax1)
    ...: ax1.set_xlabel("# cities in top 105")
    ...: df_pop5.NumericPopulation.plot(kind='barh', ax=ax2)
    ...: ax2.set_xlabel("Total pop. in top 105 cities")
```

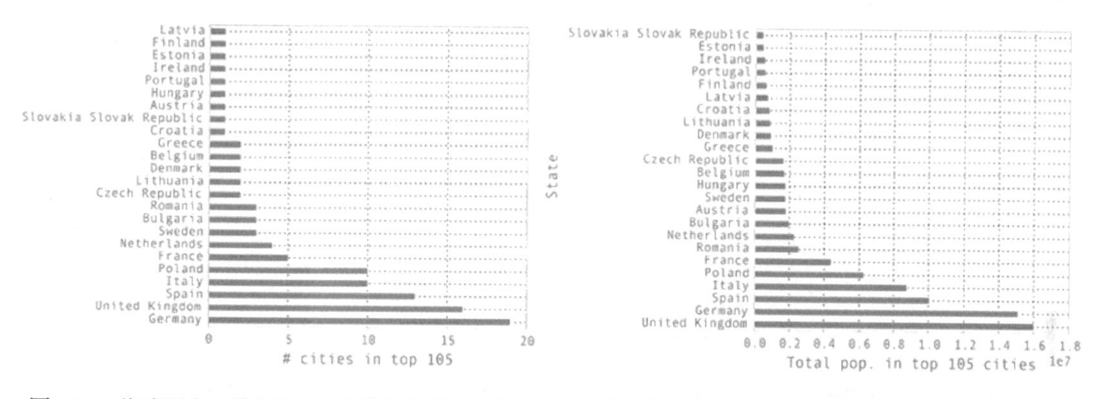

图 12-2　将欧洲人口最多的 105 个城市按照国家分组，分别统计每个国家的城市数量(左图)及人口总数(右图)

12.2.3　时间序列

时间序列是一种很常见的数据形式，数据带有规则或不规则间隔的时间戳，抑或以固定或不固定的时间间隔进行排列。在 Pandas 中，有专门的数据结构用来保存这样的数据。Series 以及 DataFrame 都可以包含时间戳以及时间间隔类型的数据列和索引。当处理时间相关的数据时，如果能够把时间类型的数据作为索引，将非常有用。使用 Pandas 的时间序列索引 DatetimeIndex 和 PeriodIndex，可以执行日期、时间、周期及日历相关的很多操作，例如选中时间序列的某个时间段，对该时间段内的数据点进行移动以及重采样。

为了生成能够用作 Pandas Series 或 DataFrame 对象索引的日期序列，可以使用 date_range 方法。它的第一个参数是表示起始日期和时间的字符串(或 Python 标准库中的 datetime 对象)，另外可以通过关键字参数 periods 设置元素的个数：

```
In [60]: pd.date_range("2015-1-1", periods=31)
Out[60]: <class 'pandas.tseries.index.DatetimeIndex'>
        [2015-01-01, ..., 2015-01-31]
        Length: 31, Freq: D, Timezone: None
```

为了指定时间戳的频率(默认是一天)，可以使用 freq 关键字参数。如果不使用 periods 来设置时间点的个数，那么可以使用第一和第二个参数设置开始及结束时间的字符串(或 datetime 对象)。例如，要生成 2015 年 1 月 1 日 00:00~12:00 且以小时为间隔的时间戳，可以编写如下代码：

```
In [61]: pd.date_range("2015-1-1 00:00", "2015-1-1 12:00", freq="H")
Out[61]: <class 'pandas.tseries.index.DatetimeIndex'>
          [2015-01-01 00:00:00, ..., 2015-01-01 12:00:00]
          Length: 13, Freq: H, Timezone: None
```

date_range 函数可以返回一个 DatetimeIndex 实例，该实例可用作 Series 或 DataFrame 对象的索引：

```
In [62]: ts1 = pd.Series(np.arange(31), index=pd.date_range("2015-1-1",
               periods=31))
In [63]: ts1.head()
Out[63]: 2015-01-01 0
         2015-01-02 1
         2015-01-03 2
         2015-01-04 3
         2015-01-05 4
         Freq: D, dtype: int64
```

DatetimeIndex 对象的元素可以通过表示日期和时间的字符串作为索引进行访问。DatetimeIndex 对象的元素是 Timestamp 类型，Timestamp 是 Pandas 从 Python 标准库继承的 datetime 对象：

```
In [64]: ts1["2015-1-3"]
Out[64]: 2
In [65]: ts1.index[2]
Out[65]: Timestamp('2015-01-03 00:00:00', offset='D')
```

在很多方面，Timestamp 和 datetime 对象可以互相转换。与 datetime 类相似，Timestamp 类有很多用来获取时间的属性，如 year、month、day、hour、minute 等。但是，Timestamp 和 datetime 对象的明显区别是：Timestamp 对象保存了纳秒精度的时间戳，而 datetime 对象只使用毫秒精度。

```
In [66]: ts1.index[2].year, ts1.index[2].month, ts1.index[2].day
Out[66]: (2015, 1, 3)
In [67]: ts1.index[2].nanosecond
```

```
Out[67]: 0
```

可以使用 to_pydatetime 方法把 Timestamp 对象转换为标准的 Python datetime 对象：

```
In [68]: ts1.index[2].to_pydatetime()
Out[68]: datetime.datetime(2015, 1, 3, 0, 0)
```

也可以使用 datetime 对象的列表来创建 Pandas 时间序列：

```
In [69]: import datetime
In [70]: ts2 = pd.Series(np.random.rand(2),
    ...:                  index=[datetime.datetime(2015, 1, 1), datetime.
                          datetime(2015, 2, 1)])
In [71]: ts2
Out[71]: 2015-01-01 0.683801
          2015-02-01 0.916209
          dtype: float64
```

以某个时间间隔序列定义的数据可以使用以 PeriodIndex 类进行索引的 Series 和 DataFrame 对象来表示。可以使用一个 Period 列表作为参数来构造 PeriodIndex 实例，然后在创建 Series 或 DataFrame 对象时以之作为索引。

```
In [72]: periods = pd.PeriodIndex([pd.Period('2015-01'),
    ...:                          pd.Period('2015-02'),
    ...:                          pd.Period('2015-03')])
In [73]: ts3 = pd.Series(np.random.rand(3), index=periods)
In [74]: ts3
Out[74]: 2015-01 0.969817
         2015-02 0.086097
         2015-03 0.016567
         Freq: M, dtype: float64
In [75]: ts3.index
Out[75]: <class 'pandas.tseries.period.PeriodIndex'>
         [2015-01, ..., 2015-03]
         Length: 3, Freq: M
```

可以通过 to_period 方法(其参数用来指定间隔的时间段，这里 M 表示月)把使用 DatetimeIndex 对象索引的 Series 或 DataFrame 对象转换成 PeriodIndex 对象：

```
In [76]: ts2.to_period('M')
Out[76]: 2015-01 0.683801
         2015-02 0.916209
```

```
Freq: M, dtype: float64
```

稍后我们将通过示例来研究 Pandas 时间序列的一些特性。我们来看一下如何对两个时间序列进行操作，这两个时间序列都保存了带时间戳的测量温度。在这里，其中一个数据集的数据来自屋内的温度传感器，另外一个数据集的数据来自屋外的温度传感器，两个数据集保存的是 2014 年每隔大概 10 分钟采集一次得到的数据。两个数据文件 temperature_indoor_2014.tsv 和 temperature_outdoor_2014.tsv 使用的是 TSV 格式(CSV 格式的一种变体，每列数据之间以 Tab 符号进行分隔)，每个文件都有两列：第一列是 UNIX 格式的时间戳(从 1970 年 1 月 1 日开始经过的秒数)，第二列是测量到的温度(单位为摄氏度)。例如，室外温度的数据集的前五行数据如下：

```
In [77]: !head -n 5 temperature_outdoor_2014.tsv
1388530986 4.380000
1388531586 4.250000
1388532187 4.190000
1388532787 4.060000
1388533388 4.060000
```

可以使用 read_csv 来读取数据文件，只需要指定列之间的分隔符是 Tab 符号：delimiter="\t"。在读取这两个文件时，还可以通过显式地设置 names 关键字参数来命名列，因为本例文件中的数据没有列头。

```
In [78]: df1 = pd.read_csv('temperature_outdoor_2014.tsv', delimiter="\t",
    ...:                   names=["time", "outdoor"])
In [79]: df2 = pd.read_csv('temperature_indoor_2014.tsv', delimiter="\t",
    ...:                   names=["time", "indoor"])
```

为时间序列创建 DataFrame 对象后，就可以把前几行打印出来，对数据进行观察：

```
In [80]: df1.head()
Out[80]:
```

	time	outdoor
0	1388530986	4.38
1	1388531586	4.25
2	1388532187	4.19
3	1388532787	4.06
4	1388533388	4.06

下一步就是把 UNIX 时间戳转换为日期和时间对象，为此，可以使用 to_datetime 方法，设置参数 unit="s"。另外，可以使用 tz_localize 来本地化时间戳，使用 tz_convert 把时区转换为 Europe/Stockholm 时区。我们还可以利用 set_index 把时间列设置为索引：

```
In [81]: df1.time = (pd.to_datetime(df1.time.values, unit="s")
    ...:             .tz_localize('UTC').tz_convert('Europe/Stockholm'))
In [82]: df1 = df1.set_index("time")
In [83]: df2.time = (pd.to_datetime(df2.time.values, unit="s")
    ...:             .tz_localize('UTC').tz_convert('Europe/Stockholm'))
In [84]: df2 = df2.set_index("time")
In [85]: df1.head()
Out[85]:
```

time	outdoor
2014-01-01 00:03:06+01:00	4.38
2014-01-01 00:13:06+01:00	4.25
2014-01-01 00:23:07+01:00	4.19
2014-01-01 00:33:07+01:00	4.06
2014-01-01 00:43:08+01:00	4.06

把室外温度数据集的前几行打印出来，可以看到该数据集的索引现在的确是日期和时间对象。正如我们将在下面的示例中看到的那样，通过使用适当的日期和时间对象(不同于使用整数类型的 UNIX 时间戳)作为时间序列的索引，可以让我们执行很多面向时间的操作。在继续更详细地研究数据之前，我们先来绘制这两个时间序列的图形，以便对数据有个基本的了解。可以使用 DataFrame.plot 函数来绘图，结果如图 12-3 所示。请注意，8 月份的数据有缺失。数据不完整是一个常见的问题，用合适的方法处理缺失的数据是 Pandas 库的一项重要任务。

```
In [86]: fig, ax = plt.subplots(1, 1, figsize=(12, 4))
    ...: df1.plot(ax=ax)
    ...: df2.plot(ax=ax)
```

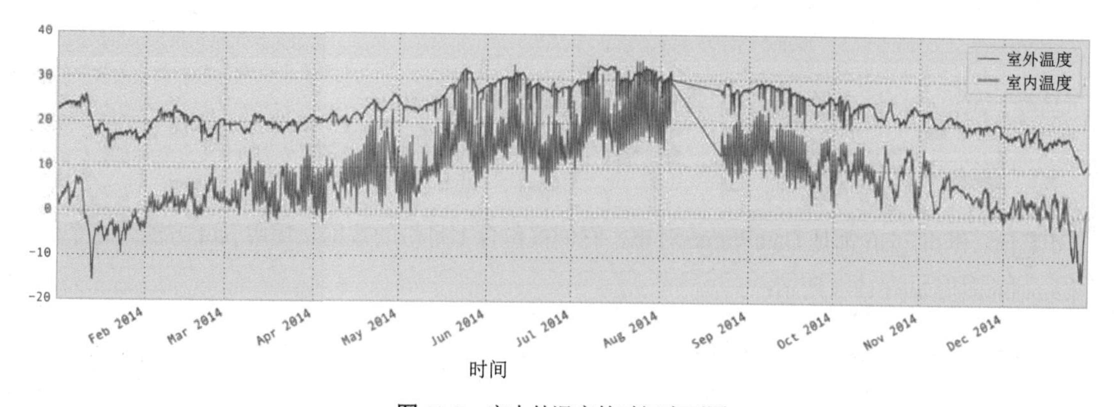

图 12-3　室内外温度的时间序列图

从 DataFrame 对象的 info 方法的返回结果中也可以得到一些很有用的信息。在本例中，该方法告诉我们数据集中有将近 5 万个数据，时间从 2014-01-01 00:03:06 开始，到 2014-12-30 23:56:35 结束：

```
In [87]: df1.info()
<class 'pandas.core.frame.DataFrame'>
DatetimeIndex: 49548 entries, 2014-01-01 00:03:06+01:00 to 2014-12-30
23:56:35+01:00
Data columns (total 1 columns):
Outdoor    49548 non-null float64
dtypes: float64(1) memory usage: 774.2 KB
```

针对时间序列的常见操作是选取其中部分数据。例如，对于 2014 年的全部数据集，我们只对 1 月份的数据感兴趣，选取这段数据并进行分析。在 Pandas 中，我们有多种方法来实现该目标。例如，可以使用 DataFrame 的布尔索引为子数据集创建新的 DataFrame。要为 1 月份数据创建布尔索引掩码，可以使用 Pandas 的时间序列功能对时间序列索引与日期时间字符串进行比较。在下面的代码中，表达式 df1.index >= "2014-1-1"(df1.index 是一个 DatetimeIndex 实例)将返回一个布尔类型的 NumPy 数组，它可以用作所需选择的元素的掩码。

```
In [88]: mask_jan = (df1.index >= "2014-1-1") & (df1.index < "2014-2- 1")
In [89]: df1_jan = df1[mask_jan]
In [90]: df1_jan.info()
<class 'pandas.core.frame.DataFrame'>
DatetimeIndex: 4452 entries, 2014-01-01 00:03:06+01:00 to 2014-01-31
23:56:58+01:00
Data columns (total 1 columns):
outdoor 4452 non-null float64
dtypes: float64(1) memory usage: 69.6 KB
```

另外，可以直接使用切片语法，将日期时间字符串作为参数：

```
In [91]: df2_jan = df2["2014-1-1":"2014-1-31"]
```

df1_jan 和 df2_jan 都是 DataFrame 对象，它们仅包含 1 月份的数据。使用 plot 方法为这个数据子集绘制的图形如图 12-4 所示：

```
In [92]: fig, ax = plt.subplots(1, 1, figsize=(12, 4))
    ...: df1_jan.plot(ax=ax)
    ...: df2_jan.plot(ax=ax)
```

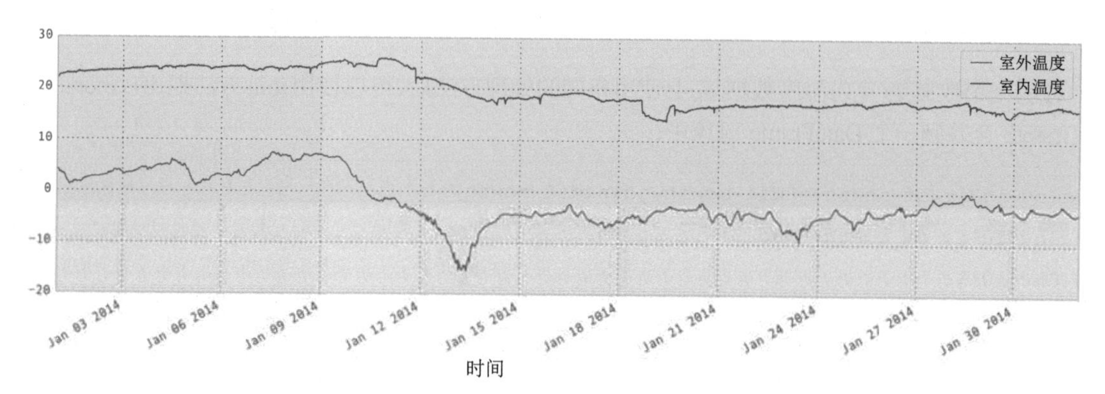

图 12-4　截取部分时间段内室内外温度的时间序列图(1 月份)

与 Python 标准库中的 datetime 类一样，Pandas 中用于表示时间的 Timestamp 类也有相关的属性用来获得年、月、日、时、分、秒等字段。这些字段在处理时间序列时特别有用。例如，如果希望计算一年中每个月的平均温度，可以首先创建一个新的列 month，并把 DatetimeIndex 索引的 Timestamp 值的 month 字段赋值给该列。要从每个 Timestamp 值中提取月字段，可以首先调用 reset_index，把 DataFrame 的索引指向某个列(新的 DataFrame 对象又重新使用整数索引)，然后可以在新创建的时间列上使用 apply 方法[1]：

```
In [93]: df1_month = df1.reset_index()
In [94]: df1_month["month"] = df1_month.time.apply(lambda x: x.month)
In [95]: df1_month.head()
Out[95]:
```

	time	outdoor	month
0	2014-01-01 00:03:06+01:00	4.38	1
1	2014-01-01 00:13:06+01:00	4.25	1
2	2014-01-01 00:23:07+01:00	4.19	1
3	2014-01-01 00:33:07+01:00	4.06	1
4	2014-01-01 00:43:08+01:00	4.06	1

接下来，可以按照新的 month 字段对 DataFrame 进行分组，并使用 mean 函数来计算每个分组内的平均值。

```
In [96]: df1_month = df1_month.groupby("month").aggregate(np.mean)
In [97]: df2_month = df2.reset_index()
In [98]: df2_month["month"] = df2_month.time.apply(lambda x: x.month)
```

1 也可以直接使用 DatetimeIndex 索引对象的 month 方法，但本例中为了演示，我们使用了更加清晰的方法。

```
In [99]: df2_month = df2_month.groupby("month").aggregate(np.mean)
```

在另一个数据集(室内温度数据集)上使用相同的处理方法后，可以使用join方法把df1_month 和 df2_month 合并到一个 DataFrame 对象中：

```
In [100]: df_month = df1_month.join(df2_month)
In [101]: df_month.head(3)
Out[101]:
```

time	outdoor	indoor
1	-1.776646	19.862590
2	2.231613	20.231507
3	4.615437	19.597748

这里只使用了几行代码，就利用 Pandas 的数据处理功能对数据进行了转换和计算。通常情况下，为了完成相同或类似的分析工作，可能存在很多不同的方法用于组合 Pandas 提供的工具。例如对于本例，可以在一行代码里面使用 to_period、groupby 和 concat 方法来完成整个过程(concat 与 join 类似，可以把多个 DataFrame 合并为一个)：

```
In [102]: df_month = pd.concat([df.to_period("M").groupby(level=0).mean()
          for df in [df1, df2]],
    ...:                        axis=1)
In [103]: df_month.head(3)
Out[103]:
```

time	outdoor	indoor
2014-01	-1.776646	19.862590
2014-02	2.231613	20.231507
2014-03	4.615437	19.597748

为了对结果进行可视化，可以使用 DataFrame 的 plot 方法把月平均温度绘制成柱状图和箱型图，绘制结果如图 12-5 所示。

```
In [104]: fig, axes = plt.subplots(1, 2, figsize=(12, 4))
    ...: df_month.plot(kind='bar', ax=axes[0])
    ...: df_month.plot(kind='box', ax=axes[1])
```

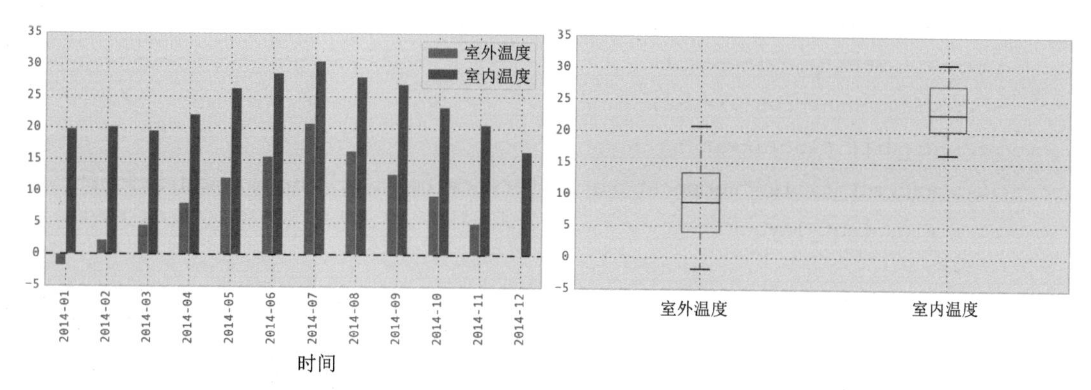

图 12-5　每个月室内外平均温度的柱状图(左图)和箱型图(右图)

最后，Pandas 时间序列对象的一个非常有用的功能就是可以使用 resample 方法对时间序列进行升采样(up-sampling)和降采样(down-sampling)。重采样(resampling)是指改变某个时间序列中数据点的数量，即可以增加(升采样)，也可以减少(降采样)。对于升采样，需要用某种方法来填充缺失的值；对于降采样，需要用某种方法把多个样本点聚合成一个新的样本点。resample 方法的第一个参数是一个字符串，用于指定重采样的频率。例如，H 表示以 1 小时为重采样的时间间隔、D 表示以 1 天为重采样的时间间隔、M 表示以 1 个月为重采样的时间间隔，也可以组合一些简单的表达式，例如 7D 表示以 7 天为重采样的时间间隔。resample 方法会返回一个 resampler 对象，可以调用它的聚合方法，如 mean、sum 等，以获得重采样的数据。

为了演示 resample 方法，我们考虑前面温度数据的两个时间序列。原始数据的采样频率大概是 10 分钟，因而一年内的数据很多。为了绘图，或者如果想要比较两个时间序列(这两个时间序列采样的时间戳稍微有点不一样)，通常需要对原始数据进行降采样。这样可以让绘制的时间序列图形更加平缓和规律，能够更加方便地进行比较。在下面的代码中，我们利用四种不同的采样频率对室外温度时间序列进行重采样，并绘制对应的时间序列图。我们还将室外温度和室内温度时间序列重采样到每天的平均值，并得到一年内每天室内平均温度和室外平均温度的差值，如图 12-6 所示。这些操作都非常方便，这是 Pandas 库真正擅长的众多领域之一。

```
In [105]: df1_hour = df1.resample("H").mean()
In [106]: df1_hour.columns = ["outdoor (hourly avg.)"]
In [107]: df1_day = df1.resample("D").mean()
In [108]: df1_day.columns = ["outdoor (daily avg.)"]
In [109]: df1_week = df1.resample("7D").mean()
In [110]: df1_week.columns = ["outdoor (weekly avg.)"]
In [111]: df1_month = df1.resample("M").mean()
In [112]: df1_month.columns = ["outdoor (monthly avg.)"]
In [113]: df_diff = (df1.resample("D").mean().outdoor - df2.resample("D").
                    mean().indoor)
In [114]: fig, (ax1, ax2) = plt.subplots(2, 1, figsize=(12, 6))
     ...: df1_hour.plot(ax=ax1, alpha=0.25)
```

```
    ...: df1_day.plot(ax=ax1)
    ...: df1_week.plot(ax-ax1)
    ...: df1_month.plot(ax=ax1)
    ...: df_diff.plot(ax=ax2)
    ...: ax2.set_title("temperature difference between outdoor and indoor")
    ...: fig.tight_layout()
```

图 12-6　对室外温度以每小时、每天、每周、每月为时间间隔进行重采样(上图)，以及每天室外温度与室内温度的差值(下图)

作为升采样的示例，请查看下面的代码，我们使用三种不同的聚合方法(mean 均值填充、ffill 前值填充、bfill 后值填充)对 DataFrame 对象 df1 以 5 分钟的频率进行重采样。原始的采样频率是大概 10 分钟，因此这个重采样是升采样。得到的结果是三个新的 DataFrame，我们用 concat 方法把它们组合成一个 DataFrame 对象。下面的代码还把 DataFrame 的前五行数据打印出来了。请注意，每两个数据点中的第二个数据点都是新的采样点，它们的值取决于所采用聚合方法的填充策略。如果没有使用填充策略，对应的值就会被标记为缺失值 NaN。

```
In [115]: pd.concat(
    ...: [df1.resample("5min").mean().rename(columns={"outdoor":
         'None'}),
    ...: df1.resample("5min").ffill().rename(columns={"outdoor":
         'ffill'}),
    ...: df1.resample("5min").bfill().rename(columns={"outdoor":
         'bfill'})],
    ...: axis=1).head()
Out[115]:
```

time	None	ffill	bfill

```
2014-01-01 00:00:00+01:00 4.38  4.38    4.38
2014-01-01 00:05:00+01:00 NaN   4.38    4.25
2014-01-01 00:10:00+01:00 4.25  4.25    4.25
2014-01-01 00:15:00+01:00 NaN   4.25    4.19
2014-01-01 00:20:00+01:00 4.19  4.19    4.19
```

12.3 Seaborn 图形库

Seaborn 是构建于 matplotlib 基础之上的图形库，它在统计分析和数据处理方面很有用，可以生成分布图(distribution plot)、核密度图(kernel-density plot)、联合分布图(joint distribution plot)、分类图(factor plot)、热度图(heatmap)、网格绘图(facet plot)，还提供了几种可视化回归的方法，以及设置颜色的函数以及多个精心设计的调色板。Seaborn 库十分注重所绘制图形的美观程度，生成的图形既好看又能提供丰富的信息。Seaborn 库与底层 matplotlib 库的区别是，Seaborn 库为某些特定应用领域(统计分析和数据可视化)提供了简单的高级绘图函数。使用 Seaborn 库可以十分轻松地生成标准的统计图表，这使其成为数据分析的一把利器。

在开始使用 Seaborn 库之前，我们首先使用 sns.set 函数为生成的图形设置样式。在下面的代码中，我们使用了 darkgrid 样式，该样式能生成带有灰色背景的图形(也可以尝试使用 whitegrid 样式)。

```
In [116]: sns.set(style="darkgrid")
```

导入 Seaborn 库并设置样式将会改变 matplotlib 图形的默认设置，包括 Pandas 库生成的图形。例如，下面的代码使用了之前的室内及室外温度时间序列数据，得到的图形如图 12-7 所示。虽然图形是使用 Pandas 中 DataFrame 的 plot 方法绘制的，但是由于使用 sns.set 方法改变了图形的样式，因此生成的图形与图 12-3 不一样。

```
In [117]: df1 = pd.read_csv('temperature_outdoor_2014.tsv', delimiter="\t",
     ...:                   names=["time", "outdoor"])
     ...: df1.time = (pd.to_datetime(df1.time.values, unit="s")
     ...:             .tz_localize('UTC').tz_convert('Europe/Stockholm'))
     ...: df1 = df1.set_index("time").resample("10min").mean()
In [118]: df2 = pd.read_csv('temperature_indoor_2014.tsv', delimiter="\t",
     ...:                   names=["time", "indoor"])
     ...: df2.time = (pd.to_datetime(df2.time.values, unit="s")
     ...:             .tz_localize('UTC').tz_convert('Europe/Stockholm'))
     ...: df2 = df2.set_index("time").resample("10min").mean()
In [119]: df_temp = pd.concat([df1, df2], axis=1)
In [120]: fig, ax = plt.subplots(1, 1, figsize=(8, 4))
     ...: df_temp.resample("D").mean().plot(y=["outdoor", "indoor"], ax=ax)
```

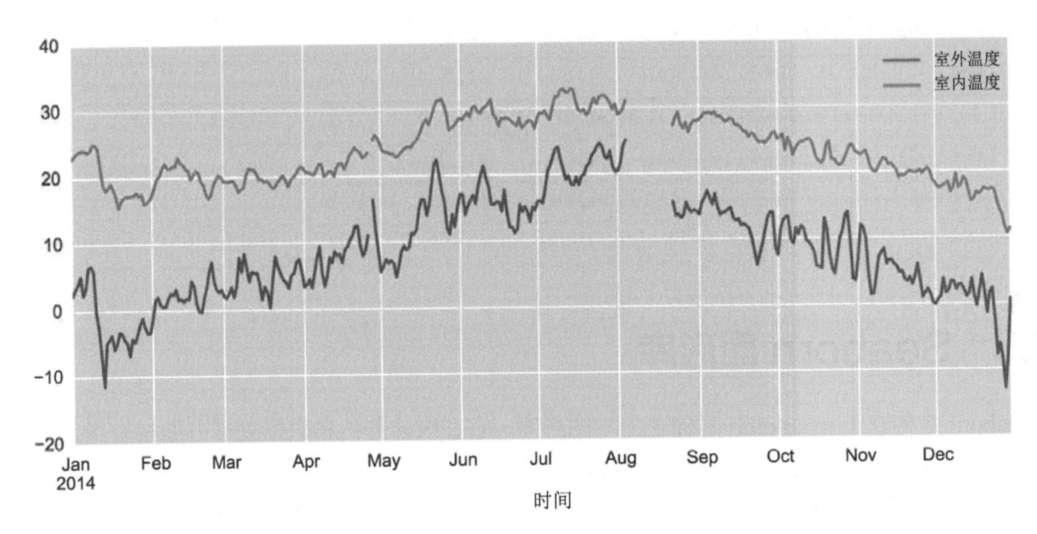

图 12-7 使用 Pandas 库的 matplotlib 绘制的时间序列图，并使用 Seaborn 库设置图形的样式

除了生成漂亮的图形外，Seaborn 库的主要优势在于提供了简单易用的图形绘制统计方法，例如 kdeplot 和 distplot，它们分别可用于绘制核密度估计(kernel-density estimate)图和直方图，并且可以把核密度估计图叠加在直方图上。例如，下面两行代码生成的图形如 12-8 所示。图中蓝色和绿色的实线是核密度估计图，这样的图也可以用 kdeplot 方法来分别生成。

```
In [121]: sns.distplot(df_temp.to_period("M")["outdoor"]["2014-04"].
dropna().values, bins=50);
     ...: sns.distplot(df_temp.to_period("M")["indoor"]["2014-04"].
dropna().values, bins=50);
```

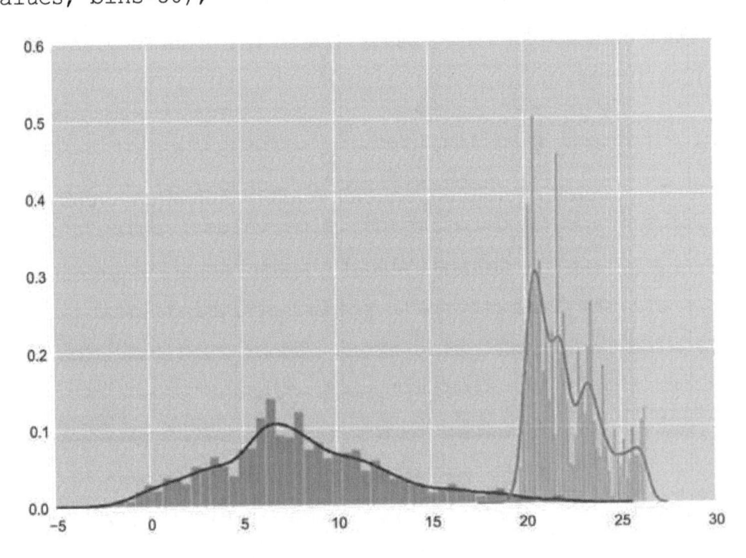

图 12-8 室内及室外数据子集(4 月份)的直方图(柱状图)和核密度图(实线)

kdeplot 也可以对二维数据进行操作，用于绘制联合的核密度估计等高线图(contour graph)。与之相关的是，可以使用 jointplot 函数来绘制两个独立数据集的联合分布图。在下面的例子中，我们使用 kdeplot 和 jointplot 绘制了室内及室外温度两个数据集之间的相关性，并在绘制之前把数据重采样到每小时的平均值(我们还使用 dropna 方法去除了丢失值，因为 seaborn 模块中的函数能接收有缺失数据的数组)。绘制的结果如图 12-9 所示。

```
In [122]: sns.kdeplot(df_temp.resample("H").mean()["outdoor"].dropna().values,
     ...:                df_temp.resample("H").mean()["indoor"].dropna().
                         values, shade=False)
In [123]: with sns.axes_style("white"):
     ...:     sns.jointplot(df_temp.resample("H").mean()["outdoor"].values,
     ...:                   df_temp.resample("H").mean()["indoor"].values,
                          kind="hex")
```

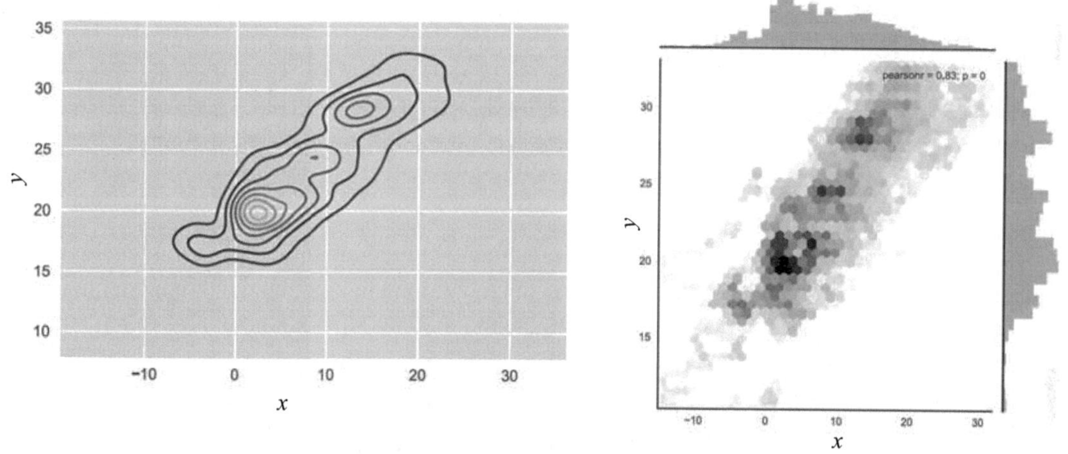

图 12-9 室内及室外温度数据集的二维核密度估计等高线图(左图)和联合分布图(右图)。*x* 轴代表室外温度，*y* 轴代表室内温度

Seaborn 库还提供处理分类数据的功能。对于分类数据集，比较常用的工具是标准的箱型图，可以对数据的统计信息(最小值、最大值、中位数、四分位数)进行可视化。标准的箱型图有一个变体，也就是小提琴图(violin plot)，可用箱体的宽度来表示核密度估计值。boxplot 和 violinplot 函数可用于生成这些类型的图形，代码如下所示，生成的图形如图 12-10 所示。

```
In [124]: fig, (ax1, ax2) = plt.subplots(1, 2, figsize=(8, 4))
     ...: sns.boxplot(df_temp.dropna(), ax=ax1, palette="pastel")
     ...: sns.violinplot(df_temp.dropna(), ax=ax2, palette="pastel")
```

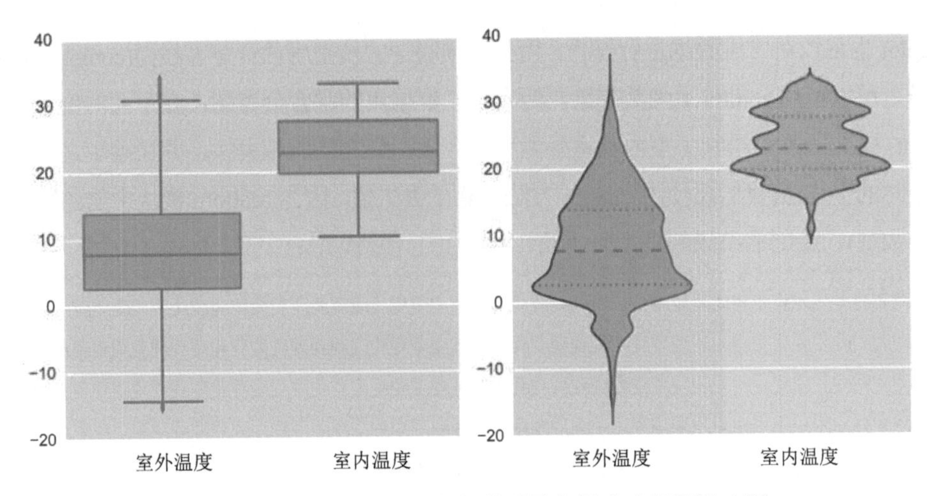

图 12-10　室内及室外温度数据集的箱型图(左图)和小提琴图(右图)

下面再举一个小提琴图的例子，考虑按月份划分室外温度数据集，可以将 DataFrame 索引的月份字段作为第二个参数(用于对数据进行分组)。生成的图形如图 12-11 所示，可以把一年中每个月温度数据的分布紧凑地可视化在一幅图形中。

```
In [125]: sns.violinplot(x=df_temp.dropna().index.month,
     ...:                y=df_temp.dropna().outdoor, color="skyblue");
```

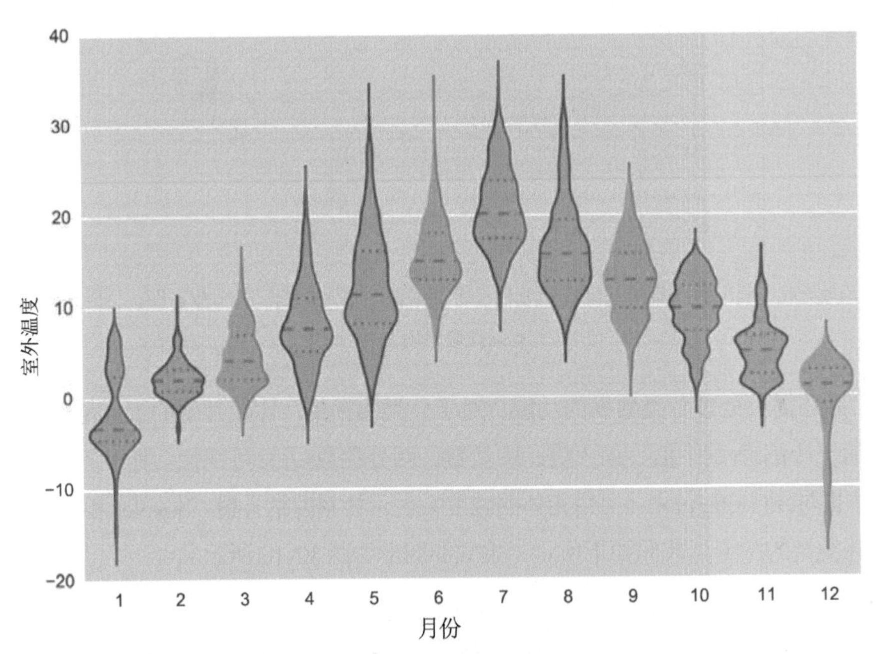

图 12-11　按月分组的室外温度的小提琴图

热度图是另外一种在处理分类变量时很好用的工具，特别是对于具有大量分类的数据。Seaborn 库提供了用于生成此类图形的函数 heatmap。例如，使用室外温度数据集，可以按照月和小时创建两个分类列，这两列的数据可分别从索引对应的字段中获取。然后，可以使用 Pandas 的 pivot_table

函数将两个分类变量作为新的索引和列来构造透视表(矩阵)，在新的数据表中将每一小时作为单独一列，将每一月作为一行(索引)。可通过设置参数 aggfunc=np.mean 来计算平均值，从而聚合每个 hour-month 类别的值：

```
In [126]: df_temp["month"] = df_temp.index.month
     ...: df_temp["hour"] = df_temp.index.hour
In [127]: table = pd.pivot_table(df_temp, values='outdoor',
                    index=['month'], columns=['hour'],
     ...:                        aggfunc=np.mean)
```

一旦创建了透视表，就可以使用 Seaborn 中的 heatmap 函数对其进行可视化，生成对应的热度图，如图 12-12 所示。

```
In [128]: fig, ax = plt.subplots(1, 1, figsize=(8, 4))
     ...: sns.heatmap(table, ax=ax)
```

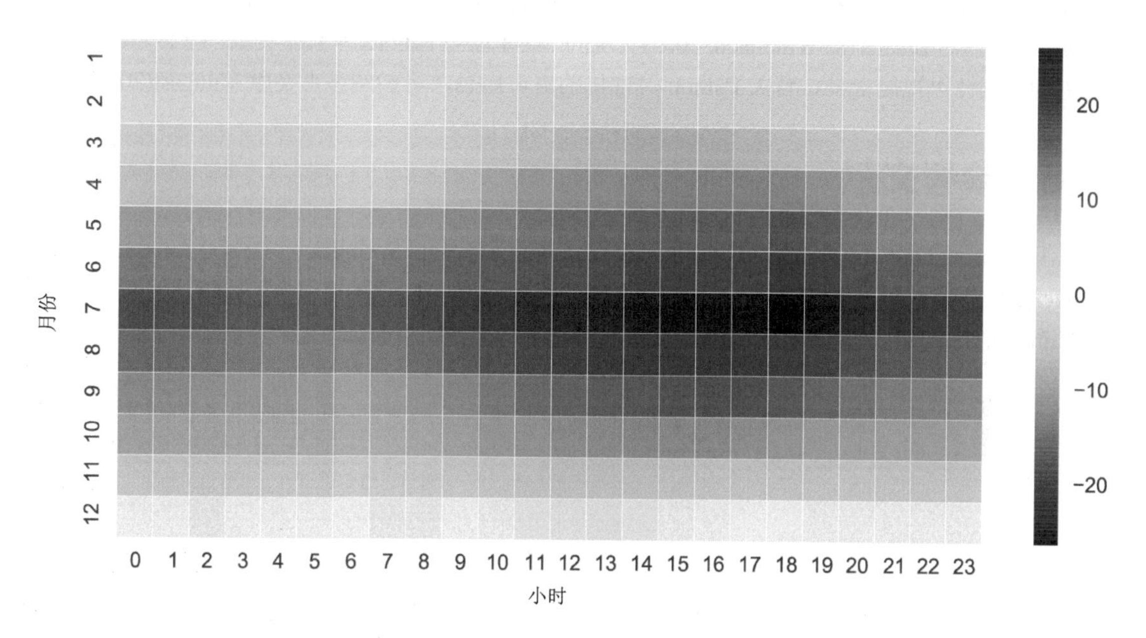

图 12-12　将室外温度数据集按小时和月份分类后的热度图

Seaborn 库提供的可视化工具远不止本章介绍的这些，这里我们只是通过几个简单的例子来看看该库可以做什么。Seaborn 库在本质上是一个便捷的统计分析和数据探索(exploration of data)工具，能够以最小的代价生成很多标准的统计图形。在后面的章节中，我们将会看到 Seaborn 库的更多应用示例。

12.4　本章小结

本章研究了如何使用 Pandas 库对数据进行表示和处理，并简单介绍了统计图形的可视化工具

Seaborn 库。Pandas 库为 Python 数据处理提供了后台支持，它在 NumPy 数组的基础之上为数据的表示增加了一个更高级别的抽象层，也增加了对底层数据进行操作的方法。Pandas 在数据加载、转换和操作方面的简便性使其成为 Python 数据处理过程中十分重要的一部分。Pandas 库还包含了基本的数据可视化功能，能够快速地对表示为 Pandas Series 和 DataFrame 对象的数据进行可视化，它们也是数据探索和分析中的重要工具。Seaborn 库提供了更丰富的统计图表，通常只需要一行代码就可以生成漂亮的图表。Seaborn 库中的很多函数可以直接使用 Pandas 数据结构。

12.5 扩展阅读

对 Pandas 库的更全面介绍来自 McKinney 撰写的 *Python for Data Analysis* (McKinney, (2013))，书中对 NumPy 也有详细介绍。Pandas 的官方文档(http://pandas.pydata.org/pandas-docs/stable)对各种功能也有非常详细的描述。另外一个非常好的学习 Pandas 的在线资源是 http://github.com/jvns/pandas-cookbook。对于数据可视化，本章介绍了 Seaborn 库，相应的官方网站上也有很好的介绍文档。对于更高级别的可视化工具，Python 的 ggplot 库(http://ggplot.yhathq.com)值得一看，该库是基于 *The Grammar of Graphics* (L. Wilkinson, 2005)实现的。该库也与 Pandas 库紧密集成，能够为数据分析提供方便的统计可视化工具。有关 Python 可视化的更多信息，可参阅参考文献 Vaingast(2014).

12.6 参考文献

L. Wilkinson, D. W. (2005). *The Grammar of Graphics.* Chicago: Springer.

McKinney, W. (2013). *Python for Data Analysis.* Sebastopol: O'Reilly.

Vaingast, S. (2014). *Beginning Python Visualization.* New York: Apress.

第 13 章

统　　计

一直以来，统计学就是数学领域中一个重要的分支，几乎涉及科学和工程学的所有应用领域，同时也广泛应用于商业、医学等其他需要依靠数据来获取知识和做出决策的领域。随着近年来对于数据分析的需求激增，人们对于统计方法的兴趣也与日俱增。计算机辅助统计拥有很长的历史，长期以来由传统的特定领域(domain-specific)的专用软件和编程环境统治，例如 S 语言，近年来则是 R 语言。在过去的几年中，Python 在统计分析领域的应用迅速增长，到目前为止，已经有成熟的 Python 统计库。利用这些库，Python 在很多统计领域可以匹配领域专用语言的部分功能和性能，虽然还不能完成全部功能，但 Python 语言及其生态环境具有独特的优势。NumPy 库和 SciPy 库为很多基本的统计方法提供了计算工具，下一章将要介绍的 statsmodels 库和 scikit-learn 库则覆盖了高级的统计建模和机器学习方法。

本章将重点介绍如何使用 Python 来实现基本的统计应用，特别是 SciPy 中的 stats 模块。我们将介绍描述性统计量、随机数、随机变量、分布以及假设检验。我们将在下一章更多地涉及统计建模和机器学习方面的内容。一些基础的统计函数可以通过 NumPy 库获得，如用于计算描述性统计量的函数和生成随机数的模块。SciPy 的 stats 模块建立在 NumPy 基础之上，可以提供特定分布的随机数生成器。

13.1　导入模块

本章主要使用 SciPy 中的 stats 模块，可按照惯例从 SciPy 中选择导入该模块。在本章，我们按照下面的方法导入 stats 模块及 optimize 模块：

```
In [1]: from scipy import stats
   ...: from scipy import optimize
```

另外，和以前一样，我们还需要导入 NumPy 和 matplotlib 库：

```
In [2]: import numpy as np
In [3]: import matplotlib.pyplot as plt
```

还需要导入用于绘制统计图形的 Seaborn 库，并设置样式：

```
In [4]: import seaborn as sns
In [5]: sns.set(style="whitegrid")
```

13.2 概率统计回顾

我们首先来复习一下统计学的基础知识，介绍一下本章以及后续章节中将要用到的一些关键概念和符号。统计学主要是为了通过收集和分析数据，得到相关的结论以用于决策支持。当我们对于某种现象不具有完整的信息时，应用统计方法就十分有必要。通常情况下，我们得到的信息都是不完整的，因为我们无法收集目标总体中所有成员的数据，或者因为我们观察的对象存在不确定性(例如存在测量噪声)。当我们无法调查总体时，可以研究随机选择的样本，利用统计方法并计算描述性统计量(如均值、方差等)，在可控的误差范围内推断总体(也称为样本空间)的参数。

统计方法建立在概率论的基础之上，可以使用概率分布、随机变量对不确定以及不完整信息进行建模。例如，使用从某个总体中随机选择的样本，我们希望获得能够代表总体性质的代表性样本(representative sample)。在概率论中，观察到的每个结果都具有一定的概率，所有可能的观察结果的概率构成了概率分布。给定概率分布，可以计算总体的属性，例如均值和方差，但对于随机选择的样本，我们只知道期望值或平均值。

在统计分析中，区分总体和样本的统计量很重要。这里我们用希腊字母符号来表示总体的参数，用带下标 x 的总体参数来表示某个样本对应的统计量。例如，总体的均值和方差分别用 μ 和 σ^2 表示，而某个样本 x 的均值和方差则用 μ_x 和 σ_x^2 表示。另外，我们用大写字母(如 X)来表示总体的变量(随机变量)，而用小写字母(如 x)来表示一组样本元素。带上画线的符号表示均值，比如 $\mu=\overline{\mathrm{X}}=\frac{1}{N}\sum_{i=1}^{N}x_i$ 和 $\mu_x=\overline{x}=\frac{1}{n}\sum_{i=1}^{n}x_i$，其中 N 是总体 X 的元素数量，n 是样本 x 的元素数量。这两个表达式的唯一区别在于元素的数量($N \geqslant n$)。方差稍微比均值复杂一点，总体的方差是 $\sigma^2=\frac{1}{N}\sum_{i=1}^{N}(x_i-\mu)^2$，对应的样本的方差是 $\sigma_x^2=\frac{1}{n-1}\sum_{i=1}^{n}(x_i-\mu_x)^2$。在后一个表达式中，我们用样本的均值替换了总体的平均值 μ，除以 $n-1$ 而不是 n。这样做的原因是：在计算样本的均值时，已经从样本集中去掉了一个自由度，所以在计算样本的方差时，只剩下 $n-1$ 个自由度。因此，计算总体方差和样本方差的方法略有不同，Python 中用于计算统计量的函数也反映了这一点。

在第 2 章，我们使用 NumPy 函数或相应的 ndarray 方法来计算数据的描述性统计量。例如，要计算数据集的均值和中位数，可以使用 NumPy 函数 mean 和 median：

```
In [6]: x = np.array([3.5, 1.1, 3.2, 2.8, 6.7, 4.4, 0.9, 2.2])
In [7]: np.mean(x)
Out[7]: 3.1
In [8]: np.median(x)
Out[8]: 3.0
```

类似地，可以使用 min 和 max 函数或对应的 ndarray 方法来计算数组中的最大值和最小值：

```
In [9]: x.min(), x.max()
Out[9]: (0.90, 6.70)
```

为了计算数据集的方差和标准差，可以使用 var 和 std 方法。默认情况下，使用总体的方差和标准差公式(假设数据集是整个总体)：

```
In [10]: x.var()
Out[10]: 3.07
In [11]: x.std()
Out[11]: 1.7521415467935233
```

但是，可以使用参数 ddof(自由度的个数)来改变公式中的自由度。方差公式中的分母是数组的元素数减去 ddof。因此，如果要计算方差的无偏估计以及样本的标准差，需要把 ddof 设置为 1：

```
In [12]: x.var(ddof=1)
Out[12]: 3.5085714285714293
In [13]: x.std(ddof=1)
Out[13]: 1.8731181032095732
```

接下来，我们将详细介绍如何使用 NumPy 和 SciPy 的 stats 模块来生成随机数，如何表示随机变量和随机分布，以及如何进行假设检验。

13.3 随机数

Python 的标准库中包含了 random 模块，从而为少量基本的概率分布提供了生成单个随机数的函数。NumPy 库中的 random 模块提供了类似的函数，但是这些函数能生成随机数的 NumPy 数组，并且支持更多的概率分布。随机数数组通常很适合于计算，所以本节主要是关注 NumPy 的 random 模块，后面的章节主要介绍 scipy.stats 中更高级的函数和类，它们构建于 NumPy 基础之上，并且进行了相关的扩展。

本书前面已经使用了 np.random.rand 函数，在半开区间[0, 1]上生成均匀分布的浮点数。除了这个函数外，np.random 模块还有很多其他函数用于在不同的区间上生成具有不同分布的随机数，并得到不同类型的值(如浮点数、整数等)。例如，randn 函数可以生成标准正态分布(均值为 0、标准差为 1 的正态分布)的随机数，而 randint 函数能够在给定的半开区间范围内生成均匀分布的整数型随机数。当不给定任何参数就调用 rand 和 randn 函数时，只会生成一个随机数。

```
In [14]: np.random.rand()
Out[14]: 0.532833024789759
In [15]: np.random.randn()
```

```
Out[15]: 0.8768342101492541
```

但是，如果把数组的大小作为参数传给这两个函数，将会生成一个随机数数组。例如，在下面的代码中，我们传入一个参数(5)给 rand 函数，将产生一个长度为 5 的随机数数组；传入两个参数(2 和 4)给 randn 函数，将生成一个 2 × 4 的二维随机数数组(如果需要生成高维数组，那么需要把每个维度的长度作为参数传给函数)：

```
In [16]: np.random.rand(5)
Out[16]: array([ 0.71356403, 0.25699895, 0.75269361, 0.88387918, 0.15489908])
In [17]: np.random.randn(2, 4)
Out[17]: array([[ 3.13325952, 1.15727052, 1.37591514, 0.94302846],
                [ 0.8478706 , 0.52969142, -0.56940469, 0.83180456]])
```

如果想要使用 randint 函数(也可以参阅 random_integers)来生成整数型随机数，那么需要把随机数的区间上限作为参数传给函数(下限默认是 0)，或者同时提供区间的上下限。可以使用关键字参数 size 来设置所生成数组的长度，取值可以是整数(一维数组的长度)或元组(用于设置多维数组中每个维度的长度)：

```
In [18]: np.random.randint(10, size=10)
Out[18]: array([0, 3, 8, 3, 9, 0, 6, 9, 2, 7])
In [19]: np.random.randint(low=10, high=20, size=(2, 10))
Out[19]: array([[12, 18, 18, 17, 14, 12, 14, 10, 16, 19],
                [15, 13, 15, 18, 11, 17, 17, 10, 13, 17]])
```

请注意，randint 函数会在半开区间[下限，上限]上生成整数随机数。为了证明 rand、randn 和 randint 函数生成的随机数的分布不同，可以让每个函数生成 10 000 个随机数，然后绘制各自的直方图，结果如图 13-1 所示。与预期一样，rand 和 randint 生成的随机数的分布看起来是均匀的，而 randn 生成的随机数的分布类似于以零为中心的高斯曲线。

```
In [20]: fig, axes = plt.subplots(1, 3, figsize=(12, 3))
    ...: axes[0].hist(np.random.rand(10000))
    ...: axes[0].set_title("rand")
    ...: axes[1].hist(np.random.randn(10000))
    ...: axes[1].set_title("randn")
    ...: axes[2].hist(np.random.randint(low=1, high=10, size=10000),
         bins=9, align='left')
    ...: axes[2].set_title("randint(low=1, high=10)")
```

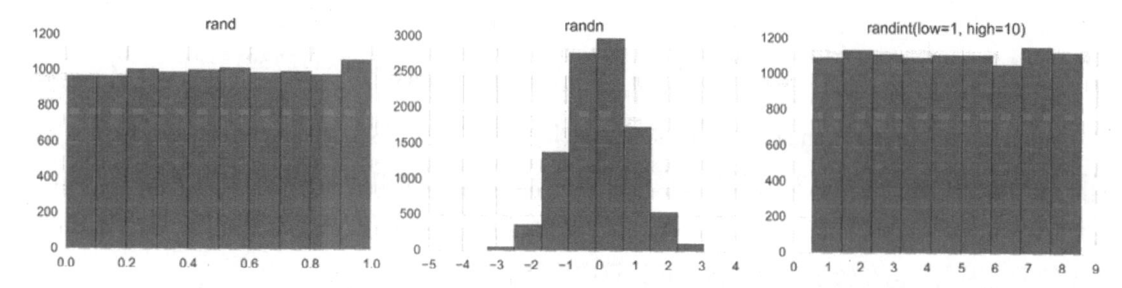

图 13-1　rand、randn 和 randint 函数各自生成的 10 000 个随机数的分布

在统计分析中，我们经常需要生成唯一的整数列表，也就是在数据集(总体)中以不放回的方式(不会取到相同的数)进行抽样(随机选取)。在 NumPy 的 random 模块中，可以使用 choice 函数来生成这类随机数。该函数的第一个参数是一个存放总体中所有观察值的列表(或数组)，或是表示总体容量的整数；第二个参数是表示需要抽样的样本容量。可以使用 replace 关键字参数来设置抽样是否放回，replace 可以是布尔值。例如，要从[0,10)整数集中抽取 5 个唯一的(不放回)个体，代码如下：

```
In [21]: np.random.choice(10, 5, replace=False)
Out[21]: array([9, 0, 5, 8, 1])
```

当使用随机数生成器时，设置生成器的种子(seed)很有用。种子是用来初始化随机数生成器的数字，一旦把随机数生成器的种子设置为某个特定数字，随机数生成器将总是生成相同的随机数序列。这在进行测试以及重现以前的结果时很有用，有时也需要重置随机数生成器的种子(例如，复制某个进程之后)。可以使用 seed 函数来设置 NumPy 随机数生成器的种子，参数是整数：

```
In [22]: np.random.seed(123456789)
In [23]: np.random.rand()
Out[23]: 0.532833024789759
```

请注意，在用某个数字设置了随机数生成器的种子(这里使用的是 123 456 789)后，后续对随机数生成器的调用都将得到相同的结果：

```
In [24]: np.random.seed(123456789); np.random.rand()
Out[24]: 0.532833024789759
```

随机数生成器的种子在 np.random 模块中是一个全局变量。通过 RandomState 类可以对随机数生成器的状态进行更精细的控制，可以使用整数种子来初始化 RamdomState 对象。RandomState 对象会跟踪随机数生成器的状态，并且可以在同一个程序中维持多个独立的随机数生成器(这一点在多线程系统中很有用)。一旦创建了 RandomState 对象，就可以使用该对象的方法来生成随机数。RandomState 类提供与 np.random 模块中类似的方法。例如，可以使用 RandomState 类的方法 randn 来生成标准的正态分布随机数。

```
In [25]: prng = np.random.RandomState(123456789)
In [26]: prng.randn(2, 4)
```

```
Out[26]: array([[ 2.212902, 2.1283978, 1.8417114, 0.08238248],
               [ 0.85896368, -0.82601643, 1.15727052, 1.37591514]])
```

类似地，还有 rand、randint、rand_integers、choice 等方法，这些都对应 np.random 模块中的同名函数。使用 RandomState 实例而不是直接使用 np.random 模块中的函数是一种好的编程习惯，因为这样可以避免对全局状态产生依赖，提高代码的独立性。这一点在开发使用随机数的库函数时是重要的考虑因素，但在较小的应用程序和计算中可能没那么重要。

除了到目前为止我们已看到的基本的随机数分布(randint 和 rand 使用的离散及连续的均匀分布，以及 randint 使用的标准正态分布)，np.random 函数以及 RandomState 方法还支持统计中经常用到的其他概率分布。这里举几个例子，如连续的 χ^2 分布(chisquare)、t 分布(standard_t)、F 分布(f)：

```
In [27]: prng.chisquare(1, size=(2, 2))
Out[27]: array([[ 0.78631596, 0.19891367],
               [ 0.11741336, 2.8713997 ]])
In [28]: prng.standard_t(1, size=(2, 3))
Out[28]: array([[ 0.39697518, -0.19469463, 1.15544019],
               [-0.65730814, -0.55125015, 0.13578694]])
In [29]: prng.f(5, 2, size=(2, 4))
Out[29]: array([[ 0.45471421, 17.64891848, 1.48620557, 2.55433261],
               [ 1.21823269, 3.47619315, 0.50835525, 0.70599655]])
```

此处还有离散的二项分布(binomial)和泊松分布(poisson)：

```
In [30]: prng.binomial(10, 0.5, size=10)
Out[30]: array([4, 5, 6, 7, 3, 5, 7, 5, 4, 5])
In [31]: prng.poisson(5, size=10)
Out[31]: array([3, 5, 5, 5, 0, 6, 5, 4, 6, 3])
```

完整的分布函数列表可以参阅 np.random 模块和 RandomState 类的文档字符串。虽然可以使用 np.random 函数以及 RandomState 类的方法为很多不同的统计分布函数生成随机数，但是 scipy.stats 模块提供了更加高级的接口，从而把随机数抽样与概率分布的其他函数结合在一起。在 13.4 节中，我们将进行更详细的介绍。

13.4 随机变量及其分布

在概率论中，随机试验的所有可能结果的集合称为样本空间。样本空间中的每个值(一次试验或观察的结果)都有一定的概率，那么所有可能值的概率就被定义为概率分布。随机变量是从样本空间到实数或整数的映射。例如，抛硬币的可能结果是正面或反面，因此样本空间是(正面、反面)。当硬币为正面时，随机变量取值为 0；当硬币为反面时，随机变量取值为 1。通常，对于随机试验，有很多方法可用来为可能的结果定义随机变量。随机变量表示一个与问题无关的随机过程。随机变量的使用更简单，因为它们是用数字来表示(如 0、1)的，而不是使用与问题相关的样本空间(如正面、反面)。所以，在求解统计相关的问题时，通常第一步就是把随机试验的样本空间集映射到某个数字的集合，并计算出概率分布。

因此，随机变量的特征由样本空间和概率分布决定，每个可能的实验结果都有一个概率。对随机变量的每次观察都会产生一个随机数，并且观察值的分布可用概率分布来描述。主要有两大类随机分布——离散分布和连续分布，它们的值分别是整数和实数。当进行统计分析时，随机变量十分重要，在实际应用中这也意味着要分析概率分布。SciPy 的 stats 模块为很多概率分布提供了表示随机变量的类。离散和连续随机变量的基类分别是 rv_discrete 和 rv_continuous。这两个类不能直接使用，而是作为特定分布的随机变量的基类，并为 SciPy 的 stats 模块中的所有随机变量类定义了公共接口。表 13-1 列举了部分离散和连续随机变量。

表 13-1　SciPy 的 stats 模块中的部分离散和连续随机变量

函数	介绍
pdf/pmf	连续型随机变量的概率密度函数，或者离散型随机变量的概率质量函数
cdf	累积分布函数
sf	生存函数(1 - cdf)
ppf	百分点函数(cdf 的反函数)
moment	n 阶非中心矩
stats	随机变量的数字特征(均值、方差及其他统计量)
fit	使用最大似然优化把分布拟合到数据(用于连续分布)
expect	分布函数的期望值
interval	求分布在给定的置信水平(百分比)下的置信区间
rvs	随机变量的采样，参数是保存样本的数组的大小
mean、median、std 和 var	描述性统计量：分布的均值、中位数、标准差和方差

SciPy的stats模块为离散和连续随机变量提供了很多类。在编写本书时，有 13 个离散分布类、98 个连续分布类，里面包含最常见的分布(以及很多不太常见的分布)。完整的随机变量类，可参考 stats 模块的文档字符串。下面将介绍一些最常见的分布，并介绍其他分布的使用方法。

SciPy的stats模块中的随机变量类有多种用法。它们都可以用来表示分布，用于计算描述性统计量和绘图，另外也可以在相应的分布后面使用 rvs(random variable sample)方法来生成随机数。后面这种用法类似于本章前面使用的 np.random 模块。

下面的示例演示了在 SciPy的stats 模块中如何使用随机变量类，我们创建了一个均值为 1、标准差为 0.5 的正态分布随机变量：

```
In [32]: X = stats.norm(1, 0.5)
```

现在，X是一个表示随机变量的对象，可以使用 mean、median、std和var 等函数计算该随机变量的统计量：

```
In [33]: X.mean()
Out[33]: 1.0
In [34]: X.median()
Out[34]: 1.0
In [35]: X.std()
Out[35]: 0.5
In [36]: X.var()
Out[36]: 0.25
```

可以使用 moment 方法计算任意顺序的非中心矩：

```
In [37]: [X.moment(n) for n in range(5)]
Out[37]: [1.0, 1.0, 1.25, 1.75, 2.6875]
```

也可以使用 stats 方法来获取分布相关的统计量列表(本例中是正态分布的随机变量，所以可以得到均值和方差)：

```
In [38]: X.stats()
Out[38]: (array(1.0), array(0.25))
```

可以使用 pdf、cdf、sf 等方法对随机变量的概率密度函数、累积分布函数、生存函数(survival function)进行求值。这些方法的参数都是一个或一组用于计算这些函数的值：

```
In [39]: X.pdf([0, 1, 2])
Out[39]: array([ 0.10798193, 0.79788456, 0.10798193])
In [40]: X.cdf([0, 1, 2])
Out[40]: array([ 0.02275013, 0.5, 0.97724987])
```

interval 方法可以用于计算概率分布在某个置信水平下的置信区间。这个方法在计算置信区间以及选取某个范围内的 x 值进行绘图时很有用：

```
In [41]: X.interval(0.95)
Out[41]: (0.020018007729972975, 1.979981992270027)
In [42]: X.interval(0.99)
Out[42]: (-0.28791465177445019, 2.2879146517744502)
```

为了建立对概率分布数字特征的直观认识，可以绘制概率密度函数、累计分布函数和百分点函数的图形。为了便于为多个分布绘制这样的图形，我们首先定义了函数 plot_rv_distribution，用于绘制随机变量对象的 pdf(或 pmf)函数、cdf 函数和 sf 函数以及 ppf 函数的图形(在 99.9%的置信区间内)。

```
In [43]: def plot_rv_distribution(X, axes=None):
    ...:     """为给定的随机变量绘制 PDF 或 PMF、CDF、SF 和 PPF"""
    ...:     if axes is None:
    ...:         fig, axes = plt.subplots(1, 3, figsize=(12, 3))
    ...:
    ...:     x_min_999, x_max_999 = X.interval(0.999)
    ...:     x999 = np.linspace(x_min_999, x_max_999, 1000)
    ...:     x_min_95, x_max_95 = X.interval(0.95)
    ...:     x95 = np.linspace(x_min_95, x_max_95, 1000)
    ...:
    ...:     if hasattr(X.dist, "pdf"):
    ...:         axes[0].plot(x999, X.pdf(x999), label="PDF")
    ...:         axes[0].fill_between(x95, X.pdf(x95), alpha=0.25)
    ...:     else:
    ...:         # 对于没有 pdf 函数的离散随机变量，我们使用 pmf 函数
    ...:         x999_int = np.unique(x999.astype(int))
    ...:         axes[0].bar(x999_int, X.pmf(x999_int), label="PMF")
    ...:     axes[1].plot(x999, X.cdf(x999), label="CDF")
    ...:     axes[1].plot(x999, X.sf(x999), label="SF")
    ...:     axes[2].plot(x999, X.ppf(x999), label="PPF")
    ...:
    ...:     for ax in axes:
    ...:         ax.legend()
```

下面就用这个函数为一些概率分布绘图：正态分布、F 分布以及离散泊松分布。结果如图 13-2 所示。

```
In [44]: fig, axes = plt.subplots(3, 3, figsize=(12, 9))
    ...: X = stats.norm()
    ...: plot_rv_distribution(X, axes=axes[0, :])
    ...: axes[0, 0].set_ylabel("Normal dist.")
    ...: X = stats.f(2, 50)
    ...: plot_rv_distribution(X, axes=axes[1, :])
    ...: axes[1, 0].set_ylabel("F dist.")
    ...: X = stats.poisson(5)
    ...: plot_rv_distribution(X, axes=axes[2, :])
    ...: axes[2, 0].set_ylabel("Poisson dist.")
```

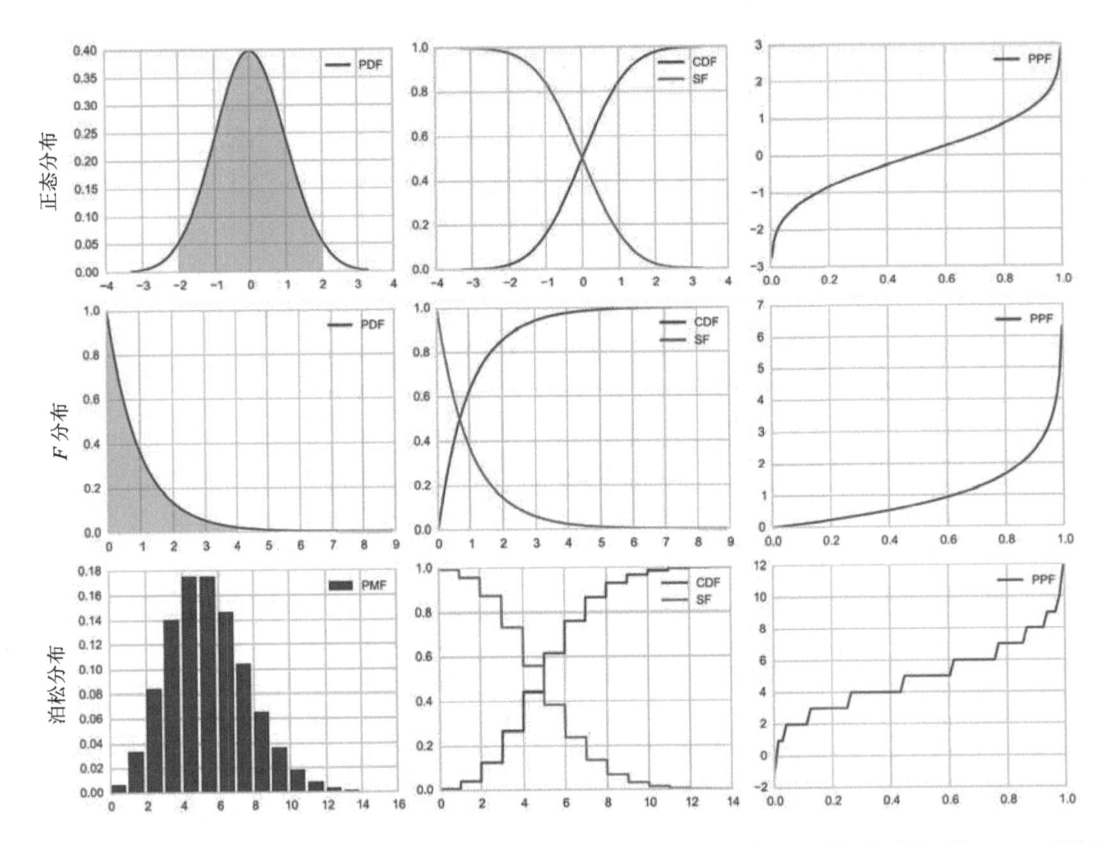

图 13-2 为正态分布(上图)、F 分布(中间图)以及泊松分布(下图)的概率密度函数(PDF)或概率质量函数(PMF)、累积分布函数(CDF)、生存函数(SF)、百分点函数(PPF)绘图

在以上这些示例中，我们对随机变量类进行了初始化、计算了其数字特征和其他属性。在 SciPy 的 stats 模块中，另外一种使用随机变量类的方法是调用类的方法，如 stats.norm.stats 方法，以分布的数字特征作为参数(通常是 loc 和 scale，就像本例中的正态分布一样)：

```
In [45]: stats.norm.stats(loc=2, scale=0.5)
Out[45]: (array(2.0), array(0.25))
```

上面的代码与先创建实例、再调用对应方法的效果一样：

```
In [46]: stats.norm(loc=1, scale=0.5).stats()
Out[46]: (array(1.0), array(0.25))
```

rv_discrete 和 rv_continuous 类中的大部分方法都可以如此使用。

到目前为止，我们只介绍了随机变量分布函数的数字特征。虽然分布函数可以用来描述随机变量，但分布本身也是完全确定的。为了产生服从指定分布的随机数，可以使用 rvs 方法。该方法的参数是输出的数组大小(可以是用整数表示的一维数组大小，或是用元组表示的多维数组大小)。下面使用 rvs(10)生成一个具有 10 个元素的一维数组：

```
In [47]: X = stats.norm(1, 0.5)
```

```
In [48]: X.rvs(10)
Out[48]: array([2.106451, 2.0641989, 1.9208557, 1.04119124, 1.42948184,
                0.58699179, 1.57863526, 1.68795757, 1.47151423, 1.4239353 ])
```

为了证明得到的随机数确实是根据对应的概率密度函数生成的，可以为某个随机变量生成大量的样本并绘制直方图，然后与概率密度函数的图形做比较。与前面一样，为了能够同时验证几个随机变量的样本，我们定义了函数 plot_dist_samples。该函数使用 interval 方法为某个特定的随机变量对象选取合适的绘图区间。

```
In [49]: def plot_dist_samples(X, X_samples, title=None, ax=None):
    ...:     """为连续随机变量绘制 PDF 和样本的直方图"""

    ...:     if ax is None:
    ...:         fig, ax = plt.subplots(1, 1, figsize=(8, 4))
    ...:
    ...:     x_lim = X.interval(.99)
    ...:     x = np.linspace(*x_lim, num=100)
    ...:
    ...:     ax.plot(x, X.pdf(x), label="PDF", lw=3)
    ...:     ax.hist(X_samples, label="samples", normed=1, bins=75)
    ...:     ax.set_xlim(*x_lim)
    ...:     ax.legend()
    ...:
    ...:     if title:
    ...:         ax.set_title(title)
    ...:     return ax
```

请注意，在这个函数中我们使用了元组的拆包(unpacking)操作*x_lim，该操作把元组 x_lim 中的元素拆出来并传给 linspace 函数的不同参数。在本例中，相当于 np.linspace(x_lim[0], x_lim[1], num=100)。

下面使用该函数对三个带有不同分布的随机变量的 1000 个样本进行可视化：学生的 t 分布、χ^2 分布(卡方分布)、指数分布，结果如图 13-3 所示。2000 是相当大的样本数量，所以这些样本的直方图能够很好地拟合概率密度函数。随着样本数量的增加，拟合度甚至能够更好。

```
In [50]: fig, axes = plt.subplots(1, 3, figsize=(12, 3))
    ...: N = 2000
    ...: # 学生的 t 分布
    ...: X = stats.t(7.0)
    ...: plot_dist_samples(X, X.rvs(N), "Student's t dist.", ax=axes[0])
    ...: # 卡方分布
    ...: X = stats.chi2(5.0)
```

```
   ...: plot_dist_samples(X, X.rvs(N), r"$\chi^2$ dist.", ax=axes[1])
   ...: # 指数分布
   ...: X = stats.expon(0.5)
   ...: plot_dist_samples(X, X.rvs(N), "exponential dist.", ax=axes[2])
```

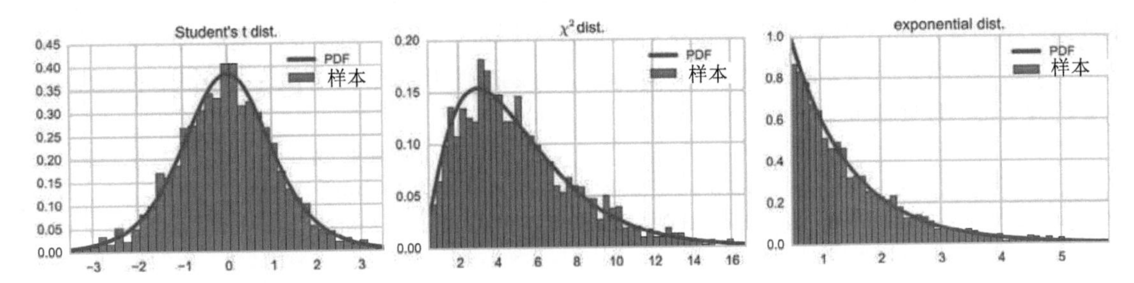

图 13-3　学生的 t 分布(左图)、χ^2 分布(中间图)、指数分布(右图)的概率密度函数(PDF)及 2000 个随机样本的直方图

与从已知分布函数绘制随机样本的图形相反的是把未知参数的概率分布拟合到一组数据点。在拟合过程中，我们希望能够得到最优的参数值，使得模型与给定数据的拟合度最好，这称为最大似然估计。SciPy 的 stats 模块中的很多随机变量类实现了 fit 方法，用于对给定的数据进行拟合。我们先来看第一个例子，从具有 5 个自由度(df=5)的 χ^2 分布中抽取 500 个样本点，然后使用 fit 方法把这些随机变量拟合到 χ^2 分布：

```
In [51]: X = stats.chi2(df=5)
In [52]: X_samples = X.rvs(500)
In [53]: df, loc, scale = stats.chi2.fit(X_samples)
In [54]: df, loc, scale
Out[54]: (5.2886783664198465, 0.0077028130326141243, 0.93310362175739658)
In [55]: Y = stats.chi2(df=df, loc=loc, scale=scale)
```

fit 方法返回分布的最大似然参数。可以将这些参数传给 stats.chi2 的初始化函数，从而创建新的随机变量实例 Y。Y 的概率分布应该与 X 的概率分布类似。为了验证这一点，可以绘制这两个随机变量的概率密度函数，结果如图 13-4 所示。

```
In [56]: fig, axes = plt.subplots(1, 2, figsize=(12, 4))
    ...: x_lim = X.interval(.99)
    ...: x = np.linspace(*x_lim, num=100)
    ...:
    ...: axes[0].plot(x, X.pdf(x), label="original")
    ...: axes[0].plot(x, Y.pdf(x), label="recreated")
    ...: axes[0].legend()
    ...:
    ...: axes[1].plot(x, X.pdf(x) - Y.pdf(x), label="error")
    ...: axes[1].legend()
```

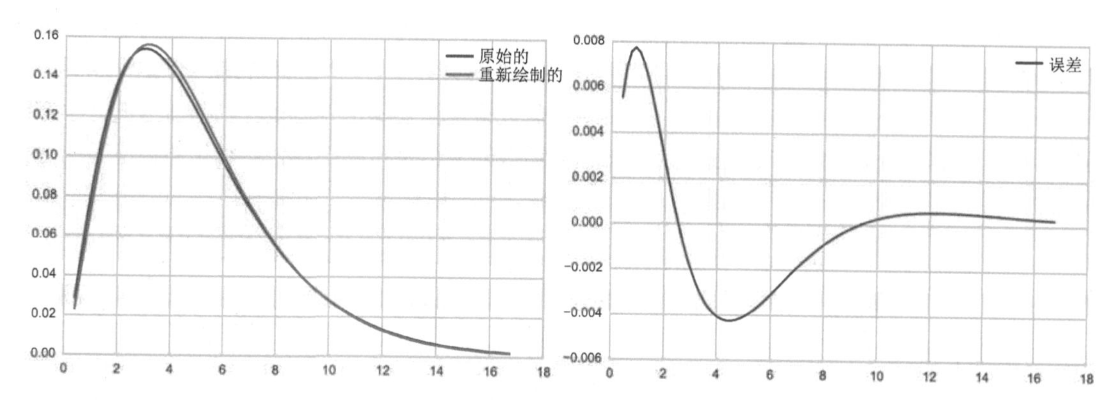

图 13-4　原始的概率分布与根据 500 个随机样本进行最大似然估计后得到的概率分布(左图)，以及二者之间的误差(右图)

本节探讨了如何使用 SciPy 的 stats 模块中的随机变量对象来描述多个分布的随机变量，如何使用它们来计算给定分布的数字特征，以及生成随机变量样本和进行最大似然拟合。在 13.5 节中，我们将了解如何进一步使用这些随机变量对象进行假设检验。

13.5　假设检验

假设检验(hypothesis testing)是科学方法的基石，用于对假设进行客观的检验，并在实际观察的基础上拒绝或接受假设。统计学中的假设检验有更具体的含义，它是一种根据数据来检验假设是否合理的系统性方法。因此，它是一种很重要的统计学方法。在假设检验中，我们把当前接受的知识状态定义为零假设(null hypothesis)H_0，而把挑战当前所接受知识状态的假设定义为备择假设(alternative hypothesis)H_A。零假设和备择假设必须是互斥和互补的，因此只有一个假设是正确的。

定义了 H_0 和 H_A之后，就需要收集用于检验的数据，可以通过测量、观察或调查来获得。下一步是根据样本数据计算得到检验统计量，检验统计量的概率分布函数包含在零假设中。然后可以根据样本数据，按照零假设中的概率分布来计算检验统计量的值(p 值，零假设成立的概率)。如果得到的 p 值小于预先设定的阈值 α(该阈值又称为显著性水平，通常是 5% 或 1%)，那么可以推断所观察的数据并不符合零假设中的分布。这种情况下，就会拒绝零假设，而接受备择假设。下面总结了假设检验的执行步骤：

(1) 提出零假设和备择假设。

(2) 选择检验统计量，检验统计量的抽样分布符合零假设。

(3) 搜集样本数据。

(4) 计算样本数据的检验统计量，获得零假设的 p 值。

(5) 如果 p 值小于预先设定的显著性水平 α，就拒绝零假设，否则就不能拒绝零假设。

统计学中的假设检验是一种概率方法，也就是说，我们不能十分确切地拒绝或不拒绝零假设。可能存在两种类型的错误：当零假设为真时，我们可能错误地拒绝零假设；当零假设不成立时，我们没有拒绝零假设。这两种错误又分别称为第 I 类错误和第 II 类错误。通过选择一定的显著性水平，可以在这两类错误间进行平衡。

一般来说，上述步骤中最具挑战性的就是获得检验统计量的样本分布。不过幸运的是，很多假设检验都是一些已知的概率分布。表 13-2 总结了常见的假设检验、对应的分布以及 SciPy 函数。至于为什么这些假设检验适用于这些分布，以及这些假设检验需要满足哪些条件，请参考统计学方面的教科书，如 Wasserman(2004)或 Rice(1995)。SciPy 函数的文档字符串中也包含每个假设检验的更详细信息。

表 13-2　常见的假设检验、对应的分布以及 SciPy 函数

零假设	分布	SciPy 的检验函数
检验单个总体的均值是否等于某个值	正态分布(stats.norm)或学生的 t 分布(stats.t)	stats. ttest_1samp
检验两个随机变量的均值是否相等	学生的 t 分布(stats.t)	stats.ttest_ind 和 stats.ttest_rel
检验某个连续分布对数据集的拟合程度	Kolmogorov-Smirnov 分布	stats.kstest
检验分类数据是否以给定的频率出现(正态分布变量的平方和)	卡方分布(stats.chi2)	stats.chisquare
检验列联表的独立性	卡方 分布(stats.chi2)	stats.chi2_contingency
检验两个及两个以上变量的方差是否相等	F 分布(stats.f)	stats.barlett 和 stats.levene
检验两个变量的非相关性	Beta 分布(stats.beta 和 stasts.mstats.betai)	stats.pearsonr 和 stats.spearmanr
检验两个及两个以上变量是否具有相同的总体均值(ANOVA-方差分析)	F 分布	stats.f_oneway 和 stats.kruskal

下面我们还将看到如何使用 SciPy 的 stats 模块中的函数来计算上述步骤(4)和(5)中的检验统计量和 p 值。

例如，常见的零假设是推断总体的均值 μ 为某个特定的值 μ_0。然后可以从总体中进行抽样，用样本的均值 $\bar{x}$ 来构造检验统计量 $z=\dfrac{\bar{x}-\mu_0}{\sigma/\sqrt{n}}$，$n$ 是样本的大小。如果总体很大，并且方差 σ 已知，那么可以认为检验统计量是正态分布的。如果方差未知，可以使用样本的方差来替换总体的方差 σ^2，检验统计量将服从学生的 t 分布。当样本数很大时，趋向于正态分布。无论最终使用哪种分布，我们都可以使用给定的分布来计算检验统计量的 p 值。

下面的示例演示了如何使用 SciPy 的 stats 模块中提供的函数来进行这类假设检验。零假设会断言随机变量 X 的均值 $\mu_0=1$。对于给定的样本 X，我们希望检验样本数据是否符合零假设。这里使用与零检验中的分布稍微不同的分布($\mu=0.8$)来生成 100 个随机样本：

```
In [57]: mu0, mu, sigma = 1.0, 0.8, 0.5
In [58]: X = stats.norm(mu, sigma)
In [59]: n = 100
In [60]: X_samples = X.rvs(n)
```

对于给定的样本数据 X_samples，接下来需要计算检验统计量。如果总体的标准差 σ 已知，就像本例中一样，那么可以使用正态分布的统计量：

```
In [61]: z = (X_samples.mean() - mu0)/(sigma/np.sqrt(n))
In [62]: z
Out[62]: -2.8338979550098298
```

如果总体的方差未知，那么可以使用样本的标准差来替代。不过在这种情况下，检验统计量 t 符合学生的 t 分布而不是正态分布。为了在这种情况下计算 t，可以使用 NumPy 的 std 方法(参数 ddof=1)来计算样本的标准差：

```
In [63]: t = (X_samples.mean() - mu0)/(X_samples.std(ddof=1)/np.sqrt(n))
In [64]: t
Out[64]: -2.9680338545657845
```

在这两种情况下，我们都会得到一个检验统计量，可以将之与对应的分布做比较，从而得到 p 值。例如，对于正态分布，可以使用 stats.norm 实例来代表正态分布的随机变量，利用 ppf 方法可以得到对应某个显著性水平的统计量值。对于显著性水平为 5%的双边假设检验(每边 2%)，统计量的阈值是：

```
In [65]: stats.norm().ppf(0.025)
Out[65]: -1.9599639845400545
```

由于观测样本的统计量是 – 2.83，小于显著性水平为 5%的双边检验阈值 – 1.96，因此在这种情况下，我们有足够的理由拒绝零假设。可以使用 cdf 方法显式地计算观察样本的检验统计量的 p 值(对于双边检验需要乘以 2)。计算得到的 p 值确实很小，这也支持对零假设进行拒绝：

```
In [66]: 2 * stats.norm().cdf(-abs(z))
Out[66]: 0.0045984013290753566
```

如果想使用 t 分布，可以使用 stats.t 类而不是 stats.norm 类。计算样本的均值后，样本数据中只剩下 $n - 1$ 个自由度。自由度的数量是 t 分布的一个重要参数，需要在创建随机变量实例时设定：

```
In [67]: 2 * stats.t(df=(n-1)).cdf(-abs(t))
Out[67]: 0.0037586479674227209
```

p 值同样很小，说明我们应该拒绝零假设。与其一步一步地进行这些计算(计算检验统计量、计算 p 值)，不如使用 SciPy 的 stats 模块中内置的函数进行这些通用检验，如表 13-2 所示。对于前面示例中的检验，可以使用 stats.ttest_1samp 直接计算检验统计量和 p 值：

```
In [68]: t, p = stats.ttest_1samp(X_samples, mu)
In [69]: t
Out[69]: -2.9680338545657841
```

```
In [70]: p
Out[70]: 0.0037586479674227209
```

同样可以看到 p 值很小(与前面得到的值一样)，因此可以拒绝零假设。把零假设的分布图以及样本数据的估计分布图绘制在一起，通过比较也可以看到差别(见图 13-5)：

```
In [71]: fig, ax = plt.subplots(figsize=(8, 3))
    ...: sns.distplot(X_samples, ax=ax)
    ...: x = np.linspace(*X.interval(0.999), num=100)
    ...: ax.plot(x, stats.norm(loc=mu, scale=sigma).pdf(x))
```

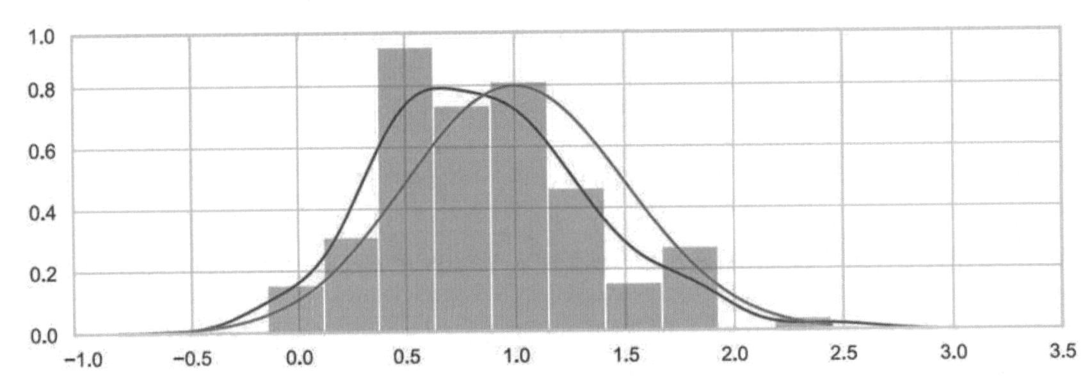

图 13-5 零假设的分布函数(绿线)和样本估计的分布函数(深蓝色)

我们再来看一下双变量问题。零假设断言两个随机变量的总体均值相等(例如分别对应接受治疗和没有接受治疗的两组独立受试者)。可以通过创建具有正态分布(随机选择的总体均值)的两个随机变量来模拟这种检验。这里我们为每个随机变量生成 50 个样本。

```
In [72]: n, sigma = 50, 1.0
In [73]: mu1, mu2 = np.random.rand(2)
In [74]: X1 = stats.norm(mu1, sigma)
In [75]: X1_sample = X1.rvs(n)
In [76]: X2 = stats.norm(mu2, sigma)
In [77]: X2_sample = X2.rvs(n)
```

我们感兴趣的是评估所观察的样本是否提供足够的证据证明两个总体的均值不相等(拒绝零假设)。对于这种情况，可以对两个独立样本使用 t 检验，为此可以使用 SciPy 中的 stats.ttest_ind 函数，该函数返回检验统计量以及对应的 p 值：

```
In [78]: t, p = stats.ttest_ind(X1_sample, X2_sample)
In [79]: t
Out[79]: -1.4283175246005888
```

```
In [80]: p
Out[80]: 0.15637981059673237
```

这里 p 值大概是 0.156，这个值没有足够小到能拒绝两个均值不同的零假设。在这个例子中，两个总体的均值确实不同：

```
In [81]: mu1, mu2
Out[81]: (0.24764580637159606, 0.42145435527527897)
```

但是，从这些分布中抽取的特定样本没法在统计上证明它们的分布是不同的(这就是第 II 类错误)。为了提升统计检验的正确性，需要增加每个随机变量的样本数量。

SciPy 的 stat 模块包含了常见类型的假设检验功能(参阅表 13-2)，它们的使用方法和本节的示例一样。但是，某些检验需要为分布的属性设置额外的参数。有关详细信息，请参考每个检验函数的文档字符串。

13.6 非参数法

到目前为止，我们已经介绍的随机变量的分布都可以由几个参数完全确定，如正态分布的均值和方差。对于给定的样本数据，可以使用最大似然法来估计分布的参数值。这些分布函数又称为有参分布，这些分布函数对应的统计方法(例如假设检验)又称为有参方法。在使用这些方法时，我们设定了强假设，也就是设定样本数据符合给定的分布。另外一种方法是对未知分布函数的样本构造概率密度函数，又称为核密度估计(KDE)，可视为样本数据直方图的平滑版本(见图 13-6)。在该方法中，概率分布使用以每个数据点为中心的核函数的和来估计，其中自由参数 bw 表示带宽，K 是核函数(通过归一化处理使积分等于 1)。带宽是很重要的参数，它定义了总和中每一项的影响程度。太大的带宽无法得到概率分布估计的特征，而太小的带宽将得到有很多噪声的估计(见图 13-6 的中间图)。核函数也有不同的选择，高斯核函数是比较常用的选择，因为能够支持对局部进行平滑，并且计算相对容易。

在 SciPy 中，使用了高斯核函数的 KDE 是在 stats.kde.gaussian_kde 函数中实现的。该函数返回一个可调用的对象，该对象的特性与概率分布函数相同，可以当作概率分布函数使用。例如，考虑从未知分布的随机变量 X(这里使用具有 5 个自由度的 χ^2 分布进行模拟)生成一组样本 X_samples：

```
In [82]: X = stats.chi2(df=5)
In [83]: X_samples = X.rvs(100)
```

为了计算给定样本数据的核密度估计，可以调用 stats.kde.guassian_kde 函数，参数是样本数据的数组：

```
In [84]: kde = stats.kde.gaussian_kde(X_samples)
```

默认情况下，通过使用标准的方法来生成合适的带宽，往往能得到可接受的结果。但是，如果我们愿意，也可以使用 bw_method 参数来指定计算带宽的函数或者直接设置带宽的值。例如，如果要设置较小的带宽，可以使用以下代码：

```
In [85]: kde_low_bw = stats.kde.gaussian_kde(X_samples, bw_method=0.25)
```

gaussian_kde 函数会返回分布函数的估计，从而用来绘制图形或者用于其他应用。这里，我们绘制了数据的直方图以及两个核密度估计(分别使用默认带宽以及指定的带宽)的图形。作为参考，我们还绘制了样本的真实概率密度函数，如图 13-6 的中间图所示。

```
In [86]: x = np.linspace(0, 20, 100)
In [87]: fig, axes = plt.subplots(1, 3, figsize=(12, 3))
    ...: axes[0].hist(X_samples, normed=True, alpha=0.5, bins=25)
    ...: axes[1].plot(x, kde(x), label="KDE")
    ...: axes[1].plot(x, kde_low_bw(x), label="KDE (low bw)")
    ...: axes[1].plot(x, X.pdf(x), label="True PDF")
    ...: axes[1].legend()
    ...: sns.distplot(X_samples, bins=25, ax=axes[2])
```

Seaborn 库为绘制数据集的直方图以及核密度估计提供了更为便捷的函数 distplot。使用该函数绘制的图形如图 13-6 的右图所示。

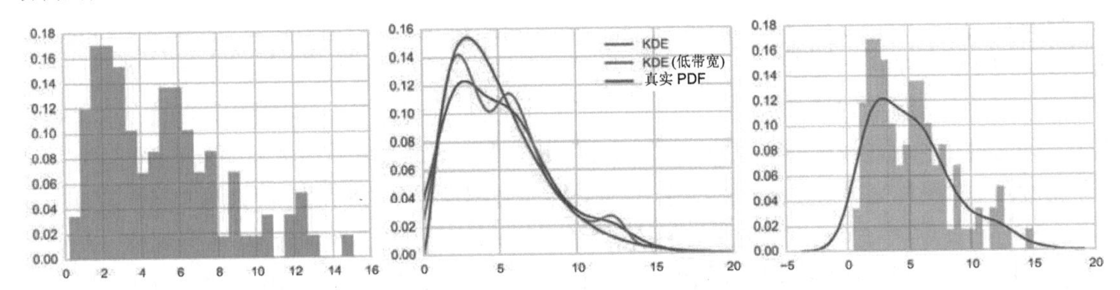

图 13-6　直方图(左图)、分布函数的核密度估计(中间图)以及直方图和核密度估计在同一图形中(右图)

给定核密度估计后，也可以使用 resample 函数来生成新的随机数，输入参数是样本的大小：

```
In [88]: kde.resample(10)
Out[88]: array([[1.75376869, 0.5812183, 8.19080268, 1.38539326, 7.56980335,
                 1.16144715, 3.07747215, 5.69498716, 1.25685068, 9.55169736]])
```

核密度估计对象不直接包含用于计算累积分布函数(CDF)及其逆函数(百分比函数(PPF))的方法。但是有几种方法可用于集成概率分布函数的核密度估计。例如，对于一维 KDE，可以使用 integrate_box_1d 来得到对应的 CDF：

```
In [89]: def _kde_cdf(x):
    ...:     return kde.integrate_box_1d(-np.inf, x)
In [90]: kde_cdf = np.vectorize(_kde_cdf)
```

另外，可以使用 SciPy 的 optimize.fsolve 函数来得到 CDF 的逆函数(PPF)：

```
In [91]: def _kde_ppf(q):
```

```
   ...:         return optimize.fsolve(lambda x, q: kde_cdf(x) - q, kde.
                dataset.mean(), args=(q,))[0]
   ...:
In [92]: kde_ppf = np.vectorize(_kde_ppf)
```

利用核密度估计的 CDF 和 PPF，可以进行统计假设检验以及计算置信区间。例如，使用前面定义的 de_ppf 方法，可以在 90%的置信区间上计算总体的均值：

```
In [93]: kde_ppf([0.05, 0.95])
Out[93]: array([ 0.39074674, 11.94993578])
```

一旦得到某个统计问题的概率分布的 KDE，就可以使用很多与参数统计相同的方法。非参数法的优点是不需要对分布函数的形状做出假设。但是，由于非参数法使用的先验信息比参数法更少(更弱的假设)，因此它们的统计效果更弱。如果可以确定参数法是合理的，那么通常使用参数法更好。非参数法提供了一种更加通用的方法，当参数法不可行时，可以使用这种方法。

13.7 本章小结

本章研究了 NumPy 以及 SciPy 的 stats 模块在基础统计中的应用，包括随机数生成、随机变量和概率分布函数的表示、对样本数据的最大似然拟合、使用概率分布和检验统计进行假设检验。我们还简单介绍了如何在非参数法中对未知概率分布进行核密度估计。本章介绍的概念和方法都是统计学工作的基石，这里涉及的计算工具也为很多统计应用提供了基础。在接下来的章节中，我们将以本章介绍的内容为基础，更深入地探讨统计建模和机器学习方面的内容。

13.8 扩展阅读

Rice(1995)和 Wasserman(2004)对统计学和数据分析的基本知识有很好的介绍。Dalgaard(2008)则介绍了面向对象的统计学，虽然使用的是 R 语言，但同样适用于 Python。还有很多关于统计学的免费在线资源，例如 OpenIntro Statistics(www.openintro.org/stat/textbook.php)。

13.9 参考文献

Dalgaard, P. (2008). *Introductory Statistics with R.* New York: Springer.

Rice, J. A. (1995). *Mathematical Statistics and Data Analysis.* Belmont: Duxbury Press.

Wasserman, L. (2004). *All of statistics.* New York: Springer.

第 14 章

统 计 建 模

在前一章，我们介绍了基本的统计学概念和方法。在本章中，我们将在前一章的基础上探索研究统计建模，统计建模试图通过建立模型对数据进行解释。模型可能有一个或多个参数，可以使用拟合的方法找到最能解释观察数据的参数值。一旦建立了适合观察数据的模型，就可以在模型的自变量值给定的情况下，用模型来预测新观察数据的值。我们还可以对数据以及训练好的模型进行统计分析，例如验证模型是否能够准确地解释数据，模型中的哪些因素比其他因素更具有相关性(预测性)，以及是否存在对模型的预测能力没有做出贡献的参数。

本章我们主要使用 statsmodels 库。该库提供了用于定义和拟合数据模型、计算统计量以及检验统计的类和函数。statsmodels 库提供的功能与前一章介绍的 SciPy stats 模块有些重叠，但它主要是 SciPy 的扩展[1]。特别是，statsmodels 库主要关注模型到数据的拟合而不是概率分布和随机变量，在很多情况下，需要依赖 SciPy stats 模块。

提示：

statsmodels 库提供了一系列与统计检验和统计建模相关的功能，包括线性回归、对数几率回归(又称为逻辑回归)、时间序列分析等，详情可参考 https://www.statsmodels.org/。在写作本书时，statsmodels 库的最新版本是 0.9.0。

statsmodels 库与 Patsy 库紧密集成，这让我们能够用简单的公式来编写统计模型。Patsy 库是 statsmodels 库的依赖库之一，但也可以与其他统计库一起使用，例如第 15 章将要介绍的 scikit-learn 库。本章将介绍如何将 Patsy 库与 statsmodels 库一起使用。

提示：

Patsy 库提供了使用简单的公式语法来定义统计模型的功能，这些公式语法受其他统计软件的影响，如 R 语言。Patsy 库是作为其他统计建模包(如 statsmodels)的伴随库而设计的，更多信息可参考 http://patsy.readthedocs.org。在写作本书时，Patsy 库的最新版本是 0.5.0。

---

1 statsmodels 库最初是作为 SciPy stats 模块的一部分而创建的，后来成为独立的项目。SciPy stats 模块仍然十分依赖于 statsmodels 库。

14.1 导入模块

本章将大量使用 statsmodels 库。推荐的导入约定与我们之前使用的其他库略有不同：该库提供了一些 API 模块，这些 API 模块包含了各种可供公开访问的符号。这里约定 statsmodels.api 以名称 sm 导入、statsmodels.formula.api 以名称 smf 导入、statsmodels.graphics.api 以名称 smg 导入：

```
In [1]: import statsmodels.api as sm
In [2]: import statsmodels.formula.api as smf
In [3]: import statsmodels.graphics.api as smg
```

由于 statsmodels 库在内部使用了 Patsy 库，因此通常情况下虽然不必直接访问该库的函数，但是我们这里为了演示，直接使用 Patsy 库，所以需要导入该库：

```
In [4]: import patsy
```

和往常一样，我们还需要导入 matplotlib、NumPy 和 Pandas 库：

```
In [5]: import matplotlib.pyplot as plt
In [6]: import numpy as np
In [7]: import pandas as pd
```

以及导入 SciPy 的 stats 模块：

```
In [8]: from scipy import stats
```

14.2 统计建模简介

本章将研究如下这样的问题：对于一组响应变量(因变量)Y 和解释变量(自变量)X，我们希望找到 Y 和 X 之间的数学关系(模型)。一般来说，可以把数学模型写成函数 $Y=f(X)$。一旦知道 $f(X)$的具体形式，那么对于任何 X 值，我们都可以计算出相应的 Y 值。如果不知道 $f(X)$，但是能够获得一组观察数据$\{y_i, x_i\}$，就可以将函数 $f(X)$参数化，然后用观察数据拟合出参数的值。例如，线性模型就是 $f(X)$的一种参数化模型，即 $f(X) = \beta_0+\beta_1 X$，其中系数 β_0 和 β_1 是模型的参数。通常，我们拥有的数据点数量比模型的自由参数数量多。在这种情况下，可以使用最小二乘法来最小化误差($r = Y-f(X)$)的平方和，虽然也有其他目标最小化方法可以使用[1]，例如使用误差 r 的统计属性。到目前为止，我们已经介绍的是一种“数学”模型。统计模型之所以是“统计”模型的原因之一是数据$\{y_i, x_i\}$存在不确定性，例如，由于测量噪声或其他不可控情况造成的不确定性。数据中的不确定性可以在模型中表示为随机变量，例如 $Y=f(X)+\varepsilon$，其中 ε 是随机变量。这就是统计模型，因为其中包含了随机变量。根据随机变量在模型中出现的方式以及随机变量服从的分布，可以得到不同类型的统计模型，每种不同的统计模型都需要使用不同的方法来分析和求解。

统计模型的典型应用场景：y_i 是每次实验的观测值，x_i 是与每次观测值关联的输入变量数组。

1 我们将在第 15 章研究正则回归时看到相关示例。

x_i 中的元素可能对预测 y_i 的值有用，也可能没用，统计建模的作用就是确定哪些解释变量有用。当然也可能存在一些有用的、能够影响到观测值 y_i 的因素没有包含在解释变量集 x_i 中。在这种情况下，可能就无法使用这个模型准确地解释数据。确定模型是否能准确地解释样本数据是统计建模的另一个重要应用。

一种广泛使用的统计模型是 $Y=\beta_0+\beta_1 X+\varepsilon$，其中 β_0 和 β_1 都是模型的参数，ε 是均值为 0、方差为 σ^2 的正态随机变量：$\varepsilon\sim N(0, \sigma^2)$。如果 X 是标量，则模型是简单的线性回归模型。如果 X 是矢量，则模型是多元线性回归模型；如果 Y 也是矢量，则模型是多变量线性回归模型。因为残差 ε 遵循正态分布，所以对于所有这些模型，可以使用普通最小二乘法(OLS)将模型拟合到数据。在多变量线性回归中，如果放宽 Y 中元素必须独立以及同方差这两个约束条件，就可以增强模型的灵活性，在这种情况下可以使用广义最小二乘法(GLS)以及加权最小二乘法(WLS)进行求解。所有用于解决统计模型的方法通常都有前提假设，在使用模型时必须注意是否满足这些假设。对于标准的线性回归模型，最重要的前提假设是残差独立且正态分布。

广义线性模型是对一般线性回归模型的扩展，允许响应变量的误差有除正态分布外的其他分布，特别是，广义线性模型假设响应变量是线性预测算子(linear predictor)的函数，响应变量的方差可以是变量值的函数。这样就能把线性模型推广到很多情况。例如，可以对响应变量是离散值(如二元变量)的问题进行建模。这些模型响应变量的误差可能服从不同的统计分布(如二项分布和/或泊松分布)。这些模型包括对数几率回归(输出是二项分布)、泊松回归(输出是泊松分布)等。

在下面的章节中，我们将研究如何使用 Patsy 和 statsmodels 库定义和求解这类统计模型。

14.3 使用 Patsy 定义统计模型

所有统计建模的共同点是需要对响应变量 Y 和解释变量 X 之间的数学关系做出假设。在绝大部分情况下，我们感兴趣的是线性模型。在线性模型中，Y 可以写成解释变量 X 的线性组合，还可写成解释变量 X 的函数的线性组合，甚至写成拥有线性成分的模型的线性组合。例如，$Y=\alpha_1X_1+\cdots+\alpha_nX_n$、$Y=\alpha_1X+\alpha_2X^2\cdots+\alpha_nX^n$ 和 $Y=\alpha_1\sin X_1+\alpha_2\cos X_2$ 都是这样的模型。请注意，对于所谓的线性模型，只需要未知系数 α 是线性的，而不一定要求解释变量 X 是线性的。例如，$Y=\exp(\beta_0+\beta_1X)$ 就不是线性模型，因为 Y 不是 β_0 和 β_1 的线性函数；但它是对数线性模型，对等式两边进行对数运算后便可得到线性模型 $\tilde{Y}=\beta_0+\beta_1X$，其中 $\tilde{Y}=\log Y$。这类可以转换成线性模型的问题就可以使用广义线性模型进行求解。

建立了模型的数学形式后，下一步通常就是构造所谓的设计矩阵 $\boldsymbol{y}$ 和 $\boldsymbol{X}$，这样回归模型就可以写成矩阵的形式 $\boldsymbol{y}=\boldsymbol{X\beta}+\varepsilon$，其中 $\boldsymbol{y}$ 是观察值的向量(或矩阵)，$\boldsymbol{\beta}$ 是系数矩阵，ε 是残差(误差)。设计矩阵 $\boldsymbol{X}$ 中的元素 X_{ij} 是系数 β_j 和观察值 y_i 对应的解释变量的值(或函数)。statsmodels 以及其他统计建模库的求解器都可以接收设计矩阵 $\boldsymbol{X}$ 和 $\boldsymbol{y}$ 作为输入。

例如，如果观察值 $y=[1, 2, 3, 4, 5]$，两个独立的解释变量的值分别是 $x_1=[6, 7, 8, 9, 10]$ 和 $x_2=[11, 12, 13, 14, 15]$，对应的线性模型是 $y=\beta_0+\beta_1x_1+\beta_2x_2+\beta_3x_1x_2$，那么等式右边的设计矩阵将会是 $\boldsymbol{X}=[1, x_1, x_2, x_1x_2]$。可以使用 NumPy 的 vstack 函数来创建设计矩阵：

```
In [9]: y = np.array([1, 2, 3, 4, 5])
```

```
In [10]: x1 = np.array([6, 7, 8, 9, 10])
In [11]: x2 = np.array([11, 12, 13, 14, 15])
In [12]: X = np.vstack([np.ones(5), x1, x2, x1*x2]).T
In [13]: X
Out[13]: array([[ 1., 6., 11., 66.],
                [ 1., 7., 12., 84.],
                [ 1., 8., 13., 104.],
                [ 1., 9., 14., 126.],
                [ 1., 10., 15., 150.]])
```

创建了设计矩阵$\boldsymbol{X}$和观察向量$\boldsymbol{y}$之后，就可以求解未知系数向量$\boldsymbol{\beta}$，例如使用最小二乘法(详见第 5 章和第 6 章):

```
In [14]: beta, res, rank, sval = np.linalg.lstsq(X, y)
In [15]: beta
Out[15]: array([ -5.55555556e-01, 1.88888889e+00, -8.88888889e-01,
               -1.33226763e-15])
```

这些步骤虽然是统计建模的最简化形式，但却已经包含了核心内容。这种方法在经过转变和扩展之后，使统计建模成了一个独立的领域，需要使用诸如 statsmodels 的计算框架进行系统分析。例如，在前面的例子中，虽然创建设计矩阵$\boldsymbol{X}$很简单，但是对于涉及更多模型并且能够轻松改变模型的那些定义，就不是那么容易了。这就是引入 Patsy 库的目的所在。该库为模型的定义以及相关设计矩阵的自动创建提供了一种方便(虽然并不一定直观)的公式语法。

要使用 Patsy 公式来创建设计矩阵，可以使用 patsy.dmatrices 函数。该函数的第一个参数是字符串形式的公式，第二个参数是保存了响应变量和解释变量的类似字典的对象。Patsy 公式的基本语法是$y \sim x1 + x2 + \cdots$，这表示y是解释变量$x1$ 和 $x2$ 的线性组合(已明确包含截距系数)。有关 Patsy 公式语法的相关介绍，请参阅表 14-1。

我们再来看看前面示例中使用的线性模型$y = \beta_0 + \beta_1 x_1 + \beta_2 x_2 + \beta_3 x_1 x_2$。如果使用 Patsy 来定义该模型，就可以使用公式$y \sim 1 + x1 + x2 + x1{*}x2$。请注意，我们在模型公式中省略了系数，因为我们假设公式中的每一项都以模型参数作为系数。除了公式定义外，我们还需要创建一个字典对象，用于将变量名映射到对应的数据数组:

```
In [16]: data = {"y": y, "x1": x1, "x2": x2}
In [17]: y, X = patsy.dmatrices("y ~1 + x1 + x2 + x1*x2", data)
```

得到的结果是两个数组y和$\boldsymbol{X}$，这就是输入的数据数组以及模型公式对应的设计矩阵:

```
In [18]: y
Out[18]: DesignMatrix with shape (5, 1)
         y
         1
```

```
        2
        3
        4
        5
      Terms:
        'y' (column 0)
In [19]: X
Out[19]: DesignMatrix with shape (5, 4)
          Intercept  x1   x2  x1:x2
                  1   6   11    66
                  1   7   12    84
                  1   8   13   106
                  1   9   14   126
                  1  10   15   150
          Terms:
            'Intercept' (column 0)
            'x1' (column 1)
            'x2' (column 2)
            'x1:x2' (column 3)
```

这些数组都是 DesignMatrix 类型，这是 Patsy 提供的、继承自 NumPy 标准数组的子类，其中包含了元数据以及重写的打印函数。

```
In [20]: type(X)
Out[20]: patsy.design_info.DesignMatrix
```

请注意，DesignMatrix 数组中的值与我们前面使用 vstack 显式创建的数组中的值一样。

作为 NumPy ndarray 的子类，DesignMatrix 类型的数组与输入中的 NumPy 数组完全兼容。但是，也可以使用 np.array 函数显式地将 DesignMatrix 实例转换成 ndarray 对象，虽然通常我们不需要这样做。

```
In [21]: np.array(X)
Out[21]: array([[ 1., 6., 11., 66.],
                [ 1., 7., 12., 84.],
                [ 1., 8., 13., 104.],
                [ 1., 9., 14., 126.],
                [ 1., 10., 15., 150.]])
```

另外，也可以将参数 return_type 设置为"dataframe"，patsy.dmatrices 函数将以 Pandas DataFrame 对象的形式返回设计矩阵。需要注意的是，因为 DataFrame 对象类似于字典对象，所以可以使用 DataFrame 类型的数据作为 patsy.dmatrices 函数的第二个参数。

```
In [22]: df_data = pd.DataFrame(data)
In [23]: y, X = patsy.dmatrices("y ~ 1 + x1 + x2 + x1:x2", df_data, return_
          type="dataframe")
In [24]: X
Out[24]:
```

	Intercept	x1	x2	x1:x2
0	1	6	11	66
1	1	7	12	84
2	1	8	13	104
3	1	9	14	126
4	1	10	15	150

借助 Patsy，现在可以自动创建求解统计模型所需的设计矩阵，然后使用类似前面介绍的 np.linalg.lstsq 函数或者 statsmodels 库中的统计模型工具进行求解。例如，要进行普通线性回归(OLS)计算，可以使用 statsmodels 库中的 OLS 类而不是底层的 np.linalg.lstsq 函数。statsmodels 库中几乎所有的统计模型类都将设计矩阵 $\boldsymbol{y}$ 和 $\boldsymbol{X}$ 作为第一和第二个参数，并返回代表统计模型的类实例。如果要把模型拟合到设计矩阵中的数据，需要调用 fit 方法，该方法将返回包含拟合参数(以及其他属性)的结果对象。

```
In [25]: model = sm.OLS(y, X)
In [26]: result = model.fit()
In [27]: result.params
Out[27]: Intercept -5.555556e-01
          x1         1.888889e+00
          x2        -8.888889e-01
          x1:x2     -8.881784e-16
          dtype: float64
```

请注意，上面的结果与本章前面使用最小二乘拟合得到的结果是一样的。使用 statsmodels 库的 formula API(前面已经以名称 smf 导入该模块)，可以在创建模型实例时直接传入模型的 Patsy 公式，这样就不再需要先创建设计矩阵。我们不再将 $\boldsymbol{y}$ 和 $\boldsymbol{X}$ 作为输入参数，而是输入 Patsy 公式以及存放了模型数据的类字典对象(如 Pandas 的 DataFrame 对象)。

```
In [28]: model = smf.ols("y ~ 1 + x1 + x2 + x1:x2", df_data)
In [29]: result = model.fit()
In [30]: result.params
Out[30]: Intercept -5.555556e-01
          x1         1.888889e+00
          x2        -8.888889e-01
```

```
x1:x2       -8.881784e-16
dtype: float64
```

当然，使用 statsmodels 替代显式创建 NumPy 数组并调用 NumPy 的最小二乘法模型有很多优点，statsmodels 中的大部分创建过程都是自动的，这样就可以在统计模型中方便地增加或删除某些元素而不需要做额外的工作。另外，在使用 statsmodels 时，可以使用很多不同的线性模型求解器以及统计检验，来分析模型与数据之间的拟合度。有关 Patsy 公式语法的介绍，请参考表 14-1。

表 14-1 对 Patsy 公式语法的简单介绍，完整的公式语法规范请参阅 Patsy 文档 (http://patsy.readthedocs.org/en/latest)

语法	示例	解释
lhs ~ rhs	$y \sim x$ (等同于 $y \sim 1{+}x$)	字符~用于分隔模型公式的左边(因变量)和右边(自变量)
var * var	$x1{*}x2$ (等同于 $x1{+}x2{+}x1{*}x2$)	包含所有低阶项的交互项
var + var +···	$x1 + x2 + \cdots$ (等同于 $y \sim 1 + x1 + x2$)	加号用来表示并集
var:var	$x1{:}\,x2$	冒号表示纯交互项
f(expr)	np.log(x)和 np.cos(x+y)	任意 Python 函数(一般是 NumPy 函数)都可以用来转换表达式中的项。函数的参数表达式被解释为算术表达式而非 Patsy 中使用的类似集合的公式运算符
I(expr)	I(x+y)	I 是 Patsy 提供的标识函数，可用于算术表达式的转义，从而能够解释为算术运算
C(var)	C(x)和 C(x, Poly)	变量 x 可视为分类变量，能将值扩展为正交虚拟变量(orthogonal dummy variable)

前面我们已经看到了如何使用 Patsy 公式来构造设计矩阵，或者直接与 statsmodels 中的统计模型类一起使用。在详细介绍 statsmodels 中的统计模型之前，我们继续简单地介绍一下 Patsy 公式的语法和符号约定。就像前面介绍的以及表 14-1 中总结的一样，模型公式的基本语法是 LHS ~ RHS。字符~用于分隔模型公式的左边(left-hand side，LHS)和右边(right-hand side，RHS)。LHS 指定构成相应变量的项，RHS 指定构成解释变量的项。LHS 和 RHS 表达式中的各项可用+或 - 符号来分隔，但这些符号并不是算术运算符，而是并集(set-union)和差集(set-difference)操作符。例如，$a{+}b$ 表示模型中同时包括 a 和 b 项， $-a$ 表示模型中不包括 a。表达式 a*b 将自动展开为 $a + b + a{:}b$，其中 $a{:}b$ 是表示 a 和 b 的交互作用项(interaction term)$a \cdot b$。

我们再来看一个例子，请注意其中的公式以及所得到的右边项(可以从 design_info 的 term_names 属性获得)：

```
In [31]: from collections import defaultdict
In [32]: data = defaultdict(lambda: np.array([]))
In [33]: patsy.dmatrices("y ~ a", data=data)[1].design_info.term_names
```

```
Out[33]: ['Intercept', 'a']
```

里面有两项：Intercept 和 a，分别代表常量以及 a 的线性依赖项。默认情况下，Patsy 总是包含截距(intercept)常量。在 Patsy 公式中，可以显式地写成 $y \sim 1 + a$。这里的 1 在 Patsy 中是可选的。

```
In [34]: patsy.dmatrices("y ~ 1 + a + b", data=data)[1].design_info.term_names
Out[34]: ['Intercept', 'a', 'b']
```

上面的例子中多了解释变量 b，公式中显式包含了截距。如果不想在模型中包含截距，可以使用 -1 来去除截距：

```
In [35]: patsy.dmatrices("y ~ -1 + a + b", data=data)[1].design_info.term_names
Out[35]: ['a', 'b']
```

$a * b$ 类型的表达式将自动展开为包含所有低阶交互项：

```
In [36]: patsy.dmatrices("y ~ a * b", data=data)[1].design_info.term_names
Out[36]: ['Intercept', 'a', 'b', 'a:b']
```

高阶展开也是如此：

```
In [37]: patsy.dmatrices("y ~ a * b * c", data=data)[1].design_info.term_names
Out[37]: ['Intercept', 'a', 'b', 'a:b', 'c', 'a:c', 'b:c', 'a:b:c']
```

如果要从公式中去除某个特定项，可以在该项之前加上负号。例如，要从 $a*b*c$ 的自动展开式中去掉三阶交互项 $a:b:c$，可以如下操作：

```
In [38]: patsy.dmatrices("y ~ a * b * c - a:b:c", data=data)[1].design_
info.term_names
Out[38]: ['Intercept', 'a', 'b', 'a:b', 'c', 'a:c', 'b:c']
```

在 Patsy 中，+和 - 操作符用来对公式中的各项进行类似集合的操作。如果想要使用算术运算，那么需要把表达式包含在函数调用中。为方便起见，Patsy 提供了名为 I 的标识函数(identify function)来达到该目的。下面提供两个示例来说明用法，它们分别显示了 $y \sim a + b$ 和 $y \sim \mathrm{I}(a + b)$的结果项：

```
In [39]: data = {k: np.array([]) for k in ["y", "a", "b", "c"]}
In [40]: patsy.dmatrices("y ~ a + b", data=data)[1].design_info.term_names
Out[40]: ['Intercept', 'a', 'b']
In [41]: patsy.dmatrices("y ~ I(a + b)", data=data)[1].design_info.term_names
Out[41]: ['Intercept', 'I(a + b)']
```

上述示例中，设计矩阵中与 I(a+b)项对应的列是变量 a 和 b 的算术和。如果想要包含变量的乘幂项，也可以使用这种方法：

```
In [42]: patsy.dmatrices("y ~ a**2", data=data)[1].design_info.term_names
```

```
Out[42]: ['Intercept', 'a']
In [43]: patsy.dmatrices("y ~ I(a**2)", data=data)[1].design_info.term_names
Out[43]: ['Intercept', 'I(a ** 2)']
```

这里使用的I(...)就是函数调用符号的一种样例。在Patsy公式中，可通过调用任意Python函数，对公式的输入数据进行转换。特别是，可以使用NumPy函数来转换输入数据：

```
In [44]: patsy.dmatrices("y ~ np.log(a) + b", data=data)[1].design_info.
         term_names
Out[44]: ['Intercept', 'np.log(a)', 'b']
```

甚至可以使用任意Python函数对变量进行转换：

```
In [45]: z = lambda x1, x2: x1+x2
In [46]: patsy.dmatrices("y ~ z(a, b)", data=data)[1].design_info.term_names
Out[46]: ['Intercept', 'z(a, b)']
```

到目前为止，我们已经介绍了数值类型的响应变量和解释变量的模型。统计建模通常也包含分类变量(categorical variable)，可以使用一组没有顺序的离散值(例如“Female”或“Male”、类型“A”“B”“C”等)。在线性模型中使用这类变量时，通常需要使用二进制变量对其进行编码。在Patsy公式中，所有不是数值类型(float或int)的变量都将被解析为分类变量，并自动进行编码。对于数值变量，可以使用符号C(x)来显式地表示变量x是分类数据。

例如，请比较下面两个示例中公式$y \sim -1 + a$和$y \sim -1 + \mathrm{C}(a)$的设计矩阵，在这两个公式中，$a$分别是数值变量和分类变量：

```
In [47]: data = {"y": [1, 2, 3], "a": [1, 2, 3]}
In [48]: patsy.dmatrices("y ~ - 1 + a", data=data, return_type="dataframe")[1]
Out[48]:
```

	a
0	1
1	2
2	3

对于数值变量，设计矩阵中对应的列是数据矢量。但是对于分类变量C(a)，设计矩阵中新增了二进制类型的列，每列分别是原始变量的单个值的掩码编码：

```
In [49]: patsy.dmatrices("y ~ - 1 + C(a)", data=data, return_
         type="dataframe")[1]
Out[49]:
```

	C(a)[1]	C(a)[2]	C(a)[3]
0	1	0	0

1	0	1	0
2	0	0	1

非数值类型的变量会自动被解析为分类数据：

```
In [50]: data = {"y": [1, 2, 3], "a": ["type A", "type B", "type C"]}
In [51]: patsy.dmatrices("y ~ - 1 + a", data=data, return_type="dataframe")[1]
Out[51]:
```

	a[type A]	a[type B]	a[type C]
0	1	0	0
1	0	1	0
2	0	0	1

用户可以更改和扩展分类变量的编码到二进制字段的默认类型。例如，要用正交多项式(orthogonal polynomials)来编码分类变量，可以使用 C(*a*, Poly)：

```
In [52]: patsy.dmatrices("y ~ - 1 + C(a, Poly)", data=data, return_
type="dataframe")[1]
Out[52]:
```

	C(a, Poly).Constant	C(a, Poly).Linear	C(a, Poly).Quadratic
0	1	-7.071068e-01	0.408248
1	1	-5.551115e-17	-0.816497
2	1	7.071068e-01	0.408248

能通过 Patsy 对分类变量自动编码是 Patsy 公式非常方便的一个特性，可以让用户很容易地在模型中添加和删除数值变量及分类变量。这是使用 Patsy 库进行模型定义的主要优势之一。

14.4　线性回归

statsmodels 库能够为不同场景下多种类型的统计模型提供支持，但使用方法几乎都是一样的，因此可以轻松地在不同模型之间切换。statsmodels 库的统计模型用模型类来表示。可以使用线性模型中响应变量和解释变量的设计矩阵来初始化这些模型类，或者使用 Patsy 公式以及 DataFrame 对象(或者其他类似字典类型的对象)进行初始化。使用 statsmodels 库设置和分析统计模型的基本流程主要包括以下几步：

(1) 创建某个模型类的实例，例如使用 model = sm.MODEL(y, X)或 model = smf.model(formula, data)，其中 MODEL 和 model 是某个特定模型的名称，如 OLS、GLS、Logit 等。这里默认约定大写的模型名称用于以设计变量为参数的类，小写的模型名称用于以 Patsy 公式和 DataFrame 对象为参数的类。

(2) 在创建模型实例的过程中并没有进行任何计算。为了把模型拟合到数据，需要调用 fit 方法，例如 result = model.fit()。该方法将执行拟合操作，并返回一个结果对象，该对象拥有一些用于进行后续分析的函数和属性。

(3) 打印 fit 方法返回的结果对象的统计摘要信息。结果对象的内容根据每个不同的统计模型会略有不同，但大多数模型都实现了 summary 方法，该方法能够生成拟合结果的摘要信息，包括用于判断该统计模型是否能很好解释数据的多个统计量。观察 summary 方法的输出，它们通常是我们进行拟合结果分析的起点。

(4) 针对模型拟合结果的后处理：除了 summary 方法外，返回的结果对象中还包含用于获取拟合参数 params、模型拟合值与真实数据之间的残差 resid、拟合值 fittedvalues 的方法和属性，以及用于为新的独立变量计算响应变量值的方法 predict。

(5) 最后，可以对拟合的结果进行可视化。例如，使用 matplotlib 以及 Seaborn 图形库，以及直接使用 statsmodels 库中众多的绘图方法。

为了用一个简单的示例演示上述流程，我们把一个模型拟合到使用 $y = 1 + 2x_1 + 3x_2 + 4x_1x_2$ 生成的真实数据。我们首先将数据保存在 Pandas 的 DataFrame 对象中：

```
In [53]: N = 100
In [54]: x1 = np.random.randn(N)
In [55]: x2 = np.random.randn(N)
In [56]: data = pd.DataFrame({"x1": x1, "x2": x2})
In [57]: def y_true(x1, x2):
    ...: return 1 + 2 * x1 + 3 * x2 + 4 * x1 * x2
In [58]: data["y_true"] = y_true(x1, x2)
```

这里我们把 y 的真实值保存在 DataFrame 对象的 y_true 列中。我们在真实值中添加一些正态分布的噪声来模拟 y 的观察噪声，并把结果保存到 y 列中。

```
In [59]: e = 0.5 * np.random.randn(N)
In [60]: data["y"] = data["y_true"] + e
```

现在，从数据中我们知道有两个解释变量——$x1$ 和 $x2$，以及响应变量 y。可以使用的最简单模型是线性模型 $Y = \beta_0 + \beta_1 x_1 + \beta_2 x_2$,，可以使用 Patsy 公式 $y \sim x1 + x2$ 来定义该模型。由于响应变量是连续的，因此可以使用普通最小二乘法(对应 smf.ols 类)把模型拟合到数据。

```
In [61]: model = smf.ols("y ~ x1 + x2", data)
In [62]: result = model.fit()
```

请注意，普通最小二乘法回归假设拟合模型与真实数据的残差服从正态分布。但是，在对数据进行分析之前，我们可能并不知道是否满足该假设条件。尽管如此，我们仍然可以首先把数据拟合到模型，然后使用图形方法以及统计检验(零假设：假设残差服从正态分布)来研究残差的分布。使用 summary 方法也可以获得很多有用的信息，包括多种统计量：

```
In [63]: print(result.summary())
                            OLS Regression Results
==============================================================================
Dep. Variable:                      y   R-squared:                       0.380
Model:                            OLS   Adj. R-squared:                  0.367
Method:                 Least Squares   F-statistic:                     29.76
Date:                Wed, 22 Apr 2015   Prob (F-statistic):           8.36e-11
Time:                        22:40:33   Log-Likelihood:                -271.52
No. Observations:                 100   AIC:                             549.0
Df Residuals:                      97   BIC:                             556.9
Df Model:                           2
Covariance Type:            nonrobust
==============================================================================
                 coef    std err          t      P>|t|      [95.0% Conf. Int.]
------------------------------------------------------------------------------
Intercept  0.9868      0.382       2.581      0.011      0.228       1.746
x1         1.0810      0.391       2.766      0.007      0.305       1.857
x2         3.0793      0.432       7.134      0.000      2.223       3.936
==============================================================================
Omnibus:                       19.951   Durbin-Watson:                   1.682
Prob(Omnibus):                  0.000   Jarque-Bera (JB):               49.964
Skew:                          -0.660   Prob(JB):                     1.41e-11
Kurtosis:                       6.201   Cond. No.                         1.32
==============================================================================
Warnings: [1] Standard errors assume that the covariance matrix of the
errors is correctly specified.
```

summary 方法的输出信息非常冗长，这里我们不准备详细介绍该方法提供的所有信息，只是介绍几个关键指标。首先，我们来看看统计量 R-squared 的值，它用于描述模型与数据的拟合程度。该统计量可以取 0 和 1 之间的任何值，取值为 1 表示完全拟合。在前面例子的 summary 方法中，R-squared 等于 0.380，这个结果很差，表示需要对模型进行优化(这在预料之中，因为我们省略了交互项 $x_1 \cdot x_2$)。也可以从结果对象的 rsquared 属性显式地访问 R-squared 统计量。

```
In [64]: result.rsquared
Out[64]: 0.38025383255132539
```

另外，coef 列给出了拟合后的模型参数。假设残差的确是正态分布的，那么 std err 列将会给出模型参数的标准误差的估计值，t 和 $P>|t|$列是统计检验(零假设是对应的系数为 0)的 t 统计量以及对应的 p 值。所以一方面，我们要记住——该分析的前提假设是残差服从正态分布；另一方面可以查看 p 值很小的列，判断哪些解释变量的系数明显不为 0(这意味着该解释变量具有显著的预测能力)。

为了研究残差服从正态分布的假设是否合理，需要分析一下模型与真实数据之间的残差。该残差可以通过结果对象的 resid 属性来访问：

```
In [65]: result.resid.head()
Out[65]: 0     -3.370455
         1    -11.153477
         2    -11.721319
         3     -0.948410
         4      0.306215
         dtype: float64
```

对于这些残差数据，可以利用 SciPy 的 stats 模块中的 normaltest 函数来检验正态性：

```
In [66]: z, p = stats.normaltest(result.fittedvalues.values)
In [67]: p
Out[67]: 4.6524990253009316e-05
```

对于这个例子，得到的 p 值确实非常小，这说明可以拒绝零假设中残差服从正态分布的假设(也就是说，可以得出结论，残差服从正太分布的假设是不成立的)。检验样本正态性的图形方法是使用 statsmodels.graphics 模块中的 qqplot 函数。如果样本数据确实是正态分布的，那么将样本分位数与理论分位数进行比较的 QQ 图应该近似于一条直线。在下面的示例中，可通过调用 smg.qqplot 函数来生成 QQ 图，效果如图 14-1 所示。

```
In [68]: fig, ax = plt.subplots(figsize=(8, 4))
    ...: smg.qqplot(result.resid, ax=ax)
```

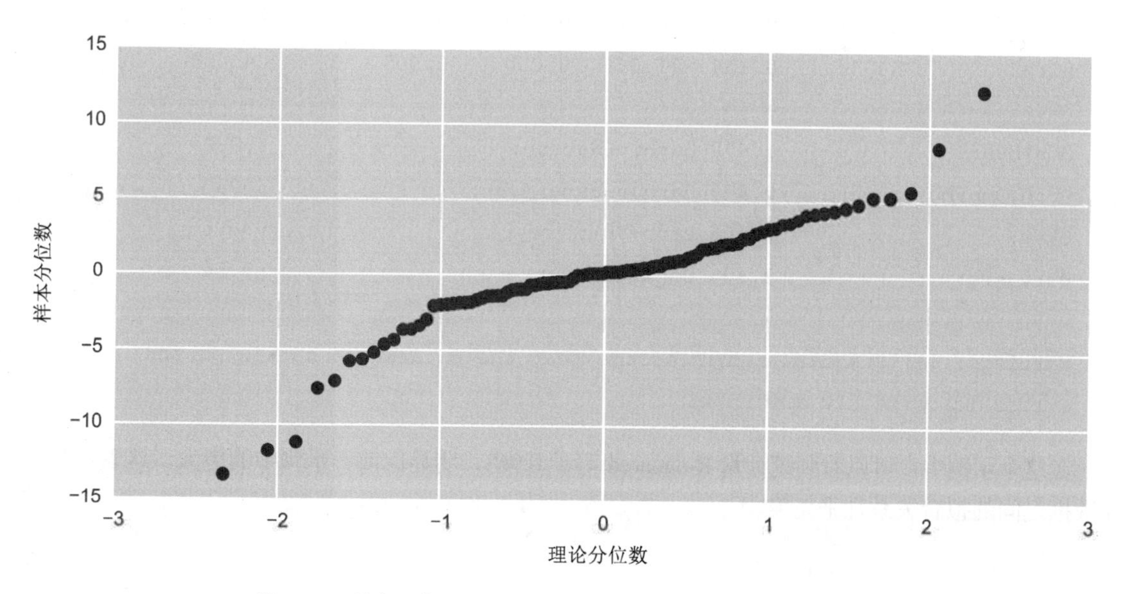

图 14-1 具有两个解释变量、无任何交互项的线性模型的 QQ 图

从图 14-1 可以看出，QQ 图中的点明显不在一条直线上，这说明残差不太可能是正态分布随机变量的样本。总之，这些指标说明我们使用的模型不够好，我们可能需要优化模型。可以在 Patsy 公式中添加缺失的交互项，然后重复上面的各个步骤：

```
In [69]: model = smf.ols("y ~ x1 + x2 + x1*x2", data)
In [70]: result = model.fit()
In [71]: print(result.summary())
                         OLS Regression Results
==============================================================================
Dep. Variable:              y   R-squared:                       0.963
Model:                    OLS   Adj. R-squared:                  0.961
Method:         Least Squares   F-statistic:                     821.8
Date:        Tue, 21 Apr 2015   Prob (F-statistic):           2.69e-68
Time:                23:52:12   Log-Likelihood:                -138.39
No. Observations:         100   AIC:                             284.8
Df Residuals:              96   BIC:                             295.2
Df Model:                   3
Covariance Type: nonrobust
==============================================================================
                coef    std err          t    P>|t|      [95.0% Conf. Int.]
------------------------------------------------------------------------------
Intercept     1.1023      0.100     10.996    0.000       0.903       1.301
x1            2.0102      0.110     18.262    0.000       1.792       2.229
x2            2.9085      0.095     30.565    0.000       2.720       3.097
x1:x2         4.1715      0.134     31.066    0.000       3.905       4.438
==============================================================================
Omnibus:                    1.472 Durbin-Watson:                     1.912
Prob(Omnibus):              0.479 Jarque-Bera (JB):                  0.937
Skew:                       0.166 Prob(JB):                          0.626
Kurtosis:                   3.338 Cond. No.                           1.54
==============================================================================
Warnings: [1] Standard errors assume that the covariance matrix of the
errors is correctly specified.
```

在这个示例中，可以看到统计量 R-squared 等于 0.963，明显比前一示例中的更大，这表示模型和数据之间的拟合关系几乎完美。

```
In [72]: result.rsquared
Out[72]: 0.96252198253140375
```

需要注意的是，可以通过引入更多的变量来增大统计量 R-squared 的值，但是我们希望避免加入低预测能力(系数值较小，对应的 p 值很大)的变量，因为这会让模型过度拟合。和前面的示例一样，我们假设残差是正态分布的，对更新后的模型重复前面的正态性检验并绘制 QQ 图，从而得到较大的 p 值(0.081)以及相对线性的 QQ 图(见图 14-2)。在这种情况下，残差很可能服从正太分布(在本例中我们知道残差确实服从正态分布)。

```
In [73]: z, p = stats.normaltest(result.fittedvalues.values)
In [74]: p
Out[74]: 0.081352587523644201
In [75]: fig, ax = plt.subplots(figsize=(8, 4))
    ...: smg.qqplot(result.resid, ax=ax)
```

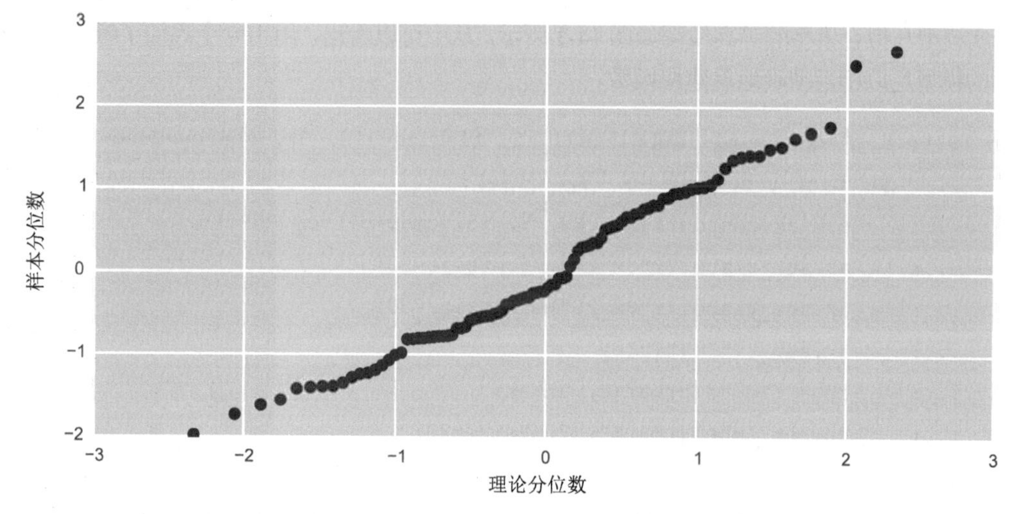

图 14-2 具有两个解释变量、一个交互项的线性模型的 QQ 图

如果对模型的拟合感到满意，就可以从结果对象中使用 params 属性提取模型的系数。

```
In [76]: result.params
Out[76]: Intercept    1.102297
         x1           2.010154
         x2           2.908453
         x1:x2        4.171501
         dtype: float64
```

另外，可以使用 predict 方法来预测新观察的值，该方法的输入参数是包含自变量(本例中的 $x1$ 和 $x2$)值的 NumPy 数组或 DataFrame 对象。例如，由于本例中只有两个独立变量，因此可以把模型的预测值可视化为等高线图(contour plot)。为此，我们首先构建一个具有 $x1$ 和 $x2$ 观察值的 DataFrame 对象，然后利用拟合好的模型来预测 y 值。

```
In [77]: x = np.linspace(-1, 1, 50)
```

```
In [78]: X1, X2 = np.meshgrid(x, x)
In [79]: new_data = pd.DataFrame({"x1": X1.ravel(), "x2": X2.ravel()})
```

使用模型拟合结果对象的 predict 方法，计算响应变量 y 值的集合。

```
In [80]: y_pred = result.predict(new_data)
```

上述代码的执行结果是一个 NumPy 数组(向量)，该数组的长度与向量 X1.ravel()、X2.ravel()相同。为了使用 matplotlib 的 contour 函数，我们首先将向量 y_pred 调整为方形矩阵(square matrix)。

```
In [81]: y_pred.shape
Out[81]: (2500,)
In [82]: y_pred = y_pred.values.reshape(50, 50)
```

真实模型与拟合模型的等高线图如图 14-3 所示，从中可以看出，用 100 个添加了噪声的 y 值拟合得到的模型足以相当准确地重建原函数。

```
In [83]: fig, axes = plt.subplots(1, 2, figsize=(12, 5), sharey=True)
    ...: def plot_y_contour(ax, Y, title):
    ...:     c = ax.contourf(X1, X2, Y, 15, cmap=plt.cm.RdBu)
    ...:     ax.set_xlabel(r"$x_1$", fontsize=20)
    ...:     ax.set_ylabel(r"$x_2$", fontsize=20)
    ...:     ax.set_title(title)
    ...:     cb = fig.colorbar(c, ax=ax)
    ...:     cb.set_label(r"$y$", fontsize=20)
    ...:
    ...: plot_y_contour(axes[0], y_true(X1, X2), "true relation")
    ...: plot_y_contour(axes[1], y_pred, "fitted model")
```

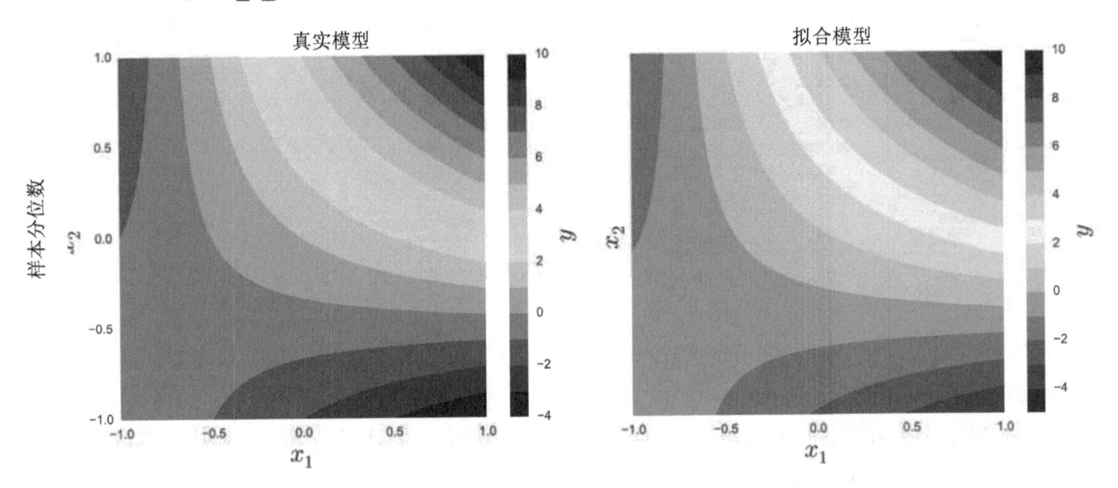

图 14-3 真实模型与拟合模型(从真实模型中选取 100 个采样点并加上正态分布的噪声)的等高线图

在本例中，我们使用普通最小二乘法(ols)方法将模型拟合到数据。还有其他几种拟合方法可供选择，例如，如果观察值中存在明显的异常值，则可以使用鲁棒线性模型(robust linear model，rlm)；如果响应变量只能使用离散值，则可以使用广义线性模型的变体。下一章将讨论这些问题，另外，下一章还将介绍正则化回归，正则化回归的最小化目标有所变化：不仅仅最小化残差的平方，还包含对模型的大系数进行惩罚。

样例数据集

使用统计方法时，对样例数据集进行分析非常有用。statsmodels 包提供了一个接口，能够从统计软件 R 的扩展数据集仓库[1]中获取样例数据集。sm.datasets 模块中的 get_rdataset 函数可用于获取 http://vincentarelbundock.github.io/Rdatasets/datasets.html 上列出的数据集。get_rdataset 函数的参数是数据集的名称。另外，包(数据集的分组)的名称可作为可选参数。

例如，要导入 Ecdat 包中名为 Icecream 的数据集，可以使用如下代码：

```
In [84]: dataset = sm.datasets.get_rdataset("Icecream", "Ecdat")
```

执行结果是一种包含数据集及其元数据的数据结构。属性 title 是数据集的名称，属性__doc__是数据集的解释文档(由于太长，这里没有显示出来)：

```
In [85]: dataset.title
Out[85]: 'Ice Cream Consumption'
```

数据以 Pandas DataFrame 对象的形式保存，可以通过 data 属性访问：

```
In [86]: dataset.data.info()
<class 'pandas.core.frame.DataFrame'>
Int64Index: 30 entries, 0 to 29
Data columns (total 4 columns):
cons    30 non-null float64
income 30 non-null int64
price   30 non-null float64
temp    30 non-null int64
dtypes: float64(2), int64(2)
memory usage: 1.2 KB
```

从 DataFrame 的 info 方法给出的输出中，可以看到 Icecream 数据集包含四个变量：cons、income、price 和 temp。数据集加载之后，可以按照常规流程对其进行分析并拟合到统计模型。例如，可以对消费量(cons)进行建模，以价格(price)和温度(temp)作为自变量：

```
In [87]: model = smf.ols("cons ~ -1 + price + temp", data=dataset.data)
In [88]: result = model.fit()
```

1 参阅 http://vincentarelbundock.github.io/Rdatasets。

可以使用统计量和假设检验对结果对象进行分析，例如，和前面介绍的一样，从打印 summary 方法的输出开始。还可以使用图形方法来绘制回归图形，例如，使用 smg 模块的 plot_fit 方法(另外，也可以使用 Seaborn 库的 regplot 方法)：

```
In [89]: fig, (ax1, ax2) = plt.subplots(1, 2, figsize=(12, 4))
    ...: smg.plot_fit(result, 0, ax=ax1)
    ...: smg.plot_fit(result, 1, ax=ax2)
```

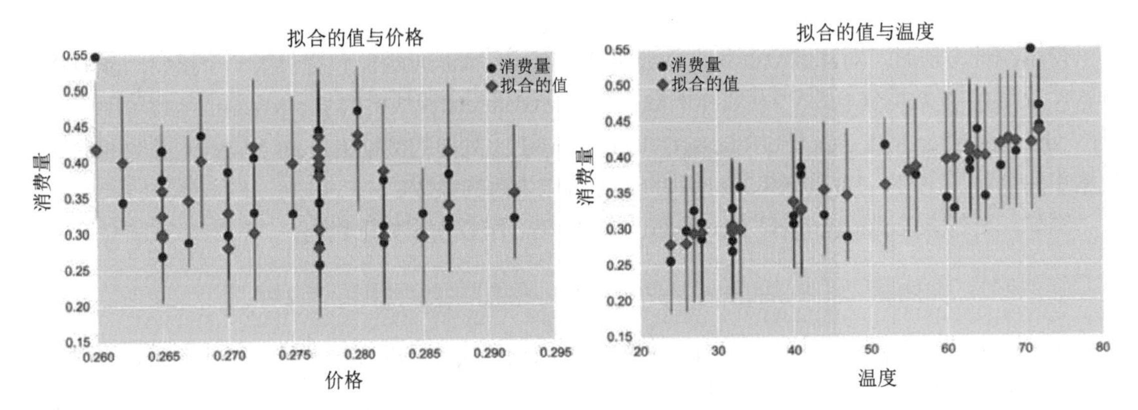

图 14-4　数据集 Icecream 中消费量相对价格及温度的回归图

观察图 14-4 所示的回归图，可以得出结论：Icecream 数据集中的消费量与温度线性相关，但是与价格没有明显的依赖关系(可能是因为价格的波动范围相当小)。在开发统计模型时，plot_fit 等图形工具是很有用的工具。

14.5　离散回归

具有离散因变量(如二元输出)的回归模型需要使用与我们到目前为止看到的线性回归模型不同的技术。因为线性回归要求响应变量是正态分布的连续变量，不能直接用于离散型的响应变量，如二元变量或取值为几个整数的变量。但是，通过合适的变换，可以将线性预测器映射到离散输出的概率区间。

例如，对于二元输出，常用的转换是对数几率函数 $\log(p/(1-p))=\beta_0+\beta\cdot x$ 或 $p=(1+\exp(-\beta_0-\beta_1\cdot x))^{-1}$，其中把 $x\in[-\infty,\infty]$映射到 $p\in[0,1]$。换句话说，连续或离散特征向量 $\boldsymbol{x}$ 通过模型参数 β_0 和 β_1 以及对数变换被映射到概率值 p。如果 $p<0.5$，则预测 $y=0$；如果 $p\geqslant0.5$，则预测 $y=1$。这个过程被称为对数几率回归(logistic regression)，是一种二元分类器。我们将在第 15 章中看到更多有关机器学习的分类器。

statsmodels 库提供了多种离散回归方法，包括 Logit 类[1]、Probit 类(使用正态分布的累积分布函数而非对数几率函数将线性预测变换到[0,1]区间)、多项对数几率回归类 MNLogit(用于两个以上的分类)以及用于泊松分布计数变量(正整数)的泊松回归类 Poisson。

1 对数几率回归可以视为广义线性模型，连接函数是对数几率变换，因此也可以使用 sm.GLM 或 smf.glm。

14.5.1　对数几率回归

下面可以通过示例来看看如何进行对数几率回归，首先使用 sm.datasets.get_rdataset 方法加载一个常用的数据集，该数据集包含鸢尾花(Iris flower)样本中花萼和花瓣的长度、宽度以及所属的种类。这里选择该数据集的两个子集(代表两种不同的鸢尾花)，并创建一个对数几率模型，从而根据花瓣的长度和宽度来预测鸢尾花的品种。info 方法提供了数据集中变量的信息：

```
In [90]: df = sm.datasets.get_rdataset("iris").data
In [91]: df.info()
<class 'pandas.core.frame.DataFrame'>
Int64Index: 150 entries, 0 to 149
Data columns (total 5 columns):
Sepal.Length   150 non-null float64
Sepal.Width    150 non-null float64
Petal.Length   150 non-null float64
Petal.Width    150 non-null float64
Species        150 non-null object
dtypes: float64(4), object(1)
memory usage: 7.0+ KB
```

如果要查看 Species 列中有多少不同的种类，可以使用 Pandas 序列对象(当我们从 DataFrame 对象中抽取列时，将会返回序列对象)的 unique 方法：

```
In [92]: df.Species.unique()
Out[92]: array(['setosa', 'versicolor', 'virginica'], dtype=object)
```

该数据集中包含三种不同种类的鸢尾花。为了获得对数几率回归中响应变量所需的二元变量，这里只选择 versicolor 和 virginica 这两种类型的鸢尾花。为方便起见，我们为包含这两种类型的数据子集创建了新的 DataFrame 对象 df_subset：

```
In [93]: df_subset = df[df.Species.isin(["versicolor", "virginica"])].copy()
```

为了能够使用对数几率回归来预测鸢尾花的种类(将其他变量作为独立变量)，我们首先需要创建一个对应两个不同种类的二元变量。使用 Pandas 序列对象的 map 方法，可以把种类的名称映射到 0 和 1：

```
In [94]: df_subset.Species = df_subset.Species.map({"versicolor": 1,
          "virginica": 0})
```

我们还需要将列名中包含 . 的列重命名为 Python 中合法的符号名(例如，把字符 . 替换为 _)，否则包含这些列名的 Patsy 公式将无法正确解析。重命名 DataFrame 对象中的列，可以使用 rename 方法，并把包含需要重命名的列的字典传给 columns 参数：

```
In [95]: df_subset.rename(columns={"Sepal.Length": "Sepal_Length",
    ...:                          "Sepal.Width": "Sepal_Width",
    ...:                          "Petal.Length": "Petal_Length",
    ...:                          "Petal.Width": "Petal_Width"},
                                  inplace=True)
```

在完成这些转换之后，我们得到一个可用于对数几率回归分析的 DataFrame 实例：

```
In [96]: df_subset.head(3)
Out[96]:
```

	Sepal_Length	Sepal_Width	Petal_Length	Petal_Width	Species
50	7.0	3.2	4.7	1.4	1
51	6.4	3.2	4.5	1.5	1
52	6.9	3.1	4.9	1.5	1

为了创建使用 Petal_Length 和 Petal_Width 作为自变量来解释 Species 变量的对数几率模型，可以使用 Patsy 公式 Species ~ Petal_Length + Petal_Width 来创建一个 smf.logit 类的实例：

```
In [97]: model = smf.logit("Species ~ Petal_Length + Petal_Width", data=df_
         subset)
```

和以往一样，需要通过调用模型实例的 fit 方法来把模型拟合到数据。拟合时采用最大似然估计法。

```
In [98]: result = model.fit()
Optimization terminated successfully.
         Current function value: 0.102818
         Iterations 10
```

对于一般的线性回归，可以通过打印结果对象的 summary 方法的输出来获得模型拟合到数据的相关信息。可以从中看到拟合后模型的参数、z 值(z-score)及对应 p 值的估计，这可以帮助我们判断模型的某个解释变量是否重要。

```
In [99]: print(result.summary())
                       Logit Regression Results
==============================================================================
Dep. Variable:          Species   No. Observations:                  100
Model:                    Logit   Df Residuals:                       97
Method:                     MLE   Df Model:                            2
Date:          Sun, 26 Apr 2015   Pseudo R-squ.:                  0.8517
Time:                  01:41:04   Log-Likelihood:                -10.282
```

```
converged:                True    LL-Null:                    -69.315
LLR p-value:          2.303e- 26
==============================================================================
                    coef    std err     z       P>|z|      [95.0% Conf. Int.]
------------------------------------------------------------------------------
Intercept       45.2723     13.612    3.326  0.001      18.594       71.951
Petal_Length    -5.7545      2.306   -2.496  0.013     -10.274       -1.235
Petal_Width    -10.4467      3.756   -2.782  0.005     -17.808       -3.086
==============================================================================
```

对数几率回归的结果对象还有 get_margeff 方法，该方法返回的对象还实现了 summary 方法，summary 方法能够输出模型中各个解释变量的边际影响(marginal effect)信息。

```
In [100]: print(result.get_margeff().summary())
        Logit Marginal Effects
=====================================
Dep. Variable:             Species
Method:                       dydx
At:                        overall
==============================================================================
                  dy/dx    std err     z       P>|z|    [95.0% Conf. Int.]
------------------------------------------------------------------------------
Petal_Length     -0.1736   0.052    -3.347   0.001      -0.275    -0.072
Petal_Width      -0.3151   0.068    -4.608   0.000      -0.449    -0.181
==============================================================================
```

当我们对模型和数据的拟合感到满意时，可以使用模型根据解释变量的新值来预测响应变量的值。为此，可以使用模型拟合产生的结果对象的 predict 方法，参数是包含自变量新值的 DataFrame 对象。

```
In [101]: df_new = pd.DataFrame({"Petal_Length": np.random.randn(20)*0.5 + 5,
   ...:                          "Petal_Width": np.random.randn(20)*0.5 + 1.7})
In [102]: df_new["P-Species"] = result.predict(df_new)
```

得到的结果是一个数组，其中的元素是每个观察对象对应 y=1 的概率，然后可以把得到的概率与阈值 0.5 做比较，就可以得到预测的响应变量的二元值。

```
In [103]: df_new["P-Species"].head(3)
Out[103]: 0 0.995472
          1 0.799899
          2 0.000033
```

```
        Name: P-Species, dtype: float64
In [104]: df_new["Species"] - (df_new["P-Species"] > 0.5).astype(int)
```

使用坐标 Petal_Width 和 Petal_Length 可以确定一条直线，直线的截距和斜率分别可以从拟合模型的参数中计算得到。模型参数可以从结果对象的 params 属性获得：

```
In [105]: params = result.params
     ...: alpha0 = -params['Intercept']/params['Petal_Width']
     ...: alpha1 = -params['Petal_Length']/params['Petal_Width']
```

最后，为了展示模型以及对新数据点的预测结果，我们绘制了拟合数据(方形)和预测数据(圆形)的散点图，其中 virginica 用蓝色表示，versicolor 用绿色表示。绘制结果如图 14-5 所示。

```
In [106]: fig, ax = plt.subplots(1, 1, figsize=(8, 4))
     ...: # virginica 种类
     ...: ax.plot(df_subset[df_subset.Species == 0].Petal_Length.values,
     ...: df_subset[df_subset.Species == 0].Petal_Width.values, 's',
                    label='virginica')
     ...: ax.plot(df_new[df_new.Species == 0].Petal_Length.values,
     ...:         df_new[df_new.Species == 0].Petal_Width.values, 'o',
     ...:         markersize=10, color="steelblue", label='virginica (pred.)')
     ...:
     ...: # versicolor 种类
     ...: ax.plot(df_subset[df_subset.Species == 1].Petal_Length.values,
     ...:         df_subset[df_subset.Species == 1].Petal_Width.values, 's',
                  label='versicolor')
     ...: ax.plot(df_new[df_new.Species == 1].Petal_Length.values,
     ...:         df_new[df_new.Species == 1].Petal_Width.values, 'o',
     ...:         markersize=10, color="green", label='versicolor (pred.)')
     ...:
     ...: # 边界线
     ...: _x = np.array([4.0, 6.1])
     ...: ax.plot(_x, alpha0 + alpha1 * _x, 'k')
     ...: ax.set_xlabel('Petal length')
     ...: ax.set_ylabel('Petal width')
     ...: ax.legend()
```

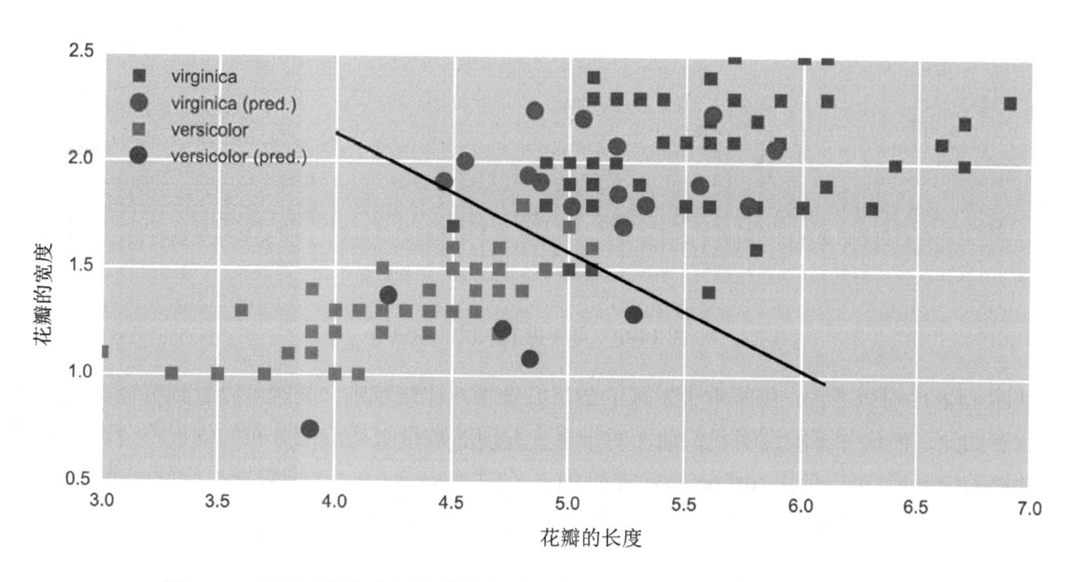

图 14-5 使用对数几率回归分析鸢尾花的种类，花瓣的长度和宽度为自变量

14.5.2 泊松回归模型

另外一种离散回归是泊松回归模型，主要用于分析低成功率事件中响应变量的成功次数。泊松回归模型也可以用广义线性模型来处理，可以使用自然对数函数作为连接函数。为了介绍如何使用 statsmodels 库把数据拟合到泊松回归模型，我们将引入 R 数据集仓库中另一个有趣的数据集 discoveries，该数据集包含从 1860 年到 1959 年每年重大发现的数量。由于数据自身的特点，可以假设这些计数可能服从泊松分布。为了检验这个假设，我们首先使用 sm.datasets.get_rdataset 函数加载数据集，并打印前几行以便了解数据的格式。

```
In [107]: dataset = sm.datasets.get_rdataset("discoveries")
     ...: df = dataset.data.set_index("time").rename(columns={"values":
          "discoveries"})
In [108]: df.head(10).T
Out[108]:
```

time	1860	1861	1862	1863	1864	1865	1866	1867	1868	1869
discoveries	5	3	0	2	0	3	2	3	6	1

从中可以看到 discoveries 列包含了整数计数，前面几年中平均每年的重大发现数量较少。为了检验这段数据是否在整个序列上具有代表性，可以按年绘制重大发现数量的直方图，如图 14-6 所示。

```
In [109]: fig, ax = plt.subplots(1, 1, figsize=(16, 4))
     ...: df.plot(kind='bar', ax=ax)
```

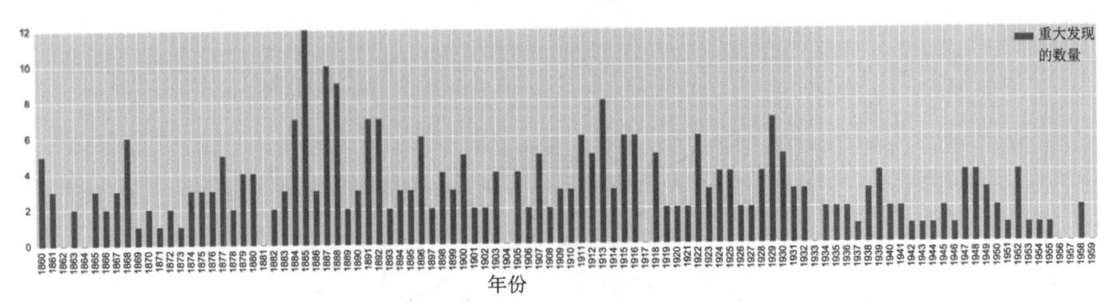

图 14-6　每年重大发现的数量

从图 14-6 中可以看出，每年重大发现的数量好像相对比较稳定，虽然可以看到有轻微下降的趋势。尽管如此，但这并不能说明我们前面对于重大发现的数量服从泊松分布的假设不合理。为了更仔细地检验该假设，可以使用 smf.poisson 类和 Patsy 公式 discoveries ~ 1 把数据拟合到一个泊松过程，这里我们在为 discoveries 变量建模时只用了一个截距系数(也就是泊松分布参数)。

```
In [110]: model = smf.poisson("discoveries ~ 1", data=df)
```

和以往一样，需要调用 fit 方法以对模型与数据进行拟合：

```
In [111]: result = model.fit()
Optimization terminated successfully.
         Current function value: 2.168457
         Iterations 7
```

结果对象的 summary 方法能够显示模型拟合的摘要信息以及多个拟合统计量：

```
In [112]: print(result.summary())
                          Poisson Regression Results
==============================================================================
Dep. Variable:            discoveries   No. Observations:                  100
Model:                        Poisson   Df Residuals:                       99
Method:                           MLE   Df Model:                            0
Date:                Sun, 26 Apr 2015   Pseudo R-squ.:                   0.000
Time:                        14:51:41   Log-Likelihood:                -216.85
converged:                       True   LL-Null:                       -216.85
LLR p-value:                      nan
==============================================================================
                 coef    std err          z      P>|z|      [95.0% Conf. Int.]
------------------------------------------------------------------------------
Intercept      1.1314    0.057       19.920     0.000         1.020      1.243
==============================================================================
```

从结果对象的 params 属性可以得到模型的参数，这些参数在使用指数函数(反连接函数)计算后可以得到泊松分布的 λ 参数：

```
In [113]: lmbda = np.exp(result.params)
```

一旦得到泊松分布的 λ 参数的估计，就可以将观察值与理论值的直方图做比较，使用 SciPy stats 库中泊松分布的随机变量。

```
In [114]: X = stats.poisson(lmbda)
```

除了拟合参数，还可以使用 conf_int 方法获得为参数估计的置信区间：

```
In [115]: result.conf_int()
Out[115]:
```

	0	1
Intercept	1.020084	1.242721

为了评估数据与泊松分布之间的拟合度，我们还需要为模型参数的置信区间的上下限创建随机变量：

```
In [116]: X_ci_l = stats.poisson(np.exp(result.conf_int().values)[0, 0])
In [117]: X_ci_u = stats.poisson(np.exp(result.conf_int().values)[0, 1])
```

最后，我们绘制了观察值、泊松分布中概率质量函数的理论值以及置信区间的直方图。结果如图 14-7 所示。

```
In [118]: v, k = np.histogram(df.values, bins=12, range=(0, 12),
          normed=True)
In [119]: fig, ax = plt.subplots(1, 1, figsize=(12, 4))
     ...: ax.bar(k[:-1], v, color="steelblue", align='center',
label='Discoveries per year')
     ...: ax.bar(k-0.125, X_ci_l.pmf(k), color="red", alpha=0.5,
          align='center', width=0.25,
     ...: label='Poisson fit (CI, lower)')
     ...: ax.bar(k, X.pmf(k), color="green", align='center', width=0.5,
          label='Poisson fit')
     ...: ax.bar(k+0.125, X_ci_u.pmf(k), color="red", alpha=0.5,
          align='center', width=0.25,
     ...: label='Poisson fit (CI, upper)')
     ...: ax.legend()
```

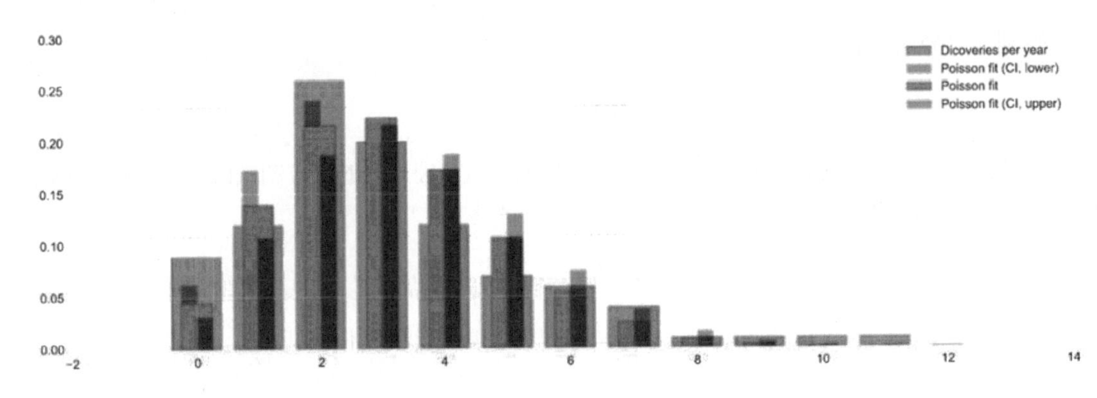

图 14-7 每年重大发现的数量的直方图与泊松分布中概率质量函数的比较

图 14-7 表明，discoveries 数据集并不能很好地用泊松分布来描述，因为泊松概率质量函数与观察值之间存在显著的偏离。因此，我们必须拒绝每年重大发现的数量服从泊松分布的假设。在统计建模过程中，模型不能拟合给定的数据集会经常遇到这种情况，虽然最后证明数据集不服从泊松分布(可能是因为重大发现多的年份以及重大发现少的年份会倾向于聚集在一起)，但在尝试进行建模的过程中我们对数据有了更深入的了解。由于给定年份的重大发现的数量与过去的年份具有相关性，因此接下来介绍的时间序列分析可能是更合适的方法。

14.6 时间序列

时间序列分析是统计建模的一个重要领域，用于分析和预测与时间相关的数据的未来值。时间序列建模与我们到目前为止看到的常规回归模型有几个方面的不同。也许最重要的一点区别是，时间序列的观察值通常不能视为来自总体的独立随机样本。相反，在时间上彼此靠近的观察值之间通常存在相当强的相关性。另外，时间序列模型中的自变量是同一序列中以前的观察值，而不是一组不同的因素。例如，在常规的回归模型中，可以将产品的需求描述为价格的函数，但在时间序列模型中，通常会试图从过去的观察值中预测未来值。当考察的时间序列中存在某种趋势(如按日或按周的周期性、稳定增长的趋势、值的变化存在惯性)之类的自相关性时，这是一种比较合理的方法。时间序列的例子包括股票价格、天气预测以及自然界和经济学中的许多其他时间相关的活动。

一种典型的时间序列统计模型是自回归(AR)模型。在 AR 模型中，未来的值线性依赖于 p 个历史值：$Y_t = \beta_0 + \sum_{n=1}^{p} \beta_n Y_{t-n} + \varepsilon_t$。其中 β_0 是常量，$\beta_n(1 \leqslant n \leqslant N)$是 AR 模型的系数。假设误差 ε_t 是没有自相关性的白噪声。因此，在 AR 模型中，时间序列的所有自相关性都是来自对 p 个历史值的线性依赖。只线性依赖于(某个合适的时间单位内)一个历史值的时间序列可以使用 p=1 的 AR 过程来完全建模，表示为 AR(1)；线性依赖于两个历史值的时间序列使用 AR(2)来建模；以此类推。AR 模型是 ARMA 模型的特例，ARMA 模型是更一般的模型，其中包含了序列中前 q 个残差的移动平均值(MA)：$Y_t = \beta_0 + \sum_{n=1}^{p} \beta_n Y_{t-n} + \sum_{n=1}^{q} \theta_n \varepsilon_{t-n} + \varepsilon_t$，其中模型参数 θ_n 是移动均值的权重因子。这种模型又称为 ARMA 模型，表示为 ARMA(p, q)，其中 p 是自回归项的数量，q 是移动平均项的数量。还有很多其他的时间序列模型，但是 AR 和 ARMA 已包含时间序列应用的很多基本思想。

statsmodels 库有一个专门用于时间序列分析的子模块 sm.tsa，该模块实现了时间序列分析的几个标准模型，以及用于研究时间序列中数据特性的图形、统计分析工具。例如，回顾一下第 12 章使用的室外温度的时间序列数据，我们希望使用 AR 模型，根据历史观察数据来预测未来几天中每小时的温度。具体来说，我们希望使用 3 月份的测量温度来预测 4 月份前三天的每小时温度。我们首先将数据集加载到 Pandas DataFrame 对象中：

```
In [120]: df = pd.read_csv("temperature_outdoor_2014.tsv", header=None,
          delimiter="\t", names=["time", "temp"])
     ...: df.time = pd.to_datetime(df.time, unit="s")
     ...: df = df.set_index("time").resample("H").mean()
```

为方便起见，我们把 3 月份和 4 月份的观察结果提取出来，分别保存在新的 DataFrame 对象 df_match 和 df_april 中：

```
In [121]: df_march = df[df.index.month == 3]
In [122]: df_april = df[df.index.month == 4]
```

这里我们将尝试使用 AR 模型对温度观察值这个时间序列进行建模，AR 模型能够适用的一个重要条件是该时间序列是一个平稳过程(stationary process)，也就是说，残差不存在自相关性或趋势。smg.tsa 模块中的 plot_acf 函数是一个很有用的，用来对时间序列的自相关性进行可视化的工具。它的输入是一个时间序列观测值的数组，能够绘制沿 x 轴的不断增加的延迟值的自相关系数。可选参数 lags 用于设置图形中显式的延迟值，这对于长的时间序列以及查看某个有限时间点内的相关性很有用。下面的代码生成了温度观察值及其一阶、二阶、三阶差分数据的自相关性，并使用 plot_acf 函数绘制了对应的图形，结果如图 14-8 所示。

```
In [123]: fig, axes = plt.subplots(1, 4, figsize=(12, 3))
     ...: smg.tsa.plot_acf(df_march.temp, lags=72, ax=axes[0])
     ...: smg.tsa.plot_acf(df_march.temp.diff().dropna(), lags=72,
          ax=axes[1])
     ...: smg.tsa.plot_acf(df_march.temp.diff().diff().dropna(), lags=72,
          ax=axes[2])
     ...: smg.tsa.plot_acf(df_march.temp.diff().diff().diff().dropna(),
          lags=72, ax=axes[3])
```

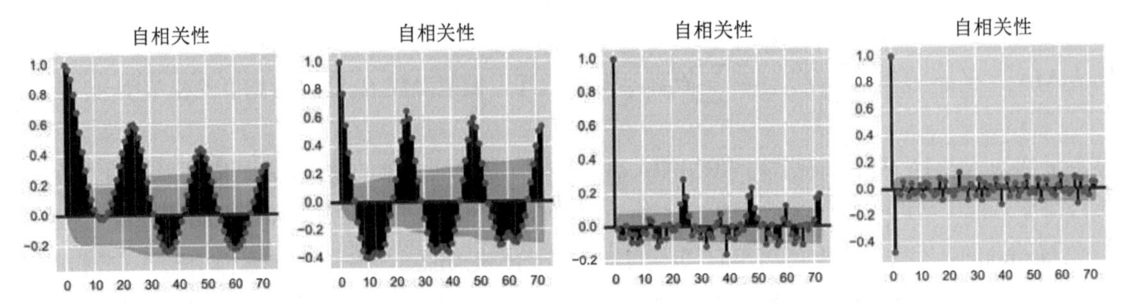

图 14-8　温度观察值及其一阶、二阶、三阶差分数据的自相关性

从图 14-8 最左边的图中可以看到时间序列的连续值之间存在明显的相关性，但是随着差分阶数的增加，时间序列之间的自相关性明显降低。这说明虽然连续的温度观察值与历史值强烈相关，但是这种相关性对于连续观察值的高阶差分并不明显。对一个时间序列进行差分通常能够降低其趋势、消除其相关性。差分计算能够减少自相关性，这说明使用足够高阶的 AR 模型可以对时间序列进行建模。

要为某个时间序列创建 AR 模型，可以使用 sm.tsa.AR 类。可以使用 Pandas 的序列对象来对时间序列进行初始化，序列对象将以 DatetimeIndex 或 PeriodIndex 作为索引(关于传递时间序列给 AR 类的其他方法，请参阅 AR 类的文档字符串)：

```
In [124]: model = sm.tsa.AR(df_march.temp)
```

当我们将模型拟合到时间序列数据时，需要指定 AR 模型的阶数。这里，从图 14-8 中可以看到延迟 24 个周期(24 小时)的相关性最强，所以我们在模型中必须至少包含 24 个历史数据。为了保险起见，由于目前仅预测 3 天(72 小时)的温度，因此对应选择 72 阶的 AR 模型：

```
In [125]: result = model.fit(72)
```

AR 能够适用的一个重要条件在于序列的残差是平稳的(没有剩余的自相关性及趋势)。Durbin-Watson 统计检验可用于检验时间序列的平稳性，结果将返回一个 0 到 4 之间的值，接近 2 的值表示时间序列没有剩余的自相关性。

```
In [126]: sm.stats.durbin_watson(result.resid)
Out[126]: 1.9985623006352975
```

也可以使用 plot_acf 函数来绘制残差的自相关图，从中可以确认没有明显的自相关性。

```
In [127]: fig, ax = plt.subplots(1, 1, figsize=(8, 3))
     ...: smg.tsa.plot_acf(result.resid, lags=72, ax=ax)
```

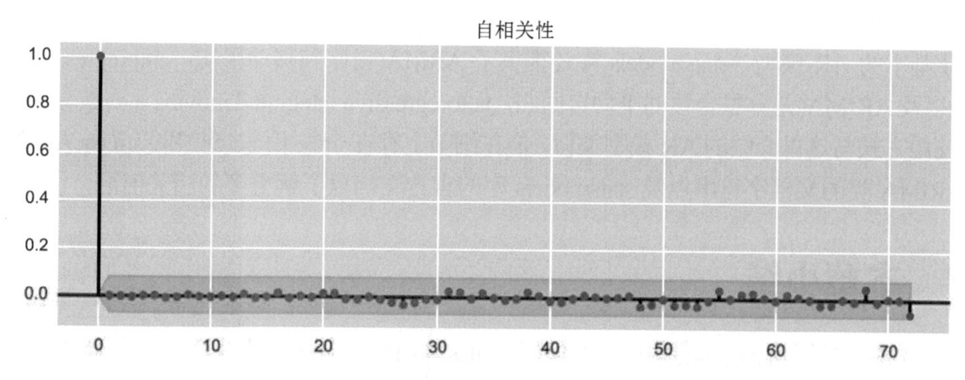

图 14-9 温度观察数据的 AR(72)模型中残差的自相关图

Durbin-Watson 统计量接近 2，并且图 14-9 中没有自相关性，这表明当前模型能够成功地解释拟合数据。现在可以使用 fit 方法的结果对象的 predict 方法来预测未来日期的温度：

```
In [128]: temp_3d_forecast = result.predict("2014-04-01", "2014-04-4")
```

接下来，我们将前 3 天的温度数据(蓝色)、预测值(红色)、实际值(绿色)绘制成图形，结果如图 14-10 所示。

```
In [129]: fig, ax = plt.subplots(1, 1, figsize=(12, 4))
     ...: ax.plot(df_march.index.values[-72:], df_march.temp.values[-72:],
          label="train data")
     ...: ax.plot(df_april.index.values[:72], df_april.temp.values[:72],
          label="actual outcome")
     ...: ax.plot(pd.date_range("2014-04-01", "2014-04-4", freq="H").values,
          temp_3d_forecast, label="predicted outcome")
     ...:
     ...: ax.legend()
```

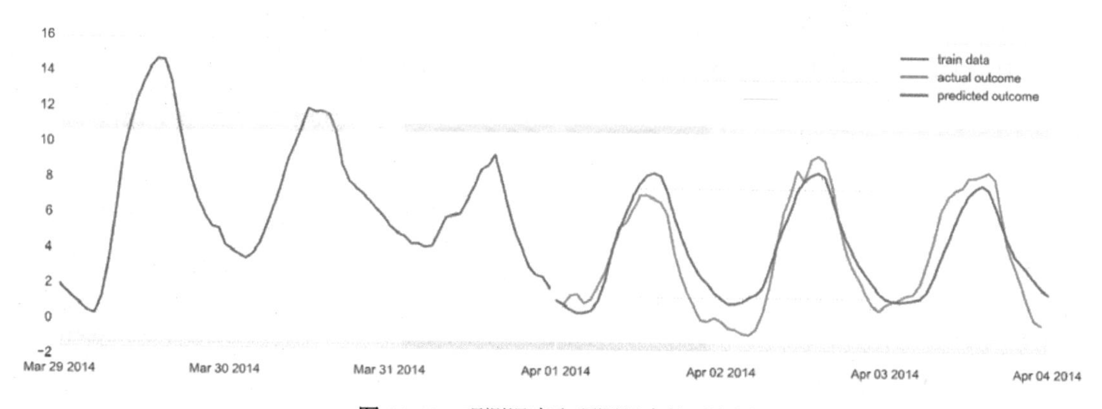

图 14-10 观测温度和预测温度的对比图

在图 14-10 中，预测温度与实际温度拟合得相当好。当然，情况并不总是如此，因为温度不能仅凭历史观察值来预测。尽管如此，在天气稳定的某段时期内，也许可以使用 AR 模型准确地预测一天中每个小时的温度。

除了基本的 AR 模型，statsmodels 库还提供了 ARMA(自回归移动平均，autoregressive moving average)以及 ARIMA(差分整合移动平均自回归，autoregressive integrated moving average)模型。这些模型的使用方式与这里介绍的 AR 模型类似，但在细节上存在一些不同。请参阅 sm.tsa.ARMA 类和 sm.tsa.ARIMA 类的文档字符串以及 statsmodels 库的官方文档以了解更多的相关信息。

14.7 本章小结

本章简要回顾了统计建模的知识，介绍了 statsmodels 库中基本的统计建模功能以及如何使用 Patsy 公式定义模型。统计建模是一个广泛的领域，本章只介绍了 statsmodels 库的一点皮毛。我们首先介绍了如何使用 Patsy 公式语言来定义统计模型，以及如何对连续型(常规线性回归)和离散型(对数几率回归和泊松回归)响应变量的数据集进行建模。在介绍了线性回归之后，我们简单研究了时间序列分析。与线性回归相比，时间序列分析需要稍微不同的方法，因为时间序列中前后数据之间存在相关性。我们在本章中没有涉及统计建模的更多领域，但此处介绍的线性回归和时间序列建模的基础知识能够为进一步的研究提供帮助。在第 15 章，我们将介绍机器学习，这是一个与统计建模的思想和方法密切相关的领域。

14.8 扩展阅读

G. James(2013)和M.Kuhn(2013)对统计建模进行了全面的介绍，前者提供免费的在线资源：www-bcf.usc.edu/~gareth/ISL/index.html。时间序列分析相关的介绍可以参考R.J. Hyndman(2013)，并且也有免费的在线资源：www.otexts.org/fpp。

14.9 参考文献

G. James, D. W. (2013). *An Introduction to Statistical Learning*. New York: Springer-Verlag.

M. Kuhn, K. J. (2013). *Applied Predictive Modeling*. New York: Springer.

R.J. Hyndman, G. A. (2013). *Forecasting: principles and practice*. OTexts.

第 15 章

机 器 学 习

本章将探讨机器学习相关的内容。机器学习与我们在第 14 章介绍的统计建模关系密切，因为它们都涉及使用数据来描述和预测不确定过程或未知过程的结果。但是，统计建模强调分析中使用的模型，而机器学习回避了模型部分，侧重于经过训练后用于预测新观察值输出的算法。换句话说，统计建模中使用的方法强调通过在数据拟合过程中模型的构建、参数的调试来理解数据是如何生成的。如果发现模型能很好地拟合数据，并且能满足模型的前提假设条件，那么模型就可以对数据的产生过程给出总体描述，用于计算已知分布的统计量以及对统计假设进行检验。但如果实际数据太复杂，无法用已有的统计模型进行解释，那么这种方法就无能为力了。另一方面，在机器学习中，数据的生成过程以及内在的模型并不是关心的重点。相反，现有数据以及解释变量是机器学习应用的基础。对于给定的数据，机器学习方法可以用于寻找数据中的模式和结构，然后用来预测新样本的输出。由于机器学习不用理解数据是如何生成的，并且对于数据分布及统计特性的前提假设条件较少，因此，在机器学习中，通常我们无法计算观察数据的统计量以及对显著性进行假设检验，而是强调预测新样本时的准确性。

虽然统计建模和机器学习的基本方法存在明显的区别，但是二者使用的很多数学方法密切相关，有时甚至一样。在本章中，我们将看到在统计建模中用到的几种方法，但使用模式不同，目的也略有不同。

本章将简要介绍机器学习的基本方法，并研究如何在 Python 中使用这些方法，重点介绍在科学计算和技术计算的众多领域中广泛应用的机器学习方法。Python 中最著名也是最全面的机器学习库是 scikit-learn，虽然还有其他一些库，如 TensorFlow、Keras、PyTorch 等。本章只使用 scikit-learn 库，该库实现了最常见的机器学习算法。读者如果对机器学习特别感兴趣，也可以研究前面提到的其他库。

提示：

scikit-learn 库包含了机器学习相关的很多算法，如回归、分类、降维、聚类等。有关该库的更多信息及相关文档，请参阅 http://scikit-learn.org。写作本书时，scikit-learn 库的最新版本是 0.19.2(翻译时最新版本是 0.21.3)。

15.1　导入模块

本章将使用 scikit-learn 库，该库包含 Python 的 sklearn 模块。我们使用与 SciPy 库相同的导入策略来导入 sklearn 模块：显式地从库中导入需要使用的模块。本章将使用 skearn 模块中的以下子模块：

```
In [1]: from sklearn import datasets
In [2]: from sklearn import model_selection
In [3]: from sklearn import linear_model
In [4]: from sklearn import metrics
In [5]: from sklearn import tree
In [6]: from sklearn import neighbors
In [7]: from sklearn import svm
In [8]: from sklearn import ensemble
In [9]: from sklearn import cluster
```

为了绘制图形以及进行算术运算，还需要 matplotlib 和 NumPy 库，我们像往常一样导入它们：

```
In [10]: import matplotlib.pyplot as plt
In [11]: import numpy as np
```

我们还需要对 Seaborn 库进行可视化以及设置图形样式：

```
In [12]: import seaborn as sns
```

15.2　机器学习回顾

机器学习是计算机科学中人工智能领域的一个分支。机器学习可以看作某一类应用，在这些应用中把训练数据传给某个计算机程序，使之能够完成某项给定的任务。以上定义有些宽泛，在实际应用中，机器学习通常与某些更具体的技术和方法关联在一起。这里我们将研究实际应用中机器学习的一些基本方法和关键概念。在开始介绍具体的示例之前，我们先简单地介绍一下相关的术语和核心概念。

在机器学习中，将模型或算法拟合到观测数据的过程被称为训练。机器学习的应用通常可以分为两类：监督学习和无监督学习，它们在训练数据的类型方面有所不同。在监督学习中，数据包含特征变量和已知的响应变量。特征变量和响应变量都可以是连续的或离散的。通常需要手动准备此类数据，有时甚至需要相关的专业领域知识。这些应用使用手动准备的数据进行训练，因此可以将此类训练视为监督学习。典型应用包括回归(对连续响应变量进行预测)和分类(对离散响应变量进行预测)，在这些训练集中，响应变量的值是已知的，但不知道新样本中响应变量的值。

与之对应的是，无监督机器学习的应用使用未标记或通过其他手动方式处理过的原始数据进行训练。无监督学习的典型应用是聚类，也就是把数据分成合适的类别。与监督学习相比，无监督学习的特点是预先不知道最终的类别，因此对训练数据不能相应地进行标记。这可能是因为样本数量太大，导致对数据进行手动标记比较困难或者价格昂贵。显而易见，无监督学习比监督学习更加困难、受到的限制更多，因此我们应该优先考虑使用监督学习。但是，在无法对训练数据进行标记时，无监督学习是一种很强大的工具。

当然，机器学习远比前面介绍的一些基本的问题要复杂得多，但这些是大部分机器学习应用中反复出现的概念。本章将介绍机器学习的一些基本示例，这些示例演示了机器学习的一些核心概念。在正式演示之前，我们简单地介绍一下常见的机器学习术语，我们将在后面反复提及它们：

- 交叉验证(cross-validation)是指将可用的数据分为训练数据和测试数据(也称为验证数据，validation data)，训练数据用来训练机器学习模型，而测试数据则可以让训练好的模型对我们未曾见过的数据进行测试。这样做的目的是检验模型对于新样本的预测能力以及防止过拟合。有几种方法可用于训练数据集和测试数据集的划分。例如，一种极端方式是测试所有划分数据的方法(穷举交叉验证，exhaustive cross-validation)，然后以某种方式汇总所有的结果(如采用平均值或最小值，取决于具体情况)。但是，对于大型数据集，训练数据集和测试数据集可能的组合数量将变得非常大，穷举交叉验证基本不可能。另一种极端方式是只将一个数据用于测试，而将其他所有数据都用于训练(留一交叉验证，leave-one-out cross-validation)，然后不断重复这个过程，直至完成所有的可能组合(每个数据都当作一次测试数据)。这种方式的一种变体是将可用数据分为 *k* 组，然后对这 *k* 组数据进行留一交叉验证。在 scikit-learn 库中，sklearn.model_selection 模块提供了用于交叉验证的方法。
- 特征提取(feature extraction)是机器学习预处理阶段的重要步骤，涉及创建合适的特征变量及对应的特征矩阵，这些特征矩阵可以传给 scikit-learn 库中实现的某个机器学习算法。scikit-learn 库的 sklearn. feature_extraction 模块在很多机器学习算法中扮演了类似于 Patsy 公式库在统计建模中的角色，特别是对于那些基于文本和图像的机器学习问题。使用 sklearn. feature_extraction 模块中的方法，可以从各种数据源中自动生成特征矩阵(设计矩阵)。
- 降维(dimensionality reduction)和特征选择(feature selection)是机器学习中经常用到的方法，主要用于那些具有大量解释变量(特征)，但很多解释变量对于模型的预测能力作用很小的情况。为了降低模型的复杂性，通常希望去除那些用处不太大的特征，从而减少问题的维度。当特征向量的数量与样本数量差不多或者更多时，这一点尤为重要。scikit-learn库的 sklearn. decomposition 模块和 sklearn.feature_selection 模块提供了降维机器学习的方法。主成分分析(principal component analysis，PCA)是一种常用的降维方法，它先对特征矩阵进行奇异值分解(singular-value decomposition，SVD)，只保留那些较大的奇异值对应的维度。

在下面的章节中，我们将了解如何使用 scikit-learn 库以及前面介绍的技术来解决机器学习方面的问题。在这里，我们使用的是自己生成的数据或者库内置的数据集。和 statsmodels 库类似，scikit-learn 库也提供了许多用于研究机器学习的内置数据集。sklearn 的 datasets子模块提供了三组函数：加载内置数据集(以 load_为前缀，如 load_boston)的函数、导入外部数据集(以 fetch_为前缀，如 fetch_californa_housing)的函数以及利用随机数生成数据集(以make_为前缀，如make_regression)的函数。

15.3 回归

正如我们在第 14 章中看到的那样，回归是机器学习以及统计建模的核心内容。在机器学习中，我们并不关心回归模型与数据的拟合程度，而是关心对新样本的预测结果。例如，如果有大量的特征和较少的观察数据，那么通常可以很完美地将回归模型拟合到数据，但这对于预测新的数据没什么用，这就是典型的过拟合(overfitting)。过拟合是指模型与数据之间的误差很小，但是无法保证模型能够准确地预测新样本。在机器学习中，处理该问题的常用方法是将可用的数据分为训练数据集(有时简称训练集)和测试数据集(有时简称测试集)，测试数据集利用训练中未曾见过的数据对回归结果进行验证。

为了了解训练数据集如何进行拟合、测试数据集如何进行验证，我们来看一个拥有 50 个样本以及 50 个特征的回归问题，其中只有 10 个特征具有有用信息(与响应变量线性相关)。这模拟了一种拥有 50 个已知特征，但其中只有 10 个有用特征的场景。我们使用 sklearn.datasets 模块的 make_regression 函数来生成这种类型的数据：

```
In [13]: X_all, y_all = datasets.make_regression(n_samples=50,
         n_features=50, n_informative=10)
```

得到的结果是两个数组：X_all(大小为 50×50 的二维数组)和 y_all(长度为 50 的一维数组)，对应有 50 个样本和 50 个特征的回归问题的设计矩阵。我们不对整个数据集进行回归(这样会由于数据太少而出现过拟合)，而是使用 sklearn.model_selection 模块的 train_test_split 函数将数据集拆分为两个同等大小的数据集。得到的结果是训练数据集(X_train，y_train)和测试数据集(X_test, y_test)：

```
In [14]: X_train, X_test, y_train, y_test = \
    ...: model_selection.train_test_split(X_all, y_all, train_size=0.5)
```

在 scikit-learn 中，可以使用 sklearn.linear_model 模块的 LinearRegression 类来进行普通线性回归，这相当于 statsmodels 库中的 statsmodels.api.OLS。为了进行回归操作，我们首先创建一个 LinearRegression 实例：

```
In [15]: model = linear_model.LinearRegression()
```

为了把模型拟合到数据，需要调用 fit 方法，输入的第一个参数是特征矩阵，第二个参数是响应变量：

```
In [16]: model.fit(X_train, y_train)
Out[16]: LinearRegression(copy_X=True, fit_intercept=True, n_jobs=1,
         normalize=False)
```

需要注意的是，与 statsmodels 中的 OLS 类不同，这里特征矩阵和响应变量的顺序刚好相反，并且在 statsmodels 中，数据是在创建实例时传入的，而不是在调用 fit 方法时传入。另外在 scikit-learn 中，调用 fit 方法不会返回新的结果对象，而是把结果直接保存在 model 实例中。当需要在 statsmodels 和 scikit-learn 模块之间进行切换时，这些微小的差异会带来一些不便，需要留意一下[1]。

由于回归问题有 50 个特征，而训练数据只有 25 个样本，因此可以预期过拟合会让模型完美地拟合到数据。拟合程度可以通过模型与数据之间的误差平方和(sum of squared error，SSE)来量化。

1 在实际应用中，经常会同时用到 statsmodels 和 scikit-learn，因为它们在很多方面都是互补的。但是，本章我们只考虑 scikit-learn。

为了评估模型对于给定特征集的拟合程度，可以调用 predict 方法，然后计算残差以及 SSE：

```
In [17]: def sse(resid):
    ...:     return np.sum(resid**2)
In [18]: resid_train = y_train - model.predict(X_train)
    ...: sse_train = sse(resid_train)
    ...: sse_train
Out[18]: 8.1172209425431673e-25
```

正如预期的那样，对于训练数据集，由于数据的特征数量是数据样本数量的两倍，导致模型过拟合，残差基本都为 0。但是，这种过拟合的模型根本不适用于新数据。通过计算测试数据集的 SSE 就可以验证这一点：

```
In [19]: resid_test = y_test - model.predict(X_test)
    ...:     sse_test = sse(resid_test)
    ...: sse_test
Out[19]: 213555.61203039082
```

得到的结果是一个很大的 SSE 值，这说明模型在预测新样本时做得很不好。评估模型和数据拟合度的另外一种方法是 R-squared 统计量(相关介绍见第 14 章)，可以使用 score 方法来计算，该方法的参数是特征矩阵和响应变量。对于训练数据集，和预期的一样，我们计算得到的值是 1；而对于测试数据集，得到的是一个很小的值：

```
In [20]: model.score(X_train, y_train)
Out[20]: 1.0
In [21]: model.score(X_test, y_test)
Out[21]: 0.31407400675201746
```

训练数据集和测试数据集得分之间的巨大差异再次说明模型过拟合了。

最后，还可以使用图形方法来绘制训练数据集和测试数据集之间的残差，这样就可以直观地看到系数和残差的值。从 LinearRegression 对象的 coef_属性可以获得拟合的参数。为了在绘制训练数据集和测试数据集的残差和模型参数时减少代码，我们首先定义 plot_residuals_and_coeff 函数用于绘制图形。然后，我们分别使用训练数据集和测试数据集在普通线性回归模型上的结果来调用该函数，结果如图 15-1 所示。很明显，对于每个样本，测试数据集和训练数据集之间的残差都有很大的不同。

```
In [22]: def plot_residuals_and_coeff(resid_train, resid_test, coeff):
    ...: fig, axes = plt.subplots(1, 3, figsize=(12, 3))
    ...: axes[0].bar(np.arange(len(resid_train)), resid_train)
    ...: axes[0].set_xlabel("sample number")
    ...: axes[0].set_ylabel("residual")
    ...: axes[0].set_title("training data")
    ...: axes[1].bar(np.arange(len(resid_test)), resid_test)
```

```
    ...: axes[1].set_xlabel("sample number")
    ...: axes[1].set_ylabel("residual")
    ...: axes[1].set_title("testing data")
    ...: axes[2].bar(np.arange(len(coeff)), coeff)
    ...: axes[2].set_xlabel("coefficient number")
    ...: axes[2].set_ylabel("coefficient")
    ...: fig.tight_layout()
    ...: return fig, axes
In [23]: fig, ax = plot_residuals_and_coeff(resid_train, resid_test,
         model.coef_)
```

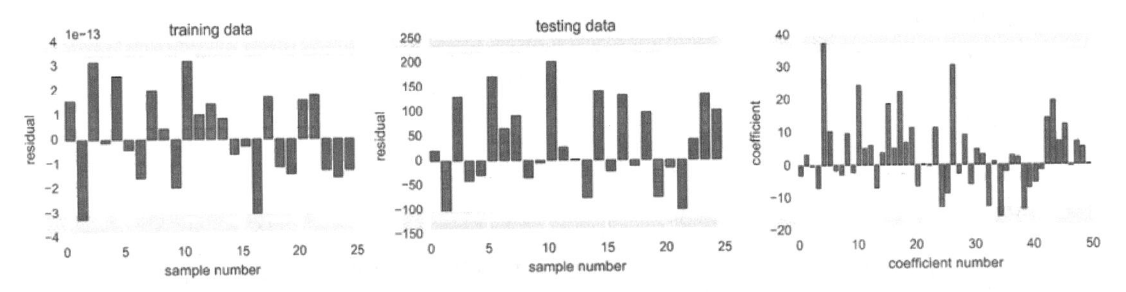

图 15-1　普通线性回归模型对训练数据集(左图)和测试数据集(中间图)进行预测的残差以及 50 个特征的系数值(右图)

在这个例子中，之所以产生过拟合，是由于我们的样本数量太少。一种可能的解决方案是采集更多的样本，直至不再产生过拟合的问题。但是，这可能并不总是可行，因为在某些应用中，可能会有非常多的特征，这样收集样本的成本可能很高。对于这种情况，我们只能通过尽可能避免过拟合来进行训练(代价就是无法对训练数据进行完美拟合)，这样才能让模型对于新样本给出更有意义的预测。

正则化回归(regularized regression)可能是此类问题的有效解决方案。下面将介绍几种正则化回归的变体。在普通线性回归中，可通过选择模型参数来最小化残差的平方和。作为优化问题，目标函数是 $\min_\beta \|X\beta - y\|_2^2$，其中 X 是特征矩阵，y 是响应变量，β 是模型参数向量，$\|\cdot\|_2$ 表示 L2 范数。在正则化回归中，我们在最小化问题的目标函数中增加了惩罚项(penalty term)。不同类型的惩罚项可以对原始回归问题进行不同的正则化。最常见的两种正则化方法是在最小化目标函数中增加参数向量的L1 范数或L2 范数：$\min_\beta\{\|X\beta - y\|_2^2 + \alpha\|\beta\|_1\}$ 和 $\min_\beta\{\|X\beta - y\|_2^2 + \alpha\|\beta\|_2^2\}$。它们分别被称为LASSO 回归和 Ridge 回归。这里的 α 是决定正则化强度的自由参数。增加 L2 范数 $\|\beta\|_2^2$ 能够让模型参数向量更小，而增加 L1 范数 $\|\beta\|_1$ 能够让模型参数向量尽量减少非零项。具体使用哪种正则化取决于待解决的问题：当希望尽可能多地消除特征时，可以使用 L1 正则化和 LASSO 回归；当希望限制模型系数的大小时，可以使用 L2 正则化和 Ridge 回归。

在 scikit-learn 中，可以使用 sklearn.linear_model 模块中的 Ridge 类来进行 Ridge 回归。该类的使用方式基本与之前介绍的 LinearRegression 类一样，但也可以给出 α 参数的值，该参数在类的初始化过程中用于确定正则化的强度。这里设置 α=2.5。在本章的后面，我们将介绍一种更系统的 α 选择方法。

```
In [24]: model = linear_model.Ridge(alpha=2.5)
```

为了把回归模型拟合到数据，我们再次使用 fit 方法，将训练数据集的特征矩阵和响应变量作为参数传入：

```
In [25]: model.fit(X_train, y_train)
Out[25]: Ridge(alpha=2.5, copy_X=True, fit_intercept=True, max_iter=None,
normalize=False, solver='auto', tol=0.001)
```

将模型拟合到训练数据之后，可以用模型对训练数据集和测试数据集进行预测，计算相应的 SSE：

```
In [26]: resid_train = y_train - model.predict(X_train)
    ...: sse_train = sse(resid_train)
    ...: sse_train
Out[26]: 178.50695164950841
In [27]: resid_test = y_test - model.predict(X_test)
    ...: sse_test = sse(resid_test)
    ...: sse_test
Out[27]: 212737.00160105844
```

可以看到，训练数据集的 SSE 不再是接近 0 的值，测试数据集的 SSE 值略有减小。为了和普通回归做比较，我们使用前面定义的 plot_residuals_and_coeff 函数来绘制训练数据集和测试数据集的残差以及模型的参数，结果如图 15-2 所示。

```
In [28]: fig, ax = plot_residuals_and_coeff(resid_train, resid_test,
      model.coef_)
```

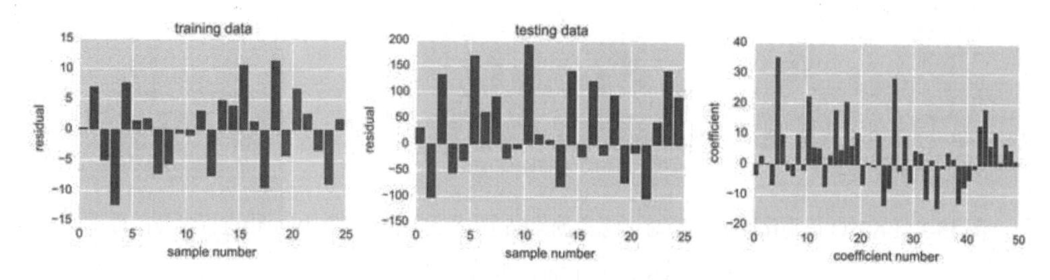

图 15-2 Ridge 正则化回归模型对训练数据集(左图)和测试数据集(中间图)进行预测的残差以及 50 个特征的参数值(右图)

类似地，可以使用 sklearn.linear_model 模块中的 Lasso 类进行 L1 正则化的 LASSO 回归。在进行类实例的初始化时，我们设置 $\alpha = 1.0$，然后按照前面的方法进行模型的拟合，并计算拟合后的模型针对训练数据和测试数据的 SSE：

```
In [29]: model = linear_model.Lasso(alpha=1.0)
In [30]: model.fit(X_train, y_train)
                     Out[30]: Lasso(alpha=1.0, copy_X=True, fit_intercept=True,
                     max_iter=1000,normalize=False,positive=False,precompute=False,
                     random_state=None, selection='cyclic', tol=0.0001,
                     warm_start=False)
In [31]: resid_train = y_train - model.predict(X_train)
    ...: sse_train = sse(resid_train)
    ...: sse_train
Out[31]: 309.74971389531891
In [32]: resid_test = y_test - model.predict(X_test)
    ...: sse_test = sse(resid_test)
    ...: sse_test
Out[32]: 1489.1176065002333
```

在这里可以看到，虽然训练数据的 SSE 与普通回归的 SSE 相比有所增加，但是测试数据的 SSE 明显下降。因此，以回归模型对训练数据的拟合性为代价，我们明显提升了模型对训练数据的预测能力。为了与之前的方法进行比较，我们再次使用 plot_residuals_and_coeff 函数来绘制残差和模型的系数，结果如图 15-3 所示。在最右边的图中，我们看到系数分布与图 15-1 和图 15-2 中的系数分布明显不同，并且使用 LASSO 回归得到的系数中包含很多 0。对于当前数据来说，这是一种合适的方法，因此在最开始生成数据集时，我们选择 50 个特征，其中只有 10 个特征包含有用信息。如果怀疑回归模型中存在大量无用的特征，L1 正则化的 LASSO 回归是一种值得一试的方法。

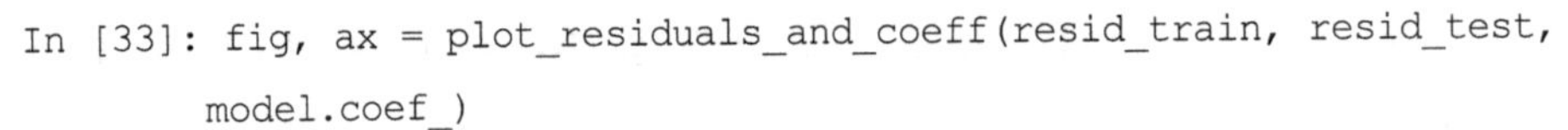

```
In [33]: fig, ax = plot_residuals_and_coeff(resid_train, resid_test,
         model.coef_)
```

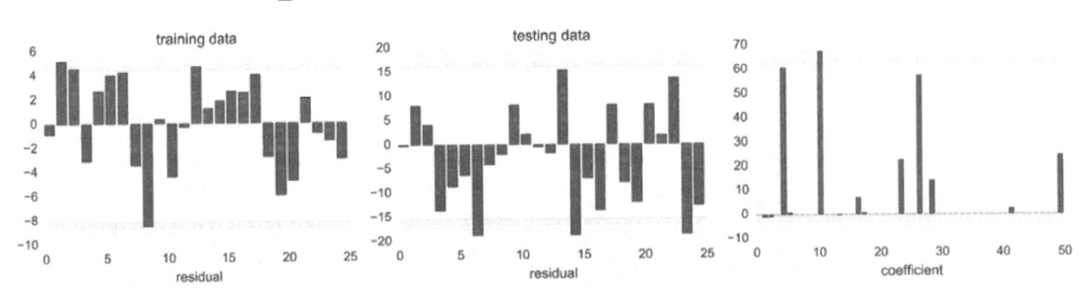

图 15-3　LASSO 正则化回归模型对训练数据集(左图)和测试数据集(中间图)进行预测的残差以及 50 个特征的参数值(右图)

在前面应用 Ridge 和 LASSO 回归的两个例子中，使用的 α 值是随意选择的。最合适的 α 值取决于问题本身。对于每个新问题，需要反复试验才能找到合适的 α 值。scikit-learn 库提供了相关的方法来帮助我们找到合适的 α 值，下面将进行相关介绍，在这之前，我们先来看看对于特定问题，回归模型的参数以及训练数据集和测试数据集的 SSE 如何依赖于 α 值。这里只考虑 LASSO 回归，因为它更适合本例中的问题。我们使用不同的 α 值来重复解决相同的问题，然后把每次得到的系数和 SSE 保存在 NumPy 数组中。

我们首先来创建需要用到的 NumPy 数组。我们使用 np.logspace 来创建一系列不同的 α 值，这些 α 值将跨越几个数量级：

```
In [34]: alphas = np.logspace(-4, 2, 100)
In [35]: coeffs = np.zeros((len(alphas), X_train.shape[1]))
In [36]: sse_train = np.zeros_like(alphas)
In [37]: sse_test = np.zeros_like(alphas)
```

接下来，我们遍历数组中的 α 值，并对每个 α 值进行 LASSO 回归：

```
In [38]: for n, alpha in enumerate(alphas):
    ...:     model = linear_model.Lasso(alpha=alpha)
    ...:     model.fit(X_train, y_train)
    ...:     coeffs[n, :] = model.coef_
    ...:     sse_train[n] = sse(y_train - model.predict(X_train))
    ...:     sse_test[n] = sse(y_test - model.predict(X_test))
```

最后使用 matplotlib 来绘制系数以及训练数据集和测试数据集的 SSE，结果如图 15-4 所示。从左边的图中可以看到，对于非常小的 α 值，大量的系数都是非零的，这意味着过拟合。你还可以看到，当 α 值增加到某个阈值以上时，许多系数突然变成 0，并且只有少量系数保持非 0。从右图可以看到，虽然训练数据集的 SSE 随着 α 值的增加而稳步增加，但是测试数据集的 SSE 在急剧下降。这就是 LASSO 回归的从众效应(sought-after effect)。但对于太大的 α 值，所有系数都将收敛到 0，训练数据集和测试数据集的 SSE 都会变大。因此，α 存在最佳区间，能够防止过拟合，提高模型对未知数据的预测能力。虽然这些观察结果并非普遍适用，但对于很多问题都能看到类似的结果。

```
In [39]: fig, axes = plt.subplots(1, 2, figsize=(12, 4), sharex=True)
    ...: for n in range(coeffs.shape[1]):
    ...:     axes[0].plot(np.log10(alphas), coeffs[:, n], color='k', lw=0.5)
    ...:
    ...: axes[1].semilogy(np.log10(alphas), sse_train, label="train")
    ...: axes[1].semilogy(np.log10(alphas), sse_test, label="test")
    ...: axes[1].legend(loc=0)
    ...:
    ...: axes[0].set_xlabel(r"${\log_{10}}\alpha$", fontsize=18)
    ...: axes[0].set_ylabel(r"coefficients", fontsize=18)
    ...: axes[1].set_xlabel(r"${\log_{10}}\alpha$", fontsize=18)
    ...: axes[1].set_ylabel(r"SSE", fontsize=18)
```

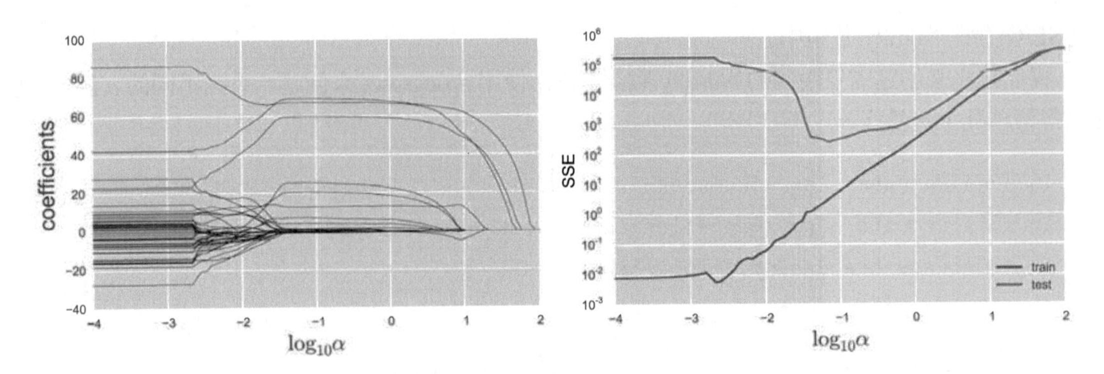

图 15-4　LASSO 回归的系数(左图)以及训练数据集和测试数据集之间的误差平方和 SSE(右图)，横坐标是正则化强度参数 α 的对数

可以使用 RidgeCV 和 LassoCV 类自动针对多个 α 值测试正则化回归。这些 Ridge 回归和 LASSO 回归的变体能够在内部使用交叉验证的方法查找最优的 α 值。默认情况下，可以使用 k=3 的 k 折交叉验证，也可以使用这些类的 cv 参数。由于采用的是内置的交叉验证，因此我们不需要像以前那样将数据集明确地划分为训练数据集和测试数据集。

要使用自动选择 α 的 LASSO，我们只需要创建一个 LassoCV 实例并调用 fit 方法：

```
In [40]: model = linear_model.LassoCV()
In [41]: model.fit(X_all, y_all)
Out[41]: LassoCV( alphas=None, copy_X=True, cv=None, eps=0.001,
                 fit_intercept=True, max_iter=1000, n_alphas=100, n_jobs=1,
                 normalize=False, positive=False, precompute='auto',
                 random_state=None, selection='cyclic', tol=0.0001,
                 verbose=False)
```

可以通过 alpha_属性来获得为模型选择的正则化强度参数 α：

```
In [42]: model.alpha_
Out[42]: 0.13118477495069433
```

可以看到，使用这种方式得到的 α 建议值与我们从图 15-4 中得到的结果相当吻合。为了与之前的方法做比较，我们还计算了训练数据集和测试数据集的 SSE(尽管它们在调用 LassoCV.fit 方法以进行训练时都曾使用过)，并绘制了 SSE 值以及模型参数的图形，如图 15-5 所示。通过使用交叉验证的 LASSO 方法，我们获得一个能够同时对训练数据集和测试数据集进行相对较高精度预测的模型，并且在样本数量少于特征数量的情况下解决了过拟合的问题[1]。

```
In [43]: resid_train = y_train - model.predict(X_train)
    ...: sse_train = sse(resid_train)
```

1 但是，请注意，在看到对新样本的预测结果之前，我们永远无法确定机器学习应用会不会过拟合，所以定期对模型进行评估是一种好的做法。

```
   ...: sse_train
Out[43]: 66.900068715063625
In [44]: resid_test = y_test - model.predict(X_test)
   ...: sse_test = sse(resid_test)
   ...: sse_test
Out[44]: 966.39293785448456
In [45]: fig, ax = plot_residuals_and_coeff(resid_train, resid_test,
   model.coef_)
```

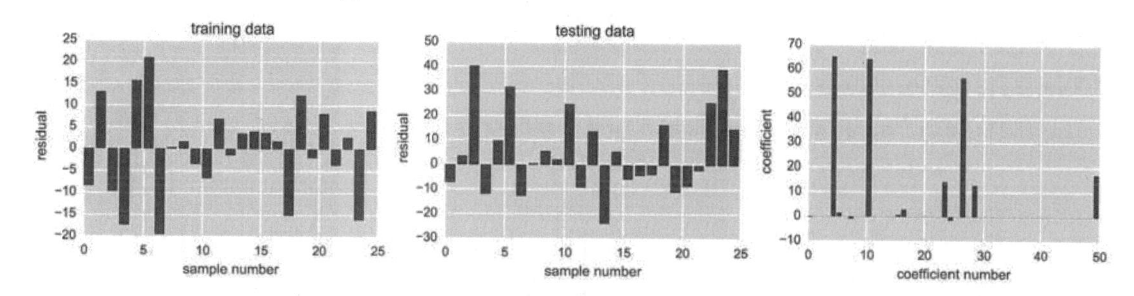

图 15-5　带交叉验证的LASSO正则化回归模型对训练数据集(左图)和测试数据集(中间图)进行预测的残差以及 50 个特征的参数值(右图)

最后，我们介绍另外一种常用的结合了 LASSO 和 Ridge 回归中 L1 和 L2 范数的正则化回归模型，称为 elastic-net 回归。最小化目标函数是 $\min_\beta \left\{\|X\beta - y\|_2^2 + \alpha\rho\|\beta\|_1 + \alpha(1-\rho)\|\beta\|_2^2\right\}$，其中参数 ρ(scikit-learn 中的 l1_ratio)用于决定 L1 和 L2 惩罚项的权重，从而决定这种回归更像 LASSO 回归还是 Ridge 回归。在 scikit-learn 中，可以使用 ElasticNet 类来进行 elastic-net 回归，并且可以显式地设置 α(alpha)和 ρ(l1_ratio)参数，或者使用交叉验证版本的 ElasticNetCV 类来自动寻找合适的 α 值和 ρ 值：

```
In [46]: model = linear_model.ElasticNetCV()
In [47]: model.fit(X_train, y_train)
Out[47]: ElasticNetCV( alphas=None, copy_X=True, cv=None, eps=0.001,
                       fit_intercept=True, l1_ratio=0.5, max_iter=1000,
                       n_alphas=100, n_jobs=1, normalize=False,
                       positive=False, precompute='auto', random_state=None,
                       selection='cyclic', tol=0.0001, verbose=0)
```

可以通过 alpha_ 和 l1_ratio 属性来获得交叉验证以搜索找到的正则化参数 α 和 ρ：

```
In [48]: model.alpha_
Out[48]: 0.13118477495069433
In [49]: model.l1_ratio
Out[49]: 0.5
```

为了与之前的方法进行比较，我们再次计算并绘制 SSE 值以及模型系数，如图 15-6 所示。与我们预期的一样，当$\rho=0.5$时，得到的结果同时具有 LASSO 回归(减少系数的数量)和 Ridge 回归(抑制系数的大小)的特征。

```
In [50]: resid_train = y_train - model.predict(X_train)
    ...: sse_train = sse(resid_train)
    ...: sse_train
Out[50]: 2183.8391729391255
In [51]: resid_test = y_test - model.predict(X_test)
    ...: sse_test = sse(resid_test)
    ...: sse_test
Out[51]: 2650.0504463382508
In [52]: fig, ax = plot_residuals_and_coeff(resid_train, resid_test,
          model.coef_)
```

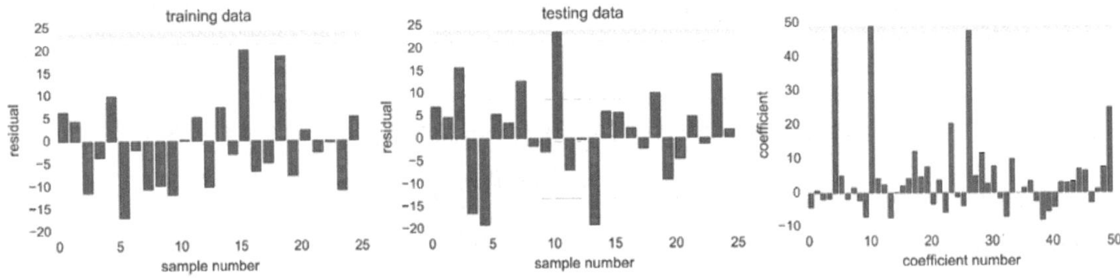

图 15-6　带交叉验证的 elastic-net 正则化回归模型对训练数据集(左图)和测试数据集(中间图)进行预测的残差以及 50 个特征的参数值(右图)

15.4　分类

与回归一样，分类(classification)也是机器学习的重点。在第 14 章中，我们已经看到了分类的相关示例，我们使用对数几率回归(logistic regression)模型将观察数据分成离散的几类。对数几率回归也可以应用于机器学习中的相同问题，但还有各种其他的用于分类的算法，如最近邻算法(nearest neighbor method)、支持向量机(support vector machine，SVM)、决策树(decision tree)、随机森林算法(random forest method)等。scikit-learn 库为这些算法提供了方便、统一的 API，对于任意分类问题，都可以在这些不同方法之间进行切换。

为了演示如何使用训练数据集对分类模型进行训练，并在测试数据集上测试模型，我们再次使用 Iris 数据集，该数据集包含鸢尾花样本的特征(花萼和花瓣的宽度及高度)以及所属的品种(setosa、versicolor 和 virginica)。Iris 数据集是 scikit-learn 库中的经典数据集，常被用来测试和演示机器学习算法和统计模型。这里，我们再来看一下根据花萼、花瓣的宽度和高度对鸢尾花的品种进行分类的问题(另见第 14 章)。首先，我们调用 datasets 模块中的 load_iris 方法来加载数据集，得到的是一个容器对象(scikit-learn 中称为 Bunch 对象)，该对象包含数据以及元数据。

```
In [53]: iris = datasets.load_iris()
In [54]: type(iris)
```

```
Out[54]: sklearn.datasets.base.Bunch
```

通过 feature_names 和 target_names 属性可以得到特征以及目标分类的名称：

```
In [55]: iris.target_names
Out[55]: array(['setosa', 'versicolor', 'virginica'], dtype='|S10')
In [56]: iris.feature_names
Out[56]: ['sepal length (cm)', 'sepal width (cm)', 'petal length (cm)',
          'petal width (cm)']
```

实际的数据集可以通过 data 和 target 属性获得：

```
In [57]: iris.data.shape
Out[57]: (150, 4)
In [58]: iris.target.shape
Out[58]: (150,)
```

我们首先使用 train_ test_split 方法将数据集拆分为训练数据集(有时简称训练集)和测试数据集集(有时简称测试集)两部分。这次我们选择的 70%的样本包含在训练数据集中，将剩余 30%的样本用于测试和验证：

```
In [59]: X_train, X_test, y_train, y_test = \
    ...: model_selection.train_test_split(iris.data, iris.target, train_size=0.7)
```

利用 scikit-learn 模块训练分类器(classifier)和进行分类的第一步是创建分类器实例。如前所述，scikit-learn 中有很多分类器可供选择。我们从对数几率回归分类器开始，该分类器由 linear_model 模块中的 LogisticRegression 类提供：

```
In [60]: classifier = linear_model.LogisticRegression()
```

调用分类器实例的 fit 方法对分类器进行训练。fit 方法的参数是特征和目标的设计矩阵。我们在使用 load_iris 方法加载数据集时创建了一个训练集，这里我们使用该训练集。如果没有可用的设计矩阵，可以使用第 14 章中的方法：使用 NumPy 函数手动创建设计矩阵或者使用 Patsy 库自动创建合适的数据。还可以使用 scikit-learn 库的 feature_extraction 模块中的特征提取方法。

```
In [61]: classifier.fit(X_train, y_train)
Out[61]: LogisticRegression( C=1.0, class_weight=None, dual=False,
                             fit_intercept=True, intercept_scaling=1,
                             max_iter=100, multi_class='ovr', penalty='l2',
                             random_state=None, solver='liblinear',
tol=0.0001, verbose=0)
```

训练完分类器之后，就可以立即使用 predict 方法来预测新样本的类别。这里我们使用该方法来预测测试数据集中样本的类别，这样就可以对预测结果与实际值进行比较。

```
In [62]: y_test_pred = classifier.predict(X_test)
```

sklearn.metrics 模块提供了用于评估分类器的性能和准确性的辅助函数，例如 classification_ report 函数，输入参数为预测值和真实值的数组，返回假阴性率(false negatives rate)和假阳性率(false positives rate)等相关信息指标的摘要信息：

```
In [63]: print(metrics.classification_report(y_test, y_test_pred))
              precision    recall    f1-score    support
           0       1.00      1.00        1.00         13
           1       1.00      0.92        0.96         13
           2       0.95      1.00        0.97         19
avg / total        0.98      0.98        0.98         45
```

还可以使用 confusion_ matrix 方法来计算所谓的混淆矩阵(confusion matrix)，该矩阵以紧凑的形式呈现分类指标：矩阵对角线上的值代表每个类别中正确分类的样本数，非对角线上的值代表分类错误的样本数。更具体地说，混淆矩阵 $\boldsymbol{C}$ 的元素 C_{ij} 表示被分到 j 类别、实际为 i 类别的样本数。对于当前数据，我们得到的混淆矩阵如下：

```
In [64]: metrics.confusion_matrix(y_test, y_test_pred)
Out[64]: array([[13  0   0]
                [ 0 12   1]
                [ 0  0 19]])
```

从上面的混淆矩阵中可以看到第 1 类和第 3 类的所有样本都被正确分类，但第 2 类中的一个样本被错误分到第 3 类中。请注意，在混淆矩阵中，每一行中所有元素的和等于相应类别的样本总数。在这个测试样本中，第 1 类和第 2 类都有 13 个样本，第 3 类有 19 个样本，这也可以通过统计 y_test 数组中的唯一值看到：

```
In [65]: np.bincount(y_test)
Out[65]: array([13, 13, 19])
```

如果需要使用其他的分类器来进行分类，那么只需要创建相应分类器的实例。例如，要使用决策树而不是对数几率回归，可以使用 sklearn.tree 模块中的 DesicisionTreeClassifier 类。分类器的训练和对新样本的预测在所有分类器中都完全相同。

```
In [66]: classifier = tree.DecisionTreeClassifier()
    ...: classifier.fit(X_train, y_train)
    ...: y_test_pred = classifier.predict(X_test)
    ...: metrics.confusion_matrix(y_test, y_test_pred)
Out[66]: array([[13,  0,  0],
                [ 0, 12,  1],
                [ 0,  1, 18]])
```

使用决策树分类器得到的混淆矩阵有些不同，对于测试数据集则多出了分类错误。

scikit-learn 中其他常用的分类器包括 sklearn.neighbors 模块中的最近邻分类器 KNeighborsClassifier、sklearn.svm 模块中的支持向量机分类器(SVC)、sklearn.ensemble 模块中的随机森林分类器 RandomForestClassifier。由于它们的使用方法相同，因此对于同一分类问题，可以使用多个分类器。对于特定问题，则针对不同的训练集和测试集大小，比较它们的性能。为此，我们创建一个 NumPy 数组，用于保存训练集样本占总样本的比例，从 10%到 90%不等：

```
In [67]: train_size_vec = np.linspace(0.1, 0.9, 30)
```

接下来，我们创建想要使用的分类器列表：

```
In [68]: classifiers = [tree.DecisionTreeClassifier,
    ...: neighbors.KNeighborsClassifier,
    ...: svm.SVC,
    ...: ensemble.RandomForestClassifier]
```

再创建一个数组，用于保存训练集的大小、使用的分类器以及得到的混淆矩阵对角线：

```
In [69]: cm_diags = np.zeros((3, len(train_size_vec), len(classifiers)),
       dtype=float)
```

最后，遍历不同大小的训练集以及不同种类的分类器，并且对于每种组合，都执行分类器训练、测试数据预测、混淆矩阵计算等步骤，并将得到的对角线除以理想值后保存到 cm_diags 数组中：

```
In [70]: for n, train_size in enumerate(train_size_vec):
    ...:     X_train, X_test, y_train, y_test = \
    ...:     model_selection.train_test_split(iris.data, iris.target,
    ...:     train_size=train_size)
    ...: for m, Classifier in enumerate(classifiers):
    ...:    classifier = Classifier()
    ...:    classifier.fit(X_train, y_train)
    ...:    y_test_p = classifier.predict(X_test)
    ...:    cm_diags[:, n, m] = metrics.confusion_matrix(y_test,
             y_test_p).diagonal()
    ...:    cm_diags[:, n, m] /= np.bincount(y_test)
```

针对不同大小的训练集，不同分类器的分类精度如图 15-7 所示。

```
In [71]: fig, axes = plt.subplots(1, len(classifiers), figsize=(12, 3))
    ...: for m, Classifier in enumerate(classifiers):
    ...:     axes[m].plot(train_size_vec, cm_diags[2, :, m], label=iris.
              target_names[2])
    ...:     axes[m].plot(train_size_vec, cm_diags[1, :, m], label=iris.
```

```
              target_names[1])
   ...:       axes[m].plot(train_size_vec, cm_diags[0, :, m], label=iris.
              target_names[0])
   ...:       axes[m].set_title(type(Classifier()).__name__)
   ...:       axes[m].set_ylim(0, 1.1)
   ...:       axes[m].set_ylabel("classification accuracy")
   ...:       axes[m].set_xlabel("training size ratio")
   ...:       axes[m].legend(loc=4)
```

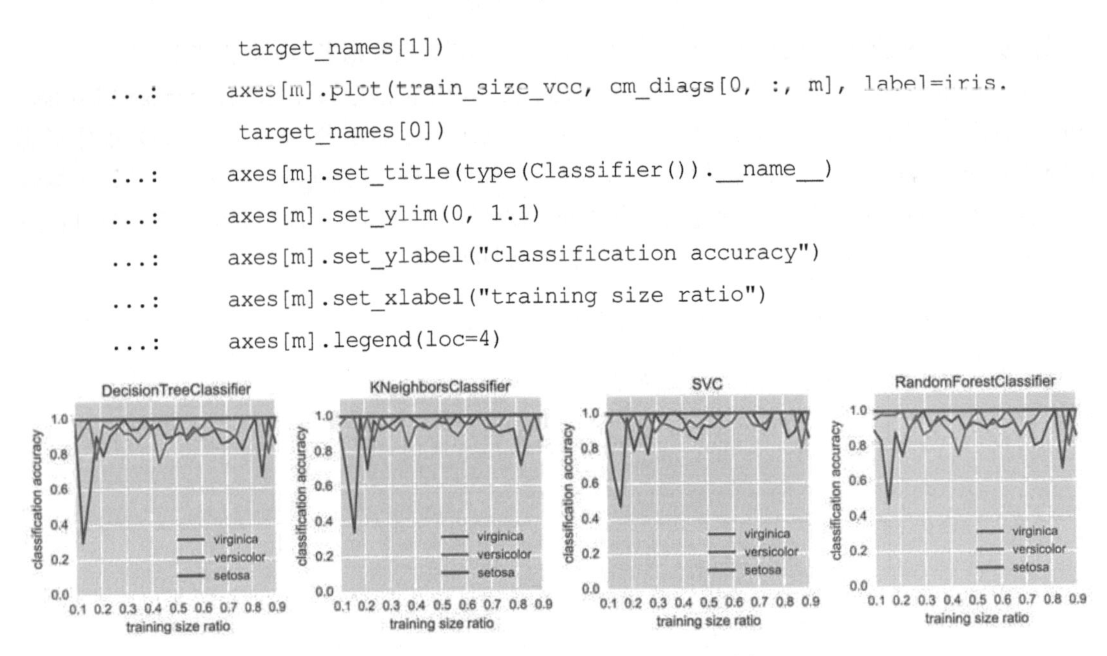

图 15-7　比较四种不同分类器的分类精度

在图 15-7 中，我们看到每个模型的分类错误是不同的，但对于这个特定的示例，它们的性能差不多。哪种分类器更好，取决于待处理的问题，很难给出通用的答案。不过幸运的是，在 scikit-learn 中，很容易在不同的分类器之间进行切换，因此对于给定的问题，很容易尝试一些不同的分类器。除了分类准确性，另一个需要考虑的重要问题是计算性能和扩展性。对于具有很多特征的大型分类问题，随机森林之类的决策树方法是不错的尝试起点。

15.5　聚类

前面我们讨论了回归和分类，它们都是监督学习的典型应用，因为数据集中包含了响应变量。聚类是一种与它们不同的方法，也是机器学习的重要应用。聚类可以看作类别未知的分类问题，这使之成为无监督学习的典型应用。聚类算法的训练数据集仅包含特征变量，输出是一个整数数组，用于为每个样本赋予聚类(cluster)或类别(class)的序号。输出的这个整数数组对应于监督学习分类问题中的响应变量。

scikit-learn 库实现了很多聚类算法，适用于不同类型的聚类问题以及数据集。常用的聚类方法包括 K-均值算法(将样本划分为不同的簇，使得簇内样本到簇中心点的误差平方和最小)、mean-shift 算法(通过将数据拟合到某个密度函数来对样本进行聚类，如高斯函数)等。

scikit-learn 的 sklearn.cluster 模块包含了多个聚类算法，如 *k*-均值算法 KMeans、mean-shift 算法 MeanShift。在使用某个算法进行聚类之前，需要初始化相应的类实例，然后使用 fit 方法在特征数据集上进行训练，最后调用 predict 方法以获得聚类的结果。很多聚类算法都要求把簇的数量作为输入参数，可以在创建类实例时通过 n_clusters 参数来设置。

我们再次利用 Iris 数据集来演示聚类，但这次我们不需要在监督分类中使用的响应变量，我们将使用 *k*-均值算法来尝试为样本找到合适的聚类。和以前一样，我们先加载 Iris 数据集，并将特征数据和目标数据分别保存在变量 X 和 y 中：

```
In [72]: X, y = iris.data, iris.target
```

为了使用 *k*-均值聚类算法，需要设置聚类的数量。我们一开始并不知道最合适的聚类数量，通常需要尝试使用几个不同的聚类数量。但是，这里我们已经知道数据对应三种不同的鸢尾花，所以我们使用三个聚类。我们创建一个 KMeans 类的实例，将参数 n_clusters 设置为聚类的数量。

```
In [73]: n_clusters = 3
In [74]: clustering = cluster.KMeans(n_clusters=n_clusters)
```

为了进行真正的计算，我们调用 fit 方法，将鸢尾花的特征矩阵作为参数：

```
In [75]: clustering.fit(X)
Out[75]: KMeans(copy_x=True, init='k-means++', max_iter=300, n_clusters=3,
                n_init=10, n_jobs=1, precompute_distances='auto',
                random_state=None, tol=0.0001, verbose=0)
```

聚类的结果可以通过 predict 方法来获得，该方法的参数是一个特征数据集，该特征数据集中可以包含新样本的特征。但是，并非 scikit-learn 中所有的聚类方法都支持对新样本进行聚类预测，这种情况下，predict 方法不可用，需要使用 fit_predict 方法。在下面的代码中，我们使用 predict 方法，输入训练集，得到聚类结果：

```
In [76]: y_pred = clustering.predict(X)
```

得到的结果是一个与训练集大小相同的整数数组。这个数组中的元素值表示每个样本被划分到的组号(从 0 到 n_samples - 1)。由于结果数组 y_pred 很长，因此使用 NumPy 的步长索引::8，每隔八个元素显示一个元素：

```
In [77]: y_pred[::8]
Out[77]: array([1, 1, 1, 1, 1, 1, 1, 2, 2, 2, 2, 2, 2, 0, 0, 0, 0, 0, 0],
         dtype=int32)
```

可以对聚类结果与 Iris 样本的监督分类结果进行比较：

```
In [78]: y[::8]
Out[78]: array([0, 0, 0, 0, 0, 0, 0, 1, 1, 1, 1, 1, 1, 2, 2, 2, 2, 2, 2])
```

二者之间似乎存在较好的相关性，但是在聚类的输出结果中，代表类别的数字与代表监督分类的目标类别的数字不一样。为了能对两者之间的指标(如 confusion_matrix 函数)进行比较，需要对数组的元素进行重命名，使得同一类别在不同的数组中使用相同的数字来表示。可以使用 NumPy 数组的操作方法：

```
In [79]: idx_0, idx_1, idx_2 = (np.where(y_pred == n) for n in range(3))
In [80]: y_pred[idx_0], y_pred[idx_1], y_pred[idx_2] = 2, 0, 1
```

```
In [81]: y_pred[::8]
Out[81]: array([0, 0, 0, 0, 0, 0, 0, 1, 1, 1, 1, 1, 1, 2, 2, 2, 2, 2, 2],
         dtype=int32)
```

现在我们使用相同的数字来代表同一类别，可以使用 confusion_matrix 方法来比较监督和无监督分类的差别：

```
In [82]: metrics.confusion_matrix(y, y_pred)
Out[82]: array([[50, 0, 0],
                [ 0, 48, 2],
                [ 0, 14, 36]])
```

上面的混淆矩阵说明聚类算法可以正确地识别第 1 类的所有样本，但是由于第 2 类和第 3 类有一些重叠的样本，它们不能很好地被划分到不同的聚类。例如，第 2 类有两个样本被划分到了第 3 类，而第 3 类有 14 个样本被划分到了第 2 类。

聚类的结果也可以被可视化，例如，像下面这样绘制每对特征的散点图。我们遍历每个特征对以及每个聚类，用不同的颜色(图 15-8 中的橙色、蓝色、绿色以及不同的灰度)为每个聚类绘制散点图，对于那些聚类结果与监督分类结果不一致的样本，我们使用红色方框标记出来，结果如图 15-8 所示。

```
In [83]: N = X.shape[1]
    ...: fig, axes = plt.subplots(N, N, figsize=(12, 12), sharex=True,
         sharey=True)
    ...: colors = ["coral", "blue", "green"]
    ...: markers = ["^", "v", "o"]
    ...: for m in range(N):
    ...:     for n in range(N):
    ...:         for p in range(n_clusters):
    ...:             mask = y_pred == p
    ...:             axes[m, n].scatter(X[:, m][mask], X[:, n][mask], s=30,
    ...:                                marker=markers[p], color=colors[p],
                                       alpha=0.25)
    ...:         for idx in np.where(y != y_pred):
    ...:             axes[m, n].scatter(X[idx, m], X[idx, n], s=30,
    ...:                                marker="s", edgecolor="red",
                                       facecolor=(1,1,1,0))
    ...:     axes[N-1, m].set_xlabel(iris.feature_names[m], fontsize=16)
    ...:     axes[m, 0].set_ylabel(iris.feature_names[m], fontsize=16)
```

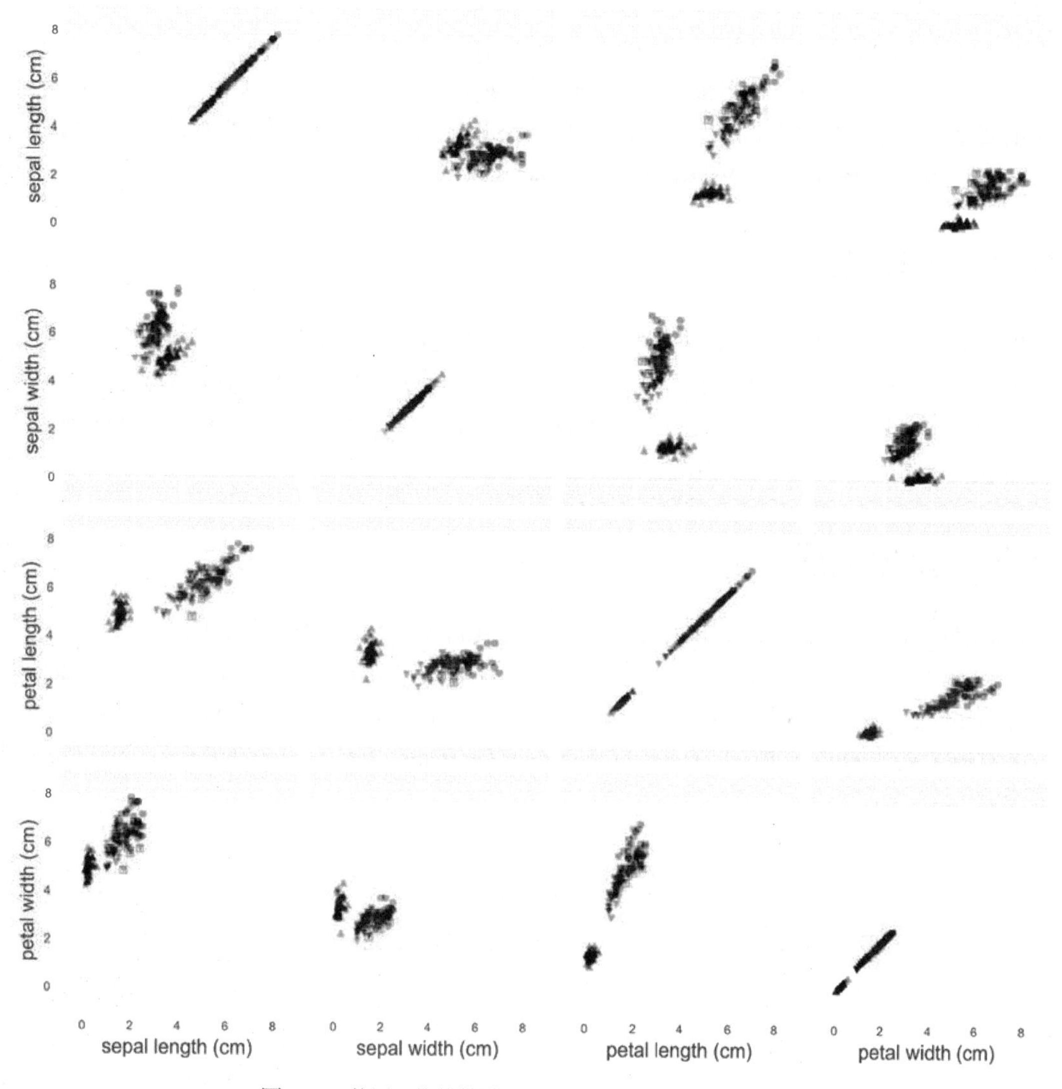

图 15-8　使用 *k*-均值算法对 Iris 数据集进行聚类的结果

在图 15-8 中，Iris 数据集的聚类结果表明，聚类在识别分组不重叠的样本时表现非常好。在图 15-8 中，用蓝色(深灰色)和绿色(中度灰色)表示的特征有重叠，我们不能指望任何无监督聚类算法能够完全划分数据集中的各个组，与监督分类的结果有些偏差也是预期之中的。

15.6　本章小结

本章介绍了如何使用 Python 进行机器学习。我们首先简要回顾了该领域的一些概念和术语，然后介绍了 scikit-learn 库，我们将该库应用到三类不同的问题，这些问题都是机器学习的基本问题：首先从机器学习的角度重新介绍了回归，然后介绍了分类，最后介绍了聚类相关的示例。前两类问题是监督机器学习的典型应用，而聚类是无监督机器学习的应用。除了我们这里所介绍的内容外，机器学习领域还有很多其他的方法和应用。例如，本章没有涉及的机器学习的一个重要应用是解决基于文本的问题。scikit-learn 为文本类问题提供了一个很大的模块(sklearn.text)，并且 Natural Language Toolkit(www.nltk.org)是自然语言处理方面的强大平台。图像处理和计算机视觉是机器学习中的另外一个重要领域，可以使用 OpenCV(http://opencv.org)及其 Python 绑定来处理。近年来，机器学习的很多其他重要分支，如神经网络和深度学习，受到很多关注。建议对这方面感兴趣的读者，可以研究 TensorFlow 库(www.tensorflow.org)和 Keras 库(http://keras.io)。

15.7 扩展阅读

机器学习是计算机科学中人工智能领域的一个重要分支，人工智能涉及很多技术、方法和应用。本章仅演示了一些基本的机器学习方法，这些方法在很多实际应用中十分有用。有关机器学习更全面的介绍，请参阅 T. Hastie(2013)；关于 Python 中机器学习的介绍，可以参阅 R.Garreta(2013)、Hackeling(2014)和 L. Pedro Coelho(2015)。

15.8 参考文献

Hackeling, G. (2014). *Mastering Machine Learning With scikit-learn*. Mumbai: Packt.

L. Pedro Coelho, W. R. (2015). *Building Machine Learning Systems with Python. Mumbai*: Packt.

R. Garreta, G. M. (2013). *Learning scikit-learn: Machine Learning in Python*. Mumbai: Packt.

T. Hastie, R. T. (2013). *The Elements of Statistical Learning: Data Mining, Inference, and Prediction*. New York: Springer.

第 16 章

贝叶斯统计

本章将介绍统计学的另外一种解释：贝叶斯统计及相关方法。与我们在第 13 章和第 14 章使用的频率论统计相比，贝叶斯统计把概率看成一种信念程度(degree of belief)，而不是观察结果中发生次数的比例。这两种不同的观点为解决统计问题带来了不同的方法。虽然对于统计问题，我们使用频率统计或贝叶斯统计都可以解决，但是这两种统计方法在实质上的差异使得它们各自适用于不同类型的问题。

贝叶斯统计基于贝叶斯定理，贝叶斯定理涉及条件概率(conditional probability)和无条件概率(unconditional probability)。贝叶斯定理是概率论的基础，同时适用于频率论统计和贝叶斯统计。在贝叶斯推断的语境中，无条件概率用于描述系统的先验知识(prior knowledge)，而贝叶斯定理提供了在进行新观察之后更新先验知识的规则。更新的知识用条件概率描述，条件概率以观察到的新数据为基础。系统的初始知识由先验概率分布(prior probability distribution)描述，以观察数据为条件的更新知识是后验概率分布(posterior probability distribution)。在使用贝叶斯统计解决问题时，后验概率分布是需要寻找的未知量，并且从中可以对感兴趣的随机变量计算期望值和其他统计量。虽然贝叶斯定理给出了如何从先验分布计算后验分布的方法，但是对于大多数实际问题，计算会涉及高维积分，理论解析和数值计算都很难。这妨碍了贝叶斯统计在实际中的应用。但是，随着计算统计学的出现，以及直接从后验分布进行采样的模拟方法(而不是直接计算)的发展，贝叶斯方法变得越来越流行。在从后验分布中进行采样的方法中，最重要的就是所谓的马尔可夫链蒙特卡罗(Markov Chain Monte Carlo，MCMC)法。MCMC 法有多种实现方式，例如，传统的 MCMC 法使用 Gibbs 采样和 Metropolis-Hastings 算法，但最近出现的 MCMC 法使用 Hamiltonian 和 No-U-Turn 算法。本章将介绍如何使用这些算法。

使用贝叶斯推断解决统计问题有时被称为概率编程(probabilistic programming)。概率编程的关键步骤如下：

(1) 创建统计模型。

(2) 使用 MCMC 法从后验分布中取样。

(3) 利用获得的后验分布来计算待处理问题的特性，并根据得到的结果进行推断决策。

本章将研究如何在 PyMC 库的帮助下，在 Python 中执行这些步骤。

提示：

PyMC 库(目前是 PyMC3)提供了概率编程的框架，可以用贝叶斯方法模拟地解决统计问题。写作本书时，最新的官方版本是 3.4.1。更多关于 PyMC 库的信息，请参阅 http://docs.pymc.io。

16.1　导入模块

本章主要使用 pymc3 库，可使用下面的方式导入：

```
In [1]: import pymc3 as mc
```

我们还需要 NumPy、Pandas 和 matplotlib 库以进行基本的数值运算、数据分析及绘图。这些库可按照约定俗成的方式导入：

```
In [2]: import numpy as np
In [3]: import pandas as pd
In [4]: import matplotlib.pyplot as plt
```

为了与非贝叶斯统计做比较，我们还需要使用 SciPy 库的 stats 模块、statsmodels 库以及用于可视化的 Seaborn 库：

```
In [5]: from scipy import stats
In [6]: import statsmodels.api as sm
In [7]: import statsmodels.formula.api as smf
In [8]: import seaborn as sns
```

16.2　贝叶斯统计简介

贝叶斯定理是贝叶斯统计的基础，它给出了两个事件 A 和 B 的无条件概率与条件概率之间的关系：

$$P(A \mid B)P(B) = P(B \mid A)P(A)$$

$P(A)$和 $P(B)$分别是事件 A 和 B 的无条件概率(在一般的统计学图书中称为先验概率)，$P(A \mid B)$是事件 B 发生后事件 A 的条件概率，$P(B \mid A)$是事件 A 发生后事件 B 的条件概率。上面等式的两边都等于 A 和 B 同时为真的概率(A 和 B 的联合概率)：$P(A \cap B)$。换句话说，贝叶斯定理指出 A 和 B 的联合概率等于 A 的概率乘上 A 为真时 B 的概率 $P(A)P(B \mid A)$，或者等于 B 的概率乘上 B 为真时 A 的概率 $P(B)P(A \mid B)$。

在贝叶斯推断中，贝叶斯定理通常用于在对事件 A 有某个先验信念(概率)的情况下，信念用无条件概率 $P(A)$表示，在观察事件 B 之后更新对事件 A 的信念。用数学语言来表示的话，更新的信念就是给定观察事件 B 之后 A 的条件概率 $P(A \mid B)$，可以用贝叶斯定理来计算：

$$P(A \mid B) = \frac{P(B \mid A)P(A)}{P(B)}$$

以上表达式中的每一项都有不同的解释和名称：$P(A)$是事件 A 的先验概率(prior probability)，$P(A|B)$是给定 B 后 A 的后验概率(posterior probability)。$P(B|A)$是 A 为真时观察事件 B 的似然值(likelihood)，$P(B)$是 A 为任何值时观察事件 B 的概率，也称为模型证据(model evidence)，可以看作标准化常量(normalization constant)。

在统计建模中，我们通常对一组随机变量 X 感兴趣，这些随机变量的特征服从某个具有特定参数 θ 的概率分布。在收集了建模所需的数据之后，我们希望从数据中推断出模型的参数值。在频率论统计方法中，可以利用最大似然法来估计模型的参数值。贝叶斯方法将未知的模型参数 θ 视为随机变量，并使用贝叶斯定理导出模型参数 θ 的概率分布。如果把观察数据表示为 x，就可以使用贝叶斯定理来表示 θ 的概率分布：

$$p(\theta \mid x) = \frac{p(x \mid \theta)p(\theta)}{p(x)} = \frac{p(x \mid \theta)p(\theta)}{\int p(x \mid \theta)p(\theta)\mathrm{d}\theta}$$

以上等式中使用了全概率公式(law of total probability)：$p(x) = \int p(x \mid \theta)p(\theta)\mathrm{d}\theta$。一旦计算得到模型参数的后验概率分布 $p(\theta \mid x)$，就可以计算模型参数的期望值，并得到与频率论统计方法计算得到的估计值类似的结果。另外，当得到 $p(\theta \mid x)$的全概率分布估计时，还可以计算其他统计量，如置信区间。如果 θ 是多变量，还可以计算特定模型参数的边际分布。例如，如果有两个模型参数 $\theta=(\theta_1, \theta_2)$，但我们只对 θ_1 感兴趣，可以使用贝叶斯定理对联合概率分布 $p(\theta_1, \theta_2| x)$进行积分来得到边际后验概率分布 $p(\theta_1|x)$：

$$p(\theta_1 \mid x) = \int p(\theta_1, \theta_2 \mid x)\mathrm{d}\theta_2 = \frac{\int p(x \mid \theta_1, \theta_2)p(\theta_1, \theta_2)\mathrm{d}\theta_2}{\iiint p(x \mid \theta_1, \theta_2)p(\theta_1, \theta_2)\mathrm{d}\theta_1\mathrm{d}\theta_2}$$

注意，最终的表达式里面包含了对已知似然函数 $p(x|\theta_1, \theta_2)$和先验概率分布 $p(\theta_1, \theta_2)$的积分，所以我们不需要知道联合概率分布 $p(\theta_1, \theta_2|x)$就可以计算边际概率分布 $p(\theta_1|x)$。这提供了一种强大且通用的计算模型参数概率分布的方法，并且在有新数据之后能够对概率分布不断地进行更新。但是，直接计算 $p(\theta|x)$或边际分布需要知道似然函数 $p(x|\theta)$及先验分布 $p(\theta)$，并且能够对得到的积分进行求值。对于许多简单但很重要的问题，可以通过解析方法来计算这些积分，并找到后验分布的确切闭式表达式(closed-form expression)。在 Gelman(2013)等教科书中有很多用这种方法进行求解的示例。但是，对于更复杂的模型，先验分布和似然函数的积分难以求值。对于多变量统计模型，结果积分是高维的，精确解和数值解都是不可能得出的。

对于无法通过精确方法求解的模型，可以使用模拟的方法，如马尔可夫链蒙特卡洛法，对模型参数(如期望值)的后验概率分布进行采样，从而得到联合先验分布或边际先验分布的近似值，或者直接求解积分。基于模拟的方法还有一个重要的优点，就是建模过程可以自动化。这里只关注如何使用蒙特卡洛模拟来进行贝叶斯统计建模，有关该理论的更多介绍及其在其他方面的应用，请参阅章末给出的参考文献。本章将使用 PyMC 库作为概率编程框架来介绍统计模型的定义以及后验分布的抽样。

在进行贝叶斯统计计算之前，需要先总结一下贝叶斯方法和前面章节中使用的经典频率论统计方法之间的主要差异：在这两种统计建模方法中，我们都用随机变量来建模。在定义统计模型时，关键的一步是对模型中随机变量的概率分布做出假设。在参数方法中，每个概率分布具有少量的特征参数。在频率论统计方法中，这些模型参数具有特定的真实值，并且观察数据被认为是来自真实分布的样本。换句话说，假设模型参数是固定的，并且假设数据是随机的。贝叶斯方法的观点刚好相反：假设数据是固定的，但模型参数是随机的。从模型参数的先验分布出发，可以通过观察数据来更新分布，最后得到观察数据条件下模型参数的概率分布。

16.3 定义模型

统计模型是由一组随机变量定义的。模型中的随机变量可以是独立的，也可以是相互依赖的。PyMC 库为大量概率分布提供了表示随机变量的类：例如，mc.Normal 表示正态分布的随机变量，mc.Bernouli 表示离散伯努利分布的随机变量，mc.Uniform 表示均匀分布的随机变量，mc.Gamma 表示 Gamma 分布的随机变量，等等。有关分布的完整列表，请参阅 dir(mc.distributions)，每种分布的使用方法可参阅各自的文档字符串。也可以使用 mc.DensityDist 类来自定义分布，该类的参数是随机变量的概率密度函数的对数函数。

在第 13 章，我们看到 SciPy 的 stats 模块提供了用于表示随机变量的类。与 SciPy 的 stats 模块中的随机变量类一样，可以使用 PyMC 中的分布来表示具有固定参数的随机变量。但是，PyMC 中随机变量的特点在于分布的参数(如正态分布 $N(\mu, \sigma^2)$中随机变量的均值 μ 和方差 σ^2)本身也可以是随机变量。这就让我们在模型中可以链接随机变量，并生成具有层次依赖关系的随机变量模型。

我们从最简单的例子开始。在 PyMC 中，模型由类 mc.Model 的实例表示，随机变量可使用 Python 的上下文语法(context syntax)添加到模型中：在模型的上下文语句体中创建的随机变量实例会被自动添加到模型中。假设我们感兴趣的是单个随机变量的模型，该变量服从正态分布，拥有固定参数 $\mu=4$ 和 $\sigma=2$。我们首先定义模型的参数，然后用 mc.Model 创建模型的实例。

```
In [9]: mu = 4.0
In [10]: sigma = 2.0
In [11]: model = mc.Model()
```

接下来，可以通过在模型的上下文中创建随机变量，把随机变量添加到模型中。下面在模型的上下文中创建随机变量 X，用 with model 语句激活模型的上下文：

```
In [12]: with model:
    ...: mc.Normal('X', mu, tau=1/sigma**2)
```

PyMC 中所有随机变量类的第一个参数都是变量的名称。对于 mc.Normal 类，第二个参数是正态分布的均值，第三个参数 tau 是分布的精度 $\tau=1/\sigma^2$，其中 σ^2 是分布的方差。也可以使用 sd 关键参数来设置标准差而不是设置精度：mc.Normal('X', mu, sd=sigma)。

可以使用 vars 属性来查看模型中有哪些随机变量。这里的模型中只有一个随机变量：

```
In [13]: model.vars
Out[13]: [X]
```

可以使用 mc.sample 函数对模型的随机变量进行采样，该函数实现了 MCMC 算法。mc.sample

函数可以设置很多参数，但至少需要两个参数，第一个参数是样本数量，第二个参数是 step 类的实例，该类实现了某种 MCMC 采样方法。还可以通过关键字参数 start 设置参数采样的起始点，该参数是一个字典，其中保存了每个参数采样起始点的值。对于 step 函数，我们这里使用 Metropolis 类，该类实现了 MCMC 采样器[1]的 Metropolis-Hastings step 函数。请注意，我们是在模型的上下文中执行所有与模型相关的代码：

```
In [14]: start = dict(X=2)
In [15]: with model:
    ...:      step = mc.Metropolis()
    ...:      trace = mc.sample(10000, start=start, step=step)
[-----------------100%-----------------] 10000 of 10000 complete in 1.6 sec
```

通过上面的代码，我们使用模型定义的随机变量进行 10 000 次采样，本例中的随机变量服从正态分布。要访问这些样本，可以使用 mc.sample 函数返回的 trace 对象的 get_values 方法：

```
In [16]: X = trace.get_values("X")
```

当然，正态分布的概率密度函数(PDF)的解析解是已知的。为了与被采样的随机变量进行比较，可以使用 SciPy 的 stats 模块的 norm 类的 pdf 方法来获得正态分布的 PDF。本模型的采样值与真正的 PDF 如图 16-1 所示。

```
In [17]: x = np.linspace(-4, 12, 1000)
In [18]: y = stats.norm(mu, sigma).pdf(x)
In [19]: fig, ax = plt.subplots(figsize=(8, 3))
    ...: ax.plot(x, y, 'r', lw=2)
    ...: sns.distplot(X, ax=ax)
    ...: ax.set_xlim(-4, 12)
    ...: ax.set_xlabel("x")
    ...: ax.set_ylabel("Probability distribution")
```

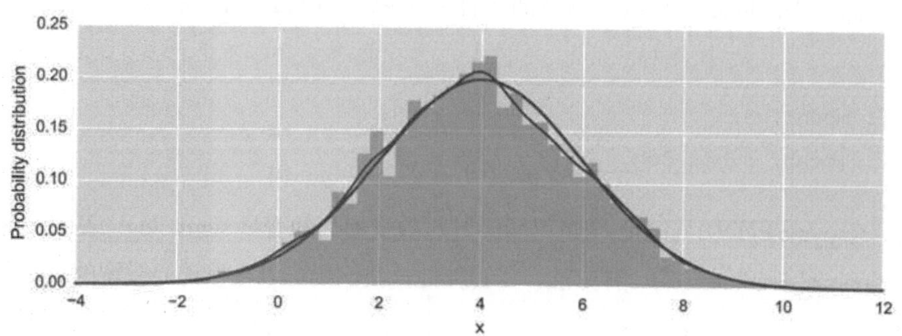

图 16-1 正态分布的随机变量的概率密度函数(红线)与 10 000 个 MCMC 样本的直方图

1 另外，可以了解一下 Slice、HamiltonianMC 和 NUTS 采样器，它们或多或少可以互换使用。

使用 mc.traceplot 函数，还可以对生成样本时 MCMC 的随机游走进行可视化，如图 16-2 所示。mc.traceplot 函数会自动地绘制模型中每个随机变量的核密度估计(kernel-density estimate)和采样轨迹(sampling trace)。

```
In [20]: fig, axes = plt.subplots(1, 2, figsize=(8, 2.5), squeeze=False)
    ...: mc.traceplot(trace, ax=axes)
    ...: axes[0, 0].plot(x, y, 'r', lw=0.5)
```

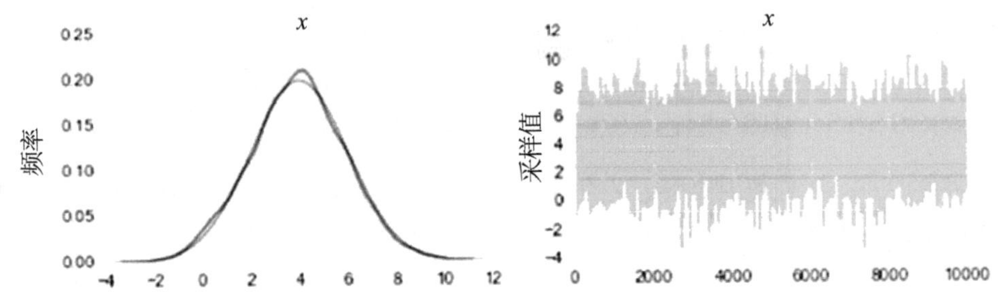

图 16-2 左图：采样轨迹的核密度估计(蓝色线)以及正态概率分布(红线)。右图：MCMC 采样轨迹

接下来考虑构建更复杂的统计模型，该模型有一个正态分布的随机变量 $X \sim \mathcal{N}(\mu, \sigma^2)$，但其中的参数 μ 和 σ 本身都是随机变量。在 PyMC 中，可以很容易地创建依赖变量，并把它们传给其他随机变量作参数。例如，可以使用下面的代码来创建依赖随机变量 X，参数分别是 $\mu \sim \mathcal{N}(3, 1)$、$\sigma \sim |\mathcal{N}(0, 1)|$:

```
In [21]: model = mc.Model()
In [22]: with model:
    ...: mean = mc.Normal('mean', 3.0)
    ...: sigma = mc.HalfNormal('sigma', sd=1.0)
    ...: X = mc.Normal('X', mean, sd=sigma)
```

这里使用 mc.HalfNormal 表示随机变量 $\sigma \sim |\mathcal{N}(0, 1)|$，mc.Normal 表示 X，X 的均值和标准差都是随机变量实例而不是固定的参数。与前面一样，可以使用 vars 属性来检查模型中包含的随机变量:

```
In [23]: model.vars
Out[23]: [mean, sigma_log__, X]
```

请注意，在 pymc3 库中，sigma 变量可用经过对数变换后的变量 sigma_log__表示，这是处理半正态分布(half-normal distribution)的一种方法。尽管如此，我们仍可以直接访问模型的 sigma 变量，稍后将会介绍。

当模型的复杂性增加时，显式地为采样过程指定合适的起点可能会比较麻烦。mc.find_MAP 方法可以用来查找参数空间中与后验分布的最大值对应的点，这个点可以作为采样过程的起点：

```
In [24]: with model:
    ...: start = mc.find_MAP()
In [25]: start
Out[25]: {'X': array(3.0), 'mean': array(3.0),
          'sigma': array(0.70710674), 'sigma_log__': array(-0.34657365)}
```

和前面的示例一样，一旦创建了模型并计算得到采样的起点之后，就可以使用 mc.sample 方法从模型的随机变量中进行采样，例如使用 mc.Metropolis 作为 MCMC 采样的 step 函数：

```
In [26]: with model:
    ...:      step = mc.Metropolis()
    ...:      trace = mc.sample(100000, start=start, step=step)
[-----------------100%-----------------] 100000 of 100000 complete in 53.4 sec
```

如果想要得到 sigma 变量的采样轨迹，可以调用 get_values('sigma')，返回的是一个包含采样值的 NumPy 数组，从返回结果可以计算样本均值和标准差等统计量：

```
In [27]: trace.get_values('sigma').mean()
Out[27]: 0.80054476153369014
```

用同样的方法可以得到 X 的采样轨迹并计算样本的统计量：

```
In [28]: X = trace.get_values('X')
In [29]: X.mean()
Out[29]: 2.9993248663922092
In [30]: trace.get_values('X').std()
Out[30]: 1.4065656512676457
```

使用 mc.traceplot 可以绘制当前模型的轨迹图，如图 16-3 所示。通过设置 varnames 参数可以显式指定 mc.traceplot 为哪个随机变量绘图。

```
In [31]: fig, axes = plt.subplots(3, 2, figsize=(8, 6), squeeze=False)
    ...: mc.traceplot(trace, varnames=['mean', 'sigma', 'X'], ax=axes)
```

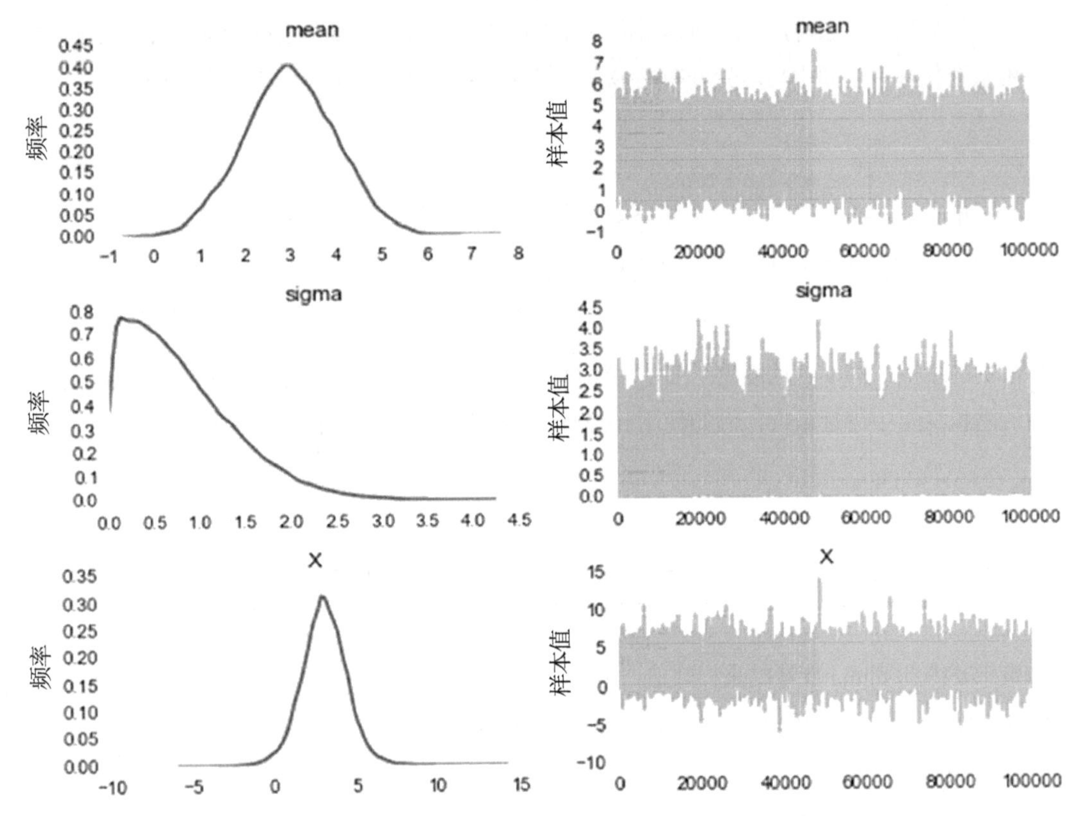

图 16-3　随机变量 mean、sigma 以及 X 的核密度估计(左图)以及 MCMC 随机采样轨迹(右图)

16.3.1　后验分布采样

到目前为止，我们定义并从中采样的模型只包含随机变量，没有涉及观察数据。在贝叶斯模型的语境中，这些随机变量代表的是模型中未知参数的先验分布。在前面的例子中，我们使用 MCMC 算法从这些模型的先验分布中进行采样。但是，MCMC 算法的真实应用是对后验分布进行采样，后验分布是在观察数据的基础上，通过更新先验分布得到的随机变量分布。

要通过数据来调整模型，只需要在创建模型的随机变量时把数据传递给 observed 关键字参数：例如，mc.Normal('X', mean, 1/sigma**2, observed=data)表示将随机变量 X 的观察数据放在 data 数组中。在将带观察值的随机变量添加到模型之后，会导致随后使用 mc.sample 采样时对模型的后验分布进行采样，后验分布由先验分布根据观察数据及其分布中隐含的似然函数调整而来。例如，考虑前面示例中使用的模型，其中包含服从正态分布的随机变量 X，X 的均值和标准差也都是随机变量。这里我们使用 SciPy 的 stats 模块中的 norm 类来生成一个 $\mu=2.5$、$\sigma=1.5$ 的随机变量，然后通过对这个随机变量进行取样来模拟 X 的观察值：

```
In [32]: mu = 2.5
In [33]: s = 1.5
In [34]: data = stats.norm(mu, s).rvs(100)
```

观察变量在创建后并添加到模型时，可通过设置关键字参数 observed=data 把数据传给模型：

```
In [35]: with mc.Model() as model:
    ...: mean = mc.Normal('mean', 4.0, 1.0) # 真实值是 2.5
    ...: sigma = mc.HalfNormal('sigma', 3.0 * np.sqrt(np.pi/2))
         # 真实值是 1.5
    ...: X = mc.Normal('X', mean, 1/sigma**2, observed=data)
```

在把观察数据附加到 X 之后，X 就不再是随机变量。可以通过模型的 vars 属性看到，X 已经不存在了：

```
In [36]: model.vars
Out[36]: [mean, sigma_log_]
```

相反，X 是确定性变量，用于为这些随机变量构建先验分布(由 mean 和 sigma 表示)到后验分布的似然函数。与前面一样，使用 mc.find_MAP 函数为采样找到合适的起点。在创建了 MCMC 的 step 实例之后，就可以使用 mc.sample 对模型的后验分布进行采样：

```
In [37]: with model:
    ...: start = mc.find_MAP()
    ...: step = mc.Metropolis()
    ...: trace = mc.sample(100000, start=start, step=step)
[-----------------100%-----------------] 100000 of 100000 complete in 36.1 sec
```

使用 mc.find_MAP 计算得到的起点能够根据给定的观察数据找到后验分布的最大值，并且可以给出先验分布中未知参数的估计：

```
In [38]: start
Out[38]: {'mean': array(2.5064940359768246),
          'sigma_log':array(0.394681633456101)}
```

但是为了获得这些参数(它们本身就是随机变量)的分布估计，需要像前面的示例一样，使用 mc.sample 方法进行 MCMC 采样。后验分布的采样结果如图 16-4 所示。请注意，由于观察数据以及相应似然函数的影响，mean 和 sigma 变量的分布更接近真实的参数值 $\mu=2.5$ 和 $\sigma=1.5$ 而不是先验猜测的 4.0 和 3.0。

```
In [39]: fig, axes = plt.subplots(2, 2, figsize=(8, 4), squeeze=False)
    ...: mc.traceplot(trace, varnames=['mean', 'sigma'], ax=axes)
```

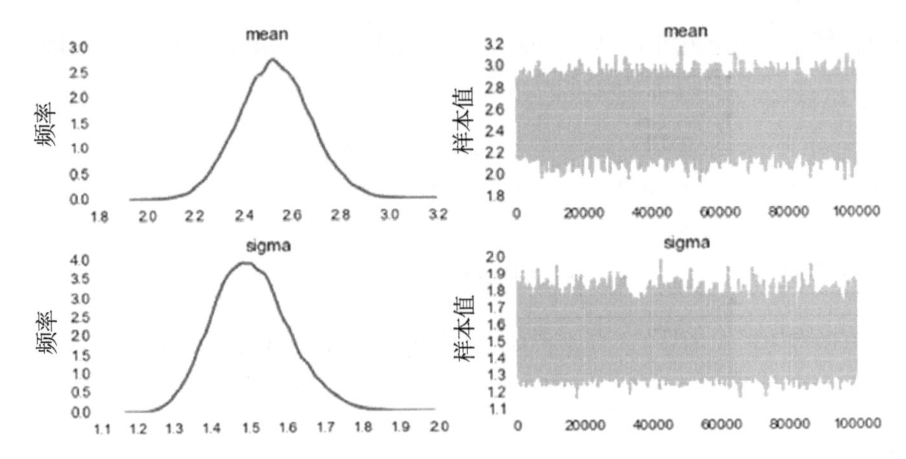

图 16-4　mean 和 sigma 后验分布的 MCMC 采样轨迹

如果要计算后验分布中样本的统计量和估计量，可以使用 get_values 方法获得包含样本的数组，该方法的参数是随机变量的名称。例如，在下面的代码中，我们计算模型中两个随机变量的均值估计，并与数据的采样分布中对应的真实值进行对比：

```
In [40]: mu, trace.get_values('mean').mean()
Out[40]: (2.5, 2.5290001218008435)
In [41]: s, trace.get_values('sigma').mean()
Out[41]: (1.5, 1.5029047840092264)
```

mc.sample 方法能够得到边际后验分布，PyMC 库还提供了对边际后验分布进行分析的工具。例如，mc.forestplot 方法能够可视化模型中每个随机变量的均值及置信区间(即真实参数值可能存在的区间)。使用 mc.forestplot 方法可对当前示例的样本进行可视化，结果如图 16-5 所示。

```
In [42]: mc.forestplot(trace, varnames=['mean', 'sigma'])
```

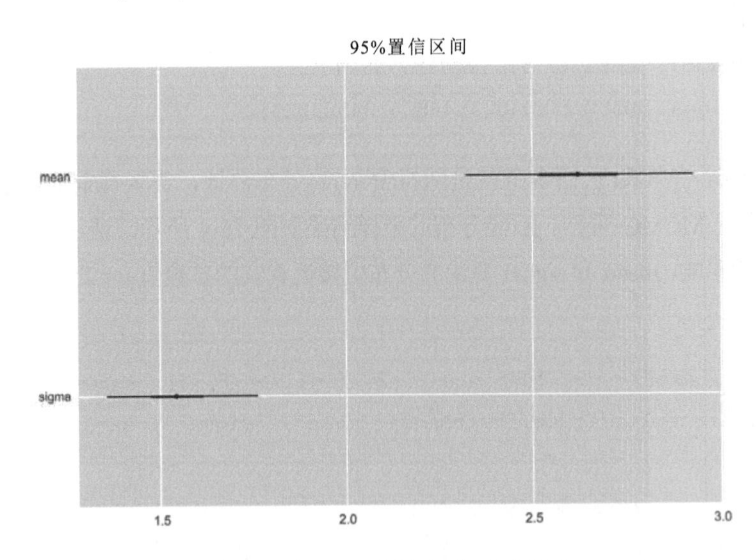

图 16-5　参数 mean 和 sigma 的置信区间的森林图(forest plot)

同样的信息也可以通过 mc.summary 方法以文本的形式展现，结果中包含了均值、标准差、后验分位数(posterior quantiles)等信息。

```
In [43]: mc.summary(trace, varnames=['mean', 'sigma'])
mean:

  Mean          SD          MC Error      95% HPD interval
  -------------------------------------------------------------------
  2.472         0.143       0.001         [2.195, 2.757]
  Posterior quantiles:
  2.5           25             50             75              97.5
  |--------------|==============|==============|--------------|
  2.191         2.375          2.470          2.567           2.754

sigma:

  Mean              SD              MC Error          95% HPD interval
  -------------------------------------------------------------------
  1.440             0.097           0.001             [1.256, 1.630]
  Posterior quantiles:
  2.5           25             50             75              97.5
  |--------------|==============|==============|--------------|
  1.265         1.372          1.434          1.501           1.643
```

16.3.2　线性回归

回归是统计建模中最基本的工具之一，在第 14 章和第 15 章，我们已经在经典的统计方法中介绍了线性回归的例子。线性回归也可以用贝叶斯方法来求解，首先把线性回归视为建模问题，将模型的未知参数(斜率和截距)赋予某个先验概率分布，然后在观察数据的基础上计算后验分布。为了比较贝叶斯线性回归与频率论统计方法(如第 14 章介绍的相关方法)的异同，可以首先使用 statsmodels 库对线性回归简单地进行求解，然后使用 PyMC 方法对同样的问题进行求解。

作为线性回归分析的样本数据，这里使用一个包含 200 名男性和女性的身高及体重的数据集。可以使用 statsmodels 中 datasets 模块的 get_rdataset 方法来加载该数据集：

```
In [44]: dataset = sm.datasets.get_rdataset("Davis", "carData")
```

为了简单起见，首先只使用包含男性数据的数据子集，并且为了避免处理异常值，我们过滤掉体重超过 110 kg 的个体。在 Pandas 方法中使用布尔掩码可以轻松地完成过滤操作：

```
In [45]: data = dataset.data[dataset.data.sex == 'M']
In [46]: data = data[data.weight < 110]
```

得到的 Pandas DataFrame 对象数据包含多个列：

```
In [47]: data.head(3)
Out[47]:
```

	sex	weight	height	repwt	repht
0	M	77	182	77	180
3	M	68	177	70	175
5	M	76	170	76	165

这里我们使用线性回归模型来研究数据集中体重(weight)列和身高(height)列之间的关系。使用 statsmodels 库、普通最小二乘回归模型以及 Patsy 公式语言，通过一行代码就可以为这种关系创建统计模型：

```
In [48]: model = smf.ols("height ~ weight", data=data)
```

为了把特定模型拟合到观察数据，我们使用模型实例的 fit 方法：

```
In [49]: model = smf.ols("height ~ weight", data=data)
```

一旦模型拟合到数据并得到模型的结果对象，就可以使用 predict 方法对新的观察进行预测，并绘制体重与身高之间的线性关系，如图 16-6 所示。

```
In [50]: x = np.linspace(50, 110, 25)
    ...: y = result.predict({"weight": x})
    ...: fig, ax = plt.subplots(1, 1, figsize=(8, 3))
    ...: ax.plot(data.weight, data.height, 'o')
    ...: ax.plot(x, y, color="blue")
    ...: ax.set_xlabel("weight")
    ...: ax.set_ylabel("height")
```

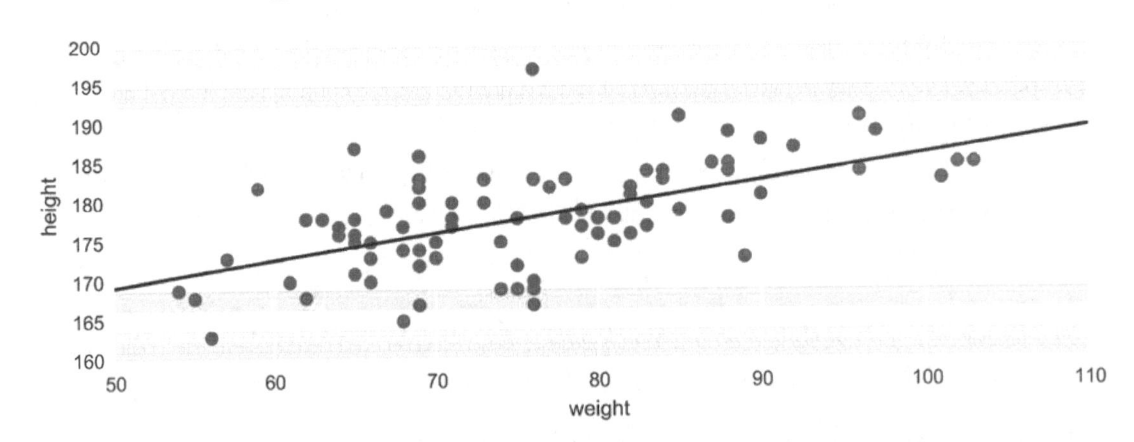

图 16-6　使用普通最小二乘法拟合身高(height)与体重(weight)之间的线性关系

图 16-6 中的线性关系给出了在该数据集上进行线性回归的主要结果。我们绘制了最佳拟合线，它由模型参数(截距和斜率)决定。在频率论统计方法中，还可以计算大量统计量，例如各种假设的 p 值。

贝叶斯回归分析的结果是每个模型参数的边际分布的后验分布。根据这些边际分布，可以计算模型参数的均值估计，大致对应于频率论分析中得到的模型参数。还可以计算其他统计量，如置信区间，用于表示估计中的不确定性。为了使用贝叶斯模型对身高和体重的关系进行建模，可以使用 $height \sim \mathcal{N}(intercept + \beta\ weight,\ \sigma^2)$这样的关系，其中 *intercept*、$\beta$、$\sigma$ 是分布和参数都未知的随机变量。我们还需要为模型中所有的随机变量提供先验分布。由于应用场景的不同，先验分布的选择可能是一个比较棘手的问题。但如果有大量的数据需要进行拟合，通常选取合理的初始假设就可以了。这里，我们简单地从能代表所有模型中参数分布的先验开始。

可以使用本章前面介绍的方法在 PyMC 中对模型进行编程。首先，创建模型中用到的随机变量，并把它们赋值给代表先验分布的具有特定参数的分布。然后，创建一个确定性变量，该变量是随机变量的函数，可通过关键字参数 observed 把观察数据附加到该变量。另外，在表示身高分布(height_mu)的期望值的表达式中也会用到观察数据。

```
In [51]: with mc.Model() as model:
    ...: sigma = mc.Uniform('sigma', 0, 10)
    ...: intercept = mc.Normal('intercept', 125, sd=30)
    ...: beta = mc.Normal('beta', 0, sd=5)
    ...: height_mu = intercept + beta * data.weight
    ...: mc.Normal('height', mu=height_mu, sd=sigma, observed=data.height)
    ...: predict_height = mc.Normal('predict_height', mu=intercept +
         beta * x, sd=sigma, shape=len(x))
```

如果需要使用模型来预测某个体重(weight)对应的身高(height)，还可以在模型中添加一个额外的随机变量。前面模型中定义的 predict_heigh 就是这样的变量。这里的 x 是前面创建的一个 NumPy 数组，元素值在 50 到 110 之间，因为是数组，所以需要把 mc.Normal 类的 shape 属性设置成数组的长度。如果查看模型的 vars 属性，那么可以看到其中包含了模型的两个参数(intercept 和 beta)、模型误差的分布(sigma)以及 predict_height 变量，该变量用于预测某个体重(x 数组中的某个元素)对应的身高：

```
In [52]: model.vars
Out[52]: [sigma_interval, intercept, beta, predict_height]
```

模型定义完之后，我们再来看看在给定观察数据的情况下，为模型边际后验分布采样的 MCMC 算法。和以前一样，可以使用 mc.find_MAP 找到合适的起点。这里，我们使用另外一个采样器 mc.NUTS(No-U-Turn Sampler)，这是 PyMC3 中新增的一个功能强大的采样器。

```
In [53]: with model:
    ...: start = mc.find_MAP()
    ...: step = mc.NUTS()
```

```
   ...: trace = mc.sample(10000, step, start=start)
[-----------------100%-----------------] 10000 of 10000 complete in 43.1 sec
```

采样结果保存在 mc.sample 返回的轨迹对象中。可以使用 mc.traceplot 方法对概率分布的核密度估计以及生成样本的 MCMC 随机游走轨迹进行可视化。在这里，我们再次使用 varnames 参数显式地指定需要可视化哪些随机变量的轨迹图，结果如图 16-7 所示。

```
In [54]: fig, axes = plt.subplots(2, 2, figsize=(8, 4), squeeze=False)
   ...: mc.traceplot(trace, varnames=['intercept', 'beta'], ax=axes)
```

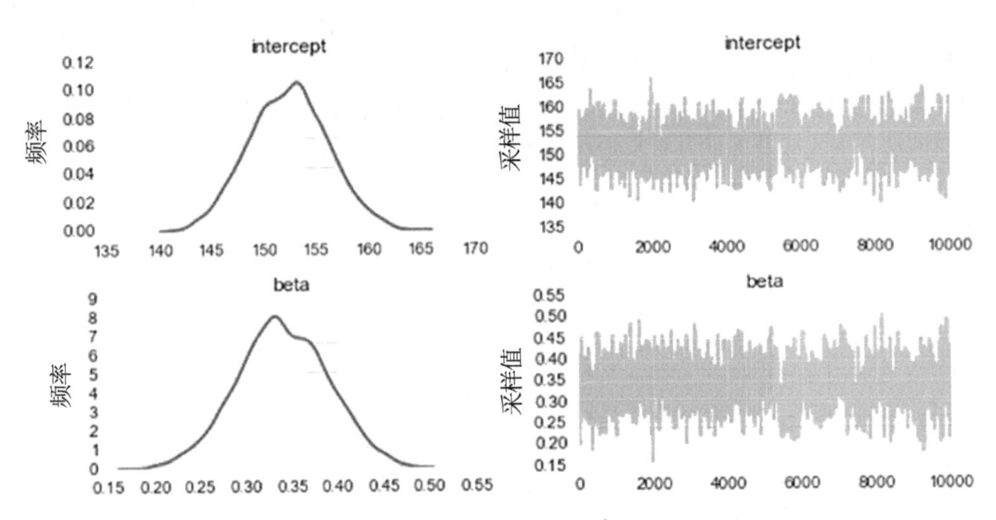

图 16-7　线性模型中系数 intercept 和 beta 的分布以及采样轨迹

通过计算贝叶斯模型中随机变量轨迹的均值，可以得到线性模型中系数 intercept 和 beta 的值，结果与前面用 statsmodels 分析得到的结果十分接近：

```
In [55]: intercept = trace.get_values("intercept").mean()
In [56]: intercept
Out[56]: 149.97546241676989
In [57]: beta = trace.get_values("beta").mean()
In [58]: beta
Out[58]: 0.37077795098761318
```

statsmodels 分析的结果可以通过 fit 方法的结果对象的 params 属性获得：

```
In [59]: result.params
Out[59]: Intercept 152.617348
         weight 0.336477
         dtype: float64
```

通过比较 intercept 和 beta 系数，可以看到这两种方法对于模型中未知参数的最大似然估计给出的结果差不多。如果要预测某个给定体重(假设为 90 kg)的身高，可以使用 predict 方法：

```
In [60]: result.predict({"weight": 90}).values
Out[60]: array([ 182.90030002])
```

在贝叶斯模型中，对于给定的体重，相应的结果可以通过计算随机变量 predict_height 的分布的均值得到：

```
In [61]: weight_index = np.where(x == 90)[0][0]
In [62]: trace.get_values("predict_height")[:, weight_index].mean()
Out[62]: 183.33943635274935
```

同样，两种方法得到的结果差不多。但是在贝叶斯模型中，对于每个给定的体重，可以获得对应身高所有概率分布的估计。例如，可以使用 Seaborn 库中的 distplot 方法，绘制 90 kg 体重对应身高的概率分布的直方图及核密度估计，如图 16-8 所示。

```
In [63]: fig, ax = plt.subplots(figsize=(8, 3))
    ...: sns.distplot(trace.get_values("predict_height")[:, weight_index],
         ax=ax)
    ...: ax.set_xlim(150, 210)
    ...: ax.set_xlabel("height")
    ...: ax.set_ylabel("Probability distribution")
```

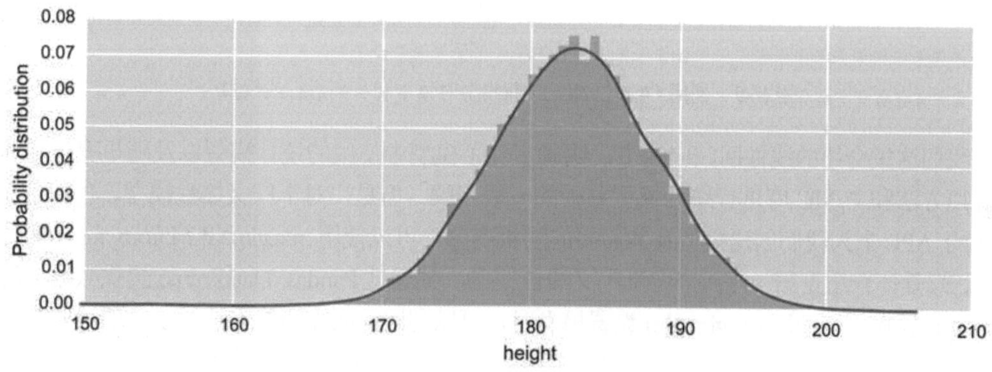

图 16-8　90 kg 体重对应的身高预测值的概率分布

MCMC 采样轨迹中的每个样本都代表线性模型中系数的一个可能值。为了可视化 intercept 和 beta 系数均值(我们把这些均值作为线性模型中参数的最终估计)的不确定性，可以绘制每个样本点对应的直线、观察数据的散点图以及截距和斜率均值对应的直线，结果如图 16-9 所示。所有线条的离散程度代表了根据体重预测身高的不确定性。两端的离散程度趋于增加，可用的数据点减少，而在中间数据点集中的部分，线条趋于收拢。

```
In [64]: fig, ax = plt.subplots(1, 1, figsize=(8, 3))
    ...: for n in range(500, 2000, 1):
    ...:     intercept = trace.get_values("intercept")[n]
    ...:     beta = trace.get_values("beta")[n]
```

```
...:         ax.plot(x, intercept + beta * x, color='red', lw=0.25,
             alpha=0.05)
...: intercept = trace.get_values("intercept").mean()
...: beta = trace.get_values("beta").mean()
...: ax.plot(x, intercept + beta * x, color='k', label="Mean Bayesian
     prediction")
...: ax.plot(data.weight, data.height, 'o')
...: ax.plot(x, y, '--', color="blue", label="OLS prediction")
...: ax.set_xlabel("weight")
...: ax.set_ylabel("height")
...: ax.legend(loc=0)
```

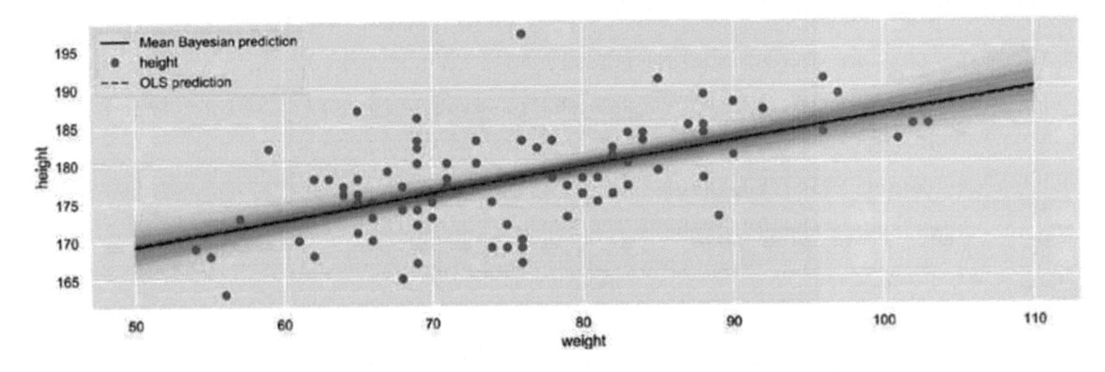

图 16-9　使用 OLS 以及贝叶斯模型对体重和身高进行线性拟合

在我们这里介绍的线性回归问题中，明确定义了模型中使用的统计模型以及随机变量。这是使用贝叶斯方法和 PyMC 库进行统计模型分析的一般步骤。但是，对于广义线性模型，PyMC 库提供了简化的 API 来为我们创建模型及其需要的随机变量。可以使用 mc.glm.GLM.from_formula 方法和 Patsy 公式(具体介绍见第 14 章)来定义广义线性模型，并通过 Pandas DataFrame 提供数据，这样就可以自动设置模型。使用 mc.glm.glm 设置模型时，可以利用前面介绍的方法对模型的后验分布进行采样。

```
In [65]: with mc.Model() as model:
    ...: mc.glm.GLM.from_formula('height ~ weight', data)
    ...: step = mc.NUTS()
    ...: trace = mc.sample(2000, step)
[-----------------100%-----------------] 2000 of 2000 complete in 99.1 sec
```

GLM 模型的采样结果可以使用 mc.traceplot 方法进行可视化，结果如图 16-10 所示。在这些跟踪图中，sd 对应的是模型定义中的 sigma 变量，表示模型预测结果与观察数据之间残差的标准差。请注意，在轨迹中，样本在达到稳定水平之前需要几百个样本。初始阶段没有生成正确分布的样本，因此在使用样本计算参数估计时，应该剔除初始阶段的样本。

```
In [66]: fig, axes = plt.subplots(3, 2, figsize=(8, 6), squeeze=False)
    ...: mc.traceplot(trace, varnames=['Intercept', 'weight', 'sd'],
         ax=axes)
```

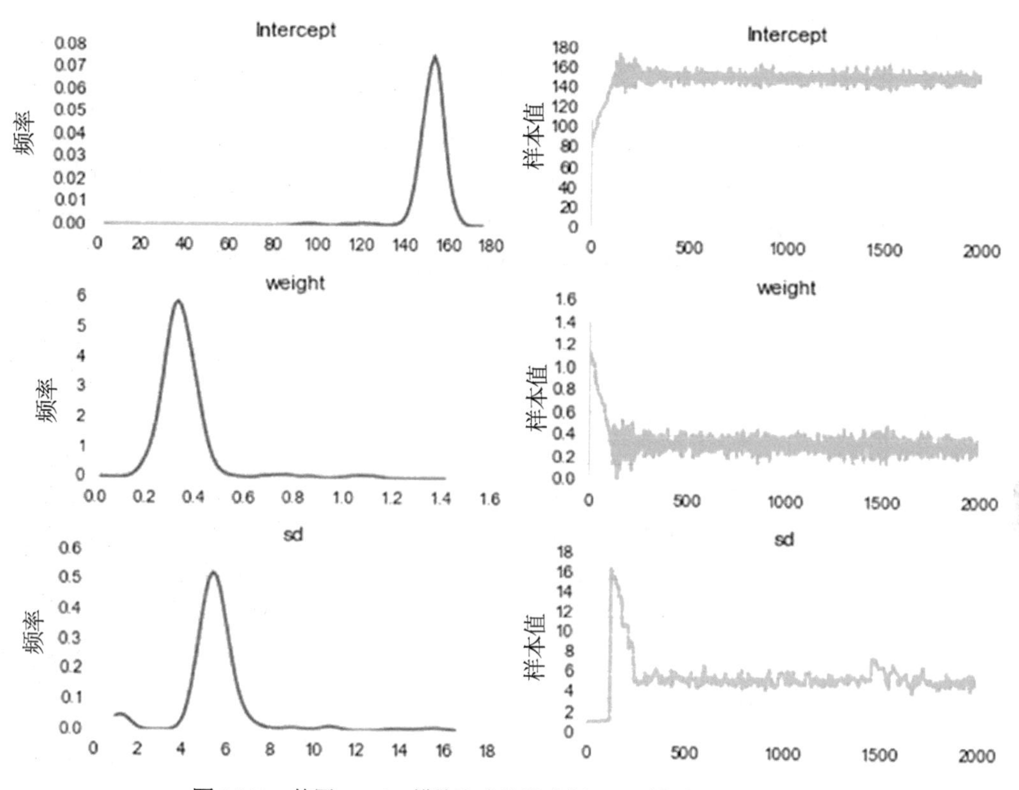

图 16-10 使用 mc.glm 模块定义的贝叶斯 GLM 模型的样本轨迹图

使用 mc.glm.glm 以及贝叶斯统计来创建和分析线性模型的方式，与使用 statsmodels 以及频率论统计方法定义和分析模型的方式基本相同。对于这里介绍的简单示例，两种统计方式的回归分析将得到类似的结果，并没有指明哪种方式更合适。但是， 对于具体的实际问题，可能存在某种方式比另外一种更好的情况。例如，使用贝叶斯方法，可以得到所有边际后验分布的估计，这对于计算均值以外的统计量非常有用。但是，对于类似我们这里介绍的简单模型，MCMC 算法会比普通最小二乘法的计算量大很多。贝叶斯方法的真正优势在分析高维(具有很多未知模型参数)的复杂模型时才能显现出来。在这种情况下，很难定义合适的频率论统计方法模型，并且对模型进行求解也很困难。MCMC 算法有一个非常吸引人的特性，就是可以很好地扩展到高维问题，因此在复杂的统计模型上具有很强的竞争力。虽然这里演示的例子都很简单，并且可以使用频率论统计方法轻松求解，但我们这里使用的方法具有通用性，对于更复杂的模型，只不过是在模型中添加更多的随机变量而已。

最后，我们再通过一个例子看一下当贝叶斯模型的复杂性增加时，仍然可以使用前面介绍的通用方法。我们回到体重和身高数据集，但这次我们不再只考虑男性样本，我们在模型中多增加一个维度，把样本的性别也考虑进去，这样男性和女性样本都可用于建模，这两类数据的斜率和截距可能会不同。在 PyMC 中，可以使用 shape 参数为模型中的每个随机变量指定维度，这样就可以创建一个多级(multilevel)模型，如下面的示例一样。

首先准备数据集。为了剔除异常值，这里我们再次把数据限制为体重小于 110 kg 的样本，我们将 sex 列转换为二元变量，0 表示男性，1 表示女性。

```
In [67]: data = dataset.data.copy()
In [68]: data = data[data.weight < 110]
In [69]: data["sex"] = data["sex"].apply(lambda x: 1 if x == "F" else 0)
```

接下来定义统计模型，在这里定义 $height \sim N(intercept_i + \beta_i weight, \sigma^2)$，其中 i 是索引，0 表示男性个体，1 表示女性个体。为 $intercept_i$ 和 β_i 创建随机变量时，设置 shape=2 以表示多级结构(本例中，我们只有两个层级：男性和女性)。与之前定义的模型相比，区别就是：我们在定义 height_mu 的表达式时还需要使用索引掩码(index mask)，这样 data.weight 的每个值就能关联到对应的层级。

```
In [70]: with mc.Model() as model:
    ...:     intercept_mu, intercept_sigma = 125, 30
    ...:     beta_mu, beta_sigma = 0, 5
    ...:
    ...:     intercept = mc.Normal('intercept', intercept_mu, sd=intercept_
             sigma, shape=2)
    ...:     beta = mc.Normal('beta', beta_mu, sd=beta_sigma, shape=2)
    ...:     error = mc.Uniform('error', 0, 10)
    ...:
    ...:     sex_idx = data.sex.values
    ...:     height_mu = intercept[sex_idx] + beta[sex_idx] * data.weight
    ...:
    ...:     mc.Normal('height', mu=height_mu, sd=error, observed=data.
             height)
```

通过 vars 属性可以查看模型的变量，我们看到模型中仍有三个随机变量：intercept、beta 和 error。但是，与之前的模型相比，这里的 intercept 和 beta 都有两个层级。

```
In [71]: model.vars
Out[71]: [intercept, beta, error_interval]
```

这里使用 MCMC 算法的方法与本章前面示例中的一样。这次我们使用 NUTS 采样器并进行 5000 次采样：

```
In [72]: with model:
    ...:     start = mc.find_MAP()
    ...:     step = mc.NUTS()
    ...:     trace = mc.sample(5000, step, start=start)
 [-----------------100%-----------------] 5000 of 5000 complete in 64.2 sec
```

也可以和以前一样，使用 mc.traceplot 方法来可视化采样结果。这让我们能够快速知道模型参数的分布情况，并检验 MCMC 采样的结果是否合理。当前模型的采样轨迹如图 16-11 所示，与前面示例不同的是，intercept 和 beta 变量的图形中有多条曲线，对应的是它们的层级：蓝色线是男性个体的结果，绿色线是女性个体的结果。

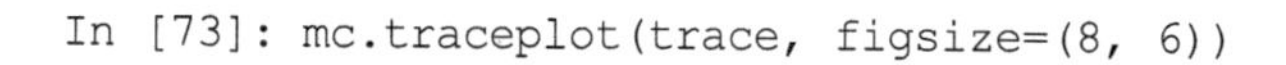

```
In [73]: mc.traceplot(trace, figsize=(8, 6))
```

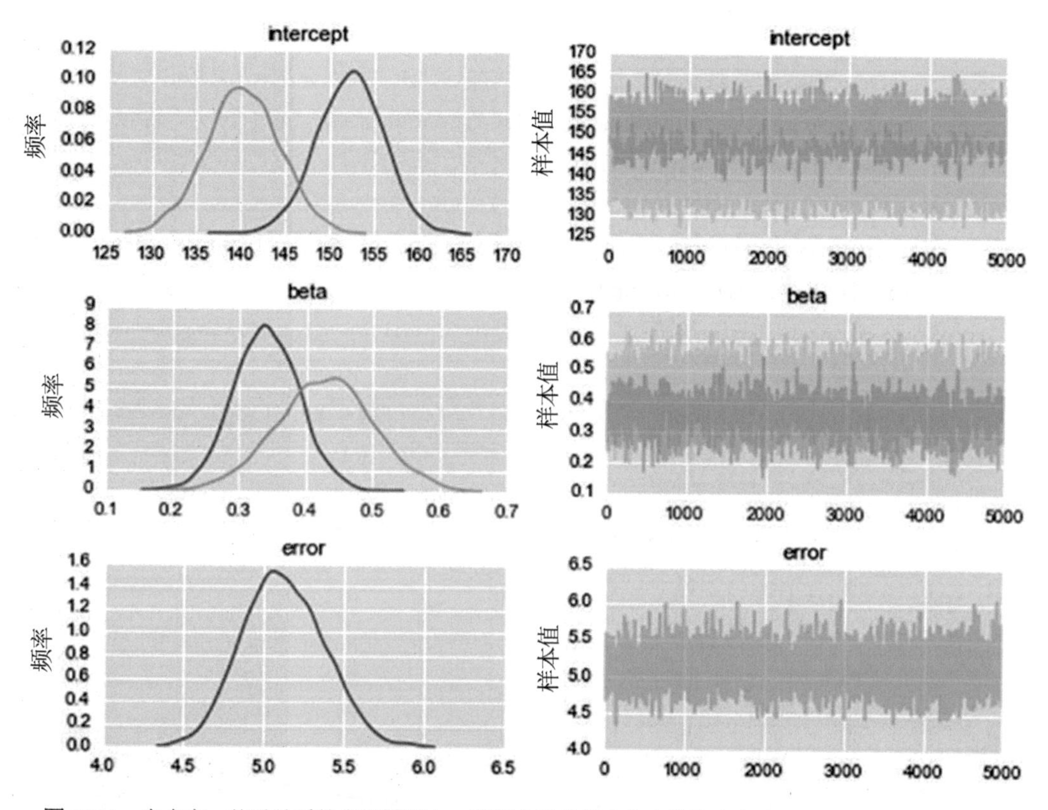

图 16-11　在身高—体重关系的多级模型中，模型参数的概率分布的核密度估计以及 MCMC 采样轨迹

使用 trace 对象的 get_values 方法，可以抽取模型变量的采样数据。这里 intercept 和 beta 的采样数据都是形状为 shape(5000, 2)的二维数组：第一维代表每个采样，第二维代表变量的层级。我们对性别的截距和斜率感兴趣，所以计算第一个坐标轴上(所有样本)的均值：

```
In [74]: intercept_m, intercept_f = trace.get_values('intercept').
         mean(axis=0)
In [75]: beta_m, beta_f = trace.get_values('beta').mean(axis=0)
```

通过计算两个维度上的平均值，还可以获得整个数据集(把男性和女性个体混合在一起)的截距和斜率：

```
In [76]: intercept = trace.get_values('intercept').mean()
In [77]: beta = trace.get_values('beta').mean()
```

最后，我们对结果进行可视化，将数据绘制成散点图，然后分别绘制与男性个体、女性个体、所有个体的截距和斜率对应的直线，结果如图 16-12 所示。

```
In [78]: fig, ax = plt.subplots(1, 1, figsize=(8, 3))
    ...: mask_m = data.sex == 0
    ...: mask_f = data.sex == 1
    ...: ax.plot(data.weight[mask_m], data.height[mask_m], 'o',
         color="steelblue",
    ...: label="male", alpha=0.5)
    ...: ax.plot(data.weight[mask_f], data.height[mask_f], 'o', color="green",
    ...: label="female", alpha=0.5)
    ...: x = np.linspace(35, 110, 50)
    ...: ax.plot(x, intercept_m + x * beta_m, color="steelblue",
         label="model male group")
    ...: ax.plot(x, intercept_f + x * beta_f, color="green", label="model
         female group")
    ...: ax.plot(x, intercept + x * beta, color="black", label="model both
         groups")
    ...:
    ...: ax.set_xlabel("weight")
    ...: ax.set_ylabel("height")
    ...: ax.legend(loc=0)
```

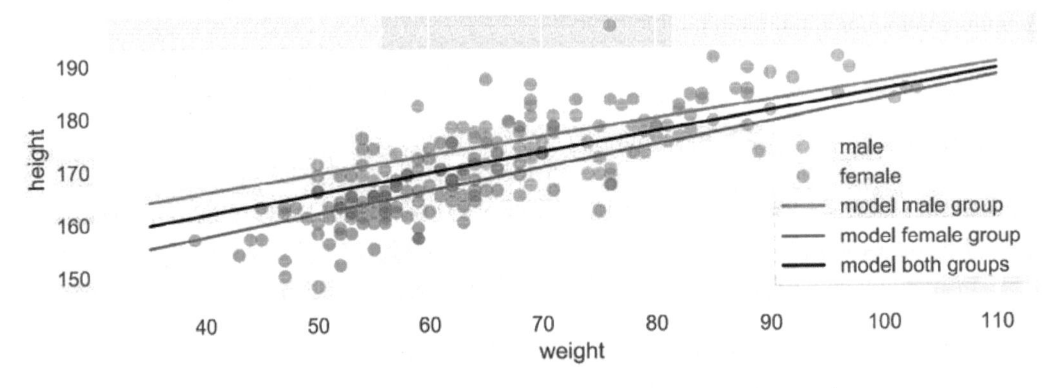

图 16-12 男性样本(深蓝色)与女性样本(浅绿色)的身高-体重关系

回归线如图 16-12 所示。图 16-11 所示的分布图表明：在考虑男性个体和女性个体在截距和斜率上的差异后，能对模型有所改进。在使用 PyMC 的贝叶斯模型时，如果要改变分析中使用的基础模型，只需要往模型中增加随机变量，定义变量之间的关系并为每个随机变量指定先验分布即可。实际求解模型的 MCMC 采样与模型的细节无关，这是贝叶斯统计建模最吸引人的特点之一。例如，在前面介绍的多级模型中，可以将截距和斜率变量的先验分布参数关联到另外一个随机变量，而不是指定相互独立的先验分布，这样就可以得到多层贝叶斯模型(hierarchical Bayesian model)，其中，每层中表示截距和斜率分布的模型参数都从同一个分布中采样。分层模型的用途很广，是贝叶斯统计擅长的应用领域之一。

16.4　本章小结

本章使用 PyMC 库提供的计算方法介绍了贝叶斯统计。贝叶斯统计方法与经典的频率论统计方法相比有一些根本上的不同。从实际计算的角度看，贝叶斯方法一般非常消耗资源。事实上，精确计算贝叶斯模型的后验分布一般是非常昂贵的。但是，我们经常能做的就是使用强大而有效的采样方法，利用模拟方法找到近似的后验分布。贝叶斯统计框架的主要作用是让我们定义统计模型，然后使用抽样方法找到模型的近似后验分布。本章使用 PyMC 库作为 Python 中的贝叶斯统计框架。我们简要介绍了在给定随机变量分布的情况下如何定义统计模型，以及如何使用 PyMC 库中实现的 MCMC 算法对这些模型的后验分布进行模拟和采样。

16.5　扩展阅读

有关贝叶斯统计理论的入门介绍，请参阅 Kruschke(2014)和 Downey(2013)。Gelman(2013)中有相关技术的更多讨论。*Probabilistic Programming and Bayesian Methods for Hackers* 介绍了贝叶斯方法在 Python 中的用法，该书可在线免费获得，网址为 http://camdavidsonpilon.github.io/Probabilistic-Programming-and-Bayesian-Methods-for-Hackers。VanderPlas(2014)对贝叶斯统计方法与频率论统计方法之间的差异进行了有趣的探讨，并用 Python 编写了示例，此外在网上也能找到相关资源：http://arxiv.org/ pdf/1411.5018.pdf。

16.6　参考文献

Downey, A. (2013). *Think Bayes.* Sebastopol: O'Reilly.

Gelman, A. a. (2013). *Bayesian Data Analysis* (3rd ed.). New York: CRC Press.

Kruschke, J. (2014). *Doing Bayesian Data Analysis.* Amsterdam: Academic Press.

VanderPlas, J. (2014). *Frequentism and Bayesianism: A Python-driven Primer. PROC. OF THE 13th PYTHON IN SCIENCE CONF.* Austin: SCIPY.

第17章

信 号 处 理

本章将介绍信号处理，这是科学与工程领域的一个应用分支。信号可以是随时间变化的量(时间信号)，或是空间坐标的函数(空间信号)。例如，音频信号是典型的时间信号，而图像是典型的二维空间信号。实际上，信号通常是连续函数，但是在计算型应用中，一般使用离散信号，以均匀的距离对原始连续信号进行采样。采样定理设置了严格的、定量的条件来保证连续信号能够用一组离散样本序列表示。

信号处理的计算方法在科学计算中处于核心地位，不仅是因为它们型应用广泛，而且因为它们在重要的信号处理问题中非常有效。快速傅里叶变换(Fast Fourier Transform，FFT)是很多信号处理问题的重要算法，也可能是所有计算中最重要的数值算法之一。本章将介绍如何在频谱分析中使用FFT，除了这种基本应用，FFT 还可以作为其他算法的一部分，从而广泛应用于其他领域。其他信号处理方法，例如卷积、相关性分析以及线性滤波器，也有非常广泛的应用，特别是在诸如控制理论的工程领域。

本章将使用 SciPy 库中的 fftpack 和 signal 模块来介绍频谱分析以及线性滤波器的基本应用。

17.1 导入模块

本章主要使用 SciPy 库中的 fftpack 和 signal 模块。与 SciPy 库中的其他模块一样，我们使用以下方式导入这两个模块：

```
In [1]: from scipy import fftpack
In [2]: from scipy import signal
```

我们还将使用 SciPy 库中的 io.wavfile 模块读取和写入 WAV 音频文件，可通过以下方式导入此模块：

```
In [3]: import scipy.io.wavfile
In [4]: from scipy import io
```

对于基本的数值计算和绘图，我们还需要 NumPy、Pandas 和 matplotlib 库，导入方式如下：

```
In [5]: import numpy as np
In [6]: import pandas as pd
In [7]: import matplotlib.pyplot as plt
In [8]: import matplotlib as mpl
```

17.2 频谱分析

我们将从频谱分析开始对信号处理进行介绍。频谱分析是傅里叶变换的基本应用，是一种数学积分变换，可以让我们把信号从时域(time domain)转换到频域(frequency domain)。在时域中，信号表示为时间的函数；在频域中，信号表示为频率的函数。信号的频域表示有很多用途，例如，可以提取信号主频率(dominant frequency)等特征、对信号进行滤波处理、求解微分方程(见第 9 章)等。

17.2.1 傅里叶变换

连续信号 $f(t)$的傅里叶变换 $F(v)$的数学表达式如下[1]：

$$F(v) = \int_{-\infty}^{\infty} f(t)\mathrm{e}^{-2\pi i v t}\mathrm{d}t$$

傅里叶变换的逆变换如下：

$$f(t) = \int_{-\infty}^{\infty} F(v)\mathrm{e}^{2\pi i v t}\mathrm{d}v$$

这里的 $F(v)$是信号 $f(t)$的复数值振幅谱(complex-valued amplitude spectrum)，v 是频率。从 $F(v)$可计算得到其他类型的频谱，如功率谱$|F(v)|^2$。在这个公式中，$f(t)$是持续时间无限长的连续信号。但在实际应用中，我们通常对有限时间内使用有限数量的样本模拟的 $f(t)$更感兴趣。例如，可以在 $t \in [0, T]$时间区间内，从 $f(t)$进行均匀地采样 N 次，得到一组采样点，表示为$(x_0, x_1,\cdots, x_N)$。前面介绍的连续傅里叶变换可以转换到离散的情况：针对一组均匀间隔的样本的离散傅里叶变换(Discrete Fourier Transform，DFT)如下：

$$X_k = \sum_{n=0}^{N-1} x_n \mathrm{e}^{-2\pi i n k / N}$$

类似地，可以得到 DFT 的逆变换：

$$x_n = \frac{1}{N}\sum_{k=0}^{N-1} X_k \mathrm{e}^{2\pi i n k / N}$$

其中，X_k 是样本 x_n 的离散傅里叶变换，k 是与实际频率相关的频率单元编号(frequency bin

1 傅里叶变换有几种不同的定义形式，它们在指数系数和变换积分的归一化方面有所不同。

number)。一组离散样本的 DFT 可以非常有效地用快速傅里叶变换(FFT)算法计算得到。

SciPy 的 fftpack 模块实现了 FFT 算法[1]。fftpack 模块包含适用于各种情况的 FFT 函数，相关信息如表 17-1 所示。这里重点介绍 fftpack 模块中 fft 和 ifft 函数以及几个辅助函数的用法。但是表 17-1 中所有 FFT 函数的用法都类似。

表 17-1　SciPy 中 fftpack 模块的主要函数。有关每个函数的详细用法，包括它们的参数及返回值等，请参考文档字符串

函数	描述
fft、ifft	对实数值或复数值信号进行 FFT 以及逆 FFT，得到的频谱是实数值
rfft、irfft	对实数值信号进行 FFT 和逆 FFT
dct、idct	离散余弦变换(DCT)及其逆变换
dst、idst	离散正弦变换(DST)及其逆变换
fft2、ifft2、fftn、ifftn	复数值信号的二维和 N 维 FFT 及其逆变换
fftshift、ifftshift、rfftshift、irfftshift	分别移动 fft 和 rfft 函数的生成结果数组中的频率单元，让频谱中的零频率位于数组的中间
fftfreq	计算 fft 函数的返回结果中与 FFT 单元对应的频率

需要注意，DFT 的输入是离散样本，输出是离散频谱。为了将 DFT 用于连续信号，我们首先需要对信号进行采样，得到离散值。根据采样定理，带宽为 B 的连续信号(信号的频率不高于 B)可以从使用 $fs \geqslant 2B$ 的采样频率的离散样本中完全重建。这是信号处理中非常重要的结论，它告诉我们在什么情况下可以使用离散信号来替代连续信号。从这个结论也可以知道对于连续过程应该使用的采样率，通常我们都能知道或猜测得知(例如根据物理参数)连续过程的带宽。虽然采样率决定了使用离散傅里叶变换的最大频率，但是频率空间中的采样间隔由总采样时间 T 决定，或者等于采样频率确定之后的采样点数量：$T = N/f_s$。

下面介绍一个示例，考虑正态分布的本底噪声(noise floor)上具有 1Hz 和 22Hz 两个分量的纯正弦模拟信号，我们首先定义函数 signal_samples，该函数用来生成带噪声的信号样本：

```
In [9]: def signal_samples(t):
   ...: return (2 * np.sin(2 * np.pi * t) + 3 * np.sin(22 * 2 *
            np.pi * t) + 2 * np.random.randn(*np.shape(t)))
```

通过调用这个函数(以采样次数的数组作为参数)可以得到一个样本数组。如果需要信号的频谱为 30Hz，那就需要使用 f_s=60Hz 的采样频率。如果需要得到分辨率 $\Delta f = 0.01$Hz 的频谱，那么至少

1 NumPy 的 fft 模块也提供了 FFT 实现，提供的功能与 scipy.fftpack 大致相同，我们在这里使用 scipy.fftpack。一般来说，如果 SciPy 和 NumPy 提供相同的功能，那么通常最好使用 SciPy(如果可用的话)；如果 SciPy 不可用，可回退到 NumPy。

需要获得 $N = f_s/\Delta f = 6000$ 个样本，对应的采样时间 $T = N/f_s = 100$ 秒：

```
In [10]: B = 30.0
In [11]: f_s = 2 * B
In [12]: delta_f = 0.01
In [13]: N = int(f_s / delta_f); N
Out[13]: 6000
In [14]: T = N / f_s; T
Out[14]: 100.0
```

然后创建包含采样次数的数组 t，把 t 作为参数来调用函数 signal_samples ，这样就能在 N 个均匀间隔的时间点上对信号函数进行采样：

```
In [15]: t = np.linspace(0, T, N)
In [16]: f_t = signal_samples(t)
```

得到的信号如图 17-1 所示。无论是在整个采样时间内还是在较短的时间内，信号都很嘈杂，从时域看，添加的随机噪声掩盖了纯正弦信号。

```
In [17]: fig, axes = plt.subplots(1, 2, figsize=(8, 3), sharey=True)
    ...: axes[0].plot(t, f_t)
    ...: axes[0].set_xlabel("time(s)")
    ...: axes[0].set_ylabel("signal")
    ...: axes[1].plot(t, f_t)
    ...: axes[1].set_xlim(0, 5)
    ...: axes[1].set_xlabel("time(s)")
```

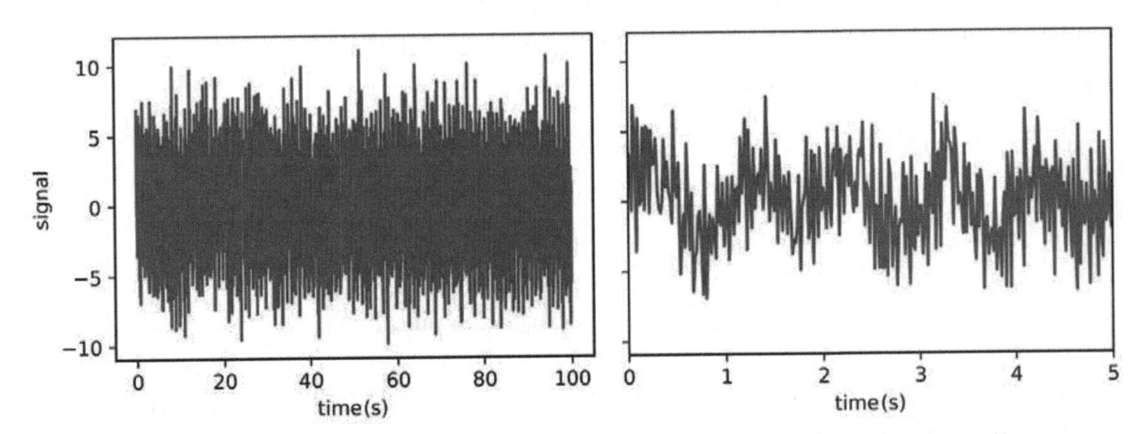

图 17-1　添加了随机噪声的模拟信号，左图是整个时间段内的信号，右图是前面一段时间内的信号

为了查看信号中的正弦分量，可以使用 FFT 来计算信号的频谱(换句话来说，就是信号的频域表示)。我们将 fft 函数应用于离散样本的数组 f_t，就可以得到信号的离散傅里叶变换：

```
In [18]: F = fftpack.fft(f_t)
```

得到的结果是数组 F，数组 F 中是频谱的频率分量，频率由采样率和样本数量决定。可以使用辅助函数 fftfreq 很方便地计算这些频率，该函数使用采样数量以及连续采样之间的间隔时间作为参数，返回的是与数组 F 相同大小的数组，其中保存的是每个频率单元的频率。

```
In [19]: f = fftpack.fftfreq(N, 1.0/f_s)
```

fft 函数返回的频率单元的幅度值包含正频率和负频率，每种频率分量都是采样率的一半 $f_s/2$。对于真实信号，频谱在正频率和负频率上是对称的，因此通常我们只对正频率分量感兴趣。使用频率数组 f，可以很方便地创建掩码，用于提取与我们感兴趣的频率对应的频谱。这里我们创建了如下用于选择正频率分量的掩码：

```
In [20]: mask = np.where(f >= 0)
```

正频率分量的频谱如图 17-2 所示。最上面的图形是整个正频率的频谱，为了让信号与噪声之间的对比更明显，纵坐标使用的是对数形式。可以看到，在 1Hz 和 22Hz 附近有尖锐的峰值，这与信号中的正弦分量对应。这些峰值明显地从频谱的本底噪声中显现出来。尽管噪声在时域上隐藏了信号中的正弦分量，但是我们在频域中可以清楚地检测到正弦分量的存在。图 17-2 中的其他两个图形分别是对 1Hz 和 22Hz 两个峰值的放大。

```
In [21]: fig, axes = plt.subplots(3, 1, figsize=(8, 6))
    ...: axes[0].plot(f[mask], np.log(abs(F[mask])), label="real")
    ...: axes[0].plot(B, 0, 'r*', markersize=10)
    ...: axes[0].set_ylabel("$\log(|F|)$", fontsize=14)
    ...: axes[1].plot(f[mask], abs(F[mask])/N, label="real")
    ...: axes[1].set_xlim(0, 2)
    ...: axes[1].set_ylabel("$|F|/N$", fontsize=14)
    ...: axes[2].plot(f[mask], abs(F[mask])/N, label="real")
    ...: axes[2].set_xlim(21, 23)
    ...: axes[2].set_xlabel("frequency(Hz)", fontsize=14)
    ...: axes[2].set_ylabel("$|F|/N$", fontsize=14)
```

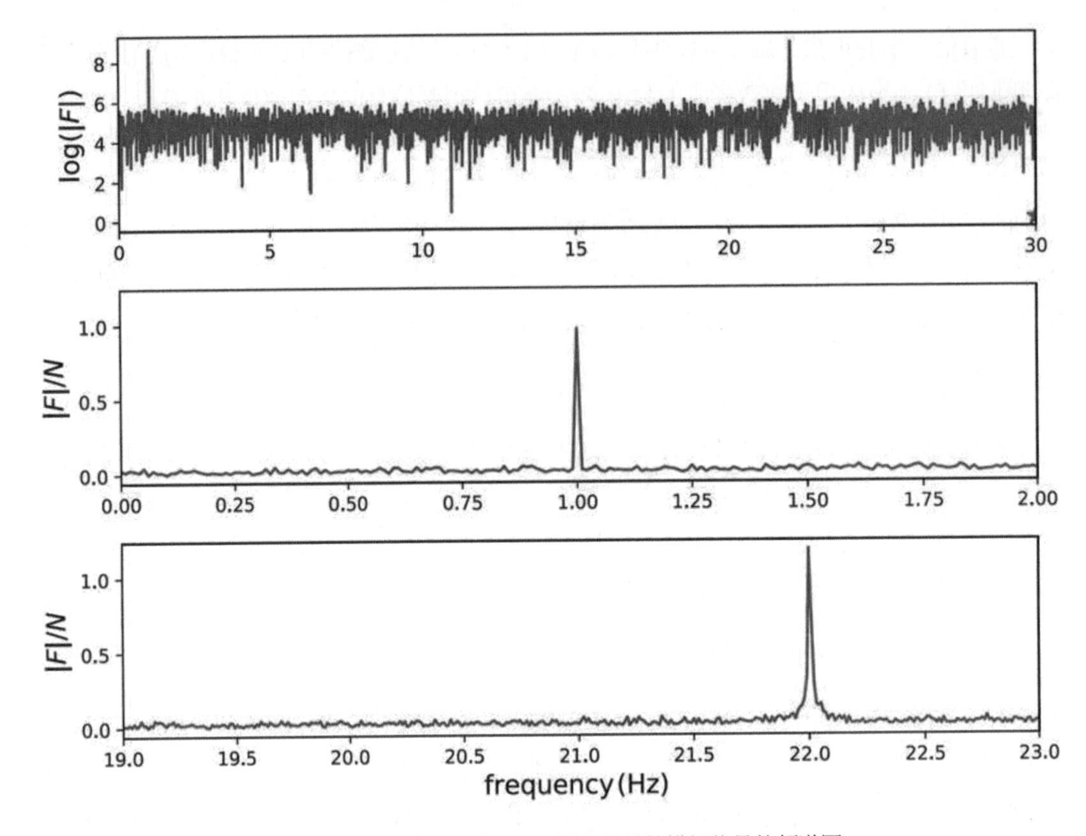

图 17-2　具有 1Hz 和 22Hz 频率分量的模拟信号的频谱图

频域滤波器

就像使用 FFT 的 fft 函数计算时域信号的频域表示一样，也可以使用 FFT 逆函数 ifft 从频域表示计算时域信号。例如，把 ifft 函数应用于 F 数组就可以重建 f_t 数组。在进行逆转换之前，通过改变频谱可以实现频域的过滤。例如，使用 2Hz 的低通滤波器(low-pass filter)，可以在频谱中仅选择低于 2Hz 的频率，从而抑制信号中的高频分量(本例中是指高于 2Hz 的频率)：

```
In [22]: F_filtered = F * (abs(f) < 2)
In [23]: f_t_filtered = fftpack.ifft(F_filtered)
```

使用过滤后的信号计算逆 FFT，得到的时域信号中已经没有高频振荡，如图 17-3 所示。这个简单的例子总结了许多频率滤波器的本质。在本章的后面，我们将更详细地介绍信号处理分析中常用的许多不同类型的滤波器。

```
In [24]: fig, ax = plt.subplots(figsize=(8, 3))
    ...: ax.plot(t, f_t, label='original')
    ...: ax.plot(t, f_t_filtered.real, color="red", lw=3, label='filtered')
    ...: ax.set_xlim(0, 10)
    ...: ax.set_xlabel("time(s)")
```

```
    ...: ax.set_ylabel("signal")
    ...: ax.legend()
```

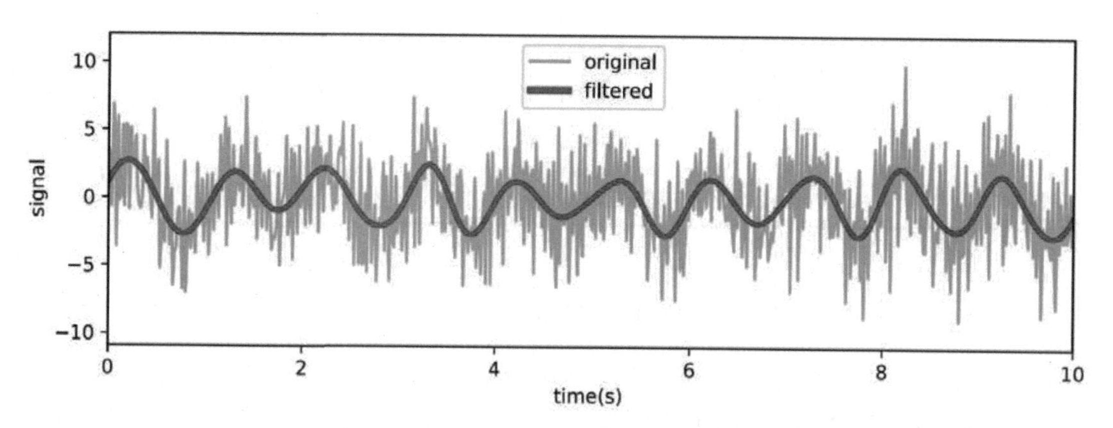

图 17-3　原始的时域信号以及在频域表示上应用低通滤波器后重建的信号

17.2.2　加窗

在 17.2.1 节中，我们直接将 FFT 应用于信号，从而得到可接受的结果。但是在使用 FFT 之前，对信号应用所谓的窗函数(window function)通常可以改善转换的质量以及频谱的对比度。窗函数与信号相乘后，能够对信号幅度进行调制，从而使其在采样周期的开始和结束阶段接近于零。有很多函数可以用作窗函数，SciPy 的 signal 模块提供了许多常用窗函数的实现，包括 Blackman 窗函数、Hann 窗函数、Hamming 窗函数、Gaussian 窗函数(具有可变标准差)以及 Kaiser 窗函数等[1]。图 17-4 绘制了这些函数，从中可以看出虽然这些窗函数略有不同，但整体形状非常类似。

```
In [25]: fig, ax = plt.subplots(1, 1, figsize=(8, 3))
    ...: N = 100
    ...: ax.plot(signal.blackman(N), label="Blackman")
    ...: ax.plot(signal.hann(N), label="Hann")
    ...: ax.plot(signal.hamming(N), label="Hamming")
    ...: ax.plot(signal.gaussian(N, N/5), label="Gaussian (std=N/5)")
    ...: ax.plot(signal.kaiser(N, 7), label="Kaiser (beta=7)")
    ...: ax.set_xlabel("n")
    ...: ax.legend(loc=0)
```

1 还有一些其他可用的窗函数，完整的列表可参考 scipy signal 模块的文档字符串。

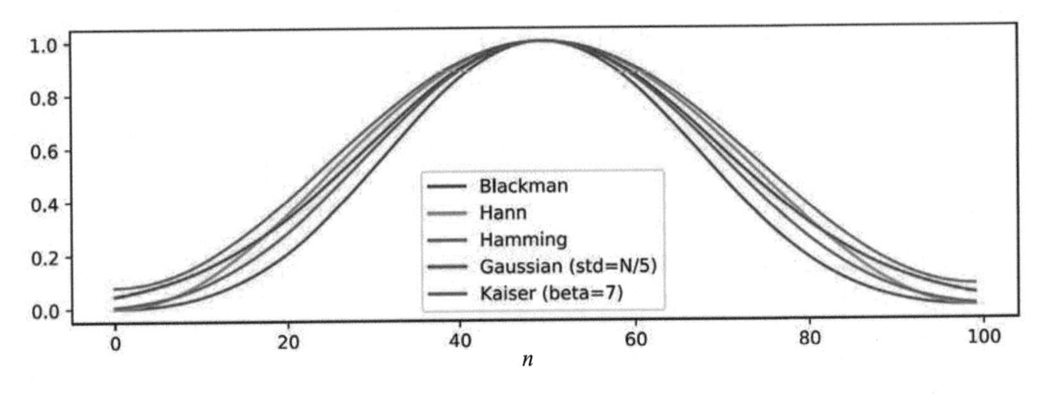

图 17-4 常用窗函数的示例

不同的窗函数具有略微不同的性质和目的，但在大多数情况下，它们可以互换使用。窗函数的主要目的是减少频率单元(frequency bin)连接处的频谱泄露，当信号周期不能刚好被采样周期分割时(采样周期不是信号周期的整数倍)，进行离散傅里叶变换计算时就会产生频谱泄露。因此，具有这种频率的信号分量在某个采样周期内包含的不是完整的信号周期，而离散傅里叶变换假设信号是周期性的，因此在每个周期边界处的不连续性可能产生频谱泄露。将信号和窗函数相乘可以减少这种问题。另外也可以通过增加采样点的数量(即增加采样周期)来提高采样精度，但在实际应用中该方法并不总是适用。

为了介绍如何在对时间序列信号进行 FFT 之前使用窗函数，我们来看一下第 12 章介绍的室外温度数据集。首先，我们使用 Pandas 库加载数据集，按照 1 小时的均匀间隔进行重采样，并使用 ffill 方法补充缺失的数值。

```
In [26]: df = pd.read_csv('temperature_outdoor_2014.tsv', delimiter="\t",
    ...: names=["time", "temperature"])
In [27]: df.time = (pd.to_datetime(df.time.values, unit="s").
    ...: tz_localize('UTC').tz_convert('Europe/Stockholm'))
In [28]: df = df.set_index("time")
In [29]: df = df.resample("H").ffill()
In [30]: df = df[(df.index >= "2014-04-01")*(df.index < "2014-06- 01")].
         dropna()
```

创建并处理完 Pandas DataFrame 之后，可以把底层的 NumPy 数组提取出来，以便用 fftpack 模块来处理时间序列数据。

```
In [31]: time = df.index.astype('int64')/1.0e9
In [32]: temperature = df.temperature.values
```

现在我们希望在计算 FFT 之前把窗函数应用到 temperature 数组中的数据。这里我们使用 Blackman 窗函数，该函数能够减少频谱泄露。SciPy 的 signal 模块中的 blackman 函数实现了该函数。Blackman 窗函数的参数是样本数组的长度，返回的也是一个同样大小的数组。

```
In [33]: window = signal.blackman(len(temperature))
```

要使用窗函数，我们只需要简单地把窗函数乘上保存时域信号的数据，然后把结果用于随后的 FFT 计算即可。但是，在对加窗后的 temperature 信号进行 FFT 之前，我们首先绘制 temperature 信号的原始图形以及加窗后时间序列的图形，结果如图 17-5 所示。将时间序列与窗函数相乘之后得到的信号在采样周期边缘处趋向于零，可以视为一种用于边界平滑过渡的周期函数，因此加窗后信号的 FFT 具有更好的效果。

```
In [34]: temperature_windowed = temperature * window
In [35]: fig, ax = plt.subplots(figsize=(8, 3))
    ...: ax.plot(df.index, temperature, label="original")
    ...: ax.plot(df.index, temperature_windowed, label="windowed")
    ...: ax.set_ylabel("temperature", fontsize=14)
    ...: ax.legend(loc=0)
```

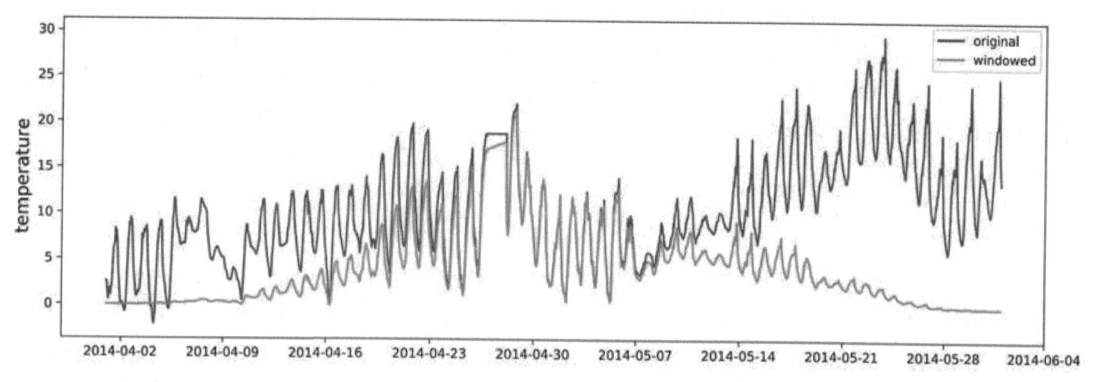

图 17-5 加窗后以及原始的 temperature 时间序列信号

信号加窗之后，其余的频谱分析过程与前面的一样：使用 fft 函数来计算频谱，使用 fftfreq 函数来计算每个频率单元的频率。

```
In [36]: data_fft_windowed = fftpack.fft(temperature_windowed)
In [37]: f = fftpack.fftfreq(len(temperature), time[1]-time[0])
```

另外，我们从数组 f 创建了掩码数据，这样可以选择所有的正频率，所得正频率的图形如图 17-6 所示。从图 17-6 所示的频谱中可以清楚地看到对应一天周期(1/86400 Hz)及其高次谐波(2/86400 Hz、3/86400 Hz 等)的频率有峰值。

```
In [38]: mask = f > 0
In [39]: fig, ax = plt.subplots(figsize=(8, 3))
    ...: ax.set_xlim(0.000005, 0.00004)
    ...: ax.axvline(1./86400, color='r', lw=0.5)
    ...: ax.axvline(2./86400, color='r', lw=0.5)
    ...: ax.axvline(3./86400, color='r', lw=0.5)
```

```
...: ax.plot(f[mask], np.log(abs(data_fft_windowed[mask])), lw=2)
...: ax.set_ylabel("$\log|F|$", fontsize=14)
...: ax.set_xlabel("frequency(Hz)", fontsize=14)
```

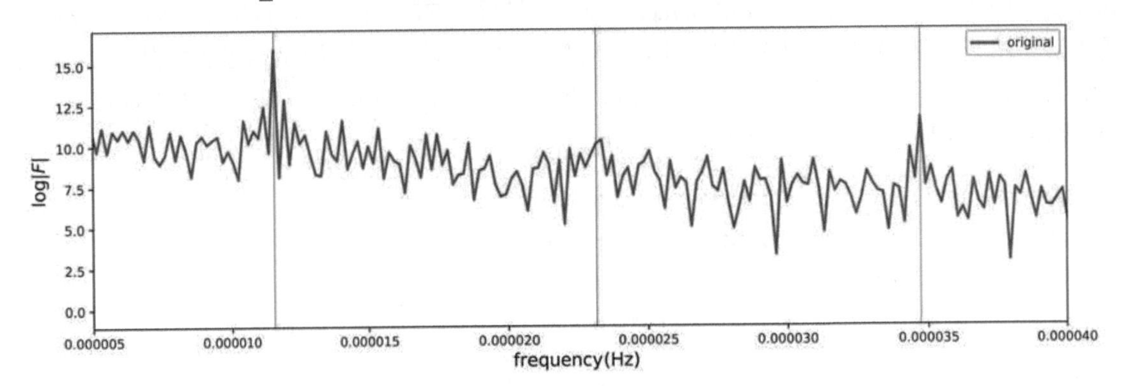

图 17-6　对时间序列加窗后的频谱，峰值出现在对应 1 天周期及其高次谐波的频率上

为了从给定的一组样本中获得最准确的频谱，通常建议在对时间序列进行 FFT 之前进行加窗处理。SciPy 中的大部分窗函数都是可以交换使用的。窗函数的选择通常并不是很重要。比较常用的是 Blackman 窗函数，可以最大限度地减少频谱泄露。有关不同窗函数的属性的更多详细信息，请参阅(Smith, 1999)的第 9 章。

17.2.3　频谱图

我们再来看一个例子：对从吉他采样的音频信号频谱进行分析[1]。首先，我们使用 SciPy 库的 io.wavefile.read 函数从 guitar.wav 文件加载音频采样数据。

```
In [40]: sample_rate, data = io.wavfile.read("guitar.wav")
```

该函数返回一个元组，其中包含采样率 sample_rate 和音频强度的 NumPy 数组。对于本例中使用的文件，得到的采样率是 44.1 kHz，音频信号以立体声录制，具有两个通道的数据，每个通道包含 1 181 625 个样本：

```
In [41]: sample_rate
Out[41]: 44100
In [42]: data.shape
Out[42]: (1181625, 2)
```

由于我们只关注其中一个通道的音频信号，因此对两个通道求平均值，从而得到单通道的信号：

```
In [43]: data = data.mean(axis=1)
```

1 本例使用的数据来自于 https://www.freesound.org/people/guitarguy1985/sounds/52047。

可以通过将样本数量除以采样频率来计算音频的时间长度。得到的结果表明这段音频的长度为26.8 秒。

```
In [44]: data.shape[0] / sample_rate
Out[44]: 26.79421768707483
```

通常情况下，我们喜欢分段计算信号的频谱，而不是一次性计算整个信号的频谱，因为有时信号的特性在较长的时间尺度内会有变化，但是在短时间内几乎都是周期性的信号分量。对于音乐信号来说更是如此，从人类感知的角度看(亚秒级的时间尺度)，在短时间内音乐信号可视为周期信号，但它们在长时间内会有很大变化。所以，对于本例中的吉他音频样本，我们将在时域信号的一个滑动窗口(sliding window)中使用 FFT。得到的是一个与时间相关的频谱，该频谱通常能够可视化为音乐设备以及音乐应用的均衡器图(equalizer graph)。时间相关频谱的另外一种可视化方式是二维热度图，本书中称为频谱图(spectrogram，也可译为时频谱)。下面我们将计算吉他音频信号样本的频谱图。

在绘制频谱图之前，需要计算一小段样本的频谱。我们首先确定从整个样本数组中抽取的样本数，如果想要分析 0.5 秒的信号，可以使用采样率来计算所需的样本数：

```
In [45]: N = int(sample_rate/2.0) #0.5 秒 -> 22050 个样本
```

接下来，通过样本数量和采样率可以计算频率单元的频率 f，以及在时域信号中每个样本的采样时间 t。我们还创建了频率掩码，用于截取小于 1000 Hz 的正频率，稍后我们将用它在计算得到的频谱中选取一个子集。

```
In [46]: f = fftpack.fftfreq(N, 1.0/sample_rate)
In [47]: t = np.linspace(0, 0.5, N)
In [48]: mask = (f > 0) * (f < 1000)
```

然后，我们从完整的样本数组中选取前 N 个样本，并对它们使用 fft 函数：

```
In [49]: subdata = data[:N]
In [50]: F = fftpack.fft(subdata)
```

时域信号和频域信号如图 17-7 所示。从左图中可以看到，在第一个音调出现之前，时域信号为零。频域信号的频谱中有几个主要的频率，它们对应吉他产生的不同音调。

```
In [51]: fig, axes = plt.subplots(1, 2, figsize=(12, 3))
    ...: axes[0].plot(t, subdata)
    ...: axes[0].set_ylabel("signal", fontsize=14)
    ...: axes[0].set_xlabel("time(s)", fontsize=14)
    ...: axes[1].plot(f[mask], abs(F[mask]))
    ...: axes[1].set_xlim(0, 1000)
    ...: axes[1].set_ylabel("$|F|$", fontsize=14)
    ...: axes[1].set_xlabel("Frequency(Hz)", fontsize=14)
```

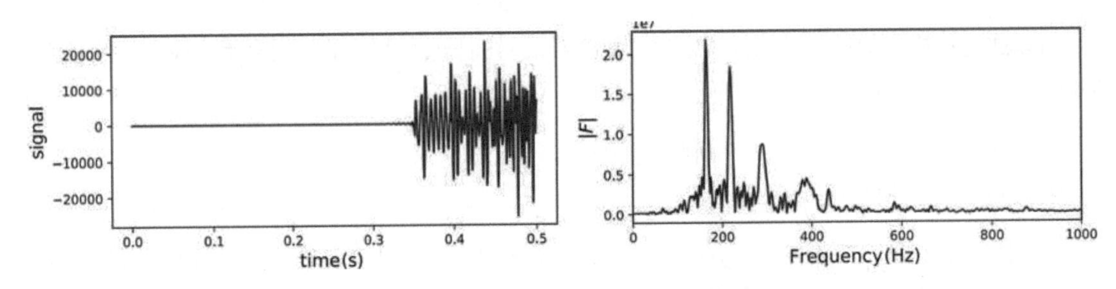

图 17-7 吉他音频(半秒钟)样本的信号和频谱

接下来我们将对整个样本数组重复进行分段分析。可以用频谱图来可视化频谱在时间上的变化，其中 x 轴是频率，y 轴是时间。为了能够使用 matplotlib 的 imshow 函数绘制频谱图，我们创建了二维NumPy数组spectrogram_data，用于保存连续样本段的频谱。spectrogram_data 数组的大小是(n_max, f_values)，其中 n_max 是样本数组中分段(每段长度为 N)的数量，f_values 是频率单元的数量，其中的频率是进行掩码计算之后的小于 1000 Hz 的正频率。

```
In [52]: n_max = int(data.shape[0] / N)
In [53]: f_values = np.sum(mask)
In [54]: spectogram_data = np.zeros((n_max, f_values))
```

为了提高频谱图的对比度，我们还在计算 FFT 之前将 Blackman 窗函数应用于样本数据的每个子集。这里我们选择 Blackman 窗函数来减少频谱泄露，其他窗函数也有类似的作用。window 数组的长度必须与数据子集 subdata 的长度相同，因此我们将 subdata 的长度作为参数传给 Blackman 窗函数：

```
In [55]: window = signal.blackman(len(subdata))
```

最后，可以通过循环，对每个大小为 N 的分段样本使用窗函数，计算 FFT，并把结果中我们感兴趣的频率子集(小于 1000Hz 的正频率)保存到 spectrogram_data 数组：

```
In [56]: for n in range(0, n_max):
    ...: subdata = data[(N * n):(N * (n + 1))]
    ...: F = fftpack.fft(subdata * window)
    ...: spectogram_data[n, :] = np.log(abs(F[mask]))
```

当得到 spectrogram_data 后，可以使用 matplotlib 的 imshow 函数来可视化频谱图，结果如图 17-8 所示。

```
In [57]: fig, ax = plt.subplots(1, 1, figsize=(8, 6))
    ...: p = ax.imshow(spectogram_data, origin='lower',
    ...:               extent=(0, 1000, 0, data.shape[0] / sample_rate),
    ...:               aspect='auto',
    ...:               cmap=mpl.cm.RdBu_r)
    ...: cb = fig.colorbar(p, ax=ax)
```

```
...: cb.set_label("$\log|F|$", fontsize=14)
...: ax.set_ylabel("time(s)", fontsize=14)
...: ax.set_xlabel("Frequency(Hz)", fontsize=14)
```

图 17-8 所示的频谱图包含了被采样信号及其随时间变化的很多信息。窄的垂直条纹对应吉他产生的音调，并且这些信号随着时间的增加而缓慢衰减。宽的水平带大致对应吉他上的弦被拨动的时间段，在这些时间段里，短时间内有非常宽的频率输出。但是，请注意，颜色轴表示对数刻度，因此颜色的微小变化实际上代表强度上的较大变化。

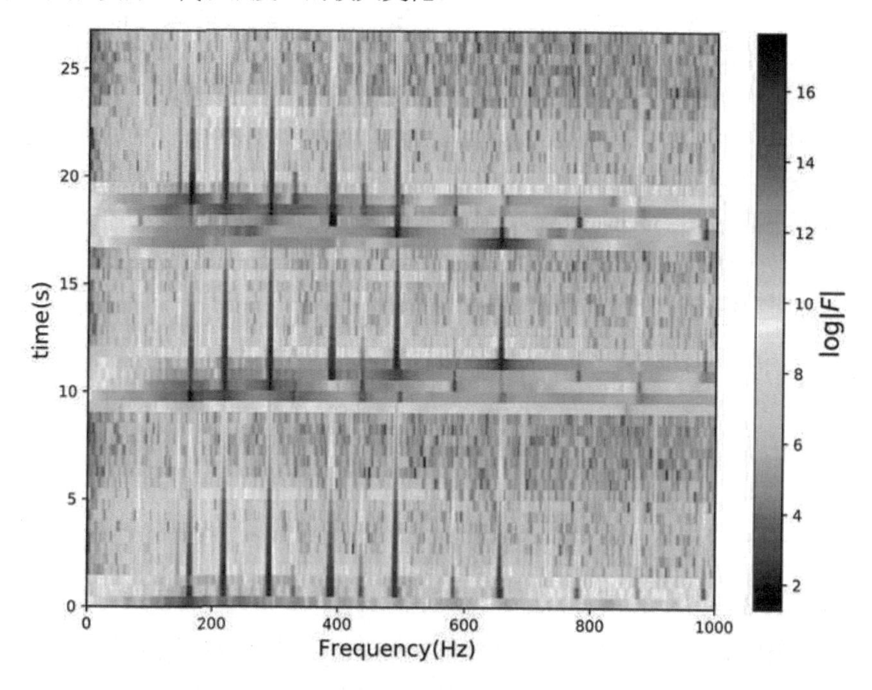

图 17-8　吉他音频样本的频谱图

17.3　信号滤波器

信号处理领域的一个重要目标是通过操作和变换时间或空间信号来改变它们的特性。典型的应用包括降噪，对音频信号进行模糊、锐化、对比度增强等处理，调整图像数据的色彩平衡，等等。许多常见的操作可以通过信号的频域过滤器来实现，例如，抑制某些特定的频率分量。前面介绍了一个低通滤波器的例子，首先对信号进行傅里叶变换，然后去除高频分量，最后通过逆傅里叶变换得到新的时域信号。通过这种方法，可以实现任意的频率滤波器，但是我们不一定能够把它们应用到事实的流信号(streaming signal)中，因为需要缓冲足够的样本才能进行离散傅里叶变换。在很多应用中，我们希望能够以连续的方式使用滤波器对信号进行变换，例如，处理传输中的信号或现场的音频信号等。

17.3.1 卷积滤波器

有些频率滤波器可以在时域中通过直接将信号与滤波器特征的函数进行卷积来实现。傅里叶变换的一个重要特性是：两个函数的积的傅里叶变换(或逆变换)等于两个函数的傅里叶变换(或逆变换)之后的卷积。所以，如果想将滤波器 H_k 应用到信号 x_n 的频谱 X_k，可以计算 x_n 和 h_m 的卷积，h_m 是滤波器函数 H_k 的傅里叶逆变换。通常来说，可以将滤波器写成卷积的形式：

$$y_n = \sum_{k=-\infty}^{\infty} x_k h_{n-k}$$

其中 x_k 是输入，y_n 是输出，h_{n-k} 是描述滤波器特征的卷积核(convolution kernel)。请注意，在该通用表达式中，时间 n 处的信号 y_n 取决于输入 x_k 前后附近的值。为了说明这一点，我们回到本章的第一个例子，在该例中，我们将低通滤波器应用到包含 1 Hz 和 22 Hz 两个分量的模拟信号，首先对信号进行傅里叶变换，然后将频谱乘上一个去除了所有高频分量的阶跃函数(step function)，最后利用傅里叶逆变换将信号转换回时域信号。得到的结果信号比原始带噪声的信号更加平滑(详见图 17-3)。卷积的另外一种用法是对滤波器 H 的频率响应函数进行傅里叶逆变换，然后将得到的结果 h 作为核与原始时域信号 f_t 进行卷积：

```
In [58]: t = np.linspace(0, T, N)
In [59]: f_t = signal_samples(t)
In [60]: H = abs(f) < 2
In [61]: h = fftpack.fftshift(fftpack.ifft(H))
In [62]: f_t_filtered_conv = signal.convolve(f_t, h, mode='same')
```

为了进行卷积，这里使用 SciPy 的 signal 模块中的 convolve 函数。该函数的参数是两个保存了需要进行卷积运算的信号的 NumPy 数组。使用可选的关键字参数 mode，可以设置输出数组的大小与第一个输入参数相同(mode='same')，或者设置对边界用零填充后返回所有的卷积值(mode='full')，还可设置为只包含那些不依赖零填充的点(mode='valid')。这里使用 mode='same'，因此可以很容易将结果与原始信号 f_t 进行比较并绘制图形。使用完卷积滤波器 f_t_filtered_ conv 的结果如图 17-9 所示。正如预料的那样，这两种方法得到的结果相同。

```
In [63]: fig = plt.figure(figsize=(8, 6))
    ...: ax = plt.subplot2grid((2,2), (0,0))
    ...: ax.plot(f, H)
    ...: ax.set_xlabel("Frequency(Hz)")
    ...: ax.set_ylabel("Frequency filter")
    ...: ax.set_ylim(0, 1.5)
    ...: ax = plt.subplot2grid((2,2), (0,1))
    ...: ax.plot(t - t[-1]/2.0, h.real)
    ...: ax.set_xlabel("time(s)")
    ...: ax.set_ylabel("convolution kernel")
```

```
...: ax = plt.subplot2grid((2,2), (1,0), colspan=2)
...: ax.plot(t, f_t, label='original', alpha=0.25)
...: ax.plot(t, f_t_filtered.real, 'r', lw=2, label='filtered in
     frequency domain')
...: ax.plot(t, f_t_filtered_conv.real, 'b--', lw=2, label='filtered
     with convolution')
...: ax.set_xlim(0, 10)
...: ax.set_xlabel("time(s)")
...: ax.set_ylabel("signal")
...: ax.legend(loc=2)
```

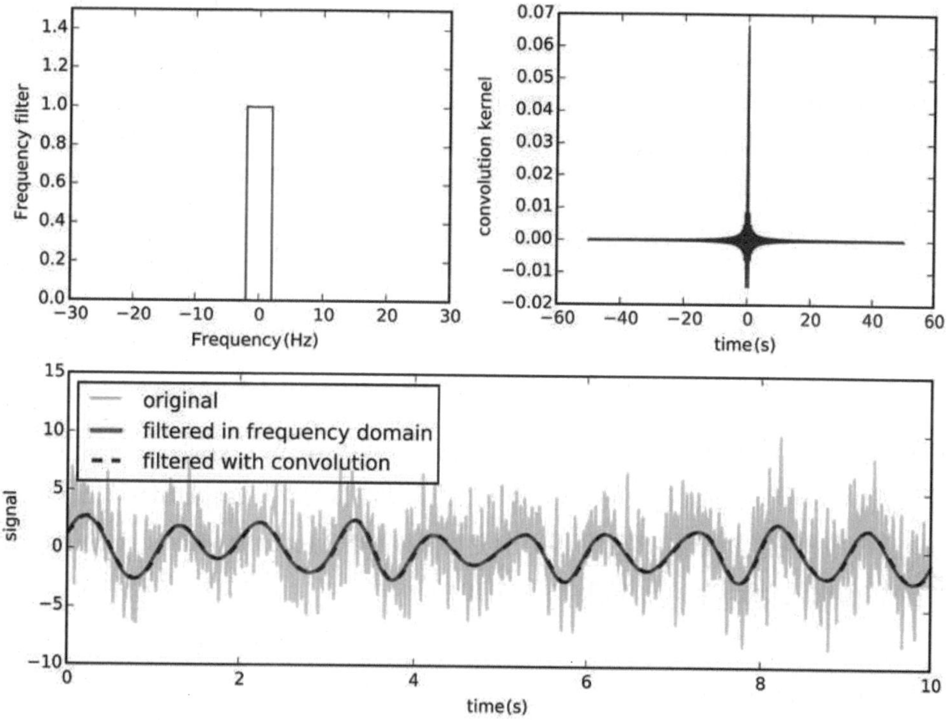

图 17-9　左上图：频率滤波器。右上图：频率滤波器对应的卷积核。下图：通过卷积实现的简单低通滤波器

17.3.2　FIR 和 IIR 滤波器

在卷积滤波器的示例中，我们使用卷积来实现滤波器，相对于调用 fft、修改频谱、再调用 ifft 这一系列过程，这在计算上并不占优势。实际上，这里用到的卷积计算相比额外的 FFT 变换需要更多的计算资源，SciPy 的 signal 模块提供了 fftconvolve 函数，可通过使用 FFT 及其逆变换来实现卷积。此外，滤波器的卷积核有很多不好的特性，如非因果性(noncasual)，即输出信号依赖于输入信号的未来值(参见图 17-9 的右上图)。但是，这些卷积滤波器也有一些例外，因为它们可以使用专用数字信号处理器(DSP)以及通用处理器来实现。这些滤波器中有一类很重要的滤波器，称为有限脉冲

响应(Finite Impulse Response，FIR)滤波器，对应的公式是 $y_n = \sum_{k=0}^{M} b_k x_{n-k}$ 。这种时域滤波器是有因果性的，因为输出 y_n 只依赖于过去几个时间步长的输入值。

另外一种类似的滤波器是无限脉冲响应(Infinite Impulse Response，IIR)滤波器，对应的公式是 $a_0 y_n = \sum_{k=0}^{M} b_k x_{n-k} - \sum_{k=1}^{N} a_k y_{n-k}$ 。这并不是严格意义上的卷积，因为在计算输出时，用到了以前的输出值(反馈项)，但它仍然具有类似卷积的形式。FIR 和 IIR 滤波器都可以根据最近的历史信号和输出值来计算新的输出，所以如果我们知道有限序列 b_k 和 a_k 的值，就可以在时域上按顺序进行计算。

给定滤波器的一系列属性要求，计算 b_k 和 a_k 的值，这个过程称为滤波器设计。SciPy 的 signal 模块为此提供了很多函数。例如，使用 firwin 函数，可以在给定频带边界(如对于低通滤波器，通带和阻带之间的过渡期)频率的情况下，计算 FIR 滤波器的 b_k 系数。firwin 函数的第一个参数是 a_k 序列中值的数量，也称为抽头(tap)；第二个参数 cutoff 是低通转换频率，单位是 Nyquist 频率(采样率的一半)。Nyquist 频率的比例尺度也可以通过参数 nyq 来设置，默认是 1。最后，可以通过 window 参数来指定使用的窗函数类型。

```
In [64]: n = 101
In [65]: f_s = 1 / 3600
In [66]: nyq = f_s/2
In [67]: b = signal.firwin(n, cutoff=nyq/12, nyq=nyq, window="hamming")
```

得到的结果是用于定义 FIR 滤波器的一系列系数 b_k，利用这些参数以及时域卷积可以实现滤波器。给定系数 b_k，可以使用 signal 模块的 freqz 函数来计算滤波器的幅度(amplitude)和相位响应(phase response)。该函数将返回包含频率的数组以及对应复数值频率响应(complex-valued frequency response)的数组，返回的值很适合绘制图形，结果如图 17-10 所示。

```
In [68]: f, h = signal.freqz(b)
In [69]: fig, ax = plt.subplots(1, 1, figsize=(12, 3))
    ...: h_ampl = 20 * np.log10(abs(h))
    ...: h_phase = np.unwrap(np.angle(h))
    ...: ax.plot(f/max(f), h_ampl, 'b')
    ...: ax.set_ylim(-150, 5)
    ...: ax.set_ylabel('frequency response (dB)', color="b")
    ...: ax.set_xlabel(r'normalized frequency')
    ...: ax = ax.twinx()
    ...: ax.plot(f/max(f), h_phase, 'r')
    ...: ax.set_ylabel('phase response', color="r")
    ...: ax.axvline(1.0/12, color="black")
```

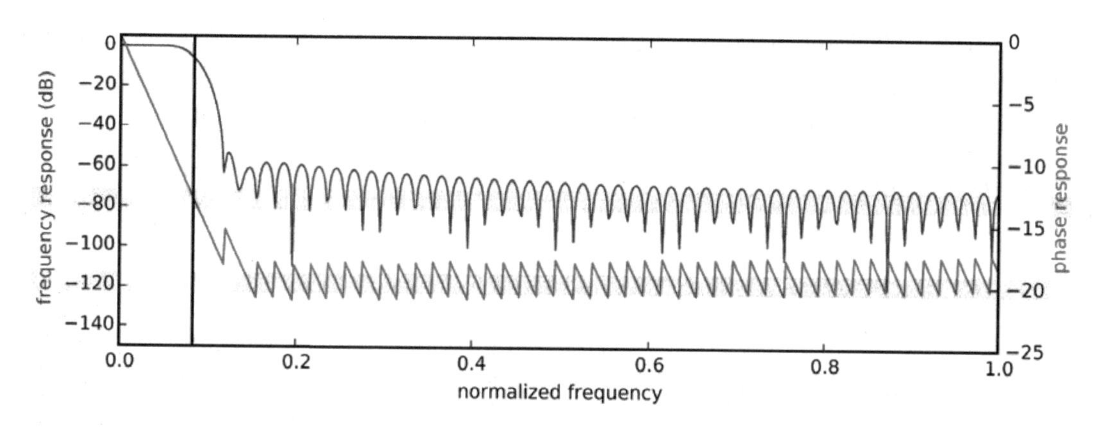

图 17-10　FIR 低通滤波器的幅度和相位响应

图 17-10 中的低通滤波器能让频率小于 $f_s/24$(图 17-10 中的垂直线)的信号通过，并抑制高频信号分量。通带和阻带之间的过渡区域以及对高于截止频率的非完美抑制是使用 FIR 滤波器必须付出的代价。通过增加系数 b_k 的数量，可以提高 FIR 滤波器的精度，但代价是更高的计算复杂度。

FIR 滤波器(给定系数 b_k)以及 IIR 滤波器(给定系数 b_k 和 a_k)的计算可以通过 signal 模块的 lfilter 函数来完成。该函数的第一个参数是 b_k 的数组；第二个参数是 a_k 的数组(如果是 IIR 滤波器的话)或是标量 1(如果是 FIR 滤波器的话)；第三个参数是输入的信号数组，函数的返回值是滤波器的输出。例如，要将前面创建的 FIR 滤波器应用于每小时测量温度的数据集，可以使用如下代码：

```
In [70]: temperature_filt = signal.lfilter(b, 1, temperature)
```

将 FIR 低通滤波器应用于信号会消除高频震荡，使得信号更加平滑，如图 17-11 所示。另外一种能够实现类似效果的方法是使用移动平均滤波器(moving average filter)，输出是附近几个输入值的加权平均值或中值。signal 模块的 medfilt 函数能够对输入信号应用中值滤波器(median filter)，该函数的第二个参数用于设置使用前面多少个输入值。

```
In [71]: temperature_median_filt = signal.medfilt(temperature, 25)
```

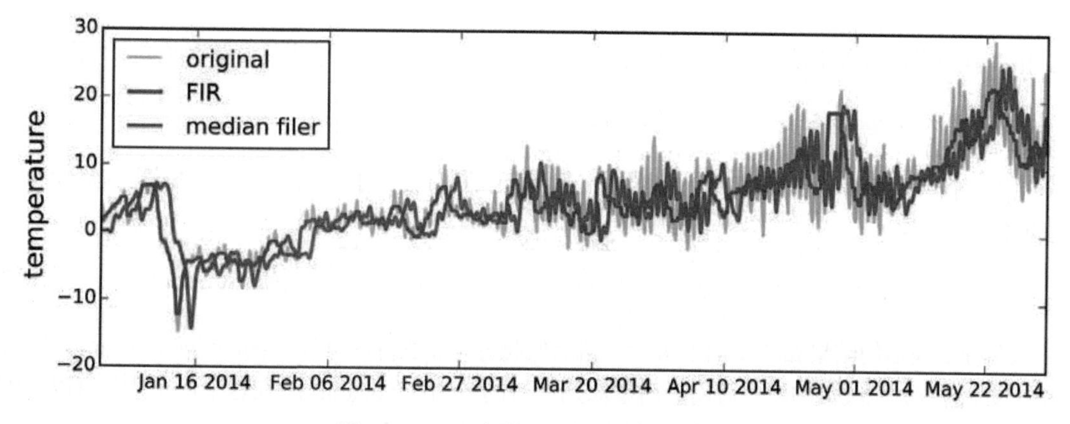

图 17-11　FIR 滤波器和中值滤波器的输出

对每小时测量温度数据集使用 FIR 低通滤波器和中值滤波器的结果如图 17-11 所示。请注意，

FIR 滤波器的输出与原始信号之间有一段因时间延迟(对应 FIR 滤波器的抽头数量)带来的偏移。medfilt 实现的中值滤波器不存在这个问题，因为中值的计算同时用到了前后的数值，这使得中值滤波器成为非因果滤波器，无法在流式输入数据上进行实时计算。

```
In [72]: fig, ax = plt.subplots(figsize=(8, 3))
    ...: ax.plot(df.index, temperature, label="original", alpha=0.5)
    ...: ax.plot(df.index, temperature_filt, color="red", lw=2,
         label="FIR")
    ...: ax.plot(df.index, temperature_median_filt, color="green", lw=2,
         label="median filer")
    ...: ax.set_ylabel("temperature", fontsize=14)
    ...: ax.legend(loc=0)
```

为了设计 IIR 滤波器，可以使用 signal 模块的 iirdesign 函数或者使用预定义的 IIR 类型，包括 Butterworth 滤波器(signal. butter)、I 型和 II 型 Chebyshev 滤波器(signal.cheby1 和 signal.cheby2)以及椭圆滤波器(signal.ellip)。例如，要创建截止频率为 7/365 Hz 的 Butterworth 高通滤波器，并对低频率进行抑制，可以使用下面的代码：

```
In [73]: b, a = signal.butter(2, 7/365.0, btype='high')
```

以上函数的第一个参数是 Butterworth 滤波器的阶数，第二个参数是滤波器的截止频率(从带通到带阻的边界)。可选参数 btype 可以用来设置滤波器是低通滤波器(low)还是高通滤波器(high)。函数的输出 a 和 b 分别是 IIR 滤波器的系数 a_k 和 b_k。这里我们使用的是二阶 Butterworth 滤波器，所以 a 和 b 各有三个元素：

```
In [74]: b
Out[74]: array([ 0.95829139, -1.91658277, 0.95829139])
In [75]: a
Out[75]: array([ 1. , -1.91484241, 0.91832314])
```

和之前一样，可以把滤波器应用于输入信号(这里再次使用每小时测量温度数据集作为示例)：

```
In [76]: temperature_iir = signal.lfilter(b, a, temperature)
```

也可以使用 filtfilt 函数来应用滤波器，该函数可以同时应用于前向和后向滤波器，得到的是非因果滤波器。

```
In [77]: temperature_filtfilt = signal.filtfilt(b, a, temperature)
```

这两种滤波器的结果如图 17-12 所示。消除低频分量将去除时间序列的趋势性，只保留高频振荡和波动。因此，滤波后的信号可用于衡量原始信号的波动性(volatility)。在这个例子中，可以看到，与冬季(1 月和 2 月)相比，春季(3 月、4 月和 5 月)的每日温度变化更大。

```
In [78]: fig, ax = plt.subplots(figsize=(8, 3))
```

```
...: ax.plot(df.index, temperature, label="original", alpha=0.5)
...: ax.plot(df.index, temperature_iir, color="red", label="IIR
     filter")
...: ax.plot(df.index, temperature_filtfilt, color="green",
     label="filtfilt filtered")
...: ax.set_ylabel("temperature", fontsize=14)
...: ax.legend(loc=0)
```

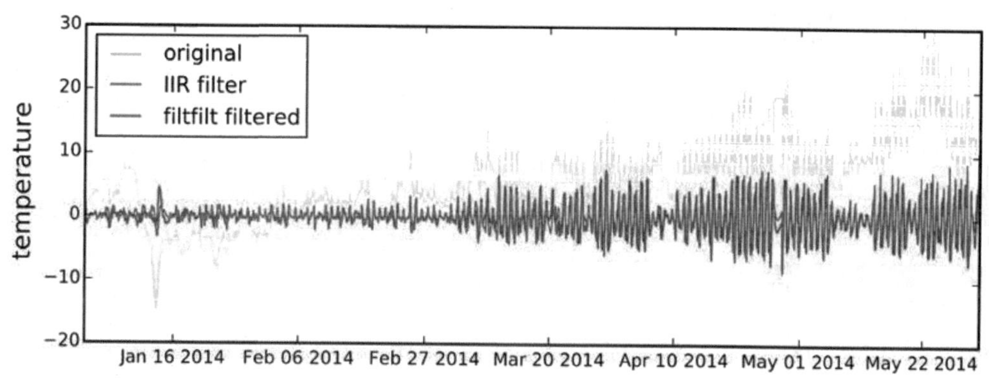

图 17-12　IIR 高通滤波器及对应的 filtfilt 滤波器(前向和后向同时应用)的输出

这些技术可以直接应用于音频和图像数据。例如，要将滤波器应用于吉他的音频信号，可以使用 lfilter 函数。FIR 滤波器的系数 b_k 有时可以手动创建。例如，为了生成简单的回声效果(naive echo sound effect)，可以创建 FIR 滤波器，以一定的时间延迟重复过去的信号：$y_n = x_n + x_{n-N}$，其中 N 是延迟的时间步长。对应的 b_k 系数很容易创建，并且可以用于音频信号数据。

```
In [79]: b = np.zeros(10000)
    ...: b[0] = b[-1] = 1
    ...: b /= b.sum()
In [80]: data_filt = signal.lfilter(b, 1, data)
```

为了能够听到修改后的音频信号，可以使用 SciPy 库中 io.wavfile 模块的 write 函数将它们写入 WAV 文件：

```
In [81]: io.wavfile.write("guitar-echo.wav", sample_rate,
    ...:     np.vstack([data_filt, data_filt]).T.astype(np.int16))
```

同样，可以使用 signal 模块中的工具来实现多种不同的图像处理滤波器。SciPy 还提供了 ndimage 模块，其中包含很多常见的、专门用于二维图像数据处理的函数和滤波器。scikit-image 库[1]是一种更高级的、用于图像处理的 Python 库。

1 请访问项目的主页 http://scikit-image.org 以获得更多相关信息。

17.4 本章小结

信号处理是一个非常广泛的领域，在大部分科学和工程领域中都有应用。因此，本章只介绍信号处理的一些基本应用，我们主要介绍使用 Python 来解决这类问题的方法，以及 Python 生态中用于科学计算的库和工具。我们着重介绍了如何使用傅里叶变换进行时间信号的频谱分析，以及如何使用 SciPy 库的 signal 模块进行线性滤波器的设计及应用(在信号处理方面)。

17.5 扩展阅读

有关信号处理理论方面的全面介绍，请参阅 Smith(1999)，可在线查看：www.dspguide.com/pdfbook.htm。有关 Python 在信号处理方面的应用，请参阅 Unpingco(2014)，可在线以 IPython Notebook 的形式查看：http://nbviewer.ipython.org/github/unpingco/Python-for-Signal-Processing。

17.6 参考文献

Smith, S. (1999). *The Scientist and Engineer's Guide to Digital Signal Processing*. San Diego: Steven W. Smith.

Unpingco, J. (2014). *Python for Signal Processing*. New York: Springer.

第 18 章

数据的输入输出

在科学计算和数据分析的几乎所有应用中，都需要有数据的输入输出，包括加载数据集以及将结果持久化到磁盘的文件或数据库中。因此，程序中数据的输入输出是计算的关键步骤。有很多存储结构化数据和非结构化数据的标准格式，使用标准格式的好处显而易见：可以使用现有的库来读写数据，这样可以节省时间和精力。在进行科学计算和技术计算工作时，以及在与同事进行交互时或者从数据源(如设备或数据库)获取数据的过程中，可能会面对很多数据格式。作为一名科学计算从业者，无论数据使用哪种格式，能够有效和无缝地处理数据非常重要。这就是本书用一整章介绍数据输入输出的原因。

Python 对许多文件格式都提供很好的支持。事实上，对于最常见的一些文件格式，Python 都提供了多种不同处理方法。本章将介绍计算应用中数据的存储格式，并保留每种格式使用的典型场景。我们还将介绍 Python 中处理这些常见数据格式的库和工具。

数据可以分为不同的类型。最重要的分类是结构化数据和非结构化数据，值可以分为分类数据(categorical，有限数据集)、有序值(ordinal，按照某种方式排序的值)、数值(numerical，连续的或离散的)，值还有类型，如字符串、整数、浮点数等。存储或传输数据的数据格式应该充分考虑这些概念，避免数据或元数据的丢失，另外我们还经常需要对数据的表示方法进行细粒度控制。

在计算应用中，我们处理的大部分数据是结构化数据，例如数组和表格数据。非结构化数据包括自由格式的文本或不同类型(nonhomogeneous)数据的嵌套列表。本章将重点介绍结构化数据中的 CSV 格式以及 HDF5 格式，在本章的最后，我们将介绍一种轻量且灵活的数据格式——JSON 格式，JSON 格式可同时用于简单和复杂数据集的存储，特别是列表和字典类型的数据，因此 JSON 格式非常适合非结构化数据的存储。另外，我们还将简单介绍如何使用 msgpack 格式以及 Python 内置的 pickle 格式将对象序列化成存储数据的方法。

由于在以数据为中心的应用中，数据的输入输出至关重要，现在已经有多个 Python 库可用于简化和帮助处理数据的不同格式、传输与转换。例如 Blaze 库(http://blaze.pydata.org/en/latest)提供了一个高级的接口，用于从不同类型的数据源获取不同格式的数据。本章主要关注读取特定文件格式类型的普通库，这类文件主要用于存储数值数据和非结构化数据集。但是，有兴趣的读者可以自行研究 Blaze 这样的高级库。

18.1　导入模块

本章将使用很多不同的库来处理不同类型的数据。最重要的库是 NumPy 和 Pandas，我们按照惯例将这两个库导入：

```
In [1]: import numpy as np
In [2]: import pandas as pd
```

我们还将使用 Python 标准库中的 csv 和 json 模块：

```
In [3]: import csv
In [4]: import json
```

对于 HDF5 格式的数值数据，我们将使用 h5py 和 PyTables 库：

```
In [5]: import h5py
In [6]: import pytables
```

最后，在将对象序列化以存储数据时，我们将介绍 pickle 和 msgpack 库：

```
In [7]: import pickle
In [8]: import msgpack
```

18.2　CSV 格式

逗号分隔值(Comma-Separated Value，CSV)是一种直观且定义松散[1]的纯文本文件格式，简单且有效，非常适合于存储表格数据。在这种格式中，每条记录被存储为一行，每个字段用分隔符(例如逗号)进行分隔，包含分隔符的字段也可以用引号括起来。另外，第一行有时用于保存列名，注释行也经常使用。代码清单 18-1 给出了 CSV 文件的一个示例。

代码清单 18-1　包含注释行、标题行以及混合了数值和字符串数据字段的 CSV 示例文件(数据来源：www.nhl.com)

```
# 2013-2014 / Regular Season / All Skaters / Summary / Points
Rank,Player,Team,Pos,GP,G,A,P,+/-,PIM,PPG,PPP,SHG,SHP,GW,OT,S,S%,TOI/
GP,Shift/GP,FO%
1,Sidney Crosby,PIT
,C,80,36,68,104,+18,46,11,38,0,0,5,1,259,13.9,21:58,24.0,52.5
2,Ryan Getzlaf,ANA
,C,77,31,56,87,+28,31,5,23,0,0,7,1,204,15.2,21:17,25.2,49.0
3,Claude Giroux,PHI
```

1 RFC 4180 有时被视为非官方规范，因为在实际应用中，CSV 有很多变体。

```
,C,82,28,58,86,+7,46,7,37,0,0,7,1,223,12.6,20:26,25.1,52.9
4,Tyler Seguin,DAL
,C,80,37,47,84,+16,18,11,25,0,0,8,0,294,12.6,19:20,23.4,41.5
5,Corey Perry,ANA
,R,81,43,39,82,+32,65,8,18,0,0,9,1,280,15.4,19:28,23.2,36.0
```

CSV 有时也被认为是字符分隔值(Character-Separated Value)的缩写，因为 CSV 通常泛指使用不同分隔符进行字段分隔的此类格式。例如，经常使用 Tab 字符而不是逗号作为分隔符，这种情况下，这种格式有时也被称为 TSV(Tab-Separated Value，制表符分隔值)而不是 CSV。人们偶尔也会用 DSV(Delimiter-Separated Value，分隔符分隔值)代指这类格式。

在 Python 中，有多种读取 CSV 格式数据的方法，每种方法都有各自的优点及使用范围。首先，Python 标准库中包含名为 csv 的模块用于读取 CSV 数据。要使用此模块，可以调用 csv. reader 函数，参数是文件句柄(file handle)。返回值是一个可用作迭代器的类实例。例如，要将文件 playerstats-2013-2014.csv(见代码清单 18-1)读取到一个嵌套的字符串列表中，可以使用如下代码：

```
In [9]: with open("playerstats-2013-2014.csv") as f:
   ...:      csvreader = csv.reader(f)
   ...:      rows = [fields for fields in csvreader]
In [10]: rows[1][1:6]
Out[10]: ['Player', 'Team', 'Pos', 'GP', 'G']
In [11]: rows[2][1:6]
Out[11]: ['Sidney Crosby', 'PIT', 'C', '80', '36']
```

请注意，默认情况下，解析出来的每个字段都是字符串类型，即使字段表示的是数值，例如上面示例中的 80(参加比赛的场数)和 36(进球数)。虽然 csv 模块提供了一种灵活的方式来自定义 CSV reader 类，但该模块在读取字符串类型字段的 CSV 文件时最为方便。

在计算过程中，我们经常需要存储和加载数值类型的数组，比如向量和矩阵。NumPy 库为此提供了 np.loadtxt 和 np.savetxt 函数。这些函数通过参数来设置需要读写的 CSV 文件格式，如通过 delimiter 参数设置用于分隔符的字符，通过 header 和 comments 参数分别设置文件前面的标题行和注释行。

例如，考虑使用 np.savetxt 函数将大小为 shape(100,3)、保存随机数的数组存储到文件 data.csv 中。为了给数据添加一些说明，我们同时往文件中增加了一行标题和一行注释。可通过设置参数 delimiter=","，显式地指定使用逗号作为字段的分隔符，默认情况下分隔符是空格。

```
In [12]: data = np.random.randn(100, 3)
In [13]: np.savetxt("data.csv", data, delimiter=",", header="x,y,z",
    ...: comments="# Random x, y, z coordinates\n")
In [14]: !head -n 5 data.csv
# 随机的 x、y、z 坐标
x,y,z
```

```
 1.652276634254504772e-01,9.522165919962696234e-01,4.659850998659530452e-01
 8.699729536125471174e-01,1.187589118344758443e+00,1.788104702180680405e+00
-8.106725710122602013e-01,2.765616277935758482e-01,4.456864674903074919e-01
```

如果要将这种格式的数据读回 NumPy 数组，可以使用 np.loadtxt 函数。该函数的参数与 np.savetxt 函数的类似：我们再次设置参数 delimiter 为","，用于指明使用逗号作为字段的分隔符。我们还需要使用 skiprows 参数来跳过文件的前两行(注释行和标题行)，因为这两行不包含数值数据：

```
In [15]: data_load = np.loadtxt("data.csv", skiprows=2, delimiter=",")
```

得到的结果是一个新的 NumPy 数组，与使用 np.savetxt 写入 data.csv 文件的原始数组相同。

```
In [16]: (data == data_load).all()
Out[16]: True
```

请注意，与 Python 标准库的 csv 模块中的 CSV reader 类不同的是，NumPy 中的 np.loadtxt 函数默认将所有字段都转换成数值类型，得到的结果是一个 dtype(float64)类型的 NumPy 数组：

```
In [17]: data_load[1,:]
Out[17]: array([ 0.86997295, 1.18758912, 1.7881047 ])
In [18]: data_load.dtype
Out[18]: dtype('float64')
```

为了使用 np.loadtxt 来读取包含非数字数据的 CSV 文件，就像前面使用 Python 标准库读取 playerstats-2013-2014.csv 文件那样，需要使用 dtype 参数显式地设置结果数组的数据类型。如果我们在没有设置 dtype 的情况下读取了非数值的 CSV 文件，将会得到错误信息：

```
In [19]: np.loadtxt("playerstats-2013-2014.csv", skiprows=2, delimiter=",")
---------------------------------------------------------------------------
ValueError: could not convert string to float: b'Sidney Crosby'
```

使用 dtype=bytes(取值还可以是 str 或 object)，得到的结果是一个包含未解析值的 NumPy 数组：

```
In [20]: data = np.loadtxt("playerstats-2013-2014.csv", skiprows=2,
delimiter=",", dtype=bytes)
In [21]: data[0][1:6]
Out[21]: array([b'Sidney Crosby', b'PIT', b'C', b'80', b'36'],
dtype='|S13')
```

另外，如果只想读取数值类型的列，可以通过设置 usecols 参数来读取所有列的一个子集：

```
In [22]: np.loadtxt("playerstats-2013-2014.csv", skiprows=2, delimiter=",",
           usecols=[6,7,8])
Out[22]: array([[ 68., 104., 18.],
```

```
       [ 56., 87., 28.],
       [ 58., 86., 7.],
       [ 47., 84., 16.],
       [ 39., 82., 32.]])
```

虽然 NumPy 的 savetxt 和 loadtxt 函数是可配置的、灵活的 CSV 读写器，但它们对于处理全数值类型的数据最为方便。另一方面，Python 标准库的 csv 模块对于处理字符串类型数据的 CSV 文件最为方便。在 Python 中读取 CSV 文件的第三种方法是使用 Pandas 的 read_csv 函数。我们在第 12 章已经介绍过这个函数,我们使用这个函数从TSV格式的数据文件中创建了Pandas DataFrame对象。Pandas 的 read_csv 函数对于读取同时有数值和字符串类型数据的 CSV 文件非常方便，在大多数情况下，该函数能够自动确定字段的类型并进行相应的转换。例如，在使用 read_csv 函数读取 playerstats-2013-2014. csv 时，我们将得到一个 Pandas DataFrame 对象，所有字段都能被正确地解析为合适的类型：

```
In [23]: df = pd.read_csv("playerstats-2013-2014.csv", skiprows=1)
In [24]: df = df.set_index("Rank")
In [25]: df[["Player", "GP", "G", "A", "P"]]
Out[25]:
```

Rank	Player	GP	G	A	P
1	Sidney Crosby	80	36	68	104
2	Ryan Getzlaf	77	31	56	87
3	Claude Giroux	82	28	58	86
4	Tyler Seguin	80	37	47	84
5	Corey Perry	81	43	39	82

使用 DataFrame 实例 df 的 info 方法，可以清楚地看到每列都被转换成了哪种类型(为简洁起见，这里进行了截断)：

```
In [26]: df.info()
<class 'pandas.core.frame.DataFrame'>
Int64Index: 5 entries, 1 to 5
Data columns (total 20 columns):
Player      5 non-null object
Team        5 non-null object
Pos         5 non-null object
GP          5 non-null int64
G           5 non-null int64
...
```

```
S            5 non-null int64
S%           5 non null float64
TOI/GP       5 non-null object
Shift/GP     5 non-null float64
FO%          5 non-null float64
dtypes: float64(3), int64(13), object(4)
memory usage: 840.0+ bytes
```

DataFrame 对象也可以使用 to_csv 方法写入 CSV 文件：

```
In [27]: df[["Player", "GP", "G", "A", "P"]].to_csv("playerstats-2013-2014-
         subset.csv")
In [28]: !head -n 5 playerstats-2013-2014-subset.csv
Rank,Player,GP,G,A,P
1,Sidney Crosby,80,36,68,104
2,Ryan Getzlaf,77,31,56,87
3,Claude Giroux,82,28,58,86
4,Tyler Seguin,80,37,47,84
```

通过结合 Python 标准库、NumPy 和 Pandas，可以为读写各种风格的 CSV 文件提供强大的工具。但是，虽然 CSV 文件对于表格数据非常方便和有效，但是这种格式也有明显的缺点。对于初学者来说，只能用于存储一维或二维数组，并且该格式不包含能够对数据进行解释的元数据。另外，在存储或读写方面的效率也不高，并且一个文件不能存储多个数组。如果有多个数组需要保存，即使它们之间关联密切，也需要保持到多个文件中。因此，CSV 文件格式的使用仅限于简单的数据集。在 18.3 节中，我们将介绍 HDF5 文件格式，该格式旨在有效存储数值数据，并克服简单数据格式(如 CSV 及类似格式)的所有缺点。

18.3 HDF5

Hierarchical Data Format 5(HDF5)是一种存储数值数据的文件格式，是由非营利组织 HDF Group 开发的[1]，可在 BSD 开源许可下使用。HDF5 发布于 1998 年，旨在有效处理大型数据集，包括支持高性能的并行 I/O。因此，HDF5 格式适用于分布式的高性能超级计算机和集群，可用于存储和操作 TB 级别甚至更大级别的数据集。但是，HDF5 的优点在小型数据集上同样能体现出来。因此，HDF5 是一种真正的多功能格式，是计算科学从业者的利器。

HDF5 的分层格式可以让我们在文件中以分层的结构组织数据集，类似于文件系统。HDF5 文件中有两种实体——groups 和 datasets，分别类似于文件系统里面的目录和文件。HDF5 文件中的 groups 可以嵌套形成树结构。HDF5 文件中的 datasets 是同质多维数组(homogenous array)，数组元素的类型相同。HDF5 格式支持所有标准的基本数据类型，还可以自定义符号数据类型。HDF5 文件

1 www.hdfgroup.org

中的 groups 和 datasets 也可以包含属性，用来保存 groups 和 datasets 的元数据(metadata)。属性本身可以有不同的类型，例如数字或字符串。

除文件格式本身的定义外，HDF 还提供了实现文件格式的库以及参考实现。主要的库是使用 C 语言编写的，并且为很多编程语言封装了 API 接口。HDF5 库中用于访问 HDF5 文件数据的接口能够支持文件的部分读写操作，可用于访问整个数据集中的某一小段。这是一个非常强大的功能，使得当数据集大于计算机内存时也能进行计算[1]。HDF5 是一种成熟的文件格式，在不同的平台和计算环境中都得到广泛的支持。这使得 HDF5 成为一种长期保存数据的合适选择。作为一种数据存储平台，HDF5 为很多问题提供了解决方案，如跨平台存储、高效 I/O、弹性存储，这使得 HDF5 能扩展到非常大的文件，用于注释和描述 groups 和 datasets 的元数据系统(属性)能够支持数据的自描述。总之，这些功能使得 HDF5 成为计算工作的绝佳工具。

在 Python 中，有两个用于 HDF5 文件的库：h5py 和 PyTables。这两个库采用不同的方法来处理 HDF5 文件，我们非常有必要熟悉这两个库的用法。h5py 库提供的 API 与基本的 HDF5 概念很接近，重点关注 groups 和 datasets。h5py 库提供了一个基于 NumPy 的 API 来访问数据集，该 API 对于熟悉 NumPy 的人非常直观。

提示：

h5py 库提供了支持 HDF5 文件格式的 Python 接口，可以用类似 NumPy 的接口访问 HDF5 的 datasets。关于 h5py 库的更多信息，包括官方文档，请访问 www.h5py.org。编写本书时，该库的最新版本是 2.7.1。

PyTables 库提供了基于 HDF5 文件格式的高级数据抽象，从而提供类似于数据库的功能，比如能够方便地使用自定义数据类型的数据表。该库还支持像访问数据库一样访问 datasets，并支持使用高级索引功能。

提示：

PyTables 库在 HDF5 的基础上提供了类似数据库的数据模型。有关该库及相关文档的更多介绍，请访问 http://pytables.github.io。编写本书时，PyTables 库的最新版本是 3.4.3。

接下来，我们将介绍 h5py 和 PyTables 库在读写 HDF5 文档方面的更多细节。

18.3.1　h5py 库

我们先来看一下 h5py 库，h5py 的 API 非常简单好用，同时功能又很齐全。h5py 是使用 Python 的常用结构来实现的，如字典和 NumPy 数组。表 18-1 列出了 h5py 库中的基本对象和方法。后面我们将通过一系列示例来介绍如何使用这些对象和方法。

---

1 这也称为核外计算(out-of-core computing)。最近，另外一个项目也提供了 Python 环境中的核外计算，请参阅 dask 库的相关介绍(http://dask.pydata.org/en/latest)。

表 18-1　h5py 库中的基本对象和方法

对象	方法/属性	描述
h5py.File	__init__(name, mode,…)	根据文件名 name，打开现有的或者创建新的 HDF5 文件。参数 mode 用于设置文件的打开模式，如只读或读写模式
	flush()	将缓冲区写入文件
	close()	关闭已打开的 HDF5 文件
h5py.File 和 h5py.Group	create_group(name)	根据名称参数 name(可以是路径名)在当前的 group 中创建新的 group
	create_dataset(name, data=…, shape=…, dtype=…, …)	创建新的 dataset
	[]字典语法	访问 group 中的某些内容(group 或 dataset)
h5py.Dataset	dtype	数据类型
	shape	dataset 的形状(维度)
	value	Dataset 基础数据的数组
	[]数组语法	访问 dataset 中的某个元素或子集
h5py.File、h5py.Group 和 h5py.Dataset	name	HDF5 文件层次结构中对象的名称(路径)
	attrs	访问字典类型的属性

1. File 对象

我们先来看一下如何使用 h5py.File 对象打开现有文件和创建新文件。File 对象的初始化函数只有一个必需参数：文件名。但是我们通常还会指定 mode 参数，用于设置打开文件的方式是只读还是读写，以及文件在打开时是否需要覆盖原始数据。mode 参数的值与 Python 内置函数 open 的参数类似：r 表示只读模式(文件必须已经存在)；r+表示读写模式(文件必须已经存在)；w 表示创建新文件(如果文件存在，则覆盖原始文件)；w-表示创建新文件(如果文件存在，则报错)；a 表示如果文件存在，则以读写模式打开，否则创建新文件。为了以读写模式创建新文件，可以使用下面的代码：

```
In [29]: f = h5py.File("data.h5", mode="w")
```

得到的结果是一个文件句柄，这里我们将它赋值给变量 f，利用文件句柄可以访问文件并添加内容。对于给定的文件句柄，可以通过 mode 属性查看文件的打开模式：

```
In [30]: f.mode
Out[30]: 'r+'
```

请注意，即使我们在打开文件时使用的是 w 模式，一旦文件被打开，模式也会变为 r 或 r+。其他文件级别的操作可以使用 File 对象的其他方法来执行，比如使用 flush 方法将缓冲区中的数据写入文件，使用 close 方法关闭文件。

```
In [31]: f.flush()
In [32]: f.close()
```

2. Group 对象

File 对象在表示 HDF5 文件句柄的同时，还表示 HDF5 中的 Group 对象，并且是根 group(root group)。group 的名称可以通过 Group 对象的 name 属性获得。名称采用路径的形式，类似于文件系统中的路径，路径指定了 group 在文件的层次结构中所处的位置。根 group 的名称是 "/"：

```
In [33]: f = h5py.File("data.h5", "w")
In [34]: f.name
Out[34]: '/'
```

Group 对象可以使用 create_group 方法在已有的 group 中创建新的 group。新创建的 group 将成为调用 create_group 方法的 Group 实例的子 group：

```
In [35]: grp1 = f.create_group("experiment1")
In [36]: grp1.name
Out[36]: '/experiment1'
```

这里的 experiment1 group 是根 group 的子 group，它在层次结构中的路径是/experiment1。当创建一个新的 group 时，父 group 不一定必须先存在。例如，要创建新的 group /experiment2/measurement，可以直接从根 group 调用 create_group 方法，而不需要显式地创建 experiment2 group，中间的 group 会自动创建。

```
In [37]: grp2_meas = f.create_group("experiment2/measurement")
In [38]: grp2_meas.name
Out[38]: '/experiment2/measurement'
In [39]: grp2_sim = f.create_group("experiment2/simulation")
In [40]: grp2_sim.name
Out[40]: '/experiment2/simulation'
```

可以使用类似字典的方法来访问 HDF5 文件的 group 层次。如果要根据给定的路径名访问某个 group，可以在某个祖先 group(通常是根 group)上执行类似字典的查询操作：

```
In [41]: f["/experiment1"]
Out[41]: <HDF5 group "/experiment1" (0 members)>
In [42]: f["/experiment2/simulation"]
Out[42]: <HDF5 group "/experiment2/simulation" (0 members)>
```

类似字典的查询操作同样适用于子 group(而不仅仅是根 group)：

```
In [43]: grp_experiment2 = f["/experiment2"]
In [44]: grp_experiment2['simulation']
```

```
Out[44]: <HDF5 group "/experiment2/simulation" (0 members)>
```

key 方法返回 group 里面所有子 group 和 dataset 名称的迭代器，items 方法以元组(namc, value)的形式返回 group 中所有实体的迭代器。这些都可在编程中用于迭代 group 的层次结构。

```
In [45]: list(f.keys())
Out[45]: ['experiment1', 'experiment2']
In [46]: list(f.items())
Out[46]: [('experiment1', <HDF5 group "/experiment1" (0 members)>),
          ('experiment2', <HDF5 group "/experiment2" (2 members)>)]
```

要遍历 HDF5 文件中 group 的层次结构，也可以使用 visit 方法，它的参数是一个函数，visit 方法将通过遍历文件中每个实体的名称来调用该函数：

```
In [47]: f.visit(lambda x: print(x))
experiment1
experiment2
experiment2/measurement
experiment2/simulation
```

也可以使用 visititems 方法，该方法能够完成类似的操作，区别在于调用的函数需要两个参数：实体名称和实体自身。

```
In [48]: f.visititems(lambda name, item: print(name, item))
experiment1 <HDF5 group "/experiment1" (0 members)>
experiment2 <HDF5 group "/experiment2" (2 members)>
experiment2/experiment <HDF5 group "/experiment2/measurement" (0 members)>
experiment2/simulation <HDF5 group "/experiment2/simulation" (0 members)>
```

为了与 Python 字典数据结构的语法保持一致，还可以在 Group 对象上使用 Python 中集合操作的关键字：

```
In [49]: "experiment1" in f
Out[49]: True
In [50]: "simulation" in f["experiment2"]
Out[50]: True
In [51]: "experiment3" in f
Out[51]: False
```

使用 visit 和 visititmes 方法以及字典类型的方法 keys 和 items，可以很方便地了解 HDF5 文件的结构和内容，即使我们先前并不知道内容以及数据是如何组织的。能够方便地访问 HDF5 是体现这种格式可用性的重要方面，还有其他一些用于访问 HDF5 文件内容的非 Python 工具，这些工具在处理此类文件时都很有用。例如，h5ls 命令行工具可以方便快速地查看 HDF5 文件的内容：

```
In [52]: f.flush()
In [53]: !h5ls -r data.h5
/                           Group
/experiment1                Group
/experiment2                Group
/experiment2/measurement    Group
/experiment2/simulation     Group
```

上面使用-r 标志来运行 h5ls 程序，表示以递归的方法显示文件中的所有元素。h5ls 程序是软件包 hdf5-tools 提供的一系列 HDF5 工具中的一个(还有 h5stat、h5copy、h5diff 等)。虽然这些并不是 Python 工具，但它们在处理 HDF5 文件时非常有用，也可以在 Python 中使用。

3. Dataset 对象

前面已经介绍了如何在 HDF5 文件中新建和访问 group，现在我们来看看如何存储 dataset，毕竟存储数值数据是 HDF5 格式的主要目的。使用 h5py 在 HDF5 文件中新建 dataset 主要有两种方式。最简单的方式是使用字典索引语法将 NumPy 数组赋值给 HDF5 group 中的一个元素。另一种方式是使用 create_dataset 方法新建空的 dataset，我们将在后面给出示例。

例如，要将两个 NumPy 数组(array1 和 meas1)分别保存到根 group 和 experiment2/measurement group，可以使用下面的代码：

```
In [54]: array1 = np.arange(10)
In [55]: meas1 = np.random.randn(100, 100)
In [56]: f["array1"] = array1
In [57]: f["/experiment2/measurement/meas1"] = meas1
```

要验证被赋值了 NumPy 数组的 dataset 是否已经添加到文件中，可以使用 visititems 方法遍历文件的层次结构：

```
In [58]: f.visititems(lambda name, value: print(name, value))
array1 <HDF5 dataset "array1": shape (10,), type "<i8">
experiment1 <HDF5 group "/experiment1" (0 members)>
experiment2 <HDF5 group "/experiment2" (2 members)>
experiment2/measurement <HDF5 group "/experiment2/measurement" (1 members)>
experiment2/measurement/meas1 <HDF5 dataset "meas1": shape (100, 100), type "<f8">
experiment2/simulation <HDF5 group "/experiment2/simulation" (0 members)>
```

事实上，我们看到 array1 和 meas1 dataset 已经被添加到文件中。请注意，在赋值时作为字典键值的路径决定了 dataset 在文件中的位置。如果要检索 dataset，可以使用类似字典的语法(前面检索 group 时也使用过)。例如，要检索保存在根 group 中的 array1 dataset，可以使用 f["array1"]：

```
In [59]: ds = f["array1"]
```

```
In [60]: ds
Out[60]: <HDF5 dataset "array1": shape (10,), type "<i8">
```

得到的结果是 Dataset 对象而不是赋值时 array1 那样的 NumPy 数组。Dataset 对象是 HDF5 中基础数据的代理。与 NumPy 数组类似，Dataset 对象有多个描述 dataset 的属性，包括 name、dtype 和 shape，还提供了 len 方法以返回 dataset 的长度：

```
In [61]: ds.name
Out[61]: '/array1'
In [62]: ds.dtype
Out[62]: dtype('int64')
In [63]: ds.shape
Out[63]: (10,)
In [64]: ds.len()
Out[64]: 10
```

可以使用 value 属性来访问 dataset 中的实际数据，并以 NumPy 数组的形式返回整个 dataset，与赋值时使用的 array1 一样。

```
In [65]: ds.value
Out[65]: array([0, 1, 2, 3, 4, 5, 6, 7, 8, 9])
```

要访问 group 的底层 dataset，可以使用类似文件系统的路径名。例如，要访问 group experiment2/measurement 中 meas dataset，可以使用下面的代码：

```
In [66]: ds = f["experiment2/measurement/meas1"]
In [67]: ds
Out[67]: <HDF5 dataset "meas1": shape (100, 100), type "<f8">
```

得到的结果还是 Dataset 对象，可以使用前面介绍的对象属性来查看基本信息：

```
In [68]: ds.dtype
Out[68]: dtype('float64')
In [69]: ds.shape
Out[69]: (100, 100)
```

请注意，这个 dataset 的数据类型是 float64，而 array1 的数据类型是 int64。Dataset 对象的类型继承自给它赋值的 NumPy 数组。这里可以再次使用 value 属性将数据读取到 NumPy 数组，另外一种执行相同操作的语法是使用带英文省略号的括号索引：ds[...]。

```
In [70]: data_full = ds[...]
In [71]: type(data_full)
Out[71]: numpy.ndarray
```

```
In [72]: data_full.shape
Out[72]: (100, 100)
```

Dataset 对象支持 NumPy 中使用的大部分索引和切片操作，这为读取文件中的部分数据提供了一种强大而灵活的方法。例如，要从 meas1 dataset 中读取第一列数据，可以使用下面的代码：

```
In [73]: data_col = ds[:, 0]
In [74]: data_col.shape
Out[74]: (100,)
```

得到的结果是 dataset 中第一列对应的数组(有 100 个元素)。请注意，这个切片操作是由 HDF5 库而不是 NumPy 来完成的，所以在这个示例中，只从文件中读取了 100 个元素，然后保存到 NumPy 数组中，而不是将整个 dataset 都读取到内存中。对于非常大、无法一次性读到内存中的 dataset，这是个特别重要的特性。

另外，Dataset 对象还支持步长索引(strided indexing)

```
In [75]: ds[10:20:3, 10:20:3] # 3 stride
Out[75]: array([[-0.22321057, -0.61989199, 0.78215645, 0.73774187],
               [-1.03331515, 2.54190817, -0.24812478, -2.49677693],
               [ 0.17010011, 1.88589248, 1.91401249, -0.63430569],
               [ 0.4600099 , -1.3242449 , 0.41821078, 1.47514922]])
```

以及花式索引(fancy indexing)，花式索引能在数组的某个维度上提供索引的列表(这种方式不适用于多个索引)：

```
In [76]: ds[[1,2,3], :].shape
Out[76]: (3, 100)
```

我们还可以使用布尔索引(boolean indexing)，使用布尔类型的 NumPy 数组作为 Dataset 的索引。例如，要读取每一行的前五列数据，并且第一列的数据大于 2，可以使用布尔掩码 ds[: , 0]>2 来对 dataset 进行索引：

```
In [77]: mask = ds[:, 0] > 2
In [78]: mask.shape, mask.dtype
Out[78]: ((100,), dtype('bool'))
In [79]: ds[mask, :5]
Out[79]: array([[ 2.1224865 , 0.70447132, -1.71659513, 1.43759445, -0.61080907],
               [ 2.11780508, -0.2100993 , 1.06262836, -0.46637199, 0.02769476],
               [ 2.41192679, -0.30818179, -0.31518842, -1.78274309, -0.80931757],
               [ 2.10030227, 0.14629889, 0.78511191, -0.19338282, 0.28372485]])
```

由于 Dataset 对象使用 NumPy 的索引和切片语法来读取底层数据的子集，因此对于熟悉 NumPy 的人来说，在 Python 中使用 h5py 处理大型的 HDF5 dataset 非常顺手。另外需要记住的是，对于大文件，在 Dataset 对象上使用索引切片与在通过 value 属性得到的 NumPy 数组上进行索引切片有很大不同，因为前者可以避免加载整个 dataset 到内存中。

到目前为止，我们已经介绍了如何通过对 Group 对象的某个元素进行显式赋值，从而在 HDF5 文件中新建 dataset，我们还可以使用 create_dataset 方法显式地新建 dataset。该方法的第一个参数是 dataset 的名称，可以通过 data 参数给新建的 dataset 设置数据，也可以通过设置 shape 参数新建空的数组。例如，除了通过代码 f["array2"] = np.random.randint(10, size=10)来赋值，还可以使用 create_dataset 方法：

```
In [80]: ds = f.create_dataset("array2", data=np.random.randint(10, size=10))
In [81]: ds
Out[81]: <HDF5 dataset "array2": shape (10,), type "<i8">
In [82]: ds.value
Out[82]: array([2, 2, 3, 3, 6, 6, 4, 8, 0, 0])
```

当显式调用 create_dataset 方法时，可以更细粒度地控制结果 dataset 的属性。例如，如果我们使用 dtype 属性显式地设置 dataset 的数据类型，就可以使用 compression 参数来选择压缩方法，使用 chunks 参数设置块(chunk)的大小，使用 maxshape 参数设置可变 dataset 的最大长度。还有许多与 Dataset 对象相关的高级功能，有关详细信息，请参阅 create_dataset 的文档字符串。

通过设置 shape 参数可以新建空的数组(而不是提供数组)，从而初始化 dataset，还可以使用 fillvalue 属性来设置 dataset 的默认值。例如，要创建一个空的形状为 shape(5, 5)的 dataset，默认值设置为 - 1，可以使用下面的代码：

```
In [83]: ds = f.create_dataset("/experiment2/simulation/data1",
shape=(5, 5), fillvalue=-1)
In [84]: ds
Out[84]: <HDF5 dataset "data1": shape (5, 5), type "<f4">
In [85]: ds.value
Out[85]: array([[-1., -1., -1., -1., -1.],
                [-1., -1., -1., -1., -1.],
                [-1., -1., -1., -1., -1.],
                [-1., -1., -1., -1., -1.],
                [-1., -1., -1., -1., -1.]], dtype=float32)
```

HDF5 对于空 dataset 的磁盘使用很智能，不会存储不必要的数据，还可以使用 compression 参数来设置一种压缩方法。有多种可供选择的压缩方法，如'gzip'。利用 dataset 的压缩功能，可以新建一个非常大的 dataset，然后慢慢往里面填充数据(例如，在得到测量数据或计算结果后再进行填充)，这样在开始阶段就不会浪费太多的存储空间。例如，可以在 group experiment1/simulation 中新建一个名为 data1、形状为 shape(5000, 5000, 5000)的 dataset：

```
In [86]: ds = f.create_dataset("/experiment1/simulation/data1",
                shape=(5000, 5000, 5000), fillvalue=0, compression='gzip')
```

```
In [87]: ds
Out[86]: <HDF5 dataset "data1": shape (5000, 5000, 5000), type "<f4">
```

这个 dataset 开始时既不占用内存也不占用磁盘空间，直到我们开始往里面填充数据。为了给 dataset 赋值，可以再次使用类似 NumPy 的索引语法，赋值给 dataset 中特定的元素或者使用切片语法赋值给某个子集：

```
In [87]: ds[:, 0, 0] = np.random.rand(5000)
In [88]: ds[1, :, 0] += np.random.rand(5000)
In [89]: ds[:2, :5, 0]
Out[89]: array([[ 0.67240328, 0. , 0. , 0. , 0. ],
           [ 0.99613971, 0.48227152, 0.48904559, 0.78807044, 0.62100351]],
           dtype=float32)
```

请注意，没有赋值的元素仍然使用数组创建时指定的 fillvalue 值。如果不知道 dataset 中填充的是什么值，可以使用 Dataset 对象的 fillvalue 属性来查看：

```
In [90]: ds.fillvalue
Out[90]: 0.0
```

要检查新建的 dataset 是否确实保存在赋值时指定的 group 中，可以再次使用 visititems 方法列出 experiment1 group 的内容：

```
In [91]: f["experiment1"].visititems(lambda name, value: print(name, value))
simulation <HDF5 group "/experiment1/simulation" (1 members)>
simulation/data1 <HDF5 dataset "data1": shape (5000, 5000, 5000), type"<f4">
```

虽然 experiment1/simulation/data1 很大(4×5000^3 字节~ 465 吉字节(GB))，但由于我们没有填充很多数据，因此 HDF5 文件没有占用太多磁盘空间(只占用 357KB)：

```
In [92]: f.flush()
In [93]: f.filename
Out[93]: 'data.h5'
In [94]: !ls -lh data.h5
-rw-r--r--@ 1 rob staff 357K Apr 5 18:48 data.h5
```

到目前为止，我们已经介绍了如何在 HDF5 文件中新建 group 和 dataset。当然，有时候也需要从文件中删除某些元素。通过 h5py，可以再次使用字典操作的语法以及 Python 的关键字 del：

```
In [95]: del f["/experiment1/simulation/data1"]
In [96]: f["experiment1"].visititems(lambda name, value: print(name, value))
    simulation <HDF5 group "/experiment1/simulation" (0 members)>
```

4. 属性

属性是 HDF5 格式的重要组成部分，属性使得 HDF5 格式能够对数据进行注释以及通过元数据提供数据的自描述。例如，在保存实验数据时，通常需要将一些外部参数和条件与观察数据保存在一起。另外，在进行模拟计算时，经常需要将使用的模型以及模拟的参数与生产的结果保存在一起。在这些情况下，最好的办法就是确保将所需的额外参数作为元数据与主数据集保存在一起。

HDF5 格式使用属性来对这类元数据提供支持。在 HDF5 文件中，每个 group 和 dataset 可以附加任意数量的属性。使用 h5py 库，可以通过类似字典的接口来访问属性，就像 group 一样。Group 和 Dataset 对象的 attrs 属性可以用于访问 HDF5 格式中的属性：

```
In [97]: f.attrs
Out[97]: <Attributes of HDF5 object at 4462179384>
```

为了创建属性，我们只需要简单地给目标对象的 attrs 属性赋值。例如，要为根 group 新建属性，可以使用下面的代码：

```
In [98]: f.attrs["description"] = "Result sets for experiments and simulations"
```

类似地，可以给 experiment1 和 experiment2 添加 date 属性：

```
In [99]: f["experiment1"].attrs["date"] = "2015-1-1"
In [100]: f["experiment2"].attrs["date"] = "2015-1-2"
```

也可以直接给 dataset(而不仅仅是 group)添加属性：

```
In [101]: f["experiment2/simulation/data1"].attrs["k"] = 1.5
In [102]: f["experiment2/simulation/data1"].attrs["T"] = 1000
```

与 group 一样，可以使用 Attribute 对象的 keys 和 items 方法来访问属性中包含的迭代器：

```
In [103]: list(f["experiment1"].attrs.keys())
Out[103]: ['date']
In [104]: list(f["experiment2/simulation/data1"].attrs.items())
Out[104]: [('k', 1.5), ('T', 1000)]
```

可以使用 Python 的 in 操作符来检查某个属性是否存在，与 Python 的字典语法一样：

```
In [105]: "T" in f["experiment2/simulation/data1"].attrs
Out[105]: True
```

要删除现有的某个属性，可以使用 del 关键字：

```
In [106]: del f["experiment2/simulation/data1"].attrs["T"]
In [107]: "T" in f["experiment2/simulation"].attrs
Out[107]: False
```

group 和 dataset 的属性适合于将元数据和实际数据集存储在一起。多使用属性可以为数据提供更多的上下文，这可以提高数据的可读性，让数据更有用。

18.3.2　PyTables 库

PyTables 库为 HDF5 提供了另外一种 Python 接口。该库主要关注使用 HDF5 格式实现基于表的高级数据模型，虽然 PyTables 库也可以像 h5py 库一样创建和读取 group 和 dataset。本节主要关注表数据模型，作为 h5py 库的补充。我们将利用 NHL 球员统计数据集来演示 PyTables 表对象的使用。为此，我们首先使用 read_csv 函数将数据集读到 DataFrame 对象中：

```
In [108]: df = pd.read_csv("playerstats-2013-2014.csv", skiprows=1)
In [109]: df = df.set_index("Rank")
```

然后使用 tables. open_file 函数[1]创建一个新的 PyTables HDF5 文件句柄。该函数的第一个参数是文件名，第二个参数是可选参数 mode，得到的结果是一个 PyTables HDF5 文件句柄(这里我们将它赋值给变量 f)：

```
In [110]: f = tables.open_file("playerstats-2013-2014.h5", mode="w")
```

和 h5py 库一样，可以使用文件句柄对象的 create_ group 方法来创建 HDF5 group。该方法的第一个参数是父 group 的路径，第二个参数是 group 的名称，还有可选参数 title 用于设置 group 的 HDF5 描述属性。

```
In [111]: grp = f.create_group("/", "season_2013_2014",
     ...:                        title="NHL player statistics for the
                                 22013/2014 season")
In [112]: grp
Out[112]: /season_2013_2014 (Group) 'NHL player statistics for the
           2013/2014 season' children := []
```

与 h5py 库不同的是，PyTables 中的文件句柄不代表 HDF5 文件的根 group。为了访问根 group，可以使用文件句柄对象的 root 属性：

```
In [113]: f.root
Out[113]: / (RootGroup) ''
children := ['season_2013_2014' (Group)]
```

PyTables 库有一项很好的特性，就是可以很方便地使用 HDF5 中具有类似结构的复杂数据类型来创建具有混合数据类型列的表。使用 PyTables 定义这种表数据结构的最简单方法是创建一个继承自 tables.IsDescription 类的子类。在这个子类中，每个字段的数据类型都来自于 tables 库。例如，要

1 请注意，PyTables 库在 Python 中的模块名为 tables，所以 tables.open_file 引用的是 PyTables 库提供的 tables 模块中的 open_file 函数。

给球员统计数据集创建表结构，可以使用下面的代码：

```
In [114]: class PlayerStat(tables.IsDescription):
    ...: player = tables.StringCol(20, dflt="")
    ...: position = tables.StringCol(1, dflt="C")
    ...: games_played = tables.UInt8Col(dflt=0)
    ...: points = tables.UInt16Col(dflt=0)
    ...: goals = tables.UInt16Col(dflt=0)
    ...: assists = tables.UInt16Col(dflt=0)
    ...: shooting_percentage = tables.Float64Col(dflt=0.0)
    ...: shifts_per_game_played = tables.Float64Col(dflt=0.0)
```

这里的 PlayerStat 类是一个包含 8 列数据的表结构，其中前两列是固定长度的字符串(tables.StringCol)，接下来的四列是无符号整数(8 bit 和 16 bit 长的 tables.UInt8Col 和 tables.UInt16Col)，最后两列是浮点类型(tables.Float64Col)。数据类型对象的可选参数 dflt 用于设置字段的默认值。如果以这种方式使用类定义表结构，那么可以使用 create_table 方法在 HDF5 文件中创建真正的表。该方法的第一个参数是 Group 对象或父节点的路径，第二个参数是表名，第三个参数是定义表的类，还可以将可选参数表的标题作为第四个参数。

```
In [115]: top30_table = f.create_table(grp, 'top30', PlayerStat, "Top 30
point leaders")
```

为了在表中插入数据，可以使用表对象的 row 属性获得 Row 访问器对象，从而像字典一样对每一行进行填充。在行对象完成初始化好之后，可以使用 append 方法将行插入表中。

```
In [116]: playerstat = top30_table.row
In [117]: for index, row_series in df.iterrows():
    ...: playerstat["player"] = row_series["Player"]
    ...: playerstat["position"] = row_series["Pos"]
    ...: playerstat["games_played"] = row_series["GP"]
    ...: playerstat["points"] = row_series["P"]
    ...: playerstat["goals"] = row_series["G"]
    ...: playerstat["assists"] = row_series["A"]
    ...: playerstat["shooting_percentage"] = row_series["S%"]
    ...: playerstat["shifts_per_game_played"] = row_series["Shift/GP"]
    ...: playerstat.append()
```

使用 flush 方法可以强制将数据写入文件：

```
In [118]: top30_table.flush()
```

要访问表中的数据，可以使用 cols 属性将某列读取为 NumPy 数组的形式：

```
In [119]: top30_table.cols.player[:5]
Out[119]: array([b'Sidney Crosby', b'Ryan Getzlaf', b'Claude Giroux',
                b'Tyler Seguin', b'Corey Perry'], dtype='|S20')
In [120]: top30_table.cols.points[:5]
Out[120]: array([104, 87, 86, 84, 82], dtype=uint16)
```

要以行的方式访问数据，可以使用 iterrows 方法为表中的所有行创建迭代器。这里我们使用这种方法遍历所有行并将它们打印到标准输出(为简单起见，这里对输出进行了截断)：

```
In [121]: def print_playerstat(row):
     ...:     print("%20s\t%s\t%s\t%s" %
     ...:           (row["player"].decode('UTF-8'), row["points"],
     ...:            row["goals"], row["assists"]))
In [122]: for row in top30_table.iterrows():
     ...:     print_playerstat(row)
Sidney Crosby     104    36    68
Ryan Getzlaf       87    31    56
Claude Giroux      86    28    58
Tyler Seguin       84    37    47
...
Jaromir Jagr       67    24    43
John Tavares       66    24    42
Jason Spezza       66    23    43
Jordan Eberle      65    28    37
```

PyTables 接口的一项强大功能是可以使用查询从底层的 HDF5 文件中选择某些行。例如，where 方法可以让我们通过传入一个表达式字符串来过滤 PyTables 中的行：

```
In [123]: for row in top30_table.where("(points > 75) & (points <= 80)"):
     ...:     print_playerstat(row)
Phil Kessel        80    37   43
Taylor Hall        80    27   53
Alex Ovechkin      79    51   28
Joe Pavelski       79    41   38
Jamie Benn         79    34   45
Nicklas Backstrom  79    18   61
Patrick Sharp      78    34   44
Joe Thornton       76    11   65
```

通过 where 方法，还可以定义多个列的联合条件：

```
In [124]: for row in top30_table.where("(goals > 40) & (points < 80)"):
     ...:       print_playerstat(row)
Alex Ovechkin       79     51     28
Joe Pavelski        79     41     38
```

这个特性让我们可以用类似 DataFrame 的方式来查询某个表。虽然对于小的 dataset，我们只需要在内存中直接使用 Pandas DataFrame 就可以完成这些操作，但是请注意，HDF5 文件被保存在磁盘中，PyTable 库高效的 I/O 可以让我们操作那些非常大的、超出内存容量的数据。对于这些大的数据集，我们无法使用 NumPy 或 Pandas 在整个数据集上进行操作。

在结束本节之前，我们先来看看 HDF5 文件的结构，里面包含我们刚才创建的 PyTables 表：

```
In [125]: f
Out[125]: File(filename=playerstats-2013-2014.h5, title='', mode='w',
                root_uep='/', filters=Filters(complevel=0, shuffle=False,
                fletcher32=False, least_significant_digit=None))
                / (RootGroup) '' /season_2013_2014 (Group) 'NHL player stats for
                   the 2013/2014 season'
                /season_2013_2014/top30 (Table(30,)) 'Top 30 point leaders'
                    description := {
                    "assists": UInt16Col(shape=(), dflt=0, pos=0),
                    "games_played": UInt8Col(shape=(), dflt=0, pos=1),
                    "goals": UInt16Col(shape=(), dflt=0, pos=2),
                    "player": StringCol(itemsize=20, shape=(), dflt=b'', pos=3),
                    "points": UInt16Col(shape=(), dflt=0, pos=4),
                    "position": StringCol(itemsize=1, shape=(), dflt=b'C',
                                          pos=5),
                    "shifts_per_game_played": Float64Col(shape=(), dflt=0.0,
                                          pos=6),
                    "shooting_percentage": Float64Col(shape=(), dflt=0.0, pos=7)}
                byteorder := 'little'
                chunkshape := (1489,)
```

从代表 PyTables 文件句柄的字符串及其包含的 HDF5 文件层级结构可以看出，PyTables 库创建了数据集/season_2013_2014/top30，该数据集使用的复合数据类型是根据 PlayerStat 对象的定义创建的。最后，在完成对文件中某个数据集的修改之后，可以使用 flush 方法将缓存中的数据强制写入文件中，使用完文件后，可以使用 close 方法来关闭文件。

```
In [126]: f.flush()
In [127]: f.close()
```

虽然我们这里没有介绍其他类型的数据集，例如普通同质数组(homogenous array)，但是 PyTables

库对这些不同的数据结构都能够提供支持。例如，可以使用 create_array、create_carray 和 create_earray 分别创建固定大小的数组、分块数组(chunked array)以及可扩展数组(enlargeable array)。更多关于如何使用这些数据结构的信息，可以参考相应的文档字符串。

18.3.3　Pandas HDFStore

在 Python 中，使用 HDF5 文件存储数据的第三种方式是利用 Pandas 的 HDFStore 对象。HDFStore 对象可用于在 HDF5 文件中持久存储 DataFrame 或其他 Pandas 对象。要在 Pandas 中使用这个功能，必须安装 PyTables 库。可以通过将文件名传给初始化程序来创建 HDFStore 对象。HDFStore 对象可以像字典一样使用，将 Pandas DataFrame 实例赋值给 HDFStore 对象，从而将它们存储到 HDF5 文件中：

```
In [128]: store = pd.HDFStore('store.h5')
In [129]: df = pd.DataFrame(np.random.rand(5,5))
In [130]: store["df1"] = df
In [131]: df = pd.read_csv("playerstats-2013-2014-top30.csv", skiprows=1)
In [132]: store["df2"] = df
```

HDFStore 对象与 Python 中的字典类似，例如，可以通过调用 keys 方法来查看存储的对象：

```
In [133]: store.keys()
Out[133]: ['/df1', '/df2']
```

另外，可以使用 Python 中的 in 关键字来检查某个对象是否存在：

```
In [134]: 'df2' in store
Out[134]: True
```

要从 HDFStore 中查找某个对象，也可以使用字典类似的语法，使用 key 方法进行检索：

```
In [135]: df = store["df1"]
```

还可以使用 HDFStore 对象的 root 属性来访问 HDF5 句柄，得到的结果是 PyTable 文件句柄：

```
In [136]: store.root
Out[136]: / (RootGroup) '' children := ['df1' (Group), 'df2' (Group)]
```

使用 HDFStore 对象之后，应该使用 close 方法进行关闭，以确保所有与之关联的数据都写入文件。

```
In [137]: store.close()
```

HDF5 是一种标准的文件格式，可以使用任何 HDF5 兼容的软件(如 h5py 库)来打开 Pandas HDFStore 以及使用 PyTables 创建的 HDF5 文件。使用 h5py 打开 HDFStore 生成的文件后，就可以轻松地查看其中的内容以及 HDFStore 对象是如何组织数据(DataFrame 对象)的：

```
In [138]: f = h5py.File("store.h5")
In [139]: f.visititems(lambda x, y: print(x, "\t" * int(3 -
          len(str(x))//8), y))
df1                 <HDF5 group "/df1" (4 members)>
df1/axis0           <HDF5 dataset "axis0": shape (5,), type "<i8">
df1/axis1           <HDF5 dataset "axis1": shape (5,), type "<i8">
df1/block0_items    <HDF5 dataset "block0_items": shape (5,), type "<i8">
df1/block0_values   <HDF5 dataset "block0_values": shape (5, 5), type "<f8">
df2                 <HDF5 group "/df2" (8 members)>
df2/axis0           <HDF5 dataset "axis0": shape (21,), type "|S8">
df2/axis1           <HDF5 dataset "axis1": shape (30,), type "<i8">
df2/block0_items    <HDF5 dataset "block0_items": shape (3,), type "|S8">
df2/block0_values   <HDF5 dataset "block0_values": shape (30, 3), type "<f8">
df2/block1_items    <HDF5 dataset "block1_items": shape (14,), type "|S4">
df2/block1_values   <HDF5 dataset "block1_values": shape (30, 14), type "<i8">
df2/block2_items    <HDF5 dataset "block2_items": shape (4,), type "|S6">
df2/block2_values   <HDF5 dataset "block2_values": shape (1,), type "|O8">
```

可以看到，HDFStore 对象将每个 DataFrame 对象保存在自己的一个 group 中，并且将每个 DataFrame 拆分为多个异构 HDF5 dataset，不同的列则按照数据类型组合在一起。另外，列名和值保存在不同的 HDF5 dataset 中。

```
In [140]: f["/df2/block0_items"].value
Out[140]: array([b'S%', b'Shift/GP', b'FO%'], dtype='|S8')
In [141]: f["/df2/block0_values"][:3]
Out[141]: array([[ 13.9, 24. , 52.5],
                 [ 15.2, 25.2, 49. ],
                 [ 12.6, 25.1, 52.9]])
In [142]: f["/df2/block1_values"][:3, :5]
Out[142]: array([[ 1, 80, 36, 68, 104],
                 [ 2, 77, 31, 56, 87],
                 [ 3, 82, 28, 58, 86]])
```

18.4 JSON

JSON[1](JavaScript Object Notation)是一种人类可读的轻量级纯文本格式，适合于保存列表和字典组成的数据集。这些列表和字典的值本身可以是列表或字典(嵌套)，或是以下基本数据类型：字符串、整数类型、浮点类型、布尔类型或 null(如 Python 中的 None 值)。这种数据模型可以保存复杂和

1 关于 JSON 的更多信息，详见 http://json.org。

通用的数据集，而不受结构的限制(例如 CSV 格式要求数据采用表格结构形式)。JSON 文件可以用于键值对(key-value)的存储，不同键(key)对应的值(value)可以有不同的结构和数据类型。

JSON 格式主要用于在 Web 服务以及 JavaScript 应用程序之间进行数据交换。实际上，JSON 是 JavaScript 语言的子集，是一段有效的 JavaScript 代码。但是，JSON 格式本身是一种独立于语言的数据格式，基本上在每种语言和环境(包括 Python)中都可以轻松地进行解析和生成。JSON 语法几乎也是有效的 Python 代码，因此在 Python 中使用 JSON 非常直观。

我们已经在第 10 章看到过 JSON 数据集的示例，当时我们使用了东京地铁网络图(Tokyo Metro network)。在再次使用该数据集之前，我们先简要介绍一下 JSON 的基础知识以及如何在 Python 中读写 JSON。Python 标准库提供了处理 JSON 数据格式的模块 json。具体来说，该模块包含了从 Python 数据结构(列表或字典)生成 JSON 数据的函数——json.dump 和 json.dumps，以及将 JSON 数据解析为 Python 数据结构的函数——json.load 和 json.loads。其中，loads 和 dumps 函数将以 Python 字符串形式作为输入输出，而 load 和 dump 函数是通过对文件句柄执行操作来读写文件数据的。

例如，可以调用 json.dumps 函数，从而从 Python 列表生成 JSON 字符串。返回值是 Python 列表对应的 JSON 字符串，JSON 字符串非常类似于创建列表的 Python 代码。但是，需要注意的是，Python 中的 None 值在 JSON 中表示为 null 值：

```
In [143]: data = ["string", 1.0, 2, None]
In [144]: data_json = json.dumps(data)
In [145]: data_json
Out[145]: '["string", 1.0, 2, null]'
```

为了将 JSON 字符串转换回 Python 对象，可以使用 json.loads：

```
In [146]: data = json.loads(data_json)
In [147]: data
Out[147]: ['string', 1.0, 2, None]
In [148]: data[0]
Out[148]: 'string'
```

可以使用完全相同的方法将 Python 字典保存为 JSON 字符串。同样，生成的 JSON 字符串与 Python 中定义字典的代码基本相同：

```
In [149]: data = {"one": 1, "two": 2.0, "three": "three"}
In [150]: data_json = json.dumps(data)
In [151]: data_json
Out[151]: '{"two": 2.0, "three": "three", "one": 1}'
```

要对 JSON 字符串进行解析，转换回 Python 对象，可以再次使用 json.loads：

```
In [152]: data = json.loads(data_json)
In [153]: data["two"]
Out[153]: 2.0
```

```
In [154]: data["three"]
Out[154]: 'three'
```

通过组合列表和字典可以生成更复杂的数据结构。例如，可以生成具有多个元素的列表，并且列表中元素本身仍是列表或字典。这类数据很难直接保存为表格数组，列表和字典的嵌套层次增加之后将变得更加不可能。当使用 json.dump 和 json.dumps 函数生成 JSON 数据时，为了便于阅读，可以设置可选参数 indent=True，对 JSON 代码进行缩进排版：

```
In [155]: data = {"one": [1],
     ...:         "two": [1, 2],
     ...:         "three": [1, 2, 3]}
In [156]: data_json = json.dumps(data, indent=True)
In [157]: data_json
Out[157]: {
        "two": [
         1,
         2
         ],
        "three": [
         1,
         2,
         3
         ],
        "one": [
         1
         ]
     }
```

下面介绍一个更复杂的数据结构示例，考虑一个包含列表、字典、元组列表、字符串文本的字典，也可以使用与前面相同的方法，利用 json.dumps 来生成使用这种数据结构的 JSON 数据。但是，这里我们使用 json.dump 将这种数据结构写入文件中。与 json.dumps 相比，json.dump 还需要文件句柄作为第二个参数，因此首先需要生成文件句柄：

```
In [158]: data = {"one": [1],
     ...:         "two": {"one": 1, "two": 2},
     ...:         "three": [(1,), (1, 2), (1, 2, 3)],
     ...:         "four": "a text string"}
In [159]: with open("data.json", "w") as f:
     ...:         json.dump(data, f)
```

执行的结果是将 Python 数据结构的 JSON 表示写入 data.json 文件中：

```
In [160]: !cat data.json
          {"four": "a text string", "two": {"two": 2, "one": 1}, "three": [[1],
          [1, 2], [1, 2, 3]],"one": [1]}
```

要读取 JSON 格式的文件并将其解析为 Python 数据结构，可以使用 json.load 函数，但需要将被打开文件的句柄传给该函数：

```
In [161]: with open("data.json", "r") as f:
     ...:       data_from_file = json.load(f)
In [162]: data_from_file["two"]
Out[162]: [1, 2]
In [163]: data_from_file["three"]
Out[163]: [[1], [1, 2], [1, 2, 3]]
```

json.load 返回的数据结构并不总是与 json.dump 存储的数据结构一样。特别是，因为 JSON 是以 Unicode 保存的，所以 json.load 返回的数据结构中的字符串总是 Unicode 类型。此外，从前面的示例中可以看到，JSON 不区分元组和列表，所以 json.load 总是生成列表而不是元组，并且不保证字典键值的顺序，除非在 dumps 和 dump 函数中使用 sorted_keys=True。

现在我们已经介绍了如何使用 json 模块将 Python 列表和字典与 JSON 进行互相转换，我们再来看看第 10 章的 Tokyo Metro 数据集。该数据集更加真实，其中混合了字典、变长列表、字符串等数据结构，其中的前 21 行如下所示：

```
In [164]: !head -n 20 tokyo-metro.json
{
     "C": {
     "color": "#149848",
     "transfers": [
       [
         "C3",
         "F15"
     ],
       [
         "C4",
         "Z2"
     ],
       [
         "C4",
         "G2"
     ],
     [
```

```
        "C7",
        "M14"
    ],
```

为了将 JSON 数据加载到 Python 数据结构中，可以和前面一样使用 json.load:

```
In [165]: with open("tokyo-metro.json", "r") as f:
    ...:      data = json.load(f)
```

得到的结果是一个字典，其中的每个键代表一条地铁线路:

```
In [166]: data.keys()
Out[166]: ['N', 'M', 'Z', 'T', 'H', 'C', 'G', 'F', 'Y']
```

代表每条地铁线路的键值又是字典，其中包含了线路颜色(color)、换乘站列表(transfers)、线路站点之间的行车时间(travel_times):

```
In [167]: data["C"].keys()
Out[167]: ['color', 'transfers', 'travel_times']
In [168]: data["C"]["color"]
Out[168]: '#149848'
In [169]: data["C"]["transfers"]
Out[169]: [ ['C3', 'F15'], ['C4', 'Z2'], ['C4', 'G2'], ['C7', 'M14'],
          ['C7', 'N6'],['C7', 'G6'], ['C8', 'M15'], ['C8', 'H6'], ['C9', 'H7'],
          ['C9', 'Y18'],['C11', 'T9'], ['C11', 'M18'], ['C11', 'Z8'], ['C12',
          'M19'], ['C18', 'H21']]
```

将数据集加载为 Python 字典和列表的嵌套结构之后，可以轻松地遍历或过滤数据结构中的元素，例如，使用 Python 中的列表推导语法(comprehension syntax)。下面的示例演示了如何查询与 C 线路上行车时间为 1 分钟的站点:

```
In [170]: [(s, e, tt) for s, e, tt in data["C"]["travel_times"] if tt == 1]
Out[170]: [('C3', 'C4', 1), ('C7', 'C8', 1), ('C9', 'C10', 1)]
```

在该例中，字典的层次结构以及保存在字典中的变长列表很好地演示了一种没有严格结构的数据集，这种数据集很适合使用 JSON 这样的多功能格式来保存。

18.5 序列化

在 18.4 节，我们使用 JSON 格式生成了 Python 对象(如列表和字典)在内存中的表示。这个过程称为序列化，这里生成的是对象的 JSON 纯文本表示。JSON 格式的优点是与语言无关，并且可以轻松被其他软件读取;缺点是JSON文件在空间上效率不高，而且只能用于序列化有限类型的对象(如列表、字典、基本数据类型)。有很多其他的序列化技术可以解决这些问题。这里我们将简要介绍两种解决方案，分别用于解决空间效率和对象类型的问题：msgpack 库和 Python 的 pickle 模块。

我们先从 msgpack 开始，这是一种二进制协议，能够有效地存储类似 JSON 的数据。msgpack 库可用于多种语言和环境。有关该库的更多信息及 Python 绑定，详见 http://msgpack.org。与 JSON 模块类似，msgpack 库提供了两组函数，分别用于对字节列表(msgpack.packb 和 msgpack.unpackb)和文件句柄(msgpack.pack 和 msgpack.unpack)进行操作。pack 和 packb 函数用于将 Python 数据结构转换为二进制表示形式，unpack 和 unpackb 函数用于执行相反的操作。例如，Tokyo Metro 数据集的 JSON 文件相对比较大，在磁盘上大概有 27KB：

```
In [171]: !ls -lh tokyo-metro.json
          -rw-r--r--@ 1 rob staff 27K Apr 7 23:18 tokyo-metro.json
```

使用 msgpack 而不是 JSON 来保存的话将生成很小的文件，大概只有 3KB：

```
In [172]: data_pack = msgpack.packb(data)
In [173]: type(data_pack)
Out[173]: bytes
In [174]: len(data_pack)
Out[174]: 3021
In [175]: with open("tokyo-metro.msgpack", "wb") as f:
     ...:     f.write(data_pack)
In [176]: !ls -lh tokyo-metro.msgpack
          -rw-r--r--@ 1 rob staff 3.0K Apr 8 00:40 tokyo-metro.msgpack
```

更准确地说，Tokyo Metro 数据集的字节列表表示只使用了 3021 字节。在存储空间或传输带宽有限的应用中，这是一项很大的提升。但是，我们为这种高效存储付出的代价是必须使用 msgpack 库来解压缩数据，并且使用二进制格式，因此对于人类来说是不可读的。权衡是否使用这种格式取决于使用的应用程序。如果要解压缩二进制的 msgpack 字节列表，那么可以使用 msgpack.unpackb 函数来恢复到原来的数据结构：

```
In [177]: del data
In [178]: with open("tokyo-metro.msgpack", "rb") as f:
     ...:     data_msgpack = f.read()
     ...:     data = msgpack.unpackb(data_msgpack)
In [179]: list(data.keys())
Out[179]: ['T', 'M', 'Z', 'H', 'F', 'C', 'G', 'N', 'Y']
```

JSON 序列化的另外一个问题是只能将某些特定类型的 Python 对象保存为 JSON。Python 的 pickle 模块[1]可以创建几乎所有类型的 Python 对象的二进制表示，包括类的实例和函数。pickle 模块的使用方法与 json 模块完全相同：可以使用 dump 和 dumps 函数将某个对象分别序列化为字节数组和文件句柄，load 和 loads 函数用于反序列化。

1 此处还有可供替代的 cPickle 模块，cPickle 模块是由 Python 标准库提供的，效率更高。

```
In [180]: with open("tokyo-metro.pickle", "wb") as f:
     ...:     pickle.dump(data, f)
In [181]: del data
In [182]: !ls -lh tokyo-metro.pickle
          -rw-r--r--@ 1 rob staff 8.5K Apr 8 00:40 tokyo-metro.pickle
```

使用 pickle 序列化后得到的文件大小远小于 JSON 序列化得到的文件，但是大于 msgpack 序列化得到的文件。可以使用 pickle.load 函数恢复原始对象，该函数将文件句柄作为参数：

```
In [183]: with open("tokyo-metro.pickle", "rb") as f:
     ...:     data = pickle.load(f)
In [184]: data.keys()
Out[184]: dict_keys(['T', 'M', 'Z', 'H', 'F', 'C', 'G', 'N', 'Y'])
```

pickle 的主要优点是几乎任何类型的 Python 对象都可以被序列化。但是，其他软件无法读取 pickle 的序列化结果，并且这也不是长期保持数据的推荐格式，因为在 Python 版本之间以及在不同版本库中定义的对象之间，兼容性无法得到保证。如果可以的话，使用 JSON 序列化基于列表和字典的数据结构通常是一种更好的选择。如果存在文件大小的问题，msgpack 提供了一种常用且方便访问的 JSON 替代方案。

18.6 本章小结

本章回顾了用于在磁盘文件上读写数据的通用数据格式，并介绍了一些可用于处理这些格式的 Python 库。我们首先介绍了无处不在的 CSV 文件格式，这是一种简单明了的格式，适合于简单的小型数据集。这种格式的主要优点在于对人来说是可读的纯文本，直观易懂。但是，这种格式缺少许多处理数值数据时所需的功能，例如描述数据的元数据以及对多个数据集的支持。当数据的大小和复杂性超出 CSV 格式能够处理的能力时，HDF5 就成了数值数据的首选格式。HDF5 是一种二进制文件格式，因此不像 CSV 那样具有可读性，但是有一些很好的命令行以及图形化工具可用来读取 HDF5 文件中的内容。事实上，由于可以在属性中存储元数据，HDF5 是一种自描述的数据格式。无论是 I/O 还是存储，对于数值数据，HDF5 都是一种非常有效的数据格式，甚至可以作为数据模型来计算非常大的无法存放在内存中的数据集。总的来说，HDF5 是很好的数值计算工具，任何从事计算工作的人都能受益匪浅。在本章的最后，我们还简要介绍了一下如何使用 JSON、msgpack 和 Python pickle 模块将数据序列化成文本和二进制格式。

18.7 扩展阅读

可以在 RFC 4180 中看到 CSV 文件的非正式规范(http://tools.ietf.org/html/rfc4180)。其中给出了 CSV 格式的很多常用特性，但并不是所有的 CSV 读写器都完全符合所有定义。在 Collette(2013)中，h5py 的作者对 HDF5 格式以及 h5py 库给出了非常详细的介绍。NetCDF(Network Common Data Format，详见 www.unidata.ucar.edu/software/netcdf)是另外一种广泛使用的数值数据格式，非常值得一看。Pandas 库还提供了本章没有介绍的 I/O 功能，如读取 Excel 文件(pandas.io.excel.read_excel)和固定宽度格式数据(read_fwf)。关于 JSON 格式，网站 http://json.org 上有简单完整的格式规范。随着数据在计算中日益重要，近年来数据格式和存储技术迅速多样化。作为计算从业者，从数据库(如 SQL 和 NoSQL 数据库)读取数据也非常重要。Python 提供了通用的数据库 API，用来标准化 Python 应用程序对数据库的访问，这方面请参考 PEP 249(www.python.org/dev/peps/pep-0249)。另外一款著名的 Python 数据库工具是 SQLAlchemy(www.sqlalchemy.org)。

18.8　参考文献

Collette, A. (2013). *Python and HDF5.* Sebastopol: O'Reilly.

第19章

代码优化

前面我们已经介绍了使用 Python 及其生态中的其他库进行科学计算和技术计算的多个主题。正如本书第 1 章指出的，Python 环境在探索性计算、快速原型开发(减少开发量)以及高性能数值运算(减少应用的运行时间)之间取得了较好的平衡。高性能数值运算不是通过 Python 语言本身来实现的，而是通过内部包含或外部使用的已编译代码(通常使 C 语言或 Fortran 语言进行编写)来实现的。因此，在那些重度依赖 NumPy 和 SciPy 等库的应用程序中，大部分的数值运算都是通过编译代码来完成的，性能比使用纯 Python 来完成这些计算要好得多。

因此，Python 程序获得高性能的关键是有效地使用 NumPy 和 SciPy 等库来进行基于数组的计算。绝大多数科学计算和技术计算都可以使用常用的数组操作和基本的计算方法来表示。本书大部分内容介绍的是如何以这种方法利用 Python 进行科学计算，并且介绍了科学计算的不同领域主要使用的 Python 库。但是，偶尔也存在一些无法表示成数组表达式或者不能使用现有计算模式的情况。这种情况下，可能需要从头开始实现计算，例如，使用纯 Python 代码。但是，与使用编译语言编写的代码相比，纯 Python 代码往往较慢，如果纯 Python 代码的性能开销过大，则需要研究替代方法。传统的解决方法是在使用 C 或 Fortran 编写的外部库中完成耗时的计算，然后在 Python 代码中使用扩展模块(extension module)连接外部库。

有多种为 Python 创建扩展模块的方法。最基础的方法是使用 Python 的 C API 以及 C 语言中已经实现的、能够被 Python 调用的函数来构建扩展模块。这通常很烦琐，并且很费力。Python 标准库本身提供了 ctypes 模块，可以简化 Python 与 C 之间的接口。其他方法包括用于连接 Python 与 C 的 CFFI 库[1](C 的外部函数接口)，以及用于生成 Python 与 Fortran 之间接口的 F2PY[2]。这些都是将 Python 与编译代码链接起来的工具，Python 之所以适合于科学计算，它们功不可没。但是，这些工具需要使用 Python 之外的其他编程语言和技术，所以只有在将它们与已经编写好的代码库(如 C 或 Fortran)一起使用时才能发挥最大作用。

---

1 http://cffi.readthedocs.org

2 http://docs.scipy.org/doc/numpy-dev/f2py/index.html

对于新的程序开发，在直接使用编译语言解决问题之前，可以考虑与 Python 更接近的替代方法。在本章中，我们将讨论两种方法：Numba 和 Cython。这两个工具在 Python 和低级语言之间提供了平衡点，既保留了高级语言的许多优点，同时又能提供与编译代码相当的性能。

Numba 是一种即时(JIT)编译器，专门针对使用 NumPy 的 Python 代码，可以生成比原始 Python 代码执行效率更高的机器码。Numba 使用 LLVM 编译器(http://llvm.org)来做到这一点，LLVM 是一套编译器工具链，因为具有模块化的设计和可重用的接口，近来变得非常流行，人们在 LLVM 的基础上开发了很多应用(如 Numba)。Numba 是一个相对较新的项目，尚未在科学计算库中广泛使用，但它很有前景，得到 Continuum Analytics 公司[1]的强力支持，因而在 Python 科学计算中有着光明的前景。

提示：

Numba 库为 Python 和 NumPy 代码提供了基于 LLVM 的即时编译器。Numba 的主要优点在于只需要对原始 Python 代码做很小的修改，甚至不需要修改就可以生成机器码，更多信息可参考 http://numba.pydata.org。在编写本书时，Numba 库的最新版本是 0.39.0。Numba 是由 Continuum Analytics 公司开发的开源项目，该公司还提供了商业版的 Numba，名为 NumbaPro(相关信息可参考 http://docs.continuum. io/numbapro/index)。

Cython 是 Python 语言的超集，可以自动将 Python 代码转换为 C 或 C++代码，然后编译成机器码，运行速度比 Python 代码快很多。Cython 被广泛应用于面向计算的 Python 项目中，对 Python 代码中的耗时部分进行加速。本书前面章节中使用的几个库在很大程度上依赖于 Cython，包括 NumPy、SciPy、Pandas 以及 scikit-learn 等。

提示：

Cython 库能够将 Python 代码或使用装饰器修饰过的 Python 代码转换为 C 或 C++代码，然后再编译成二进制扩展模块。关于 Cython 的更多信息可参考 http://cython.org。写作本书时，Cython 的最新版本是 0.28.4。

本章将介绍如何使用 Numba 和 Cython 来提高 Python 代码的运行速度。当 Python 代码的运行速度慢得令人无法接受时，可以尝试这些方法。但是，在尝试对任何 Python 代码进行优化之前，建议先对代码进行剖析，例如使用 cProfile 模块或者 IPython 的 profiling 工具(见第 1 章)，准确地定位代码的瓶颈所在。如果能够确定代码的瓶颈，那就能够从此处开始进行优化。我们首先应该尝试充分发挥已有库(如 NumPy 和 SciPy)的效率来解决遇到的问题，同时以最有效的方式使用 Python 语言[2]。只有当现有库中的函数和方法无法让我们以有效的方式完成计算时，才应该考虑使用 Numba 或 Cython 来优化代码。代码优化应该作为最后的手段使用，因为过早的优化通常都很难得到满意的结果，并且会导致代码难以维护。Donald Knuth 说过："过早优化是万恶之源。"

---

1 Anaconda Python 环境的开发商，见第 1 章和附录。

2 例如，仔细考虑应该使用哪些数据结构，并充分利用迭代器以避免不必要的内存复制操作。

19.1 导入模块

本章将使用 Numba 和 Cython 模块。Numba 的使用方法与 Python 中的普通模块类似，这里我们假设把整个模块都导入进来：

```
In [1]: import numba
```

你在本章的后面将会看到，Cython 有几种不同的使用方法。通常，在 Python 中使用 Cython 时，我们不需要显式地导入 Cython 库，只需要导入 Cython 提供的 pyximport 库，然后使用 pyximport.install()注册探针(import hook)：

```
In [2]: import pyximport
```

这改变了 Python 模块的导入方式，我们可以直接导入带有 pyx 后缀的 Cython 文件，就好比它们是纯 Python 模块一样。有时显式导入 Cython 库也有用，这种情况下可以按如下方式导入 Cython 库：

```
In [3]: import cython
```

为了进行基本的数值计算和绘图，我们还需要导入 NumPy 和 matplotlib 库：

```
In [4]: import numpy as np
In [5]: import matplotlib.pyplot as plt
```

19.2 Numba

Numba 最吸引人的地方之一就在于可以在不改变目标代码的情况下提高 Python 代码的运行速度。我们唯一需要做的就是用@numba.jit 装饰器(decorator)来装饰函数，这样就可以使用即时(JIT)编译器把函数编译成机器码，编译后的代码比纯 Python 代码快得多，能快几百倍。加速主要针对那些使用 NumPy 数组的函数，Numba 可以自动进行类型推断(type inference)，并生成指定类型签名的优化代码。

接下来演示如何使用 Numba，考虑下面这个简单的问题：计算数组中所有元素的和。在 Python 中，很容易用 for 循环来实现该计算任务：

```
In [6]: def py_sum(data):
   ...:     s = 0
   ...:     for d in data:
   ...:         s += d
   ...:     return s
```

上面这个函数虽然非常简单，但却能很好地说明 Numba 的功能和潜力。由于 Python 的灵活性和动态类型(dynamic typing)，Python 中的循环非常慢。为了量化上述语句，并对 py_sum 函数进行性能测试，我们生成一个包含 50 000 个随机数的数组，并使用 IPython 的%timeit 命令来测量运行时间：

```
In [7]: data = np.random.randn(50000)
In [8]: %timeit py_sum(data)
        100 loops, best of 3: 8.43 ms per loop
```

从结果可以得知，在目前这个系统中，对包含 50 000 个元素的数组使用 py_sum 函数进行加法运算大概需要 8.43 毫秒。与我们下面将介绍的其他方法相比，这不是好的结果。通常的解决方法是使用数组操作(如 Numpy 中的数组操作)替换手动迭代数组。事实上，NumPy 提供的 sum 函数正是我们所需要的。要验证前面定义的 py_sum 函数与 NumPy 的 sum 函数是否能够得到相同的结果，可以使用 assert 语句：

```
In [9]: assert abs(py_sum(data) - np.sum(data)) < 1e-10
```

assert 语句没有引发错误，由此可以得出结论，这两个函数产生的结果相同。接下来，我们使用%timeit 命令对 NumPy 的 sum 函数进行性能测试，与前面示例中的使用方法一样：

```
In [10]: %timeit np.sum(data)
10000 loops, best of 3: 29.8 µs per loop
```

NumPy 的 sum 函数比 py_sum 函数快了几百倍，这说明使用向量表达式和操作(如 NumPy 中的函数)是 Python 性能提升的关键。对于其他使用循环操作的函数也可以看到相同的表现。例如，对于累积和(accumulative sum)函数 py_cumsum，输入输出都是数组：

```
In [11]: def py_cumsum(data):
    ...:     out = np.zeros_like(data)
    ...:     s = 0
    ...:     for n in range(len(data)):
    ...:         s += data[n]
    ...:         out[n] = s
    ...:     return out
```

该函数的性能测试结果也比基于数组的 NumPy 函数慢得多：

```
In [12]: %timeit py_cumsum(data)
        100 loops, best of 3: 14.4 ms per loop
In [13]: %timeit np.cumsum(data)
        10000 loops, best of 3: 147 µs per loop
```

现在我们来看看如何使用 Numba 加速 py_sum 和 py_cumsum 函数。要激活函数的 JIT 编译，我们只需要对函数使用@numba.jit 装饰器：

```
In [14]: @numba.jit
    ...: def jit_sum(data):
```

```
    ...:     s = 0
    ...:     for d in data:
    ...:         s += d
    ...:     return s
```

接下来，我们验证 JIT 编译的函数与 NumPy 的 sum 函数能够得到相同的结果，并使用%timeit 命令进行性能测试：

```
In [15]: assert abs(jit_sum(data) - np.sum(data)) < 1e-10
In [16]: %timeit jit_sum(data)
10000 loops, best of 3: 47.7 µs per loop
```

与纯 Python 代码相比，jit_sum 函数虽然是用纯 Python 编写的，但快了大约 300 倍，与 sum 函数的性能相当。

除了在定义函数时可以用 numba.jit 装饰器来设置使用 JIT 编译函数外，也可以在事后使用装饰器。例如，要使用 JIT 编译我们之前定义的 py_cumsum 函数，可以使用下面的代码：

```
In [17]: jit_cumsum = numba.jit()(py_cumsum)
```

通过验证，可以看到 jit_cumsum 函数确实与 NumPy 的对应函数得到的结果一样，下面使用%timeit 命令进行性能测试：

```
In [18]: assert np.allclose(np.cumsum(data), jit_cumsum(data))
In [19]: %timeit jit_cumsum(data)
10000 loops, best of 3: 66.6 µs per loop
```

在这个示例中，jit_cumsum 函数比 NumPy 的 cumsum 函数快两倍。NumPy 的 cumsum 函数相比 jit_cumsum 函数更加通用，因此这样比较并不完全公平，但令人印象深刻的是，我们只利用一个函数装饰器就能让 JIT 编译的 Python 代码达到与 NumPy 相当的性能。这让我们可以在 Python 中使用基于循环的计算而不会降低性能，这对于不太容易写成矢量化的算法特别有用。

这类算法的典型例子就是 Julia 分形，这种情况下，需要对数组(数组中包含的是复平面(complex plane)中的一组坐标点)中的每个元素进行不同次数的迭代：对于复平面中的某个点 z，如果迭代公式 $z \leftarrow z^2 + c$ 迭代很多次之后不会发散，那么该点就属于 Julia 集合。为了生成 Julia 分形图，需要遍历一组坐标点，并按公式 $z \leftarrow z^2 + c$ 进行迭代，然后保存超过某个预设边界(在下面的实现中，是指 z 的绝对值大于 2.0)的迭代次数：

```
In [20]: def py_julia_fractal(z_re, z_im, j):
    ...:     for m in range(len(z_re)):
    ...:         for n in range(len(z_im)):
    ...:             z = z_re[m] + 1j * z_im[n]
    ...:             for t in range(256):
```

```
   ...:                 z = z ** 2 - 0.05 + 0.68j
   ...:                 if np.abs(z) > 2.0:
   ...:                 j[m, n] = t
   ...:                 break
```

借助循环结构，上述算法的实现非常简单明了，但是在纯 Python 中，正如我们将要看到的，这三个嵌套循环的速度非常慢。但是，通过使用 Numba 进行 JIT 编译，可以得到很好的加速效果。

默认情况下，如果 Numba 无法生成优化的代码，将会自动地回滚使用标准 Python 解释器。但也有例外，当 numba.jit 设置参数 nopython=True 时，如果 Numba 无法生成静态类型的代码，则会编译失败。当自动类型推断失败时，Numba 生成的 JIT 编译代码一般不会有任何加速效果，所以通常建议对 jit 装饰器使用 nopython=True 参数，这样在 JIT 编译无法带来加速效果的情况下就能够得知失败消息。为了帮助 Numba 生成代码，有时显式地指明函数体中出现的数据类型会很有用，可以设置 jit 装饰器的 locals 关键字参数，该参数可以用字典进行赋值，并在字典中把符号名映射到对应的类型，例如 locals=dict(z=numba.complex)指明了变量 z 是复数。但是，对于这个示例，不需要显式指明本地变量的类型，因为可以从传给函数的 NumPy 数组中的数据类型推断出来。在装饰 py_julia_fractal 函数时，可以设置 numba.jit 的参数 nopython=True 来验证这一点：

```
In [21]: jit_julia_fractal = numba.jit(nopython=True)(py_julia_fractal)
```

接下来，调用生成的 jit_julia_fractal 函数来计算 Julia 集合。请注意，在定义这个函数时，所有涉及的 NumPy 数组都定义在函数的外面。这可以帮助 Numba 识别计算中用到的数据类型，以便 Numba 在 JIT 编译中生成高效的代码：

```
In [22]: N = 1024
In [23]: j = np.zeros((N, N), np.int64)
In [24]: z_real = np.linspace(-1.5, 1.5, N)
In [25]: z_imag = np.linspace(-1.5, 1.5, N)
In [26]: jit_julia_fractal(z_real, z_imag, j)
```

调用 jit_julia_fractal 函数之后，计算结果保存在数组 *j* 中。为了可视化结果，可以使用 matplotlib 的 imshow 函数对数组 *j* 进行绘图，结果如图 19-1 所示。

```
In [27]: fig, ax = plt.subplots(figsize=(8, 8))
    ...: ax.imshow(j, cmap=plt.cm.RdBu_r, extent=[-1.5, 1.5, -1.5, 1.5])
    ...: ax.set_xlabel("$\mathrm{Re}(z)$", fontsize=18)
    ...: ax.set_ylabel("$\mathrm{Im}(z)$", fontsize=18)
```

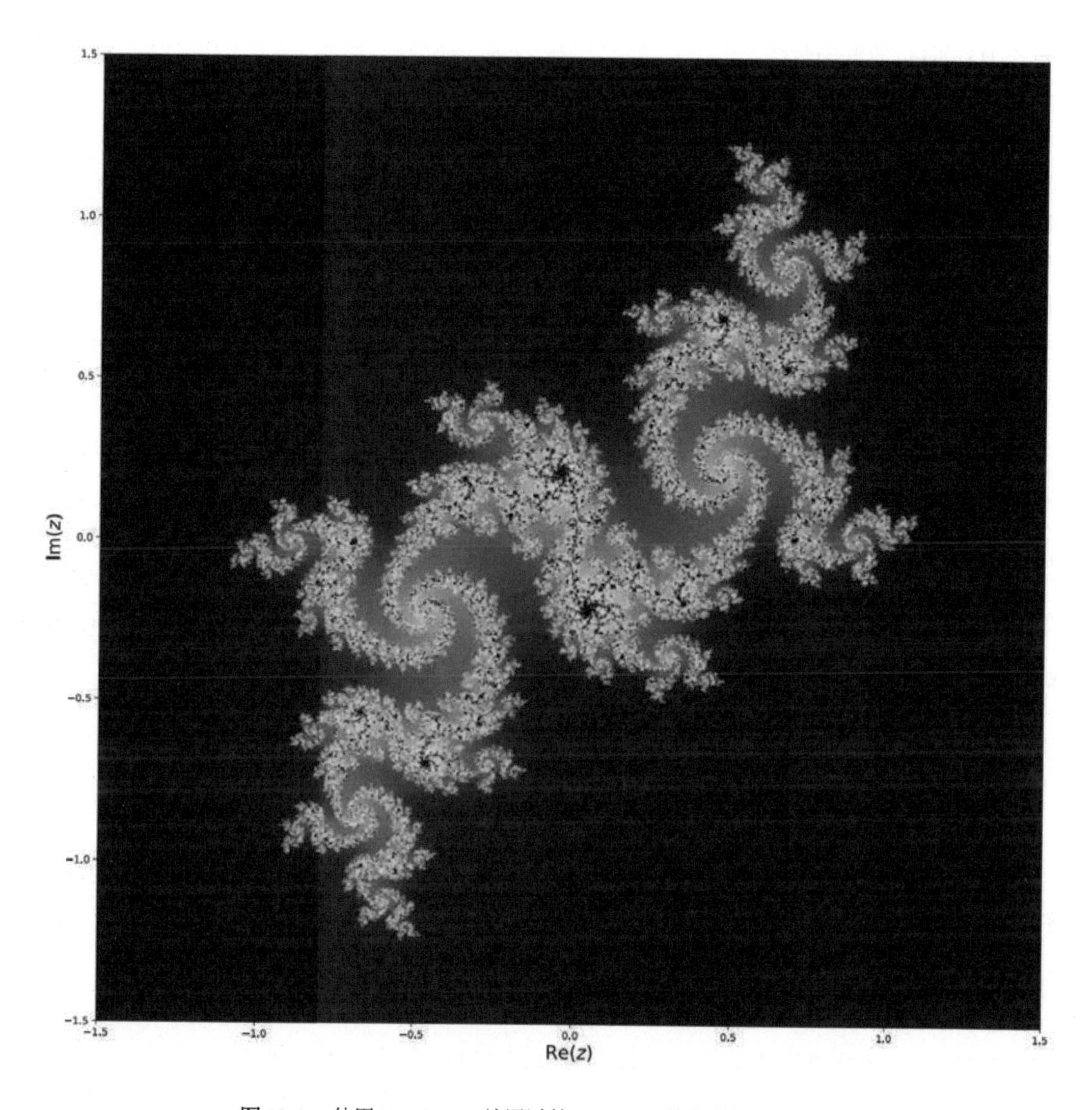

图19-1 使用Numba JIT编译过的Python函数生成的Julia分形图

可以使用%timeit命令来比较纯Python函数py_julia_fractal以及相应的JIT编译过的函数jit_julia_fractal的速度：

```
In [28]: %timeit py_julia_fractal(z_real, z_imag, j)
         1 loops, best of 3: 60 s per loop
In [29]: %timeit jit_julia_fractal(z_real, z_imag, j)
         10 loops, best of 3: 140 ms per loop
```

在这个特定的示例中，仅仅简单地给Python函数添加了一个装饰器，速度就提升了令人惊讶的430倍。使用这种方式时，没必要去除Python中的循环。

Numba库中另外一个有用的装饰器是numba.vectorize。它可以将用于标量(scalar)输入输出的核函数(kernel function)转换成矢量函数并进行编译，就像NumPy中的vectorize函数一样。例如，考虑下面这个 Heaviside 阶跃函数：

$$\Theta(x)=\begin{cases}0, x<0\\ \frac{1}{2}, x=0\\ 1, x>0\end{cases}$$

如果需要为标量输入 x 实现该函数，可以使用下面的代码：

```
In [30]: def py_Heaviside(x):
    ...:     if x == 0.0:
    ...:         return 0.5
    ...:     if x < 0.0:
    ...:         return 0.0
    ...:     else:
    ...:         return 1.0
```

上面这个函数仅仅适用于标量输入，如果想把它应用于数组或列表，那么还需要显式地迭代数组或列表中的每个元素，并将该函数应用于每一个元素：

```
In [31]: x = np.linspace(-2, 2, 50001)
In [32]: %timeit [py_Heaviside(xx) for xx in x]
        100 loops, best of 3: 16.7 ms per loop
```

这样很不方便，速度也很慢。NumPy 的 vectorize 函数解决了不方便的问题，可以自动地将标量核函数封装成适用于 NumPy 数组的函数：

```
In [33]: np_vec_Heaviside = np.vectorize(py_Heaviside)
In [34]: np_vec_Heaviside(x)
Out[34]: array([ 0., 0., 0., ..., 1., 1., 1.])
```

但是，NumPy 的 vectorize 函数并不能解决性能问题。从使用%timeit 对 np_vec_Heaviside 函数进行的性能测试结果中可以看出，性能与显式迭代数组中每个元素的 py_ Heaviside 函数相当：

```
In [35]: %timeit np_vec_Heaviside(x)
100 loops, best of 3: 13.6 ms per loop
```

使用 NumPy 的数组表达式，而不是利用 NumPy 对标量核函数进行矢量化，能够得到更好的性能：

```
In [36]: def np_Heaviside(x):
    ...:     return (x > 0.0) + (x == 0.0)/2.0
In [37]: %timeit np_Heaviside(x)
        1000 loops, best of 3: 268 µs per loop
```

但是，使用 Numba 和 vectorize 装饰器能够获得更好的性能，vectorize 装饰器的参数是函数签名的列表，可以生成 JIT 编译后的代码。这里我们选择生成具有两个函数签名的矢量化函数——一个是输入输出都是 32 位的浮点数，另一个是输入输出都是 64 位的浮点数，将它们分别定义为 numba.float32(numba.float32)和 numba.float64(numba.float64)：

```
In [38]: @numba.vectorize([numba.float32(numba.float32),
    ...:                   numba.float64(numba.float64)])
    ...: def jit_Heaviside(x):
    ...:     if x == 0.0:
    ...:       return 0.5
    ...:     if x < 0:
    ...:       return 0.0
    ...:     else:
    ...:       return 1.0
```

对得到的 jit_Heaviside 函数进行性能测试，结果表明这种方法在目前所有方法中取得的性能最好：

```
In [39]: %timeit jit_Heaviside(x)
        10000 loops, best of 3: 58.5 µs per loop
```

jit_Heaviside 函数可用于任何的 NumPy 通用函数，包括对 NumPy 广播(broadcasting)机制及其他特性的支持。为了证明该函数确实实现了所需的功能，可以对如下简单的输入列表进行测试：

```
In [40]: jit_Heaviside([-1, -0.5, 0.0, 0.5, 1.0])
Out[40]: array([ 0. , 0. , 0.5, 1. , 1. ])
```

在本节中，我们探讨了如何使用 Numba 库对 Python 代码进行 JIT 编译以提高运行速度。我们介绍了四个示例：两个简单的示例(数组求和以及累积求和)用于演示 Numba 的基本用法。第三个示例用于计算 Julia 集合，该例不太容易写成矢量的形式。在最后一个示例中，我们通过实现 Heaviside 阶跃函数来介绍如何对标量核函数进行矢量化。这些示例展示了 Numba 的一些常用模式，但 Numba 库还有更多的功能，例如生成适合 GPU 的代码，详情可参阅 Numba 官方文档 http://numba.pydata.org/doc.html。

19.3 Cython

与 Numba 一样，Cython 也是一种提高 Python 代码效率的解决方案，但是 Cython 采用完全不同的方法来解决这个问题。Numba 库将纯 Python 代码转换为 LLVM 代码，再通过 JIT 编译成机器码，而 Cython 是一种编程语言，是 Python 语言的超集：Cython 使用类似 C 语言的特性对 Python 进行了扩展。特别是，Cython 允许我们使用显式和静态的类型声明。在 Cython 中对 Python 进行扩展的目的是将代码转换为更高效的 C 或 C++代码，并编译成 Python 扩展库，供其他普通的 Python 代码导入和使用。

Cython 有两个主要用途：提高 Python 代码的运行速度，以及生成连接已编译代码的包装器(wrapper)。当使用 Cython 时，需要修改目标 Python 代码，因此与使用 Numba 相比，需要更大的工作量。为了使用 Cython 对 Python 代码进行加速，还需要学习 Cython 的语法和功能。但是，正如我们将在本节中看到的，Cython 能够对 Python 代码的运行提供更细粒度的控制，并且 Cython 还有 Numba 所不具备的功能，例如，生成 Python 和外部库之间的接口，在不使用 NumPy 数组的情况下提高 Python 代码的运行效率，等等。

Numba 使用透明的 JIT 编译，而 Cython 主要还是使用传统的运行前编译(ahead-of-time compilation)。有几种将 Cython 代码编译成 Python 扩展模块的方法，每种方法都适用于不同的情况。我们首先来看一下 Cython 代码的编译选项，然后介绍 Cython 在加速 Python 代码方面的功能。在本节中，我们将使用之前介绍的 Numba 示例，以便对这两种方法进行比较。我们首先看一下如何提高 py_sum 和 py_cumsum 函数的效率。

要在 Python 中使用 Cython 代码，Cython 代码必须经过编译管道(compilation pipeline)：首先将 Cython 代码转换为 C 或 C++代码，然后使用 C 或 C++编译器将它们编译成机器码。将 Cython 代码转换为 C 或 C++代码时，需要使用 cython 命令行工具。该工具用于从 Cython 代码文件(通常保存为带有 pyx 后缀的文件)生成 C 或 C++文件。例如，考虑代码清单 19-1 所示的文件 cy_sum.pyx。要从该 Cython 文件生成 C 文件，可以运行命令 cython cy_sum.pyx。该命令将生成 cy_sum.c 文件，可以使用标准的 C 编译器将其编译到 Python 扩展模块中。编译过程取决于使用的平台，需要使用正确的编译器标志和选项才能生成合适的 Python 扩展模块。

代码清单 19-1　Cython 文件 cy_sum.pyx 的内容

```
def cy_sum(data):
    s = 0.0
    for d in data:
        s += d
    return s
```

为了避免 C 和 C++代码编译的平台相关性，可以使用 distutils 和 Cython 库自动地将 Cython 代码转换成 Python 扩展模块。可以通过创建 setup.py 脚本来完成这些操作，该脚本负责调用 distutils.core 中的 setup 函数(能够将 C 代码编译成 Python 扩展模块)以及 Cython.Build 中的 cythonize 函数(能够将 Cython 代码转换成 C 代码)，如代码清单 19-2 所示。准备好 setup.py 文件之后，可以使用命令 python setup.py build_ext --inplace 编译 Cython 模块，该命令将使用 distutils 构建扩展模块并保存在相同的文件目录中。

代码清单 19-2　setup.py 脚本用于将 Cython 文件自动编译为 Python 扩展模块

```
from distutils.core import setup
from Cython.Build import cythonize
import numpy as np
```

```
setup(ext_modules=cythonize('cy_sum.pyx'),
      include_dirs=[np.get_include()],
      requires=['Cython', 'numpy'])
```

一旦 Cython 代码被编译成 Python 扩展模块之后，就可以通过手动的方式或者使用 distutils 进行导入，然后在 Python 中使用，就像普通模块那样：

```
In [41]: from cy_sum import cy_sum
In [42]: cy_sum(data)
Out[42]: -189.70046227549025
In [43]: %timeit cy_sum(data)
         100 loops, best of 3: 5.56 ms per loop
In [44]: %timeit py_sum(data)
         100 loops, best of 3: 8.08 ms per loop
```

在这里可以看到，对于这个例子，使用 Cython 直接编译代码清单 19-1 中的纯 Python 代码，大概可以提高 30%的速度。这是不错的提升，但是不值得使用这么麻烦的 Cython 编译管道。稍后我们将看到如何使用 Cython 的其他功能来提速。

可以像前面那样，将 Cython 代码显式编译到 Python 扩展模块中，这对于分发使用 Cython 编写的预编译模块很有用，因此最终使用扩展模块时不需要安装 Cython。另一种在导入模块时自动隐式调用 Cython 编译管道的方法是使用 pyximport 库，该库已与 Cython 一起发布。要在 Python 中直接无缝导入 Cython 文件，可以先调用 pyximport 库的 install 函数：

```
In [45]: pyximport.install(setup_args=dict(include_dirs=np.get_include()))
```

这将改变 Python import 语句的行为，增加对 Cython pyx 文件的导入支持。Cython 模块在被导入时，将首先被编译成 C 或 C++代码，然后被编译成 Python 扩展模块格式的机器码，这样才能被 Python 解释器导入。这些隐含的步骤有时需要进行额外的配置，可以通过参数将配置传给 pyximport.install 函数。例如，为了能够导入使用了 NumPy 相关功能的 Cython 代码，需要让生成的 C 代码使用 NumPy C 头文件进行编译。可以在 install 函数的 setup_args 参数中，将 include_dirs 设置为 np.get_include()返回的结果，还有其他选项可以设置，也可以设置自定义的编译参数和链接参数。有关这些参数的详细信息，请参阅 pyximport.install 的文档字符串。调用完 pyximport.install 之后，就可以使用标准的 Python import 语句从 Cython 模块导入函数了：

```
In [46]: from cy_cumsum import cy_cumsum
In [47]: %timeit cy_cumsum(data)
         100 loops, best of 3: 5.91 ms per loop
In [48]: %timeit py_cumsum(data)
         100 loops, best of 3: 13.8 ms per loop
```

在这个例子中，可以看到，通过 Cython 编译管道的 Python 代码，效率大概可以提高两倍，这种提速可以接受但是并不令人惊艳。(y_cumsum 文件的内容如代码清单 19-3 所示。)

代码清单 19-3 Cython 文件 cy_cumsum.pyx 的内容

```
cimport numpy
import numpy

def cy_cumsum(data):
    out = numpy.zeros_like(data)
    s = 0
    for n in range(len(data)):
        s += data[n]
        out[n] = s
    return out
```

在深入介绍 Cython 的详细用法之前，可以进一步改进前面的方法，下面简单介绍另外一种编译和导入 Cython 代码的方法。当使用 IPython 时，特别是 Jupyter Notebook，可以很方便地使用%%cython 命令自动编译和加载代码单元(code cell)中的 Cython 代码，将它们作为 Python 扩展模块，并让它们在 IPython 会话中使用。为了使用%%cython 命令，我们首先需要使用%load_ext cython 激活它：

```
In [49]: %load_ext cython
```

使用%load_ext cython 命令激活之后，可以在 IPython 会话中以交互式的方法编写和加载 Cython 代码：

```
In [50]: %%cython
    ...: def cy_sum(data):
    ...:     s = 0.0
    ...:     for d in data:
    ...:         s += d
    ...:     return s
In [51]: %timeit cy_sum(data)
         100 loops, best of 3: 5.21 ms per loop
In [52]: %timeit py_sum(data)
         100 loops, best of 3: 8.6 ms per loop
```

和以前一样，我们只需要在 IPython 代码单元的第一行添加%%cython 即可看到提速效果。这很容易让人联想到使用@numba.jit 装饰器来装饰函数，但这两种方法的基本原理截然不同。在本节的其他部分，我们将使用这种方法来编译和加载 Cython 代码。使用 IPython 的%%cython 命令时，添加-a 参数也很有用，该参数将在代码单元中显示 Cython 的注释输出，如图 19-2 所示。每行代码用不同深浅的黄色底纹标识，越深的黄色表示这行代码转换成 C 代码时对 Python C/API 依赖越强，颜色浅的行表示直接转换成纯 C 代码。在优化 Cython 代码时，通常需要努力将 Cython 代码转换为尽可能纯的 C 代码，因此查看注释输出中的黄线非常有用，深黄色的行通常代表代码中的瓶颈。另一个好处是，通过对注释输出中的每一行进行单击，可以在 Cython 代码和转换后的 C 代码之间进行切换。

```
In [88]: %%cython -a
         def cy_sum(data):
             s = 0.0
             for d in data:
                 s += d
             return s
Out[88]:
         Generated by Cython 0.22
         +1: def cy_sum(data):
         +2:     s = 0.0
         +3:     for d in data:
         +4:         s += d
         +5:     return s
```

图 19-2　使用 IPython 命令%%cython 的 -a 参数生成的 Cython 注释

在本节的后面，我们将介绍如何使用 Cython 语言特性来提高 Cython 的效率，这对于计算相关的问题特别有用。我们首先回顾一下前面实现 cy_sum 函数的代码。在我们第一次对这个函数的速度进行提升时，我们只使用纯 Python，并利用 Cython 对其进行编译，最终运行速度提升了大概 30%。获得更高运行速度的关键是为函数的所有变量和参数添加类型声明。通过显式地声明变量的类型，Cython 编译器能生成更高效的 C 代码。要指定变量的类型，需要使用 Cython 关键字 cdef，可以将它与任何标准的 C 类型一起使用。例如，要声明整数类型的变量 n，可以使用 cdef int n。还可以使用 NumPy 库中的类型，如 cdef numpy.float64_t s，从而将变量 s 声明为 64 位的浮点数。可以通过 numpy.ndarray[numpy.float64_t, ndim=1] data 这样的语句来声明 NumPy 数组，该语句声明 data 是具有 64 位浮点数元素的一维数组，长度不定。将这种形式的类型声明添加到前面的 cy_sum 函数中，可以得到下面的代码：

```
In [53]: %%cython
    ...: cimport numpy
    ...: cimport cython
    ...:
    ...: @cython.boundscheck(False)
    ...: @cython.wraparound(False)
    ...: def cy_sum(numpy.ndarray[numpy.float64_t, ndim=1] data):
    ...:     cdef numpy.float64_t s = 0.0
    ...:     cdef int n, N = len(data)
    ...:     for n in range(N):
    ...:         s += data[n]
    ...:     return s
```

在 cy_sum 函数的这种实现中，我们还使用了两个装饰器@cython.boundscheck(False)和@cython.wraparound(False)，它们用于禁止对 NumPy 数组的索引进行耗时的边界检查。这将产生安全性较低的代码，但是，如果我们确信函数中的 NumPy 数组不会出现超出有效范围的索引，就可以通过禁用此类检查来获得更好的加速效果。现在我们已经显式地声明了函数中所有变量和参数的类型，Cython 能够生成效率更好的 C 代码，当编译成 Python 模块时，性能与使用 Numba 的 JIT 编译后的代码相当，并且比 NumPy 内置的 sum 函数(也是用 C 语言实现的)差不了多少：

```
In [54]: %timeit cy_sum(data)
        10000 loops, best of 3: 49.2 µs per loop
In [55]: %timeit jit_sum(data)
        10000 loops, best of 3: 47.6 µs per loop
In [56]: %timeit np.sum(data)
        10000 loops, best of 3: 29.7 µs per loop
```

接下来我们再来看看 cy_cumsum 函数。与 cy_sum 函数一样，cy_cumsum 函数也能从显式类型声明中受益。为了简化 NumPy 数组类型的声明，这里我们使用 ctypedef 关键字将 numpy.float64_t 重命名为 FTYPE_t。另外还需要注意，在 Cython 代码中，有两个不同的导入语句：cimport 和 import。import 可以用来导入任何 Python 模块，但是会产生回调 Python 解释器的 C 代码，因此可能会很慢。cimport 的作用类似于一般的 import，但用于导入 Cython 模块。这里使用 cimport numpy 导入了名为 numpy 的 Cython 模块，从而为 NumPy 提供 Cython 扩展，主要是类型和函数声明。特别是，我们在这个 Cython 模块中声明了类似 C 的数据类型，如 numpy.float64_t。但是，在如下代码定义的函数中，由于调用了 numpy.zeros 函数，进而产生了对 NumPy 模块中 zeros 函数的调用，因此需要使用 import numpy 把 Python 模块 numpy 导入进来。将这些类型声明添加到前面定义的 cy_cumsum 函数中，实现如下所示：

```
In [57]: %%cython
    ...: cimport numpy
    ...: import numpy
    ...: cimport cython
    ...:
    ...: ctypedef numpy.float64_t FTYPE_t
    ...:
    ...: @cython.boundscheck(False)
    ...: @cython.wraparound(False)
    ...: def cy_cumsum(numpy.ndarray[FTYPE_t, ndim=1] data):
    ...:     cdef int n, N = data.size
    ...:     cdef numpy.ndarray[FTYPE_t, ndim=1] out = numpy.zeros
               (N, dtype=data.dtype)
    ...:     cdef numpy.float64_t s = 0.0
    ...:     for n in range(N):
    ...:         s += data[n]
    ...:         out[n] = s
```

```
   ...:    return out
```

与 cy_sum 一样，在函数中声明所有变量的类型之后，速度得到明显提升。现在，cy_cumsum 的性能与 JIT 编译后的 Numba 函数 jit_cumsum 相当，并且比 NumPy 内置的 cumsum 函数更快(但是内置函数更通用)：

```
In [58]: %timeit cy_cumsum(data)
        10000 loops, best of 3: 69.7 µs per loop
In [59]: %timeit jit_cumsum(data)
        10000 loops, best of 3: 70 µs per loop
In [60]: %timeit np.cumsum(data)
        10000 loops, best of 3: 148 µs per loop
```

显式添加了类型声明之后，使用 Cython 编译函数时就能够提升性能，但是现在函数不能使用所有类型的参数，因此失去了一般性。例如，原始的 py_sum 函数以及 NumPy 的 sum 函数可以接收更多类型的输入。可以对浮点数类型和整数类型的 Python 列表和 NumPy 数组进行求和：

```
In [61]: py_sum([1.0, 2.0, 3.0, 4.0, 5.0])
Out[61]: 15.0
In [62]: py_sum([1, 2, 3, 4, 5])
Out[62]: 15
```

另一方面，使用 Cython 编译的、具有显式类型声明的函数只能用于我们声明的类型：

```
In [63]: cy_sum(np.array([1.0, 2.0, 3.0, 4.0, 5.0]))
Out[63]: 15.0
In [64]: cy_sum(np.array([1, 2, 3, 4, 5]))
---------------------------------------------------------------------------
ValueError: Buffer dtype mismatch, expected 'float64_t' but got 'long'
```

通常我们希望支持多种类型的输入，例如用同一个函数对浮点数数组和整数数组进行求和。Cython 通过 ctypedef fused 关键字来解决这个问题，可以利用它定义一种新的类型，这种类型可以是多种类型中的任何一种。例如，把 py_sum 函数修改成下面的 py_fused_sum 函数：

```
In [65]: %%cython
    ...: cimport numpy
    ...: cimport cython
    ...:
    ...: ctypedef fused I_OR_F_t:
    ...:    numpy.int64_t
    ...:    numpy.float64_t
    ...:
```

```
   ...: @cython.boundscheck(False)
   ...: @cython.wraparound(False)
   ...: def cy_fused_sum(numpy.ndarray[I_OR_F_t, ndim=1] data):
   ...:     cdef I_OR_F_t s = 0
   ...:     cdef int n, N = len(data)
   ...:     for n in range(N):
   ...:         s += data[n]
   ...:     return s
```

在这里，函数定义中使用的是 I_OR_F_t 类型，该类型是用 ctypedef fused 定义的，表示 numpy.int64_t 或 numpy.float64_t 类型。Cython 可以自动生成两种类型的函数代码，所以可以同时在浮点数数组和整数数组上使用 cy_fused_sum 函数(代价是性能略有下降)：

```
In [66]: cy_fused_sum(np.array([1.0, 2.0, 3.0, 4.0, 5.0]))
Out[66]: 15.0
In [67]: cy_fused_sum(np.array([1, 2, 3, 4, 5]))
Out[67]: 15
```

作为 Cython 如何加速 Python 代码的最后一个示例，我们再来看一下计算 Julia 集合的 Python 代码。为了实现 cy_fused_sum 函数的 Cython 版本，我们简单地使用原来的 Python 代码，按照前面介绍的流程显式地声明函数中所使用变量的类型。我们还添加了禁止进行索引边界检查的装饰器。我们的输入中包含了 NumPy 整数数组和浮点数数组，所以我们将参数分别定义成类型 numpy.ndarray[numpy. float64_t, ndim=1]和 numpy.ndarray[numpy.int64_t, ndim=2]。

在下面的 cy_julia_fractal 的实现代码中还包含了用于计算复数的绝对值平方的 Cython 实现。使用 inline 关键字将这个函数声明为内联函数，这意味着编译器会将函数体直接放到调用该函数的每个位置，而不是生成一个新的函数，然后在这些地方调用新函数。这将导致代码量的增加，但是可以避免额外的函数调用开销。我们还使用 cdef 而不是普通的 def 关键字来定义函数。在 Cython 中，def 用于定义 Python 语言可以调用的函数，而 cdef 用于定义 C 语言可以调用的函数。使用 cpdef 关键字，可以定义可以同时使用 Python 和 C 语言调用的函数。因为这里使用了 cdef，所以我们无法在执行完这个代码单元之后，从 IPython 会话中调用 abs2 函数，但如果我们将 cdef 更改为 cpdef，这就没问题。

```
In [68]: %%cython
    ...: cimport numpy
    ...: cimport cython
    ...:
    ...: cdef inline double abs2(double complex z):
    ...:     return z.real * z.real + z.imag * z.imag
    ...:
    ...: @cython.boundscheck(False)
```

```
...: @cython.wraparound(False)
...: def cy_julia_fractal(numpy.ndarray[numpy.float64_t, ndim=1] z_re,
...:                      numpy.ndarray[numpy.float64_t, ndim=1] z_im,
...:                      numpy.ndarray[numpy.int64_t, ndim=2] j):
...:     cdef int m, n, t, M = z_re.size, N = z_im.size
...:     cdef double complex z
...:     for m in range(M):
...:         for n in range(N):
...:             z = z_re[m] + 1.0j * z_im[n]
...:             for t in range(256):
...:                 z = z ** 2 - 0.05 + 0.68j
...:                 if abs2(z) > 4.0:
...:                     j[m, n] = t
...:                     break
```

如果使用与之前调用 Numba JIT 编译的 Python 函数相同的参数来调用 cy_julia_fractal 函数，就可以看到这两种实现方法的性能相当。

```
In [69]: N = 1024
In [70]: j = np.zeros((N, N), dtype=np.int64)
In [71]: z_real = np.linspace(-1.5, 1.5, N)
In [72]: z_imag = np.linspace(-1.5, 1.5, N)
In [73]: %timeit cy_julia_fractal(z_real, z_imag, j)
         10 loops, best of 3: 113 ms per loop
In [74]: %timeit jit_julia_fractal(z_real, z_imag, j)
         10 loops, best of 3: 141 ms per loop
```

cy_julia_fractal 函数的微小优势来自于最内层循环中调用的内联函数 abs2，事实上 abs2 函数避免了平方根的计算。在 jit_julia_fractal 函数中进行类似的修改将会改善性能，大概可以弥补这里提到的差距。

到目前为止，我们已经介绍了使用 Cython 来提高 Python 代码效率的方法，就是将 Python 代码编译成机器码，然后作为 Python 的扩展模块。Cython 还有另外一种重要的用法，这与 Cython 在 Python 科学计算中的广泛用法同样重要：Cython 还可以用来为编译好的 C 和 C++库创建包装器(wrapper)。这里我们不会深入探讨这个问题，但是会通过简单的示例来说明如何在几行代码中使用 Cython 调用任意 C 库。我们将 C 标准库中的 math 库作为示例，math 库提供了一些数学函数，与 Python 同名标准库 math 中定义的函数类似。为了在 C 程序中使用这些函数，需要通过引用头文件 math.h 得到这些函数的声明，然后编译并将 libm 库链接到程序。在 Cython 中，可以使用关键字 cdef extern from 获得函数声明，在这些关键字的后面需要给出 C 头文件的文件名，并且列出我们想要使用的函数的声明。例如，要在 Cython 中使用 libm 提供的 acos 函数，可以使用下面的代码：

```
In [75]: %%cython
    ...: cdef extern from "math.h":
    ...:      double acos(double)
    ...:
    ...: def cy_acos1(double x):
    ...:      return acos(x)
```

这里还定义了 cy_acos1 函数，在 Python 代码中可以调用该函数：

```
In [76]: %timeit cy_acos1(0.5)
10000000 loops, best of 3: 83.2 ns per loop
```

通过这种方法，可以将任意 C 函数包装到供普通 Python 代码访问的函数中。对于科学计算型应用程序来说，这是一个非常有用的功能，因为它可以让 Python 代码轻松利用使用 C 和 C++编写的现有代码。对于 C 标准库，Cython 已经通过 libc 模块提供了类型声明，所以不需要使用 cdef extern from 显式定义这些函数。对于 acos 函数，可以使用 cimport 直接从 libc.math 导入：

```
In [77]: %%cython
    ...: from libc.math cimport acos
    ...:
    ...: def cy_acos2(double x):
    ...:     return acos(x)
In [78]: %timeit cy_acos2(0.5)
        10000000 loops, best of 3: 85.6 ns per loop
```

得到的 cy_acos2 函数与前面显式地从 math.h 导入的 cy_acos1 函数相同。将 C math 库中的这些函数与 NumPy 和 Python 标准库 math 中定义的函数进行性能比较后，会很有启发意义：

```
In [79]: from numpy import arccos
In [80]: %timeit arccos(0.5)
        1000000 loops, best of 3: 1.07 µs per loop
In [81]: from math import acos
In [82]: %timeit acos(0.5)
        10000000 loops, best of 3: 95.9 ns per loop
```

由于 NumPy 数组在数据结构方面的开销，NumPy 函数与 Python math 库中的函数以及使用 Cython 包装的 C 标准库中的函数相比，性能差了大概十倍。

19.4 本章小结

本章介绍了使用 Numba 和 Cython 加速 Python 代码的方法，Numba 使用 JIT 编译器生成优化的机器码，Cython 利用提前编译生成可以编译成机器码的 C 代码。Numba 虽然使用纯 Python 代码，但在很大程度上依赖于Numba数组的类型推断，而Cython使用的是可以进行显式类型声明的Python扩展。这些方法的优点是，可以在 Python 或类似 Python 的编程环境中实现与经过编译的机器码相当的性能。对 Python 代码进行加速的关键是使用显式类型的变量，可以使用 NumPy 数组的类型推断(如 Numba)来显式声明变量的类型(如 Cython)。具有显式类型声明的代码可以转换成比纯 Python 中动态类型代码更高效的代码，可以避免因类型查找带来的大量开销。Numba 和 Cython 都能很方便地获得对 Python 代码的良好加速效果，它们生成的代码通常性能差不多。Cython 还提供了一种方法来方便地创建使用外部库的接口，以便在 Python 中访问这些外部库。Numba 和 Cython 都使用类型相关的信息来生成更有效的、带类型声明的机器码(通过 NumPy 数组或者通过显式声明)。在 Python 社区，最近还出现了为 Python 语言自身添加类型提示(type hint)的提议。关于类型提示的更多信息可参阅 PEP 484(www.python.org/dev/peps/pep-0484)，类型提示已经包含在 Python 3.5 中。虽然近期不太可能在 Python 中广泛使用类型提示，但将来类型提示肯定是一个很有趣的发展方向。

19.5 扩展阅读

Smith(2015)和 Herron(2013)对 Cython 进行了全面介绍。关于 Numba 的更多信息，请参阅官方文档，详见 http://numba.pydata.org/numba-doc。有关使用 Python 进行高性能计算的详细讨论，请参阅 M. Gorelick(2014)。

19.6 参考文献

Herron, P. (2013). *Learning Cython Programming.* Mumbai: Packt.

M. Gorelick, I. O. (2014). *High Performance Python: Practical Performant Programming for Humans.* Sebastopol: O'Reilly.

Smith, K. (2015). *Cython A Guide for Python Programmers.* Sebastopol: O'Reilly.

附录

安　　装

本附录将介绍如何在常用的平台上安装和设置用于科学计算的 Python 环境。如第 1 章所述，Python 科学计算环境并不是单一的产品，而是包含多个包和库的多样化生态环境，对于任何平台，安装和配置 Python 环境的方法可能会有很多。Python 本身很容易安装[1]，在很多操作系统上，Python 都是预装的。所有托管在 Python Package Index[2]上的纯 Python 库也很容易安装，例如，只需要一条命令 pip install PACKAGE 就可以，其中 PACKAGE 是待安装包的名称。pip 会在 Python Package Index 上进行搜索，如果找到了就会下载并安装。例如，如果要安装 IPython，可以使用如下代码：

```
$ pip install ipython
```

另外，如果要对某个已安装的包进行升级，只需要简单地在 pip 命令中添加--upgrade 参数即可：

```
$ pip install --upgrade ipython
```

但是很多用于科学计算的 Python 库并不是纯 Python 库，它们经常会依赖于使用其他语言编写的系统库，如 C 和 Fortran。pip 和 Python Package Index 无法处理这些依赖关系，从源码编译这些库需要安装 C 和 Fortran 编译器。换句话说，手动安装完整的科学计算软件栈可能比较困难，或者很枯燥耗时。为了解决这个问题，现在已经出现了很多带自动安装程序的、打好包的 Python 环境。最受欢迎的这类环境有 Continuum Analytics 的 Anaconda[3]以及 Enthought 的 Canopy[4]，它们都由与开源 Python 科学计算社区有密切关系的公司赞助。另外还有 Python(x,y)[5]——由社区维护的针对微软操作系统的 Python 科学计算环境。这些环境的共同之处在于，它们把 Python 解释器、所需的系统库和工具、大量面向科学计算的 Python 库捆绑在一起，制作成容易安装的分发包。任何这些环境都可以很方便地安装运行本书代码所需的软件，接下来我们主要使用 Continuum Analytics 的 Anaconda 环境，重点介绍 Miniconada(轻量级的 Anaconda)和 conda(包管理器)。

---

1 所有主要平台的安装程序都可以从 http://www.python.org/downloads 下载。

2 http://pypi.python.org

3 http://continuum.io/downloads，目前已经迁移到 https://www.anaconda.com/distribution/。

4 http://www.enthought.com/products/canopy

5 http://code.google.com/p/pythonxy，目前已经迁移到 http://python-xy.github.io/。

Miniconda 和 conda

Anaconda 环境附带了大量的库，从而可以方便地快速启动和运行 Python 科学计算环境。但是为了说得更明白，我们从 Miniconda 环境开始，手动安装所需的软件包。通过这种方式，可以精确控制设置的环境中包含哪些包。Miniconda 是 Anaconda 的最小版本，只包含最基本的组件：Python 解释器、基本库和 conda 包管理器。Miniconda 项目的下载页面(http://conda.pydata.org/miniconda.html，目前已经迁移到 https://docs.conda.io/en/latest/miniconda.html)上提供了适用于 Linux、Mac OS X 和 Windows 的安装包[1]。下载并运行安装程序，然后按照屏幕上的提示进行操作。安装完毕后，你的安装主目录中应该有一个名为 miniconda 的目录，如果在安装过程中选择将其添加到 PATH 变量，那么现在应该可以在命令行提示符中运行 conda 命令以调用 conda 包管理器。

conda[2]是一个跨平台的包管理器，可以处理 Python 包之间以及系统工具和库之间的依赖关系。这对于安装科学计算软件至关重要，科学计算软件会使用各种工具和库。conda 包是针对目标平台编译好的二进制安装文件，因此安装快捷方便。如果要验证系统上是否安装了 conda，可以尝试运行以下代码：

```
$ conda --version
conda 4.5.11
```

在这个示例中，输出告诉我们 conda 已经安装好了，版本是 4.5.11。如果要更新到最新的 conda，可以使用 conda 包管理器：

```
$ conda update conda
```

如果要在某个 conda 环境中更新所有已经安装好的包，可以使用如下代码：

```
$ conda update --all
```

安装了 conda 之后，就可以使用 conda 安装 Python 解释器和库。安装的时候可以选择需要的特定版本。Python 生态系统由大量的独立项目组成，每个项目都有自己的发布周期和开发目标，并且不断有不同的库发布新版本。这既令人兴奋，因为经常可以看到进步以及新功能，又令人感到遗憾，因为并非所有库的新版本都向后兼容。对于需要长期稳定且可以重现环境的用户，以及需要在项目中同时处理不同版本依赖的用户，这是两难的选择。

在 Python 生态环境中，这个问题的最好解决方案是使用类似 conda 这样的包管理器来为不同的项目安装虚拟 Python 环境，在这些虚拟环境中可以安装所需的不同依赖包。使用这种方法，可以轻松维护具有不同配置的多个环境，例如单独的 Python 2 和 Python3 环境，以及具有稳定版本和开发版本的环境。由于之前给出的原因，强烈建议使用虚拟 Python 环境，而不是使用默认的面向整个系统的 Python 环境。

使用 conda，可以利用 conda create 命令新建 Python 虚拟环境，通过-n NAME 为新环境设置名

---

1 Miniconda 有 32 位和 64 位两种版本。一般情况下，对于较新的计算机，通常建议使用 64 位版本，但是在 Windows 中，有时没有 64 位的编译器，所以在 Windows 中有时候使用 32 位版本更好。

2 http://conda.pydata.org/docs/index.html，目前已经迁移到 https://conda.io/en/latest/index.html。

称，或者通过-p PATH 设置环境的存储路径。设置名称时，默认情况下虚拟环境保存在 miniconda/envs/NAME 目录中。在创建新环境时，还可以设置要安装的软件包列表。必须设置至少一个软件包，例如，要创建基于 Python 2.7 和 Python 3.6 的两个新环境，可以使用如下命令：

```
$ conda create -n py2.7 python=2.7
$ conda create -n py3.6 python=3.6
```

我们把 Python 2 和 Python 3 环境分别命名为 py2.7 和 py3.6。如果要使用某个环境，就需要分别使用 source activate py2.7 或 source activate py3.6 命令来激活；如果要停用某个环境，就需要使用 source deactivate[1]命令。通过这种方法，可以很方便地在不同的环境之间进行切换，就像下面的命令演示的一样：

```
$ source activate py2.7
discarding /Users/rob/miniconda/bin from PATH
prepending /Users/rob/miniconda/envs/py2.7/bin to PATH

(py2.7)$ python --version
Python 2.7.14 :: Continuum Analytics, Inc.

(py2.7)$ source activate py3.6
discarding /Users/rob/miniconda/envs/py2.7/bin from PATH
prepending /Users/rob/miniconda/envs/py3.6/bin to PATH

(py3.6)$ python --version
Python 3.6.5 :: Continuum Analytics, Inc.

(py3.6)$ source deactivate
discarding /Users/rob/miniconda/envs/py3.6/bin from PATH
$
```

如果要管理这些虚拟环境，可以使用 conda env、conda info 和 conda list 命令。conda info 命令可以列出所有可用的环境(与 conda evn list 一样)：

```
$ conda info --envs
# conda environments:
#
base                  * /Users/rob/miniconda
py2.7                   /Users/rob/miniconda/envs/py2.7
py3.6                   /Users/rob/miniconda/envs/py3.6
```

1 在 Windows 中，应该省去这些命令中的 source。从 conda 4.6 开始，所有平台都统一使用 conda activate 命令。

conda list 命令可以列出某个环境中所有已经安装的包及其版本：

```
$ conda list -n py3.6
# packages in environment at /Users/rob/miniconda/envs/py3.6:
#
# Name                    Version                   Build  Channel
ca-certificates           2017.08.26           ha1e5d58_0
certifi                   2018.1.18                py36_0
libcxx                    4.0.1                h579ed51_0
libcxxabi                 4.0.1                hebd6815_0
libedit                   3.1                  hb4e282d_0
libffi                    3.2.1                h475c297_4
ncurses                   6.0                  hd04f020_2
openssl                   1.0.2o               h26aff7b_0
pip                       9.0.3                  py36_0
python                    3.6.5                hc167b69_0
readline                  7.0                  hc1231fa_4
setuptools                39.0.1                 py36_0
sqlite                    3.22.0               h3efe00b_0
tk                        8.6.7                h35a86e2_3
wheel                     0.30.0           py36h5eb2c71_1
xz                        5.2.3                h0278029_2
zlib                      1.2.11               hf3cbc9b_2
```

conda env export 命令能够以 YAML 格式[1]生成相同的信息：

```
(py3.6)$ conda env export
name: py3.6
channels:
  - defaults
dependencies:
  - ca-certificates=2017.08.26=ha1e5d58_0
  - certifi=2018.1.18=py36_0
  - libcxx=4.0.1=h579ed51_0
  - libcxxabi=4.0.1=hebd6815_0
  - libedit=3.1=hb4e282d_0
  - libffi=3.2.1=h475c297_4
  - ncurses=6.0=hd04f020_2
```

1 http://yaml.org

```
    - openssl=1.0.2o=h26aff7b_0
    - pip=9.0.3=py36_0
    - python=3.6.5=hc167b69_0
    - readline=7.0=hc1231fa_4
    - setuptools=39.0.1=py36_0
    - sqlite=3.22.0=h3efe00b_0
    - tk=8.6.7=h35a86e2_3
    - wheel=0.30.0=py36h5eb2c71_1
    - xz=5.2.3=h0278029_2
    - zlib=1.2.11=hf3cbc9b_2
prefix: /Users/rob/miniconda/envs/py3.6
```

如果要给某个环境安装额外的包，可以在创建环境的时候指定包的列表，或者在激活这个环境后，使用 conda install 命令或者带-n 标志的 conda install 命令来指定安装的目标环境。例如，要创建带 NumPy 1.14 的 Python 3.6 环境，可以使用如下代码：

```
$ conda create -n py3.6-np1.14 python=3.6 numpy=1.14
```

为了验证新环境 py3.6-np1.14 确实包含特定版本的 NumPy，可以再次使用 conda list 命令：

```
$ conda list -n py3.6-np1.14
# packages in environment at /Users/rob/miniconda/envs/py3.6-np1.14:
#
# Name                    Version                   Build  Channel
ca-certificates           2017.08.26           ha1e5d58_0
certifi                   2018.1.18                py36_0
intel-openmp              2018.0.0                      8
libcxx                    4.0.1                h579ed51_0
libcxxabi                 4.0.1                hebd6815_0
libedit                   3.1                  hb4e282d_0
libffi                    3.2.1                h475c297_4
libgfortran               3.0.1                h93005f0_2
mkl                       2018.0.2                      1
mkl_fft                   1.0.1            py36h917ab60_0
mkl_random                1.0.1            py36h78cc56f_0
ncurses                   6.0                  hd04f020_2
numpy                     1.14.2           py36ha9ae307_1
openssl                   1.0.2o               h26aff7b_0
pip                       9.0.3                    py36_0
python                    3.6.5                hc167b69_0
```

```
readline              7.0              hc1231fa_4
setuptools            39.0.1              py36_0
sqlite                3.22.0           h3efe00b_0
tk                    8.6.7            h35a86e2_3
wheel                 0.30.0       py36h5eb2c71_1
xz                    5.2.3            h0278029_2
zlib                  1.2.11           hf3cbc9b_2
```

在这里可以看到，NumPy 确实已经安装好了，版本是 1.14.2。如果不显式指定库的版本，将会安装最新的稳定版。

为了使用第 2 章中的方法，可在已经存在的环境中安装额外的包，但首先需要激活这个环境：

```
$ source activate py3.6
```

然后使用 conda install PACKAGE 来安装软件包，PACKAGE 是软件包的名称。这里还可以输入所有要安装的软件包的名称列表。例如，要安装 NumPy、SciPy 和 matplotlib 库，可以使用

```
(py3.6)$ conda install numpy scipy matplotlib
```

或

```
$ conda install -n py3.6 numpy scipy matplotlib
```

使用 conda 安装软件包的时候，所有必需的依赖项也会自动安装，并且前面的命令实际上还安装了 dateutil、freetype、libpng、pyparsing、pytz、six 等软件包，这些软件包是 matplotlib 的依赖项：

```
(py3.6)$ conda list
# packages in environment at /Users/rob/miniconda/envs/py3.6:
#
# Name                  Version                 Build Channel
ca-certificates         2017.08.26         ha1e5d58_0
certifi                 2018.1.18              py36_0
cycler                  0.10.0        py36hfc81398_0
freetype                2.8                h12048fb_1
intel-openmp            2018.0.0                    8
kiwisolver              1.0.1         py36h792292d_0
libcxx                  4.0.1              h579ed51_0
libcxxabi               4.0.1              hebd6815_0
libedit                 3.1                hb4e282d_0
libffi                  3.2.1              h475c297_4
libgfortran             3.0.1              h93005f0_2
libpng                  1.6.34             he12f830_0
```

```
matplotlib              2.2.2         py36ha7267d0_0
mkl                     2018.0.2                   1
mkl_fft                 1.0.1         py36h917ab60_0
mkl_random              1.0.1         py36h78cc56f_0
ncurses                 6.0               hd04f020_2
numpy                   1.14.2        py36ha9ae307_1
openssl                 1.0.2o            h26aff7b_0
pip                     9.0.3                 py36_0
pyparsing               2.2.0         py36hb281f35_0
python                  3.6.5             hc167b69_0
python-dateutil         2.7.2                 py36_0
pytz                    2018.3                py36_0
readline                7.0               hc1231fa_4
scipy                   1.0.1         py36hcaad992_0
setuptools              39.0.1                py36_0
six                     1.11.0        py36h0e22d5e_1
sqlite                  3.22.0            h3efe00b_0
tk                      8.6.7             h35a86e2_3
tornado                 5.0.1                 py36_1
wheel                   0.30.0        py36h5eb2c71_1
xz                      5.2.3             h0278029_2
zlib                    1.2.11            hf3cbc9b_2
```

可以看到，这个环境中安装的包并不都是 Python 库。例如，libpng 和 freetype 是系统库，但是 conda 可以将它们作为依赖项并自动安装它们。这就是 conda 相对于以 Python 为中心的包管理器 pip 的优势之一。

如果要更新某个环境中的特定包，可以使用 conda update 命令。例如，要更新当前激活环境中的 NumPy 和 SciPy，可以使用：

```
(py3.4)$ conda update numpy scipy
```

如果要删除某个包，可以使用 conda remove PACKAGE；如果要完全删除整个环境，可以使用 conda remove -n NAME --all。例如，要删除 py2.7-np1.8 环境，可以使用：

```
$ conda remove -n py2.7-np1.8 --all
```

conda 会在本地缓存曾经安装过的包。这样就可以在新环境中快速重新安装某个包，并且能够快速方便地安装和删除新环境以进行测试和其他不同的尝试，而不会破坏其他项目的环境。如果要重复创建 conda 环境，我们所需要做的就是找到已经安装的包。在 conda list 命令中使用-e 标志，将会列出所有安装的包及版本信息，输出的格式也与 pip 兼容。可以使用这个列表在其他的系统中复制 conda 环境：

```
$ conda list -e > requirements.txt
```

使用 requirements.txt 文件，可以按照下面的方法更新已有的 conda 环境：

```
$ conda install --file requirements.txt
```

也可复制使用 requirement.txt 文件的环境：

```
$ conda create -n NAME --file requirements.txt
```

还可以使用 YAML 格式来保存 conda env export 生成的环境：

```
$ conda env export -n NAME > env.yml
```

在这种情况下，可以使用下面的方式恢复该环境：

```
$ conda env create --file env.yml
```

请注意，这里我们不需要指定环境的名称，因为 env.yml 文件包含了这些信息。使用这种方法还有其他的优点：在复制或恢复环境的时候，使用 pip 安装的包也会被安装。

安装一个完整的环境

我们已经介绍了 conda 包管理器，以及如何使用它设置环境和安装包，下面将介绍安装一个完整环境的过程，其中包含本书所需的所有依赖项。在下面的示例中，我们使用前面已经创建的 py3.6 环境，也可以用下面的命令来创建：

```
$ conda create -n py3.6 python=3.6
```

然后激活该环境：

```
$ source activate py3.6
```

激活环境之后，可以使用下面的命令来安装本书中需要使用的库：

```
conda install ipython jupyter jupyterlab spyder pylint pyflakes pep8
conda install numpy scipy sympy matplotlib networkx pandas seaborn
conda install patsy statsmodels scikit-learn pymc3
conda install h5py pytables msgpack-python cython numba cvxopt
conda install -c conda-forge fenics mshr
conda install -c conda-forge pygraphviz
pip install scikit-monaco
pip install version_information
```

FEniCS 库有很多复杂的依赖项，所以在一些平台上很难使用这种标准的方法来安装[1]。如果使用 conda 安装 FEniCS 失败，那么最简单的办法是从项目的主页(http://fenicsproject.org/ download)下载构建好的环境。另外一种获得完整 FEniCS 环境的方式是使用预装了 FEniCS 的 Docker 容器[2]。可访问 https://registry.hub.docker.com/repos/fenicsproject 以查看这种方式的更多信息。

表 F-1 列出了本书各章所需依赖项的安装命令。

表 F-1 本书各章用到的依赖项的安装命令

各章编号	用到的库	安装命令
1	IPython、Spyder、Jupyter	conda install ipython jupyter jupyterlab conda install spyder pylint pyflakes pep8 这里的 pylint、pyflakes 和 pep8 是 Spyder 使用的代码分析工具。 为了将 IPython Notebook 转换成 PDF，还需要安装 LaTeX 环境。 为了显示 IPython Notebook 所用库的版本，使用 IPython 的扩展命令 %version_information，该命令来自于 version_information 库，该库可以使用 pip 来安装：pip install version_information
2	NumPy	conda install numpy
3	NumPy、SymPy	conda install numpy sympy
4	NumPy、matplotlib	conda install numpy matplotlib
5	NumPy、SymPy、SciPy、matplotlib	conda install numpy sympy scipy matplotlib
6	NumPy、SymPy、SciPy、matplotlib、cvxopt	conda install numpy sympy scipy matplotlib cvxopt
7	NumPy、SciPy、matplotlib	conda install numpy scipy matplotlib
8	NumPy、 SymPy、SciPy、matplotlib、Scikit-Monaco	conda install numpy sympy scipy matplotlib scikit-monaco 没有 conda 软件包，因此需要使用 pip 来安装： pip install scikit-monaco
9	NumPy、SymPy、SciPy、matplotlib	conda install numpy sympy scipy matplotlib
10	NumPy、SciPy、matplotlib、NetworkX	conda install numpy scipy matplotlib networkx 为了可视化 NetworkX 图形，还需要 Graphviz 库(请参阅 www.graphviz.org)及其在 pygraphviz 库中的 Python 绑定： conda install -c conda-forge pygraphviz
11	NumPy、SciPy、matplotlib、FEniCS	conda install numpy scipy matplotlib conda install -c conda-forge fenics mshr
12	NumPy、Pandas、matplotlib、Seaborn	conda install numpy pandas matplotlib seaborn

1 最近有人为 FEniCS 库及其依赖项创建了 conda 包，详见 http://fenicsproject.org/download/。但是这种方法目前仅适用于 Linux 和 macOS 平台。

2 有关软件容器 Docker 的更多信息，请参考 ttps://www.docker.com。

(续表)

各章编号	用到的库	安装命令
13	NumPy、SciPy、Matplotlib、Seaborn	conda install numpy scipy matplotlib seaborn
14	NumPy、Pandas、matplotlib、Seaborn、Patsy、statsmodels	conda install numpy pandas matplotlib seaborn patsy statsmodels
15	NumPy、matplotlib、Seaborn、scikit-learn	conda install numpy matplotlib seaborn scikit-learn
16	NumPy、matplotlib、PyMC3	conda install numpy matplotlib pymc3
17	NumPy、SciPy、matplotlib	conda install numpy scipy matplotlib
18	NumPy、Pandas、h5py、PyTables、msgpack	conda install numpy pandas h5py pytables msgpack-python 编写本书时，msgpack-python conda 软件包并非在所有平台上都可用。当 conda 软件包不可用时，需要手动安装 msgpack 库，可以使用 pip 安装相应的 Python 绑定： pip install msgpack-python
19	NumPy、matplotlib、Cython、Numba	conda install numpy matplotlib cython numba

requirements.txt 文件中列出了本书用到的包及版本，该文件可以与本书的源代码一起下载。利用这个文件，可以通过一条命令直接创建包含所有所需依赖项的环境：

```
$ conda create -n py3.6 --file requirements.txt
```

也可以使用 py2.7-env.yml 和 py3.6-env.yml 这两个文件来复制 py2.7 和 py3.6 环境。这两个文件可随本书源代码一并下载。

```
$ conda env create --file py2.7-env.yml
$ conda env create --file py3.6-env.yml
```

小结

在本附录中，我们介绍了本书中用到的各种 Python 库的安装方法。用于科学计算的 Python 环境不是单一的环境，而是由不同的库组成，这些库由不同的人维护和开发，它们都有各自不同的发布周期和开发进度。因此，从头开始安装生产环境需要的所有库可能很困难。针对这个问题，出现了多种解决方案，我们通常使用预先打好包的发行版形式。在 Python 的科学计算社区中，Anaconda 和 Canopy 就是这种形式的环境。这里我们主要关注 Anaconda Python 发行版的 conda 包管理器，除了作为包管理器，conda 还可以创建和管理虚拟安装环境。

扩展阅读

如果有兴趣为自己的项目创建 Python 包，请参阅 http://packaging.python.org/en/latest/index.html，特

别需要学习 http://pythonhosted.org/setuptools(目前已经迁移到 https://pypi.org/project/setuptools/)上的 setuptools 库及其文档。使用 setuptools，可以创建能够安装和发行的 Python 包。使用 setuptools 创建源码包之后，可以很方便地创建 conda 二进制发行包。关于创建和分发 conda 二进制发行包的相关信息，请参考 https://docs.conda.io/projects/conda-build/en/latest/。另外，也可以参考 GitHub 上的 conda-recipes 仓库(http://github.com/conda/conda-recipes)，其中提供了 conda 包的很多示例。最后，我们来看看 conda 包的托管服务 http://www.anaconda.org，这里提供了很多公共的资源，可以直接使用 conda 包管理器来发布和安装定制的 conda 包。很多在 Anaconda 标准资源中找不到的包，可以在用户贡献的资源中找到。特别是，很多包可以在 conda-forge 中找到，conda-forge 是基于 conda-forge.org 的 conda recipes 构建的。